中 国 国 家 标 准 汇 编

2014 年修订-8

中国标准出版社　编

中国标准出版社

北　京

图书在版编目(CIP)数据

中国国家标准汇编:2014 年修订.8/中国标准出版社编.—北京:中国标准出版社,2015.11
ISBN 978-7-5066-7943-5

Ⅰ.①中… Ⅱ.①中… Ⅲ.①国家标准-汇编-中国-2014 Ⅳ.①T-652.1

中国版本图书馆 CIP 数据核字(2015)第 179688 号

中国标准出版社出版发行
北京市朝阳区和平里西街甲 2 号(100029)
北京市西城区三里河北街 16 号(100045)

网址 www.spc.net.cn
总编室:(010)68533533 发行中心:(010)51780238
读者服务部:(010)68523946

中国标准出版社秦皇岛印刷厂印刷
各地新华书店经销

*

开本 880×1230 1/16 印张 37 字数 1 146 千字
2015 年 11 月第一版 2015 年 11 月第一次印刷

*

定价 220.00 元

出 版 说 明

1.《中国国家标准汇编》是一部大型综合性国家标准全集。自1983年起，按国家标准顺序号以精装本、平装本两种装帧形式陆续分册汇编出版。它在一定程度上反映了我国建国以来标准化事业发展的基本情况和主要成就，是各级标准化管理机构，工矿企事业单位，农林牧副渔系统，科研、设计、教学等部门必不可少的工具书。

2.《中国国家标准汇编》收入我国每年正式发布的全部国家标准，分为"制定"卷和"修订"卷两种编辑版本。

"制定"卷收入上一年度我国发布的、新制定的国家标准，顺延前年度标准编号分成若干分册，封面和书脊上注明"20××年制定"字样及分册号，分册号一直连续。各分册中的标准是按照标准编号顺序连续排列的，如有标准顺序号缺号的，除特殊情况注明外，暂为空号。

"修订"卷收入上一年度我国发布的、被修订的国家标准，视篇幅分设若干分册，但与"制定"卷分册号无关联，仅在封面和书脊上注明"20××年修订-1,-2,-3,……"字样。"修订"卷各分册中的标准，仍按标准编号顺序排列(但不连续)；如有遗漏的，均在当年最后一分册中补齐。需提请读者注意的是，个别非顺延前年度标准编号的新制定的国家标准没有收入在"制定"卷中，而是收入在"修订"卷中。

读者配套购买《中国国家标准汇编》"制定"卷和"修订"卷则可收齐由我社出版的上一年度我国制定和修订的全部国家标准。

3. 由于读者需求的变化，自1996年起，《中国国家标准汇编》仅出版精装本。

4. 2014年我国制修订国家标准共1 611项。本分册为"2014年修订-8"，收入新制修订的国家标准20项。

中国标准出版社

2015年8月

目　　录

ICS 97.200.50
Y 57

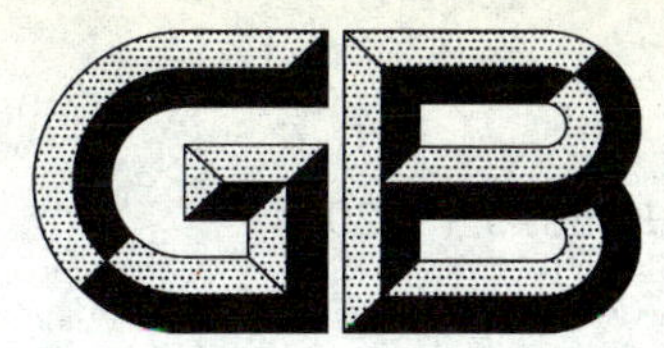

中华人民共和国国家标准

GB 6675.1—2014
部分代替 GB 6675—2003

玩具安全　第1部分:基本规范

Toys safety—Part 1:Basic code

2014-05-06 发布　　2016-01-01 实施

中华人民共和国国家质量监督检验检疫总局
中国国家标准化管理委员会　发布

前　言

GB 6675 的本部分的全部技术内容为强制性。

GB 6675 是玩具安全系列标准，包括以下部分：

——基本规范(GB 6675.1)；

——通用要求，包括但不限于机械与物理性能(GB 6675.2)、易燃性能(GB 6675.3)、特定元素的迁移(GB 6675.4)；

——特定要求，是针对特定产品的要求。

本部分是玩具安全的基本规范部分，适用并符合系列标准通用要求、特定要求及 GB 19865 的玩具产品视为符合本部分相关要求。

本部分按照 GB/T 1.1—2009 给出的规则起草。

本部分代替 GB 6675—2003《国家玩具安全技术规范》，本部分与所部分代替 GB 6675—2003《国家玩具安全技术规范》的第 3 章至第 8 章的主要技术变化如下：

——第 1 章范围，体现了本部分作为基本规范，对适用对象和不适用范围进行了调整：扩大了适用对象，并按照玩具类别和非玩具类别规范了不适用范围。

——第 5 章技术要求，本部分只进行原则性规定，条款和内容进行了较大调整，具体调整如下：

- 增加 5.1.10、5.1.11；
- 增加 5.2.3；
- 增加 5.3.1、5.3.2、5.3.7；
- 修改原标准 4.3 为现部分的 5.3.3；
- 增加 5.4、5.5、5.6；
- 修改原标准 4.4 为现部分的 5.7.1、5.7.2 和附录 A。

——关于第 6 章实施与监督，根据我国实施的 CCC 制度和召回制度进行了调整，具体调整如下：

- 修改 6.4、6.6；
- 增加 6.5。

——第 7 章法律责任进行编辑性修改。

本部分由中国轻工业联合会提出。

本部分由全国玩具标准化技术委员会(SAC/TC 253)归口。

本部分起草单位：北京中轻联认证中心、好孩子儿童用品有限公司、中山市隆成日用制品有限公司、广东乐美达集团有限公司、广东奥飞动漫文化股份有限公司、巴斯夫(中国)有限公司广州分公司、骅威科技股份有限公司、广东小白龙动漫玩具实业有限公司、中华人民共和国广东出入境检验检疫局检验检疫技术中心玩具实验室、深圳市计量质量检测研究院、广东产品质量监督检验研究院。

本部分主要起草人：王旭华、刘唐书、雷再明、陈钊仁、颜刚华、黄理纳、王龙、张艳芬、黄开胜、彭心宇、桂国球、郭祥彬、唐年生。

本部分所代替标准的历次版本发布情况为：

——GB 6675—1986、GB 6675—2003。

玩具安全　第1部分:基本规范

1　范围

GB 6675的本部分规定了玩具的基本安全要求及其实施与监督、法律责任等,基本安全要求包括机械和物理性能、易燃性能、化学性能、电气性能、卫生要求、辐射性能和标识要求。

本部分适用于设计或预定供14岁以下儿童玩耍时使用的玩具,也适用于不是专门设计供玩耍、但具有玩耍功能的供14岁以下儿童使用的产品。

本标准适用于预定供境内销售和使用的玩具(含试用和免费赠送的玩具)。

本部分不适用于以下玩具:

- 公用活动场地的设备;
- 公用自动娱乐设备,不论是否需要投币;
- 装配有内燃机的玩具车辆;
- 玩具蒸汽机以及装有玩具蒸汽机的玩具;
- 投石器/弹弓。

下列产品在本部分中不认为是玩具:

- 节假日或庆典用装饰品。
- 收藏品,在产品或其包装上附有清晰可见、易于辨识的标志,说明供14岁及以上收藏家使用。该类别的示例:
  ——按比例缩小的精细模型;
  ——按比例缩小的精细模型的组装工具包;
  ——民族玩偶和装饰玩偶及其他类似物品;
  ——具有历史意义的玩具复制品;
  ——仿真武器。

注:仿真武器应符合公安部相关规定。

- 运动器材,包括供体重20 kg以上儿童使用的轮式溜冰鞋、单排轮滑鞋、滑板等。
- 鞍座的最大高度大于435 mm的自行车。
- 预定用于运动或在公路或公共道路上使用的踏板车或其他交通工具。
- 预定用于在公路、公共道路、人行道上行驶的电动车。
- 预定供在深水区使用的水上运动器材、儿童学习游泳用器具(如游泳坐垫、游泳辅助用具等)。
- 拼块超过500个的拼图。
- 除水枪外的使用压缩空气的枪。
- 弓弦的最大松弛长度大于120 cm的弓箭装置。
- 烟花爆竹,包括非玩具专用火药帽。
- 带有尖头弹射物的产品和游戏用具,如带有金属尖头的飞镖或标枪等。
- 功能性教育产品,如电炉、电熨斗或其他在高于24 V的额定电压下工作的功能性产品,仅用于在成人监督下、专门为教学目的使用。
- 在学校或其他成人指导者监督下在教育环境中使用的教育产品,如科学器材。
- 用于使用互动软件和连接辅助设备的电子设备,如个人电脑和游戏操纵台等。但不包括专门针对儿童设计和使用、自身具有游戏功能的电子设备或其辅助设备,如专门设计的个人电脑、键盘、游戏手柄或方向盘等。
- 用于娱乐休闲的互动软件,如电脑游戏及其存储介质(如 CD 等)。
- 婴儿安抚用品。
- 儿童感兴趣的灯具。
- 玩具用变压器。
- 非玩耍用途的儿童用饰物。

2 规范性引用文件

下列文件对于本文件的应用是必不可少的。凡是注日期的引用文件,仅注日期的版本适用于本文件。凡是不注日期的引用文件,其最新的版本(包括所有的修改单)适用于本文件。

GB 5296.1 消费品使用说明 第 1 部分:总则

GB 5296.5 消费品使用说明 第 5 部分:玩具

GB 6675.2 玩具安全 第 2 部分:机械与物理性能

GB/T 28022 玩具适用年龄判定指南

3 术语和定义

下列术语和定义适用于本文件。

3.1

玩具 toy

设计或预定供 14 岁以下儿童玩耍时使用的所有产品和材料。

3.2

水上玩具 aquatic toy

充气或不可充气的,能承载儿童体重并在浅水中游乐用的玩具。

3.3

电玩具 Electric toys

至少有一种功能需要使用电的玩具。

3.4

功能性产品 functional product

预期为成人使用的产品、器具或装备发挥同样功能,或使用方法相同,本身可能是以上产品、器具或装备的比例模型产品。

3.5

功能性玩具 functional toy

通常是与成人使用的某些产品、器具或设备具有相同的功能和使用方式的比例模型玩具。

示例:加热炉。

3.6

设计速度 design speed

由玩具的设计决定的具有代表性的潜在运行速度。

3.7

活动玩具 activity toy

预定供家庭使用,通常连接至横梁或带有横梁,可承载一个或多个儿童体重的玩具,预定供儿童在其内部或上面玩耍。

示例：秋千、滑梯、旋转木马和攀爬架。

3.8

化学玩具　chemical toy

一种应在成人监护下使用的直接操作化学物质或混合物，并适用某一年龄段使用的玩具。

3.9

嗅觉板游戏玩具　olfactory board game

一种旨在帮助儿童学习辨识不同气味和香味的玩具。

3.10

化妆套具玩具　cosmetic kit

以辅助儿童学习制作诸如香料、肥皂、面霜、洗发水、沐浴液、唇彩、口红或其他化妆品、牙膏和护发素等为目的的玩具。

3.11

味觉游戏玩具　gustative game

以允许儿童制作糖果或菜肴，其中涉及使用食品成分如糖果、液体、粉末和香料等为目的的玩具。

3.12

伤害　harm

身体上的损害或给健康带来的其他损害，包括对健康的长期影响。

3.13

危险　hazard

潜在的伤害源。

注：术语“危险”可被定义为可预见的伤害的原因或性质（如电击危险、折叠夹持危险、剪切危险、中毒危险、火灾危险、淹没危险）。

3.14

风险　risk

某种会造成伤害的危险发生的概率以及造成伤害的严重程度。

3.15

预期使用　intended use

按照玩具供应商提供的信息（使用说明）的方法使用产品。

3.16

正常使用　normal use

按玩具的操作说明，或按传统或习惯的、明显的玩具玩耍方式。

3.17

可预见的合理滥用　reasonably foreseeable abuse

按非供应商推荐的方法使用玩具，但在正常情况下可能发生的使用方式，包括通过把玩具组合等儿童的正常自由行为。

示例：拆卸、跌落或用非推荐方法使用玩具。

3.18

可拆卸部件　detachable/removable component

玩具上预定不用工具就能拆卸的零件或部件。

3.19

可触及　accessible

玩具部件或零件按 GB 6675.2 中描述的可触及探头轴肩之前的任何部分所接触到。

3.20

包装　packaging

购买玩具时的附属物,但不具玩要功能。

3.21

弹射物　projectile

被发射出去能在空中自由飞行或作弹道飞行的物体。

3.22

弹射玩具　projectile toy

通过由儿童给予的能量或由可贮存和释放能量的弹射机构发射弹射物的玩具。

3.23

仿制防护玩具　simulated protective equipment

设计给配戴者用作模拟保护身体的玩具。

示例:玩具头盔、玩具护目镜、玩具防护面具。

3.24

玩具自行车　toy bicycle

带或不带稳定装置的、鞍座高度小于或等于 435 mm,仅以骑车人的人力特别是借助于脚踏板来驱动的两轮车。

3.25

易燃性能　flammability

一种材料或产品在规定的测试条件下起火燃烧的能力。

3.26

声响玩具　acoustics toy

通过手摇、挤压或自身带有扬声器的发声玩具。

示例:摇铃、挤压声响玩具、玩具电话。

3.27

玩具火药帽　percussion caps

通常用于玩具中激发火药帽而发出声音的部件。

3.28

玩具化妆品　toy cosmetics

儿童扮演角色时涂饰用或给玩具(如玩偶等)涂饰用的产品。

3.29

制造商　manufacturer

自行设计或制造、或由他人设计或制造玩具、最终以自己的名称或商标进行销售的自然人或法人。

3.30

召回　recall

按照规定程序和要求,对存在缺陷的儿童玩具,由生产者或者由其组织销售者通过补充或修正消费说明、退货、换货、修理等方式,有效预防和消除缺陷可能导致的损害的活动。

4　总则

本部分旨在规范保证玩具产品质量,最大可能地保护儿童的生命和健康,维护用户和消费者的利益。投放市场的玩具在其可预见的正常使用期限内,应当符合本部分要求。

玩具安全的目的是儿童在正常使用或可预见的合理滥用下,最大程度地避免因玩具自身的某些缺陷给儿童造成伤害。这些缺陷可能来自设计、制造工艺或制造材料。这些伤害可能有：

a） 中毒(毒性)和其他有害物质的伤害；

b） 烧伤和烫伤；

c） 窒息，勒死；

d） 咽下或吸入异物；

e） 跌倒；

f） 电击；

g） 溺水；

h） 其他机械伤害，包括切伤、撕裂、擦伤、眼伤、头伤和听觉伤害。

符合本部分要求的玩具将会减少按玩具预定方式使用(正常使用)和非预定方式使用(可预见的合理滥用)所引起的潜在危险。

玩具及其包含的化学品应保证儿童按预定方式使用玩具、或考虑到儿童的正常行为而按可预见的合理滥用的方式使用玩具时，不应损害使用者或第三者的安全或健康。

特定年龄组使用的儿童玩具的安全要求是根据各年龄组儿童的智力和体力及应对危险的能力而制定的。应当考虑到使用者及在适当情况下其监护人的能力，特别是当玩具只供36个月以下儿童或其他特定年龄群体使用时。

5 技术要求

5.1 机械和物理性能

5.1.1 玩具、玩具部件及固定玩具的紧固部件应有足够的机械强度，适用时，应有足够的稳定性以承受使用中可能受到的应力，以防止玩具因破裂、变形而引起伤害危险。

5.1.2 玩具上可触及边缘、突出物、绳索、电线和紧固件的设计和制造，应保证尽可能减少与其接触时产生伤害危险。

5.1.3 玩具的设计和结构应避免玩具部件的活动对人体产生危险，或将此危险减少到最低程度。

5.1.4 玩具在设计和制造时应确保：

a） 玩具及其部件不应存在任何绞扼窒息的危险；

b） 玩具及其部件不应存在堵塞口鼻腔外部呼吸道、隔绝空气流通而导致的窒息危险；

c） 玩具及其部件的尺寸应不得由于楔入口腔咽喉或堵塞下呼吸道入口、隔绝空气流通而导致窒息危险；

d） 明确预定供36个月以下儿童使用的玩具、玩具部件及其可拆卸部件的尺寸不应能被儿童吞咽或吸入，本要求同样适用于预定放置于口中的玩具、玩具部件及其可拆卸部件；

e） 玩具销售时采用的包装不应存在任何勒死或因堵塞口鼻腔外部呼吸道而导致的窒息危险；

f） 食物中或与食物混在一起的玩具应单独包装，且其包装的尺寸应避免被儿童吞咽或吸入；

g） 禁止牢固附着于食品、且须先吃掉该食品方可直接接触到的玩具，其他直接附着于食品上的玩具的部件应满足c)和d)的要求。

e)和f)中的球形、卵形或椭圆形玩具包装及其可拆卸部件，或任何带有圆形端部包装的圆柱状玩具，其尺寸应不存在由于楔入口腔咽喉或置于下呼吸道入口而导致窒息危险。

5.1.5 水上玩具的设计和制造应尽量考虑按照玩具的推荐使用方法，尽可能减少玩具失去浮力和儿童失去支撑的危险。

5.1.6 对于进入其内部且进入后对进入者构成封闭空间的玩具，应配备使进入者能容易从里面开启的出口。

5.1.7 对于能令使用者移动的玩具，其设计和制造应确保应尽可能配备适用于这类玩具且与玩具动能相匹配的制动系统,该系统应便于使用者操作,且不应对使用者或第三方造成弹出或人身伤害。

电力驱动的乘骑玩具最大设计速度应予以限制,以便将伤害风险降到最低程度。

5.1.8 弹射玩具的形式和结构以及玩具依此设计目的发射的弹射物所具有的动能,应考虑到该玩具的特性,不得对使用者或第三者造成人身伤害。

5.1.9 玩具应确保:

a) 玩具的任何可触及表面的最高温度和最低温度均不应造成伤害;

b) 玩具内含有的液体和气体所达到的温度或压力,应不致于导致其从玩具中溢/逸出(除因玩具的正常功能所必需)而造成灼伤、烫伤或其他人身伤害。

5.1.10 声响玩具在设计和制造时应确保其发出的最大脉冲噪声和连续噪声不应损害儿童听力。

5.1.11 活动玩具在设计和制造时,应尽可能减少其对身体部位的挤压和限制、或令衣服受到牵绊,以及跌倒、冲击和溺水等危险。特别是一个或数个儿童在其表面玩耍的玩具,其表面设计载荷应可承受这些儿童的体重。

5.1.12 类似仿真武器玩具在设计和制造时应确保:

a) 不应被公安部《仿真枪认定标准》认定为仿真枪。

b) 弹射玩具不得以火药作为发射能源。

c) 弹簧式长枪、手枪、弓弩、射豆枪等弹射玩具的枪机组件和弹射物不得用金属和足以对人体造成伤害的材料制造。

d) 枪管、枪口、枪匣等主要部位要有两种以上的鲜艳颜色明显区别,外观颜色不得以黑、灰黑和仿金属涂层。鲜艳颜色面积要占总面积的二分之一以上。

e) 外形尺寸比例和结构应与制式枪支要有较大差异。

5.2 易燃性能

5.2.1 玩具在儿童所处的环境中不得构成危险的燃烧因素。玩具组成材料应符合以下一项或多项:

a) 如果直接暴露于火焰、火花或其他潜在火源时,材料不应燃烧;

b) 不应续燃(离火即灭);

c) 如果被点燃,火焰蔓延速度应缓慢;

d) 不考虑玩具的化学成分,玩具的设计应能从结构上延缓燃烧过程。

上述材料不得对玩具所用的其他材料构成引燃的风险。

5.2.2 玩具因功能所需而含有国家规定的危险物质或制剂,特别是化学实验、模型组件、塑料/陶瓷模压、上釉、照相或类似活动所用的材料和装置,不得含有因其挥发性不燃成分失去后而变为易燃的物质。

5.2.3 除玩具火药帽外,玩具本身不得为爆炸物,或含有对儿童本身或第三方造成伤害的易爆物质或成分。

5.2.4 玩具,特别是化学游戏玩具,不得含有下列物质:

a) 混合时,会因化学反应或加热而引起爆炸;

b) 当与氧化物混合时会引起爆炸;

c) 含有在空气中易燃和易于形成易燃或易爆气体/空气混合物的挥发性成分。

5.3 化学性能

5.3.1 玩具产品在正常使用及经滥用试验后所暴露的化学物质,不应给人体的健康带来负面影响。

5.3.2 玩具产品所使用的材料应符合国家在某些领域产品或禁用危险物的法律规定。

5.3.3 供特定年龄组的玩具产品中的材料和部件中可迁移元素(锑、砷、钡、镉、铬、铅、汞和硒)不应超过表1中的最大允许限量要求。

表 1 玩具产品中可迁移元素的最大限量

玩具材料	元素限量/(mg/kg 玩具材料)							
	锑 (Sb)	砷 (As)	钡 (Ba)	镉 (Cd)	铬 (Cr)	铅 (Pb)	汞 (Hg)	硒 (Se)
指画颜料	10	10	350	15	25	25	10	50
造型粘土	60	25	250	50	25	90	25	500
其他玩具材料(除造型粘土和指画颜料)	60	25	1 000	75	60	90	60	500

5.3.4 玩具产品在考虑可能的接触途径时应包括吞咽、舔舐、吮吸、长时间与皮肤接触等途径，玩具产品在正常使用或可预见的合理滥用测试后儿童不能通过上述所列接触途径接触的玩具材料和部件应免除 5.3.3 的要求。

5.3.5 玩具化妆品除符合化妆品有关规定外，其可迁移元素应符合表 1 中有关指画颜料的最大允许限量要求。

5.3.6 玩具产品中的液体应避免儿童接触及吞食；如果可能被接触或吞食，则应是安全的。

5.3.7 玩具产品应使用安全的塑料添加剂。可触及的玩具材料和部件中塑化材料的 6 种增塑剂(DBP、BBP、DEHP、DNOP、DINP、DIDP)的含量不得超过表 2 规定的限量要求。

表 2 限定增塑剂类别和限量要求

范围	限定增塑剂类别及对应 CAS		限量/%
所有产品包括可放入口中的产品	邻苯二甲酸二丁酯(DBP)	CAS 84-74-2	三种增塑剂总含量≤0.1
	邻苯二甲酸丁苄酯(BBP)	CAS 85-68-7	
	邻苯二甲酸二(2-乙基)己酯(DEHP)	CAS 117-81-7	
可放入口中的产品	邻苯二甲酸二正辛酯(DNOP)	CAS 117-84-0	三种增塑剂总含量≤0.1
	邻苯二甲酸二异壬酯(DINP)	CAS 68515-48-0	
		CAS 28553-12-0	
	邻苯二甲酸二异癸酯(DIDP)	CAS 26761-40-0	
		CAS 68515-49-1	
注：对于单一样品的单一材料的取样量不足 10 mg 时予以豁免。			

5.4 电气性能

5.4.1 玩具的供电额定电压不应超过 24 V 直流(DC)或等效交流(AC)电，且玩具的任何可触及部件间的电压差不应超过 24 V 直流或等效交流电。玩具内部任何两个导体间的电压差不应超过 24 V 直流电或等效交流电，除非产品能保证即使在破损情况时，不应导致有害的电击或任何风险。

5.4.2 玩具部件如果可连接到或可能接触到会导致电击的电源，该部件应与其电线或导电体一起进行适当地绝缘和机械保护，以防止发生电击等风险。

5.4.3 电玩具的设计和制造应确保所有直接可触及的表面能达到的最大温升不应导致使用者被灼伤。

5.4.4 在可预见的故障条件下，玩具应提供保护以防止可能由供电电源引起的电危险。

5.4.5 电玩具应提供充分的火灾防护。

5.4.6 玩具的电源变压器、电池充电器、适配器不认为是玩具整体的必要组成部分，但应符合国家相关电气安全标准的要求。

5.4.7 带有电子控制系统的玩具的设计和制造应确保:在正常使用条件和由于系统本身失效或外部因素导致电子系统开始发生故障或失效时,玩具均应是安全的。

5.5 卫生要求

5.5.1 玩具的设计和制造应确保符合卫生和清洁要求,以避免任何感染、致病和污染的风险。

5.5.2 供36个月以下儿童使用的玩具的设计和制造应确保能进行清洁。纺织品类玩具应可进行清洗,除非其包含的内部装置经洗涤后会导致损坏。玩具按照其特点和制造商的洗涤说明进行洗涤后,仍应符合本部分要求。

5.5.3 与食品直接接触的玩具及其部件和包装的材质应符合国家有关与食品接触材料的卫生要求。

5.6 辐射性能

5.6.1 电离辐射(即放射性)

玩具的设计和制造应避免产生电离辐射伤害。

5.6.2 光辐射

玩具的设计和制造应避免产生光辐射伤害。

5.7 玩具标识

5.7.1 玩具使用说明

玩具的适用年龄标识应符合 GB/T 28022。

玩具使用说明应符合 GB 5296.1 和 GB 5296.5 强制性条款要求。

5.7.2 玩具警告标识

玩具警告标识应包括:

a) 为确保玩具使用安全,如需要,应提醒使用者或其监护人对于玩具使用中所涉及的内在危害和伤害风险,以及如何避免上述危害的风险。附录 A 中列出了部分类别玩具规定的警告语,应当使用其所给出的措辞。

b) 警告语与玩具的预期使用目的相冲突的,不应在玩具上加贴一种或多种附录 A 所规定,并由其功能、尺寸和特性确定的特别警告语。

c) 制造商在玩具本体、标签、包装、有必要时在玩具随附的使用说明上的警示标志应当清晰可见、易于辨认和了解、且明白无误。不带包装的小玩具也应当附有适当的警告。

d) 警告语应当以“警告”、“注意”开始。

e) 对在玩具购买起决定作用的警告语,如标注使用者最小或最大年龄及附录 A 中规定的适用警告语,应出现在消费包装上,或令消费者在购买前能够清楚的看到,且包括网上购物的情形。

f) 电玩具应有电气安全的标识和使用说明,以提醒监护人和使用者合理地使用玩具,避免发生危险。

6 实施与监督

6.1 生产、销售和进口

依据《中华人民共和国标准化法》及《中华人民共和国标准化法实施条例》的有关规定,从事玩具科研、生产、经营的单位和个人，应严格执行本部分。不符合本部分的产品，禁止生产、销售和进口。

6.2 检举、申诉和投诉

依据《中华人民共和国标准化法》及《中华人民共和国标准化法实施条例》的有关规定，国家机关、企事业单位及全体公民有权检举、申诉、投诉违反本部分的行为。

6.3 监督检查

依据《中华人民共和国产品质量法》的有关规定，国家对玩具(产品)质量实施以抽查为主要方式的监督检查制度。

6.4 安全认证

本部分涉及的安全认证工作按国家有关法律、法规、规定执行。如国家对童车、塑胶玩具、电玩具、金属玩具、弹射玩具、娃娃玩具实施国家强制性产品认证(CCC)。

6.5 召回

对于存在同一性的、危及儿童健康和安全的不合理危险的玩具，按《儿童玩具召回管理规定》执行。

6.6 其他市场准入管理制度

本部分涉及的其他市场准入管理制度按国家有关法律、法规、规定执行。

7 法律责任

对违反本部分的规定，依据《中华人民共和国标准化法》、《中华人民共和国产品质量法》、《中华人民共和国认证认可条例》等有关法律、法规的规定处罚。

8 其他

本部分由国家标准化管理委员会(国家标准化管理局)负责解释。

附 录 A
（规范性附录）
警 告

A.1 一般性警告

玩具对使用者的限制应当至少包括使用者的最小或最大年龄限制；适用时，还应包括使用者的能力、最小或最大体重、以及需要确保玩具仅在成人监护下使用。

A.2 对使用某些类别玩具时预防措施的特别警示

A.2.1 不适合36个月以下儿童使用的玩具

对36个月以下儿童可能构成危险的玩具应附警告，例如：**“警告：不适合36个月以下儿童使用”**或**“警告：不适合3岁以下儿童使用”**或采用图A.1图标。

图A.1 年龄警告的图标

这些警告应当附简单注释，其可出现在说明书中，对此警示所针对的特别危害予以说明。

本规定不适用于那些由于其功能、尺寸、特性和性能或其他令人信服的理由而明显不适合36个月以下儿童使用的玩具。

A.2.2 活动玩具

活动玩具应施加以下警告：

“注意：仅限于家用。”

在适当情况下，系在横梁上的活动玩具及其他活动玩具应随附必要说明，提醒使用者需要定期对主要部件（悬架、固定装置、锚式固定装置等）进行检查和保养，并指出如果不实施这些检查，则玩具有可能垮塌或翻倒。

使用说明还应提供玩具的正确安装方法，并指出如未正确安装，有些部件可能会出现危险。还应当提供与玩具适于放置的平面相关的具体信息。

A.2.3 功能性玩具

功能性玩具应施加以下警告：

“注意：仅在成人直接监护下使用。”

此外，通常如果玩具是某装置或产品的比例模型或仿制品，则此类装置或产品可能出现的危险应在随附的使用说明书予以说明，告知使用者应采取的预防措施，并警告：如果不采取这些预防措施，使用者将会遇到的危险。同时还应指出，此玩具不得让低于某一特定年龄的儿童接触到，以上所指的特定年龄应由制造商指定。

A.2.4 化学玩具

A.2.4.1 在不违背关于危险物质或混合物的分类、包装和标签的使用法律所规定的条款适用情况下，含有内在危险性物质或混合物的玩具的使用说明书应表明对这些危险物质或混合物危险特性的警告，并阐明使用者为避免其相应危害应采取的预防措施。对于这些危害，可按不同的玩具类型予以简要说明。对于使用此类玩具引起的严重事故时采取的急救措施也应加以说明。同时还应指出，此玩具不得让低于某一特定年龄的儿童接触到，以上所指的特定年龄应由制造商指定。

A.2.4.2 除了 A.2.4.1 中规定的说明外，化学玩具还应在包装上标注以下警告：

"警告：不适合××岁以下儿童，应在成人监护下使用。"

下列玩具尤其应被视为化学玩具：成套化学用具、塑制嵌入玩具、小型制陶用具、使用过程中有化学反应或类似物质改变出现的上釉、摄影和类似玩具。

A.2.5 各式滑冰鞋、旱冰鞋、直排轮滑鞋、滑板、滑板车和玩具自行车

这些玩具应施加以下警告：

"警告：应穿戴防护装备，不得在公共交通道路上使用。"

此外，使用说明应提示：此类玩具需要很高的技巧，为保证使用者和第三方免受跌伤和碰撞伤害，请谨慎使用。还应指明推荐使用的一些防护装备(头盔、手套、护膝、护肘等)。

A.2.6 水上玩具

水上玩具应施加以下警告：

"警告：应在成人监护下且浅于儿童自身可及的水深内使用。"

A.2.7 与食品接触的玩具

包含于食物中或与食品混合在一起的玩具应施加以下警告：

"警告：内含玩具，需在成人监护下使用。"

A.2.8 仿制防护玩具

仿制防护玩具应施加以下警告：

"本玩具不具备防护能力。"

A.2.9 以绳索、软线、松紧带或皮带捆扎于摇篮、婴儿床或手推婴儿车上的玩具

以绳索、软线、松紧带或皮带捆扎于摇篮、婴儿床或手推婴儿车上的玩具应在其包装上施加以下警告，该警告还应同时永久地标注于玩具本体：

"为避免可能的缠绕伤害，请在儿童试图以爬行姿势使用手膝站立时移除此玩具。"

A.2.10 嗅觉板游戏玩具、化妆套具玩具和味觉游戏玩具包装中的芳香物质

嗅觉板游戏玩具、化妆套具玩具和味觉游戏玩具包装中如含有致敏性芳香物质，则应施加以下警告：

"本品可能含有致敏性芳香物质。"

ICS 97.200.50
Y 57

中华人民共和国国家标准

GB 6675.2—2014
部分代替 GB 6675—2003

玩具安全
第2部分:机械与物理性能

Safety of toys—Part 2: Mechanical and physical properties

(ISO 8124-1:2000,Safety of toys—Part 1:Mechanical and physical properties,MOD)

2014-05-06 发布　　2016-01-01 实施

中华人民共和国国家质量监督检验检疫总局
中国国家标准化管理委员会　发布

前　言

本部分的全部技术内容为强制性。

GB 6675 是玩具安全系列标准，包括以下部分：

——基本规范(GB 6675.1)；

——通用要求，包括但不限于机械与物理性能(GB 6675.2)、易燃性能(GB 6675.3)、特定元素的迁移(GB 6675.4)；

——特定要求，是针对特定产品的要求。

本部分是玩具安全系列标准通用要求中的机械与物理性能(GB 6675.2)，与 GB 6675.1、GB 6675.3、GB 6675.4、GB 19865(适用于电玩具)结合使用。

本部分按照 GB/T 1.1—2009 给出的规则起草。

本部分部分代替 GB 6675—2003《国家玩具安全技术规范》。

本部分与 GB 6675—2003 的 4.1 和附录 A 相比，主要变化如下：

——删除了原标准附录 A.A"电池动力玩具"，其他附录重新编号；

——将声响要求、测试方法列入正文中，并增加了定义，内容也作了较大改动，删除原标准附录 A.F；

——多处修改了年龄组的划分界限，比如将"36 个月及以下"修改为"36 个月以下"；

——增加了与磁体相关的定义，见 4.5.8"半球形玩具"、4.29"磁体和磁性部件"、5.26"磁体拉力测试"、5.27"磁通量指数"、5.28"磁体冲击测试"、5.29"磁体浸泡测试"、B.2.20"供 8 岁及以上儿童使用的磁/电性能实验装置"、附录 D"玩具枪标记"及 E.43"磁体"等内容；

——对 4.8"突出部件"、4.10"用于包装或玩具中的塑料袋或塑料薄膜"、4.13.3"乘骑玩具的传动链或皮带"、4.18.2"蓄能弹射玩具"、4.18.3"非蓄能弹射玩具"、4.26"玩具旱冰鞋、单排滚轴溜冰鞋及玩具滑板"、5.10"塑料薄膜厚度测试"和 5.24.8"挠曲测试"等条款作了较大的修改。

本部分使用重新起草法修改采用 ISO 8124-1:2000《玩具安全　第 1 部分：机械和物理性能》及其修正 A1:2007、A2:2007 及 ISO 8124-1:2009 修正 A2:2012。本部分与 ISO 8124-1:2000 的技术性差异及其原因如下：

——关于规范性引用文件，本部分做了具有技术性差异的调整，以适应我国的技术条件，调整的情况集中反映在第 2 章"规范性引用文件"中，具体调整如下：

- 用修改采用国际标准的 GB/T 230.1—2009 代替 ISO 6508-1:2005；
- 用等同采用国际标准的 GB/T 2411 代替 ISO 868；
- 用等同采用国际标准的 GB/T 3505 代替 ISO 4287；
- 用非等效采用国际标准的 GB/T 3768—1996 代替 ISO 3746:1995；
- 用等同采用国际标准的 GB/T 3785.1—2010 代替 IEC 61672-1:2002；
- 用等同采用国际标准的 GB/T 3785.2—2010 代替 IEC 61672-2:2003；
- 用等同采用国际标准的 GB/T 6672 代替 ISO 4593；
- 用等同采用国际标准的 GB 14746 代替 ISO 8098；
- 增加引用了 GB/T 17248.2、GB/T 17248.3、GB/T 17248.5、GB/T 26710、GB/T 28022；

——4.10 增加注 1；

——修改 5.10；

——修改 5.24.2；

本部分做了下列编辑性修改：

——纳入了修正 A1:2007、A2:2007 及 ISO 8124-1:2009 修正 A2:2012。

本部分由中国轻工业联合会提出。

本部分由全国玩具标准化技术委员会(SAC/TC 253)归口。

本部分起草单位:广东出入境检验检疫局检验检疫技术中心玩具实验室、北京中轻联认证中心、广东奥飞动漫文化股份有限公司、骅威科技股份有限公司、好孩子儿童用品有限公司、广东群兴玩具股份有限公司、深圳天祥质量技术服务有限公司、通标标准技术服务有限公司深圳分公司、扬州进出口玩具检验所、中国上海进出口玩具检测中心、深圳市计量质量检测研究院、深圳出入境检验检疫局玩具检测技术中心。

本部分主要起草人:陈阳、李骏奇、郭祥彬、劳泳坚、刘家雄、张艳芬、朱维星、王龙、柯灯明、刘炘、雷再明、雷达华、尹丽娟、黄逸贤。

本部分所代替标准的历次版本发布情况为：

——GB 6675—1986、GB 6675—2003。

引　言

本部分技术内容修改采用ISO 8124-1：2000 及其修正 A1：2007、A2：2007 及 ISO 8124-1：2009 修正A2：2012。

ISO 8124-1 是以现存的欧盟标准(EN 71-1)和美国标准(ASTM F963)为基础而编写的。

符合本部分要求的玩具将会减少玩具按预定方式使用(正常使用)和非预定方式使用(可预见的合理滥用)所引起的潜在危险。

本部分不能、也不会免除家长选择合适玩具的责任。同时，本部分也不能免除家长在不同年龄儿童接近/使用同一玩具时的监管责任。

附录 A、附录 B、附录 C、附录 D 和附录 E 只作资料性参考，但对正确解释 GB 6675.2 是很重要的。

电玩具的安全已包含在 GB 19865 中。

为符合安全标识的目的而需要年龄标识时，年龄标识可以以月或者年来表示。

玩具安全
第2部分:机械与物理性能

1 范围

GB 6675 的本部分适用于所有玩具,即设计用于或预定用于 14 岁以下儿童玩耍的任何产品或材料。本部分适用于消费者首次得到的玩具,也适用于通过合理的、可预见的正常使用和滥用测试后的玩具,除非另有特殊声明。

本部分规定了可接受的玩具结构特征的要求,包括形状、尺寸、轮廓、间隙(如摇铃玩具、小零件、锐利尖端、锐利边缘、铰链等)及某些玩具性能的参数要求(非弹性头弹射物的最大动能、某些乘骑玩具的最小倾倒角等)。

本部分规定了从新生婴儿至 14 岁儿童使用的不同年龄组玩具的要求及测试方法。这些要求随玩具所对应不同年龄组而不同。特定年龄组儿童使用的玩具的要求是根据危险的特性及儿童应对的智力和体力而制定的。

注 1:参见附录 A 玩具年龄分组指南,更详细年龄段划分参见 GB/T 28022。

本部分要求在某些玩具本体或其包装上有合适的警告内容和/或使用说明。警告及使用说明的基本内容在附录 B 中列出。

本部分不能全部覆盖各类玩具或特定玩具可能存在的全部潜在危险。除了要求标示功能性危险及玩具所适用的年龄范围外,本部分未对存在为众所周知的明显危险的功能性玩具提出警示说明的要求。

注 2:这种明显危险的例子是针的正常功能所必需的锐利尖端。玩具缝纫套装的购买者很清楚针的危险,使用者在学习缝纫的一般性教育过程中会了解到功能性锐利尖端的危险,而购买时通过产品包装上的警示说明也可了解。

注 3:玩具滑板车在使用方面也有固有的已被认识的危险(如使用过程中的不稳定性,特别是对初学者)。符合本部分要求,会使与结构特性相关的潜在危险(锐利边缘、夹伤等)减少到最小程度。

下列产品不适用于本部分:

a) 自行车(除玩具自行车外),即鞍座最大高度大于 435 mm 的自行车(见 E.1);
b) 投石器/弹弓;
c) 带有金属尖头的飞镖或标枪;
d) 家庭及公共场所的户外游戏场地设备;
e) 气压和气动气枪和气手枪(见 E.1);
f) 风筝(但本部分包括风筝线的线电阻要求);
g) 最终成品主要不具有玩耍价值的模型、业余消遣品或工艺品;
h) 体育用品和设备、野营用品、运动设备、乐器和家具,但不包括其玩具仿制品;
通常来说,玩具仿制品与这类用品间存在明显的区别,例如:乐器或运动器材与其玩具仿制品存在明显的差别,生产者或销售商的意图、正常使用和可预见的合理滥用决定其是否为玩具仿制品;
i) 内燃机驱动的飞机、火箭、船只、车辆模型,但不包括其玩具仿制品(见 E.1);
j) 不是为 14 岁以下儿童设计的收藏品;
k) 节假日装饰品;
l) 预定用于深水中的水上器材、游泳学习用器具和如游泳垫和游泳辅助器等供儿童助浮用的水上器具;
m) 安装于公共场所(如街道和商场)的玩具;

n) 由500个以上拼块或不带样图的供专门人士使用的拼图；
o) 烟花爆竹，包括火药帽(但玩具专用火药帽除外)；
p) 在成人监管下供教学使用的含有加热元件的产品；
q) 蒸汽机；
r) 额定电压超过24 V的可与影像屏幕连接的视频玩具；
s) 婴儿奶嘴；
t) 仿真武器；
u) 额定电压超过24 V的电烘箱、电熨斗或其他功能性产品；
v) 弓弦的最大松弛长度大于120 cm的弓箭装置；
w) 儿童用饰物(见E.1)。

2 规范性引用文件

下列文件对于本文件的应用是必不可少的。凡是注日期的引用文件，仅注日期的版本适用于本文件。凡是不注日期的引用文件，其最新版本(包括所有的修改单)适用于本文件。

GB/T 230.1 金属材料 洛氏硬度试验 第1部分：试验方法(A、B、C、D、E、F、G、H、K、N、T标尺)(GB/T 230.1—2009，ISO 6508-1：2005，MOD)

GB/T 2411 塑料和硬橡胶 使用硬度计测定压痕硬度(邵氏硬度)(GB/T 2411—2008，ISO 868：2003，IDT)

GB/T 3505 产品几何技术规范(GPS) 表面结构 轮廓法 术语、定义及表面结构参数(GB/T 3505—2009，ISO 4287：1997，IDT)

GB/T 3768—1996 声学 声压法测定噪声源声功率级 反射面上方采用包络测量表面的简易法(eqv ISO 3746：1995)

GB/T 3785.1—2010 电声学 声级计 第1部分：规范(IEC 61672-1：2002，IDT)

GB/T 3785.2—2010 电声学 声级计 第2部分：型式评价试验(IEC 61672-2：2003，IDT)

GB/T 6672 塑料薄膜和薄片厚度测定 机械测量法(GB/T 6672—2001，idt ISO 4593：1993)

GB 14746 儿童自行车安全要求(GB/T 14746—2006，ISO 8098：2002，IDT)

GB/T 17248.2 声学 机器和设备发射的噪声 工作位置和其他指定位置发射声压级的测量 一个反射面上方近似自由场的工程法(GB/T 17248.2—1999，eqv ISO 11201：1995)

GB/T 17248.3 声学 机器和设备发射的噪声 工作位置和其他指定位置发射声压级的测量 现场简易法(GB/T 17248.3—1999，eqv ISO 11202：1995)

GB/T 17248.5 声学 机器和设备发射的噪声 工作位置和其他指定位置发射声压级的测量 环境修正法(GB/T 17248.5—1999，eqv ISO 11204：1995)

GB/T 26710 玩具安全 年龄警告图标

GB/T 28022 玩具适用年龄判定指南

3 术语和定义

下列术语和定义适用于本文件。

注：在GB 6675本部分中的要求适用于某几个年龄段。对这些年龄段的解释，请见E.42(年龄段划分术语)。

3.1

可触及性 accessible

玩具部件或零件能被5.7中描述的可触及探头轴肩之前的任何部分所接触到。

3.2

水上玩具 aquatic toy

充气或不可充气的，能承载儿童体重并在浅水中游乐用的器具。

注：浴室玩具和沙滩球不被视为水上玩具。

3.3

球　ball

设计或预定用来抛、拍、踢、滚、投掷或弹跳的球形、橄榄形、椭圆形的物体。

注 1：本定义包括用绳、弹性绳或类似的绳系在玩具或物体上的球和任何以平面相连的多面体、球形、橄榄形、椭圆形、设计或预定用作球的新颖小巧的物体。

注 2：本定义不包括骰子或永久封闭在弹球游戏机、迷宫或类似的容器中的球。如果按 5.24(可预见的合理滥用测试)测试时，球不会从容器中脱出，则认为球被永久地封闭。

3.4

衬里　backing

贴在软塑料薄膜上的材料。

3.5

电池动力玩具　battery-operated toy

至少有一个功能依靠电池作动力的玩具。

3.6

毛刺　burr

由于材料切割或加工得不平整而出现的粗糙部分。

3.7

倒塌　collapse

突然或意想不到的结构体折叠。

3.8

绳索　cord

一根细长的、柔软的材料。

注：玩偶的头发不视为绳索。

示例：单纤维丝、编织和搓捻的绳、粗绳、塑料纺织带、丝带及那些通常被称为线的纤维状材料。

3.9

夹伤　crushing

由于两个坚硬表面的挤压而导致的身体部分的伤害。

3.10

弹射机构　discharge mechanism

用以释放或发射物体的机构。

3.11

驱动装置　driving mechanism

玩具的连接组合机构(如齿轮、皮带、发条机构)，至少有一个连接部件运动不依靠人力驱动(如电力或机械动力驱动)。

3.12

边缘　edge

两表面连接处形成的长度超过 2.0 mm 的边线。

3.12.1

曲边　curled edge

将边缘部分弯曲成弧状，且与基本面形成小于 90°的夹角。

见图 1a)。

3.12.2

折边　hemmed edge

将边缘部分折叠，其夹角接近 180°，使折叠部分与主平面之间接近平行。

见图 1b)。

3.12.3

卷边　rolled edge

将边缘部分弯曲成弧状，且与主平面形成 90°～120°的夹角。

见图 1c)。

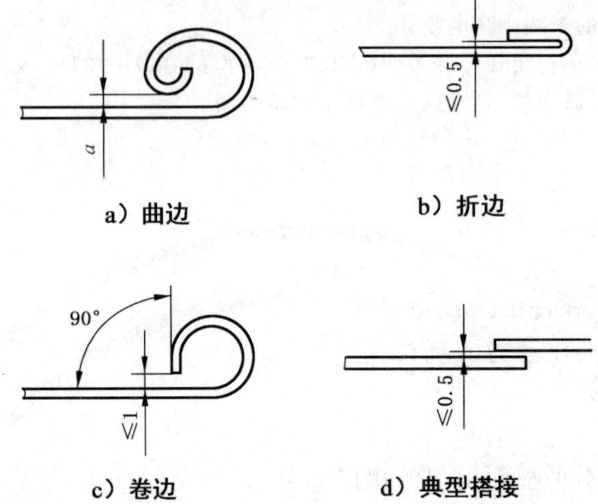

a）曲边　b）折边

c）卷边　d）典型搭接

说明：

a——无限制。

图 1　边缘

3.13

膨胀材料　expanding material

与水接触后体积发生膨胀的物质。

3.14

紧固件　fastener

将玩具的两个或更多部件连接在一起的机械装置。

示例：螺丝、铆钉、订书钉。

3.15

切边　feathering

材料在剪切或切割过程中形成的斜薄边(或厚度由中间向一边逐渐减小)。

3.16

溢边　flash

在模具的配合部件间溢出的材料。

3.17

折叠机构　folding mechanism

以铰接或旋轴连接，在操作时会产生挤压、剪切作用的折叠或滑动机构。

示例：玩具烫衣板、玩具婴儿推车。

3.18

功能性玩具　functional toy

这类玩具通常是与成人使用的某些产品、器具或设备具有相同的功能和使用方式的比例模型。

示例：加热炉。

3.19

绒毛 fuzz

毛绒玩具表面上的易于脱落的纤维状材料。

3.20

玻璃 glass

通过熔解产生的硬质、脆的、非结晶物质，通常是用硅土与含有苏打和石灰的硅酸盐互相熔解制成。

3.21

伤害 harm

物理损伤或对人体健康的危害，或对财产或环境的破坏。

3.22

危险 hazard

潜在的伤害源。

注：术语“危险”可被定义为可预见的伤害的原因或性质（如电击危险、折叠夹持危险、剪切危险、中毒危险、火灾危险、淹没危险）。

3.23

危险突出物 hazardous projection

这种突出物由于材料和/或构造，使得儿童踩踏或跌落其上时可能产生刺伤危险。

注1：对眼和/或口的刺伤危险不包括在内，因为不可能通过产品的设计完全消除对身体的这些部分的刺伤危险。

注2：如果对小玩具上的突出物的末端施加压力时，小玩具就倾倒，则认为该突出物不太可能产生危险。

3.24

危险锐利边缘 hazardous sharp edge

在正常使用和可预见的合理滥用过程中，可能产生不合理伤害的玩具可触及边缘。

3.25

危险锐利尖端 hazardous sharp point

在正常使用和可预见的合理滥用过程中，可能产生不合理伤害的玩具可触及尖端。

3.26

铰链线间隙 hinge-line clearance

在玩具的固定部分与沿着或通过旋转轴线的活动部分之间的间隙。见图2。

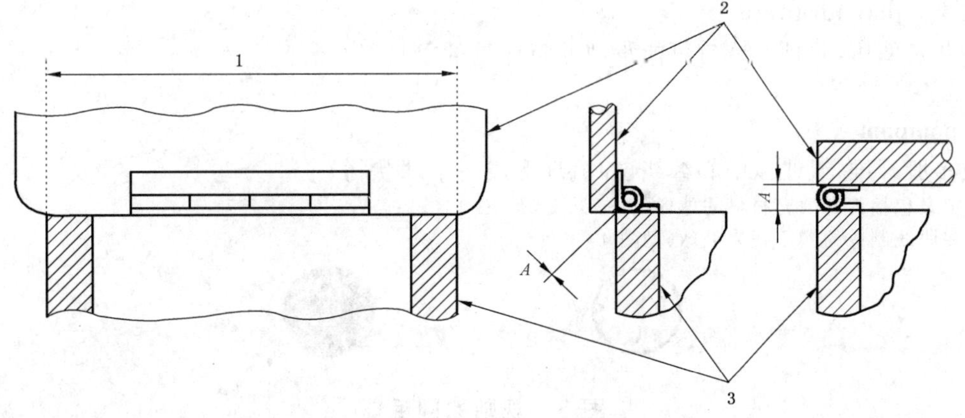

说明：

A ——铰链线间隙；

1 ——铰链；

2 ——盖子；

3 ——盒子。

图2 铰链线的间隙

3.27

预期使用 intended use

按照供应商提供的信息来使用产品、程序或服务。

3.28

搭接 lap joint

一条边与一个平行表面重叠的接合处，但整个重叠长度上不必所有的点都与平面接触。

见图1d)。

3.29

大型玩具 large and bulky toy

基座投影面积超过0.26 m^2 或体积超过0.08 m^3（不计小型附属物）的玩具。

注：装有固定腿的玩具的基座面积是由连接周边上每条腿的最外边所得直线围成的面积。

3.30

弹珠 marble

由硬质材料（如：玻璃、玛瑙、石头、塑料）制成的球。这些球被用在儿童游戏中，一般用做游戏部件或做标记用。

3.31

金属 metal

包含单一金属或合金的材料。

3.32

正常使用 normal use

按随玩具所附的操作说明，或按传统或习惯进行的、或显而易见的玩具玩耍方式。

3.33

包装 packaging

购买玩具时的附属物，但不具玩耍功能。

3.34

纸张 paper

作为纸或纸板销售的、单位面积质量不超过400 g/m^2 的材料。

3.35

玩具家具 play furniture

预定给儿童使用，并预定或有可能承载儿童体重的家具。

3.36

毛球 pompom

长的或多股纤维、绳线以中心缠绕，并梳理形成一个球状物。

注1：此定义包括内有填充材料的球形附件（见图3）。

注2：由多股线制成的缨不视为毛球（见图4）。

图3 规则的圆毛球

图4 多股线制成的缨

3.37

弹射物　projectile

预定被发射到空中作自由飞行或弹道飞行的物体。

3.38

蓄能弹射玩具　projectile toy with stored energy

通过可贮存和释放能量的弹射机构发射弹射物的玩具。

3.39

非蓄能弹射玩具　projectile toy without stored energy

由儿童给予的能量发射弹射物的玩具。

3.40

保护帽、保护盖或保护端部　protective cap,protective cover or protective tip

附着于潜在危险边缘或突出物以减少伤害危险的部件。

3.41

拖拉玩具　pull toy

在地板或地面上拖拉的玩具。

注：给36个月及以上儿童使用的玩具不视为拖拉玩具。

3.42

可预见的合理滥用　reasonably foreseeable abuse

在非供应商推荐的条件下，或不按供应商推荐的用途来使用玩具，但又有可能发生的情况；这是由玩具与儿童的正常行为共同作用产生的，或仅由儿童的正常行为产生。

示例：故意拆卸、跌落或用非推荐方法使用玩具。

注：模拟可预见的合理滥用的测试见5.24。

3.43

可拆卸部件　removable component

玩具上预定不用工具就能拆卸的零件或部件。

3.44

刚度　rigidity

按GB/T 2411测试时，材料的邵尔A硬度超过70。

3.45

风险　risk

伤害发生的可能性和严重性的总和。

3.46

仿制防护玩具　simulated protective equipment

设计给配戴者用作模拟保护身体的玩具。

示例：保护头盔、玩具护目镜。

3.47

软体填充玩具　soft-filled toy;stuffed toy

有衣物或无衣物、用软性材料填充、身体柔软、可用手随意地挤压玩具主体部位的玩具。

3.48

锐利碎片　splinter

有锐利尖端的碎片。

3.49

弹簧　springs

3.49.1

螺旋弹簧　helical spring

具有线圈形状的弹簧。

见图 5。

3.49.1.1

压缩弹簧　compression spring

压缩以后基本能恢复到原状的螺旋弹簧。

3.49.1.2

拉伸弹簧　extension spring

拉伸以后基本能恢复到原状的螺旋弹簧。

3.49.2

盘簧　spiral spring

发条式的弹簧。

见图 6。

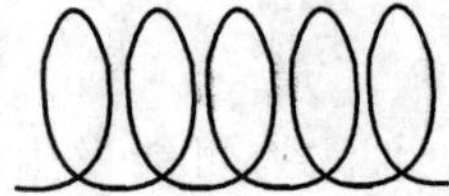

图 5　螺旋弹簧

图 6　盘簧

3.50

出牙器　teether

主要用于减轻儿童出牙时不适症状的口用玩具。

3.51

工具　tool

螺丝刀、硬币等其他能用来打开螺丝、夹子或类似固定件的物体。

3.52

玩具　toy

设计或明显地预定给 14 岁以下儿童玩耍的产品或材料。

3.53

玩具自行车　toy bicycle

带或不带稳定装置的、鞍座高度小于或等于 435 mm，仅以骑车人的人力特别是借助于脚踏板来驱动的两轮车。

3.54

玩具箱　toy chest

封闭体积大于 0.03 m^3，预定设计用于储存玩具的有铰链盖的容器。

3.55

弹性材料　resilient material

按 GB/T 2411 测试时邵尔 A 硬度小于 70 的材料。

3.56

挤压玩具　squeeze toy

手持式柔软玩具，通常带有发声功能，当扭曲或挤压玩具迫使空气通过开孔时产生声音，松开后玩具通常能恢复原状。

3.57

近耳玩具　close-to-the-ear toy

供靠近耳朵使用的玩具，即这类玩具的发声部分通常放在儿童的耳朵旁。

示例：从听筒发声的玩具手机或者玩具电话。

3.58

连续声音　continuous sound

稳态声音或持续时间超过 1 s 的一组变化的声音。

3.59

C 计权峰值声压级　C-weighted peak sound pressure level

L_{pCpeak}

使用标准化的 C 计权获得的峰值声压级。

3.60

A 计权等效声压级　A-weighted equivalent sound pressure level

L_{pAeq}

在指定时间阶段内及在指定位置，具有与随时间变化的声音相同的 A 计权声音能量的稳态声音水平级。

3.61

爆炸功能　explosive action

能量的瞬间释放，其特征是快速膨胀或材料的突然爆裂。

3.62

手持玩具　hand-held toy

供握于手中使用或操作的玩具。

示例：玩具工具、小型电子游戏用品、填充动物、娃娃、音乐玩具、击发火药帽的玩具。

3.63

脉冲声音　impulsive sound

以明显超过环境噪声的短暂的声压偏移为特征的声音，典型的脉冲声音的持续时间小于 1 s。

3.64

最大 A 计权声压级　maximum A-weighted sound pressure level

L_{pAmax}

使用标准化 A 计权和快速响应(时间计权)测得的最大声压级。

3.65

摇铃　rattle

明显设计为摇动时发出声音的玩具，供年龄太小以致在无人帮助下不能坐立的儿童用的。

3.66

桌面、地板和童床玩具　table-top, floor and crib toy

供连接在或放在桌面、地板或童床内玩耍的玩具。

示例：玩具车、堆垛玩具、大型笨重玩具、游戏用品和连接到童床围栏的活动玩具。

3.67

玩具电子电气元件中的功能性磁体　functional magnet in electrical or electronic components of toys

玩具的电机、继电器、喇叭和其他电子电气元件中为实现其功能所必需的磁体，其本身的磁性能不具备玩耍价值。

3.68

磁性部件　magnetic component

任何与磁体相连，完全地或部分地包裹着磁体的玩具部件。

3.69

磁/电性能实验装置　magnetic/electrical experimental set

含有一个或多个磁体，用于与电磁学相关教学实验的玩具。

4　技术要求

4.1　正常使用(见 E.2)

玩具应在可预见的正常使用状态下进行测试，以保证在玩具正常耗损的情况下，仍不会出现危险(见 E.2)。

标明可洗涤的玩具应按 5.23(可洗涤玩具的预处理)进行洗涤预处理。

玩具在测试前和测试后，均应满足第 4 章的相关要求。

4.2　可预见的合理滥用(见 E.3)

玩具在经过 5.1～5.23 相关正常使用测试后，如无特别说明，对于预定供 96 个月以下儿童使用的玩具，应按 5.24(可预见的合理滥用测试)进行滥用测试(见 E.3)。

玩具在测试前和测试后，均应满足第 4 章的相关要求。

4.3　材料

4.3.1　材料质量(见 E.4)

所有材料目视检查应清洁干净，无污染。材料的检查应通过经正常矫正后的视力目视检查而非放大检查。

4.3.2　膨胀材料(见 E.5)

按 5.2(小零件测试)测试能完全容入小零件试验器的玩具或玩具部件，按 5.21(膨胀材料测试)测试时，任何部分膨胀不应超过原尺寸的 50%。

本条不适用于玩具种植箱内的种子。

4.4　小零件(见 E.6)

4.4.1　36 个月以下儿童使用的玩具

预定供 36 个月以下儿童使用的玩具及其可拆卸部件，按 5.24(可预见的合理滥用测试)测试后脱落的部件，按 5.2(小零件测试)测试时均不应完全容入小零件试验器。

本条也适用于玩具碎片，包括但不限于溢边、塑料碎片、泡沫材料碎片等。

本条不适用于下列玩具或玩具部件：

- 书籍或其他用纸或纸片做成的物品；
- 书写工具(如蜡笔、粉笔、铅笔及钢笔)；
- 造型黏土或类似物品；
- 指画颜料、水彩、套装颜料及画刷；
- 绒毛；

- 气球；
- 纺织物；
- 纱线；
- 橡皮筋。
- 本身不是小零件的音频和/或视频光盘。

供36个月以下儿童使用的玩具分类指南见A.4.2。

4.4.2 36个月及以上但不足72个月儿童使用的玩具

预定供36个月及以上但不足72个月儿童使用的玩具或其可拆卸部件如能容入5.2(小零件测试)测试要求的小零件试验器，应设警示说明(见B.2.3,E.6)。

4.5 某些特定玩具的形状、尺寸及强度(见E.7)

4.5.1 挤压玩具、摇铃及类似玩具

本条a)和b)适用于下列玩具(软体填充玩具、玩具的软体填充部分、纺织物部分不适用)：

- 供18个月以下儿童使用的挤压玩具；
- 摇铃玩具；
- 出牙器及出牙玩具；
- 儿童健身器的支脚。

也适用于下列供无人帮助下不能独立坐起的幼小婴儿使用的质量小于0.5 kg的玩具：

- 供横越童床、游戏围栏和婴儿车串起来的玩具的可拆卸部件；
- 婴儿健身器上的可拆卸部件。

a) 该类玩具应设计成在进行5.3测试时，任何部分都不能突出于测试模板A的底部；

b) 对于带有球形，半球形或有圆形端部的玩具，应设计成在进行5.3测试时，这些端部不应突出于补充测试模板B的底部。

4.5.2 小球

小球是指经5.4(小球测试)测试后能完全通过小球测试器的任何球形物品。

a) 供36个月以下儿童使用的玩具不应是小球或含有可拆卸的小球；

b) 供36个月及以上但不足96个月儿童使用的玩具如果是小球或含有可拆卸的小球，或经5.24(可预见的合理滥用测试)测试后脱出的小球，应设警示说明[见B.2.5a)]。

4.5.3 毛球(见E.8)

供36个月以下儿童使用的毛球在经过5.24.6.3(毛球拉力测试)测试后如被拉脱，按5.5(毛球测试)测试时，应不能完全通过毛球测试器。在毛球拉力或扭力测试中从毛球上脱落的任何部件、组块或独立丝束，不应进行5.5(毛球测试)测试。

4.5.4 学前玩偶(见E.9)

除纺织物做成的软体玩偶外，供36个月以下儿童使用的学前玩偶如果：

a) 头顶部是圆形、球形或半球形，由收窄的颈部连接圆筒形的无其他附件的躯干；

b) 总长度不超过64 mm(见图7)。

则其圆形端部应不能容入并穿透5.6(学前玩偶测试)的学前玩偶测试器的整个深度；该要求同样适用于附加或模塑有类似帽子或头发等部件而不影响端部为圆形的玩偶。

图7 学前玩偶示例

4.5.5 玩具奶嘴

供36个月以下儿童使用的玩具奶嘴的奶头长度应不超过16 mm，该长度是从奶头底部挡板到奶头最端部的距离。

注：真正的奶嘴应符合国家的相关规定。

4.5.6 气球[见4.10、4.25d)及E.10]

乳化橡胶制造的气球应设警示说明(见B.2.4)。

4.5.7 弹珠

玩具弹珠、含有可拆卸弹珠的玩具或经5.24(可预见的合理滥用测试)测试后可能脱出弹珠的玩具，其包装上应设警示说明[见B.2.5b)]。

4.5.8 半球形玩具(见E.40)

本要求适用于具有近似圆形、卵形或椭圆形开口的杯状、碗状或半蛋形的玩具，其开口内部的长轴与短轴都介于64 mm和102 mm之间，容积小于177 mL，深度大于13 mm，并供36个月以下儿童使用。

以下玩具免于本要求：

- 在适用于24个月及以上儿童的产品中供盛装液体的物品(例如罐子和盆子)；
- 必须具气密性以保持所装物体的功能完整的容器(例如造型黏土容器)；
- 经5.24(可预见的合理滥用测试)测试后仍为不可拆卸的较大产品的部件(例如：牢固地连接在玩具火车上的碗状烟囱，或在较大的场景类玩具中注塑成型的游泳池)；
- 取出玩具后即丢弃的零售包装容器。

杯状、碗状、半蛋形玩具应符合下述a)、b)、c)或者d)中至少一项的要求：

a) 玩具至少有两个开孔，当沿着外围轮廓测量时，这些开孔与玩具开口平面边缘的垂直距离至少为13 mm。
   - 如果开孔位于物品的底部，至少有两个起码分开13 mm的开孔；见图8a)；
   - 如果开孔不是位于物品的底部，至少有两个分开至少30°但不超过150°的开孔；见图8b)。

b) 杯子的开口端平面应在中央被一些类型的分隔物隔断，该分隔物距离杯子的开口端平面最多为6 mm；分隔物隔断的例子为用一块肋板在开口端平面中央分隔，见图8c)。

c) 有三个开孔，至少分开100°，沿着外围轮廓测量时与边缘的距离为6 mm～13 mm之间。

d) 整个边缘为重复的齿状。相邻的齿峰的中心线的最大距离应为25 mm，且最小深度应为6 mm。齿状边缘图案的例子见图8d)。

上述开孔的定义为最小尺寸为2 mm的任何形状的孔洞。

按5.24(可预见的合理滥用测试)测试前和测试后都应符合本条款要求。

单位为毫米

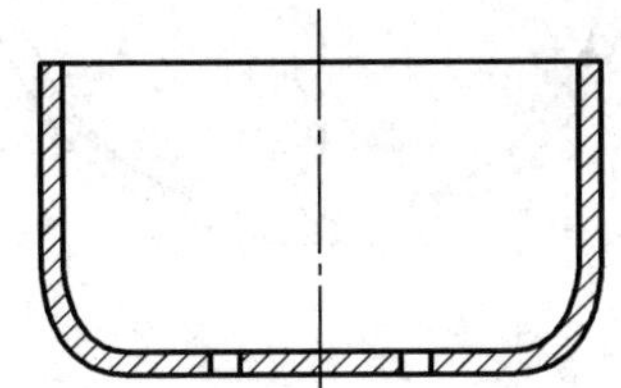

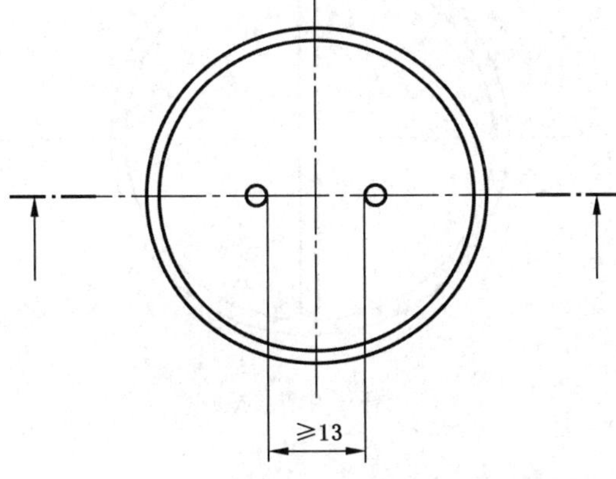

a) 碗底的开孔

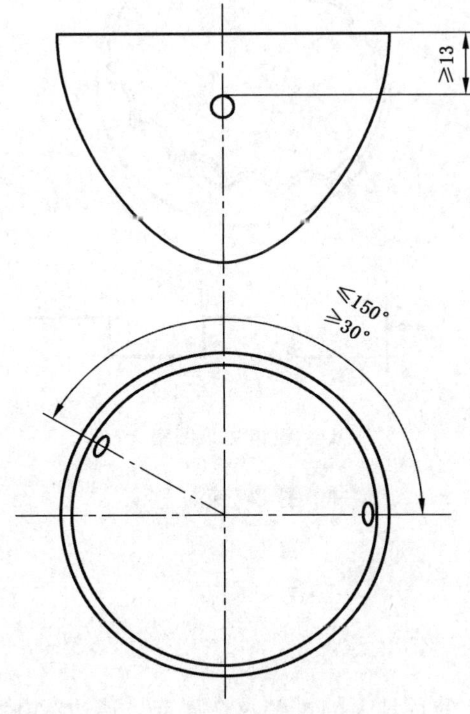

b) 开孔的分布

图8 半球形玩具的例子

单位为毫米

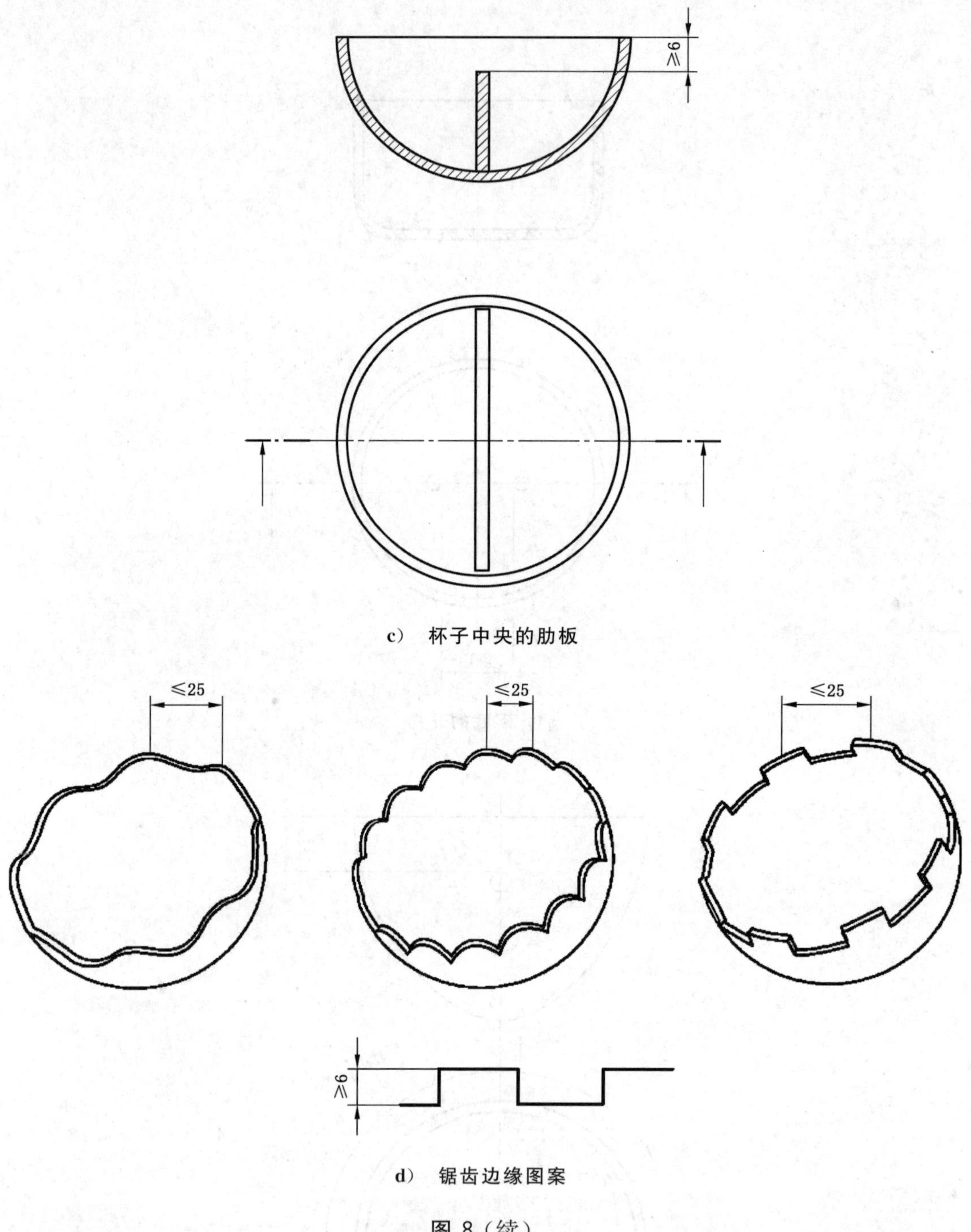

c） 杯子中央的肋板

d） 锯齿边缘图案

图 8（续）

4.6 边缘（见 E.11）

4.6.1 可触及的金属或玻璃边缘

a） 供 96 个月以下儿童使用的玩具上的可触及金属或玻璃边缘在按 5.8（锐利边缘测试）时不应是危险锐利边缘。

如果可触及边缘未通过 5.8（锐利边缘测试）测试，则应结合使用年龄和可预见的使用，来评估该边缘是否存在不合理的伤害危险。

b) 如果潜在的金属和玻璃锐利边缘紧贴在玩具表面,且与表面的间隙不超过 0.5 mm,则该边缘认为是不可触及的(例如:搭接和折叠边缘,见图 1)。

c) 电导体金属片、玩具显微镜的盖玻片和载玻片的边缘认为是功能性边缘,无须警示说明。

4.6.2 功能性锐利边缘

a) 供 36 个月以下儿童使用的玩具不应有可触及的功能性危险锐利边缘。

b) 供 36 个月及以上但不足 96 个月儿童使用的玩具(如玩具剪刀、玩具工具盒等)因功能必不可少时允许存在功能性锐利边缘,则应设警示说明,且不应存在其他非功能性锐利边缘(见 B.2.12)。

4.6.3 金属玩具边缘

供 96 个月以下儿童使用的玩具的可触及金属边缘,包括孔和槽,不应含有危险的毛刺或斜薄边,或将金属边折叠、卷边或形成曲边(见图 1),或用永久保护件或涂层予以覆盖。

无论用何种方法处理边缘,均应通过 5.8(锐利边缘测试)测试。

4.6.4 模塑玩具边缘

供 96 个月以下儿童使用的模塑玩具的可触及边缘、边角或分模线不应有危险的锐利的毛边或溢边,或加以保护使之不可触及。

4.6.5 外露螺栓或螺纹杆的边缘

螺栓或螺纹杆可触及的末端不应有外露的危险锐利边缘或毛刺,或其端部应有光滑的螺帽覆盖,使锐利的边缘和毛刺不可触及。任何保护性圆帽在经 5.24(可预见的合理滥用测试)的跌落试验过程中不管是否与撞击面接触,还应通过 5.24.7(压力测试)、5.24.5(扭力测试)和 5.24.6.1(一般拉力测试)测试。

4.7 尖端(见 E.12)

4.7.1 可触及的锐利尖端

a) 供 96 个月以下儿童使用的玩具的可触及尖端按 5.9(锐利尖端测试)测试不应是危险锐利尖端。

如果可触及尖端未通过 5.9(锐利尖端测试)测试,则应结合使用年龄和可预见的使用,来评估该尖端是否存在不合理的伤害危险。

铅笔及类似绘图工具的书写尖端不视为危险锐利尖端。

b) 如果潜在的锐利尖端紧贴在玩具表面,且与表面的间隙不超过 0.5 mm,则该尖端认为是不可触及的。

c) 供 36 个月以下儿童使用的玩具的尖端的最大横截面直径小于或等于 2 mm,在进行 5.9(锐利尖端测试)测试时,可能不是锐利尖端,但被视为潜在危险尖端,则应结合使用年龄和可预见的使用,来评估该尖端是否会产生伤害危险。

4.7.2 功能性锐利尖端

a) 供 36 个月以下儿童使用的玩具不应有可触及的功能性锐利尖端;

b) 供 36 个月及以上但不足 96 个月儿童使用的玩具因功能(如玩具缝纫机的针)必不可少时允许存在功能性锐利尖端,但应设警示说明,且不应存在其他非功能性锐利尖端(见 B.2.12)。

4.7.3 木制玩具

玩具中木制部分的可触及表面和边缘不应有木刺。

4.8 突出部件(见 E.13)

4.8.1 突出物

这些要求的目的是将儿童跌落在刚性突出物——如无保护的轴端、操纵杆和装饰物上而可能产生的皮肤刺伤危险降至最低。

如果突出物对皮肤存在潜在的刺破危险,应该用适当的方式加以保护,例如把金属丝末端折弯,或者装上表面光滑的保护帽或盖,以有效地增加可能会与皮肤接触的表面积。经 5.24(合理的可预见滥用测试)后,保护帽或者盖不应从玩具上分离。

供重复组装和拆卸的玩具,应对其独立部件和根据包装图纸、说明书或其他广告资料组装好的玩具分别进行评估。

上述对组装玩具的要求不适用于组装过程本身构成了玩具玩要价值的重要部分的玩具。

由于本要求与儿童跌倒在玩具上而引起的危险有关,只有垂直的或近乎垂直的突出物才需评估。应以最不利的位置对玩具进行测试。玩具构造物的角不包括在内。

4.8.2 把手和其他类似的管子

把手端部应装有扩大的手把套。其他类似管件的末端应该装有端塞或者以其他保护方式加以保护。手把套和其他保护件在 70 N 的拉力下不应分离。

4.9 金属丝和杆件(见 E.14)

用于玩具中起增加刚性或固定外形的金属丝或其他金属材料,如用一定的外力可弯曲 60°角,按 5.24.8(挠曲测试)测试时不应断裂而产生危险锐利尖端、锐利边缘或突出物危险。

玩具伞伞骨的末端应加以保护,如按 5.24.6.4(保护件拉力测试)测试时,保护件被拉脱,则按 5.8(锐利边缘测试)和 5.9(锐利尖端测试)测试时,伞骨末端不应有锐利边缘和锐利尖端;或者此外,如果保护件在拉力测试时测试被拉脱,则伞骨最小的直径应为 2 mm,而且末端应修整圆滑、无毛刺。

4.10 用于包装或玩具中的塑料袋或塑料薄膜(见 E.15)

本要求不适用于收缩薄膜,它们一般用作外包装,通常当包装打开时薄膜会被破坏。

用于玩具中的无衬里的软塑料薄膜或软塑料袋,如果其外形最小尺寸大于 100 mm,应符合以下要求中的一条:

注 1:外形最小尺寸即该形状的最大内切圆的直径。

a) 进行 5.10(塑料薄膜厚度测试)测试时,平均厚度大于或等于 0.038 mm,且每一次测得的厚度不应小于 0.032 mm。或者

b) 应有界线清晰的孔(孔中的物质已被去掉),且在任意最大为 30 mm×30 mm 的面积上,孔的总面积至少占 1%。

注 2:通过以下方法可达到 4.10 b)中的要求:在边长为 30 mm 的正方形格子里打一些直径为 3.4 mm 的孔,并且使相邻两孔的中心的垂直和水平距离为 22.9 mm 或者更小[3.4 mm 孔的面积比 9 mm^2 大,即孔的面积大于 900 mm^2(30 mm×30 mm)的 1%]。

对于塑料气球,厚度要求适用于双层塑料膜(即在气球未充气或未被破坏的状态下测量厚度)。

单位为毫米

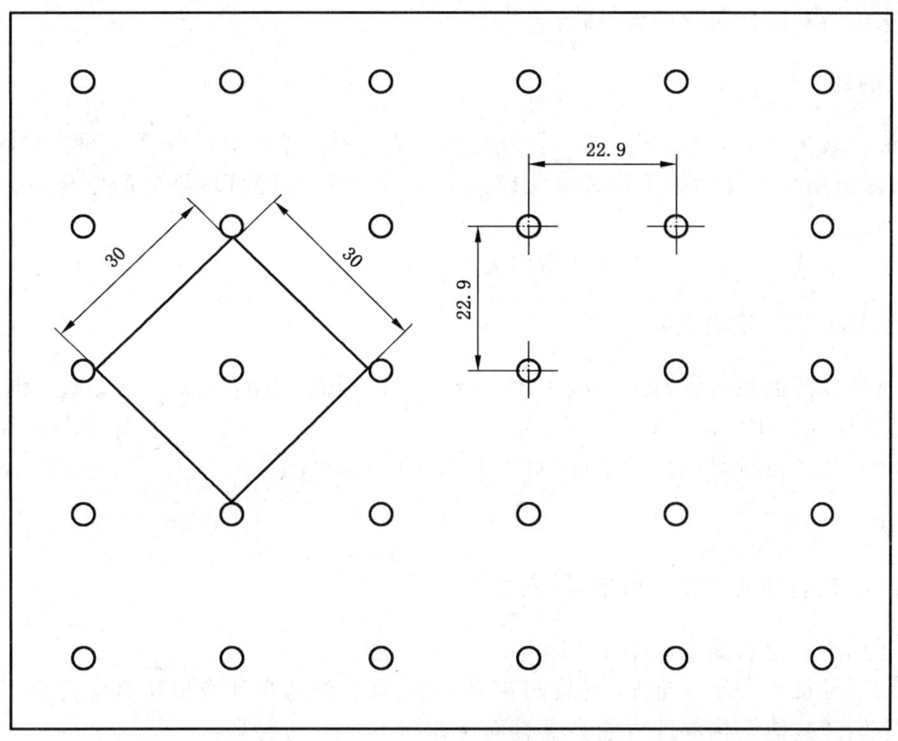

图9　穿孔图案示例

4.11　绳索和弹性绳(见 E.16)

4.11.1　18个月以下儿童使用的玩具上的绳索和弹性绳

玩具中含有或系有的绳索/弹性绳如果能缠绕形成活套或固定环,当施以(25±2)N 的拉力测量绳索/弹性绳时,其自由长度应小于 220 mm。

绳索/弹性绳或多段绳/弹性绳如果能与玩具的任一部分(包括绳索/弹性绳末端的珠状物或者其他附着物)缠绕形成活套或固定环,当施以(25±2)N 的拉力测量时,活套/固定环的周长应小于 360 mm。

按 5.11.1(绳索厚度测试)测量时,玩具上的绳索/弹性绳的厚度(最小尺寸)应大于或等于 1.5 mm。本要求不适用于带状物。

4.11.2　18个月以下儿童使用的玩具上的自回缩绳

按 5.11.2(自回缩绳测试)测试时,自回缩绳驱动机构中可触及绳索的回缩长度不应超过 6.4 mm。

4.11.3　36个月以下儿童使用的拖拉玩具上的绳索或弹性绳

供36个月以下儿童使用的拖拉玩具上的绳索/弹性绳,若施以(25±2)N 拉力后测量其长度大于 220 mm,则不可连有可能使其缠绕形成活套或固定环的珠状物或其他附件。

4.11.4　玩具袋上的绳索

用不透气材料制成的玩具袋的开口周长如果大于 360 mm,则不应用拉线或拉绳作为封口方式(见 4.10)。

4.11.5　童床或游戏围栏上的悬挂玩具

连接于童床或游戏围栏上的悬挂玩具应设警示说明,提醒注意当婴儿开始用手和膝盖支撑向上时,若不移开悬挂玩具则会产生危险。说明书中还应有正确安装指导说明(见 B.2.7、B.3.2 和 E.16)。

连接于童床或游戏围栏玩具的设计指南见附录 C。

4.11.6 童床上的健身玩具及类似玩具

童床上的健身玩具,包括童床锻炼器具及其他横系在童床、游戏围栏或婴儿车上的类似玩具,应设安全警示,提醒注意当婴儿开始用手或膝盖支撑向上时,若不移开健身玩具会产生危险。说明书中还应有正确安装指导说明(见 B.2.10 和 B.3.3)。

连接在童床或游戏围栏的玩具的设计指南见附录 C。

4.11.7 飞行玩具的绳索、细绳或线

系在玩具风筝或其他飞行玩具上超过 1.8 m 长的手持绳索、细绳或线,按 5.11.3(绳的线电阻率测试)测量的线电阻应大于 10^8 Ω/cm。

玩具风筝和其他飞行玩具应设警示说明(见 B.2.16)。

4.12 折叠机构

4.12.1 玩具推车、玩具婴儿车及类似玩具(见 E.17)

本要求不适用于座位表面宽度小于 140 mm 的玩具。

具有折叠和滑动机构的玩具推车、玩具四轮婴儿车、玩具婴儿车和类似玩具应符合下列要求:

a) 含有手柄或其他结构部件可能会折叠而压在孩子身上的玩具:

此类玩具至少应有一个主锁定装置及一个副锁定装置,二者应直接作用于折叠机构上;

当玩具竖起时,至少其中一个锁定装置应能自动锁定。

按 5.22.2(玩具推车和玩具婴儿车测试)测试,玩具不应折叠,且无一锁定机构失效或松脱。

如果相同结构上的两个装置(如锁环)分别安装在玩具的左右两侧,则视为一个锁定装置。

玩具推车或玩具婴儿车可能在锁定装置未生效的情况下部分竖起,则在此种状态下按 5.22.2(玩具推车和玩具婴儿车测试)测试。

注:部分竖起是指这种竖起可能会被使用者误认为玩具已被完全竖起的情况。

例:4.12.1a)描述的玩具推车或玩具婴儿车见图 10。

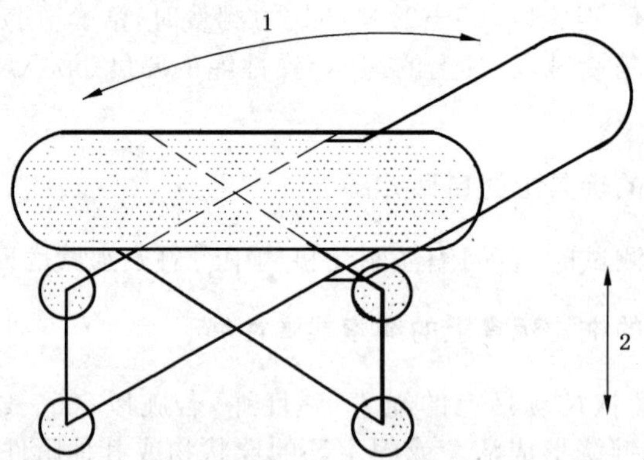

说明:

1——把手移动方向;

2——底盘移动方向。

图 10 4.12.1a)描述的玩具推车或玩具婴儿车

b) 不存在手柄或其他结构部件会折叠而压在儿童身上产生危险的玩具推车和玩具婴儿车:

此类玩具至少应有一个锁定机构或安全制动装置,这些装置可以是手动的。

按 5.22.2(玩具推车和玩具婴儿车测试)测试,玩具不应折叠,且锁定装置或安全制动装置不应失效或松脱。

玩具推车或玩具婴儿车可能在锁定装置未生效的情况下部分竖起,则在此种状态下按 5.22.2(玩具推车和玩具婴儿车测试)测试(见注)。

注:部分竖起是指这种竖起可能会被使用者误认为玩具已被完全竖起的情况。

例:4.12.1b)描述的玩具推车见图 11。

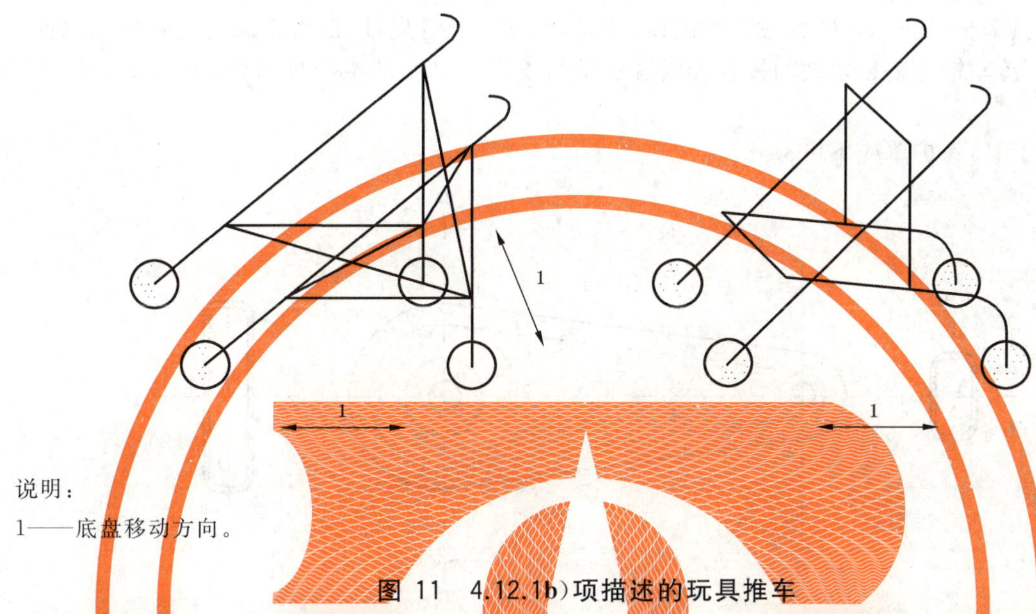

说明:

1——底盘移动方向。

图 11　4.12.1b)项描述的玩具推车

4.12.2　带有折叠机构的其他玩具(见 E.18)

可支撑儿童质量或相应质量的玩具家具及其他玩具中的折叠机构、支架或支撑杆应:

a)　有安全制动或锁定装置以防玩具的意外突然移动或折叠。按 5.22.3(其他折叠玩具测试)测试时,玩具不应折叠。或

b)　在运动部件之间有足够的间隙以防玩具意外突然移动或折叠时,手指和脚趾被压伤或划伤。如果在运动部件之间可插入 ϕ5 mm 的圆杆,则应也可插入 ϕ12 mm 的圆杆。

4.12.3　铰链间隙(见 E.19)

玩具上固定部分和质量超过 0.25 kg 的活动部分在铰链线上有缝隙或间隙时,如果在铰链线上可触及间隙可插入 ϕ5 mm 的圆杆,则在铰链线上的所有部位都应可插入 ϕ12 mm 的圆杆。

4.13　孔、间隙、机械装置的可触及性

4.13.1　刚性材料上的圆孔(见 E.20)

供 60 个月以下儿童使用的玩具中的任何厚度小于 1.58 mm 的刚性材料上的可触及的圆孔如果可插入 ϕ6 mm 的圆杆,且插入深度大于或等于 10 mm,则应可插入 ϕ12 mm 的圆杆。

4.13.2　活动部件间的间隙(见 E.21)

供 96 个月以下儿童使用的玩具,如果活动部件的可触及间隙可插入 ϕ5 mm 的圆杆,则应可插入 ϕ12 mm 的圆杆。

4.13.3 乘骑玩具的传动链或皮带(见 E.22)

乘骑玩具中的动力传动链或皮带应加保护罩使其不可触及,保护罩覆盖范围应包括动力传动链齿轮或者皮带轮,并且包括齿轮或者皮带轮最接近儿童腿脚的侧面(侧面 A)。

保护罩还应覆盖传动齿轮或者皮带轮的另一侧面(侧面 B),该侧面传动链或者皮带与儿童的腿脚被乘骑玩具的部件(如车架)隔开(见图 12)。

注:玩具可能有两个侧面“A”。

按 5.7(玩具部分或者部件的可触及性测试)测试,传动链或者皮带、链齿轮或者皮带轮从侧面 A 测试应不可触及;传动链与链齿轮之间接合处或者皮带与皮带轮之间的接合处从侧面 B(如果有的话)测试应不可触及。

若不使用工具,保护罩应不可移开。

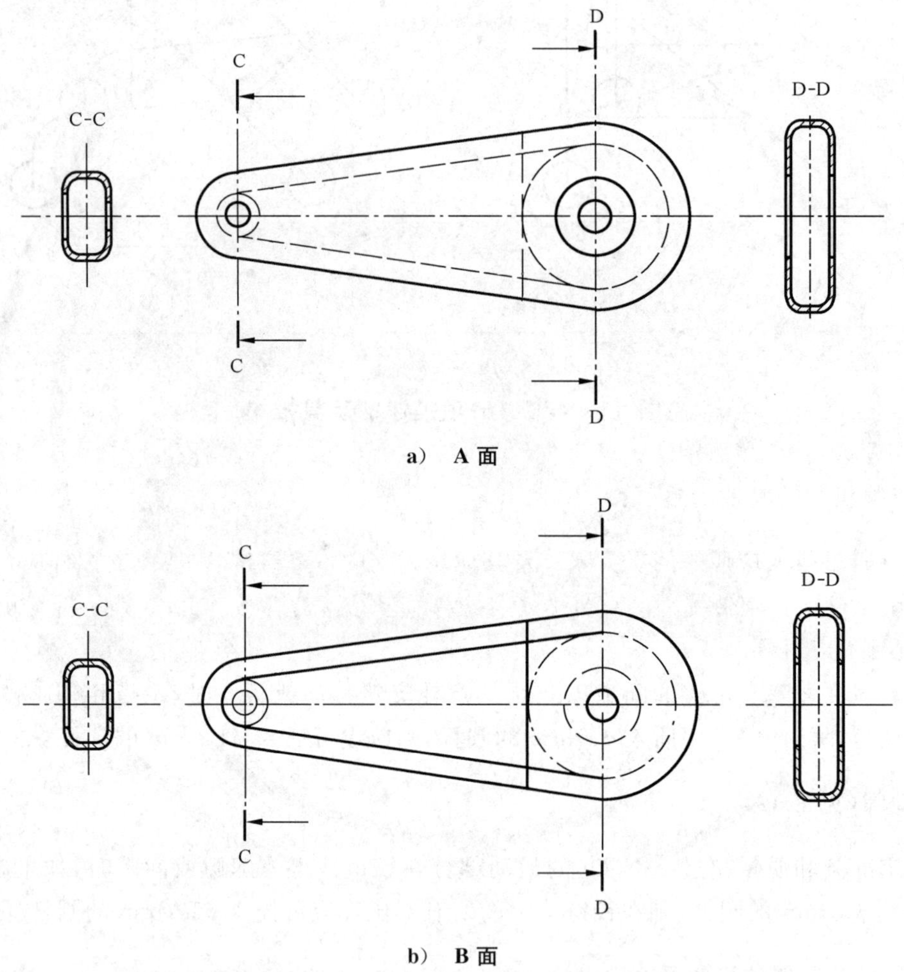

图 12 传动链和链罩

4.13.4 其他驱动机构(见 E.23)

玩具的发条驱动、电池驱动、惯性驱动或其他动力驱动机构应加以封闭,不应露出可触及锐利边缘或锐利尖端或其他压伤手指或身体其他部位的危险部件。

4.13.5 发条钥匙(见 E.24)

本要求适用于发条钥匙杆上连有平板、并从玩具主体刚性表面突出的附有发条钥匙的、供 36 个月以下儿童使用的发条玩具，这种发条钥匙在发条驱动装置展开时会回旋转动。

如果钥匙爪形把手与玩具主体的间隙可插入 ϕ5 mm 的圆杆，则无论钥匙在任何位置也应可插入 ϕ12 mm 的圆杆。对于本条所涉及的钥匙，其爪形把手上不应有可插入 ϕ5 mm 圆杆的孔。

4.14 弹簧(见 E.25)

弹簧应符合以下要求：

a) 如果盘簧在使用中的任何螺旋间距大于 3 mm，则盘簧应不可触及。

b) 如果拉伸螺旋弹簧受到 40 N 的拉力时，螺旋间距大于 3 mm，则弹簧应不可触及。
本要求不适用于撤力后不能恢复原状的弹簧。

c) 如果压缩弹簧处于静止状态，螺旋间距大于 3 mm，并且玩具在使用时，该弹簧可能承受大于 40 N 的力，则弹簧应不可触及。
本要求不适用于下列情况的弹簧：弹簧在受到 40 N 的压力后不能恢复到原来的形状，或弹簧缠绕于玩具的另一部件(如：导棒)，以致可触及探头 A(见 5.7)在相邻弹簧圈之间插入深度不超过 5 mm。

4.15 稳定性及超载要求

4.15.1 乘骑玩具及座位稳定性

4.15.1.1～4.15.1.3 的要求适用于供 60 个月以下儿童使用的乘骑玩具和有座位的落地式玩具(如：玩具家具)。圆筒形、球形或其他通常没有稳定底部等形状的乘骑玩具(如：玩具自行车和其他类似玩具)不适用本要求。

4.15.1.1 可用脚起稳定作用的玩具的侧倾稳定性(见 E.26)

对于座位离地面的高度为 27 cm 或以上，且儿童的脚和/或腿在侧面的活动未受限制可起稳定作用的乘骑和有座位的落地式玩具，按 5.12.2(可用脚起稳定作用的玩具的稳定性测试)测试时，不应倾倒。

4.15.1.2 不可用脚起稳定作用的玩具的侧倾稳定性(见 E.26)

对于儿童的脚和/或腿在侧面的活动受限制的乘骑玩具和有座位的落地式玩具(如侧面封闭的玩具车)。按 5.12.3 要求(不可用脚起稳定作用的玩具的稳定性测试)测试时，不应倾倒。

4.15.1.3 前后稳定性(见 E.27)

对于乘骑者不能方便地用腿起稳定作用的乘骑玩具和有座位的落地式玩具，按 5.12.4(前后稳定性测试)测试时，不应向前或向后倾倒。

4.15.2 乘骑玩具及座位的超载性能(见 E.28)

乘骑玩具、有座位的落地式玩具和设计用来承受儿童全部或部分体重的玩具，按 5.12.5(乘骑玩具及座位的超载测试)和 5.24.4(有轮乘骑玩具的动态强度测试)测试时，不应倒塌。

注：建议生产者考虑到动态情况下座位和座位支撑的强度。

4.15.3 静止在地面上的玩具的稳定性(见 E.29)

高度大于 760 mm 且质量超过 4.5 kg 的静止在地面上的玩具，按 5.12.6(静止在地面上的玩具的稳定性测试)测试时，不应倾倒。

4.16 封闭式玩具(见 E.30)

4.16.1 通风装置

用气密性材料制成、有门或盖、且封闭的连续空间大于 0.03 m^3,内部尺寸均为 150 mm 或以上的玩具应有不受阻碍的通风区域以供呼吸。通风区域最少应含有单个开口面积至少为 650 mm^2 且相距至少 150 mm 的两个开口;或者含有一个将两个 650 mm^2 开口及之间间隔区域扩展为一体的具有等效面积的通风开口(见图 13)。

将玩具放置在地板上任意位置,且靠在房间角落的两个相交 90°角的垂直面时,通风开口应保持不受阻碍。如果用一个固定隔板或栅栏(两个或以上)隔开,能有效地使连续空间的最大内部尺寸小于 150 mm,则不需要通风区域。

单位为毫米

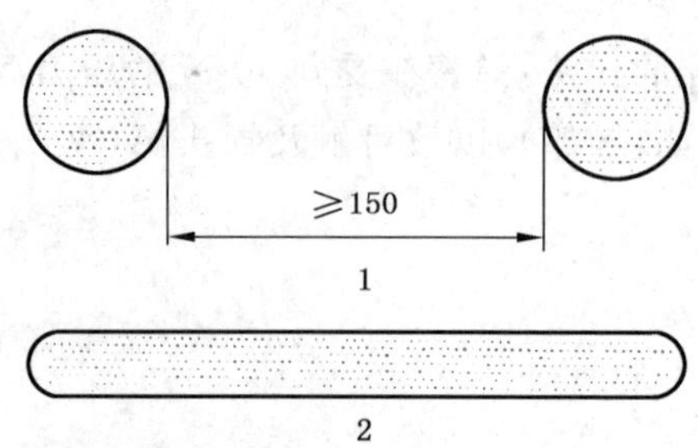

说明:

1——通风总面积≥1 300 mm^2;

2——等效通风总面积≥1 300 mm^2。

图 13 等效的通风开口示图

4.16.2 关闭件

4.16.2.1 盖子、门及类似装置

关闭件(如盖子、盖板和门)或者类似封闭式玩具的装置,不应配有自动锁定装置。

按 5.13.1(关闭件测试)测试时,开启关闭件的力应不大于 45 N。且不应在盖、盖板和门上使用纽扣、拉链及其他类似的紧固装置。

4.16.2.2 玩具箱及类似玩具中的盖的支撑装置

a) 具有垂直开启的铰链盖的玩具箱及类似玩具应安装有盖的支撑装置,在按 5.13.2.2(玩具箱盖的耐久性测试)进行 7 000 个开关周期测试前后,在距充分闭合处 50 mm 至距充分闭合处不超过 60°的弧形行程中的任何一个位置上,盖在其质量作用下,落下的行程不应大于 12 mm(最后 50 mm 的行程除外)。测试应按 5.13.2.1(盖的支撑装置测试)进行。

b) 盖的支撑装置应不需使用者调节就能保证盖完全支承;按 5.13.2.2(玩具箱盖的耐久性测试)进行周期测试后,无需使用者进行调节仍应符合上述 a)的要求。

c) 玩具盖和盖的支撑装置应符合 4.12 的要求。

d) 玩具箱盖及盖的支撑装置应附有如何正确安装和维护的说明(见 B.3.4)。

4.16.3 封闭头部的玩具

用气密性材料制成的封闭头部的玩具,如太空头盔,应有靠近嘴部和鼻部的不受阻碍的通风区域以供呼吸。通风区域最少应含有单个开口面积至少为 650 mm^2 且相距至少为 150 mm 的两个开口;或者设有一个将两个 650 mm^2 开口及之间间隔区域扩展为一体的具有等效面积的通风开口(见图 13)。

4.17 仿制防护玩具(头盔、帽子、护目镜)(见 E.31)

所有覆盖面部的刚性玩具(如护目镜、太空盔或面罩),按 5.14(仿制防护玩具的冲击测试)测试时,不应产生锐利边缘、锐利尖端或可能进入眼内的松脱部件。本条不仅适用于遮盖眼睛的玩具,也适用于在眼睛处有开孔的玩具。

预定供儿童穿戴的仿制防护玩具(包括但不限于建筑头盔、运动头盔和消防头盔)及其包装上应设警示说明(见 B.2.11)。

4.18 弹射玩具(见 E.32)

4.18.1 一般要求

玩具弹射物和弹射玩具应符合下列要求:

a) 硬质弹射物的端部的半径应不小于 2 mm;

b) 高速旋转翼或螺旋桨的周围应设计为圆环状以减少可能产生的危险。
本条不适用于未启动时旋转翼或螺旋桨处于折叠状态的玩具。但这些旋转翼或螺旋桨的端部和边缘应用合适的弹性材料制成。

4.18.2 蓄能弹射玩具

蓄能弹射玩具应符合下列要求:

a) 按 5.15(弹射物、弓箭动能测试)测试时,如果弹射物动能超过 0.08 J,则:
   1) 弹射物应有用弹性材料制成的保护端部,以保证单位接触面积的动能不超过 0.16 J/cm^2。
   2) 该保护端部应:
      ——经 5.24.5(扭力测试)和 5.24.6.4(保护件拉力测试)测试后,不应与主体分离,除非分离部件仍符合本部分的相关要求。或
      ——与主体分离后,该弹射物不能从预定弹射机构中发射。
   3) 对非正常使用的潜在危险应设警示说明(见 B.2.15)。

b) 按 5.15(弹射物、弓箭动能测试)测试时,被弹射机构发射的弹射物不应有危险锐利边缘或锐利尖端。

c) 弹射机构在未经改装的情况下,不应能发射其他任何可能有潜在危险的弹射物(如铅笔、钉子、石子)。如果弹射机构能发射非玩具本身提供的弹射物,应设警示说明。为减少造成眼睛受伤的危险(见 B.2.15),强烈建议生产者不应制造能发射非玩具本身提供的专用弹射物的弹射玩具。

d) 按 5.2(小零件测试)测试时,不管以任何方位,弹射物不应完全容入小零件试验器。本要求全年龄组适用。

在合理可预见滥用测试过程中产生的小零件,不能作为弹射物被发射机构发射出去,否则视为不符合本要求。

4.18.3 非蓄能弹射玩具

非蓄能弹射玩具应符合下列要求:

a) 如果弹射物是箭状或镖状,则弹射物应:
   1) 有一保护端,并与箭杆的前端成一整体。
   2) 有一磨钝的前端并连有保护端。
   3) 该保护件的端部撞击面应不小于 3 cm^2,除非用磁性吸盘做箭头,否则保护端应用合适的弹性材料制成。

b) 按 5.24.5(扭力测试)和 5.24.6.4(保护件拉力测试)测试后,该保护件:
   1) 不应与主体分离。
   2) 与主体分离,但弹射物不能被预定发射机构发射。
c) 对于弓箭套装,按 5.15(弹射物、弓箭动能测试)测试,如果箭的最大动能超过 0.08 J,则单位撞击面的动能不应大于 0.16 J/cm^2。
d) 非正常使用的潜在危险应设警示说明(见 B.2.15)。

4.19 水上玩具(见 E.33)

水上玩具上的所有气门嘴都应有止回阀及永久连接于玩具上的气门塞。

当玩具充满气体时,气门塞应能塞入气门座,其留在外部的部分突出玩具表面高度不应超过 5 mm。

不应有暗示在无人监护下使用该类玩具是安全的文字或图案。

水上玩具应带有符合 B.2.6 的警告语。

4.20 制动装置(见 E.34)

本要求不适用下列玩具:

- 用手或脚对驱动轮提供动力或轮被直接驱动的玩具(如:脚踏车);
- 未负载时最大速度为 1 m/s、座高小于 300 mm、脚是自由的电动乘骑玩具;
- 玩具自行车(见 4.21.3)。

a) 按 5.16.1(自由轮装置测定)测试判定为自由轮的机械或电动乘骑玩具应:
   ——有一个制动装置;
   ——按 5.16.2(非玩具自行车的机械或电力驱动乘骑玩具的制动性能测试)测试时,玩具移动距离不应大于 5 cm;
   ——质量大于或等于 30 kg 的乘骑车,应有制动锁定装置(停车制动)。
b) 电动童车应由一开关来操作,松开该开关时动力电源应自动断开而不使玩具倾倒。使用制动装置时电源自动切断。

4.21 玩具自行车(见 4.13.3 及 E.35)

注:鞍座高度在 435 mm～635 mm 的儿童自行车的安全要求见 GB 14746。

4.21.1 使用说明

玩具自行车应附有组装和维护说明,应有提醒使用玩具自行车的儿童的父母或看护者注意乘骑玩具自行车可能存在的危险及应采取的防范措施(见 B.2.17)。

4.21.2 鞍座最大高度

鞍管上应有标示最小插入车架深度的永久标记。最小插入标记应位于距离鞍管插入端(有效部分)最小 2.5 倍鞍管直径的部位上,且标记刻度不应影响鞍管的强度。

4.21.3 制动要求

符合 5.16.1 的自由轮玩具自行车应在后轮安装一个制动装置。

对于手闸装置,如图 14 所示,从手闸闸把中点与车把外表面的距离 d 不应超过 60 mm。手闸闸把经调节器调节应能够达到上述尺寸的要求。手闸闸把的长度 l 最少应为 80 mm。

按 5.16.3(玩具自行车的制动性能测试)测试时,玩具移动距离不应大于 5 cm。

单位为毫米

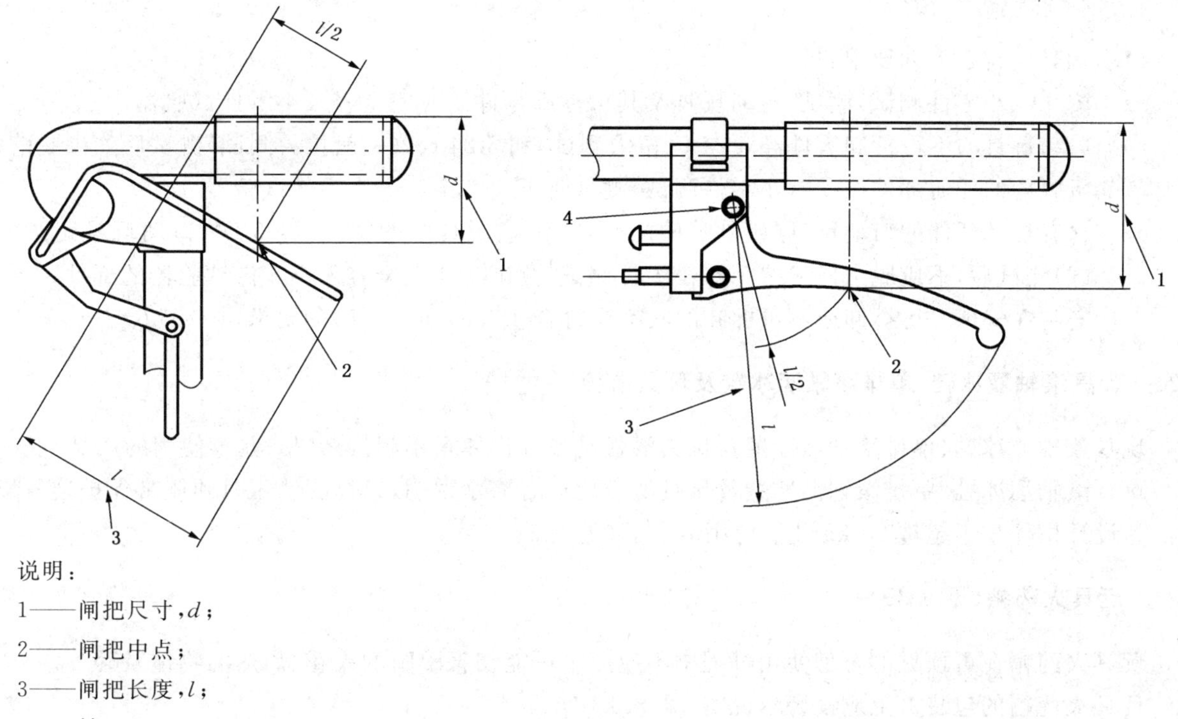

说明：

1——闸把尺寸，d；

2——闸把中点；

3——闸把长度，l；

4——轴。

图 14 手闸闸把尺寸

4.22 电动童车的速度要求(见 E.36)

按 5.17(电动童车的速度测试)测试时，电动童车的最大速度不应超过为 8 km/h。

4.23 热源玩具

本要求不适用于化学或类似试验装置中的燃烧器、灯泡或类似物品。

按 5.18(温升测试)测试时：

a) 在满负荷输入时，带热源的玩具不应燃烧；

b) 手柄、按钮和其他手可触及的部件的温升不应超过以下数值：

- 金属部件：25 K；
- 玻璃或陶瓷部件：30 K；
- 塑料或木制部件：35 K；

c) 玩具其他可触及部件的温升不应超过以下数值：

- 金属部件：45 K；
- 其他材料部件：55 K。

注：温度相差 1 K 等同于温度相差 1 ℃。

4.24 液体填充玩具(见 E.37)

按第 5 章进行相关测试后，含有不可触及液体的玩具按 5.19(液体填充玩具的渗漏测试)测试后，玩具不应导致可能产生潜在危害的液体渗漏。

液体填充出牙器和液体填充牙咬玩具应标有不可放置于冷冻室的警示说明(见 B.3.5)。

4.25 口动玩具(见 E.38)

口动玩具应符合下列要求：

a) 按5.2(小零件测试)测试,口动玩具及其可拆卸零件不应完全容入小零件试验器；

b) 口动玩具的不可拆卸零件经5.24.5(扭力测试)和5.24.6.1(一般拉力测试)测试后如果脱落,则所脱落的任何部件按5.2(小零件测试)测试时不应完全容入小零件试验器；

c) 含有松动部件的口动玩具(如口哨中的小球、声响玩具中的簧片)经5.20(口动玩具耐久性测试)测试后,不应脱出任何按5.2(小零件测试)测试时能完全容入小零件试验器的部件；

d) 安装在气球上可拆卸或不可拆卸的吹嘴应符合4.25a)和4.25b)的要求(见4.5.6)。

4.26 玩具滚轴溜冰鞋、单排滚轴溜冰鞋及玩具滑板

玩具滚轴溜冰鞋、单排滚轴溜冰鞋及玩具滑板是设计供体重不超过20 kg儿童使用的产品。

玩具滚轴溜冰鞋、单排滚轴溜冰鞋及玩具滑板应标有警示说明,以提醒使用时须佩带保护装置以及产品是设计供体重不超过20 kg儿童使用的产品(见B.2.14)。

4.27 玩具火药帽(见 E.39)

玩具火药帽在可预见的合理使用过程中不应产生可能伤害眼睛的火花、灼热的物体及碎片。

玩具火药帽的包装盒上应设警示说明(见B.2.18)。

4.28 声响要求(见 E.41)

4.28.1 本要求不适用于：

- 口动玩具,即其声压级由儿童的吹吸力度所决定(例如口哨和玩具乐器,类似喇叭和长笛)；
- 由儿童操作发出的声音,例如由木琴、铃、鼓和挤压玩具发出的声音,其声压级由儿童动作力度所决定；连续声压级的要求不适用于摇铃,但摇铃应满足脉冲声压级的要求；
- 收音机、录音带播放机、CD播放机及类似电子玩具；
- 由耳塞/头戴式耳机发出的声音。

4.28.2 当按5.25(声压级的测试)测试时,设计发声的玩具应符合下述要求：

a) 近耳玩具产生的连续声音的A计权等效声压级 L_{pAeq},不应超过65 dB。

b) 除近耳玩具外的所有其他玩具产生的连续声音的A计权等效声压级 L_{pAeq}(对于驶过试验,用最大A计权声压级,L_{pAmax}),不应超过85 dB。

c) 近耳玩具产生的脉冲声音的C计权峰值声压级 L_{pCpeak},不应超过95 dB。

d) 除爆炸功能玩具(例如火药帽)外的任何类型的玩具产生的脉冲声音的C计权峰值声压级 L_{pCpeak},不应超过115 dB。

e) 火药帽玩具或爆炸功能玩具产生的脉冲声音的C计权峰值声压级 L_{pCpeak},不应超过125 dB。

f) 火药帽玩具或爆炸功能玩具产生的脉冲声音的C计权峰值声压级 L_{pCpeak} 如果超过115 dB,则应提醒使用者注意其对听力的潜在危险(见B.2.19)。

4.29 磁体和磁性部件(见 E.43)

4.29.1和4.29.2的要求不适用于玩具电子电气元件中的功能性磁体。

4.29.1 供8岁及以上儿童使用的磁/电性能实验装置

供8岁及以上儿童使用并带有磁性部件的磁/电性能实验装置,如果磁性部件符合下列条件,应标

明警告语(见 B.2.20)：

——按照 5.27(磁通量指数)测试时，磁通量指数大于或等于 50 kG^2mm^2(0.5 T^2mm^2)，并且；

——按照 5.2(小零件测试)测试时，完全容入小零件试验器。

注：供 8 岁以下儿童使用的磁/电性能实验装置的要求见 4.29.2。

4.29.2 带有磁体和磁性部件的所有其他玩具

a) 松散的磁体和磁性部件在按照 5.27(磁通量指数)测试时，磁通量指数应小于 50 kG^2mm^2 (0.5 T^2mm^2)，或者按照 5.2(小零件测试)测试时不能完全容入小零件试验器。

b) 木质玩具、供在水中使用的玩具以及口动玩具的口部部件，如含有磁体和磁性部件的，应在按照 4.29.2 c)测试之前，先按照 5.29(磁体浸泡测试)进行测试。

c) 应按规定的顺序对所有独立的磁性部件进行下述的测试。用于这些测试的部件事先不应进行正常使用和合理可预见滥用测试。从玩具或松散的磁性部件上脱落的任何磁体和磁性部件，在按照下面列出的条款进行测试后，进行 5.27(磁通量指数)测试时磁通量指数应小于 50 kG^2mm^2(0.5 T^2mm^2)，或者进行 5.2(小零件测试)测试时不能完全容入小零件试验器。

——5.26(磁体拉力测试)；

——5.24.2(跌落测试)，大型玩具则适用 5.24.3(大型玩具的倾倒测试)；

——5.24.5(扭力测试)；

——5.24.6.1(拉力测试，一般要求)；

——5.24.6.2(软填充玩具和豆袋类玩具的拼缝拉力测试)；

——5.28(磁体冲击测试)；

——5.24.7(压力测试)；

——5.26(磁体拉力测试)，适用于可触及但不能被抓住的磁体[“可抓住”的判定见 5.24.6.1(拉力测试，一般要求)]。

注 1：独立的磁性部件的示例为含有磁体的不同尺寸或形状的棒状物。

注 2：如果玩具带有磁体，则包含磁体的部件被视为独立的磁性部件。

注 3：可触及但不能被抓住的磁体的示例为凹进玩具内的磁体。

5 测试方法

5.1 总则

第 5 章中规定的测试方法是用来评定玩具是否符合本部分的要求。

5.2～5.23 的测试适用于第 4 章中列出的各类特定玩具。

5.24 测试的目的是模拟玩具可能受到的可预见的合理滥用和损坏。该测试方法是用以发现供儿童使用的玩具在可预见的合理滥用和损坏情况下是否会出现潜在危险。

依据年龄组确定相应的测试方法：

- 从出生到 18 个月以下；
- 18 个月及以上到 36 个月以下；
- 36 个月及以上到 96 个月以下。

如果玩具的标识、广告或其他方式注明的适用儿童年龄跨越了以上任一年龄组，则按最严格的要求对玩具进行测试。

如果玩具及包装上未清晰、醒目地注明适用年龄组，或(基于市场销售和儿童使用玩具的习惯方式)

年龄标识不正确、但玩具明显适用于96个月及以下儿童使用,则应按附录A和GB/T 28022的要求判定玩具的适合使用年龄段,并按该年龄段的要求对玩具进行测试。

如果玩具在测试时受到夹具或类似测试设备的实质性的损坏,则随后的相关测试应用一个新的玩具进行。

除非测试方法另有注明,测试前,每个试样应在温度为(21±5)℃的条件下至少放置4 h,纺织品玩具和纺织品软体填充玩具应在温度为(21±5)℃、相对湿度为(65±10)%的条件下至少放置4 h,测试应在玩具从预处理环境中取出后5 min内开始。

如果供成人组装、并非预定由儿童拆开的玩具包装和组装说明中清楚标明该玩具只能由成人组装,则测试应在已组装好的状态下进行。

如果测试可以多个方式作用于玩具被测部件上,则力(或扭力)应施加于会导致最严重情况的点(或方向),即最不利的位置。

5.2 小零件测试(见4.3.2、4.4、4.18.2和4.25)

在无外界压力的情况下,以任一方向将玩具放入如图15所示的小零件试验器。

对玩具的可拆卸部件及按5.24(可预见的合理滥用测试)测试后脱落的部件,重复上述测试程序,确定玩具或任一可拆卸部件或脱落部件是否可完全容入小零件试验器。

单位为毫米

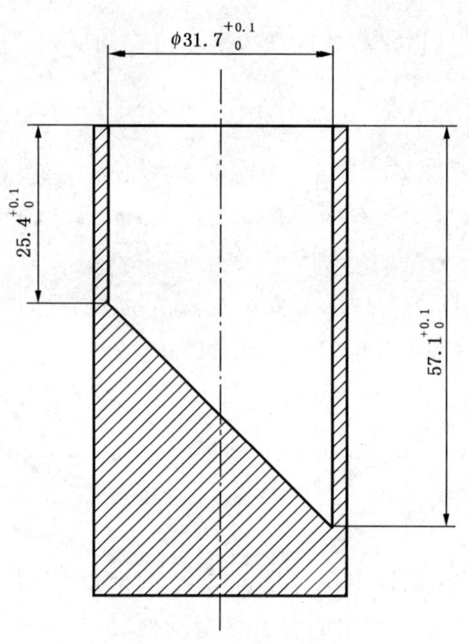

图15 小零件试验器

5.3 某些特定玩具的形状及尺寸测试(见4.5.1)

将图16所示的测试模板A用夹具固定好,使槽的轴线基本垂直并使槽的上下开口处畅通无阻。

单位为毫米

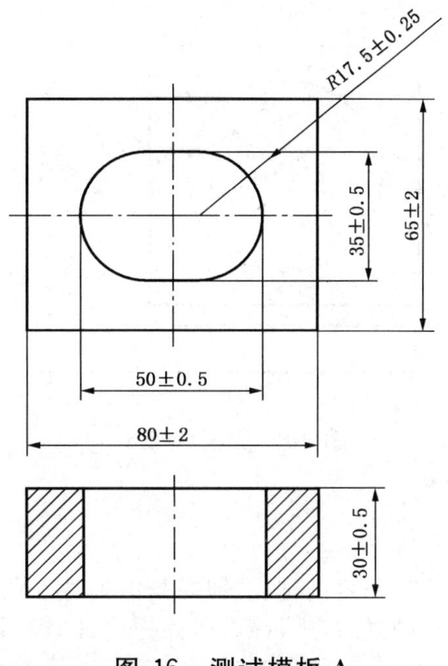

图 16 测试模板 A

调整被测试的玩具，使其以最有可能进入并穿过测试板内的槽的方向将玩具放入槽内，使作用在玩具上的力仅是它本身的重力。

观察玩具任何部分是否穿过测试模板的孔的全部深度。

对具有近球形、半球形或圆形的张开端部的玩具，应用图 17 所示补充测试模板 B 重复上述测试程序对其近球形、半球形或圆形的张开端部进行测试。

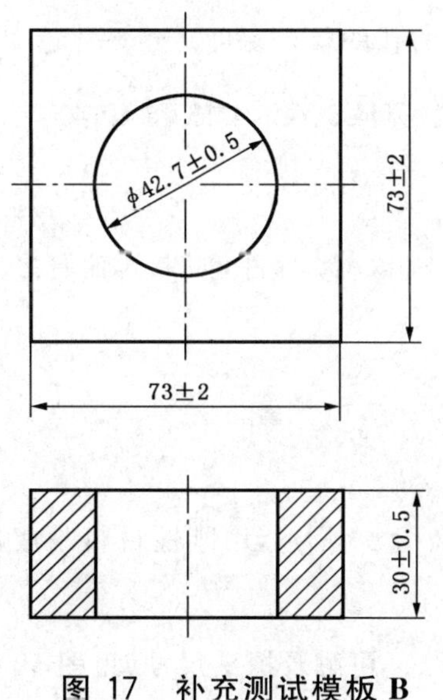

图 17 补充测试模板 B

5.4 小球测试(见 4.5.2)

将图 18 所示的测试模板放置好并夹紧，使槽的轴线基本垂直并使槽的上下开口处畅通无阻，将球放置在最可能允许其通过测试模板槽口的位置进行测试，并保证作用在球上的力仅是其重力。确定球是否能完全通过测试模板。

单位为毫米

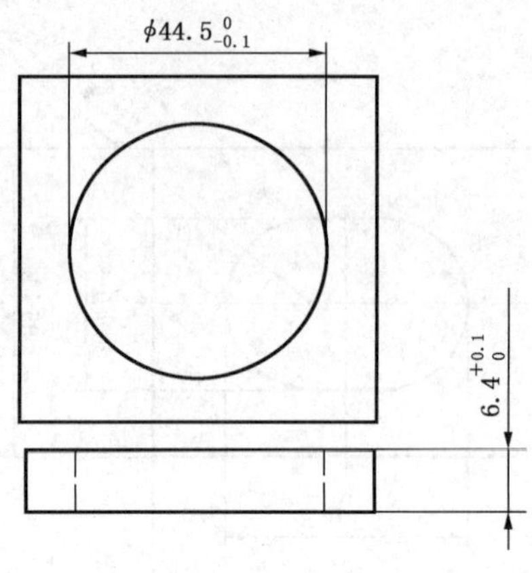

图 18　测试模板 C

5.5　毛球测试(见 4.5.3)

将图 18 所示的测试模板放置好并夹紧,使槽的轴线基本垂直并使槽的上下开口处畅通无阻,将毛球放置在最有利于通过测试模板槽口的位置进行测试,并先将纤维的自由端放进测试模板。并保证作用在毛球上的力仅是其自身的重力。

确定毛球是否能完全通过测试模板。

5.6　学前玩偶测试(见 4.5.4)

将图 17 所示的补充测试模板 B 放置好并夹紧,使槽的轴线基本垂直并使槽的上下开口处畅通无阻。将学前玩偶放置在最有利于圆形末端通过测试模板槽口的位置进行测试,保证作用在玩具上的力仅是其自身的重力。

确定圆形末端是否穿透测试模板的孔的整个深度。

5.7　玩具部分或部件的可触及性测试(见 4.6、4.7、4.13 和 4.14)

5.7.1　原则

用关节式可触及探头伸向玩具被测部分或部件,如果其轴肩之前的任何部件能接触到玩具的部分或部件,该部分或部件被视为可触及。

5.7.2　仪器

5.7.2.1　关节式可触及探头

关节式可触及探头,如表 1 规定和图 19 描述,由刚性材料制成,除 f 和 g 公差为±1 mm 外,其余尺寸公差为±0.1 mm。

表 1　可触及探头尺寸(见图 19)　　单位为毫米

年龄组	探头	尺寸						
		(a)	b	c	d	e	f	g
36 个月以下	A	2.8	5.6	25.9	14.7	44.0	25.4	464.3
36 个月及以上	B	4.3	8.6	38.4	19.3	57.9	38.1	451.6
注:玩具跨越两个年龄组时宜使用两个探头分别进行测试。								

单位为毫米

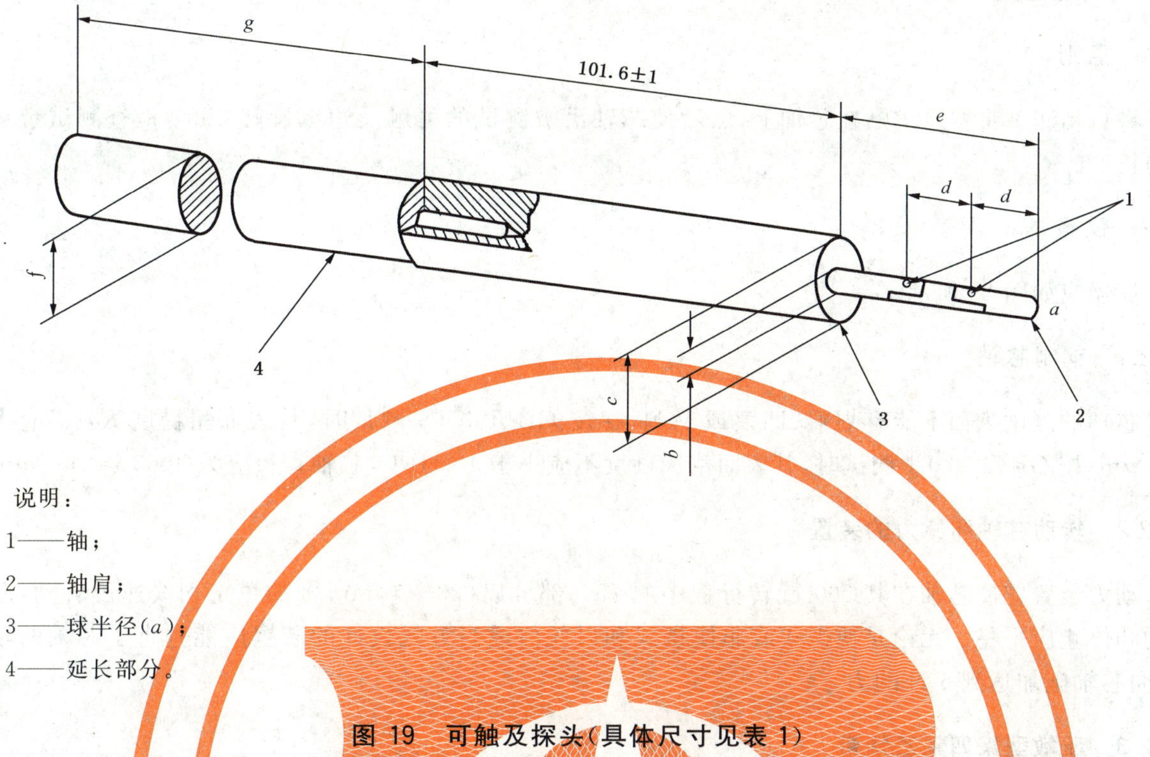

说明：

1——轴；

2——轴肩；

3——球半径(a)；

4——延长部分。

图 19 可触及探头(具体尺寸见表 1)

5.7.3 程序

将玩具上所有不需要使用工具就可移取的部件移取下来。

如玩具附带工具，则玩具上能用该工具拆卸的所有部件都应被移取。

如本条 a)～c)所述，以任何方式将适用的关节式可触及探头伸向被测试的玩具部分或部件，每个探头可旋转 90°以模拟手指关节的活动。根据需要，探头可在任一接头处绕轴转动以便接触玩具部分或部件。

注 1：如果玩具部分是一邻近平面的锐利尖端，而且尖端与平面之间的间隙不超过 0.5 mm，则该尖端就被认为不可触及，本条 b)中规定的程序无需进行。

a) 任何孔、缺口或其他开口的最小开口尺寸(见注 2)如果小于适用探头的轴肩直径，探头插入深度到轴肩部分为止。

注 2：最小开口尺寸指可通过开口的最大球体的直径。

b) 任何孔、缺口或其他开口在使用探头 A 时，其最小开口尺寸如果大于探头 A 的轴肩直径但小于 187 mm；或在使用探头 B 时，其最小开口尺寸如果大于探头 B 的轴肩直径但小于 230 mm，则插入一适用带延伸部分的探头(见图 19)，使其在任何方向达到上述孔、缺口或最小开口尺寸的 2.25 倍以确定测试可触及的总插入深度，测量可从开口的平面上任何一点得到。

c) 任何孔、缺口或其他开口在使用探头 A 时，其最小开口尺寸为 187 mm 或以上，或在使用探头 B 时，其最小开口尺寸为 230 mm 或以上，测试可触及性的总插入深度不受限制。除非在原来的孔、缺口或开口内还有其他孔、缺口或开口，其尺寸应符合本条 a)或 b)。在这种情况下，按本条 a)或 b)中的适用程序进行测试。如果两种探头都需要使用，应采用 187 mm 或以上的最小开口尺寸确定不受限制的插入深度。

确定玩具部分或部件是否可以被探头轴肩前部的任一部分触及。

5.8 锐利边缘测试(见 4.6 和 4.9)

5.8.1 原则

将自粘测试带按要求贴在芯轴上,然后使芯轴沿被测试的可触及边缘旋转 360°,检查测试带被切割的长度。

5.8.2 仪器

仪器应如图 20 所示。

5.8.2.1 钢制芯轴

芯轴的测试表面不能有划痕、凹痕或毛刺,在按 GB/T 3505 测量时,其表面粗糙度 *Ra* 不应大于 0.40 μm;按 GB/T 230.1 测试时,其表面洛氏硬度不应小于 40 HRC,芯轴直径应为(9.53±0.12)mm。

5.8.2.2 转动芯轴和施力的装置

动力装置应使芯轴在其 360°旋转行程中的 75%部分以(23±4)mm/s 的恒定切线速度转动,芯轴启动和停止应平稳。无论是便携式或非便携式和以任何适当方式设计的装置应能垂直于芯轴的轴心线,向芯轴施加达到 6 N 的力。

5.8.2.3 压敏型聚四氟乙烯带

聚四氟乙烯带(PTEE)的厚度应为 0.066 mm~0.090 mm。粘合剂应为压敏型硅酮聚合物,厚度为 0.08 mm,自粘测试带的宽度不应小于 6 mm。在测试中,自粘测试带的温度应保持在(20±5)℃。

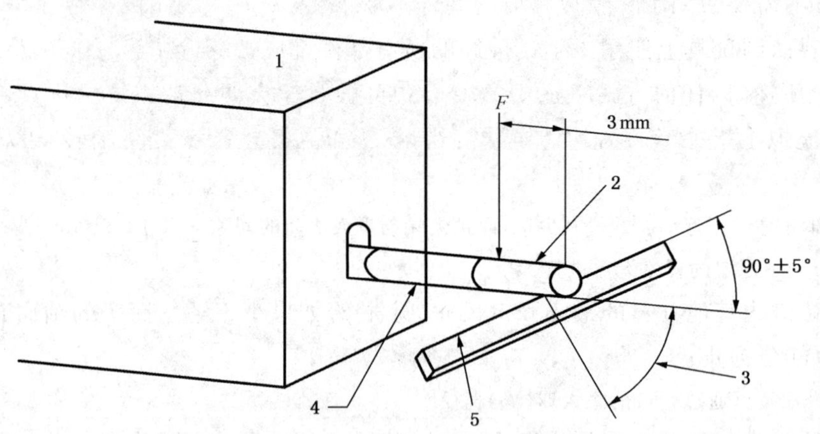

说明:

1——测试装置:便携式或非便携式,可向芯轴施加一定的外力使之转动;

2——单层 PTFE 测试带(见 5.8.2.3);

3——改变角度寻找最不利位置;

4——芯轴;

5——待测试的边缘。

图 20 锐利边缘测试装置

5.8.3 测试程序

待测试的边缘应为经5.7(玩具部分或部件的可触及性测试)测试后确定的可触及边缘。

固定好玩具,使向芯轴施力时,被测试的可触及边缘不应产生弯曲或移动,且确保支架离被测的边缘至少为15 mm。

如果为测试某一边缘应移取或拆卸的玩具某些部分,而被测试边缘的刚度会因此受到影响,则可将边缘支起,使其刚性大致相当于组装完好的玩具上该边缘的刚性。

在芯轴缠绕一层自粘测试带,为进行测试提供充分的面积。

缠绕自粘测试带的芯轴放置的位置应使其轴线与平直边缘的边线成(90±5)°角,或与弯曲边缘的检查点的切线成(90±5)°角,同时当芯轴旋转一周时(见图20),应使自粘测试带与边缘最锐利部分接触(即最不利的情况)。

向芯轴施加$6_{-0.5}^{0}$ N的力,施力点与自粘测试带边缘相距3 mm,并使其绕芯轴的轴线靠测试边缘旋转360°,轴芯旋转过程中要保证芯轴与边缘之间无相对运动。如果上述程序会引起边缘弯曲,则可向芯轴施加一个刚好不会使边缘弯曲的最大的力。

将自粘测试带从芯轴上取下,同时不应使自粘测试带割缝扩大或划痕发展为割裂。测量自粘测试带被切割长度,包括任何间断切割长度。测量测试中与边缘接触的自粘测试带长度。计算测试中被切割的自粘测试带长度百分比。如果自粘测试带超过50%被完全割裂,则该边缘被视为锐利边缘。

5.9 锐利尖端测试(见4.7和4.9)

5.9.1 原则

将锐利尖端测试仪放在可触及尖端上,检查被测试的尖端是否能插入锐利测试仪达到规定的深度。被测尖端插入深度决定了锐利度。如果尖端能接触到凹入测量盖(0.38±0.02)mm的感应头,并可克服$2.5_{-0.3}^{0}$ N的弹簧力,使感应头移动(0.12±0.02)mm,该尖端确定为潜在的锐利尖端。

5.9.2 试验仪器

5.9.2.1 锐利尖端测试仪(见图21)

锐利尖端测试仪头部末端凹槽的两个基准尺寸为:带测量槽的矩形开口宽(1.02±0.02)mm,长(1.15±0.02)mm。感应头凹入测量盖(0.38±0.02)mm。

单位为毫米

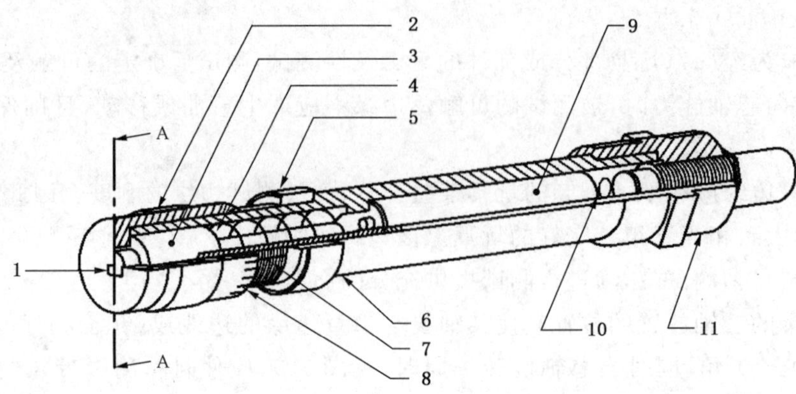

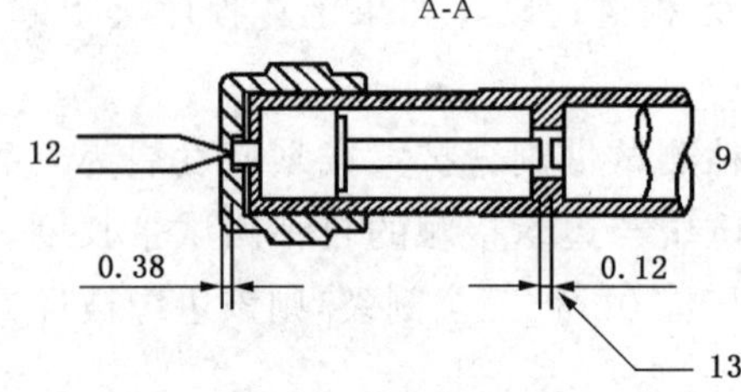

说明：

1 ——测量槽；

2 ——测量盖；

3 ——感应头；

4 ——负载弹簧；

5 ——锁定环；

6 ——圆筒；

7 ——校正参考标记；

8 ——毫米刻度；

9 ——R03 干电池；

10——电接触弹簧；

11——指示灯装置接合器螺帽；

12——尖端测试；

13——足够锐利的尖端插入测试口并且压缩感应头 0.12 mm 时，此间隙闭合，因此电路形成通路，指示灯亮——尖端判定为锐利尖端。

图 21　锐利尖端测试仪

5.9.3　测试程序

待测试的尖端是经 5.7(玩具部分或部件的可触及性测试)测试确定的可触及尖端。

固定被测试的玩具，使尖端在测试过程中不会产生移动。在大多数情况下，不需直接固定尖端，但根据需要，可在距被测试尖端不小于 6 mm 处加以固定。

如果为测试某尖端应移取或拆卸玩具某些部分，而上述被测试的尖端刚度因此受到影响，可将尖端支起，使其刚性大致相当于组装完好的玩具上该尖端的刚性。

调整锐利尖端测试仪时，先拧松锁定环，再旋转锁定环使其向指示灯装置前移足够距离，以露出圆上的校正参考刻度。顺时针方向旋转测量盖，直到指示灯闪亮。逆时针旋转测量盖，直到感应头移动到距接触电池(0.12±0.02)mm 的位置(见图 21)。

注：如果测量盖上含有千分尺记号，逆时针旋转测量盖直至合适的千分尺标记与校正参考刻度一致就可马上得到上述距离。然后转动锁紧环，直到锁紧环靠测量盖，以将测量盖固定在上述位置。

以被测试尖端刚性最强的方向将其插入测量槽，并施加 $4.5_{-0.2}^{0}$ N 的外力以便在不使尖端擦过圆边或通过测量槽外伸的情况下尽量压紧弹簧，如果被测试的尖端插入测量槽 0.5 mm 或以上，并使指示灯闪亮，同时该尖端在受到 $4.5_{-0.2}^{0}$ N 外力时，仍保持其原状，上述尖端确定为锐利尖端。

5.10　塑料薄膜厚度测试(见 4.10)

在不拉伸的情况下将被测试塑料袋沿接缝裁开，成为两块单独的薄膜，在每张薄膜上取任意 100 mm×100 mm 面积的部分，如果不能取 100 mm×100 mm 的面积，则取直径为 100 mm 的圆形薄膜。使用符合 GB/T 6672 的精度为 4 μm 的测厚仪对对角线上 10 个等距点的厚度进行测量。

判定厚度是否符合 4.10 a)的要求。

5.11　绳索测试

5.11.1　绳索厚度测试(见 4.11.1)

对绳索施加(25±2)N 的拉力。

用仪器精度为±0.1 mm 测厚仪测量沿绳索长度的 3 个～5 个点的绳线厚度。

对于厚度接近 1.5 mm 的绳索，使用非压缩方法(如光学投影仪)进行测量。

计算绳索厚度的平均值。

判定厚度是否符合 4.11.1 的要求。

5.11.2　自回缩绳测试(见 4.11.2)

使用适当的夹子将玩具放置使拉绳垂直并且玩具处于最佳回缩位置。用 $0.9_{0}^{+0.05}$ kg 的重块拉伸绳线。

对直径小于 2 mm 的单纤维拉绳，加 $0.45_{0}^{+0.05}$ kg 的重块。

判定拉绳回缩长度是否超过 6.4 mm。

5.11.3　绳的线电阻率测试(见 4.11.7)

样品置于(25±3)℃、相对湿度 50%～65%的空气中放置至少 7 h，并在此环境中测试。

使用合适的仪器测试绳线的线电阻是否超过 10^{8} Ω/cm。

5.12　稳定性及超载测试(见 4.15)

5.12.1　总则

如果该类玩具能同时承载两个或以上儿童的质量，则应同时测试每个坐或站立面。

5.12.2　可用脚起稳定作用的玩具的侧向稳定性测试(见 4.15.1.1)

将玩具放置在与水平面成($10_{0}^{+0.5}$)°角的光滑斜面上。如果适用，转动方向盘，使玩具处于最易倾倒的位置，锁定车轮防止滚动，脚轮在锁定前应处于正常位置。

按表 2 用合适的负荷加载在玩具的站立面或座位上。

表 2 稳定性测试的负荷

单位为千克

年 龄 段	负 荷
36 个月以下	25±0.2
36 个月及以上	50±0.5

当玩具放置在上述斜面上时，施加的负载应使其主轴与水平面垂直。设计负载使其重心的高度在坐立面上方(220±10)mm 处。对所有的乘骑玩具，保证负载的重心处于设计的坐位面的最前端向后(43±3)mm 和最后端向前(43±3)mm 处(注：这是两次独立的测试)。若未设计坐位面，将负载放置在合理的儿童可能选择去坐的最不利位置。

加载后 1 min 内，观察玩具是否倾倒。

5.12.3 不可用脚起稳定作用的玩具的侧向稳定性测试(见 4.15.1.2)

除了斜面与水平面成($15^{+0.5}_{0}$)°的角度外，按 5.12.2(用脚稳定玩具的稳定性测试)的程序进行测试，在加载后 1 min 内，观察玩具是否倾倒。

5.12.4 前后稳定性测试(见 4.15.1.3)

对于有转向装置的乘骑玩具，应使转向装置位于：

a) 在向前位置；

b) 与向前偏左约 45°角；

c) 与向前偏右约 45°角。

对于摇马，移动摇马至向前和向后的极限位置。

将玩具放置与水平面成($15^{+0.5}_{0}$)°角的平滑斜面上。按 5.12.2(可用脚起稳定作用的玩具的稳定性测试)对玩具加载，对玩具向前和向后分别测试。

加载后 1 min 内，观察玩具是否倾倒。

5.12.5 乘骑玩具及座位的超载测试(见 4.15.2)

将玩具水平放置，按表 3 对玩具的坐立或站立面施加适当的负荷。

表 3 超载测试的负荷

单位为千克

年 龄 段	负 荷
36 个月以下	35±0.3
36 个月及以上，96 个月以下	80±1.0
96 个月及以上	140±2.0

若玩具标识所要求的负荷高于表 3 中正常的负荷，则按标识的负荷进行超载测试。

根据玩具是否倒塌判定它是否符合相应的要求。

5.12.6 静止在地面上的玩具的稳定性测试(见 4.15.3)

将玩具放置在与水平面成(10±1)°角的平滑斜面上，让所有的可移动部件面向斜面下方尽量伸展。

观察 1 min 内玩具是否倾倒。

5.13 关闭件和玩具箱盖测试(见 4.16.2)

5.13.1 关闭件测试

当关闭件处于关闭位置时,在离关闭件的几何中心点 25 mm 以内的位置向外施加与关闭件平面垂直的(45±1.3)N 的力。

观察关闭件能否被打开。

5.13.2 玩具箱盖测试

在测试前,根据制造商的说明安装玩具箱盖。

5.13.2.1 盖的支撑装置测试

从该盖的最外边沿开始测量,将盖提升到离完全闭合处的弧行程大于 50 mm,但距完全闭合处的弧度不大于 60°的任何位置。放开盖,观察盖最外边缘上接近中心的一点的下落运动。

判定盖下落是否超过 12 mm。

5.13.2.2 玩具箱盖的耐久性测试

将盖做 7 000 次开启和闭合周期运动。一个周期包括把盖从完全闭合处提升到完全开启位置再回到完全闭合处。为防止对连接盖的支撑装置的螺丝或其他紧固件施加过度的压力,应注意不要用力将其作超过正常行程弧度范围的移动。

完成一个周期的时间应为 15 s。7 000 个周期应在 72 h 内完成,然后再重复 5.13.2.1 的测试。

判定玩具箱盖和盖的支撑装置是否仍然符合 4.16.2.2 的要求。

5.14 仿制防护玩具冲击测试(见 4.17)

用适合的夹具将玩具夹紧,若眼睛处开孔,应使覆盖眼睛周围的部分处于水平面。

将直径为 16 mm、质量为 $15^{+0.8}_{0}$ g 的钢球从(130±0.5)cm 的高处跌落到玩具上部正常使用时覆盖眼睛周围的部位。如果眼睛处开孔,则钢球应跌落在正常使用时靠近眼睛的部分。

钢球在自由下落时可通过延伸到离玩具表面约 100 mm 以内的中空管道加以导向,但不限制其自由落体运动。

检查玩具是否产生危险锐利边缘、危险锐利尖端或能进入眼睛的松脱部件。

5.15 弹射物、弓箭动能测试(见 4.18)

5.15.1 基本原则

在正常使用条件下,选定 5 次速度读数的最大值计算弹射物的动能。

若玩具不止一种弹射物,则每种弹射物的动能均应计算。

对于带箭的弓,如果箭的长度允许,将弓弦尽量拉展,但最大不应超过 70 cm。

5.15.2 仪器

5.15.2.1 测速仪器

使用的测定速度方法计算动能的精确到 0.005 J 的测速仪器。

5.15.3 程序

5.15.3.1 动能的测定

使用式(1)计算弹射物在自由飞行时的最大动能 E_k:

$$E_k=\frac{mv^2}{2} \qquad \cdots\cdots(1)$$

式中:

E_k ——最大的动能值,单位为焦(J);

m ——弹射物的质量,单位为千克(kg);

v ——弹射物的速度,单位为米每秒(m/s)。

5.15.3.2 测定单位接触面积的动能

使用式(2)计算接触面积的弹射动能:

$$E_{k,area}=\frac{mv^2}{2A} \qquad \cdots\cdots(2)$$

式中:

$E_{k,area}$——单位接触面积的最大动能,单位为焦每平方厘米(J/cm^2);

A ——弹射物的撞击面积,单位为平方厘米(cm^2)。

测定有弹性保护头弹射物的接触面积的可采用以下方法:在弹射物上加上适当的着色剂或墨水(如普鲁士蓝),向(300±5)mm 以外的垂直表面发射,并测量残留印迹的面积。某些情况下,采用可留痕迹的冲击表面(如以复写纸覆盖白纸)的方法会比上述用弹射物来留印迹更适合。按以下方法测定出撞击面积。

a) 在弹射物的顶端涂上适当的着色剂或墨水,将一张干净的白纸放在木块上。支撑住木块使其受到冲击时不移动。

   使该白纸保持平坦地铺在木块上,或在木块和复写纸间放一张白纸(复写面朝着白纸),使这两张纸都保持平坦地铺在木块上。

b) 将被测弹射物装进弹射机构中。将待发的弹射机构垂直对着木块表面,木块离弹射物顶端距离为(300±5)mm。若发射机构有不止一种速度挡,则应以最大速度挡发射。

c) 将弹射物弹射至纸上。

d) 测量白纸上印记的面积。撞击面积是最少 5 次测量结果的平均值。

e) 计算单位接触面积的最大动能。

5.16 自由轮及制动装置性能测试

5.16.1 自由轮装置测定(见 4.20 和 4.21.3)

按 5.12.2(用脚稳定的玩具的稳定性测试)的方法将玩具水平放置,并按表 2 给玩具加载适当的负载,在铺有 P60 氧化铝纸的平面上以(2±0.2)m/s 的速度匀速拖拉玩具,测试最大的拉力。

若测得的最大拉力在以下范围,则该玩具不是自由轮玩具见式(3)和式(4):

$$F_1 \geqslant (m+25)\times 1.7 \qquad \cdots\cdots(3)$$

或

$$F_2 \geqslant (m+50)\times 1.7 \qquad \cdots\cdots(4)$$

式中:

F_1——36 个月以下的玩具的最大拉力,单位是牛(N);

m ——玩具的本身质量，单位为千克(kg)；

F_2——36 个月及以上玩具的最大拉力，单位是牛(N)。

注：如果玩具在加载 50 kg 后，在 10°的斜面上加速下滑，则被视作自由轮。

5.16.2 非玩具自行车的机械或电力驱动乘骑玩具的制动性能测试(见 4.20)

如 5.12.2 的方法将玩具放置在铺有 P60 氧化铝纸的($10^{+0.5}_{0}$)°斜面上，按表 2 施加适当的负载，使玩具纵轴平行于斜面板。

在正常操作制动把手的方向施加(50±2)N 的力。

如果制动把手的使用方式与自行车手闸相似，则垂直于把手在其中部施加(30±2)N 的力。

如果制动装置由踏板操作，在踏板的操作方向施加(50±2)N 的力，产生制动效果。

若有多个制动控制装置，应分别进行测试。

检查玩具在制动装置上施力后移动是否大于 5 cm。

5.16.3 玩具自行车的制动性能测试(见 4.21.3)

将玩具自行车加载(50±0.5)kg 的负荷，其重心在儿童乘坐面上方 150 mm 处，将玩具自行车停放在($10^{+0.5}_{0}$)°的斜面上，其纵轴与倾斜面平行。

如果制动装置的操作由类似于自行车的手闸，则垂直于把手在其中部施加(30±2)N 的力。

如果制动装置由踏板操作，在操作方向施加(50±2)N 的力，产生制动效果。

检查玩具在制动装置上施力后移动是否大于 5 cm。

5.17 电动童车的速度测试(见 4.22)

在玩具通常坐立或站立的位置加载质量为(25±0.2)kg 的负荷。

在水平面上操作玩具，测定最大速度是否超过 8 km/h。

5.18 温升测试(见 4.23)

在周围无风、温度为(21±5)℃的环境中，按使用说明以最大输入功率操作玩具，直至达到平衡温度。

测量可触及部分的温度并计算温升值。

观察玩具是否着火。

5.19 液体填充玩具的渗漏测试(见 4.24)

将玩具置于(37±1)℃环境中处理最少 4 h。

在将玩具从预处理环境中取出后的 30 s 内，用直径为(1±0.1)mm、顶端半径为(0.5±0.05)mm 的钢针，在玩具外表面的任意部分施加 $5^{+0.5}_{0}$ N 的力。

在 5 s 内逐渐加力，并保持 5 s。

测试完成后，在施力处放上氯化钴试纸，检查玩具是否渗漏。同时用除针外的其他合适方法在任意部位施加 $5^{+0.5}_{0}$ N 的压力。

在(5±1)℃温度下放置最少 4 h，对玩具进行重复试验。

完成后，检查玩具的渗漏性。

如使用的填充液体不是水，可使用其他适当的方法测定渗漏性。

注：不应使用氯化钴用于 5 ℃测试，因为冷凝作用会导致错误的结果。

5.20 口动玩具耐久性测试(见 4.25)

在玩具的气门嘴处连接一个在 3 s 内能排出或吸入超过 300 cm^3 空气的活塞泵,并安装一个放气阀,使得泵不能产生大于 13.8 kPa 的正负压力。将玩具连续进行 10 次吹吸交替测试,每个吹吸过程是指在 5 s 内完成、最少吹和吸各(295±10)cm^3 的空气,该空气量包括可能通过放气阀释放的空气体积。如果玩具本身的排气阀可触及,则以上测试亦适用于该排气阀。

按 5.2(小零件测试)判定是否有完全容入小零件试验器的脱落部件。

5.21 膨胀材料测试(见 4.3.2)

测试前,将玩具或可拆卸部件放置在(21±5)℃、相对湿度(65±5)%的环境中保持 7 h。

用游标卡尺测量玩具或可拆卸部件 X、Y、Z 方向的最大尺寸。

将玩具完全浸在(21±5)℃的去离子水中(2±0.5)h,保证水量足够,使浸泡测试最后还有剩余水量。

用夹子移取样品。如果因样品无足够机械强度而不能被移取,则认为该样品符合 4.3.2 的要求。

允许用 1 min 时间排去的样品中过量的水,再测量样品尺寸。

计算 X、Y、Z 方向与原来测量尺寸的膨胀百分比。

判定样品是否符合 4.3.2 的要求。

5.22 折叠机构及滑动机构测试

5.22.1 负荷测试

将(50±0.5)kg 的负荷加载到玩具上。

对 36 个月以下儿童使用的玩具,用(25±0.2)kg 负荷加载。

5.22.2 玩具推车和玩具婴儿车测试(见 4.12.1)

对玩具进行预处理:打开、折叠 10 次。

a) 符合 4.12.1 a)规定的玩具推车和婴儿车。

在水平面上竖起玩具,锁上锁定装置,按 5.22.1 加载合适的负荷,确保该负荷的质量由框架承载。如果必要,可使用支撑物以避免“座位”材料受损。放置的负荷应使折叠部件处于最不利位置,在 5 s 内施加负载,持续 5 min。

检验在不使用其中一个锁定装置的情况下,是否可以部分竖起玩具。如果可以,则应在部分竖起位置进行上述加载测试。

如果主体上的座位可从车架上拆卸下来,也应只对车架进行测试,可以使用合适的支撑物来支持负荷。

观察玩具是否折叠,且锁定机构是否仍然有效并可锁定。

b) 符合 4.12.1 b)规定的玩具推车和婴儿推车。

在水平面上竖起玩具,锁上锁定装置,按 5.22.1 加载合适的负荷,确保负荷质量由结构承载,如果必要,可使用支撑物使“座位”材料免受破坏,在折叠部分以最不利的位置给结构加载,在 5 s 内施加负载,持续 5 min。

检验在不使用其中一个锁定装置的情况下,是否可以部分竖起玩具。如果可以,则应在部分竖起位置进行上述加载测试。

观察玩具是否折叠,且锁定机构或安全装置是否仍然有效并可锁上。

5.22.3 其他折叠玩具测试(见4.12.2)

a) 竖起玩具。抬起玩具使其以任何方向倾斜于水平(30±1)°,观察锁定装置是否失效。

b) 在($10^{+0.5}_{0}$)°的斜面上竖起玩具,并在其折叠部件处于最不利的位置上,锁上锁定装置,按5.22.1以适当的负荷加载5 min,负荷置于儿童可能乘坐以及折叠部分处于最不利的位置,并确保加载于框架上。如有必要,可使用支撑物使座位材料免受破坏。

观察玩具是否折叠或锁定机构是否失效。

5.23 可洗涤玩具的预处理(见4.1)

开始测试前,应确定每个玩具的质量。除非玩具制造商在永久标识上指定了不同的洗涤方法,其他可洗涤玩具用洗衣机和滚筒干衣机进行洗涤和干燥6次。

任何商业售卖的家用洗衣机、干燥机和清洗剂均可用于本测试。

注1:考虑我国洗衣机的类型,可选用波轮式或滚筒式洗衣机。

待洗涤的玩具加上添加织物,总干重最小为1.8 kg,一起放入全自动洗涤机器中,使用温水,标准洗涤模式下洗涤约12 min。

根据生产者的说明书,甩干玩具及添加的织物。

注2:对于其他类型洗衣机的设置:温水指水温约40 ℃,标准负荷是所用洗衣机的平均负荷。

当甩干后质量未超过洗涤前的干重的10%时,应认为玩具已甩干了。

确定玩具是否符合第4章的有关要求。

5.24 可预见的合理滥用测试(见4.2)

5.24.1 总则

5.24中所有测试方法是模拟玩具经合理可预见的滥用后可能造成玩具损坏的情形。

除非另有规定,本测试仅适用于96个月以下儿童使用的玩具。

经过每个相应的测试后,玩具应仍能符合第4章的相关要求。

注:应按4.29.2规定的顺序对玩具或玩具的部件进行4.29.2规定的测试,这些玩具或部件事先不进行5.24的测试。

5.24.2 跌落测试

除按5.24.3(大型玩具的倾倒测试)测试的大型玩具外,属于表4列明质量限量以内的玩具,应跌落在规定的撞击面上。跌落次数和跌落高度的确定也应根据表4规定。玩具应以随机方向跌落。

撞击面应由额定厚度约3 mm的乙烯基聚合物片材组成,乙烯基聚合物片材附着在至少64 mm厚度的混凝土上,该表面应达到邵尔硬度D(80±10),面积至少为0.3 m²。

对电动玩具,应装上推荐电池进行跌落试验。如果没有指定电池的规格型号,应使用质量可能最大的通用电池。

表4 跌落试验

年龄段	质量 kg	跌落次数	跌落高度 cm
18个月以下	<1.4	10	138±5
18个月以上至96个月以下	<4.5	4	93±5

每次跌落后,让玩具自行静止。继续跌落前,应检查和评估样品。

确定玩具是否仍继续符合第4章相关要求。

5.24.3 大型玩具的倾倒测试

大型玩具不应按5.24.2(跌落测试)测试,而应进行如下的倾倒测试:

慢慢将玩具推过其平衡中心倾倒在5.24.2(跌落测试)描述的撞击面上,倾倒玩具3次,其中一次样品应处于最不利的位置。

每次倾倒后,应使玩具自行静止。继续倾倒前,应检查和评估样品。

确定玩具是否仍继续符合第4章相关要求。

5.24.4 有轮乘骑玩具的动态强度测试

按表2确定合适的负荷,以最不利的位置在玩具的站立面或座位上加载5 min。

在与玩具的正常使用一致的位置,固定负荷。

以(2±0.2)m/s的速度驱动玩具向50 mm高的非弹性台阶撞击3次。

如果玩具能同时承载两个或以上儿童的体重,则应同时测试每个坐立或站立的位置。

确定玩具是否仍继续符合第4章相关要求。

5.24.5 扭力测试

玩具上任何可能被儿童拇指和食指抓起或牙齿咬住的玩具突出物部分或组件应进行本测试。

按合理的测试位置固定好玩具,使用扭力测试用夹具将测试物件夹好。

用扭力计或扭力扳手顺时针方向施加(0.45±0.02)N·m扭力至:

a) 从原来的位置已转过180°;或者

b) 已达到要求的扭力。

5 s内施加最大的转角或最大的要求扭力,并保持10 s。移去扭力,测试部件回到松弛状态。

逆时针方向重复上述测试过程。

设计用来与棒或杆牢固装配并一起转动的可接触突出物、玩具部分或组件,应用夹具夹住上述棒或杆以防一起转动。

假如由制造商用螺丝固定或按制造商说明用螺丝固定的玩具部件,在施加规定扭力时,如果上述部件松动,则继续施加扭力至已达到所规定的扭力或上述部件松脱;如果该测试部件在小于规定扭力限量时,明显继续转动而又不会松脱,则应终止测试。

如果该测试部件脱落后,导致该样品其他可被夹住的可接触部件暴露在外,则应对该部件进行扭力测试。

确定玩具是否仍继续符合第4章的相关要求。

5.24.6 拉力测试

5.24.6.1 一般拉力测试

玩具上任何可能被儿童拇指和食指抓起或牙齿咬住的玩具突出物部分或组件应进行本测试。

拉力测试应在5.24.5(扭力测试)测试的同一部件上完成。

试验专用夹具的使用不应影响部件和玩具之间的完整结构,加载装置应是精度为±2 N的拉力计或其他适合测量仪器。用合适的夹具将试样固定在一个适宜的位置。

在5 s内,平行于测试部件的主轴,均匀施加(70±2)N的力并保持10 s。

移去拉力夹具,装上另一个适合于垂直主轴测试施加拉力负载的夹具。

在5 s内,垂直于测试部件的主轴,均匀施加(70±2)N的力并保持10 s。

确定玩具是否仍继续符合第 4 章的相关要求。

5.24.6.2 填充玩具和豆袋类玩具的拼缝拉力测试

由柔软材料制成、具有拼缝的(包括但不限于缝合、粘合、热封或超声波焊接的拼缝)填充玩具或豆袋类玩具,应进行拼缝拉力测试。

用于夹住材料拼缝两边的拼缝钳应附有 ϕ19 mm 的圆盘(见图 22)。

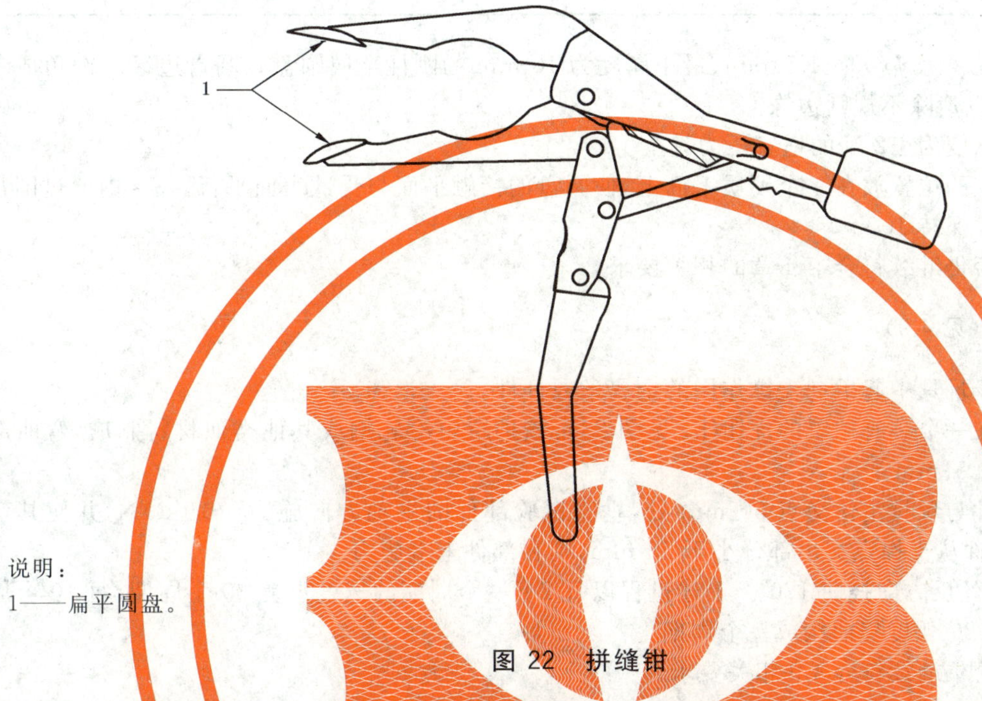

说明:

1——扁平圆盘。

图 22 拼缝钳

拼缝钳夹住装配完整的填充玩具的表面材料,使 ϕ19 mm 的圆盘的边缘在拼缝最近处接近拼缝线且距离不小于 13 mm。

在 5 s 内,均匀施加(70±2)N 力并保持 10 s。

如果测试人员通过拇指和食指,不能将临近拼缝的材料用 ϕ19 mm 的圆盘的拼缝钳夹住,拼缝测试可不进行。在这种情况下,应在玩具的臂、腿或其他部位,按 5.24.5(扭力测试)和 5.24.6.1(一般拉力测试)进行测试。

确定玩具是否仍继续符合第 4 章的相关要求。

5.24.6.3 毛球拉力测试(见 4.5.3)

毛球应按 5.24.5(扭力测试)进行测试和进行如下的拉力测试:

拼缝钳应有一个 ϕ19 mm 的圆盘(见图 22)。一件拼缝钳夹住毛球,另一件拼缝钳夹住玩具材料。

在 5 s 内,均匀施加(70±2)N 的力并保持 10 s。

确定玩具是否仍继续符合第 4 章的相关要求。

5.24.6.4 保护件拉力测试(见 4.8、4.9 和 4.18)

在 5 s 内,对被测试保护件均匀施加(70±2)N 的拉力并保持 10 s。

确定玩具是否仍符合第 4 章的相关要求。

5.24.7 压力测试

任何按 5.24.2(跌落试验)测试时不能被跌落板触及但能被儿童触及的玩具表面部位应进行本测试。

按表5规定的玩具的适用年龄组，确定试验压力大小。

表5 压力测试

单位为牛顿

年龄段	压力
36个月以下	114±2.0
36个月以上至96个月以下	136±2.0

加载装置应是一个 ϕ(30±1.5)mm、最小厚度为10 mm的刚性金属圆盘。圆盘边缘应倒角成半径为0.8 mm圆弧，以消除不规则边缘。

圆盘安装在精度为±2 N的适宜压力计上。

将玩具以适宜的位置放在一个硬质平面上，使圆盘的接触平面与受试表面平行。5 s内通过圆盘均匀施加所需的力并保持10 s。

确定玩具是否仍继续符合第4章的相关要求。

5.24.8 挠曲测试(见4.9)

本测试适用于玩具中起柔韧支撑作用的金属丝或杆件。

将玩具固定在一个装有护罩的虎钳上(见图23)，该护罩由冷轧钢或其他类似材料制成，弯曲部位外半径为(11.7±0.5)mm。

在离试验部件与玩具主体交点50 mm处，垂直试验部件的主轴方向施力(70±2)N，并使其弯曲60°。如果试验部件从支撑点突出部分小于50 mm，则在部件末端施力。

然后，将金属丝反方向挠曲120°。上述过程以每2 s一个周期的速度重复30个周期，每10个周期后停60 s。两个120°弧度挠曲构成一个周期。

确定玩具是否仍继续符合4.9相关要求。

单位为毫米

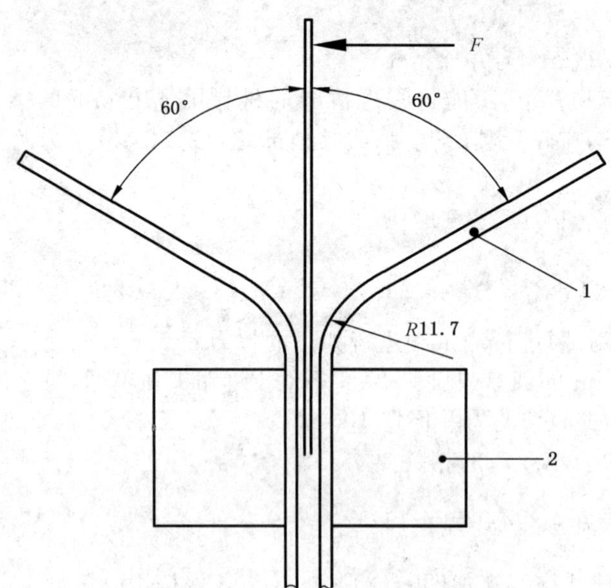

说明：

1——冷轧钢板；

2——老虎钳。

图23 挠曲测试器

5.25 声压级的测量(见 4.28)

5.25.1 安装及安放条件

5.25.1.1 总则

应当用新的玩具进行本测试。对于电池玩具,用新的原电池或充满电的充电电池进行试验。不要使用外部供应电源,因为在很多情况下,它们会影响玩具的性能。

5.25.1.2 测试环境

测试环境应符合 GB/T 3768—1996 附录 A 中条件要求。

注 1:实际上,这意味着只要玩具的最大尺寸不超过 50 cm,大多数正常布置的、空间超过 30 m^3 的房间在测量距离为 50 cm 时都是符合要求的。在测量距离小于 25 cm 的情况下,几乎所有的环境都符合要求。

注 2:如果采用 GB/T 17248.2 的测试方法,则测试环境符合 GB/T 3767 的要求。

5.25.1.3 安放

用于安放玩具的试验装置和/或玩具的操作者,在测试中应不能影响到玩具声音的发射,也不能造成声音反射——这将增加测试点处的声压级。

注 1:通常转动测度物比移麦克风来得方便。

将近耳玩具和手持玩具安放在合适的试验装置里,高于反射面至少 100 cm;或由操作者把手臂伸直进行操作。

注 2:如果由操作者进行操作,在测试非常响亮的玩具时,宜佩戴听力保护器。

将静止的桌面、地面和童床玩具放在 GB/T 17248.2 所述的标准测试台上。台面应足够大,以使玩具静止和整个放在台面上,测量所在的测试箱的侧边也位于台面上(见 5.25.2.3.6)。

将自驱动的桌面玩具或地板玩具放置在标准测试台上的试验装置里,在满功率下操作,但应防止其绕行。

将推拉玩具放置于反射面(例如混凝土、地板砖或其他硬质表面)上并固定在试验装置里,使其以不同的速度直行经过测量麦克风(“驶过”试验)。确保反射面的摩擦力能防止车轮打滑。

将手动发条玩具上足发条后放置在反射面(例如混凝土、地板砖或其他硬质表面)上,使玩具前端沿 X 轴与驶过试验中的麦克风距离为(40±1)cm(见图 27)。

按上述原则以最合适的方式来安放其他类型的玩具。

5.25.1.4 操作条件

按预定的或可预见的模式操作待测试玩具,使其对麦克风产生最大的发射声压级,以得到最大噪声声级。

特别注意按以下方式操作:

——推拉玩具除外,用手来操作手动玩具,在按其预定的或可预见的使用点和方向上施力,使其产生最大发射声压级。对预定用手摇动的玩具,使用摆动幅度 15 cm、频率 3 次/s 摇动玩具。

——操作摇铃,抓着它预定被抓的位置;如果不能确定该位置,则抓着能使摇铃的发音部分与手之间的横杆最长的位置。确保发射的声音不会被手的握持方式影响。以缓慢的节奏,将玩具向下用力撞击 10 次。使用手腕,前臂保持基本水平。尽量取得可能产生的最大声压级。操作者侧对麦克风站立,将摇铃保持在与麦克风同样的高度并相距 50 cm。

——以 2 m/s 或以下的速度操作推拉玩具,使之发出最大的发射声压级。

——用制造商推荐的和能从市场购得的火药帽操作火药帽玩具。

5.25.2 测量程序

5.25.2.1 使用的基础国家标准

声压级测定的最低要求是在玩具周围规定的位置，根据 GB/T 17248.3 和 GB/T 17248.5 进行测定。如发生争议，使用更加精确的 GB/T 17248.2 进行测定。

注 1：由于在房间边缘反射较少，GB/T 17248.2 将得到稍低于 GB/T 17248.3 和 GB/T 17248.5 的数值。

注 2：在某些情况下，GB/T 17248.5 对工程方法而言是精确的。

5.25.2.2 仪器

仪器系统，包括麦克风和电缆，应符合 GB/T 3785.1—2010 和 GB/T 3785.2—2010 中规定的 1 型或 2 型仪器的要求。在测量峰值发射声压级时，例如测量使用火药帽的玩具，麦克风和整个仪器系统应有能力处理超过 C 计权峰值水平至少 10 dB 的线性峰值水平。

注：当使用标准方法 GB/T 17248.2 时，需要用 1 型仪器。

5.25.2.3 麦克风的位置

5.25.2.3.1 总则

测试中应当使用几个麦克风位置。在操作中这通常意味着麦克风不断移动位置，采用转动待测样品来代替则更具操作性。但应注意保持正确的测量距离。

5.25.2.3.2 近耳玩具

将麦克风设置在距玩具主要声源所在表面的测量距离为(50±0.5)cm 的地方，并确保在麦克风位置获得最大声压级。

5.25.2.3.3 火药帽玩具

在玩具周围设置 6 个麦克风位置，把玩具的主要发声部分放在测量坐标系统的原点，使处于正常操作位置的玩具的主轴与测量坐标系的轴重合(图 24)。如玩具长度超过 50 cm，在不改变麦克风位置的情况下，把玩具在 XY 平面上绕 Z 轴旋转 45°。

在原点沿每根轴的两个方向选取(50±1)cm 的点，作为麦克风的测试位置，如图 24 所示。

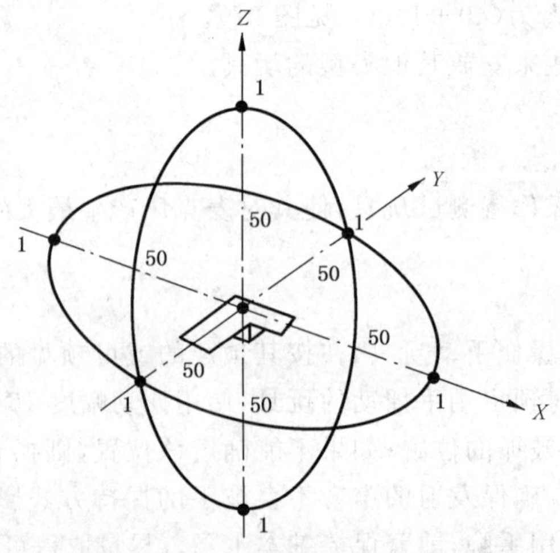

说明：

1——麦克风。

图 24 测量火药帽玩具发射声压级的麦克风位置

5.25.2.3.4 摇铃

将麦克风安装在离地 1.2 m、距声源 0.5 m 处，测试室空间应足够大或消声能力足够使得声音反射可以忽略。

5.25.2.3.5 其他手持玩具

在测量箱各面上选择 6 个麦克风位置，使测试距离距 GB/T 3768—1996 中定义的玩具基准箱为 50 cm，如图 25 所示。这些位置位于测量箱各面的中心，与基准箱各面相距 50 cm。

单位为厘米

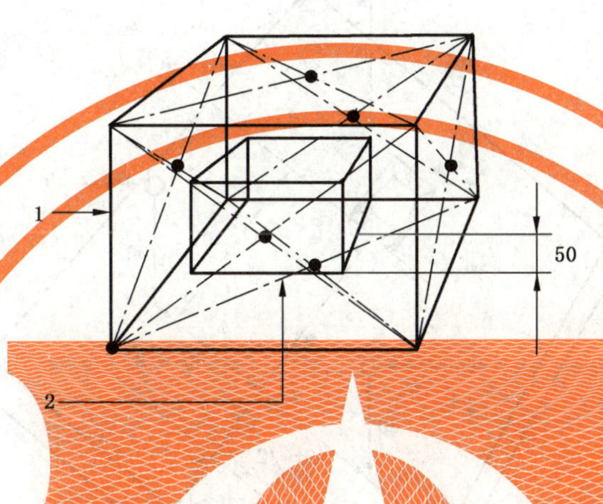

说明：

1——测量箱；

2——基准箱。

图 25 所有其他手持玩具的麦克风位置

5.25.2.3.6 静止的和自驱动的桌面、地面和童床玩具

在测量箱各面上选择 5 个麦克风位置，使测量距离距玩具基准箱为 50 cm；如果玩具的宽度或长度超过 100 cm，则把测量箱的 4 个顶角增加为麦克风位置，见图 26 所示。高度为 H 的测量箱的各个面——底面除外，距基准箱对应的各个面的距离始终为 50 cm；测量箱与基准箱的底面位于同一平面。所有麦克风的位置都在测量箱上。

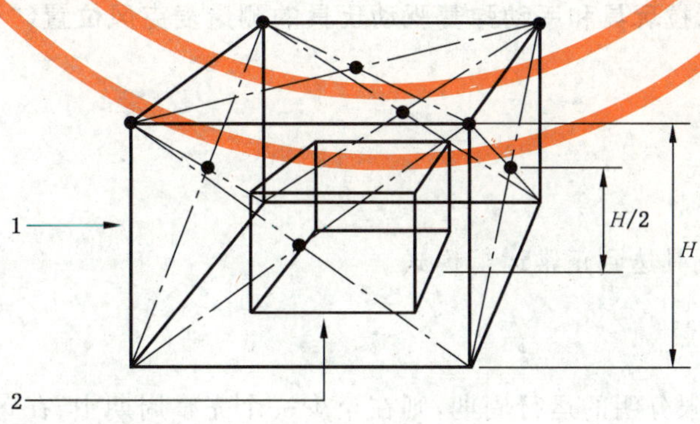

说明：

1——测量箱；

2——基准箱。

图 26 测量静止的和自驱动的桌面、地面和童床玩具的麦克风位置

5.25.2.3.7 推拉玩具和手动弹簧驱动玩具

对于宽度(w)为 25 cm 或以下的玩具,在距测量坐标系的 X 轴距离(d)为 50 cm 处,使用两个麦克风位置,如图 27 所示。对于宽度(w)大于 25 cm 的玩具,在距测量坐标系的 X 轴距离(d)为 40 cm 加上一半玩具宽度处($40+w/2$),使用两个麦克风位置,如图 27 所示。将玩具放在测试装置或反射平面上,以其正常操作方向,使玩具能沿着经过两个麦克风位置的 X 轴方前进。

单位为厘米

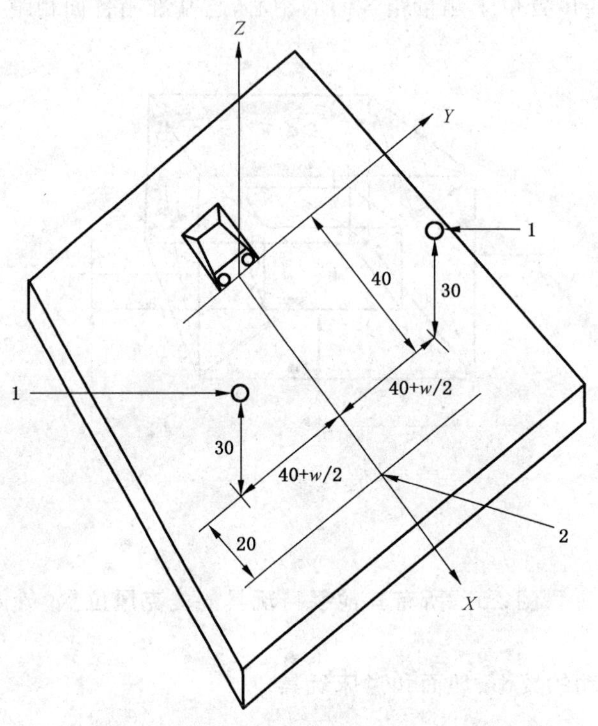

说明:
1 ——麦克风;
2 ——测量终点;
w ——玩具的宽度。

图 27 推、拉玩具和手动弹簧驱动玩具的测量麦克风位置("驶过"测试)

5.25.2.4 测量

5.25.2.4.1 总则

在试验开始前,应使玩具达到正常运行模式。

5.25.2.4.2 连续声音的测量

如果测试的玩具有界限分明的运行周期,则在至少一个完整周期中,在每个麦克风位置测量等效声压级。但长于 15 s 的安静期不包括在测量期内。总共进行 3 次测量。

如果测试的玩具没有界限分明的运行周期,则在最高噪声级的运行模式下在每个麦克风位置测量等效声压级,测量至少持续 15 s。总共进行 3 次测量。

对于驶过试验,测量 A 计权最大声压级。每边测量两次。

5.25.2.4.3 脉冲声音的测量

在每个麦克风位置测量C计权峰值声压级 L_{pCpeak}。总共进行3次测量。

5.25.2.4.4 摇铃的测量

测量10个周期的C计权峰值声压级 L_{pCpeak}。总共进行3次测量。

5.25.2.4.5 测量结果

声音测量结果应如下表述：

a) 在指定位置的A计权等效声压级 L_{pAeq},单位为dB;

b) 在指定位置的A计权最大声压级 L_{pAmax}(驶过试验),单位为dB;

c) 在指定位置的C计权峰值声压级 L_{pCpeak},单位为dB。

在任一麦克风位置的适用测量的最高值(L_{pAeq},L_{pAmax} 和 L_{pCpeak})就是测量结果。

5.26 磁体拉力测试

见4.29.2 c)。

5.26.1 原理

这些测试模拟了预定的或合理可预见的玩耍方式。玩具可能含有单个的磁体,或由磁体、磁性部件和/或配对金属部件形成的组合;设计这些测试是为了模拟使用这些部件来吸附和分离磁性部件的合理可预见的玩耍方式。

对于含有一个以上的磁体或磁性部件的玩具,应进行5.26.2的测试,除非必须要破坏玩具才能进行测试。对于这种情况,应当按5.26.4所述使用参考圆盘进行测试。

注：在每只脚里嵌有可触及但不能被抓住的磁体的玩具雕像,就是除非必须要破坏玩具才能进行5.26.2测试的一个例子。

仅含有一个磁体及其配对金属部件的玩具,应按5.26.3进行测试。

仅含有一个磁体而无配对金属部件的玩具,应按5.26.4进行测试;该测试模拟了玩具吸附到一个不随玩具提供的表面上又再分离的玩耍方式。

5.26.2 有多个磁体或磁性部件的玩具

识别出玩具中最易脱落的磁体或磁性部件,应对其进行磁体拉力测试。

如果不可能确定玩具中哪个磁体或磁性部件在测试中最易使磁体脱落,则可以对玩具上的其他磁体或磁性部件重复进行此测试。

在不破坏玩具的情况下,将磁体或磁性部件以与测试磁体相吸的方向尽可能靠近测试磁体,如有可能则使其相触。逐渐向磁体/磁性部件施加拉力,直到它与测试磁体分开。进行10次测试,如果测试磁体从玩具上脱落则终止测试。

对于其他按4.29.2规定应进行磁体拉力测试的磁体重复此测试。

5.26.3 仅含有一个磁体及其配对金属部件的玩具

在不破坏玩具的情况下,将金属部件尽可能靠近测试磁体,如有可能则使其相触。逐渐向金属部件施加拉力,直到它与测试磁体分开。进行10次测试,如果测试磁体从玩具上脱落则终止测试。

5.26.4 仅含有一个磁体而无配对金属部件的玩具

5.26.4.1 设备

镍含量最低为99%的镍圆盘，直径为(30±0.5)mm，厚度为(10±0.5)mm。

5.26.4.2 程序

在不破坏玩具的情况下，将镍圆盘的盘平面尽可能靠近测试磁体，如果可以则接触到磁体。逐渐向镍圆盘施加拉力，直到它与测试磁体分开。进行10次测试，如果测试磁体从玩具上脱落则终止测试。

5.27 磁通量指数

5.27.1 一般要求

见4.29.1、4.29.2 a)和4.29.2 c)。

5.27.2 原理

磁通量指数是根据通量密度和磁极表面积的测量结果计算出来的。

5.27.3 仪器

5.27.3.1 直流场高斯计

精度为5 G的直流场高斯计，精确度能达到1.5%或更高。高斯计应带有一个轴向探头，其有效探测面的直径为(0.76±0.13)mm；有效探测面和探头顶端的距离为(0.38±0.13)mm。

5.27.3.2 游标卡尺或类似设备

精度为0.1 mm。

5.27.4 程序

5.27.4.1 通量密度的测量

找出磁体磁极所在的表面。

将高斯计探头顶端接触到磁体的磁极表面。对于磁性部件(即磁体完全或部分嵌入其中的玩具部分)，将探头顶端接触到部件的表面。

使探头与表面保持垂直。

在整个表面移动探头以找出最大的通量密度绝对值。记录最大的通量密度绝对值。

注：高斯计能读取正值和负值，因此使用绝对值来计算。

5.27.4.2 磁极表面积的测量和计算

如果磁体嵌入或附着在磁性部件中，应将磁体从磁性部件中取出，即使需要破坏玩具。

如果磁体的磁极表面是平的，测量其尺寸，精度为±0.1 mm，并用合适的几何公式计算表面积。

如果磁极表面是不平的(如半球形表面)，测量与穿过磁体磁极的轴线相垂直的磁体最大直径(见图28)，精度为±0.1 mm，计算相应横截面的面积。对于有多个磁极的磁体，可使用磁极观察胶片或其他等效方式确定最大单磁极的面积，进行测量和计算。

注：含有多重带状或多个极的橡胶/塑性磁体的示例为多磁极磁体。

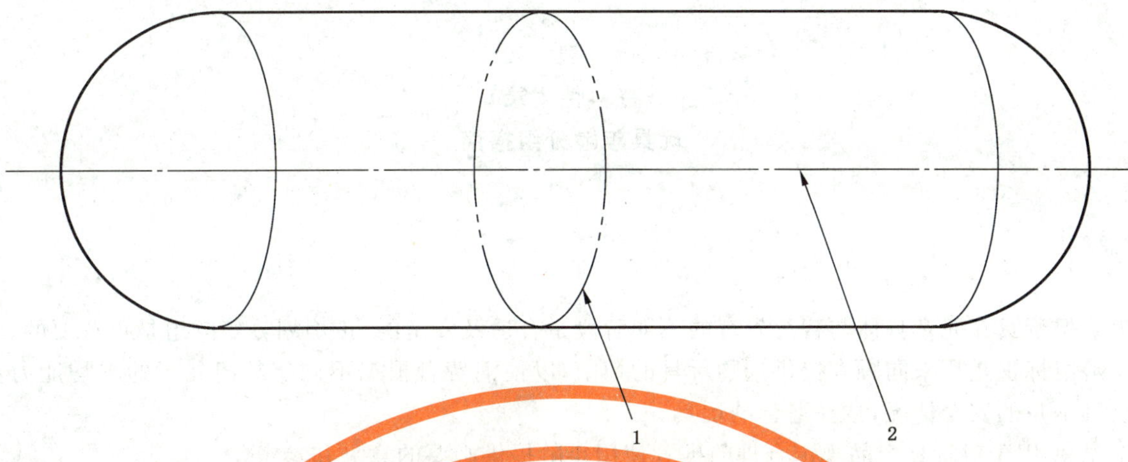

说明：

1——与轴垂直的最大横截面；

2——通过磁极的轴。

图 28 表面不平磁极的磁体的最大直径

5.27.4.3 磁通量指数的计算

磁通量指数（kG^2mm^2）等于磁极表面积（mm^2）和最大通量密度平方值（kG^2）的乘积。

5.28 磁体冲击测试

见 4.29.2 c)。

将玩具相关的部件以最不利的位置放在水平的钢质平板上，使一质量为（1±0.02）kg、直径为（80±2）mm 的匀质金属重块跌落到玩具上，跌落的高度为（100±2）mm。

按照 5.2（小零件测试）对脱落的磁体或磁性部件进行测试，确定是否完全容入小零件试验器。

5.29 磁体浸泡测试

见 4.29.2 b)。

将玩具或玩具部件完全浸泡在温度为（21±5）℃的适量去离子水中，持续 4 min。取出玩具并抖落多余的水，在室温下放置 10 min。

浸泡测试循环进行共 4 次。

在最后一轮测试完毕后，立即按照 5.2（小零件测试）对脱落的磁体或磁性部件进行测试，确定是否完全容入小零件试验器。

附 录 A
（资料性附录）
玩具年龄分组指南

A.1 总则

为确保玩具在儿童身体与智力发育的不同阶段是合适及安全的，正确划分年龄组是很重要的。

年龄组标识是用来向顾客提供选购玩具的指南，以使消费者根据不同年龄组儿童的平均能力和兴趣及玩具本身的安全情况，选择适合的玩具。

附录A用于对玩具产品规定合理的推荐使用年龄提供必要的意见和参考。

更详细的信息参见参考文献[4]和[5]。

A.2 确定年龄组的准则

为玩具确定适合的年龄组时应考虑以下准则，在全盘考虑所有准则时，为了作出更适当的年龄分组，每一个准则可有所侧重：

a) 玩具应与儿童操纵和玩耍玩具的某些特性的体能相适应；
这需要了解一个特定年龄组儿童通常具有的体力协调情况、细微和粗犷的动作情况、体型及力量。

b) 玩具应与儿童了解如何使用玩具的智力相适应(指理解玩具的使用说明、操作步骤及目的)；
为了能激发儿童的能力并促使其发展，而不阻碍其发展，考虑某特定年龄组儿童的智力是很重要的。对儿童来说，玩耍玩具既不应该太容易也不应该太困难。

c) 玩具应满足不同发育阶段的儿童玩耍的需要和兴趣。
在恰当划分年龄组时，了解儿童发育程度和制定游戏材料及游戏环境，以促进各个每个阶段儿童发育是很重要的。儿童玩耍的兴趣和对玩具的喜爱变化很快，应注意儿童在某些阶段对特定玩具对象的喜爱，因此应注意增强玩具的可玩性，玩具对儿童应有吸引力。总而言之，玩具必须有趣。

A.3 确定年龄组的依据

下列资料有助于指导为特定玩具确定合理的使用年龄组。这些资料并未按其重要性排列，在确定年龄组时，所有方法都应考虑：

- 根据以往经验或市场上标明适合某一年龄组的类似玩具；
- 比较人的体型及体质的参考资料；
- 为制定儿童发育标准的有关发育数值的参考资料；
- 参考在某些年龄点被增强/激发的发育特点；
- 外聘顾问、儿童发育专家、体质专家及心理学家的专家意见；
- 儿童参与的原型或模型试验；
- 观察儿童玩耍时的技巧水平；
- 征求家长的意见；
- 以互动形式及向儿童提问。

A.4 年龄分组的安全方面的考虑

A.4.1 总则

玩具对于使用者应是安全的。一旦确定儿童技能水平,应使玩具设计符合本部分有关特定年龄组的安全要求。也就是说,不能把一个两岁儿童的已有的技能和兴趣玩耍的含有小零件的玩具定在3岁年龄组,以避免将这些部件(小零件)加大。

年龄组显示儿童平均发育情况,然而这不一定能反映个别特殊儿童的情况。对于特定玩具是否适合儿童的发展阶段及是否可以安全玩耍,家长始终是最好的评价。

A.4.2 适合3岁以下儿童使用的玩具

3岁以下儿童使用的玩具,最重要的是应考虑与小零件有关的潜在的噎塞和窒息危险。3岁以下的儿童比较容易把物件放入口中。但并不能排除3岁以上儿童就一定没有把非食物物体放如口中的嗜好。下列玩具适合于3岁以下儿童:

预定供3岁以下儿童使用的:挤压玩具,出牙器,童床练习玩具,童床健身玩具,童床悬挂玩具,供装在童床、婴儿推车游戏围栏或童车上的玩具,推拉玩具,敲打玩具,积木块与堆垛玩具,浴盆玩具,玩水池和堆沙玩具,木马,钟琴和音乐球及旋转木马,玩偶盒,填充的、毛绒的及植绒动物其他造型的玩具,学龄前玩具,拼图玩具,乘骑玩具,玩具娃娃和动物玩具,汽车、卡车、及其他车辆。

适合于3岁以下儿童的玩具的部分特征,根据玩具的类别列在下面:

- 玩具娃娃
  供手持或搂抱的身体柔软的婴儿娃娃或人物娃娃,填充的或“豆袋”类娃娃,形状简单(包括附件)的碎布娃娃或布娃娃和面貌简单、四肢关节处活动范围有限的轻型小巧的塑料娃娃。
- 婴儿玩具
  供在童床或游戏围栏上使用,能很容易地被小手握住、晃动、抓住、摇动发声或抱住的玩具。
- 玩具车
  外形简单结实的汽车、卡车、船及火车,以简单色调装饰,没有微细外形刻画并对车辆的具体牌子或型号没详尽描述说明,并且只要求简单的使用动作(例如滚动、翻倒、推动及放开)。
- 动作玩具
  供识别声音或图画用的简单动作玩具及惊奇动作玩具。
- 早期学习玩具
  供基础学习训练(例如字母、数字或图案)、简单的形体动作训练(例如转动轮子或旋钮),拉开和放开或根据大小分类等玩具(例如书和拼图)。
- 软体的球或类似物品
  供挤压、摇动、滚动或扔掷的柔软的、质量轻的球或类似玩具。

A.4.3 不适合3岁以下儿童使用的玩具

被认为不适合3岁以下儿童的,而未加贴年龄标识的玩具具有以下特征:

- 要求复杂的手指动作或控制调整,将复杂的小块装在一起的玩具;
- 游戏类玩具,例如要求或含有超出A、B、C或1、2、3范围(即最基本知识)的阅读能力的内容的游戏类玩具;
- 模拟成人体形或特征的玩具及其相关附件;
- 收藏系列(例如:人物造型和车辆);
- 弹射类玩具,发射的车辆、飞机等;

● 化妆套具玩具；
● 含有长绳或带的玩具。

A.4.4 8岁及以上儿童使用的玩具

另一个被引用的主要发育分界线大约为8岁，在这个阶段阅读能力已有进步，儿童自己能阅读、理解注意说明、警告等，因为在某些情况下使用说明和警告对于安全使用产品是必需的，该类产品应贴上供8岁以上的儿童使用的年龄组标识。

属于这一范畴的产品包括：

● 含有易碎玻璃部件和复杂说明的科学、环境用具或装置。
● 含有锐利工具或部件的、或要求手指技巧配合精确组装的复杂的模型和工艺套具。
● 含加热元件的电动玩具。
● 某些化学装置、用燃料驱动的模型车辆和火箭。这些玩具包含有可能是有害的化学品，一般不能被不会阅读和理解说明及警告的儿童安全地玩耍。建议使用任何这类产品的最低年龄应为8岁并且仅在成人监护下使用。

A.5 说明性的年龄标识

如果玩具容易被建议年龄组以外的儿童接触，制造商可以加贴说明性标识，以识别潜在的安全隐患，帮助家长和其他购买者选择适合玩具。

应加以考虑的因素还包括玩具对年幼儿童的吸引力、市场经验、玩具的设计或结构、玩具包装是否有玩具图示等。此外，制造商应考虑购买者可能过高估计儿童的体力或智力及儿童对玩具有关潜在危害的理解力。

附 录 B
（资料性附录）
安全标识指南和生产厂商标记

B.1 概述

附录 B 是对特定玩具标识的指南。

安全标识的作用是给消费者提供合适的安全信息：购买指示（如在玩具上或包装上）、玩具开始使用前的提示（如在说明书上）及玩具每次使用前的提示（如玩具上的标识）。

对于特定的玩具或玩具特性的安全标识要求列于第 4 章的相应条款中。应指出这些指南不能确保市场上的玩具完全符合国家相关玩具安全要求。因此，还应遵照我国要求。

B.2 安全标识指南

B.2.1 标识定义和位置

安全标识应醒目、易读、易懂且不易擦掉。

安全信息应以提醒消费者注意的格式出现，且应标注在包装或产品本身上，以便消费者在购买时很容易看到。

安全标识和生产厂商标记应当使用中文。

B.2.2 年龄组

适用任何要求的玩具应标明最低的使用年龄。如果玩具或包装上没有清楚和醒目标注年龄组，或标注的年龄组不合适，则玩具应符合本部分中适用的最严格要求。

对特定玩具（如化妆服装和乘骑玩具），从安全角度，在玩具或/和玩具包装上加贴有关尺寸或质量限制的标识。

确定合适的玩具年龄组的指南列于附录 A。

B.2.3 小零件和含小零件的玩具（见 4.4）

玩具或其包装上应有类似以下的警示：

“警告！不适合 3 岁以下儿童使用。内含小零件。”

“警告！不适合 3 岁以下儿童使用”此句可用 GB/T 26710 中规定的图标代替。

特定危险的提示应标注在玩具、包装或使用说明书内。

B.2.4 气球（见 4.5.6）

包装上应有类似以下的警告：

“警告！未充气或破裂的气球，可能对 8 岁以下儿童产生窒息危险，需要成人监护下使用，将未充气的气球远离儿童，破裂的气球应立即丢弃。”

B.2.5 小球（见 4.5.2）和弹珠（见 4.5.7）

a） 如果玩具是一个小球或玩具内含小球，玩具或其包装上应标有类似以下的警告：

“本玩具是一个小球,可能产生窒息危险,不适合3岁以下儿童使用。”

或者:

“本产品内含小球,可能产生窒息危险,不适合3岁以下儿童使用。”

b) 如果玩具是一个弹珠或玩具内含弹珠,玩具或其包装上应标有类似以下警告:

“本玩具是一个弹珠,可能产生窒息危险,不适合3岁以下儿童使用。”

或者:

“本产品内含弹珠,可能产生窒息危险,不适合3岁以下儿童使用。”

B.2.6 水上玩具(见4.19)

水上玩具应设有警示,说明此玩具应在成人监督下在浅水中使用,另应提醒此产品非救生用品。

B.2.7 童床或游戏围栏上的悬挂玩具(见4.11.5)

玩具和其包装上应标有这样的注意事项:当婴儿开始用手或膝支撑站立时,如果不移去玩具,可能发生缠结或勒死的伤害(同时见B.3.2、B.3.3)。

B.2.8 与食物接触的玩具

供与食物接触的玩具或玩具部件,其包装和/或说明书上应提醒家长在使用之前和之后将产品彻底清洗或清洁。

B.2.9 供成人组装的玩具

供成人组装的玩具,其包装上应有成人组装的标注(见B.3.6)。

B.2.10 童床上的健身玩具及类似玩具(见4.11.6)

仅限于用线绳、弹性绳,或皮带横悬在童床上的健身玩具和类似的玩具,玩具及其包装应标明:

“当婴儿开始用手和膝支撑站立时,若不移去玩具与童床、围栏、婴儿车的连接,则可能产生缠结或勒死的伤害。”(见B.3.2和B.3.3)

B.2.11 仿制防护玩具(见4.17)

仿制防护玩具(包括但不限于建筑头盔、运动头盔、消防头盔)及其包装应提醒消费者这些玩具不能提供保护功能。

B.2.12 带功能性锐利边缘和/或锐利尖端的玩具(见4.6.2和4.7.2)

36个月及以上但不足96个月的儿童使用的玩具含有功能性部件所必需的可触及锐利边缘和/或锐利尖端,应在玩具包装上标注存在锐利边缘和/或锐利尖端。

B.2.13 功能性玩具

功能性玩具应有说明性标识,以警告该产品只能在成人直接监护下使用。

B.2.14 玩具滚轴溜冰鞋、单排滚轴溜冰鞋及玩具滑板(见4.26)

玩具滚轴溜冰鞋、单排滚轴溜冰鞋和玩具滑板是设计供体重不超过20 kg儿童使用的产品。

玩具滚轴溜冰鞋、单排滚轴溜冰鞋和玩具滑板应带有标签指示此产品是设计供体重不超过20 kg儿童使用的产品,并建议使用者使用如头盔、护腕、膝垫、肘垫等保护装置和不要在机动车道上使用该产品。

B.2.15　弹射玩具(见 4.18.1、4.18.2 和 4.18.3)

含有弹射物的玩具,应附有使用说明以提醒使用者注意瞄准眼或脸部及使用非生产者提供或推荐的弹射物的危险。

B.2.16　玩具风筝(见 4.11.7)

玩具风筝和其他有绳线的飞行玩具应附有警告:不要在高架电线附近和有雷暴时玩耍。

B.2.17　玩具自行车(见 4.21.1)

玩具自行车应附有标识以提醒骑车时应使用保护性头盔。

同时,使用说明书应包括提醒玩具自行车不应在公路上使用;而且父母或监护人应确保儿童在使用玩具自行车时已接受过适当的指导,特别是对于制动装置系统的安全使用。

B.2.18　玩具火药帽(见 4.27)

玩具火药帽的包装应附有警告:不应在室内、近耳、近眼处使用、不要将拆散的玩具火药帽放在口袋里。

B.2.19　产生高脉冲声音的玩具[见 4.28 f)]

产生高脉冲声压级的玩具或它们的包装应有以下警示:

"警告！不要靠近耳朵使用！误用可能导致听力损坏。"

使用火药帽的玩具应增加以下警告标识:

"不能在室内击发!"

B.2.20　供 8 岁及以上儿童使用的磁/电性能实验装置

见 4.29.1 和 E.43。

供 8 岁及以上儿童使用的磁/电性能实验装置玩具的包装和使用说明书上,应标有以下或类似的警示:

"警告！此产品含有小磁体,不适合 8 岁以下儿童。
磁体吞咽后会透过肠壁相吸而造成严重的伤害。若吞咽磁体需立即就医。"

B.3　说明文献

B.3.1　资料和说明

对玩具的安全使用和/或组装的有关资料和说明,无论是在包装上还是在附页内,都应易读。

B.3.2　童床、游戏围栏上的悬挂玩具(见 4.11.5)

童床、游戏围栏、墙上和天花板上的悬挂玩具应提供正确组装、安装和使用的说明书,以保证悬挂玩具不出现缠结危险,说明书应至少包括以下内容:

- 童床悬挂玩具不是给儿童握在手中的;
- 假如悬挂玩具连接在童床或游戏围栏上,当婴儿开始用手和膝盖撑着站立起来时,应移开;
- 假如安装在墙或天花板上,悬挂玩具的安装应使能站立的婴儿明显不能触及;
- 按说明书的要求,应将提供的紧固件(绳、带、夹具等)牢固地连接在童床或游戏围栏上,并经常检查;

- 不应将其他的绳或带连接在童床或游戏围栏上。

B.3.3　童床上的健身玩具及类似玩具(见 4.11.6)

用线、绳、弹性绳或带子横悬在童床或游戏围栏上的健身玩具(包括但不限于童床锻炼玩具、健身玩具和悬挂玩具),应有正确组装、安装和使用的说明书,以保证产品不产生缠结危险。

说明书应至少包括以下内容:

- 本玩具不是供婴儿置入口中的,应放在婴儿的脸和嘴明显接触不到的地方;
- 对于可以调整床垫高度的童床,应提醒其最高位置可能令玩具太接近婴儿;
- 在童床上有玩具放置而婴儿无人看管的情况下,不应将童床的一侧的可卸边放下;
- 按说明书要求,应将提供的紧固件(绳、带、夹具等)牢固地连接在童床或游戏围栏上,并经常检查;
- 不应将其他的绳或带连接在童床或游戏围栏上。

B.3.4　玩具箱[见 4.16.2.2 d)]

组装和维修说明应详细描述配件的正确装配方法、盖的支撑装置未安装时的危险及如何确定支撑装置是否运转正常。

B.3.5　液体填充出牙器和液体填充牙咬玩具(见 4.24)

液体填充出牙器和液体填充牙咬玩具应附有说明:“不应放置在冷冻室内。”

B.3.6　供成人组装的玩具

供成人组装的玩具,如在组装前含有潜在危险锐利边缘或锐利尖端、或供 3 岁以下儿童使用的玩具内含小零件,则附在玩具上的组装说明书应标明上述危险和警告玩具仅供成人组装(见 B.2.9)。

附 录 C
（资料性附录）
连接在童床和游戏围栏上的玩具的设计指南

C.1 总则

附录C对玩具的设计提供指导，用以提醒对产品的外形特征及结构进行安全方面的仔细检查。由于客观上无法确定玩具是否符合附录C，附录C不用来判断玩具是否符合本部分。

C.2 指南

对供连接在童床或游戏围栏上的产品的设计应考虑到尽量减少绳、带、弹性绳或衣服的部分缠在产品上，以避免可能发生缠绕窒息的危险。

童床或游戏围栏的良好设计范例包括以下几点：

- 避免与童床和游戏围栏连接的玩具上有危险突出物；
- 将可触及的边角倒圆，尽可能加大倒角的半径；
- 轮廓尽量平滑以减少外形的突然改变而容易形成突出物使绳、带、弹性绳或松散衣服缠结上的危险；
- 使用凹口、埋头孔或其他类似方法隐藏五金紧固件；
- 减少由于表面之间搭配不当而形成缠结突出物的可能性。

附 录 D
（资料性附录）
玩具枪标识

D.1 总则

本附录中的要求的目的是减少玩具枪被误认为真枪的可能性。

D.2 范围

本要求适用于所有具有真枪的基本外观、形状或构造(或上述各项的组合),用作玩具的仿真枪和仿制枪。这包括,但不限于不带功能的枪、水枪、软性气枪、火药帽枪、发光枪和开口可发射任何非金属弹射物的枪。

本要求不适用于下面类型的枪:

a) 不具有任何真枪的基本外观、形状或结构,或上述各项组合的未来派玩具枪。

b) 外观逼真,可作为比例模型,不作玩具使用的且不能发射的收藏品仿古枪。

c) 通过压缩空气、压缩气体或机械弹簧作用,或这几项的组合作用将弹射物发射出去的传统的B-B型气枪、彩弹游戏枪或弹丸枪。

d) 具有真枪的外观、形状或构造,或上述各项的组合的装潢、装饰和微型物件,高度不超过38 mm,长度不超过70 mm,其中长度的测量不包括枪托部分。它们包括放在桌上陈列或装在手镯、项链、钥匙链等上的物件。

D.3 标记

凡在本附录范围内的玩具枪应按下面任何一种方式做标识和/或制造。且按照5.24(合理可预见滥用测试)进行测试后,标识必须能永久保存,并保持在原位。所谓“永久保存”不包括使用普通油漆或标签作为本节的标识用途。

——用一个火焰橙色塞或鲜橙色塞,固定在枪管的枪口端作为玩具不可分割部分,塞子凹入枪管的长度距枪口端不超过6 mm。

——用至少6 mm宽的火焰橙色带或鲜橙色带,覆盖枪管的枪口端周边。

——将玩具的整个外表面用白色、鲜红色、鲜橙色、鲜黄色、鲜绿色、鲜蓝色、鲜粉红色或鲜紫色着色,可以单独着色,也可作为主色调以任何图案与其他颜色结合使用。

附 录 E
（资料性附录）
基本原理

E.1 范围(见第1章)

在执行本部分时,对不属于玩具类的产品已在适用范围中列出,但以下一些说明是必要的:

a) 本部分包含鞍座最大高度为 435 mm 的儿童自行车。鞍座高度范围从 435 mm～635 mm 的儿童自行车适用于 GB 14746。

b) “气压和气动气枪和气手枪”指用高压空气或其他气体喷射金属或塑料子弹或小飞镖的武器,通常是作成人比赛用途的。但这不包括如通过气压方式喷水的玩具枪。

c) “内燃机驱动的飞机、火箭、船和车辆模型”也包括内燃机本身及备件。

d) “儿童用饰物”不包括玩具上(如玩偶上)非预定给儿童使用的珠宝饰物,也不包括制作饰物的工具。

E.2 正常使用(见 4.1)

本测试的目的是模拟玩具的正常使用模式,因此该测试与 4.2 中要求的合理可预见滥用测试无关。本测试用以发现玩具的潜在危险,而非用来证明玩具可靠性。

在本部分中,按第 5 章的测试方法测试,正常使用测试不合格仅指发现存在潜在危险。

玩具应进行适当的测试以模拟玩具可预见的具体使用方式。供儿童启动玩具用的部件(如:操作杆、轮子、门扣、扳机、线、链等),应能重复使用;弹簧或动力驱动的玩具也应按相同的方式进行测试。

测试应在预期使用的环境下进行,如:供在浴缸中使用的玩具应在肥皂水中进行测试,而供沙池中使用的玩具也应置于沙中进行测试。

由于本部分涉及各类玩具,所要求的测试不可能覆盖所有玩具,但制造商和分销商应做足够的测试以确保玩具模拟了在预期使用寿命期间内的正常使用。

E.3 可预见的合理滥用(见 4.2)

5.24(可预见的合理滥用测试)的目的是通过跌落、拉、扭等其他儿童可能的滥用行为,将玩具的结构危险展示出来,这类模拟测试称之为可预见的合理滥用测试。

5.24 中测试的严厉程度应按预定玩具的年龄组确定,如果玩具预定供使用的年龄组跨越不同的年龄组,玩具必须按最严厉的要求进行测试。

玩具按 5.24 测试后,应仍符合本部分其他相关条款的要求。

E.4 材料质量(见 4.3.1)

本要求的目的是规定玩具所使用的材料应是新的,或须经过处理(且处理后的有毒物质的污染水平不应超过新材料的污染水平)。且应无来自动物或昆虫的污染。

E.5 膨胀材料(见 4.3.2)

本要求是用来降低某些吞入后能显著膨胀的玩具所带来的危险。

曾发生过儿童吞入此类玩具导致死亡的事故。

E.6 小零件(见 4.4)

此要求的目的在于减少由于小零件(如:小玩具或小配件)对儿童造成的摄入或吸入窒息危险。

发泡材料制成的玩具在按 5.24(可预见的合理滥用测试)测试时,脱落的小零件被视为危险的。这同样也适用于软体玩具中的经 5.24(可预见的合理滥用测试)测试后可触及的发泡材料。

由于木制玩具上的木节是天然的,且不同玩具不会有相同的木节,因此不能由具有松散木节的单个玩具来得出关于此类产品安全水平的结论。然而,木制玩具上能被轻易拉出或推出的小木节应视为可拆卸的小部件。

E.7 某些特定玩具的形状、尺寸及强度(见 4.5)

4.5 的目的是为了减小某些玩具会对儿童造成的哽塞和/或窒息危险。此类玩具由于其可能存在设计或结构缺陷,导致可进入婴儿嘴部并阻塞咽喉。同时指出供 18 个月以下儿童使用的出牙器、牙胶/牙咬玩具及挤压玩具的潜在危险。

何种玩具适合于无帮助不能独立坐起的儿童和 18 个月以下的儿童主要决定于以下因素:制造商标明的合理的标识、广告、宣传材料、市场惯例。

一般认为儿童从 5 个月~10 个月开始,可无需帮助地独立坐起。

E.8 毛球(见 4.5.3)

此要求的目的在于减少与供 36 个月以下儿童使用的、含有毛球的玩具有关的窒息危险。

毛球(3.36)的定义包括普通毛球及如图 3 所示的圆形的毛球,此外还包括虽然结构不同、由软性材料造成的球状附着物,因为从感觉、外观及使用上都与毛球相似,亦会产生与毛球相似的危险,所以同样适用于该要求。

因无伤害的事例,以上要求不适用于图 4 所示的缨。

E.9 学前玩偶(见 4.5.4)

此要求的目的是为减少供 36 个月以下的儿童使用的学前玩偶的潜在的窒息危险。

E.10 气球(见 4.5.6)

破裂的乳胶气球碎片会对儿童产生窒息危险,应加以警告。

E.11 边缘(见 4.6)

这些要求的目的是为了减小玩具上的锐利边缘的割伤危险。

由于目前无塑料边缘的有效的测试方法，本部分仅指金属和玻璃边缘。但生产者在设计玩具及生产玩具过程中应尽量避免产生塑料锐利边缘。

判断锐利边缘是否真正危险应以主观评估作为补充判断。因为某些玩具的边缘经测试判定为锐利边缘，但实际上并不产生危险。

可用手指划过边缘来确定边缘上是否存在毛刺。如要判定为不合格，其粗糙度应足够大以令通不过锐利边缘测试。

已经证实，不可能制造出无锐利边缘的导体(例如用在电池箱的导体)。且该危害已被视为轻微的，因此这类边缘是允许的。

E.12 尖端(见 4.7)

这些要求是用来降低玩具上能刺伤皮肤等的锐利尖端所产生的危险。但应注意并未包括与眼睛有关的危险，因为眼睛太脆弱而不可能有效保护。

判断锐利尖端是否真正危险应以主观评估作为补充判断。有可能玩具上的某些尖端经测试判定为锐利尖端，但实际上不产生危险。例如：用作清洁玩具的空管内壁的毛刷的尖端，由于太软而不可能刺伤皮肤。

但对于 36 个月以下儿童使用的玩具，虽然按测试方法未被判为锐利尖端，但亦有可能产生不合理的伤害。对截面直径不大于 2 mm 的尖端，其要求在 4.7.1 c)中给出。

E.13 突出物(见 4.8)

存在刺破皮肤危险或者压伤危险的突出部分的末端应有保护。

该保护的大小和形状虽未作规定但应有足够大的表面积。

小玩具上的突出物，假如压力施于其末端就能使玩具倾倒，则被认为它不可能产生危险。

把手和童车上类似的突出管件应被保护，以减低当儿童使用玩具跌倒在其上时引起的刺伤危险。

如同 E.12 中所提到，由于眼睛极为敏感脆弱，本要求将不涵盖对眼睛的危险。

E.14 金属丝和杆件(见 4.9)

预定供弯曲的金属丝，不管是否覆盖其他材料，均应进行挠曲测试，测试后不应断裂和产生锐利尖端。金属丝经常用在被视为适于 36 个月以下儿童使用的软体玩具中。假如金属丝断裂，其最终将会穿出玩具表面而对年幼儿童产生伤害。

E.15 用于包装或玩具中的塑料袋或塑料薄膜(见 4.10)

本要求旨在减少软塑料薄膜覆盖儿童面部或被吸入而引起的窒息危险。

塑料薄膜可粘附于儿童口鼻，导致使无法呼吸。但如果厚度大于或等于 0.038 mm，则认为危险较小。

塑料气球通常强度较大，不大可能被儿童撕破，因此塑料气球的厚度可双层重叠测量(即不把气球撕破)。4.10 不包括乳胶气球，因为乳胶气球不是由塑料制成。

E.16 绳索和弹性绳(见 4.11)

这些要求旨在防止儿童把玩具上的绳索绕成活套或固定环套在脖子而被勒死。同时也阐明了儿童被拉绳所缠绕的危险(如:含发条的玩具)。

非编织绳(单纤维丝)不易形成环套。

4.11.6 的要求旨在减少带绳线玩具系于横过童床两侧的旁板时引起的缠绕危险。如果儿童想在童床上站起来,可形成套环的绳子可能套在脖子上导致勒死或儿童跌倒时缠绕在喉咙上面。

4.11.7 的要求旨在防止玩具风筝接触到高架电线而导致使用者遭受电击危险,同时也强调雷雨天气放风筝的危险。

E.17 玩具推车、玩具婴儿车及类似玩具(见 4.12.1)

这些要求涉及折叠玩具(不论能否支持儿童体重)突然和意外折叠产生的危险,包括压伤、割伤和夹伤危险等。

同时也减少儿童被折叠的玩具推车和玩具婴儿车卡住及在玩耍时手指被夹的危险。

曾经因为玩具推车折叠以及把手卡住儿童的头或喉咙而发生过死亡事故。对于此类推车应像真实推车那样安装两个独立的锁定和/或安全装置。

有些折叠婴儿推车没有设计折叠时折向儿童的把手,而是向侧边折叠。考虑到这类玩具不会导致同样严重的危险,故无需安装两个独立的锁定装置。

然而并不表示当玩具按预定方式在折叠时夹伤的危险已消除。制造商应尽量降低潜在危险,如各移动部分之间留有 12 mm 的间隙或使用安全装置。当设计带有折叠或滑动部件的玩具时,应尽可能避免运动部件产生的剪切运动。

E.18 带有折叠机构的其他玩具(见 4.12.2)

本要求指除小型玩具外,玩具应能承载儿童体重或相应质量。

E.19 铰链线间隙(见 4.12.3)

本要求意在消除铰链线活动间隙变化可能产生的挤压危险,即在铰链间隙变化的某个位置允许手指插入,在另一个位置却不能。

本要求中适用于铰链装置的两部分质量均大于或等于 250 g,并且铰链的移动部分可构成“门”或“盖”的情况。门或盖在附录 E 中可解释为延展表面和铰链延长线的闭合面。其他没有明显平面或铰链线的铰链部件可以视为折叠机构类(见 4.12.1 或 4.12.2)。

本要求包括:手指在沿铰链线边缘之间和如图 2 所示在与铰链平行的表面之间造成的误入和压伤手指,但不包括其他边缘和表面。它仅涉及当门或盖关或开的时候,会对铰链线边缘形成相当的力量。

考虑到不可能规定一个铰链区域来代替铰链线,制造商应考虑这一点,尽可能减少压伤手指或其他身体部位的危险(如:在铰链线的移动部件间留 12 mm 的间隙)。

E.20 刚性材料上的圆孔(见 4.13.1)

本要求旨在防止供 60 个月以下儿童使用的玩具上的金属片和其他刚性材料上可触及圆孔而引起

夹住手指的危险,通常非圆孔被认为不会有夹住手指切断血液循环的严重危害。

E.21　活动部件间的间隙(见 4.13.2)

本要求涉及供 96 个月以下儿童使用的玩具上活动件的间隙,该间隙存在夹伤手指或其他身体部位的潜在危险才做考虑。本要求包括(但不限于)轮子和刚性轮套、护板或电动、发条、惯性驱动的乘骑玩具的轮子和底盘间的径向间隙。

E.22　乘骑玩具的传动链或皮带(见 4.13.3)

乘骑玩具的驱动机构应采用封闭形式以防止手指和其他身体部件被挤压致伤。由成人组装的玩具应在组装后进行测试。

E.23　其他驱动机构(见 4.13.4)

这些要求旨在减少玩具被损坏后,锐利边缘和尖端暴露出来的危险,及手指夹在孔内造成的夹伤或割伤的危险。

如果驱动机构变为可触及,移动部件也变为可触及并由此产生夹住手指或儿童身体受伤害,就被视为不符合本条。没有足够力量夹住手指的小机构(如小车),则不包括在内。实际操作中可用手指或铅笔插进驱动机构以检查力量大小。

E.24　发条钥匙(见 4.13.5)

这些要求旨在减少发条钥匙与玩具主体的间隙引起的夹伤或划伤,及手指夹入钥匙扁形把手的洞中的危险。

E.25　弹簧(见 4.14)

这些要求旨在防止带有弹簧的玩具夹住或挤压手指、脚趾和身体其他部位的危险。

E.26　倾侧稳定性(见 4.15.1.1 和 4.15.1.2)

这些要求旨在减少容易倾倒的玩具可能引起的意外危险。本要求认为有两类可能发生的稳定性危险:一类与可用脚稳定的骑乘玩具或座位有关;另一类是脚受封闭结构限制而不能起稳定作用。本要求考虑了儿童用腿起稳定作用并认识到儿童在倾斜状态时进行平衡调节的本能。

E.27　前后稳定性(见 4.15.1.3)

本要求涉及乘骑者在乘骑玩具上不能轻易用腿起稳定作用时前后方向的稳定性。本要求的目的是确保如三轮自行车和摇马的前后稳定性,确保不会意外倾倒。

E.28　乘骑玩具及座位的超载要求(见 4.15.2)

本要求旨在减少玩具因不能承受超载负重而可能引起的意外危险。

E.29　静止在地面上的玩具的稳定性(见 4.15.3)

本要求旨在减少玩具家具和玩具箱的门、抽屉或其他可移动部分被拉到最大位置而倾倒所引起的危险。

E.30　封闭玩具(见 4.16)

本要求旨在减少儿童被困在封闭式玩具(如帐篷和玩具箱)的危险,及避免头部封闭的玩具(如太空头盔)可能产生窒息的危险。

不论其是否设计为容纳儿童,还是所有由封闭空间构成、儿童能进入的玩具都适用本要求。即使有足够的通风孔,还要求封闭在里面的儿童能在无外人帮助下,很容易地逃出。

E.31　头盔、帽子和护目镜等仿制防护玩具(见 4.17)

这些要求旨在减少护目镜或太空头盔由于制造材料损坏产生的危险,或因穿戴者将其(如体育头盔和护垫)误作为真正的保护装置而不是作玩具使用而产生的危险。

对确实为儿童提供保护的物件(如游泳护目镜和潜水面具),则不应视为玩具,故不适用本部分。

能防护阳光紫外线功能的预定供儿童使用的太阳镜不应视为玩具。但洋娃娃、玩具熊等上的太阳镜由于太小不适合儿童佩戴,应视作玩具。

E.32　弹射玩具(见 4.18)

这些要求涉及某些而非全部由弹射玩具和使用不符合规定的弹射物引起的潜在、不可预料的危害。

传统玩具如弹弓和飞镖所固有的、广为人知的危害不包括在本要求内。

由玩具本身而非儿童决定动能的玩具典型例子是枪或其他弹簧发动装置。豆子枪则为依靠儿童通过吹气决定动能的弹射玩具的例子。

沿轨道或其他表面行驶的玩具车,尽管它们包含(如在轨道间)惯性滑行的过程,但不视作弹射玩具。

弹射物的速度可用直接或间接方法测量。

注:目前正在研究弹射物动能的其他测试方法。

E.33　水上玩具(见 4.19)

这些要求旨在减少因气孔漏气,使水上玩具的浮力突然丧失而导致的溺水危险。同时也提醒成人和儿童在深水使用这类玩具的危险。本部分适用通常在成人监护下、能够承受儿童体重且用于浅水的充气玩具。

阀门上的盖塞不能脱落,应加以保护防止意外松开。单向阀通常便于玩具充气。

其他产品如大型可充气船,鉴于其尺寸与设计预定为供深水中使用,则不包括在本部分内。手臂圈和类似的助浮用品也不包括在内，因为它们被视为游泳辅助物，不属于玩具。

浴室玩具通常用于浴盆，不包括在本条内。充气沙滩球，主要用于沙滩，不是水中，也不包括在内。

E.34 制动装置(见 4.20)

这些要求旨在减少玩具车的因制动能力不足而引起的事故。制动装置要求规定所有带自由轮装置的乘骑玩具应装有制动装置。但以下带有直接传动系统的玩具除外：前轮上有脚蹬的三轮车、踏板车和电动童车，这类玩具儿童的脚部是自由的，可用脚进行制动。

在自由轮测试中，简单可行的方法是将玩具置于一个10°斜坡上，观察其是否加速滑下。只有在不确定的情况下才使用下列公式。

计算自由轮装置的完整公式见式(E.1)：

$$(m+25)\times g\times \sin 10^{\circ}=(m+25)\times g\times 0.173=(m+25)\times 1.70 \qquad \text{(E.1)}$$

式中：

m——玩具自行车的质量。

E.35 玩具自行车(见 4.21)

本部分包括最大鞍座高度为 435 mm 的自行车。这类小自行车不是预定用于、也不应该在街道或公路上行驶。

供年幼儿童使用的设备和/或自行车应符合相关部分的规定。

E.36 电动童车的速度要求(见 4.22)

电动童车的速度应符合本部分的相关规定。

E.37 液体填充玩具(见 4.24)

这些要求旨在减少被刺穿的牙咬玩具及类似产品产生的危害，尤其可能会接触到已被污染或因为刺穿而被污染的液体。

当根据 5.19(液体填充玩具的渗漏测试)测试发生了渗漏时，评价液体潜在危害应注意以下几点：

a) 水质液体：
   1) 渗漏发生的容易程度；
   2) 液体的微生物总量(如致病菌的存在)；
   3) 化学防腐剂的使用(只能是食品中允许使用的防腐剂，当只有少量液体时，无数量限制)；
   4) 其他可溶性物质(如颜料等)。
b) 非水质液体(一些非水质液体有国家法律规定)：
   1) 渗漏发生的容易程度；
   2) 液体的性质和种类；
   3) 液体的体积；
   4) 液体的毒性；
   5) 液体的易燃性；
   6) 对与渗漏液体接触的其他材料的影响。

注：本要求不适用于电池的电解质，也不适用于装入容器内的颜料、指画颜料或类似物品。

4.24 中要求的警告旨使父母知道牙咬玩具太冷可能对儿童造成伤害。

E.38 口动玩具(见 4.25)

这些要求旨在防止口动玩具或其吹嘴部件无意中被吸入而引起儿童窒息死亡。

基本上含有可移动或可脱卸吹嘴(如喇叭的吹嘴)的玩具，其吹嘴不能太小而造成在无意中吞下或吸入。

为确保小部件在口动玩具(如口琴或口哨)使用时不发生松脱，这些玩具应进行规定空气体积量的吹吸试验。

本要求适用于所有年龄组(即全儿童年龄组适用)。

E.39 玩具火药帽(见 4.27)

这些要求旨在减少眼睛受伤的危险，这些危险来自于玩具火药帽意外暴露于玩具武器之外产生的火焰、火花及强光，或因制造问题或结构缺陷而导致在正常使用情况下的危险性爆炸。该要求也适用于减少大量火药帽同时反应时造成的伤害。

E.40 半球形玩具(见 4.5.8)

本要求的目的是想说明一些特定形状的物体(半球形或者蛋状物、碗状物)存在的窒息危险，这些物体会被儿童拿起放在鼻子和口而形成封闭的空间。有数据显示，致命意外事件中涉及的儿童年龄介乎 4 个月～24 个月中，同时也有岁数达到 36 个月的。

美国消费者产品安全委员会人员已经通过分析事故中的数据得出结论，在这些事件中所涉及到的容器尺寸如表 E.1 所示。

表 E.1 事件中涉及到的容器尺寸

直径范围	69 mm～97 mm
深度范围	41 mm～51 mm
容积范围	100 mm～177 mm

工作组观察儿童使用直径为 51 mm～114 mm 的杯。基于这些观察和发生事故的杯子的尺寸，得出应引起关注的尺寸范围为 64 mm～102 mm。

在图 8a)和图 8b)中描述的两个开孔位置，是用以降低两个开孔同时阻塞的可能性。

规定开口的尺寸是为了防止真空的形成，开孔并非用作呼吸用途。

E.41 声响要求(见 4.28)

本条款的要求是为了减少高强度连续和脉冲噪声对听力的损害。本条款的要求仅适用于明确设计成发出声响的玩具，也就是那些具有产生声音特征的玩具。例如电或电子的设备、火药帽、摇铃部件等。

4.28 a)和 4.28 b)的要求是预定针对那些由连续声音(例如演讲、音乐等)产生的危害。这种危害是慢性的并且是在多年的暴露之下才会显露的。

4.28 c)～4.28 f)的要求是预定针对那些由脉冲声音(例如火药帽、爆裂的气球等)产生的危害。这种声响是特别有害的。仅仅暴露在高尖声响下一次,耳朵的听力就有可能造成永久的损坏。

脉冲声音等级被分解成两个类别:爆破动作和非爆破动作。对于那些以由于爆破行为产生脉冲声音的玩具,一个更高的分贝值等级是允许的。一个更高的等级是允许的,如以上的例子,这是因为人耳不能对快速上升时间的声波作出反映。

近耳玩具测量距离定为 50 cm,以尽量减少测量误差。可用的分贝值等级要向下调整以补偿更近的使用距离。

声响玩具应同时符合本部分的其他相关要求。

E.42 年龄段划分术语

GB 6675 这一部分使用以下的年龄段划分术语:“供 18 个月以下儿童使用”“供 18 个月及以上儿童使用”“供 36 个月以下儿童使用”“供 36 个月及以上儿童使用”“供 18 个月及以上,36 个月以下儿童使用”,等等。本基本原理条款阐明对于不同的年龄段,应该怎样选择适用的测试方法。

例如,一个玩具已被恰当地划分好适用年龄段并标有“18+”,或者“供 18 个月及以上儿童使用”,或者“供 18 个月以上 24 个月以下儿童使用”,这类玩具就不需要按适用于“供 18 个月以下儿童使用”的条款要求进行测试。

假如测试参数如表 E.2 所示,而玩具已被恰当地划分好适用年龄段并被标识,例如“供 24 到 36 个月儿童使用”或者“24～36 个月”,那么测试参数负载 25 kg 适用。

表 E.2 年龄段划分与标识所对应的测试参数

年龄段	负载/kg
36 个月以下	25±0.2
36 个月及以上	50±0.5

供跨过多于一个年龄段范围的儿童使用的玩具应按最严格的要求测试。

对于一个已被恰当地划分好适用年龄段并被标识成“2～5 岁”的玩具,如表 E.2 所示,应使用测试参数 50 kg 负载。

如果用“年”代替“月”,以上所述的规定同样适用。例如,“3 岁以下”被认为等同于“36 个月以下”。

E.43 磁体(见 4.29)

本要求用于应对因吞下强磁体(如钕铁硼型磁体)而导致肠穿孔或肠梗阻的危险。小零件不单会导致窒息或内部窒息的危险(见 E.6),还会导致这类危险。本要求全年龄组适用。

儿童可能会吞下所发现的磁体。如果多于一个磁体,或一个磁体和一个铁磁性物体(如铁质或镍质物体)被吞下,这些物体会透过肠壁相互吸引,从而导致可能致命的肠穿孔或肠梗阻的严重伤害。

现已报道了多起因吞下磁体而导致肠穿孔或肠梗阻的事故,其中至少包括一起死亡事故。3 岁以上和以下的儿童都曾发生事故。事故中很多儿童仅表现出流感样症状,这导致肠穿孔或肠梗阻的医学症状很容易被误诊。这些误诊导致了诊断的延误,对儿童造成严重的后果。

按照本部分的规定,用小零件试验器来判定能被吞下的磁体或磁性部件。小零件试验器原本是设计用于判定供 36 个月以下儿童使用的玩具中能够导致窒息或内部窒息的小零件的,而不是设计用于判定物体是否能被更大的儿童吞下。将小零件试验器用于评估磁体或磁性部件是否会被吞下的决定是基于以下实际理由：小零件试验器是众所周知的测试模板，由于造成事故的磁体和磁性部件全部都能完全容入具有尺寸上限的小零件试验器，因此认为小零件试验器提供了一个安全界限。相同原理已被用于对膨胀材料的要求。

磁体强度使得磁体透过肠壁相互吸引而产生风险。因此引入磁通量限值来定义何为足够弱的磁体。事故数据的分析表明造成已知事故的只是小的钕铁硼型强磁体。由进一步的分析得知：磁通量指数小于 50 $kG^2 mm^2$（0.5 $T^2 mm^2$）的磁体被视为能确保安全，而超过此限值的钕铁硼型强磁体如果能够完全容入小零件试验器则不得用于玩具中。引入磁通量限量使得磁体造成的伤害风险降至最低。当未来获得到更多的数据，此限量将被评估是否持续适用。

两个或以上的磁体可相互吸引并形成一个磁通量指数高于单个磁体的组合磁体。两个强度相等的磁体如果相互吸引，组合磁体的磁通量指数并不会倍增，磁通量指数增量会比每个磁体的都小，此增量取决于磁性材料的种类、形状、横截面等。至今仅观察到因吞下多个强磁体而产生危害的事故，并没有关于吞下多个磁通量指数接近限值的弱磁体而形成（较强）组合磁体的事故数据。因此无需引入组合磁体的附加测试方法。

在正常和可预见的使用中预计会被沾湿的含有磁体的玩具，应经受浸泡测试，以确保在玩具变湿时胶合磁体不会分离。木制玩具也应经受浸泡测试，因为木头的一些特性（如孔洞的尺寸）会随着空气湿度的变化而逐渐发生变化。

有些情况下，磁体凹陷在内而不能进行正常的扭力和拉力测试。曾发现一些玩具中的磁体会被另一个磁体吸引而脱离了玩具。因此，引入磁体拉力测试，以使在正常和可预见玩耍中磁体分离的风险降到最低。

对于仅由一个磁性部件组成的玩具，该玩具本身适用磁性部件的定义（见 3.68）。

玩具中的功能性磁体被视为不具有那些构成玩耍方式一部分的磁体所具有的危害。儿童可能不会意识到这些元件中使用了磁体，因为这些磁体存在于电机中或电路板的继电器中。尚无与从电子电气元件上脱落的磁体相关的事故报告。

供 8 岁及以上儿童使用的磁/电性能实验装置豁免 4.29.2 的要求，取而代之要求其标明警告。仅有较高级的，包括由电机、扬声器、门铃等组建的实验设备，才可豁免，即这些产品同时需要磁力和电力来实现其功能。应注意警告语是与 EN 71-1 的要求而非 ASTM F963 的要求一致。然而，带有 ASTM F963 警告语的磁/电性能实验装置是符合 ISO 8124 和 GB 6675 警告语要求的，因为该警告语被视为与 ISO 8124 和 GB 6675 的要求等效。供 8 岁以下儿童使用的磁/电性能实验装置应符合 4.29.2 的要求。

参 考 文 献

［1］ GB/T 3767—1996 声学 声压法测定噪声源声功率级 反射面上方近似自由场的工程法(eqv ISO 3744:1994)

［2］ GB 14746—1993 儿童自行车安全要求(idt ISO 8098:1989)

［3］ EN 71-1:1998 玩具安全 第1部分:机械物理性能

［4］ 美国消费品安全委员会.年龄判定指南:将适用儿童年龄与玩具特性及儿童玩要行为相联系.华盛顿区20207,美国,2002

［5］ 美国消费品安全委员会.制造商玩具年龄标识简要指南:玩具特征与儿童年龄的匹配.华盛顿区20207,美国,1993

［6］ 英国南安普顿大学声音和振动研究所.玩具噪声及其对听力的影响.1997

［7］ IEC 62115 电动玩具安全特别要求

ICS 97.200.50
Y 57

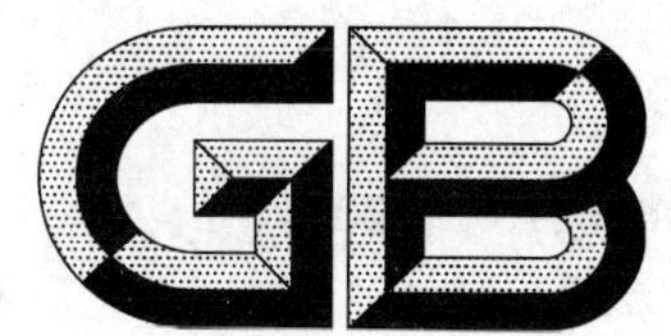

中华人民共和国国家标准

GB 6675.3—2014
部分代替 GB 6675—2003

玩具安全　第3部分：易燃性能

Safety of toys—Part 3: Flammability

(ISO 8124-2:2007, Safety of toys—Part 2: Flammability, MOD)

2014-05-06 发布　　2016-01-01 实施

中华人民共和国国家质量监督检验检疫总局
中国国家标准化管理委员会　发布

前　言

本部分的全部技术内容为强制性。

GB 6675 是玩具安全系列标准，包括以下部分：

——基本规范(GB 6675.1)；

——通用要求，包括但不限于机械与物理性能(GB 6675.2)、易燃性能(GB 6675.3)、特定元素的迁移(GB 6675.4)；

——特定要求，本部分是针对特定产品的要求。

本部分是玩具安全系列标准通用要求中的易燃性能(GB 6675.3)，与 GB 6675.1、GB 6675.2、GB 6675.4、GB 19865(适用于电玩具)结合使用。

本部分按照 GB/T 1.1—2009 给出的规则起草。

本部分部分代替 GB 6675—2003《国家玩具安全技术规范》。本部分与 GB 6675—2003 的 4.2 和附录 B 相比，主要变化如下：

——在第 3 章中增加了"熔滴、易燃气体、易燃液体、高度易燃液体和高度易燃固体"5 个定义；

——增加了 2 项技术要求，即"整体或部分为模压面具""头戴玩具上的飘拂物"的技术要求；

——修改了"软体填充玩具"的部分内容，即根据软体填充玩具的尺寸规格规定了不同的测试方法；

——参照 EN 1103《纺织物　燃烧特性　服装纺织　测量服装纺织品燃烧特性的具体步骤》和 ISO 6941《纺织物　燃烧特征　垂直定向试样火焰蔓延性能的测定》编写了本部分的资料性附录 B，提供可参考的对毛绒织物表面闪烁效应的测试方法。

本部分使用重新起草法修改采用 ISO 8124-2:2007《玩具安全　第 2 部分:易燃性能》。本部分与 ISO 8124-2:2007 的技术性差异及其原因如下：

——关于规范性引用文件，本标准做了具有技术性差异的调整，以适应我国的技术条件，调整的情况集中反映在第 2 章中，具体调整如下：

- 用修改采用国际标准的 GB 6675.2—2014 代替 ISO 8124-1:2000、ISO 8124-1/Amd.1 和 ISO 8124-1/Amd.2；
- 用等效采用国际标准的 GB/T 6753.4—1998 代替 ISO 2431:1993；

——增加了参考的测试方法，见附录 B。

本部分由中国轻工业联合会提出。

本部分由全国玩具标准化技术委员会(SAC/TC 253)归口。

本部分起草单位：扬州进出口玩具检验所、北京中轻联认证中心、广东出入境检验检疫局检验检疫技术中心玩具实验室、广东奥飞动漫文化股份有限公司、好孩子儿童用品有限公司、深圳市计量质量检测研究院、福建省产品质量检验研究院、中国上海进出口玩具检测中心、深圳出入境检验检疫局玩具检测技术中心、威凯检测技术有限公司、浙江省质量技术监督检测研究院。

本部分主要起草人：刘炘、严炜、雷再明、王龙、黄涛、柯灯明、陈伟、傅晓梅、尹丽娟、张霞、刘功桂、丁浩。

本部分所代替标准的历次版本发布情况为：

——GB 6675—1986、GB 6675—2003。

玩具安全　第3部分:易燃性能

1　范围

GB 6675 的本部分规定了在所有玩具上禁止使用的易燃材料的类别及某些可能接触小型火源的玩具的易燃性能要求。

本部分第 5 章所述的测试方法适用于在特定的测试条件下测试玩具或材料的易燃性能,其测试结果不能被用以确定这些玩具或材料在接近其他火源时完全没有潜在的火灾危险。

本部分包括与所有玩具易燃性能有关的一般要求及对下列被认为最易着火的玩具的具体要求和测试方法:

——头戴玩具:用毛发、绒毛或类似材料制成的胡须、触须、假发等;模压和织物面具;头巾、头戴饰品;头戴玩具上的飘拂物,但不包括通常在礼品盒中提供的纸质花饰帽;

——玩具化妆服饰和供儿童演出时所穿着的玩具;

——供儿童进入的玩具;

——含毛绒或纺织面料的软体填充玩具(动物和娃娃等)。

注 1:电玩具易燃性能的补充要求按 GB 19865《电玩具的安全》规定执行。

注 2:很少有关于玩具易燃性的危害的事故数据。

注 3:本部分的背景和基本原理参见附录 A。

2　规范性引用文件

下列文件对于本文件的应用是必不可少的。凡是注日期的引用文件,仅注日期的版本适用于本文件。凡是不注日期的引用文件,其最新版本(包括所有的修改单)适用于本文件。

GB 6675.2—2014　玩具安全　第 2 部分:机械与物理性能(ISO 8124-1:2000,MOD)

GB/T 6753.4—1998　色漆和清漆　用流出杯测定流出时间(eqv ISO 2431:1993)

ISO 6941:2003　纺织物　燃烧特征　垂直定向试样火焰蔓延性能的测定(Textile fabrics—Burning behaviour—Measurement of flame spread propertiles of vertically oriented specimens)

3　术语和定义

下列术语和定义适用于本文件。

3.1

易燃性能　flammability

一种材料或一个产品在规定的测试条件下起火燃烧的能力。

3.2

燃烧碎片　flaming debris

测试过程中从试样上脱离并在掉落时继续燃烧的材料。

3.3

毛发　hair

用来表示毛发状的细长柔韧纤维(见 4.2)。

3.4

软体填充玩具　filled soft toy

穿着或不穿服装，身体主要表面是软质的，并用软性材料填充的玩具，因此可以用手随意压缩玩具的主要部分。

[GB 6675.2—2014，定义 3.47]

注：玩具的部分表面可以用硬质材料制成，如塑料脸、手或脚。这类玩具也属于软体填充玩具。

3.5

表面闪烁　surface flash

火焰在材料表面迅速蔓延，但材料的基体并未燃烧。

3.6

熔滴　molten drips

材料熔化后掉落下来的小滴。

3.7

易燃气体　flammable gases

在室温下呈气体状，且易于燃烧的物质。

3.8

易燃液体　flammable liquids

闪点≥21 ℃、且≤55 ℃的制剂(液体)。

3.9

高度易燃液体　highly flammable liquids

闪点小于 21 ℃的制剂。

3.10

高度易燃固体　highly flammable solids

接触火源后立刻燃烧，并且在移去火源后能持续燃烧或烧尽的固体。

4　技术要求

4.1　一般要求

下列材料不能用于制造玩具：

——赛璐珞(亚硝酸纤维)及在火中具有相同特性的材料，但用于清漆、油漆或胶水中的材料，或用于乒乓球或类似游戏形式的球除外。为检查玩具是否符合 4.2～4.5 要求而采用测试火焰对规定材料进行测试，如果能符合 4.2～4.5 要求，则认为该材料符合本条款要求。

——遇火后会产生表面闪烁效应的毛绒面料(参考测试方法见附录 B)。毛绒表面在离开测试火焰后没有出现瞬间的着火区域，则认为该毛绒表面符合本条款要求。

——高度易燃固体。

此外，除下列情况外，玩具不应含有易燃气体、高度易燃液体、易燃液体和易燃凝胶体：

——单个密封容器内的易燃液体、易燃胶体和制剂，且每个容器的最大容量为 15 mL；

——完全储存于书写工具细管内的疏松材料中的高度易燃液体和易燃液体；

——按 GB/T 6753.4—1998 使用六号粘度杯测定，粘度大于 $260 \times 10^{-6}\ m^2/s$、对应流动时间大于 38 s 的易燃液体；

——除实验装置外的化学玩具(装置)中的高度易燃液体。

4.2 头戴玩具

4.2.1 总则

4.2 要求适用于：

——用毛发、绒毛或类似材料制成的胡须、触须、假发等；

——模压和织物面具；

——头巾、头戴饰品；

——头戴玩具上的飘拂物。

但不包括通常在礼品盒中提供的纸质花饰帽(见 A.4)。

当产品上含有几种特征，如帽上附有面具或毛发，每一部分需按对应玩具特定部分的适用分条款独立测试。

起固定面具、帽子的弹性绳或绳线等附属物不需要测试。

4.2.2 伸出玩具表面长度大于或等于 50 mm，由毛发、毛绒或其他类似特性材料(例如：自由悬挂丝带、纸质或布绳)制成的胡须、触须、假发等玩具

不论这些材料是否附着于面具、帽子上或其他的头戴产品上。

在决定这些材料是否要求按 4.2.2 测试时，测量材料的突出毛绒表面的长度，但不需要对突出部分拉直后测试，例如：卷曲的毛发不要拉直。测试前尽可能将编成辫子的毛发全部松开并梳理。

按 5.2 进行测试时，火焰移开后的燃烧时间不应超过 2 s。

并且，如果着火，毛发、绒毛或其他类似材料的最大燃烧长度应：

a) 如原长度为 150 mm 或以上，则不大于其最大初始长度的 50%；

b) 如原长度为 150 mm 以下，则不大于其最大初始长度的 75%。

4.2.3 伸出玩具表面长度小于 50 mm，由毛发、毛绒或其他类似特性材料(例如：自由悬挂丝带、纸质或布绳)制成的胡须、触须、假发等玩具

不论这些材料是否附着于面具、帽子上或其他的头戴产品上。

按 5.3 进行测试时，火焰移开后燃烧时间不应超过 2 s，在燃烧区域的上边缘到测试火焰点火点之间的最大距离不应大于 70 mm。

4.2.4 整体或部分为模压面具

按 5.3 进行测试时，火焰移开后燃烧时间不应超过 2 s，在燃烧区域的上边缘到测试火焰点火点之间的最大距离不应大于 70 mm。不包括不含有毛发、毛绒或其他附属物(不是指用于固定玩具的附属物)的纸板面具。

4.2.5 头戴玩具上的飘拂物

这些产品包括头巾、头戴饰品等，和部分或全部遮盖头部的织物面具等，但不包括 4.3 列出的产品。

按 5.4 进行测试时，材料上火焰蔓延速度不应超过 10 mm/s，或火焰在到达第二标记线前自熄。

如果从单个样品不可能获得测试试样，则本要求不适用。

4.3 化妆服饰(见 A.5)

这些产品包括如牛仔服、护士装等和长斗篷披肩等，不是(但不包括)与 4.2.5 涵盖的头戴玩具相连接的产品。

按5.4进行测试时,火焰蔓延速度不应超过30 mm/s,或火焰在到达第二标记线前自熄。

如果火焰蔓延速度在10 mm/s～30 mm/s之间,则玩具及其包装上都应设永久警告,例如:“**警告:切勿近火!**”(见GB 6675.2—2014,B.2.1)

如果从单个样品不可能获得测试试样,则本要求不适用。

如果服饰可双面使用并且该材料表面每面不相同,则每一表面都应测试。

4.4 供儿童进入的玩具

这些玩具至少能容纳一个儿童,包括如玩具帐篷、棚屋和隧道,但不包括开放的遮篷。本要求适用于由柔软材料如纺织物和乙烯树脂制成的玩具,但不适用于硬质材料的玩具。

如果材料表面每面不相同,则每一表面都应测试。

按5.4进行测试时,火焰蔓延速度不应超过30 mm/s,或火焰在到达第二标记线前自熄。

按5.4进行测试时,如果代表性试样的火焰蔓延速度大于20 mm/s,则不应有燃烧碎片或熔滴。

如果火焰蔓延速度在10 mm/s～30 mm/s之间,则玩具及其包装上都应设永久警告,例如“**警告:切勿近火!**”(见GB 6675.2—2014,B.2.1)

如果从单个样品不可能获得测试试样,则本要求不适用。

4.5 具有毛绒或纺织表面的软体填充玩具(动物和娃娃等)

4.5.1 总则

本条不适用于最大尺寸为150 mm及以下的软体填充玩具。玩具应按提供时的状况测试,如果取下玩具穿着的衣服有困难,含衣服的玩具应连衣服一起测试;但如果把衣服取下被认为是更严格的情况,而且在不会损坏玩具和衣服的情况下可取下衣服,则把衣服取下后测试。

4.5.2 最大尺寸为520 mm及以下的软体填充玩具

按5.5进行测试时,火焰在表面蔓延的速度不应超过30 mm/s。

4.5.3 最大尺寸大于520 mm的软体填充玩具

按5.6进行测试时,火焰在表面蔓延的速度不应超过30 mm/s。

5 测试方法

5.1 总则

5.1.1 预警提示

进行本方法测试时应有责任确保测试过程的安全。燃烧的材料会产生烟雾和有毒气体,因此对测试者要求采取保护措施。灭火器应放置在易拿到的地方。

5.1.2 测试燃烧器

测试火焰应由符合ISO 6941:2003附录A规定的燃烧器提供,该燃烧器使用合适的丁烷或丙烷气。

为确保一致性,使用气体的类型应在测试报告中注明。

5.1.3 预处理和测试环境

每次测试前玩具或试样应在温度为(20±5)℃,相对湿度为(65±5)%的条件下预处理至少7 h。

应在没有气流的测试柜中进行测试，即在测试过程中机械装置的运转不能引起空气流动的情况下进行测试。最重要的是测试柜内的空气量不因氧气浓度减少而受影响。使用前方有开口的测试柜时，应保证试样与柜壁间的距离至少为300 mm。开始测试前应保持柜内温度为10 ℃～30 ℃，相对湿度为15％～80％。

测试应在将试样从预处理环境中取出后5 min内进行。

5.1.4 测试火焰

点燃5.1.2规定的燃烧器并且预热至少2 min。

火焰高度从垂直放置的燃烧器管口至火焰顶部测得。

5.2 伸出玩具表面长度大于或等于50 mm，由毛发、毛绒或其他类似材料制成的胡须、触须、假发等（例如：自由悬挂丝带、纸质或布绳）玩具的测试

5.2.1 测试火焰

调整火焰高度至(20±2) mm。

5.2.2 测试燃烧器位置

垂直。

5.2.3 测试操作

测量毛发、毛绒或其他类似材料的长度，并放置玩具确保毛发、毛绒或其他类似材料的最大尺寸垂直悬挂或尽可能接近垂直。

测试火焰接触到样品材料的下部边缘或末端(2±0.5) s，同时使火焰深入测试试样约10 mm。

如果着火，测量燃烧时间和毛发、毛绒或其他类似材料的最大燃烧长度。

5.3 伸出玩具表面长度小于50 mm，由毛发、毛绒或其他类似材料制成的胡须、触须、假发等（例如：自由悬挂丝带、纸质或布绳）玩具和整体或部分为模压面具的测试

5.3.1 测试火焰

调整火焰高度至(20±2) mm。

5.3.2 测试燃烧器位置

移动燃烧器成45°角。

5.3.3 测试操作

将玩具垂直放置。

将火焰接触玩具(5±0.5) s，接触点位于距玩具或其附件的下部边缘上方至少20 mm处，同时使燃烧器管口与玩具表面水平距离接近5 mm。

如果着火，测量燃烧时间和从燃烧区域的上边缘到火焰接触点的最大燃烧长度。

5.4 头戴玩具上的飘拂物(不包括 4.2.2 和 4.2.3 涵盖的玩具),头巾、头戴饰物等,整体或部分遮盖面部的纺织物面具,玩具化妆服饰,供儿童进入的玩具的测试

5.4.1 样品的准备

每一项测试应在新的单个玩具上进行。如果玩具或其包装上有告知消费者清洁说明的,则:

——指明玩具不能清洗,则在测试前玩具不会被清洗或浸泡。

——有推荐的清洗和洗涤方式,产品将按照使用手册中制造商推荐的的方式进行预处理。

——没有提供清洁或洗涤信息的,但可能会被洗涤的或可能会被雨淋的产品,在测试前,按以下的方法处理。

以玩具质量(g)与水体积(mL)之数值比至少 1∶20 的比例将玩具浸泡在(20 ℃左右)水中 10 min,脱水。重复 2 次。再在软化水中漂洗玩具 2 min,再以合适的方法脱水和干燥玩具,使玩具尽可能恢复到原始的状态。

从玩具的每种材料上裁剪下尺寸至少为 610 mm×100 mm 的测试样。每一测试样应由一种材料构成,尽可能不含有缝纫边或装饰的蕾丝边条。由于缝纫边影响到燃烧速度,因此应将这些边条放置于试样夹的上部。

如果不可能得到至少 610 mm×100 mm 的测试样,则应从同一玩具上裁取两块材料制成测试样,每块尺寸应达到 310 mm×100 mm,将两块材料拼在一起,拼结处应有 10 mm,形成 610 mm×100 mm 的测试样。在拼结处可用订书钉连接,并保证拼结处无缝隙。

由于火焰蔓延速度在不同的织物经纬方向是不同的,当材料足够的时候,应沿着实际使用时的垂直方向剪取测试样。

对于符合 4.3 的玩具,如果化妆服饰是双面使用的并且每面的材料不相同,则每一表面都应测试。在这种情况下,要准备第二个测试样。如果材料不足够,不能同时在同一玩具上制成两个测试样,则可从另一玩具上制成第二个测试样。

对于符合 4.4 的玩具,如果材料是双面使用的并且每面的材料不相同,则每个表面都应测试。在这种情况下,要准备第二个测试样。如果材料不足够,不能同时在同一玩具上制成两个测试样,则可从另一玩具上制成第二个测试样。

5.4.2 固定测试样

如图 1 所示,将测试样放置在试样夹上,稍稍拉紧测试样以避免出现皱纹、波纹或卷曲。

对于应符合 4.2.5(头戴玩具上的飘拂物)和 4.3(化妆服饰)的玩具,应将使用时材料的外侧表面朝上放置在样品夹上。

用 100%丝光棉线(经丝光处理的最大线密度为 50 支的白棉线)横跨样品固定在图 2 所示的 A 点和 B 点,并且不超过样品表面 2 mm,并在上面安装有仪器以指示、标记棉线何时被烧断。

将试样夹以与水平面成(45±1)°角放置。

单位为毫米

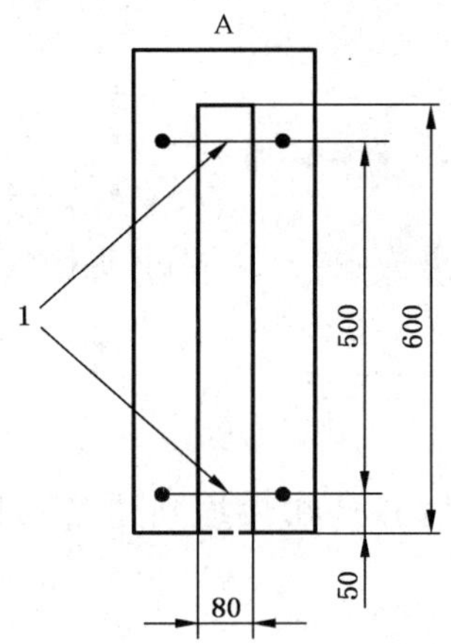

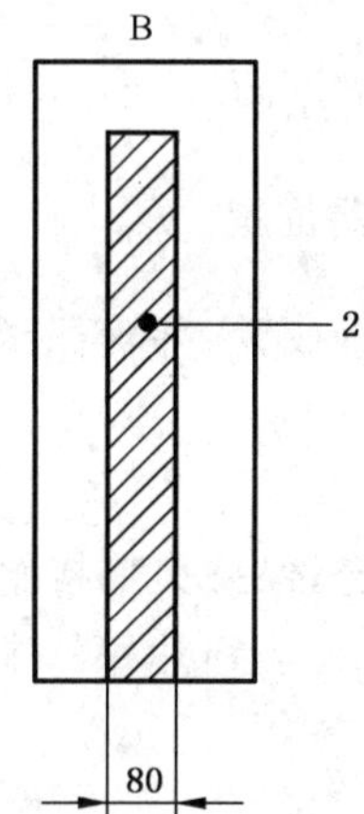

说明：

A ——顶侧；

B ——底侧；

1 ——100%丝光白棉标记线；

2 ——测试样。

图 1 头戴玩具上的飘拂物(不包括 4.2.2 和 4.2.3 涵盖的玩具)，头巾、头戴饰物等，整体或部分遮盖面部的纺织物面具，玩具化妆服饰，供儿童进入的玩具的测试

单位为毫米

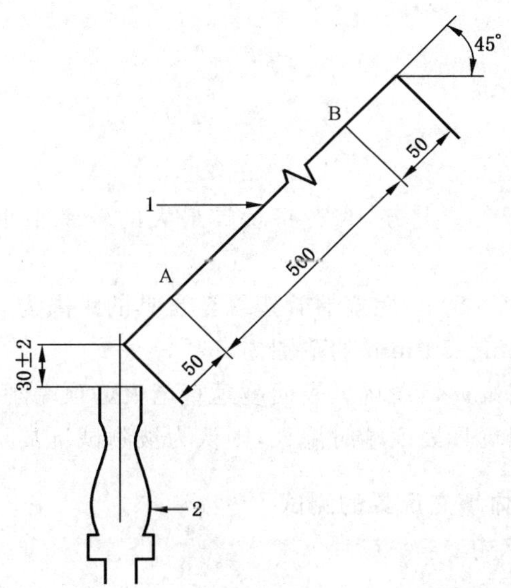

说明：

A、B ——100%白丝光棉标记线的位置；

1 ——测试样；

2 ——燃烧器。

图 2 燃烧示意图

5.4.3 测试火焰

调整火焰高度至(40±3) mm。

5.4.4 测试燃烧器位置

将燃烧器垂直放置,并确保试样下边缘与燃烧器顶端的距离为(30±2) mm(见图 2)。

5.4.5 测试操作

按上述的规定,保持火焰接触试样(10±1) s。

如果着火,在火焰到达第一标记线时,计时装置开始计时,并且在火焰到达第二标记线时,停止计时。

5.4.6 结果

如果点火后,试样不着火,或在火焰到达第一标记线之前熄灭,则燃烧速度等于 0。

如果发生着火,第一标记线被烧断,但在火焰到达第二标记线之前熄灭,则认为材料测试自熄。

如果第二标记线被烧断,记录燃烧时间并计算燃烧速度(单位:mm/s)。对结果值进行圆整至最接近到 mm/s。

5.5 最大尺寸为 520 mm 的软体填充玩具的测试

5.5.1 测试火焰

调整火焰高度至(20±2) mm。

5.5.2 测试燃烧器的位置

移动燃烧器成 45°角。

5.5.3 测试操作

将玩具垂直摆放,例如头部在最上方,或者将玩具最大的较平整垂直区域垂直放置,以利于火焰蔓延。

火焰接触玩具的时间为(3±0.5) s,燃烧器管边缘至玩具的距离为 5 mm 左右并且点火区域应在垂直测试区域下边缘上方的 20 mm~50 mm 的范围内。

在移去测试火焰后,记录测试火焰在玩具表面蔓延直至火焰顶端刚刚达到玩具最顶端的时间。

如果被点燃,并且在未达到玩具最顶端时熄灭,则认为被测试玩具是火焰自熄。

5.6 最大尺寸大于 520 mm 软体填充玩具的测试

5.6.1 测试火焰

调整火焰高度至(20±2) mm。

5.6.2 测试燃烧器的位置

移动燃烧器成 45°角。

5.6.3 测试操作

用两根垂直金属杆支撑,如图 3 所示,将玩具垂直摆放,例如头部在最上方,或者将玩具最大的较平整垂直区域垂直放置，以利于火焰蔓延。在金属杆上要有丝光棉的固定点，水平固定100%丝光棉线（即经丝光处理的最大线密度为50支的白棉线）。

标记线的高度应调整到点火点上方的500 mm～520 mm之间。标记线应放置在火焰到达此高度时能通过视觉确认火焰到达的时间。

火焰接触玩具的时间为(3±0.5) s，燃烧器管边缘至玩具的距离为5 mm左右，并且点火区域应在垂直测试区域下边缘上方的20 mm～50 mm的范围内。

在测试火焰移去后，如果玩具被点燃，则起动计时装置。当火焰一旦到达标记线的高度后停止计时装置。

单位为毫米

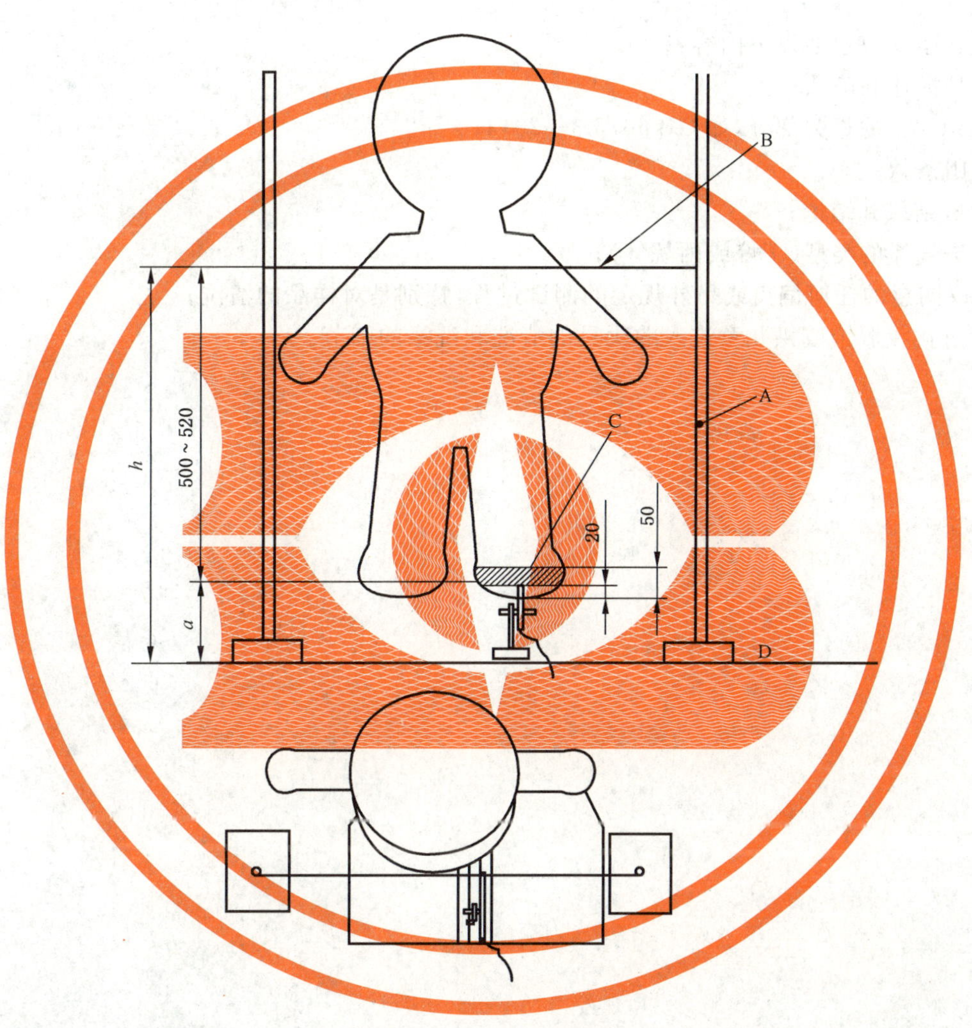

说明：

h——测试台到标记线的高度；

a——测试台到点火点的高度；

A——垂直金属架；

B——标记线；

C——火焰接触区域；

D——测试台。

图3　最大尺寸大于520 mm软体填充玩具的测试

如果在到达标记线之前，火焰熄灭，则认为火焰的蔓延速度小于30 mm/s。

记录燃烧时间，并按下式计算火焰蔓延速度 v：

$$v=\frac{h-a}{t}$$

式中：

h——测试台上方标记线的高度，单位为毫米(mm)；

a——测试台上方测试火焰与玩具接触点的高度，单位为毫米(mm)；

t——是从移去测试火焰后到火焰刚刚到达标记线时的时间，单位为秒(s)。

6 测试报告

测试报告至少应包括以下内容：

a) 产品描述和确认；

b) GB 6675 的相关部分，如 GB 6675.3—2014；

c) 适用条款；

d) 测试结果和结论；

e) 燃烧气体的类型(丁烷或丙烷气)；

f) 协议同意的任何偏离或另外规定的测试过程，特别是对样品的清洗；

g) 针对化妆服饰或供儿童进入的玩具的清洗和洗涤的细节。

附 录 A
(资料性附录)
本部分的背景和基本原理

A.1 总则

GB 6675 本部分的内容旨在提高人们对具有潜在的易燃玩具对儿童产生伤害风险的注意。

A.2 范围

GB 6675 中的本部分建立了所涉及的玩具的主要目录。

目录中列出了在所有玩具上禁止使用的易燃材料。

A.3 一般要求(见 4.1)

瞬间着火并快速燃烧的固体才认为具有高燃烧性。塑料、纸张、纺织品等都是易燃烧的,但本部分中不认为是高易燃固体。

密封在小于 15 mL 容器,例如胶水和油墨的容器中的易燃液体,认为其被点火后不会产生显著风险。

A.4 头戴玩具(见 4.2)

本条款覆盖了含有不易引起儿童注意的,但含有易被点燃附件的产品。4.2.4 的要求和测试方法同样适用于完全遮住脸部或整个头部的面具——无论其是否有附属物。

飘拂物是指那些比毛发或丝带宽的物体,并且是无支撑的,吊挂着的,不慎时极易接触到火焰,如连接在帽沿边的面纱。

A.5 化妆服饰(见 4.3)

这些产品包括如牛仔服、护士装等长斗篷披肩,不包括 4.2.5 列出的产品。针对 GB 6675 本部分的改变,为了确保进行更宽范围的测试(主要是覆盖小尺寸的化妆服饰),测试样可以用同一玩具上的两块相等材料拼成一个测试样,如果玩具没有足够的材料以此种方式制成试样,则认为该玩具不具有存在被点着的风险。

A.6 供儿童进入的玩具(见 4.4)

这些产品包括玩具帐篷、棚屋和隧道,它们可以容纳儿童但妨碍儿童快速逃出。不包括如侧面开放的遮棚这样的产品,是因为儿童可快速逃出不受到限制。不大可能发生由于没有足够的试样而会免除测试的情况。

"燃烧碎片"的要求是针对燃烧速度大于 20 mm/s 的材料作出的限制。用尼龙或其他人造材料制成的产品能产生"燃烧碎片",并且因为它们具有相对较低的燃烧蔓延速度,被大量用于儿童服装的生产。如果允许“燃烧碎片”的要求适用于所有材料,则会导致满足“燃烧碎片”要求但燃烧速度更快的更危险的材料被使用。

因为难以点燃和慢速燃烧,刚性材料无需测试。没有证据证明这些材料的有害性。

A.7 化妆服饰和供儿童进入的玩具测试(见 5.4.2)

设计成双层 U 形框架是为了保证试样能在测试时固定。当材料受热,不同的材料类型发生不同的变化。有些材料接近火源时产生皱褶。通过规定试样固定架,使测试影响最小化,减少实验室的不一致性。这里重要的准则不是点火的速度,而是火焰蔓延的速度。

测试带有缝边或在边缘处嵌有蕾丝边的玩具是有实际困难的。准备代表性样品时,应尽可能去除掉缝边或蕾丝边。

附　录　B
（资料性附录）
毛绒织物表面闪烁效应测试方法

B.1　适用范围

本附录给出了对毛绒织物或类似毛绒织物是否符合标准要求的测试方法。

B.2　仪器

B.2.1　测试设备的结构

一些燃烧产品会产生腐蚀性，因此所使用设备上的材料应不会被燃烧所产生的烟雾对其产生影响。

B.2.2　测试环境

测试地点的风速应小于 0.2 m/s，并应有足够的空间保证在测试过程中有不影响燃烧的氧气浓度。除测试箱(柜)的前部敞开外，测试样品的安装应离开任何测试箱(柜)壁至少 300 mm。

B.2.3　测试板

采用合适的材料并与测试样品尺寸完全相匹配的平、刚性测试板。在测试板上钻直径接近 2 mm 的圆孔。孔和销钉的位置见图 B.1。孔间距离应等距。

单位为毫米

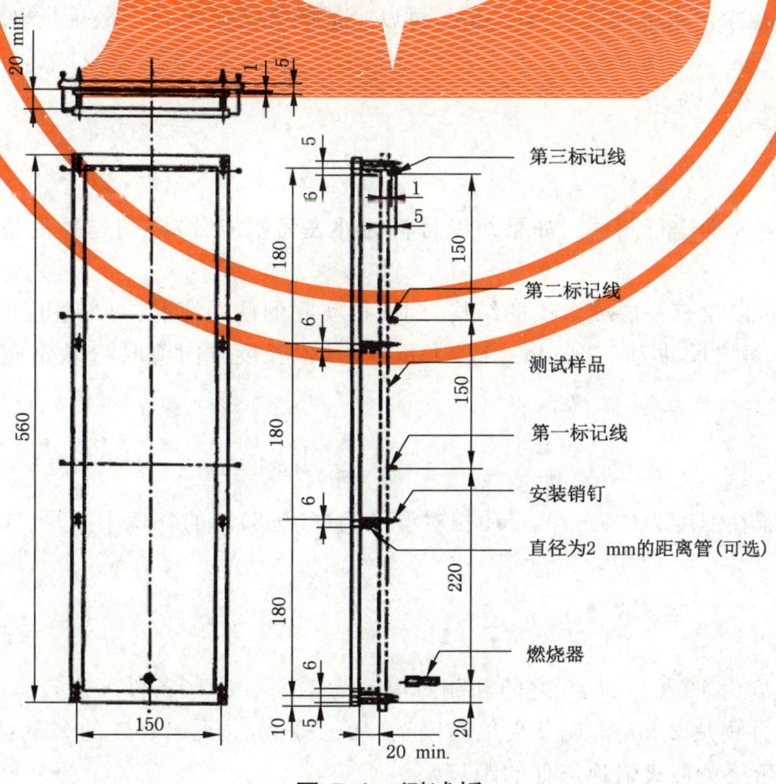

图 B.1　测试板

B.2.4　测试样品固定装置

测试样品固定装置含有一个 560 mm 高的矩形框架，并有两排平行刚性连接的圆棒，相距150 mm。在圆上安装销钉以固定测试样品，并确保测试样品距离框架 20 mm。固定测试样品的销钉的直径不超过 2 mm，长度至少为 27 mm。销钉安装在圆棒上，并且圆棒与框架垂直（见图 B.1）。

B.2.5　燃烧器

燃烧器应符合 ISO 6941:2003 附录 A 规定的燃烧器的要求。

B.2.6　燃烧气体

商用丙烷气或丁烷气。

B.2.7　标记线

经丝光处理的最大线密度为 50 支的白棉线。

B.3　清洗

每一项测试应在新的单个玩具上进行（如利用玩具及其包装上清楚告知消费者的标识）：

——指明玩具不能清洗，则在测试前玩具不会被清洗或浸泡。

——有推荐的清洗和洗涤方式，产品将按照使用手册中制造商推荐的的方式进行预处理。

——没有提供清洁或洗涤信息的，但可能会被洗涤的或可能会被雨淋的产品，在测试前，按以下的方法处理：

以玩具质量与水体积之比至少 1∶20 的比例将玩具浸泡在（20 ℃左右）水中 10 min，脱水。重复2 次。再在净化水中漂洗玩具 2 min，再以合适的方法脱水和干燥玩具，使玩具尽可能恢复到原始的状态。

B.4　测试样品

仅需对样品的外表面进行测试。如果纺织材料的外表面不能分辨，则选择更易火焰蔓延的表面进行测试。

纺织品的结构可以含有一层或多层的结构，则根据实际的使用情况，对最外层的表面进行测试。

剪取 6 块试样，每块尺寸为 560 mm×170 mm。3 块沿长度方向剪取，3 块沿宽度方向剪取。

B.5　预处理

将测试样品放置在温度为（20±2）℃和相对湿度为（65±5）%的环境中至少 24 h。

B.6　测试过程

B.6.1　测试应在温度为 10 ℃～30 ℃之间和相对湿度为 15%～80%条件下进行。

B.6.2　点燃燃烧器并预热 2 min。调节火焰高度至（40±2）mm（火焰高度的测量：燃烧器置于垂直时，从燃烧器的端头测量至黄色火焰顶点处的距离）。

B.6.3　如果测试工作不是立刻进行的，应将测试样品放置在封闭干燥的容器中。每一样品从预处理环境中或封闭的容器中取出后的测试过程应在 2 min 内完成。

B.6.4 将测试样品固定在测试框架的销钉上，确定销钉穿过了测试板上的记号点并且确保测试样品距离框架至少 20 mm。安装测试框架，确保测试样品处于垂直状态。

B.6.5 在样品前水平安装标记线（见图 B.1）。所安装的标记线在测试样品前面，距离测试样品为 1 mm～5 mm。确保标记线相对测试样品有足够的张力。

B.6.6 表面点火：将燃烧器端部与测试样品的表面垂直，并且在最低两个销钉中心上方的 20 mm 处。燃烧器端部与测试样品的表面距离为 17 mm（见图 B.2）。

点火时间为 10 s。

应使用第一和第三标记线。

B.6.7 观察火焰在第一和第三标记线之间燃烧过程中是否有表面闪烁效应。记录毛绒织物表面闪烁是否发生。如果导致织物基底的毁坏，则要求记录和在报告中写明。

如果在第一块样品上不发生闪烁，则在另两块试样上进行重复测试。

单位为毫米

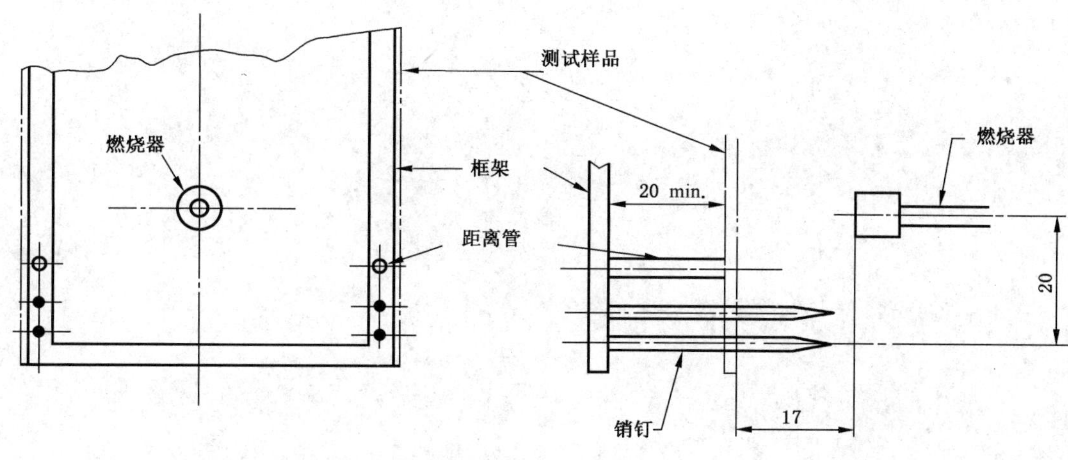

图 B.2 点火图

B.7 评审

按 B.6 测试任何一块试样上不发生闪烁，则织物被认为是合格的，否则认为织物不能通过测试。

ICS 97.200.50
Y 57

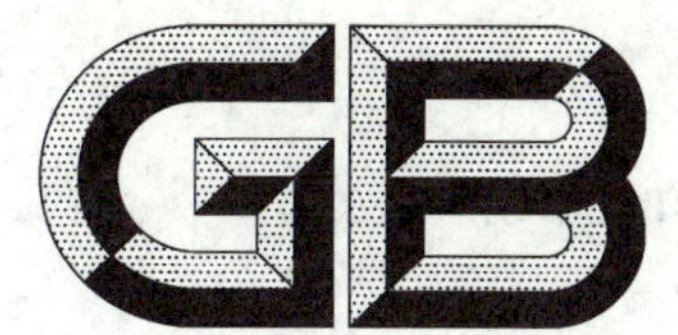

中华人民共和国国家标准

GB 6675.4—2014
部分代替 GB 6675—2003

玩具安全 第4部分:特定元素的迁移

Safety of toys—Part 4: Migration of certain elements

(ISO 8124-3:2010,Safety of toys—Part 3: Migration of certain elements,MOD)

2014-05-06 发布　　2016-01-01 实施

中华人民共和国国家质量监督检验检疫总局
中国国家标准化管理委员会　发布

前　言

本部分的全部技术内容为强制性。

GB 6675 是玩具安全系列标准,包括以下部分:

——基本规范(GB 6675.1);

——通用要求,包括但不限于机械与物理性能(GB 6675.2)、易燃性能(GB 6675.3)、特定元素的迁移(GB 6675.4);

——特定要求,是针对特定产品的要求。

本部分是玩具安全系列标准通用要求中的特定元素的迁移(GB 6675.4),与 GB 6675.1、GB 6675.2、GB 6675.3、GB 19865(适用于电玩具)结合使用。

本部分按照 GB/T 1.1—2009 给出的规则起草。

本部分部分代替 GB 6675—2003《国家玩具安全技术规范》。

本部分与 GB 6675—2003 的 4.3 和附录 C 相比,主要技术变化如下:

——在范围中,增加了对可触及涂层和可触及液体、膏状物和凝胶(例如液态油漆、造型化合物)的特别规定(见 1.3)。

——增加了纸和纸板的定义(见 3.5)。

——使用正庚烷代替 1,1,1-三氯乙烷作为油脂类物质的提取溶剂,其他相关章节中的 1,1,1-三氯乙烷全部用正庚烷代替(见 6.1.6、8.7、8.8 和 8.9)。

——列示了应在测试报告中对测试试样制备程序作说明的部分情形(见第 10 章 e))。

——删除了 1,1,1 二氯乙烷酸度测定方法(见 2003 版附录 A.C)。

——测试试样的试样制备和提取程序选择指南由图示改为表示(见附录 B、2003 版的附录 C.C)。

——较大地修改及补充完善了背景情况和理论说明(见附录 C)。

——增加了对部分试验条件参数的参考建议(见附录 D)。

本部分使用重新起草法修改采用 ISO 8124-3:2010《玩具安全　第 3 部分:特定元素的迁移》。本部分与 ISO 8124-3:2010 的技术性差异及其原因如下:

——关于规范性引用文件,本部分做了具有技术性差异的调整,以适应我国的技术条件,调整的情况集中反映在第 2 章“规范性引用文件”中,具体调整如下:

- 用修改采用国际标准的 GB 6675.2 代替 ISO 8124-1;
- 用修改采用国际标准的 GB/T 6682 代替 ISO 3696:1987;

——GB 6675.4 中造型黏土和指画颜料可迁移元素限值要求不同;而 ISO 8124-3 中造型黏土和指画颜料可迁移元素限值要求相同。

本部分做了下列编辑性修改:

——增加了资料性附录 D。

本部分由中国轻工业联合会提出。

本部分由全国玩具标准化技术委员会(SAC/TC 253)归口。

本部分起草单位:深圳市计量质量检测研究院、广东奥飞动漫文化股份有限公司、深圳天祥质量技术服务有限公司、深圳松辉化工有限公司/万辉涂料有限公司、好孩子儿童用品有限公司、广东出入境检验检疫局检验检疫技术中心玩具实验室、广东省汕头市质量计量监督检测所、北京中轻联认证中心、浙江省质量技术监督检测研究院、谱尼测试科技(北京)有限公司。

本部分主要起草人:谢月亮、杨万颖、黄理纳、王龙、王学琴、陈晓华、雷再明、方玉明、张士、陈小珍。

本部分所代替标准的历次版本发布情况为:

——GB 6675—1986、GB 6675—2003。

引　言

本部分要求是以使用玩具而导致的某些元素生物利用率为依据而制定的，作为要达到的控制指标，下列元素每天的生物利用率不得超过如下数值：

——锑 0.2 μg；

——砷 0.1 μg；

——钡 25.0 μg；

——镉 0.6 μg；

——铬 0.3 μg；

——铅 0.7 μg；

——汞 0.5 μg；

——硒 5.0 μg。

为说明上述数值的意义，有必要确定玩具材料摄入量的上限，而用于确定这个上限的数据十分有限。作为可行的假设，目前能被接受的各种玩具材料每天平均摄入量估计约为 8 mg/d，同时不排除在个别特定情况下可能会超出上述估计值。

将每天的摄入量与上述所列的生物利用率数值结合起来就可以得到各种有害元素的限量（用 mg/kg表示），详见表 1。上述数值已经过调整，以减少儿童与玩具中有害元素的接触并保证在现有生产条件下可达到的限量的分析可行性（见附录 C）。

玩具安全　第4部分:特定元素的迁移

1　范围

1.1　GB 6675 的本部分规定了玩具材料和玩具部件中可迁移元素——锑、砷、钡、镉、铬、铅、汞和硒的最大限量要求、取样方法,以及测试试样的制备和提取程序。

1.2　本部分规定的可迁移元素的最大限量要求适用于以下玩具材料:

——色漆、清漆、生漆、油墨、聚合物涂层和类似的涂层(见 8.1);

——聚合物和类似材料,包括无论是否有纺织物增强的层压材料,但不包括其他纺织物和无纺布(见 8.2);

——单位面积最大质量不超过 400 g/m^2 的纸和纸板(见 8.3);

——天然、人造或合成纺织物(见 8.4);

——玻璃/陶瓷/金属材料,但用于电气连接的铅焊剂除外(见 8.5);

——其他可浸染色材料,不管是否被浸染色(如木材、纤维板、硬纸板、骨头和皮革)(见 8.6);

——会留下痕迹的材料(如铅笔中的石墨材料和钢笔中的液体墨水)(见 8.7);

——软性造型材料,包括造型黏土和凝胶(见 8.8);

——用在玩具中的颜料,包括指画颜料、清漆、生漆、釉质粉及其他类似的固态或液态材料(见 8.9)。

1.3　本部分的要求适用于以下玩具、玩具部件及玩具材料(见 C.2.1):

——所有预定用于与食物或嘴接触的玩具、化妆品玩具和属于玩具类的书写用具,无论任何年龄段或推荐适用的年龄标识。

——预定用于或适用于 72 个月及以下儿童使用的所有玩具。

——可触及的涂层,无论任何年龄段或推荐适用的年龄标识。

——可触及的液体、膏状物和凝胶(例如液态油漆、造型化合物),无论任何年龄段或推荐适用的年龄标识。

1.4　包装材料不包括在本部分的适用范围内,除非它们是预定需保留的,例如盒子、容器,或者除非它们构成玩具的一部分或设计具有玩耍的价值(见 C.2.2)。

注:考虑到儿童的正常和可预见行为,如果某些玩具和玩具部件由于其可触及性、功能、质量、大小或其他特征可明显排除被吮吸、舔食或吞咽的可能性,则本部分不对其作要求(如,摇摆装置的横梁上的涂层,以及玩具自行车的轮胎等)。

2　规范性引用文件

下列文件对于本文件的应用是必不可少的。凡是注日期的引用文件,仅注日期的版本适用于本文件。凡是不注日期的引用文件,其最新版本(包括所有的修改单)适用于本文件。

GB 6675.2　玩具安全　第2部分:机械与物理性能(ISO 8124-1:2000,MOD)

GB/T 6682　分析实验室用水规格和试验方法(ISO 3696:1987,MOD)

3　术语和定义

下列术语和定义适用于本文件。

3.1

基体材料 base material

可以在其表面形成或附着涂层的材料。

3.2

涂层 coating

在玩具的基体材料上形成或附着的所有材料层，包括色漆、清漆、生漆、油墨、聚合物或其他类似性质的物质，不管其是否含金属微粒，也不管其是通过何种方法附着在玩具上的，且可用锋利的刀刃刮取。

3.3

测试方法的检出限 detection limit of a method

实验室采用所用测试方法进行空白试验所得测试结果的标准偏差的3倍。

3.4

可浸染色材料 mass-coloured materials

可以吸收着色物质但不形成涂层的材料，如木材、纤维板、硬纸板、皮革、骨头和其他质地疏松的材料。

3.5

纸和纸板 paper and paperboard

单位面积最大质量不大于400 g/m^2 的纸和纸板。

注：单位面积质量超过400 g/m^2 的纸和纸板，按“其他可浸染色材料”处理，也可能为纤维板或硬纸板等。

3.6

刮削 scraping

将涂层从基体材料分离的机械过程，不应刮取基体材料。

3.7

玩具材料 toy material

玩具上所有可触及材料。

4 技术要求

4.1 最大限量要求(见C.3)

玩具材料中可迁移元素的含量应符合表1规定的最大限量要求。当第1章所规定的玩具和玩具部件按第7章～第9章进行玩具材料的测试，玩具和玩具部分中可迁移元素的测试结果的校正值应符合表1中的最大限量的规定。

表1 玩具材料中可迁移元素的最大限量要求

玩具材料	元素/(mg/kg 玩具材料)							
	锑(Sb)	砷(As)	钡(Ba)	镉(Cd)	铬(Cr)	铅(Pb)	汞(Hg)	硒(Se)
造型黏土	60	25	250	50	25	90	25	500
其他玩具材料(除造型黏土和指画颜料)	60	25	1 000	75	60	90	60	500
注：指画颜料特定元素的迁移见特定要求标准。								

4.2 结果说明(见C.4)

由于本部分规定的测试方法精确度的原因，在考虑实验室之间测试结果时需要一个经校正的分析结果。按第7章～第9章的规定测试得到的分析结果应减去按表2计算的校正值,以得到校正后的分析结果。

凡玩具材料经校正的分析结果低于或等于表1规定的最大限量要求时,则被认为符合本部分的要求。

表2 各元素的分析校正系数

元素	锑(Sb)	砷(As)	钡(Ba)	镉(Cd)	铬(Cr)	铅(Pb)	汞(Hg)	硒(Se)
分析校正系数/%	60	60	30	30	30	30	50	60

示例:

铅的分析结果为120 mg/kg,表2中铅元素的分析校正系数为30%,则:

校正的分析结果=120－120×30% =120－36 =84 (mg/kg)。

该结果被认为符合本部分的要求(表1中给出的可迁移元素铅的最大限量为90 mg/kg)。

5 原理

可溶性元素是模拟材料在吞咽后与胃酸持续接触一段时间的条件下,从玩具材料中提取出的溶出物。采用符合规定检出限的分析方法定量测定可溶性元素的含量。

6 试剂和仪器

注:对按第9章规定的检出限进行元素分析所需的试剂、材料和仪器,本章并未作出建议。

6.1 试剂

分析测试中,除另有规定外,均使用分析纯试剂。

6.1.1 盐酸溶液

$c(HCl) = (0.07 \pm 0.005)$ mol/L。

6.1.2 盐酸溶液

$c(HCl) = (0.14 \pm 0.010)$ mol/L。

6.1.3 盐酸溶液

$c(HCl) \approx 1$ mol/L。

6.1.4 盐酸溶液

$c(HCl) \approx 2$ mol/L。

6.1.5 盐酸溶液

$c(HCl) \approx 6$ mol/L。

6.1.6 正庚烷

化学纯,正庚烷(C_7H_{16})含量不小于99%。

6.1.7 水

至少达到 GB/T 6682 规定的 3 级水要求。

6.2 仪器(见 C.5)

常规实验室仪器及以下器具。

6.2.1 试验筛

平纹不锈钢丝网筛,额定孔径为 0.5 mm,其公差要求见表 A.1。

6.2.2 pH 测试仪

精度为±0.2pH 单位,应防止交叉污染(见 C.5.2)。

6.2.3 膜过滤器

孔径为 0.45 μm。

6.2.4 离心机

离心能力为(5 000±500)g(见 C.5.3,g=9.806 65 m/s^2)。

6.2.5 恒温振荡器

振荡时温度恒定为(37±2)℃。

6.2.6 提取用容器

容量为盐酸溶液提取剂体积的 1.6 倍~5.0 倍(见 C.5.4)。

7 测试试样的取样(见 C.6)

供测试的玩具样品应是用于销售或待销的玩具。测试试样应从单个玩具样品上的可触及部分(见 GB 6675.2)上获取。单个玩具上同种材料可以结合起来作为同一个测试试样,但不应同时采用其他玩具样品的材料。测试试样不应含一种以上材料或一种以上颜色,除非样品采用物理分离方法不能有效分离(如,因点印染、印花纺织物或质量限制等原因引起)。

注:本要求并不排除任何形式的参考试样的获得,只要该参考试样能代表上述规定的相关玩具材料及其所附着的基体材料即可。

材料质量小于 10 mg 的试样无须测试。

8 测试试样的制备和提取

8.1 色漆、清漆、生漆、油墨、聚合物的涂层和类似的涂层

8.1.1 测试试样的制备

在室温下采用刮削方法(见 3.5)从玩具样品上获取涂层,在不超过环境温度的条件下将样品粉碎。从通过孔径为 0.5 mm 的金属筛(6.2.1)的玩具材料中尽量获取不少于 100 mg 的涂层测试试样。

如果粉碎后的同一种涂层仅能得到 10 mg~100 mg,应按 8.1.2 进行提取,相关元素的含量应按所

用测试试样为 100 mg 进行计算，并按第 10 章 e)要求在报告中注明测试试样的质量。

对由于本身特性决定不能被粉碎的涂层(如弹性/塑性油漆)，可直接从样品上移取测试试样而无须将涂层粉碎。

8.1.2 提取程序

使用合适的容器(6.2.6)，将相当于测试试样质量 50 倍、温度为(37±2)℃、浓度为 0.07 mol/L 的盐酸溶液(6.1.1)与从 8.1.1 中获得的测试试样混合。如果测试试样的质量仅为 10 mg～100 mg，用温度为(37±2)℃的上述盐酸溶液(6.1.1)5.0 mL 与测试试样混合。

摇动 1 min，检查混合液的酸度(6.2.2)。如果 pH 大于 1.5，则一边摇动混合液，一边逐滴加入浓度约 2 mol/L 的盐酸溶液(6.1.4)直至混合液 pH 达到 1.0～1.5 范围内。

将混合物避光，在温度为(37±2)℃下连续振荡(6.2.5)1 h，然后在(37±2)℃温度下放置 1 h。

接着立即将混合物中的固体物有效分离：先使用膜过滤器过滤(6.2.3)，然后根据需要在 5 000 g 条件下离心分离(6.2.4)。分离应在上述放置时间结束后尽快完成。如果使用了离心分离，则离心分离时间不应超过 10 min，且应按第 10 章 e)要求在报告中说明。

如果提取好的溶液在进行元素分析测试前的保存时间需超过一个工作日，应加入盐酸加以稳定，使保存溶液的盐酸浓度约为 1 mol/L(6.1.3)，按第 10 章 e)要求在报告中说明。

8.2 聚合物和类似材料，包括有或无纺织物增强的层压材料，但不包括其他纺织物

8.2.1 测试试样的制备

从聚合物材料或类似材料上尽量移取不少于 100 mg 的测试试样，移取时应避免材料受热，具体方法如下：

从材料截面厚度最小处剪下测试试样，以保证试样的表面积与试样质量之比尽可能最大，每个试样的任何方向的尺寸在不受压的状态下应不大于 6 mm。

如果玩具样品不是同一种材料，应分别从每种不同材料上移取质量不小于 100 mg 的测试试样。如果同种材料的质量仅为 10 mg～100 mg，应按第 10 章 e)要求在报告中注明测试试样的质量，同时有关元素的含量应按使用的测试试样为 100 mg 进行计算。

8.2.2 提取程序

经 8.2.1 制备的测试试样按 8.1.2 提取程序进行。

8.3 纸和纸板

8.3.1 测试试样的制备(见 C.7)

从纸或纸板上尽量移取不少于 100 mg 的测试试样。

如果玩具样品不是同一种材料，应尽可能从每种不同材料上移取质量不小于 100 mg 的测试试样。如果同一种材料的质量仅为 10 mg～100 mg，应按第 10 章 e)要求在报告中注明测试试样的质量，同时有关元素的含量应按使用的测试试样为 100 mg 进行计算。

如果待测试的纸或纸板上有色漆、清漆、生漆、油墨、胶黏剂涂层或类似涂层，该涂层的测试试样不应单独移取。在这种情况下，从材料上直接提取测试试样，使测试试样包含涂层区域的代表性部位，并按第 10 章 e)要求在报告中说明。通过这种方法取得的测试试样按 8.3.2 进行提取。

8.3.2 提取程序

用相当于测试试样质量 25 倍、温度为(37±2)℃的水(6.1.7)将 8.3.1 中移取的测试试样浸渍，得到

均匀混合物。将混合物定量转移到合适大小的容器(6.2.6)中。在混合物中加入相当于测试试样质量25倍、温度为(37±2)℃、c(HCl)为0.14 mol/L的盐酸溶液(6.1.2)。

摇动1 min,检查混合液的酸度(6.2.2)。如果pH大于1.5,则一边摇动混合物,一边逐滴加入约2 mol/L的盐酸溶液(6.1.4)直至pH达到1.0～1.5。

将混合物避光,在温度为(37±2)℃时不断振荡(6.2.5)1 h,然后在(37±2)℃下放置1 h。

接着立即将混合物中的固体物有效分离:先使用膜过滤器过滤(6.2.3),然后根据需要在5 000 g 条件下离心分离(6.2.4)。分离应在上述放置时间结束后尽快完成。如果使用了离心分离,则离心时间不应超过10 min,且应按第10章e)要求在报告中说明。

如果提取的溶液在进行元素分析测试前的保存时间需超过一个工作日,应用盐酸加以稳定,使保存溶液的盐酸浓度约为1 mol/L(6.1.3),且应按第10章e)要求在报告中说明。

8.4 天然、人造或合成纺织物

8.4.1 测试试样的制备(见C.8)

从纺织材料上尽量移取不少于100 mg的测试试样,方法是将纺织物材料剪成任何方向的尺寸在不受压的状态下不大于6 mm的样片。

如果样品不是同一种材料或颜色,则尽可能从每种不同材料或颜色上移取质量不小于100 mg的测试试样。质量为10 mg～100 mg的材料或颜色应作为从主体材料上获取的测试试样的组成部分,并应作为不同于主体材料的测试试样另行测试。

从印花纺织物上移取的测试试样应是整体材料的代表性试样。

8.4.2 提取程序

经8.4.1制备的测试试样按8.1.2提取程序进行。

8.5 玻璃/陶瓷/金属材料

8.5.1 测试试样的制备(见C.9)

应先按GB 6675.2对玩具及玩具部件进行小零件测试。如果玩具或玩具部件能完全容入小零件试验器并含有可触及的玻璃/陶瓷/金属材料(用于电气连接的铅焊剂除外),应先按8.1.1的取样程序移取玩具或玩具部件上的涂层,然后按8.5.2的程序进行提取。

注:不含可触及的玻璃/陶瓷/金属材料的玩具和玩具部件无须按8.5.2的程序进行提取。

8.5.2 提取程序

将已称重的玩具或玩具部件放入50 mL的玻璃容器,该容器的标称高度60 mm,标称直径40 mm。

注:这类容器可容纳所有能够容入小零件试验器(见GB 6675.2)的部件/玩具。

加入足量温度为(37±2)℃、浓度为0.07 mol/L的盐酸溶液(6.1.1),使溶液能正好完全浸没玩具或部件。将容器盖上,使内容物避光并在温度(37±2)℃下放置2 h。

接着立即将混合物中的固体物有效分离:先使用膜过滤器过滤(6.2.3),然后根据需要在5 000 g 条件下离心分离(6.2.4)。分离应在上述放置时间结束后尽快完成。如果使用了离心分离,则离心时间不应超过10 min,且应按第10章e)要求在报告中说明。

如果配制好的溶液在进行元素分析测试前的保存时间需超过一个工作日,应用盐酸加以稳定,使保存的溶液盐酸浓度约为1 mol/L(6.1.3),且应按第10章e)要求在报告中说明。

8.6 其他可浸染色材料,不管是否被浸染色,例如木材、纤维板、骨头和皮革(见 C.10)

8.6.1 测试试样的制备

按 8.2.1,8.3.1,8.4.1 或 8.5.1 中适用的取样程序从玩具材料上尽量移取不少于 100 mg 的测试试样。

如果玩具样品不是同一种材料,应分别从每种不同材料上移取质量不小于 100 mg 的测试试样。如果同一种材料的质量仅为 10 mg~100 mg,应按第 10 章 e)要求在报告中注明测试试样的质量,同时有关元素的含量应按所用测试试样为 100 mg 进行计算。

如果须测试的材料上有色漆、清漆、生漆、油墨或类似的涂层,则按 8.1.1 的取样程序进行。

8.6.2 提取程序

按 8.1.2,8.3.2 或 8.5.2 中适用的方法对制备的测试试样进行提取。采用的方法应按第 10 章 e)要求在报告中说明。

8.7 会留下痕迹的材料

8.7.1 固态材料测试试样的制备

从材料上尽量移取不少于 100 mg 的测试试样,剪成任何方向的尺寸在不受压的状态下不大于 6 mm的样片。

如果玩具样品不是同一种材料,应分别从每种不同的会留下痕迹的材料上移取质量不小于 100 mg 的测试试样。如果材料的质量仅为 10 mg~100 mg,应按第 10 章 e)要求在报告中注明测试试样的质量,同时有关元素的含量应按所用的测试试样为 100 mg 进行计算。

如果材料含有油脂、油类、蜡或类似材料,应将测试试样包在硬质滤纸中,在进行 8.7.4 程序处理前应使用正庚烷(6.1.6)提取以便将上述成分清除。使用合适的分析方法确保上述成分的清除是定量的。使用的溶剂应按第 10 章 e)要求在报告中说明。

8.7.2 液态材料测试试样的制备

从玩具样品上尽量移取不少于 100 mg 的液体测试试样,为了便于获得测试试样,允许使用合适的溶剂。

分别从玩具样品中每种不同的会留下痕迹的材料上移取质量不小于 100 mg 的测试试样。如果材料的质量仅为 10 mg~100 mg,应按第 10 章 e)要求在报告中注明测试试样的质量,同时有关元素的含量应按所用的测试试样为 100 mg 进行计算。

如果材料在正常使用情况下凝固且含有油脂、油类、蜡类或类似材料,应使测试试样在正常使用情况下凝固,然后将凝固材料包在硬质滤纸中,在进行 8.7.4 程序处理前应使用正庚烷(6.1.6)提取以将上述成分清除。使用合适的分析方法确保上述成分的清除是定量的。使用的溶剂应按第 10 章 e)要求在报告中说明。

8.7.3 不含油脂、油类、蜡或类似材料的试样的提取程序

使用适当大小的容器(6.2.6),将从 8.7.1 或 8.7.2 中移取的测试试样用质量为其 50 倍、温度为(37±2)℃、浓度为 0.07 mol/L 的盐酸溶液(6.1.1)与其混合。如果测试试样质量为 10 mg~100 mg,用温度为(37±2)℃的上述溶液 5 mL 与测试试样混合。

摇动 1 min,检查混合液的酸度(6.2.2)。如果测试试样含大量通常以碳酸钙形式存在的碱性材料,使用约 6 mol/L 的盐酸溶液(6.1.5)将 pH 调整到 1.0~1.5 以避免过度稀释。调整 pH 的盐酸用量与总

体溶液之比例应按第 10 章 e)要求在报告中说明。

如果只是少量碱性材料存在,且 pH 大于 1.5,则一边摇动混合物,一边逐滴加入约 2 mol/L 的盐酸溶液(6.1.4)直至 pH 达到 1.0～1.5。

将混合物避光,在温度为(37±2)℃时不断振荡(6.2.5)1 h,然后在(37±2)℃下放置 1 h。

8.7.4 含油脂、油类、蜡或类似材料的试样的提取程序

将 8.7.1 或 8.7.2 所制备的测试试样留在硬质滤纸上,用相当于原始测试试样质量 25 倍、温度为(37±2)℃的水(6.1.7)将测试试样浸渍,得到均匀混合物。将混合物定量转移到合适大小的容器(6.2.6)中。在混合物中加入相当于原始测试试样质量 25 倍、温度为(37±2)℃、浓度为 0.14 mol/L 的盐酸溶液(6.1.2)。

如果原始测试试样质量为 10 mg～100 mg,用 2.5 mL 的水(6.1.7)将测试试样浸渍。将混合物定量转移到合适大小的容器(6.2.6)中。在混合物中加入 2.5 mL 温度为(37±2)℃、浓度为 0.14 mol/L 的盐酸溶液(6.1.2)。

摇动 1 min,检查混合液的酸度(6.2.2)。如果测试试样含大量通常以碳酸钙形式存在的碱性材料,使用约 6 mol/L 的盐酸溶液(6.1.5)将 pH 调整到 1.0～1.5 以避免过度稀释。调整 pH 的盐酸用量与总体溶液之比例应按第 10 章 e)要求在报告中说明。

如果只有少量碱性材料存在,而 pH 大于 1.5,一边摇动混合物,一边逐滴加入约 2 mol/L 的盐酸溶液(6.1.4)直至 pH 达到 1.0～1.5。

将混合物避光,在温度为(37±2)℃时不断振荡(6.2.5)1 h,然后在(37±2)℃温度下放置 1 h。

注:本程序可能使用的 0.07 mol/L(见 8.7.3)或 0.14 mol/L 的盐酸溶液的体积是根据去蜡前的原始测试试样的质量来计算的。

接着立即将混合物中的固体物有效分离:先使用膜过滤器(6.2.3)过滤,然后根据需要在 5 000g 条件下离心分离(6.2.4)。分离应在上述放置时间结束后尽快完成。如果使用了离心分离,则离心时间不应超过 10 min,且应按第 10 章 e)要求在报告中说明。

如果提取好的溶液在进行元素分析测试前的保存时间需超过一个工作日,应用盐酸加以稳定,使保存溶液的盐酸浓度约 1 mol/L(6.1.3),且应按第 10 章 e)要求在报告中说明。

8.8 软性造型材料,包括造型黏土和凝胶

8.8.1 测试试样的制备

从玩具样品上移取不小于 100 mg 材料的测试试样,测试试样应从玩具样品中每种不同的材料上移取。

如果材料含有油脂、油类、蜡或类似材料,应将测试试样包在硬质滤纸中,在进行 8.8.3 程序处理前应使用正庚烷(6.1.6)提取以将上述成分清除。使用合适的分析方法确保上述成分的清除是定量的。使用的溶剂应按第 10 章 e)要求在报告中说明。

8.8.2 不含油脂、油类、蜡或类似材料的试样的提取程序

适当时,先将 8.8.1 制备的黏土或软性材料试样打碎,然后置于合适大小的容器 (6.2.6) 中,将相当于测试试样质量 50 倍、温度为(37±2)℃、浓度为 0.07 mol/L 的盐酸溶液 (6.1.1)与测试试样混合。

摇动 1 min,检查混合液的酸度(6.2.2)。如果测试试样含大量通常以碳酸钙形式存在的碱性材料,使用约 6 mol/L 的盐酸溶液(6.1.5)将 pH 调整到 1.0～1.5 以避免过度稀释。调整 pH 的盐酸用量与总体溶液之比例应按第 10 章 e)要求在报告中说明。

如果碱性材料数量不大,而 pH 大于 1.5,一边摇动混合物,一边逐滴加入约 2 mol/L 的盐酸溶液(见 6.1.4)直至 pH 达到 1.0～1.5。

将混合物避光，在温度为(37±2)℃时不断振荡(6.2.5)1 h，然后在(37±2)℃下放置1 h。

8.8.3 含油脂、油类、蜡或类似材料的试样的提取程序

将8.8.1所制备的测试试样留在硬质滤纸上，用相当于原始测试试样质量25倍、温度为(37±2)℃的水(6.1.7)将测试试样浸渍，得到均匀混合物。将混合物定量转移到合适大小的容器(6.2.6)中。在混合物中加入相当于原始测试试样质量25倍、温度为(37±2)℃、浓度为0.14 mol/L的盐酸溶液(6.1.2)。

摇动1 min，检查混合液的酸度(6.2.2)。如果测试试样含大量通常以碳酸钙形式存在的碱性材料，使用约6 mol/L的盐酸溶液(6.1.5)将pH调整到1.0～1.5以避免过度稀释。调整pH的盐酸用量与总体溶液之比例应按第10章e)要求在报告中说明。

如果只有少量碱性材料存在，而pH大于1.5，一边摇动混合物，一边逐滴加入约2 mol/L的盐酸溶液(6.1.4)直至pH达到1.0～1.5。

将混合物避光，在温度为(37±2)℃时不断振荡(6.2.5)1 h，然后在(37±2)℃下放置1 h。

注：本程序可能使用的0.07 mol/L(见8.8.2)或0.14 mol/L盐酸溶液的体积是根据去蜡前的测试试样的质量来计算的。

接着立即将混合物中的固体物有效分离：先使用膜过滤器过滤(6.2.3)，然后根据需要在5 000*g*条件下离心分离(6.2.4)。分离应在上述放置时间结束后尽快完成。如果使用了离心分离，则离心时间不应超过10 min，且应按第10章e)要求在报告中说明。

如果提取好的溶液在进行元素分析测试前的保存时间需超过一个工作日，应用盐酸加以稳定，使保存溶液的盐酸浓度约为1 mol/L(6.1.3)，且应按第10章e)要求在报告中说明。

8.9 颜料，包括指画颜料、清漆、生漆、釉粉和呈固体状或液体状的类似材料

8.9.1 固态材料测试试样的制备

从材料上尽量移取不少于100 mg的测试试样，按实际可行方式，将测试试样从样品材料上刮取或剪切成在不受压的状态下任何方向的尺寸不大于6 mm的样片。

分别从玩具样品中每种不同材料上移取质量不小于100 mg的测试试样。如果材料的质量仅为10 mg～100 mg，应按第10章e)要求在报告中注明测试试样的质量，同时有关元素的含量应按所用测试试样为100 mg进行计算。

如果材料含有油脂、油类、蜡或类似材料，应将测试试样包在硬质滤纸中，在进行8.9.4程序前应使用正庚烷(6.1.6)提取以将上述成分清除。使用合适的分析方法确保上述成分的清除是定量的。使用的溶剂应按第10章e)要求在报告中说明。

如果测试试样是通过刮削移取的，将其粉碎以使材料能通过孔径为0.5 mm的金属筛(6.2.1)。

8.9.2 液态材料测试试样的制备

从玩具样品上尽量移取不少于100 mg的测试试样，为了便于获得测试试样，允许使用合适的溶剂。

分别从玩具样品中每种不同材料上移取质量不小于100 mg的测试试样。如果材料的质量仅为10 mg～100 mg，应按第10章e)要求在报告中注明测试试样的质量，同时有关元素的含量应按所用的测试试样为100 mg进行计算。

如果材料在正常使用情况下凝固且含有油脂、油类、蜡类或类似材料，应使测试试样在正常使用情况下凝固，然后将凝固材料包在硬质滤纸中。在进行8.9.4程序前应使用正庚烷(6.1.6)提取以将上述成分清除。使用合适的分析方法确保上述成分的清除是定量的。使用的溶剂应按第10章e)要求在报告中说明。

8.9.3 不含油脂、油类、蜡或类似材料的试样的提取程序

经 8.9.1 或 8.9.2 制备的测试试样按 8.7.3 提取程序进行。

8.9.4 含油脂、油类、蜡或类似材料的试样的提取程序

将 8.9.1 或 8.9.2 所制备的测试试样留在硬质滤纸上，用相当于原始测试试样质量 25 倍、温度为(37±2)℃的水(6.1.7)将测试试样浸渍，得到均匀混合物。将混合物定量转移到合适的容器(6.2.6)中。在混合物中加入相当于原始测试试样质量 25 倍、温度为(37±2)℃、浓度为 0.14 mol/L 的盐酸溶液(6.1.2)。

摇动 1 min，检查混合液的酸度(6.2.2)。如果测试试样包含大量的碱性材料(通常为碳酸钙)，使用约 6 mol/L 的盐酸溶液(6.1.5)将 pH 调整到 1.0～1.5 以避免过度稀释。使用的盐酸与溶液之比应按第 10 章 e)要求在报告中说明。

如果碱性材料数量不大，而 pH 大于 1.5，一边摇动混合物，一边逐滴加入约 2 mol/L 的盐酸溶液(6.1.4)直至 pH 达到 1.0～1.5。

将混合物避光，在温度为(37±2)℃时振荡(6.2.5)1 h，然后在(37±2)℃下放置 1 h。

注：本程序可能使用的 0.07 mol/L(见 8.7.3)或 0.14 mol/L 的盐酸溶液的体积是根据去蜡前的测试试样的质量来计算的。

接着立即将混合物中的固体物有效分离：先使用膜过滤器过滤(6.2.3)，然后根据需要在 5 000*g* 条件下离心分离(6.2.4)。分离应在上述放置时间结束后尽快完成。如果使用了离心分离，则离心时间不应超过 10 min，且应按第 10 章 e)要求在报告中说明。

如果配制好的溶液在进行元素分析测试前的保存时间需超过一个工作日，应用盐酸加以稳定，使保存溶液的盐酸浓度约为 1 mol/L(6.1.3)，且应按第 10 章 e)要求在报告中说明。

9 测试方法的检出限

测试方法的检出限通常视为空白值的标准偏差的 3 倍，该空白值由执行玩具材料测试的实验室自行测定。

对于第 1 章所列可迁移元素的定量分析，检出限不大于该元素最大限量要求(见 4.1 中表 1)的十分之一的测试方法应认为是适宜的。

当按规定限量进行符合性判定时，如已经考虑了测量不确定度，则可采用不同于上述规定检出限的测试方法。实验室采用偏离该要求的测试方法时，应按第 10 章 c)要求注明方法检出限。

10 测试报告

测试报告应至少包括以下信息内容：

a) 所检产品和/或材料的类型和名称；

b) 以本部分作为测试依据，如，GB 6675.4—2014；

c) 各迁移元素测定所用分析方法，以及在与第 9 章的要求有差异时应注明的检出限；

d) 元素分析测定结果的校正值(见 4.2)，用 mg(迁移元素)/kg(材料)表示，以表明测试结果与溶液中该元素浓度的关系；

e) 测试试样制备所用程序(见第 8 章)的细节说明，包括但不限于以下情况：

——试样未与基体材料分离；

——在分析测试前对试样溶液固体物进行了离心分离；

——额外滴加盐酸以降低 pH；

——固体试样与酸提取剂的比值超出 1∶50 范围；

——清除玩具材料中的油脂、油、蜡或类似成分时所用的清洗溶剂；

——测试试液为了保存而调整为约 1 mol/L 盐酸溶液；

f） 由于协议或其他原因产生的与规定的试样制备和提取程序的任何差异；

g） 测试日期。

附 录 A
（规范性附录）
试验筛要求

试验筛的尺寸和公差要求见表 A.1。

表 A.1 试验筛的尺寸和公差

单位为毫米

额定孔径尺寸	试验筛额定金属丝直径	公差		
		任意筛孔尺寸的最大偏差	平均孔径公差	中间偏差（筛孔直径大于额定孔径与本数值之和的孔数量占总孔数的百分比应不大于6%）
0.500	0.315	+0.090	±0.018	+ 0.054

附 录 B
（资料性附录）
测试程序的选择

表 B.1 是各种玩具材料所使用的测试程序的选择指南。

表 B.1 测试试样的试样制备和提取程序选择指南

玩具材料	相关章节
纸或纸板	8.3
塑料涂布的纸或纸板	8.2
可移取的涂层	8.1，如基体材料可触及，按 8.2、8.4、8.5 及 8.6 测试
非纺织物的聚合物材料	8.2
纺织物	8.4
玻璃/陶瓷/金属材料	8.5
其他可浸染色材料	8.6
会留下痕迹的材料	8.7
软性造型材料或凝胶	8.8
固态或液态的颜料、清漆、生漆、釉粉或类似材料	8.9

附　录　C
（资料性附录）
背景情况和理论说明

C.1　概述

本部分所采用的方法是以欧盟玩具安全指令 88/378/EEC[2]（1988 年 5 月发布）所规定的生物利用率原理为基础的，并对玩具材料中可溶性有害元素迁移进行了限量界定。为了得到某个玩具中有害元素的最大允许浓度（用 mg/kg 表示），可将引言中所列的生物利用率数值与玩具材料估计的日常摄入量（8 mg/d）结合起来考虑。钡元素（见 C.3）所表现的生物利用率与最大限量之间精确的相关性并不经常出现，而 EN 71-3[1] 中的结果校正是为了考虑到对浓度的科学和政治的建议，该浓度下的身体负担是可接受或可避免的。

由于包括下列内容的一些原因，规定总量元素测定的方法已被放弃：

a)　欧盟指令规定了生物利用率的限量，但是玩具材料中总量元素含量和生物利用率之间的关系至今并未建立；

b)　某些化合物，例如硫酸钡，在有些产品中可能包含相对高的含量，以使产品具有不透射性。因此，对于未必对生物利用率有贡献的钡元素的使用，在相关要求中有必要得到准许；

c)　镉化合物在诸如聚氯乙烯（PVC）等塑料中可作为稳定剂使用。这再次说明以这种目的使用的镉的生物利用率和所含该元素的总量之间并无联系。硒也可作为一个应用示例，它可作为不溶性颜料的一个结构组成而存在，诸如此类（亦见 C.4）。

C.2　范围

C.2.1　要求（见 1.3）

1.3 条意在阐明一个方法以判断玩具和玩具部件因其特性使其不可能在摄入可能含有有害元素的材料后因吸收有害元素而造成毒害危险，从而被排除于本部分的适用范围之外。

本部分并未对不可触及材料（见 GB 6675.2）规定要求，该材料在正常使用或可预见的使用中不可能存在有害元素的迁移。

同时，考虑到儿童的正常和可预见行为，如果某些玩具和玩具部件由于其可触及性、功能、质量、大小或其他特征可明显排除吮吸、舔食或吞咽的可能性，则本部分亦不作要求（如，摇摆装置的横梁上的涂层，以及玩具自行车的轮胎等）。

很多原因能说明上述方法是符合逻辑的，例如：

——三个独立的针对儿童口动行为（参见文献[4]、[5]、[6]）的研究表明，口动行为基本上发生在 18 个月以下的儿童中，在这之后随着年龄增加显著减少。在第四个研究中，观察了 96 个月以下的儿童的口动行为，证明在较大儿童中口动行为并不显著（参见文献[7]）。这和儿童发育的模式是一致的，当儿童长牙时，口动行为表现出一个高峰期，且随着儿童活动的变多而减少。因此，对预定用于 72 个月及以上小孩使用的玩具，认为不会通过摄入有害元素对小孩产生重大伤害危险。然而，无论任何年龄分组或推荐适用的年龄标识，可触及的涂层都应作为一个特殊情况加以考虑，因为涂层在使用过程中可能脱离，并且可能直接地或者通过手及手指的方式而摄入体内。

——玩具越大或者材料越不易被触及,含有害元素的部件摄入的危险性就越小。

——无论任何年龄分组或推荐适用的年龄标识,所有可能放入口中或靠近嘴部的玩具都应考虑符合有害元素限量要求,例如,伪装/玩具食物、当作玩具或玩具部件销售的铅笔等。

——无论任何年龄分组或推荐适用的年龄标识,容易大量摄入的玩具(如液态涂料、造型化合物、胶状物)都应考虑符合有害元素限量要求。

C.2.2 包装(见 1.4)

在 1.4 条中,"除非它们是玩具的一部分"是指诸如拼图玩具的包装盒,或附有使用说明的游戏器具等的包装箱,但也要考虑 1.3 第 2 项所限制的预定用于 72 个月以下儿童的玩具的要求。这不包括含简单说明的透明塑料罩等包装。

C.3 最大限量要求(见 4.1)

鉴于下列原因,可溶性钡的限量从 500 mg/kg 提高到 1 000 mg/kg:

——如果玩具中使用了硫酸钡,可溶性钡在温度为 37 ℃、盐酸浓度为(0.07±0.005)mol/L 的盐酸提取液中的含量为 400 mg/kg 至 600 mg/kg(以测试的玩具材料质量计)。由于确定含量时的统计不确定性,这样的浓度就不能确定是否通过测试。

——由于过滤程序的问题,在滤液中形成非生物可利用的胶质硫酸钡结晶,从而使表面上可溶钡的含量超过 500 mg/kg。

——此外,以前规定钡从玩具材料中迁移的限量 500 mg/kg 与 25.0 μg/d 的生物利用率和 8 mg/d 的玩具材料摄入量不一致;25.0 μg 相当于 3.125 mg/kg 的迁移限量。尽管理论上的数字是 3.125 mg/kg,最终还是有意识地选择了 500 mg/kg 的限量。这个 500 mg/kg 限量的作用是将生物利用率从建议的 25 μg 降低至 4 μg。应该注意的是,25.0 μg 这个数字已经是从最初的 50.0 μg 降下来的,这并非毒物学方面的原因,而是根据欧洲共同体委员会关于"减少对人体造成负担的可能避免的摄入量"的意见制定的。

C.4 测试程序的统计不确定性和测试结果的说明(见 4.2)

化学测试方法通常用于测量材料中物质的总含量。总含量测定方法通常是准确的,各实验室测量结果的统计结果也较一致,因为这类测量方法的不确定度来源较少。

欧盟指令 88/378/EEC[2] 定义了生物利用率的概念,而且本部分的分析方法导致了玩具材料中可溶性元素的迁移的测定。最后的分析结果取决于标准规定的测试条件(包括提取程序),因而会引入更多的测量不确定度。因此,在进行迁移元素测定时,要获得实验室间一致的统计结果较为困难。

EN 71-3[1] 中的统计资料说明了上述的情况,这些资料引自 1987 年由 17 个实验室参与的欧洲实验室之间对比试验结果。由于测定滤液中可溶性元素浓度时仪器性能不同,各实验室对同一种材料的测试结果偏差从最低的 30%到最高的 50%。此外,如果调整上述数值以使其置信度为 95%,偏差还将提高约 3 倍。

如果测试结果接近标准允许的最大限度,这种测量不确定性的程度就会给制造商和监督部门带来一些问题,要确定地判定该玩具是否合格是不可能的。这可能导致测试结果评价的相互矛盾。

一种玩具材料的元素总含量与本部分标准测试条件下该元素的可溶性迁移量之间并无直接联系,所以测定元素总含量并将其结果转化成可溶性元素含量并不能解决上述问题。规定元素总含量的最高限量可能是一种解决的办法,但又产生需要修改欧洲理事会 88/378/EEC 的玩具安全指令的问题(亦见 C.1)。

1988 年以来，对玩具上油漆涂层的测试程序一直在进行详尽的调查研究以期判断对测试结果产生较显著影响的参数。最重要的参数是从刮取油漆到随后的粉碎过程中产生的油漆颗粒的形状、尺寸和质量，其次重要的参数包括振荡方法、温度及滤纸的型号和孔隙度。

因此，对测试程序提出了修改意见，即为收集颗粒尺寸为 300 μm～500 μm 的油漆测试试样规定了刮削和粉碎程序，29 个实验室于 1993 年参与了一次欧洲各实验间的对比试验，并将修改程序后得到的结果与 EN 71-3 中的程序得到的结果进行比较。

上述比对结果表明，由于测试试样制备方法和测定滤液中可溶性元素浓度时使用的仪器分析技术不同，各实验室对同一种材料的测试结果可在 25%～80%之间波动。

采用规定的刮削程序后，各实验室间的统计结果一致性有所改善，但这并非在收集 300 μm～500 μm 的测试试样检测时就能得到的结果。然而，这种改善并不足够显著以证明修改方法的正确有效性。

上述比对试验证实了不同仪器分析技术的使用差异造成了测试程序的测量不确定性。同时也注意到实验室需要定期对仪器进行核查和校准以确保仪器性能和精确的读数。目前，实验室比对使用最广泛的是电感耦合等离子体(ICP)光谱分析法，对大多数元素，特别是砷、锑和硒，采用这种方法后各实验室的结果比较一致。但对这些元素低含量时的测试，上述方法不如某些其他方法的灵敏度高(例如，带氢化物发生装置的原子吸收光谱仪)。

各实验室采用的测试程序得到的最好结果如果相差 25%，一般认为这样的测试程序在技术上是不适合作为标准方法的。然而，实际情况是经过测试后能较容易地判定一个玩具是否合格，只有比较少的情况下，测试结果才属于不确定的范围。在后一种情况下，对测试结果作谨慎说明是很重要的。

大家一致认为：各实验室需要花费大量时间和财力，甚至在某些情况下需要做一些对统计一致性和安全并无多大帮助的繁重工作，只有这样，才能使测试程序得到改进。因此，目前的程序允许各实验室采用其内部选用的方法从玩具上刮削油漆，收集通过 500 μm 试验筛的测试试样并测定滤液中可溶性元素的浓度。

为了对测试结果获得一致的评价，本部分规定了每种元素的校正系数，它适用于各种仪器分析技术的使用。上述校正系数引自 EN 71-3 的精密度数据，供在分析结果等于或超过最大限量时使用。分析结果根据 4.2 的规定使用相应的校正系数进行调整，用这种方式调整后的测试结果足以区分玩具安全与否从而确保儿童的安全。换句话说，本部分所描述的方法达到了其目的，并且为全世界所接受。

强烈建议分析人员通过以下方法来检查和对照所使用测试程序的准确性。

a) 经常性地使用有证标准物质和/或使用次级标准物质进行内部质量控制。

b) 参与实验室之间比对或能力验证计划。

c) 进行平行测试或者使用相同或不同的方法对结果进行校准。

按照国际标准 ISO/IEC 17025[8] 开展质量体系运作的实验室应采用以上部分或全部质量控制措施。

C.5 仪器(见 6.2)

C.5.1 试验筛(见 6.2.1 和 C.4)

C.5.2 pH 测试仪(见 6.2.2)

pH 的测定并不限于使用 pH 计。

C.5.3 离心机(见 6.2.4 和第 8 章)

6.2.4 规定了离心机的性能要求。第 8 章规定了离心的限制和允许时间(不应超过 10 min)，并要求按第 10 章 e)规定在报告中说明。后一要求是必要的，因为已有报道通过离心作用增加了钡的提取量。

C.5.4 提取用容器(见 6.2.6)

标明容器的容积是为保证溶液的充分流动以利于更有效的提取。

C.6 测试试样的取样(见第 7 章)

对"复合"(指不同材料或颜色的组合)测试试样进行分析的常规方法并不恰当,且由于"5.0 mL"测试方法的使用亦使得这样做通常并无必要。对复合材料的测试分析可能会减少有害元素的迁移,从而导致结果人为的偏低。例如,当一种油漆同另一种油漆共同提取时,油漆中钡的提取量有可能会减少。这种情况可能发生在其中一种油漆中有一种带相反电荷的离子,引起了钡元素的沉淀,而硫酸根正是这样一个相反电荷的离子。因而,除非不能将颜色或玩具材料实际分离(例如,点印染的情况),每个不连续的区域都应作为一个单一的试样进行处理。

本注释使得为了用作参考而对非玩具形式的玩具材料进行测试成为可能。然而本部分却明确要求应从玩具本体移取测试试样。

C.7 纸和纸板——测试试样的制备(见 8.3.1)

纸和纸板均当作一种单一材料,如,纸和纸板上存在表面涂层时不必移取,但测试试样要包含这类表面的代表性部位。采用上述取样程序是因为在实际情况中,儿童咀嚼纸和纸板时不可能有选择性地将涂层取下,并且涂层下面的基材是同等重要的。

C.8 天然、人造或合成纺织物—测试试样的制备(见 8.4.1)

从复合花形的织物上不可能分离单一颜色的测试试样。因而要求所制备的单一测试试样应能代表材料上的所有颜色。

C.9 玻璃/陶瓷/金属材料—测试试样的制备(见 8.5.1)

不能完全容入 GB 6675.2 规定的"小零件试验器"的玩具或部件不需进行测试,这是因为不会产生摄入危害,在唾液模拟物中也无明显的提取现象。小零件试验器用于评估所有相关年龄组的玩具/玩具部件的尺寸。粉碎玻璃、陶瓷和金属材料是不合适的,在许多情况下也不可能振荡测试溶液,因此提取时无须摇动。选择容器的直径和测试试样的放置方位时应尽量减小变化因素。

根据本条款要求:如果玻璃、陶瓷或金属材料完全由涂层覆盖,使玻璃、陶瓷或金属材料按 GB 6675.2确定为不可触及时,上述材料无须进行测试。

而当玻璃、陶瓷或金属的表面存在可触及部位时,即使有部分被涂层覆盖,也应先按 8.1.1 的方法完全移取其覆盖部位的涂层,然后将上述材料按 8.5.2 进行测试。由于本部分中第 7 章规定一个试样只可能是一个单独的玩具,本程序只是一种折衷的办法。

C.10 其他可浸染色材料(见 8.6)

8.6 适用于单位面积质量大于 400 g/m^2 的纸和纸板、纤维板、硬纸板等材料。另外,本条款也适用于已被浸染色的材料及其他未被浸染色的材料,如,可能已经过了其他处理的木材、硬纸板、皮革和骨头等,但这并未由 EN 71-3 标准所涵盖。

附　录　D
（资料性附录）
测试试样的制备和提取中某些测试条件的建议

在测试试样的制备和提取中，为了减少因测试条件选择的差异可能对检测结果带来的不确定性，减小各实验室对同一种材料测试结果的偏差，提出如下建议，供分析人员参考使用：

1）　在试样制备过程中，当需要剪取聚合物和类似材料(8.2.1)、天然或合成纺织物(8.4.1)、会留下痕迹的固体材料(8.7.1)及颜料(8.9.1)等标准要求剪成尺寸不大于 6 mm 的玩具材料时，建议试样样片的尺寸在不大于 6 mm 的前提下尽量接近 5 mm～6 mm。

2）　在试样提取程序中，建议恒温振荡器的振荡频度设定在 100 次/min～150 次/min。

注：本附录的建议仅为提醒分析人员在试样测试中注意可在本部分规定的范围内合理设定测试条件，并不意图对本部分的试验条件进行修改。

参 考 文 献

[1] EN 71-3:1994 玩具安全—第 3 部分:特定元素的迁移(以及 EN 71-3:1994/AC:2002、EN 71-3:1994/A1:2000、EN 71-3:1994/A1:2000/AC:2000)

[2] 88/378/EEC 欧洲理事会玩具安全指令 1988 年 5 月 3 日发布(发表于 1988 年 7 月 16 日欧共体 No. L187 官方公报上)

[3] 93/68/EEC 欧洲理事会指令之第 4 页至第 5 页——88/378/EEC 玩具安全指令的修改,1993 年 7 月 22 日发布(发表于 1993 年 8 月 30 日欧共体 No. L220 官方公报上)

[4] 6 岁以下儿童的口动行为观察研究,美国消费品安全委员会 2002 年主持开展.

[5] Juberg D.R.、Alfano K.、Coughlin R.J.和 Thompson K.M.,幼儿物体口动行为的观察研究,小儿科,2001,107:135-142.

[6] Groot M.E.、Lekkerkerk M.C.和 Steenbekkers L.P.A.,幼儿口动行为:一项观察研究,荷兰瓦赫宁根农业大学,家庭及消费者研究,1998.

[7] Smith T. P.和 Kiss C.T.,儿童口动行为观察:基线频率及持续时间,美国消费品安全委员会,1999.

[8] ISO/IEC 17025 实验室校准和测试能力的基本要求

ICS 97.200.50
Y 57

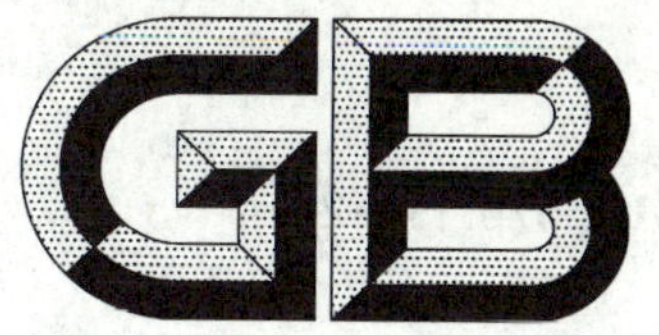

中华人民共和国国家标准

GB 6675.11—2014

玩具安全　第11部分：家用秋千、滑梯及类似用途室内、室外活动玩具

Safety of toys—Part 11: Swings, slides and similar activity toys for indoor and outdoor family domestic use

(ISO 8124-4:2010, MOD)

2014-12-05 发布　　2016-01-01 实施

中华人民共和国国家质量监督检验检疫总局
中国国家标准化管理委员会　发布

前言

GB 6675 的本部分的全部技术内容为强制性。

GB 6675 是玩具安全系列标准，包括以下部分：

——基本规范(GB 6675.1)；

——通用要求，包括但不限于机械与物理性能(GB 6675.2)、易燃性能(GB 6675.3)、特定元素的迁移(GB 6675.4)；

——特定要求，是针对特定产品的要求。

本部分为 GB 6675 的第 11 部分。

本部分是玩具安全系列标准中家用秋千、滑梯及类似用途室内、室外活动玩具的特定要求(GB 6675.11)，与 GB 6675.1、GB 6675.2、GB 6675.3、GB 6675.4、GB 19865(适用于电玩具)结合使用。

本部分按照 GB 1.1—2009 给出的规则起草。

本部分使用重新起草法修改采用 ISO 8124-4:2010《玩具安全　第 4 部分 家用秋千、滑梯及类似用途室内、室外活动玩具》。

本部分与 ISO 8124-4:2010 的技术性差异及其原因如下：

——关于规范性引用文件，本标准做了具有技术性差异的调整，以适应我国的技术条件，调整的情况集中反映在第 2 章"规范性引用文件"中，具体调整如下：

· 增加引用了 GB 5296.5(见 5.1)；

· 用修改采用国际标准的 GB 6675.2—2014 代替了 ISO 8124-1。

请注意本文件的某些内容可能涉及专利。本文件的发布机构不承担识别这些专利的责任。

本部分由中国轻工业联合会提出。

本部分由全国玩具标准化技术委员会(SAC/TC 253)归口。

本部分起草单位：浙江省质量技术监督检测研究院、南京万德游乐设备有限公司、江苏米奇妙教玩具集团有限公司、江苏宝乐实业有限公司、北京中轻联认证中心、扬州进出口玩具检验所。

本部分主要起草人：顾航、丁浩、刘炘、吴万鹏、胡时辉、钱学华、杨军勇、郑希俊。

玩具安全　第11部分:家用秋千、滑梯及类似用途室内、室外活动玩具

1　范围

见A.1。

GB 6675的本部分规定了预定供14岁以下儿童在其上面或内部玩耍的家用室内、户外活动玩具的要求和测试方法。

本部分适用于秋千、滑梯、跷跷板、旋转木马、摇摆玩具、攀爬架、全封闭的儿童秋千座位和其他预定能承载一个或多个儿童体重的产品。

本部分不适用于下列产品:

a)　健身和体育设备,除非其与活动玩具相连接;

b)　预定在学校、日托中心、幼儿园、公共操场、餐馆、购物中心和类似公共场所使用的设备;

c)　青少年看护产品,例如(但不限于)婴儿秋千、婴儿围栏、婴儿床或包括野餐桌的家具、摇篮的摇杆和特别设计用于治疗的产品。

2　规范性引用文件

下列文件对于本文件的应用是必不可少的。凡是注日期的引用文件,仅注日期的版本适用于本文件。凡是不注日期的引用文件,其最新的版本(包括所有的修改单)适用于本文件。

GB 5296.5　消费品使用说明　第5部分:玩具

GB 6675.2—2014　玩具安全　第2部分:机械与物理性能(ISO 8124-1:2000,MOD)

3　术语和定义

GB 6675.2—2014界定的以及下列术语和定义适用于本文件。

3.1

活动玩具　activity toy

预定供家庭使用,通常连接至横梁或带有横梁,可承载一个或多个儿童体重的玩具,供儿童在其内部或上面玩耍。例如秋千、滑梯、旋转木马和攀爬架等(见图1)。

图1　活动玩具的示例(非比例绘制)

3.2

固定装置　anchor

用于将玩具固定在地面上的装置。

3.3

连接式滑梯　attachment slide

只能通过其他设备或其他设备的部件进入起始段的滑梯。

3.4

围栏　barrier

用于防止儿童从较高的平面上跌落的装置。

3.5

横梁　crossbeam

玩具中承受主要负载的横杆或梁。

3.6

挤夹　entrapment

身体、身体的某个部位或衣服被卡住而不能退出的状态。

3.7

受力运动　forced movement

儿童活动的方向和范围由设备的运行所决定的运动，例如摆动、滑动、摇摆或旋转。

3.8

自由下落高度　free height of fall

从预定用于支撑身体处(例如秋千座位)到下方冲击区域的最大垂直距离。

3.9

自由空间　free space

使用者在进行受力活动时(例如摆动、滑动、摇摆和旋转)在玩具内部、上面或周围所占据的空间。

注：自由空间的定义不包括下落运动发生时的三维空间。

3.10

全封闭儿童秋千座位　fully enclosed toddler swing seats

预定供无需帮助，能自行坐立的幼儿使用的全封闭式单人秋千(见图2)。

注：当封闭系统可以在四周和两腿之间完全支撑儿童时，这种座位可以认为是全封闭的。

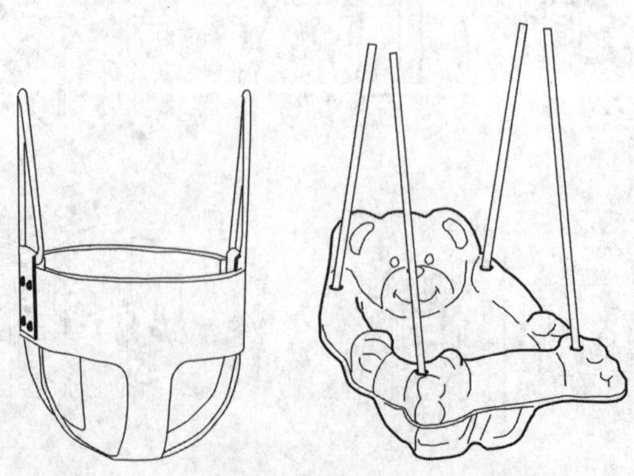

图2　全封闭式儿童秋千座位示例

3.11

撞击区域　impact area

按6.4(摆动元件撞击的测定)进行撞击测试时,摆动元件与测试负荷相接触的区域。

3.12

婴儿秋千　infant swing

带有一个框架和动力机械结构的固定系统,可以使一个婴儿在坐立位置上摆动。

注:婴儿秋千预定供从出生到无须帮助可自行坐立的儿童使用。

3.13

扶手　handrail

预定用于帮助使用者保持平衡或稳定身体的栏杆。

3.14

平台　platform

任何预定供儿童玩耍或作为不同部件间过渡部分的较高的水平面。

注:面积小于129 000 mm^2 的滑梯起始段不认为是平台。

3.15

滑梯　slide

带有倾斜表面,使用者可以在预设的轨道内滑动(见图3)。

注:设计用于其他目的的倾斜平面,例如屋顶和斜坡,不属于滑梯。

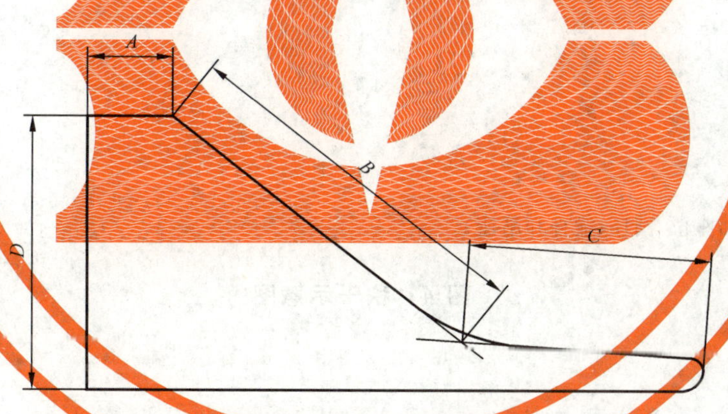

说明:

A　——起始端;

B　——滑行段;

C　——滑出段;

D　——滑梯高度;

$B+C$ ——滑梯长度。

注:A、B 和 C 的尺寸是沿滑动表面的中心线测量的。每个尺寸都描述了滑动表面的一段区域。每段滑动区域都是由滑动表面的曲线(从滑动表面的底部测量)交点和两个滑动表面之间形成的夹角的平分线确定。

图3　滑梯示意图

3.16

悬挂连接器　suspension connector

使横梁和摆动装置直接接触的设备(见图4)。

3.17

秋千　swing

是指摆动装置通过悬挂装置、悬挂接头与悬挂连接器相连接，悬挂于横梁的整体结构(见图 4)。

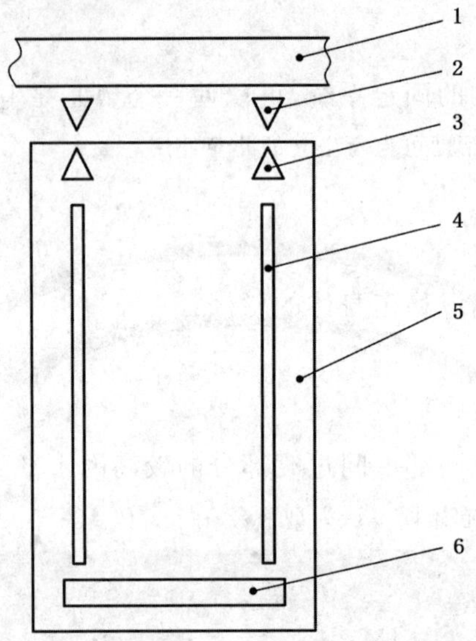

说明：

1——横梁/支撑部件；

2——悬挂连接器；

3——悬挂装置；

4——悬挂联接器；

5——摆动装置；

6——摆动元件(例如座位、圆环、横杆和吊篮)。

图 4　秋千示意图

4　要求

4.1　一般要求(见 A.4.1)

4.1.1　静态强度

按 6.2.1(除秋千外其他玩具的强度)测试时，除秋千外的其他活动玩具不应倒塌。测试完成后，玩具应继续符合本部分的相关要求。秋千的要求在 4.7 中给出。

4.1.2　最大高度(见 A.4.1.2)

从地面开始测量，活动玩具上任一预定供儿童攀爬、坐或站立的部位高度不应大于或等于2 500 mm；

但不包括栏杆、屋顶等非预定用于攀爬、坐或站立的部位。

栏杆、屋顶等非预定用于攀爬、坐或站立的部位在设计时应避免出现便于攀爬的结构。

4.1.3　**角和边缘(见A.4.1.3)**

外露的角和边缘应圆滑。

活动部件的角和外露边缘的半径至少为3 mm。这个要求不适用于质量小于或等于1 000 g的摆动元件,摆动元件的角和边缘应圆滑。

4.1.4　**突出部件**

4.1.4.1　**一般要求**

突出部件(例如螺栓端部和螺母)应有凹槽或者有其他保护措施,使之不能对使用者产生挤夹或其他危险。

如果突出物不能放置在6.7.1所规定的外径50 mm的测试规的范围内,则认为该突出物不可触及,豁免本条款要求(见图5)。

绳索突出物明确规定豁免4.1.4的要求。

单位为毫米

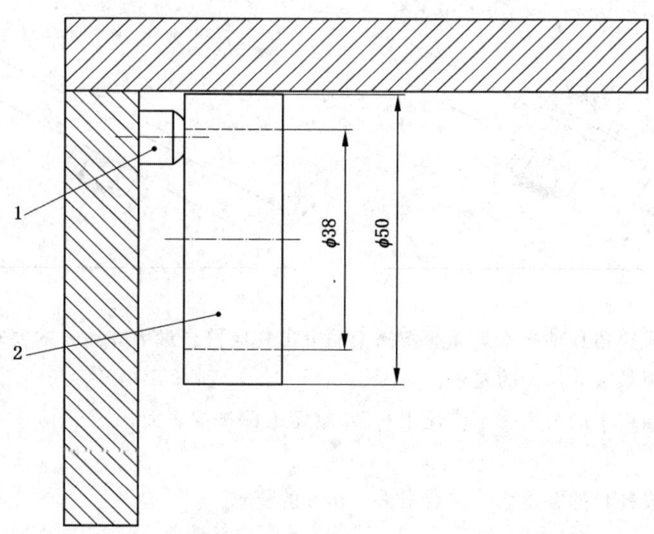

说明:

1——不可触及突出物(排除在外);

2——测试规(直径50 mm)。

图5　豁免突出物的示例

4.1.4.2　**所有突出物**

按6.7.1(突出物测试,所有突出物)测试时,突出物不能超出测试规的整个深度。

突出物的末端尺寸不应大于其基座的尺寸(见图6)。对于五金件,基座尺寸应作为连接螺母或螺栓顶部的主要尺寸。

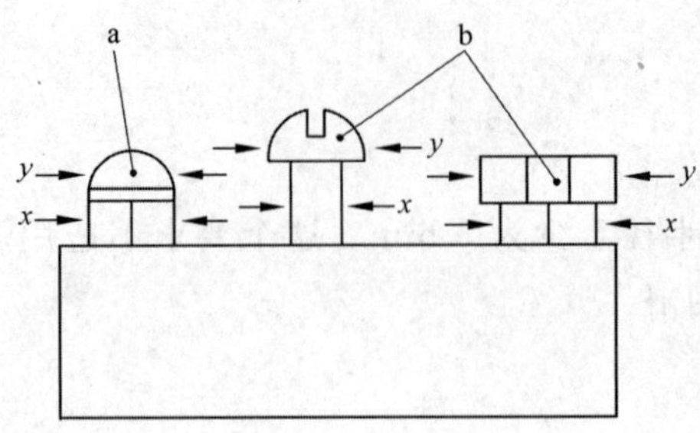

说明：

a——合格($y \leqslant x$)；

b——不合格($y > x$)。

图6　突出物结构的示例

4.1.4.3　垂直突出物

可以放置在6.7.1(突出物测试，所有突出物)规定的任一测试规内，且从一水平面垂直向上的突出物，突出高度不应超出其所垂直或与其成锐角的初始平面3 mm(见图7)。

示例：螺栓的半球形端部豁免本要求，因为其没有突出垂直于初始平面。

单位为毫米

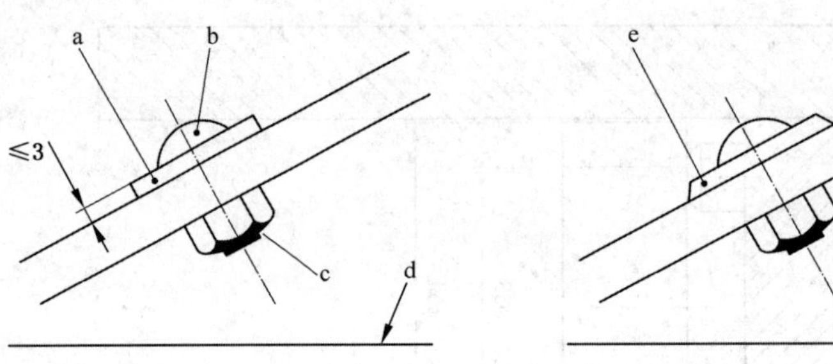

说明：

a——突出与初始平面成锐角且轴从水平面倾斜向上的突出物应符合最大3 mm的要求；

b——半球形的端部豁免最大3 mm的要求；

c——轴水平或在水平面以下的突出物不应超出6.7.1规定的测试规表面；

d——水平面；

e——突出与初始平面成钝角的突出物应符合最大3 mm的要求。

图7　垂直突出物测试

4.1.4.4　活动骑乘装置

位于摆动元件的悬挂部件前和后表面的突出物，以及滑梯内表面的突出物不能超出6.7.2(活动骑乘装置的突出物)所规定测试规的整个深度。

4.1.4.5　滑梯

包含有护栏及其连接方式和过渡区域的滑梯，比其他游乐设备具有更大的危险性，因此下述要求适用于滑梯和滑动装置：

允许6.7.2(活动骑乘装置中的突出物)所规定的测试规穿过的任何可触及突出物，其突出高度不应超过其所垂直或与其成锐角的初始平面3 mm。图8中给出了应满足这个要求的区域范围。完全封闭的管道滑梯的外表面豁免本要求。

单位为毫米

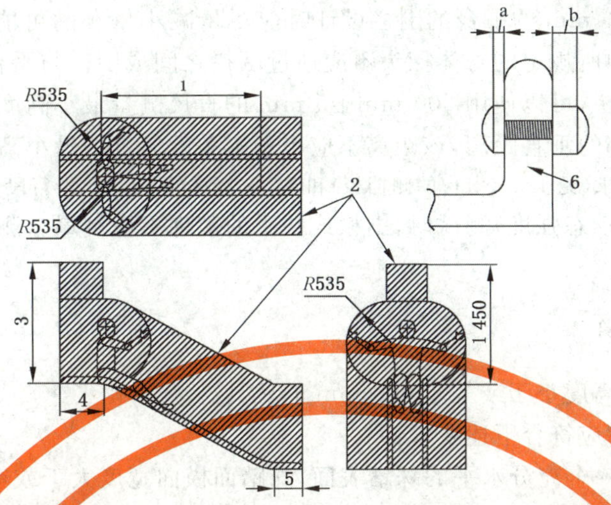

说明：

1 ——滑动表面；

2 ——阴影区域表示非挤夹/突出物区域；

3 ——站立高度；

4 ——起始段；

5 ——滑出段；

6 ——滑梯侧护栏；

a ——合格(小于或等于 3 mm)；

b ——不合格(大于 3 mm)。

图 8 非挤夹/突出物区域和突出物示例

滑梯应具有光滑连续且无可能产生挤夹危险的缺口或空隙的滑动表面，例如(但不限于)当两个滑梯合并成一个双倍宽的滑梯时侧板之间产生的缝隙，或外罩连接到滑梯侧档板上的点。滚轴滑梯豁免本条款的要求，针对滚轴滑梯的特殊要求见 4.6.4(滚轴滑梯)。

4.1.5 攀爬和摆动绳索、链条和缆绳(见 A.1.5)

一条悬挂的攀爬绳、链条或缆绳应两端固定以防止绳索、链条或缆绳因缠绕而自行形成内部周长 130 mm(即活套内部直径 41.4 mm)或以上的活套。

用于支撑秋千座位的绳、链条或缆绳豁免本要求。

4.1.6 外露的开口管子

所有未放置在地面或其他覆盖物上的外露的开口管子应提供安装紧密，且端部光滑的罩帽或塞子。当进行 GB 6675.2—2014 规定的保护件扭力和拉力测试后，保护罩帽不应脱落。

4.2 围栏(见 A.4.2)

任何距地面 760 mm 及以上的预定供坐或站立的平台，在玩具上朝向外部的所有方向均应配有围栏。

围栏上允许有供进入滑梯、攀爬架和梯子的开口。

距地面高度 760 mm～1 000 mm 的平台的围栏最小高度应为 630 mm。

距地面高度大于 1 000 mm，小于 1 830 mm 的平台的围栏最小高度应为 720 mm。

距地面高度 1 830 mm 以上的平台的围栏最小高度应为 840 mm。

距地面高度 760 mm～1 000 mm 的平台的围栏，其最下端部件与平台围成的开孔的垂直高度最大应为 610 mm。

距地面高度大于 1 000 mm 的平台的围栏设计时应尽量减小攀爬的可能性。6.5.1(头部和颈部在完整边界开孔中的挤夹)中所规定的身体探头不应通过围栏之间或围栏与平台表面之间的开孔。

对于顶部不平滑的围栏,可以使用 200 mm±5 mm 的直尺测量最小高度。将直尺水平放在围栏的顶部,测量平台至直尺底部的垂直距离,该距离不应小于本条款规定的最小高度。

注:适用于滑梯的特殊要求(见 4.6.2(滑梯的侧挡板)和 4.6.3(滑梯的起始段、滑行段和滑出段))。

按 6.3(围栏和扶手的动态强度)测试时,围栏或扶手的部件不应倒塌。测试完成后应继续符合本部分的相关要求。

4.3 横档梯、台阶梯和楼梯

本要求不适用于平台高度小于或等于 600 mm 的玩具。

横档梯、台阶梯和楼梯应符合下述要求:

a) 横档或踏板应有一个充分水平的踩踏表面,踩踏面横向宽度大于或等于 240 mm(见图 9);

b) 按图 9 所示垂直测量,横档或横档的踏板或台阶的上表面之间的距离不应超过 310 mm,楼梯踏板上表面之间的距离不应超过 230 mm;

c) 踏板的表面不应打滑;

注:可以通过在踏板上做折皱或使用防滑材料来满足要求。

d) 横档梯的横档直径或横截面尺寸应至少为 16 mm,但不应超过 45 mm。应注意在采用非圆形横截面结构时要确保不损害供手抓持的功能;

e) 带有竖板的台阶梯或楼梯的踏板深度应大于或等于 180 mm;

f) 楼梯的倾斜角不应超过 50°。台阶梯的倾斜角不应小于 65°且不超过 75°。横档梯的倾斜角不应小于 60°且不超过 90°;

g) 距地面高度大于或等于 1 200 mm 的楼梯和台阶梯应从 760 mm 高度处配有连续的手支撑装置(见图 9)。

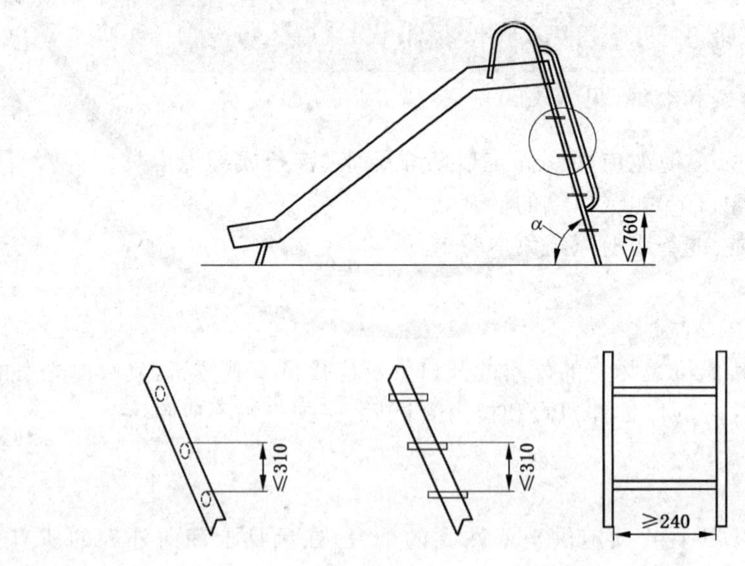

说明:

α——倾斜角度。

台阶梯:≥65°且≤75°

横档梯:≥60°且≤90°

图 9 梯子的尺寸

4.4 挤夹(见 A.4.4)

4.4.1 头部和颈部挤夹

本要求不适用于地面作为其下边缘的开孔。

设计活动玩具结构时应避免当头或脚先通过时出现头部和颈部挤夹。

注：可能会遇到下述类型的挤夹危险：

——使用者的头或脚先滑入完整边界开孔；

——部分边界开孔或 V 型开孔；

——剪切和移动开孔。

制造商选择材料时应考虑到在玩具在使用过程中由于材料变形而出现的挤夹危险。

a) 按 6.5.1(头部和颈部在完整边界开孔中的挤夹)测试时，可触及的完整边界开孔如果允许探头 C(见图 22)通过，则也应允许探头 D(见图 23)通过；

b) 按 6.5.1(头部和颈部在完整边界开孔中的挤夹)测试时，可触及刚性开孔不允许探头 E(见图 24)通过，除非允许探头 D(见图 23)通过；

c) 部分边界开孔和 V 型开孔的结构应符合下述要求之一：

  1) 开孔如图 26 中所示不可触及，按 6.5.2.3.a)(头部和颈部在部分边界开孔和 V 型开孔中的挤夹)测试时；

  2) 按 6.5.2.3.b)(头部和颈部在部分边界开孔和 V 型开孔中的挤夹)测试时，模板的尖端接触到开孔的底部。

d) 在最不利的负荷条件下，悬挂桥的柔性部件和刚性侧面部件应允许如图 23 所示的探头 D 通过。施加负荷和不施加负荷的情况下都应进行测试；

e) 非刚性部件(例如绳索)如果可能因重叠形成开孔，导致不符合 a)的要求，则非刚性部件不应交叉重叠；

f) 预定使不符合以上 a)～e)要求的开孔不可触及的护罩，应：

  1) 采用刚性材料；

  2) 在护罩几何中心 25 mm 范围内的一点，用直径 127 mm 的钢球进行 27 J 能量的冲击，护罩不应破裂、脱落或移位致使开孔可触及；

  3) 按 GB 6675.2—2014 的规定进行扭力测试和拉力测试时，护罩不应破裂、脱落或移位致使开孔可触及。

4.4.2 衣物和头发勾挂

衣物或头发被下述部件勾挂可能会产生危险：

a) 使用者进行受力运动时，部分衣物勾挂在缺口或 V 型开孔中；

b) 突出物；

c) 旋转部件。

按 6.6(套索钉测试)测试时，滑梯、消防员杆和屋顶的结构不应勾挂住套索钉或链条。

注 1：使用圆形截面的部件时，应特别注意要避免衣物和头发的勾挂。通过使用隔离装置或类似装置可以实现这个目的。

按 6.6(套索钉测试)测试时，滑梯、消防员杆和屋顶的结构不应使位于自由空间内的开孔勾挂住套索钉或链条。

旋转部件(例如旋转轴)应采用合适的方式防止衣物或头发的勾挂。

注 2：适当的覆盖物或护罩可以用以防止衣物或头发在旋转部件中的勾挂。

4.4.3 脚部挤夹

预定供站立、跑动或行走的表面不应有可能导致脚或腿挤夹的缝隙。除非提供适当的保持平衡的方式,否则在某一个方向上测量时,缝隙不应大于 30 mm(见图 10)。

单位为毫米

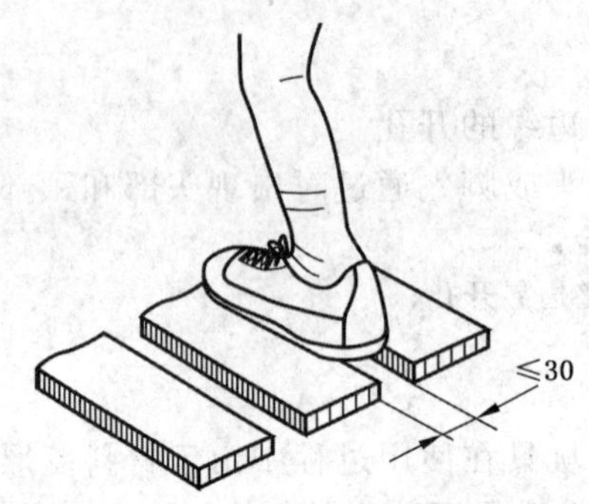

图 10 跑动和行走状态下表面缝隙的测量

4.4.4 手指挤夹

活动玩具中的孔、槽和缝隙不应导致手指挤夹危险。

使用者身体在做受力运动时,刚性材料(除链条外)中可触及的孔、槽和缝隙,如果可插入直径5 mm 的圆杆,插入深度为 10 mm 及以上,则也应可插入直径 12 mm 的圆杆。

本条款的要求不适用于木制部件上因天气干燥导致的裂缝。

4.5 除滑梯、秋千和带有横梁的玩具外其他活动玩具的稳定性

4.5.1 一般要求

注:滑梯的稳定性要求在 4.6.1 中给出,秋千和其他带有横梁的活动玩具的稳定性要求在 4.7.1 中给出。

使用时需按制造商说明书的要求安装永久性固定装置的活动玩具(例如固定在混凝土中),无需经历稳定性测试。

使用可移动式地面固定装置的活动玩具,应按制造商说明书的要求固定后再进行测试。

不带固定装置的活动玩具应经历稳定性测试。

4.5.2 自由下落高度小于或等于 600 mm 的活动玩具的稳定性

按 6.1.1(自由下落高度小于或等于 600 mm 的活动玩具的稳定性)测试时,自由下落高度小于或等于 600 mm 的活动玩具不应倾倒。

4.5.3 自由下落高度大于 600 mm 的活动玩具的稳定性

按 6.1.2(自由下落高度大于 600 mm 的活动玩具的稳定性)测试时,自由下落高度大于 600 mm 的活动玩具不应倾倒。

4.6 滑梯(见 A.4.6)

4.6.1 滑梯的稳定性

使用时需按制造商说明书的要求安装永久性固定装置的(例如固定在混凝土中)滑梯,不应经历稳定性测试。

使用可移动式地面固定装置的滑梯,应按制造商说明书的要求固定后再进行测试。

不带固定装置的滑梯应经历稳定性测试。

按 6.1.3(滑梯稳定性)测试时,滑梯不应倾倒。

4.6.2 **滑梯的侧挡板**

滑梯的侧挡板应符合下述要求(见图 11):

a) 距地面高度超过 1 000 mm 的滑梯,其侧挡板高度(h)应大于或等于 100 mm。

b) 距地面高度小于或等于 1 000 mm 的滑梯,其侧挡板高度(h)应大于或等于 50 mm。

滑出段的侧挡板高度没有要求。

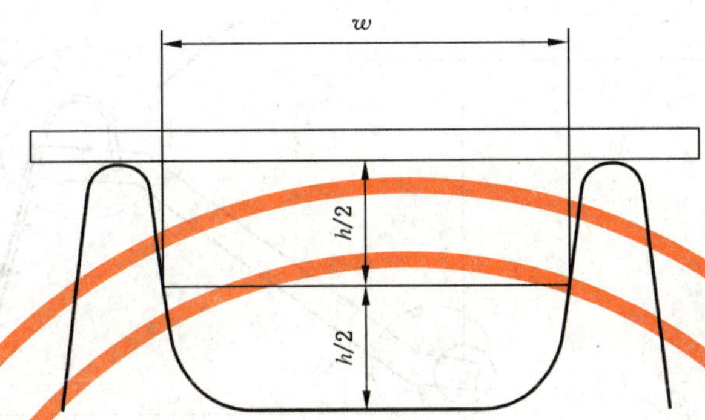

说明:

h ——侧挡板的高度;

w——滑梯的宽度。

图 11 侧挡板的高度

4.6.3 **滑梯的起始段、滑行段和滑出段**

注:对于附属连接滑梯,平台可以作为起始段。

滑梯的起始段和滑出段应符合下述要求(见图 12):

a) 距地面高度小于或等于 1 000 mm 的滑梯的起始段应:

——其宽度应大于滑行段的宽度减去 40 mm(宽度的测量见图 11)。例如,滑行段的宽度为 300 mm,起始段的宽度应大于 260 mm;

——长度大于或等于 150 mm;

——与水平面的夹角范围为 0°~10°。

b) 距地面高度大于 1 000 mm 的滑梯的起始段应:

——其宽度应大于滑行段的宽度减去 40 mm(宽度的测量见图 11)。例如,滑行段的宽度为 300 mm,起始段的宽度应大于 260 mm;

——长度大于或等于 250 mm;

——与水平面的夹角范围为 0°~10°。

c) 起始段应提供辅助儿童从楼梯/梯子进入坐立面的方法。例如扶手。符合 4.2 的要求的围栏也可作为扶手。

d) 滑行段上任一点与水平面的夹角不应超过 60°。在滑行段的中心线处测量倾斜角。

e) 滑梯的滑出段应:

——长度大于或等于 150 mm;

——与水平面的夹角范围为 0°~10°。

——滑出段末段距地面高度小于或等于 300 mm。

f) 滑出段的末端半径应大于或等于 25 mm,且弯折至少 90°。本要求不适用于滑出段末端距地面高度小于或等于 25 mm 的滑梯。

单位为毫米

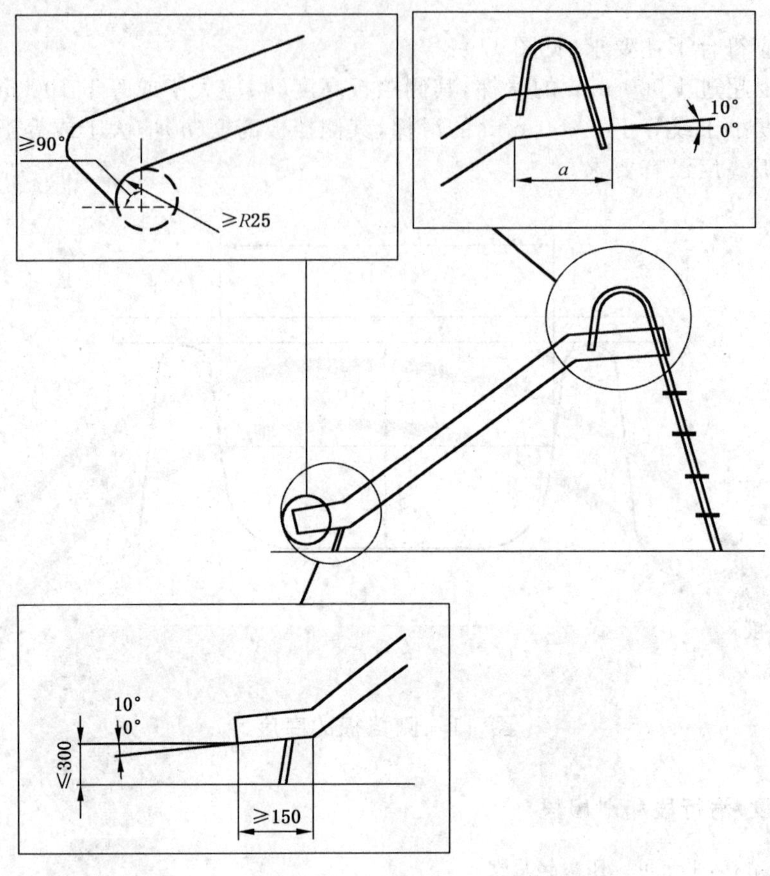

说明：

a——起始段长度。

≥150 mm，高度小于或等于 1 000 mm 的滑梯[见 4.6.3a)]；

≥250 mm，高度大于 1 000 mm 的滑梯[见 4.6.3b)]。

图 12 滑梯的要求

4.6.4 滚轴滑梯

滚轴滑梯应符合 4.6.1～4.6.3 的要求。

在正常使用或可预见的合理滥用时，滑梯两个或多个部件的连接处不应出现可能导致危险的挤压、剪切或钩挂点。

如果滚轴之间或相邻部件之间的一个或多个位置，允许自由插入直径 5 mm 的圆杆，插入深度为 10 mm 及以上，则该位置为挤压、剪切或钩挂点。

4.7 秋千

4.7.1 秋千和其他带有横梁的活动玩具的稳定性

4.7.1.1 一般要求

使用时需按制造商说明书的要求安装永久性固定装置的(例如固定在混凝土中)秋千，无需经历稳定性测试。

使用可移动式地面固定装置的秋千，应按制造商说明书的要求固定在站立表面后再进行测试。

不带固定装置的秋千应经历稳定性测试。

4.7.1.2 距地面高度大于 1 200 mm 带有横梁的秋千

按 6.1.4.1(距地面高度大于 1 200 mm 的带有横梁的秋千和其他活动玩具的稳定性)测试时,秋千和其他带有横梁的活动玩具不应倾倒。

4.7.1.3 预定供 36 个月以下儿童使用的距地面高度小于或等于 1 200 mm 的带有横梁的秋千

按 6.1.4.2(距地面高度小于或等于 1 200 mm 的带有横梁的秋千和其他活动玩具的稳定性)测试时,秋千和其他带有横梁的活动玩具不应倾倒。

4.7.2 横梁、摆动装置、悬挂连接器和悬挂接头的强度(见 A.4.7.2)

按 6.2.2(秋千和类似玩具的强度)测试时,结构和/或横梁不应倒塌。

测试完成后,秋千和其他带有横梁的活动玩具应继续符合本部分的相关要求。

4.7.3 预定供 36 个月以下儿童使用的秋千

4.7.3.1 一般要求

秋千的座位应有靠背且安装有防止儿童跌落的安全装置。

注:可以采用下述合适的保护方式:

——T 型杆或带有胯带的保护杆,其水平段位于座位上方 200 mm~300 mm 处,该距离为座位的坐立区域的最下部与横杆的上表面之间的距离;

——将儿童固定在座位上的装置,例如随胯带提供的腰带。

按 6.2.2.3.2(预定供 36 个月以下儿童使用的秋千的强度)测试时,框架和/或横梁不应倒塌。

测试完成后,预定供 36 个月以下儿童使用的秋千应继续符合本部分的相关要求。

4.7.3.2 无横梁的学步儿童用秋千

按 6.1.5(学步儿童用秋千的稳定性)测试时,学步儿童用秋千应保持稳定。

4.7.4 摆动元件的撞击

按 6.4(摆动元件撞击的测定)测试时,在截止频率 10 kHz 下测量的加速度峰值不应超过 50 g,且平均表面压力不应大于 90 N/cm^2。

本要求不适用于摆动元件与图 4 所示的悬挂装置的总质量小于 1.0 kg 且预计撞击区域面积大于 20 cm^2 的摆动元件。

4.7.5 摆动元件、类似装置与相邻结构间的最小间距

这些要求不适用于横梁高度小于或等于 1 200 mm 的秋千中的单人摆动元件。

施加典型负荷后,相邻摆动元件间的最小间距应如表 1 所示:

表 1 摆动元件间的最小间距

单位为毫米

间距/mm	自由摆动元件	不能自由摆动的元件	摆动装置相邻的结构
自由摆动元件	450	450	300
不能自由摆动的元件	450	300	300

对于柔性座位可使用图 13 所示的固定装置模拟典型负荷。

单位为毫米

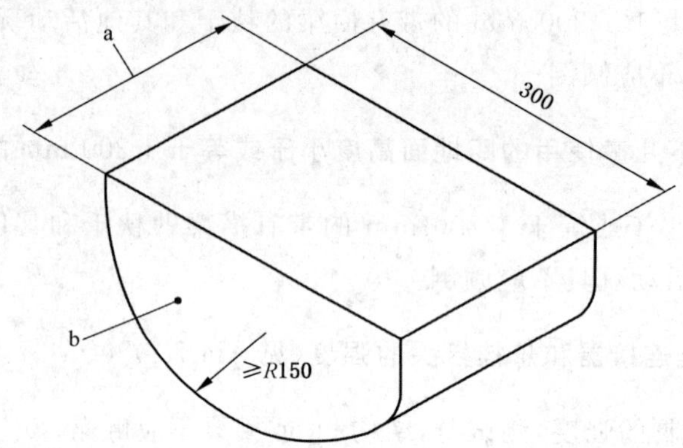

说明：

a——尺寸≥座位深度；

b——质量为 12 kg。

图 13 柔性座位的典型负荷固定装置

4.7.6 摆动元件的侧向稳定性(见 A.4.7.6)

本要求不适用于采用刚性悬挂装置的秋千。

沿横梁测量的秋千悬挂点之间的最小距离应按式(1)计算(见图 14)：

$$A = 0.04\,h + B \tag{1}$$

式中：

A ——沿横梁方向悬挂点间的距离；

B ——摆动元件两个连接点中心之间的距离；

h ——地面至横梁下边缘的距离。

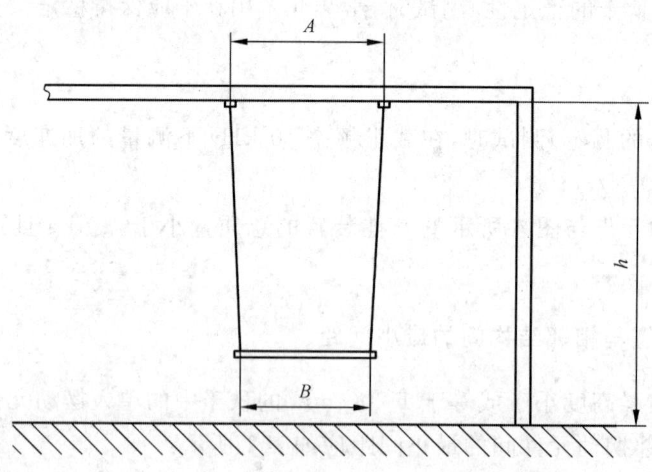

图 14 秋千悬挂点之间的最小距离

4.7.7 摆动元件与地面之间的最小间距

施加典型负载后，摆动元件与地面之间的最小间距应如表 2 所示：

表 2 摆动元件与地面之间的最小间距

摆动元件	与地面之间的间距/mm
横梁高度大于 1 200 mm,带有柔性悬挂装置的摆动元件座位表面	350
横梁高度大于 1 200 mm,带有刚性悬挂装置的摆动元件座位表面	400
横梁高度小于或等于 1 200 mm 的摆动元件座位表面	200
摆动元件的脚踏板	350

对于柔性座位可使用图 13 所示的固定装置模拟典型负载。

4.7.8 悬挂连接器和悬挂装置

见 A.4.7.8

a) 摆动元件上的悬挂连接器应预先安装好。本要求不适用于使用刚性悬挂装置的秋千。不允许要求消费者在安装时把打结作为将悬挂装置固定到横梁的唯一方式。

b) 悬挂连接器的设计应防止意外脱开。

注:悬挂连接器如果是挂钩则要至少缠绕 540°或采用弹簧型结构。

c) 采用绳索作为悬挂装置时,绳索的最小直径应为 10 mm(沿绳索长度测量 5 个有代表性位置的绳索厚度,取平均值)。采用带状物或链条的悬挂装置,其最小宽度应为 10 mm。

d) 在施加负荷时为防止手指被夹伤,可触及链条的开孔最大应为 5 mm(见图 15)。

e) 应提醒消费者定期对主要部件进行检查和维护。

f) 按 6.8(悬挂连接器和悬挂装置的耐久性测试)测试时,悬挂连接器不应松脱或结构损坏。

单位为毫米

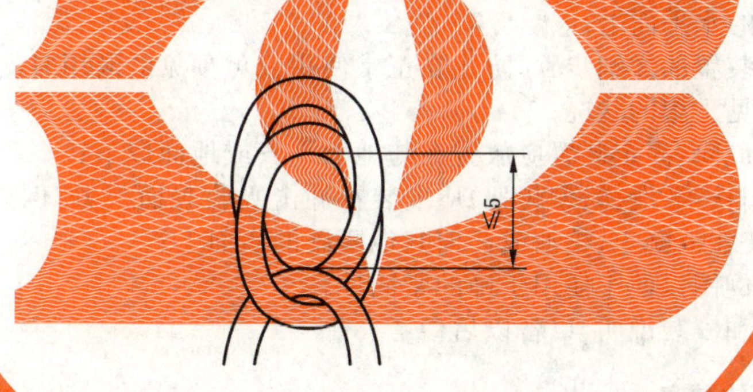

图 15 秋千用链条的最大开孔

4.8 跷跷板

本要求涉及中心枢轴点支撑一块横板的跷跷板。

跷跷板上坐或站立面的中心点高度不应超过 1 200 mm。跷跷板的坐或站立面摆动时与水平面夹角最大 30°。

对于坐或站立面的中心点高度达到 1 000 mm 或以上的跷跷板,其两端接触地面的部分应带有缓冲材料或在摆动的中心位置配有缓冲装置。

4.9 旋转木马和摇摆玩具(见 A.4.9)

旋转木马、摇摆玩具和类似玩具应符合下述要求:

按 6.1.1(自由下落高度小于或等于 600 mm 的活动玩具的稳定性)测试时,旋转木马、摇摆玩具和类似玩具不应倾倒。

按 6.2.1(除秋千外其他玩具的强度)测试时,玩具不应倒塌。测试完成后,旋转木马、摇摆玩具和类似玩具应继续符合本部分的相关要求。

对于旋转木马和摇摆玩具,测量从地面至任意可供坐或站立面的距离,最大自由下落高度不应超过

600 mm。

5 警告和标识

5.1 标识

玩具及其包装上应施加永久且醒目的标识,标识应符合 GB 5296.5 中强制性条款的规定。除此之外,玩具及其包装上还应包括下述信息:

——玩具仅供家庭使用;

——玩具是否预定供室内或室外使用;

——玩具预定承载的儿童体重信息;

——如果适用,可同时安全地使用该设备的儿童数量。

5.2 组装和安装说明

5.2.1 一般要求

预定玩耍表面高度小于等于 600 mm 的设备豁免 5.2 的要求。

在标签/购买信息中出现的信息也应在安装说明书中给出。

要求消费者自行安装的活动玩具应附带合适的组装说明书,包括能使非专业人员正确组装玩具的图纸。

在合适的情况下,组装和安装说明还应包括下述信息:

——建议玩具安装在距离如栅栏、垃圾箱、房屋、突出的树枝、洗衣间管道或电线等其他建筑或障碍物至少 1.8 m 的水平面上;

——给出安装固定装置的详细步骤,防止在正常使用或可预见的滥用时支撑部件翻倒或被拔起,还要考虑当地常见土壤的状况;

——为减少倾倒的危险,固定装置应放置在与地面平齐或地面以下;

——活动玩具(例如秋千、滑梯、攀爬架)应安装在冲击吸收表面上方,例如沙子、木屑、橡胶和泡沫塑料,不能安装在混凝土、柏油或任何其他坚硬的表面上;

——硬件的安装比例图以便于使用正确的紧固件;

——应保存好组装和安装说明,以备以后参考。

5.2.2 游乐场表面材料的信息

5.2.2.1 最大下落高度

说明书应包括制造商指定的产品最大下落高度。

产品的最大下落高度按照下述方式确定:

——对于滑梯,最大下落高度为悬挂连接器的高度;

——对于带有围栏的高平台,最大下落高度是围栏的顶部表面的高度;

——对于无围栏的高平台,最大下落高度是平台顶部表面的高度;

——对于攀爬架和水平梯,最大下落高度是部件顶部表面的高度;

——对于摇摆玩具和跷跷板,最大下落高度是被使用者占据的设定玩耍表面的最大高度。

5.2.2.2 撞击衰减表面

说明书应包括附录 B 中的"关于游乐场所表面材料的消费者信息表"或与附录 B 相一致的产品特定表面指南。

5.3 维护说明

活动玩具应附带有维护说明书,提醒消费者注意对主要部件(横梁、悬挂装置、固定装置等)定期进行检查和维护。指明若不进行检查,玩具可能会发生翻倒或其他危险。还要给出如何确定磨损何时出现的指南,需要的时候给出更换部件的要求。

维护说明应包括"请保存以备以后参考"的文字。

如果合适,维护说明也应包括下述建议,指明在使用期间定期或在每个季节的开始按照下述要求操作是非常重要的:

——检查所有的螺栓和螺母是否紧固,若需要,进行拧紧;
——在所有金属活动部件上涂润滑油;
——检查所有保护罩和螺栓的锐利边缘,若需要,进行更换;
——检查秋千的座位、链条、绳索和其他连接装置是否有磨损。根据制造商的说明在需要的时候进行更换。

打磨生锈的区域和管状部件,需要的时候使用无铅油漆重新涂刷。

6 测试方法

6.1 稳定性

6.1.1 自由下落高度小于或等于 600 mm 的活动玩具的稳定性(见 4.5.2 和 4.9)

6.1.1.1 原则

玩具放置在一个斜面上并施加负荷,模拟儿童使用时偏离中心位置的状态。

6.1.1.2 仪器

——质量(50±0.5)kg 的负荷,尺寸如图 16 所示。
——质量(25±0.2)kg 的负荷,尺寸如图 16 所示。
——10°±1°的斜面。

6.1.1.3 程序

在玩具处于最不利位置时,向站立或坐立面加载(50±0.5)kg 的负荷,持续 5 min。

标明不适用于 36 个月及以上儿童使用的玩具,向玩具加载(25±0.2)kg 的负荷。

将玩具放置在 10°±1°的斜面上,并处于对稳定性最不利的位置。

如果玩具预定能同时承载　个以上儿童的体重,则在所有儿童可能坐或站立面加载合适的负荷(25 kg 或 50 kg),使其处于最不利位置。

观察玩具是否倾倒。

6.1.2 自由下落高度大于 600 mm 的活动玩具的稳定性(见 4.5.3)

6.1.2.1 原则

在玩具顶端施加水平方向的力,模拟儿童在玩具上攀爬。

6.1.2.2 仪器

——能产生(120±5)N 水平力的合适装置。
——制动器,如果需要。

6.1.2.3 程序

按制造商的说明书组装玩具,并放置在坚硬的水平面上。

对自立式玩具,可能需要制动器以防止在平面上滑动,但其不应阻碍玩具翻倒。

使用可移动式地面固定装置的活动玩具,应按制造商说明书的要求固定后再进行测试。

在最可能引起玩具倾倒的方向上水平施加120 N的力。该力要施加在可供抓持的最外部和最高的部位。最高抓持点应在可容纳一个儿童的最高表面上方1 500 mm的范围内。

注1：1 500 mm是95%的14岁儿童的最大肩部高度。

如果玩具预定同时供多个儿童使用时(参见产品信息)，需同时施加与玩要儿童数量相同的120 N的力。任意两个施力点之间的距离应至少为600 mm。

注2：最不利稳定性的状况可能在没有施加最大数量的力情况下产生。

观察玩具是否倾倒。

单位为毫米

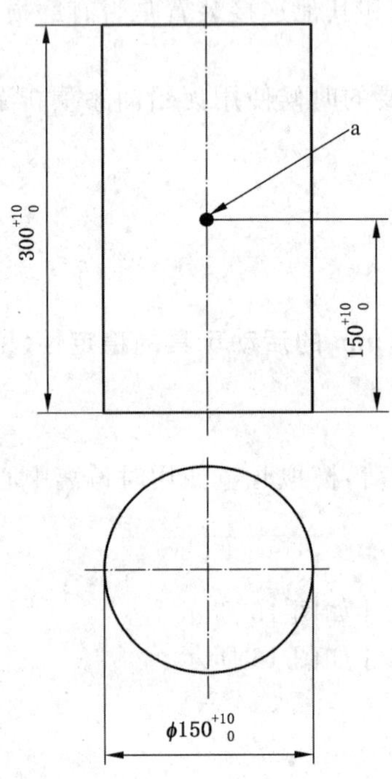

说明：

a——重心。

图16 测定强度和稳定性的负荷

6.1.3 滑梯的稳定性(见4.6.1)

6.1.3.1 原则

玩具放置在一个斜面上并施加负荷，模拟儿童使用时偏离中心位置的状态。

6.1.3.2 仪器

质量(50±2)kg的负荷，尺寸如图16所示。

10°±1°的斜面。

6.1.3.3 程序

将玩具放置在10°±1°的斜面上，并处于对稳定性最不利的位置。

使用可移动式地面固定装置的滑梯，应按制造商说明书的要求进行固定后再进行测试。

在每个儿童可能坐或站立区域的几何中心施加质量为(50±2)kg的负荷。这些区域包括起始段、梯子、滑出段和滑行段。使用合适方式将负荷固定，防止滑动或跌落。

如果玩具预定能同时承载一个以上儿童的体重，则在所有儿童可能坐或站立面同时或单独加载负荷，取其最不利的状况。

观察玩具是否倾倒。

6.1.4 秋千和其他带有横梁的活动玩具的稳定性(见4.7.1)

6.1.4.1 距地面高度大于1 200 mm的秋千和其他带有横梁的活动玩具的稳定性(见4.7.1.1)

6.1.4.1.1 原则

在每个悬挂点上同时施加水平方向的力,模拟钟摆运动产生的水平力。

6.1.4.1.2 仪器

——根据表3,能产生125 N~(2 000±20)N水平力的合适装置。
——制动器,如果需要。

表3 水平力的示例

悬挂点的数量	每个悬挂点上施加的力/N			
	1个儿童	2个儿童	3个儿童	4个儿童
1	500	1 000	1 500	2 000
2	250	500	750	1 000
4	125	250	375	500

6.1.4.1.3 程序

按制造商的说明书组装玩具,并放置在坚硬的水平面上。

对自立式玩具,可能需要制动器以防止在平面上滑动,但其不应阻碍玩具翻倒。

使用可移动式地面固定装置的秋千和其他带有横梁的活动玩具,应按制造商说明书的要求固定在站立表面后再进行测试。

沿秋千摆动方向,在这些悬挂点上对每个使用者同时水平施加(500±20)N的力。如果摆动元件有多个悬挂点,将负荷平均分布在悬挂点上(参见表3)。施加在多个悬挂点上的力应同时施加在同一方向上。

观察玩具是否倾倒。

6.1.4.2 距地面高度小于或等于1 200 mm的秋千和其他带有横梁的活动玩具的稳定性(见4.7.1.2)

6.1.4.2.1 原则

向玩具施加负荷,模拟其正常使用。

6.1.4.2.2 仪器

——质量(25±0.2)kg的负荷,尺寸见图16。
——挡块,如果需要。

6.1.4.2.3 程序

将玩具放置在水平面上。使用挡块防止玩具的前支脚在平面上滑动。但不应阻碍玩具倾翻。

在座位上施加质量为(25±0.2)kg的负荷,并固定。

将座位向后升至最高位置,但与垂直面的夹角不超过45°,然后释放座位(见图17)。

如果玩具有一个以上座位，在每个座位上施加质量为(25±0.2)kg的负荷，并固定。将所有座位向后升至最高位置，但与垂直面的夹角不超过45°，然后同时释放这些座位。

观察玩具是否倾倒。

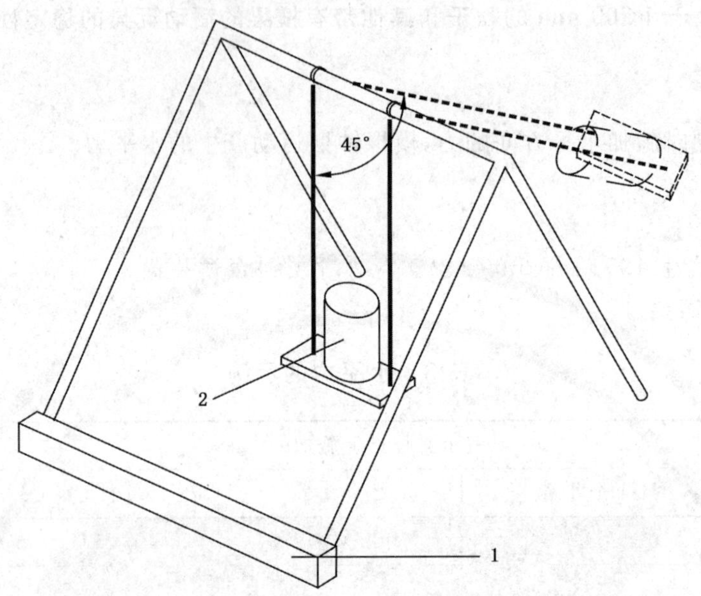

说明：

1——秋千前支脚的挡块；

2——质量25 kg的负荷。

图17 距地面小于或等于1 200 mm的秋千和其他带有横梁的活动玩具的稳定性测试

6.1.5 学步儿童用秋千的稳定性(见4.7.3.2)

6.1.5.1 原则

利用钟摆装置模拟儿童向前和向后跌落。

6.1.5.2 仪器

按图18给出的尺寸和材料设计钟摆测试装置。

6.1.5.3 程序

钟摆测试装置包括一个固定在可自由旋转的杆顶部的4.5 kg杠铃和一个连接在测试装置底部的4.5 kg杠铃。杠铃的最大直径应为210 mm。钟摆测试装置的总质量不应超过10.9 kg。

按制造商说明书的要求悬挂学步儿童用秋千。如果秋千的高度可调节，在最高和最低位置分别进行测试。秋千处于静止状态时，在秋千座位上确定一条水平参考线。

将钟摆测试装置固定在秋千座位几何中心13 mm范围内，钟摆臂的活动方向与秋千摆动方向相同。

如果学步儿童用秋千的座位由柔性材料制成，在秋千座位的外侧底部放置附加支撑材料以帮助固定钟摆测试装置。特别注意附加的支撑材料不应影响测试结果。

当钟摆测试装置的旋转臂垂直时，顶部重物的重心应在距座位上表面410 mm的位置。

注：410 mm的高度是基于因倾倒而被召回的秋千和使用时没有倾倒的秋千的现场试验数据。

将钟摆测试装置朝后放置在座位上，向后抬高秋千座位，使连接秋千悬挂连接器枢轴点和座位表面几何中心的直线与垂直线之间的夹角为 $60^{\circ}{}^{+5^{\circ}}_{-0}$。

同时释放秋千和钟摆测试装置，允许自由摆动直至任一摆动方向与垂直线的夹角小于 15°。在这一点，通过将秋千缓慢回复到静止位置停止其摆动，注意不要干扰钟摆测试装置的位置。测量水平面与秋千座位参考线的夹角。

重复上述步骤三次。

将钟摆测试装置朝前放置在座位上，重复进行测试。

如果 6 次摆动试验中，钟摆测试装置倾倒或从前面或后面跌落，导致学步儿童用秋千的水平参考线偏离最初位置的角度超过 30°(见图 19)，则认为秋千是不稳定的，不符合 4.7.3.2 的要求。

单位为毫米

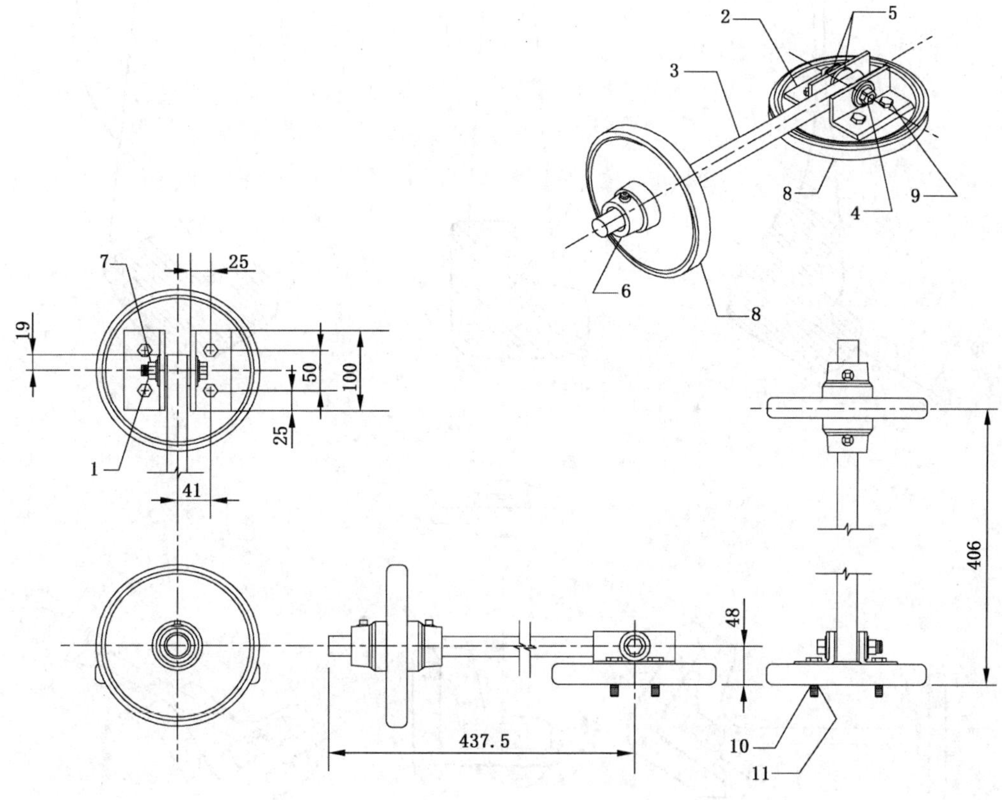

说明：

1 ——通过拧松可允许钟摆自由活动的装配螺栓；

2 ——2×角钢支架-50×50×100-5 mm(厚度)；

3 ——1×钢管-25 mm(外径)×464 mm(长度)-1.5 mm(壁厚)；

4 ——1×C/S 螺拴-13UNC-2A×64 mm(长度)；

5 ——4×垫圈-13×35 mm(外径)；

6 ——2×带固定螺栓的钢制哑铃轴环-60 mm(外径)；

7 ——1×13UNC-2H 六角螺母；

8 ——2×4.5 kg 杠铃，约 330 mm(外径)×25 mm(厚度)；

9 ——4×6 mm 线螺纹杆-长度满足装配需要；

10——4×6 mm 螺母；

11——4×6 mm 垫圈。

图 18 学步儿童用秋千的钟摆测试装置

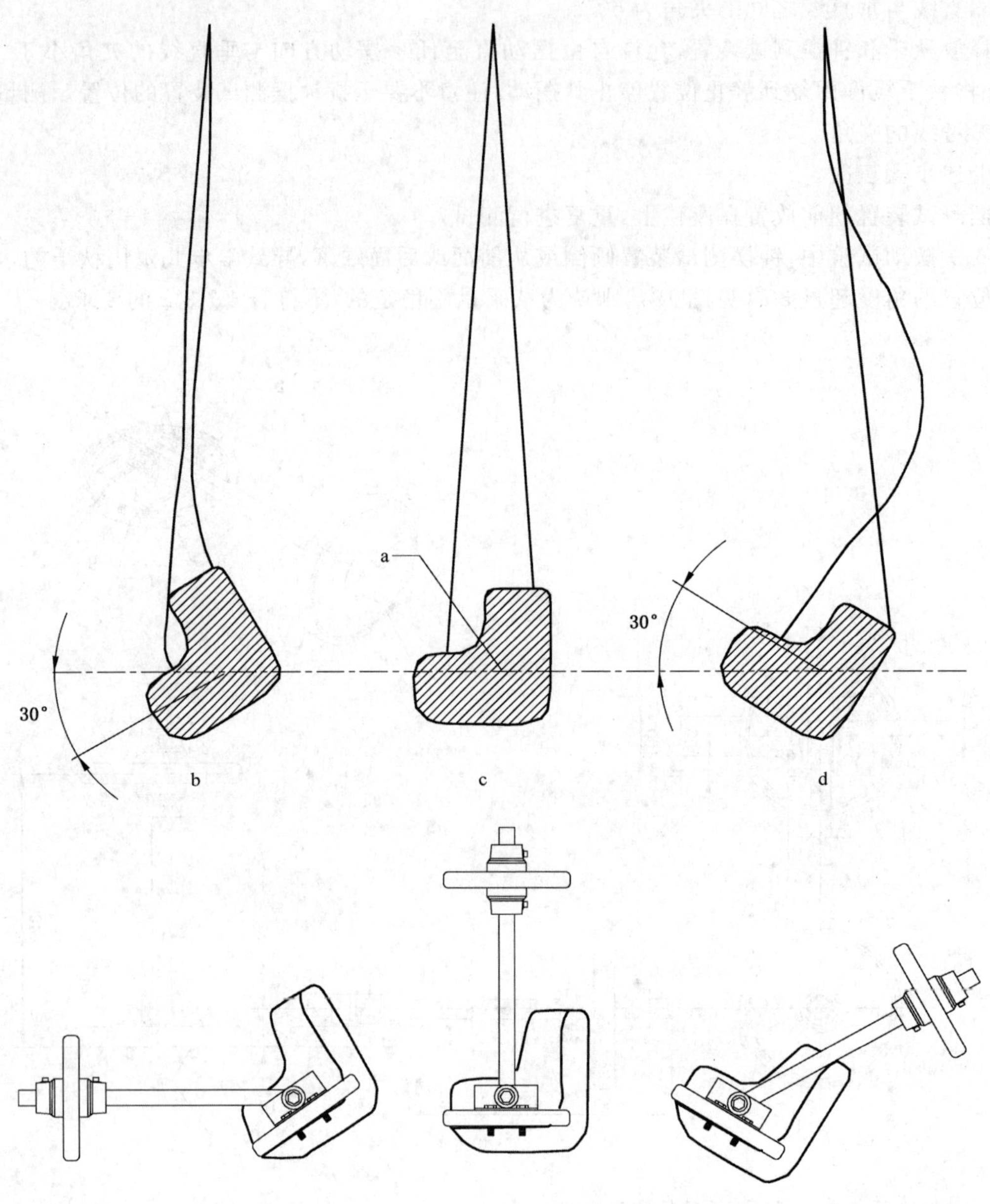

说明：
a——枢轴；
b——前倾30°：不合格；
c——水平；
d——后倾30°：不合格。

图19 学步儿童用秋千的判定准则

6.2 静态强度

6.2.1 除秋千外其他玩具的强度(见4.1.1和4.9)

6.2.1.1 原则

向玩具施加负荷，模拟预定同时玩耍的儿童的数量。

6.2.1.2 仪器

——质量(50±0.5)kg 的负荷,尺寸如图 16 所示;
——质量(25±0.2)kg 的负荷,尺寸如图 16 所示。

6.2.1.3 程序

在玩具处于最不利位置时,向站立或坐立面加载(50±0.5)kg 的负荷。对带有横梁的玩具,在横梁的中心施加负荷。加载保持 5 min。

标明不适用于 36 个月及以上儿童使用的玩具,向玩具加载(25±0.2)kg 的负荷。

预定同时承载一个以上儿童体重的玩具,在每个坐或站立区域或者横梁中心同时进行测试。

对于设计使儿童的体重分布在不同位置的玩具,使预定负荷的分布与玩具推荐的相一致。这种情况下,施加其他测试负荷时要考虑分布点的数量。

检查玩具是否仍符合本部分的相关要求。

6.2.2 秋千和类似玩具的强度(见 4.7.2)

6.2.2.1 原则

向玩具施加负荷,模拟预定同时玩耍的儿童的数量。

6.2.2.2 仪器

a) 除了 b)中所述的秋千,其余适用下述负荷:
——质量(200±10)kg 的负荷;
——质量(50±2)kg 的负荷。

b) 预定供 36 个月以下儿童使用,距地面高度小于或等于 1 200 mm 的秋千:
——质量(66±3)kg 的负荷。

6.2.2.3 程序

6.2.2.3.1 预定供 36 个月及以上儿童使用的秋千的强度(见 4.7.2)

预定供 36 个月及以上儿童使用且悬挂点距基座面 1 200 mm 以上的秋千,应进行下述测试:

按制造商说明书的要求组装玩具,放置或固定在刚性表面。

对于多人秋千或攀爬架,确定玩具预定供同时玩耍的儿童数量(参阅制造商说明书)。

对摇摆船和悬挂翘翘板(例如有两个座位但仅有一个悬挂点的摆动玩具),要确保负荷均匀分布在两个座位或站立面上。

对攀爬架上类似秋千的中心摆动杆进行测试,选用合适的负荷。

在每个站立或坐立面上依次施加 200 kg 的负荷,每次持续 1 h。

在每个站立或坐立面上同时施加 50 kg 的负荷,持续 1 h。

判定玩具是否仍符合本部分的相关要求。

6.2.2.3.2 预定供 36 个月以下儿童使用的秋千的强度(见 4.7.3)

预定供 36 个月以下儿童使用且悬挂点距基座面小于或等于 1 200 mm 的秋千,应进行下述测试:

向玩具施加 66 kg 的负荷,持续 1 h。

确保负荷均匀分布在座位上。

注:可采用框架或在座位上悬挂负荷的多种方法。

判定玩具是否仍符合本部分的相关要求。

6.3 围栏和扶手的动态强度(见 4.2)

6.3.1 原则

通过一个带有下落负荷的衬垫向围栏或扶手施加一个瞬间的水平冲击力。

6.3.2 仪器

——长 200 mm、高至少 50 mm,由纺织物、皮革或类似材料制成的衬垫,内部填充合适的材料,衬垫形状要使其能连接至围栏或扶手的顶部。

——装置包括一个滑轮和一个连接在非弹性绳一端的(25±1)kg 的负荷,确保负荷在自由下落时能通过衬垫对围栏或扶手施加一个水平冲击力。

图 20 给出了一个示例。

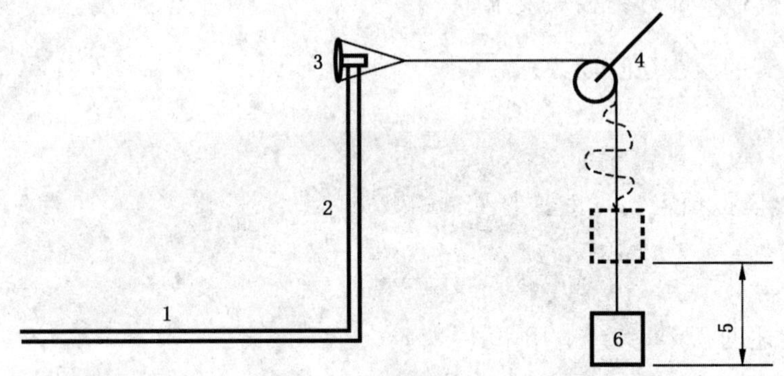

说明:

1——平台

2——围栏或扶手

3——衬垫

4——滑轮

5——下落高度

6——负荷

图 20 围栏和扶手动态测试装置的示例

6.3.3 程序

按制造商说明书的要求组装玩具,放置或固定在刚性表面。

将衬垫放置并固定在处于最不利的位置的围栏或扶手顶部,不应对玩具产生任何损坏。将绳索的自由端与衬垫连接。

调整绳索和滑轮的位置使负荷可以自由下落。将负荷垂直升高(125±10)mm,然后令其自由下落(这将产生大约 30 J 的冲击能量)。在 10 s 内移除围栏上的所有拉力。

观察玩具是否仍符合本部分的相关要求。

6.4 摆动元件撞击的测定(见 4.7.4)

6.4.1 原则

抬高秋千座位使其撞击测试负荷。对每次撞击时加速度计产生的信号进行处理(截至频率为 10 kHz),确定加速度的峰值。测量秋千和测试负荷的撞击区域,计算表面压力。

6.4.2 仪器

——测试负荷包括一个半径(80±3)mm 的铝球或铝半球,总质量(4.6±0.05)kg(包括加速度计)。被撞击表面和加速度计之间的撞击部件应质量均匀,无空洞。连接加速度计的电缆的放置方式应尽量减小对测试负荷的影响。图 21 给出了一个示例。

——加速度计固定在测试负荷的重心,其灵敏轴与测试负荷的运动方向夹角小于 2°,三轴加速度测量精度为±0.1 g,测量范围为±500 g,测量频率为 0~10 kHz。

——采样频率 10 kHz,截止频率 10 kHz 的放大器。

——2 条材料厚度(直径)为(6±0.5)mm,外部主要尺寸为(47±2)mm 的链条。两条链条的长度相等,从与悬挂连接器高度相同且相距 600 mm 的枢轴处悬垂下来,使其在测试负荷连接点处交汇。链条的虚拟延长线在测试负荷的中心处相交(见图 21)。

单位为毫米

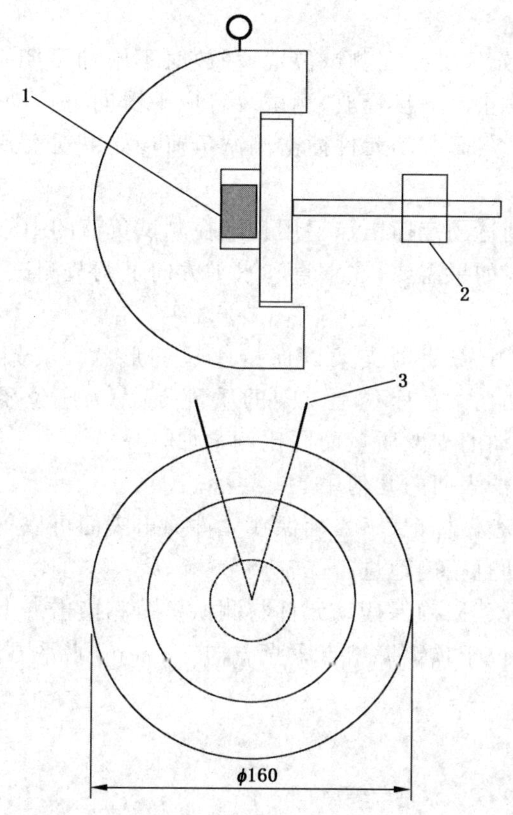

说明:

1——加速度计;

2——平衡块;

3——连接点。

图 21 测试负荷和链条连接点的示例

6.4.3 程序

按制造商说明书的要求组装并安装摆动元件。

利用秋千附带的悬挂装置将秋千悬挂在允许的最大高度。如果采用绳索或缆绳作为悬挂装置,为使在测试过程中释放的秋千平滑运动,绳索或缆绳应拉直。如果需要,在每条绳索或缆绳末端加载5 kg的负荷,并保持 6 h 或直至绳索或缆绳被拉直。

调节装置的所有部件，使测试负荷的悬挂链条与摆动元件悬挂装置平行。

悬挂并调节测试负荷，使摆动元件和测试负荷中心的接触点与测试负荷的重心在同一水平面上。确保测试负荷的链条不扭曲，且测试负荷垂直悬挂。

在被链条、绳索、缆绳或其他非刚性悬挂装置悬挂的摆动元件的侧面粘贴一个指示标记。这个标记可以在枢轴下方处于自由悬停状态的悬挂部件任一部位上。

沿着其运动角度抬高被链条、绳索、缆绳或其他非刚性悬挂装置悬挂的摆动元件，直至通过支点和标记的直线的侧面投影与垂线的夹角成 60°±1°。一旦悬挂部件被抬高至测试位置，悬挂的部件会产生一个曲率，调整悬挂部件的位置确保这个曲率会产生稳定的轨迹线。

由刚性悬挂元件支撑的摆动元件，应沿着运动角度被抬高，直至通过支点和标记的直线的侧面投影与垂线的夹角成 60°±1°或者能达到的最大角度，取其中较小的角度。

注：要注意防止损坏测试装置。如果被测摆动元件非常重或者非常坚硬，在可能超出加速度计量程的时候要先以较小的角度(例如 10°、20°、30°等)进行预测试。如果在较小测试角度情况下超过上述规定要求，则部件不合格，不必再进行测试。

通过一个机械装置将摆动元件支撑在测试位置，释放时不施加可能干扰座位运动轨迹的外力。释放前，摆动元件和悬挂装置应静止。一旦释放，测试装置应平滑向下运动，摆动元件不能有目视可见的振动或旋转，这种振动或旋转会阻碍摆动元件撞击测试负荷。如果观察到明显的振动或旋转，本次测试无效，重新进行测试。

在开始测试前，应确保能到达预定撞击点。用粉笔在测试负荷的中心做标记(+)，确保在座位撞击表面可以得到印记。进行检查，如果需要，在垂直和水平方向上调节测试负荷。重复上述步骤直至预定撞击点可以重复到达。

一些柔性座位在测试过程中需使用支架以保持座位的形状。支架的质量不应超过座位质量的10%。如果使用支架，根据附加在柔性座位上支架的质量(最大为座位质量的 10%)，柔性座位撞击产生的加速度峰值限定值应随附加的支架质量而同比例增加。

预定撞击点定义为秋千撞击表面的几何中心。

用记号笔在测试负荷的中心做标记(+)，确保在元件撞击表面可以得到印记。

确保测试负荷完全静止，并且正确地进行三轴调节。

按上述步骤，抬高元件并释放以确保摆动元件与测试负荷相撞击。

检查元件撞击表面的印记位于预定撞击点垂直方向±5 mm、水平方向±10 mm 范围内。

6.4.4 结果

6.4.4.1 加速度峰值

采集 5 次撞击的数据(剔除测试过程中出现明显振动或旋转状态时的测量数据)。以 g 为单位测量每次撞击的加速度峰值。计算平均加速度峰值并检查是否符合要求。每次撞击的加速度峰值由每个方向最大测量值的均方根计算得到：

$$\text{加速度峰值}=\sqrt{(\max X)^2+(\max Y)^2+(\max Z)^2} \qquad (2)$$

注：测量每个方向的最大值时，不考虑测量的时间(max$X$ 与 max$Y$ 可能出现在不同的时刻)。

加速度 g 应保留一位小数。

6.4.4.2 表面压力

在 5 次撞击测试中选取 2 次测试，按下述步骤测量撞击区域：

撞击测试前在测试负荷上用粉笔涂抹，撞击后测量秋千元件上的粉笔印记面积；

使用透明的赛璐珞膜(例如常用于悬挂式投映仪上)复制撞击区域；

将“毫米纸”放置薄膜的下面，计算撞击面积(cm^2)，精确至小数点后一位。

计算2次测试的平均撞击面积，然后使用下述公式计算表面压力(N/cm^2)：

$$表面压力 = \frac{F}{A} \qquad \cdots\cdots(3)$$

式中：

A——平均撞击面积。

$$F = m \times a \qquad \cdots\cdots(4)$$

式中：

m——测试负荷(4.6 kg±5%)；

a——5次撞击后计算出的平均加速度峰值。

注1：若秋千元件在测试过程中损坏，可以启用一个新的备用样品。

注2：两次测试之间需要用酒精清洁测试负荷。

6.5 头部和颈部挤夹测试

6.5.1 头部和颈部在完整边界开孔中的挤夹(见4.2和4.4.1)

6.5.1.1 原则

用测试探头评估头部和颈部在完整边界开孔中的挤夹。

6.5.1.2 仪器

由合适的刚性材料制成的测试探头，尺寸如图22、图23和图24中所示。

6.5.1.3 程序

施加220 N的力将探头C(见图22)插入开孔。如果开孔允许探头C通过，确定施加100 N的力时是否也允许探头D通过。

施加100 N的力将探头E(见图24)插入开孔。如果开孔允许探头E通过，确定施加100 N的力时是否也允许探头D通过。

将探头垂直插入开孔，不应倾斜。

单位为毫米

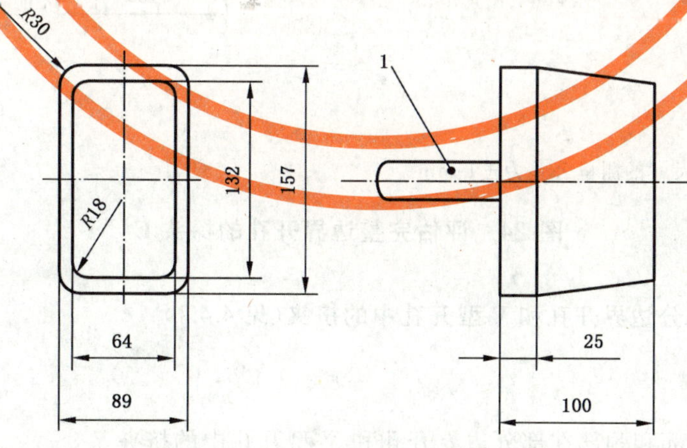

说明：

1——把手。

注：除非有其他声明，尺寸的测量公差为±1 mm，角度的测量公差为±1°。

图22 评估完整边界开孔的探头C(身体)

单位为毫米

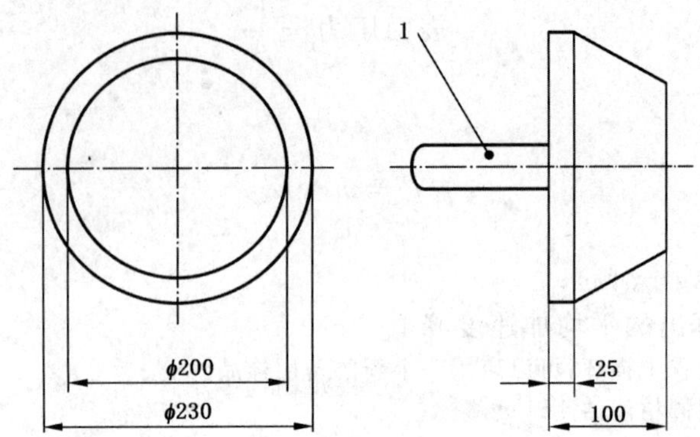

说明：

1——把手。

注：除非有其他声明，尺寸的测量公差为±1 mm。

图 23 评估完整边界开孔的探头 D(大的头部)

单位为毫米

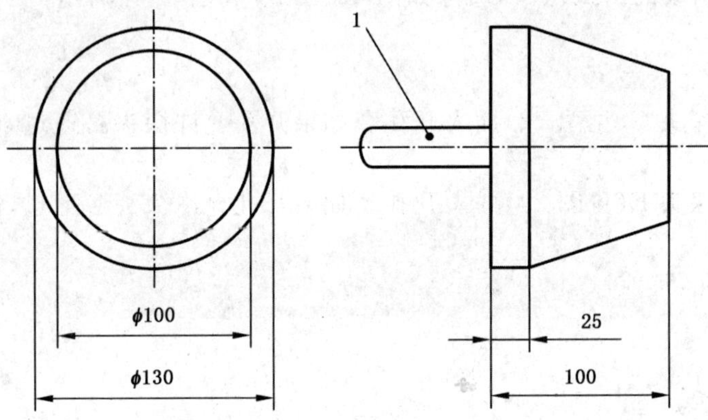

说明：

1——把手。

注：除非有其他声明，尺寸的测量公差为±1 mm。

图 24 评估完整边界开孔的探头 E

6.5.2 头部和颈部在部分边界开孔和 V 型开孔中的挤夹(见 4.4.1)

6.5.2.1 原则

用测试模板评估头部和颈部在部分边界开孔和 V 型开孔中的挤夹。

6.5.2.2 仪器

由合适刚性材料制成的测试模板，尺寸如图 25 中所示。

单位为毫米

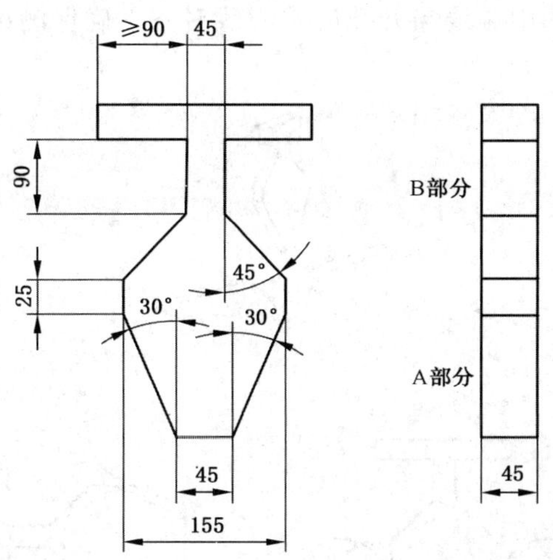

注：除非有其他声明，尺寸的测量公差为±1 mm，角度的测量公差为±1°。

图 25 评估头部和颈部在部分边界开孔和 V 型开孔中挤夹的测试模板 D

6.5.2.3 程序

a) 将测试模板的 B 部分垂直放入开孔的边界内，观察模板是否处于开孔范围内或整个厚度不能完全插入开孔，如图 26 所示。按图 26 的规定判别开孔是否可触及。

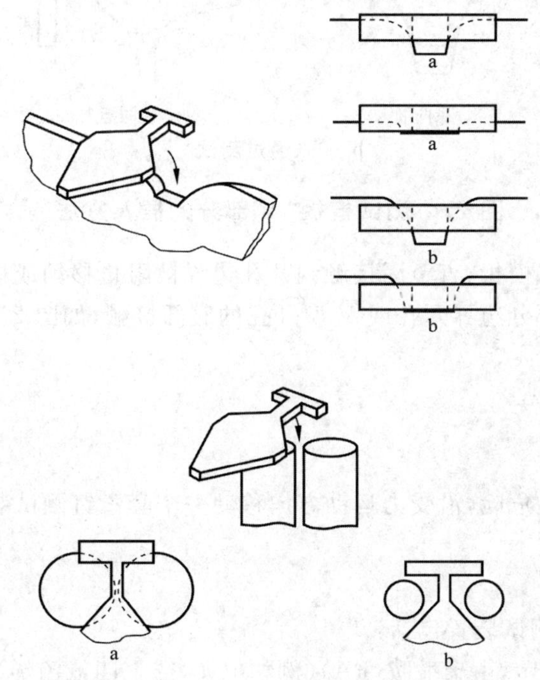

说明：

a——不可触及；

b——可触及。

图 26 测试模板"B"部分的插入方法

b) 在按 a)进行测试时,如果测试模板的插入深度超过其本身的厚度(45 mm),则使用测试模板的 A 部分,使 A 部分的中心线与开孔的中心线对齐。确保测试模板的平面与开孔平行且在同一直线上,如图 27 所示。

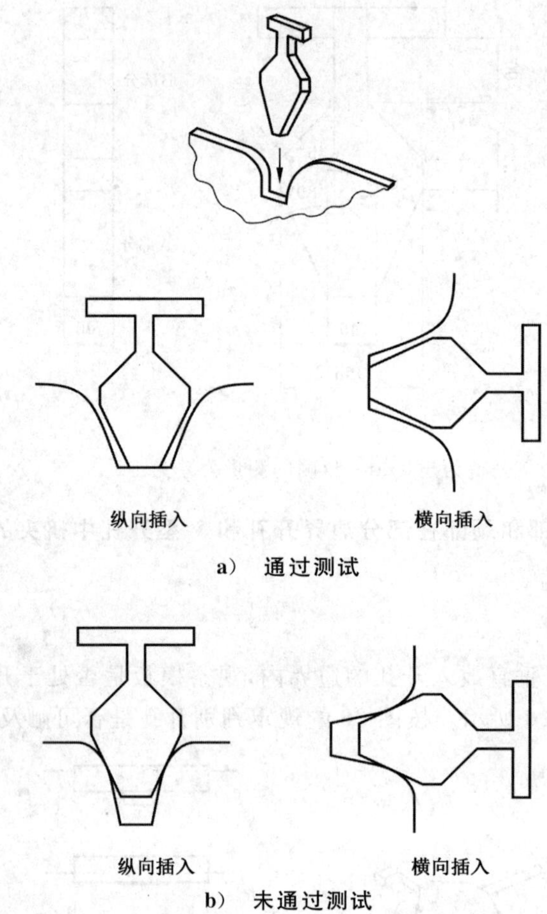

a) 通过测试

b) 未通过测试

图 27 测试模板"A"部分的插入方法

沿开孔的中心线插入测试模板,直至因接触到开孔边界被阻止移动或模板的尖端接触开孔的底部。观察模板的尖端是否与部分边界开孔或 V 型开孔的底部接触,如图 27 所示。

6.6 套索钉测试(见 4.4.2)

6.6.1 原则

为确定是否有潜在的勾挂危险,沿受力运动方向移动一个套索钉测试装置。

6.6.2 仪器

如图 28a)所示的套索钉测试装置包括:

——套索钉,如图 28b)所示,由聚酰胺(PA)(例如尼龙)或聚四氟乙烯(PTFE)等合适的材料制成;

——链条,如图 28 c)所示;

——滑动性较好的可拆卸轴环;

——支撑柱。

单位为毫米

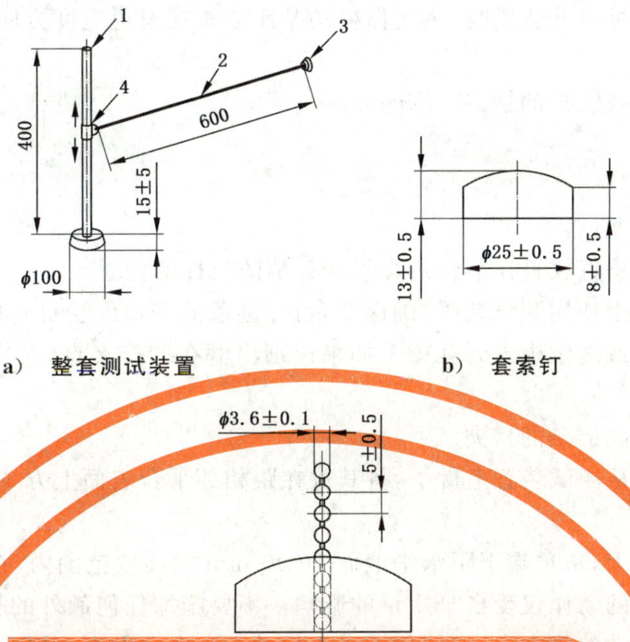

a）　整套测试装置　　　　b）　套索钉

c）　链条

说明：

1——支撑柱；

2——链条；

3——套索钉；

4——轴环。

图 28　套索钉测试装置

6.6.3　程序

6.6.3.1　滑梯

将测试装置垂直放在距滑梯起始段过渡点 200 mm，如图 29 所示的合适的横向位置。

单位为毫米

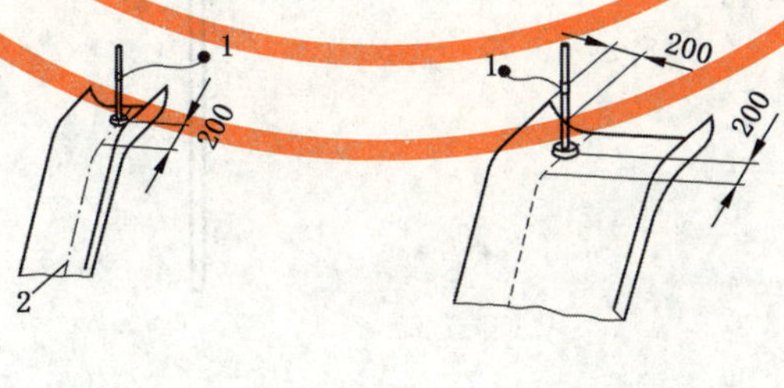

a）　窄滑梯　　　　b）　宽滑梯

说明：

1——套索钉测试装置；

2——中心线。

图 29　测试装置在滑梯上的位置

按下述步骤在范围内的所有位置使用套索钉和链条：

a）　在受力运动方向上移动测试装置，确保测试装置的支撑柱保持垂直，套索钉/链条的动作仅受自身质量的影响。不要施加任何额外的初始力将套索钉或绳索楔入开孔中。

b） 当滑梯的宽度超过测试装置时，将支撑柱的基座放置在滑道宽度方向的最外侧进行两次试验，如图 29 所示。

观察是否出现套索钉或链条的挤夹。

6.6.3.2 消防员杆

按下述两种方式进行测试：

a） 将整个测试装置垂直放置在平台边缘最接近消防员杆的位置。

在范围内的所有方向上使用测试装置，确保套索钉/链条的动作仅受自身质量的影响。不要施加任何额外的初始力将套索钉或绳索楔入开孔中。如果识别出潜在的挤夹点，在使用者受力运动方向上移动测试装置。

观察是否出现套索钉或链条的挤夹。

b） 将套索钉或链条从测试装置上拆下，将其放在距相邻平台表面上方 1 800 mm 的位置，如图 30 所示。

在消防员杆整个长度上，从顶端至距水平地面 1 000 mm 的高度范围内，在所有方向上使用套索钉或链条，确保套索钉/链条的动作仅受自身质量的影响。不要施加任何额外的初始力将套索钉或链条楔入开孔中。如果识别出潜在的挤夹点，在使用者受力运动方向上移动套索钉和链条。

观察是否出现套索钉或链条的挤夹。

单位为毫米

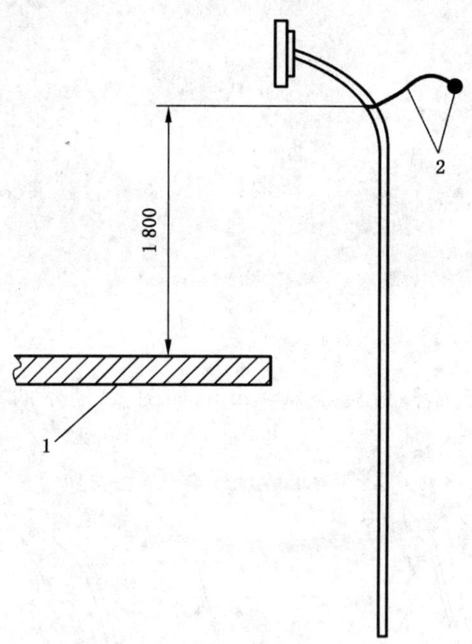

说明：

1——起始平台；

2——套索钉和链条。

图 30 测试装置在消防员杆上的位置

6.6.3.3 屋顶

在屋顶最高点或表面对任意可触及的开孔使用套索钉或链条，确保套索钉/链条的动作仅受自身质量的影响。不要施加任何额外的初始力将套索钉或链条楔入开孔中。

在使用者潜在滑动方向上移动测试装置。

观察是否出现套索钉或链条的挤夹。

6.7 突出物测试(见 4.1.4)

6.7.1 所有突出物(见 4.1.4.1、4.1.4.2 和 4.1.4.3)

6.7.1.1 原则

用测试规评估突出物的突出程度。

6.7.1.2 仪器

由合适的刚性材料制成的测试规,尺寸如图 31 所示。

6.7.1.3 程序

将图 31 所示的每个测试规套在突出物上。

对于每个能套在突出物上的测试规,判别突出物是否超出了测试规的整个深度。

测试规的使用示例如图 32 所示。

单位为毫米

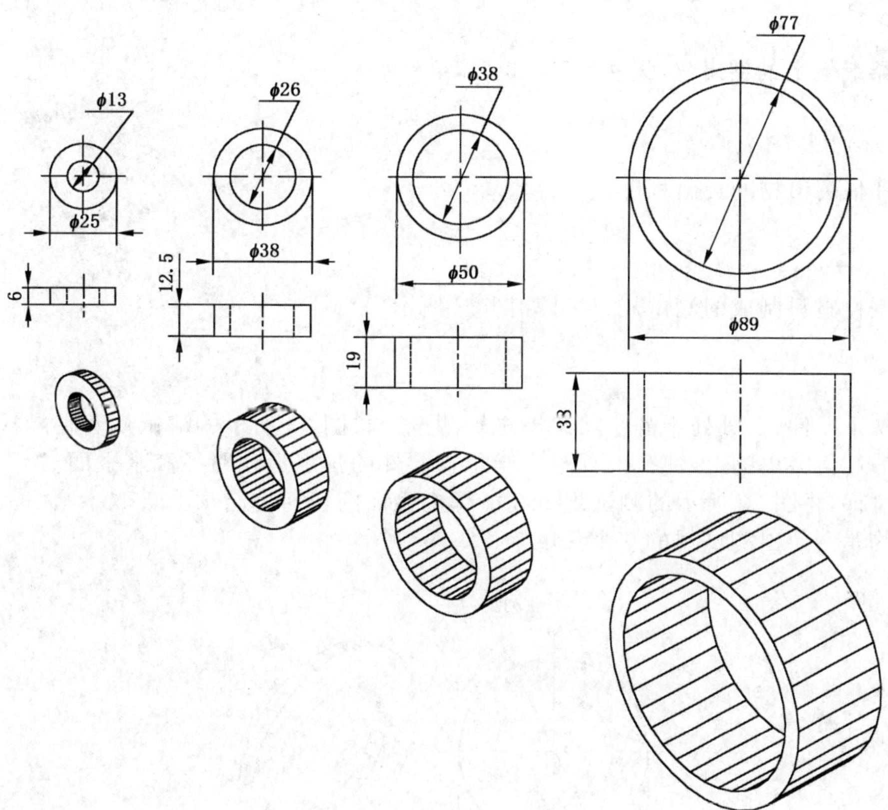

图 31 突出物测试规

单位为毫米

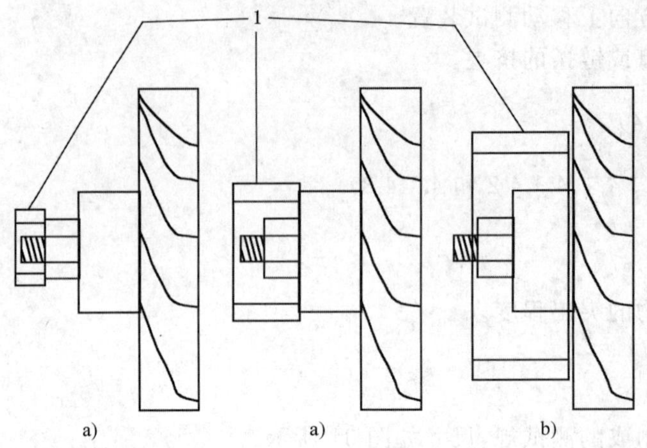

说明：

1 ——测试规；

a)——通过测试；

b)——未通过测试。

图 32 突出物测试

6.7.2 活动骑乘装置上的突出物(见 4.1.4.4 和 4.1.4.5)

6.7.2.1 原则

用测试规评估突出物的突出程度。

6.7.2.2 仪器

由合适的刚性材料制成的测试规，尺寸如图 33 所示。

6.7.2.3 程序

a) 对于秋千元件，在其处于静止状态下进行测试。将图 33 所示的测试规套在悬挂部件的前和后表面的任何突出物上，使孔的轴平行于悬挂部件的预定运动路径和水平面。

b) 对于滑梯，将图 33 所示的测试规套在滑梯内表面的任何突出物上。

判别突出物是否超出测试规的整个深度。

单位为毫米

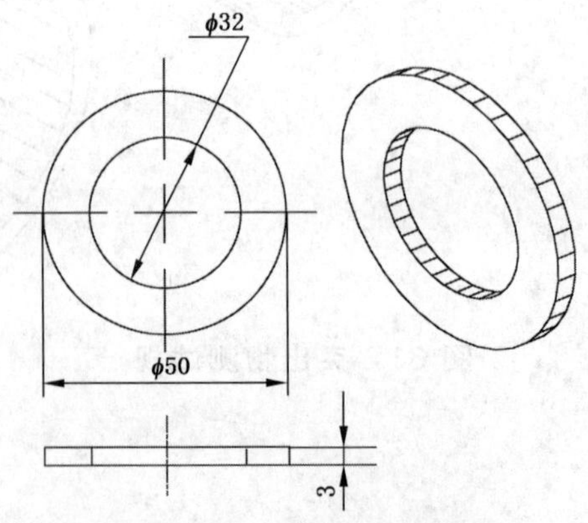

图 33 活动骑乘装置的测试规

6.8 悬挂连接器和悬挂装置的耐久性测试(见 4.7.8)

6.8.1 原则

悬挂连接器和悬挂装置施加负荷模拟使用状态,摆动 180 000 个周期。

6.8.2 仪器

测试负荷如表 4 所示。

表 4 摆动角度和测试负荷

秋千类型	摆动角度 (°)	测试负荷 kg
单人秋千 (两个悬挂连接器)	90	37
多人秋千 (两个悬挂连接器,两个座位)	60	60
多人封闭式秋千 (四个悬挂连接器,两个座位)	45	27
多人封闭式秋千 (四个悬挂连接器,四个座位)	45	54

6.8.3 程序

按安装说明书的要求将每种类型的秋千元件连接至其支撑部件上,并用合适的夹具将其固定。

秋千元件的柔性部件可以使用同样尺寸和质量的刚性部件代替,只要替换部件不影响秋千元件的活动部件。

在每个被测的座位面放置合适的测试负荷。

按表 4 中规定的角度摆动该悬挂装置 180 000 个周期(前后摆动作为一个周期)。

确定悬挂连接器是否出现松脱或结构损坏。

6.8.4 替代程序

作为上述测试的替代程序,秋千悬挂连接器可以按下述步骤在实验室中的测试装置上进行单独测试:

按制造商说明书的要求将悬挂连接器固定在其支撑部件上。

将支撑部件和悬挂连接器安装在图 34 所示的测试夹具上,确保测试夹具的旋转轴和悬挂连接器的枢轴在同一直线上。

按表 4 的规定,在悬挂连接器上施加合适的测试负荷,并以合适的角度(见表 4)摆动支撑部件 180 000 个周期(前后摆动作为一个周期)。

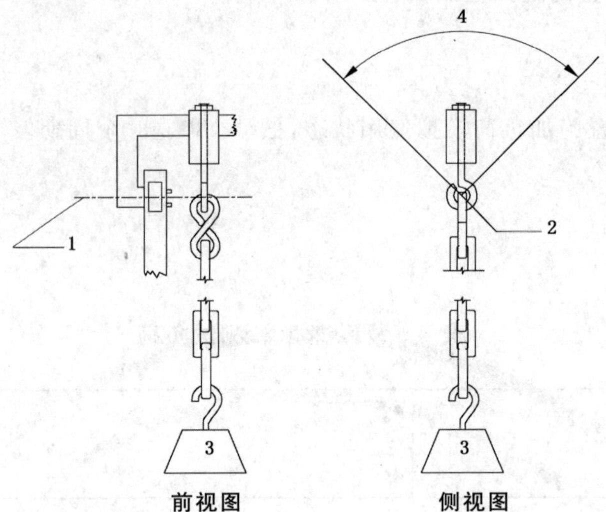

说明：

1——枢轴；

2——连接点；

3——测试负荷；

4——摆动角度(见表 4)。

图 34　悬挂连接器和悬挂装置的测试夹

附 录 A
（规范性附录）
原 理

A.1 总则

本附录给出了标准中某些重要条款的原理。预定供那些熟悉本部分涉及的领域，但没有参与起草的人员参考。理解这些条款要求的制定依据对正确适当的使用本部分十分重要。

本附录中条款的编号与相应的正文条款相对应，因此编号不是连续的。

A.2 范围

本部分所覆盖的玩具范围与预定在公共场所使用的玩具有共同的危险特性。有时难以判断玩具是供家庭使用还是在公共场所使用。总的原则是专门购买供家庭使用的产品应符合本部分。

A.4.1 要求，一般要求

本条款规定了所有活动玩具的基本要求。预定减少因不适当的强度、高度跌落、突出物危险导致的危险，并给出了某些硬件要求。

A.4.1.2 最大高度

最大下落高度不随使用者年龄的变化而改变，因为单人活动玩具通常适用于年龄范围很宽的使用者。围栏的要求是预定确保抬高的平台对所有年龄段的儿童都是安全的。

A.4.1.3 角和边缘

4.1.3 条款中对活动部件的半径要求适用于秋千、旋转木马和类似涉及质量和速度的玩具。不适用于门、盖子和类似活动部件。然而，在可能的情况下，建议制造商使用大的半径以减小危险。

注：锐利边缘的一般要求在 GB 6675.2—2014 中给出。

A.4.1.5 攀爬和摆动绳索、链条和缆绳

自由悬挂的绳索有勒颈的可能。本要求预定防止绳索在儿童颈部环绕成活套的可能。

注：能形成大于 130 mm 环套的悬挂绳索、链条或缆绳也能形成 130 mm 的环套，因此不符合本要求。

A.4.2 围栏

高度低于 760 mm 的平台不要求安装围栏，因为在这个高度下跌落不会产生受伤风险。

760 mm～1 000 mm 的平台对幼儿会产生较高的受伤风险。因为部分幼儿难以意识到较高平台存在潜在跌落风险，这些平台围栏预定用于防止幼儿跌落受伤。这些围栏可能高度超过 630 mm，但最大垂直开孔 610 mm 的要求预定确保围栏能有效保护可能在玩具上玩耍的幼儿。

高度大于 1 000 mm 的平台有较高的受伤风险，因此要求更高的围栏，并包括防止儿童穿过围栏的要求。高度为 1 000 mm～1 830 mm 的平台的围栏高度是基于 95％的 6 岁儿童重心高度确定的。高度超过 1 830 mm 的平台的围栏是基于 95％的 10 岁儿童重心高度确定的。

当 10 岁以上儿童在玩具上玩耍时，认为他们协调能力增加，具有良好的活动技能和对危险的认识，

因此不需要更高的围栏。

A.4.4 挤夹

因儿童头部挤夹造成勒颈死亡的事故已经发生过。因此设计开孔时若身体可以通过,则头部也应通过。因为儿童有时会佩戴自行车头盔或所谓的玩具头盔,使得危险状况进一步复杂化。

距地面高度小于 600 mm 的开孔不再豁免,因为新的研究表明即使幼儿的脚踩在地面上还有可能发生勒颈危险。

衣服上的帽兜或帽兜带也有重大危险,例如儿童在滑梯上向下滑动时,6.6 测试预定减少这些物品的勾挂风险。

4.4 条款也包括手指和身体其他部位挤夹的要求。

A.4.6 滑梯

起始段扶手(见 4.6.3c))和梯子的要求预定防止儿童在起始段进入坐立位置时跌落。

A.4.7 秋千

这些要求预定减少框架和悬挂装置产生的风险,避免儿童在悬挂绳索处挤夹。

A.4.7.2 横梁、摆动装置、悬挂连接器和悬挂接头的强度

36 个月以下儿童最常用的秋千一般在室内使用且悬挂在门洞处。

这些秋千使用 200 kg 的负荷进行测试,因为大龄儿童也可能尝试玩要这些秋千。悬挂点距地面 1 200 mm以上的秋千通常被认为高度太低而不能被大龄儿童使用,因此仅使用 66 kg 的负荷进行测试。

A.4.7.6 秋千元件的横向稳定性

本要求减少相邻秋千元件的撞击风险。

A.4.7.8 悬挂连接器和悬挂装置

绳索的最小直径或绳带和链条的最小宽度规定为 10 mm 是为了减少勒颈的危险。

A.4.9 旋转木马和摇摆玩具

本要求的目的是确保摇摆活动玩具的强度、侧向、前后稳定性,避免意外倾倒。

附 录 B
（资料性附录）
游乐场表面材料消费者信息

儿童从游乐设备上跌落至地面造成的伤害在所有游乐场所事故中最为严重，特别是头部受伤时有可能致命。游乐设备下方和周围的安装表面是跌落引起受伤的主要因素，由于跌落在冲击吸收表面上比跌落在坚硬表面上受到伤害的可能性更小。游乐设备不应放置在混凝土或沥青等坚硬地面上，但可放置在草地上。

当铺设在游乐设备下方和周围且具有足够深度时，碎树皮覆盖物、木屑、细沙或细沙砾也可以用作冲击吸收表面。

表 B.1 列出了四种不同松散填充表面材料深度保持在 150 mm、225 mm 和 300 mm 情况下，儿童跌落时不会造成致命头部伤害的最大跌落高度。

表 B.1 不会导致致命头部伤害的跌落高度

单位为毫米

材料类型	表面材料深度		
	150	225	300
双层碎树皮覆盖物	1 800	3 000	3 300
木屑	1 800	2 100	3 600
细沙	1 800	1 500	2 700
细沙砾	1 800	2 100	3 000

然而应认识到无论使用什么样的表面材料都不能防止跌落而产生的伤害。

推荐使用的冲击吸收材料从固定设备（例如攀爬架和滑梯）的周边向所有方向延伸至少 1 800 mm。然而，因为儿童可能故意从活动的秋千上跳下，铺设的冲击吸收材料应向秋千前面和后面延伸至少 2 倍于枢轴高度的距离，从支撑结构上旋转轴的下方支点开始测量。

本信息是为了帮助比较各种材料的相对冲击吸收特性，不推荐除这些以外的特别材料。然而，每种材料只有在适当维护的情况下才有作用。应定期检查材料，并随时修复以保持游乐设备所需的安装深度。材料的选择取决于游乐设备的类型和高度、所处地区材料的适用性和材料的成本。

ICS 97.200.50
Y 57

中华人民共和国国家标准

GB 6675.12—2014

玩具安全 第12部分:玩具滑板车

Safety of toys—Part 12:Toy scooter

2014-12-05 发布 2016-01-01 实施

中华人民共和国国家质量监督检验检疫总局
中国国家标准化管理委员会 发布

前　言

GB 6675 的本部分的全部技术内容为强制性。

GB 6675 是玩具安全系列标准,包括以下部分:

——基本规范(GB 6675.1);

——通用要求,包括但不限于机械与物理性能(GB 6675.2)、易燃性能(GB 6675.3)、特定元素的迁移(GB 6675.4);

——特定要求,是针对特定产品的要求。

本部分为 GB 6675 的第 12 部分。

本部分是玩具安全系列标准中玩具滑板车的特定要求(GB 6675.12),与 GB 6675.1、GB 6675.2、GB 6675.3、GB 6675.4、GB 19865(适用于电玩具)结合使用。

本部分按照 GB/T 1.1—2009 给出的规则起草。

本部分由中国轻工业联合会提出。

本部分由全国玩具标准化技术委员会(SAC/TC 253)归口。

本部分起草单位:中国上海进出口玩具检测中心、深圳出入境检验检疫局玩具检测技术中心、好孩子儿童用品有限公司、扬州进出口玩具检验所、广东出入境检验检疫局检验检疫技术中心玩具实验室、宁波出入境检验检疫轻工产品检测中心、浙江省质量技术监督检测研究院。

本部分主要起草人:王劲松、尹丽娟、傅晓梅、李诗礼、陈明、雷再明、许建林、须持平。

玩具安全　第12部分:玩具滑板车

1　范围

GB 6675 的本部分规定了玩具滑板车的安全技术要求和测试方法。

本部分适用于设计或预定供 14 岁以下、体重不超过 50 kg 的儿童玩耍的玩具滑板车,包括可折叠和不可折叠两种形式。

本部分不适用于设计或预定用于运动目的的滑板车,可用电力驱动的滑板车。

2　规范性引用文件

下列文件对于本文件的应用是必不可少的。凡是注日期的引用文件,仅注日期的版本适用于本文件。凡是不注日期的引用文件,其最新版本(包括所有的修改单)适用于本文件。

GB 6675.2—2014　玩具安全　第 2 部分:机械与物理性能

GB 6675.3—2014　玩具安全　第 3 部分:易燃性能

GB 6675.4　玩具安全　第 4 部分:特定元素的迁移

GB 19865　电玩具的安全

GB 5296.5　消费品使用说明　第 5 部分:玩具

EN 14619　滑板车安全要求和测试方法

3　术语和定义

下列术语和定义适用于本文件。

3.1

玩具滑板车　toy scooter

玩具滑板车是一种供体重不超过 50 kg 儿童使用的、由儿童通过肌肉运动驱动的乘骑玩具,包括可折叠和不可折叠两种形式。玩具滑板车的组成包括以下部件:至少 1 个站立面、至少 2 个车轮、1 个车把、1 个可调节长度或固定长度的把立管。

在本部分中,玩具滑板车分为以下 2 种:

——供体重不超过 20 kg 儿童使用的玩具滑板车;

——供体重超过 20 kg 但是不超过 50 kg 儿童使用的玩具滑板车。

3.2

倒塌　collapse

突然和未预见的结构折叠。

4　技术要求

4.1　正常使用

玩具滑板车应在可预见的正常使用状态下进行测试,以保证在玩具正常耗损的情况下,仍不会出现危险。玩具滑板车在测试前和测试后,均应满足第 4 章的相关要求。

4.2 可预见的合理滥用

在经过正常使用测试后，对于预定供96个月以下儿童使用的玩具滑板车，应按GB 6675.2—2014中5.24(可预见的合理滥用测试，第5.24.4条除外)进行滥用测试。

玩具在测试前和测试后，均应满足第4章的相关要求。

4.3 材料

4.3.1 材料质量

所有材料目视检查应清洁干净，无污染。材料的检查应通过经正常矫正后的视力目视检查而非放大检查。

4.3.2 易燃性能

所有材料的易燃性能应符合GB 6675.3—2014中4.1(一般要求)的要求。

4.3.3 特定元素的迁移

玩具滑板车的可触及材料应符合GB 6675.4的要求。

4.4 小零件

应符合GB 6675.2—2014中4.4(小零件)的要求。

4.5 边缘

应符合GB 6675.2—2014中4.6(边缘)的要求。

4.6 尖端

应符合GB 6675.2—2014中4.7(尖端)的要求。

4.7 突出部件

4.7.1 玩具滑板车的突出部件应符合GB 6675.2—2014中4.8(突出部件)的要求。

4.7.2 玩具滑板车把手末端的直径应大于等于40 mm。

4.8 用于包装或玩具中的塑料袋或塑料薄膜

应符合GB 6675.2—2014中4.10(用于包装或玩具中的塑料袋或塑料薄膜)的要求。

4.9 孔、间隙、机械装置的可触及性

应符合GB 6675.2—2014中4.13(孔，间隙，机械装置的可触及性)的要求。本要求不适用于刹车装置的摩擦面之间的间隙。

4.10 弹簧

应符合GB 6675.2—2014中4.14(弹簧)的要求。

4.11 强度

4.11.1 静态强度和动态强度

玩具滑板车按照5.1(静态强度)和5.2(动态强度)进行测试后，应符合：

a) 不能产生可触及的危险锐利边缘(见 GB 6675.2—2014 中 5.8 锐利边缘测试);

b) 不能产生可触及的危险锐利尖端(见 GB 6675.2—2014 中 5.9 锐利尖端测试);

c) 不得暴露能够对手指和身体其他部位产生挤压危险的驱动机构;

d) 不得因倒塌而不符合本部分的相关要求。

4.11.2 把立管强度

玩具滑板车按照 5.4(把立管强度)进行测试后,应符合:

a) 把立管不能因倒塌而不符合本部分的相关要求;

b) 把立管不能断裂成 2 段或多段;

c) 锁定装置不能损坏或失效。

4.12 三轮滑板车的稳定性

如果三轮滑板车最外侧车轮中心之间的距离超过 150 mm,则使用 50 kg 的负载按照 GB 6675.2—2014 中 5.12.2(可用脚起稳定作用的玩具的侧向稳定性测试)进行测试,滑板车不得倾翻。

4.13 可调节、可折叠的把立管和把横管

4.13.1 把立管应不能被意外拆分。为了防止高度的突然变化,可调节高度的把立管应符合下列条件之一:

a) 用工具才能调节;

b) 至少有 1 个主锁定装置和 1 个副锁定装置,当调节高度时,至少其中的 1 个锁定装置能够自动生效。

4.13.2 可折叠的把立管的折叠机构上应有 1 个锁定装置。

4.13.3 可能夹伤手指的活动部件的间隙应:如果能够插入 5 mm 的圆杆,也应插入 12 mm 的圆杆。

4.13.4 可能剪切手指的活动部件的可触及开口应不能插入 5 mm 的圆杆。

4.13.5 把横管按照 5.4.3(把横管连接强度)进行测试,把横管不应被拆分成 2 段或多段。

4.14 刹车

4.14.1 供体重不超过 20 kg 儿童使用的玩具滑板车可以不安装刹车系统。

4.14.2 供体重超过 20 kg 但是不超过 50 kg 儿童使用的滑板车至少应有一个作用在后轮的刹车系统,刹车系统应能有效工作,减速平稳、不能急停。

4.14.3 按 5.3(刹车性能)测试,玩具滑板车在斜面上的保持力应小于 50 N。

4.15 车轮尺寸

玩具滑板车的前轮直径应大于等于 90 mm。

4.16 部件

4.16.1 具有玩具功能的部件

玩具滑板车上具有玩具功能的部件应符合 GB 6675.2—2014 的要求。

4.16.2 发声部件

玩具滑板车上的发声部件应符合 GB 6675.2—2014 中 4.28(声响要求)的要求。

4.16.3 电气附件

玩具滑板车上的电气附件应符合 GB 19865 的要求。

4.17 标识、警告和使用说明

4.17.1 标识和警告

在玩具滑板车或包装或使用说明中，应标明其适用的体重范围、警告、警示说明和使用说明。应提醒父母或监护人乘骑玩具滑板车的潜在危险(参考附录A)。

4.17.2 使用说明

使用说明应符合GB 5296.5中强制性条款的规定。

5 测试方法

5.1 静态强度

负载为圆柱形，底面直径为 150^{+10}_{0} mm，高度为 300^{+10}_{0} mm，重心高度为 150^{+10}_{0} mm，重量分别为(50±0.5)kg 和(100±1)kg。

在玩具滑板车的踏板中央放置负载(见图1)。

标识为供体重不超过20 kg儿童使用的玩具滑板车，应使用(50±0.5)kg的负载。

其他的玩具滑板车，应使用(100±1)kg的负载。

负载保持5 min。

检查玩具滑板车是否仍然符合本部分的相关要求。

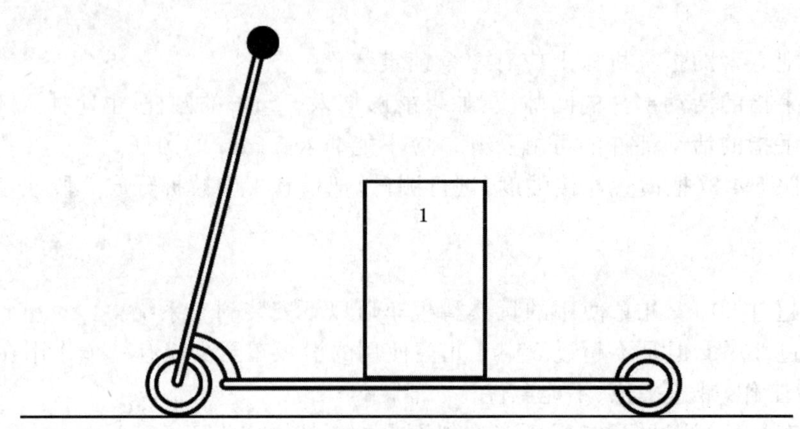

说明：

1——测试负载。

图1 静态强度试验

5.2 动态强度

5.2.1 原理

玩具滑板车上放置负载，模拟手臂的腕关节朝下握住手把。驱动玩具撞击非弹性台阶3次。然后检查玩具滑板车是否仍然符合本部分的相关要求。

5.2.2 负载

负载如图2所示，装有2个模拟手臂，使用带有绑带的可拆卸垫子。

每个模拟手臂重量为(2±0.02)kg。

垫子包括沙子和绑带的重量为(0.5±0.01)kg。

负载 A 的重量为(50±0.5)kg，适用于测试供体重超过 20 kg～50 kg 儿童使用的玩具滑板车。

负载 B 的重量为(25±0.2)kg，适用于测试供体重不超过 20 kg 儿童使用的玩具滑板车。

负载加上 2 个模拟手臂和垫子的重量，对于供体重 50 kg 的儿童使用的玩具滑板车，其额定重量为 54.5 kg。对于供体重不超过 20 kg 的儿童使用的玩具滑板车，其额定重量为 29.5 kg。

模拟手臂的每个元件两端对称装有球形关节，使手臂能在各个方向运动。

“肘部”的关节在一个方向上运动并能锁定，“腕部”的关节在两个方向上运动并能锁定。手臂末端装有夹具能够使手臂固定在玩具上。

单位为毫米

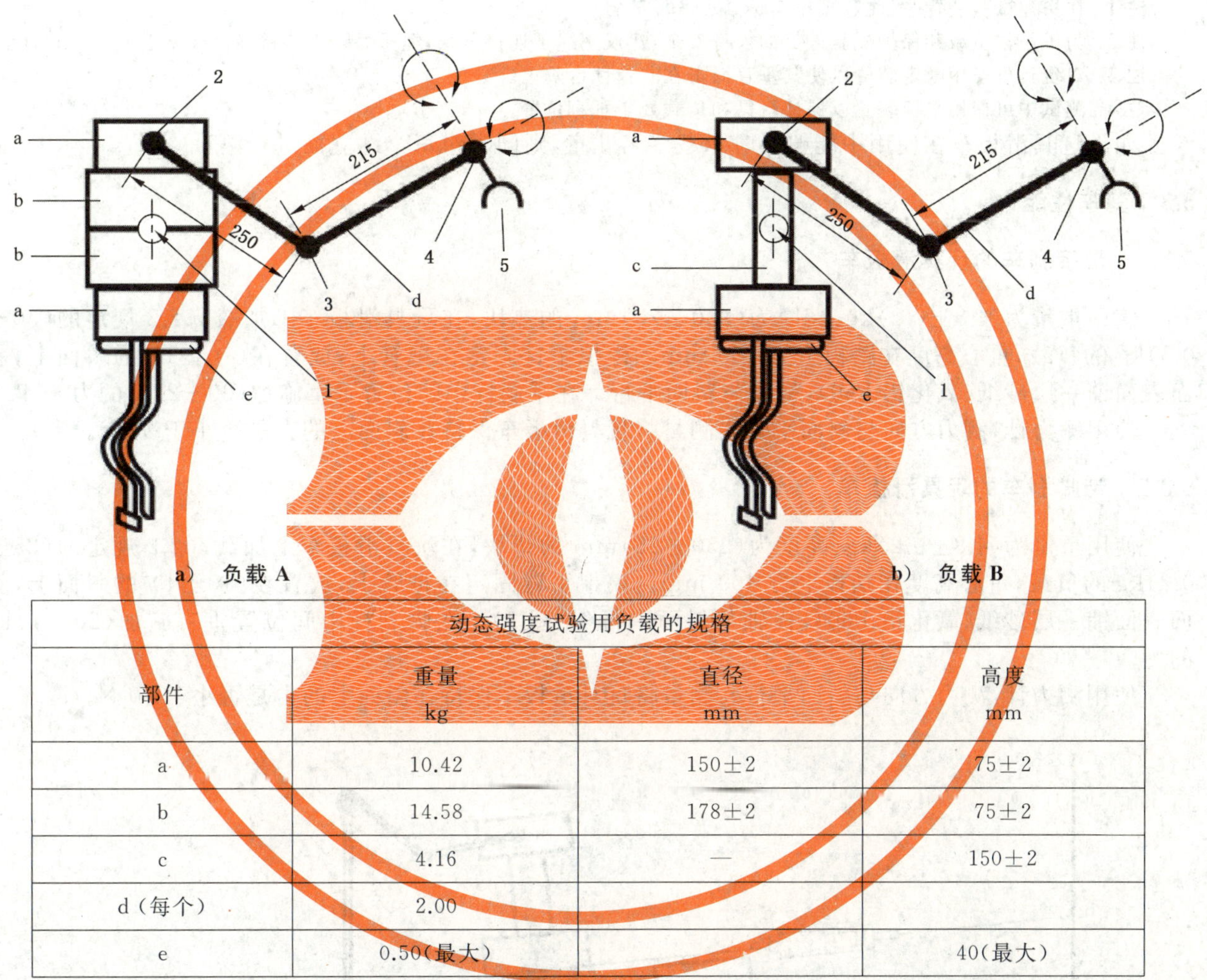

a)　负载 A　　　　b)　负载 B

动态强度试验用负载的规格			
部件	重量 kg	直径 mm	高度 mm
a	10.42	150±2	75±2
b	14.58	178±2	75±2
c	4.16	—	150±2
d（每个）	2.00		
e	0.50(最大)		40(最大)

说明：

1　　——重心；

2　　——球形关节；

3　　——单向关节；

4　　——双向关节；

5　　——夹具；

a、b、c——砝码块；

d　　——模拟手臂；

e　　——带绑带的垫子(可拆除)。

图 2　动态强度测试用负载

5.2.3 测试步骤

使用重量为(4.8±0.2)kg、高度为(250±25)mm的垫块，在玩具的站立面上加上合适的负载，负载放置的位置大约在玩具正常使用的位置，负载的重心相对站立面的高度为400 mm。用绳子将负载固定在玩具上。

将模拟手臂上的夹具固定在玩具的方向轮或把管上，位置大约与正常使用位置一致，将肘部和腕部关节锁定。

玩具滑板车以稳定的(2±0.2)m/s的速度垂直撞击高度(50±2)mm的非弹性台阶3次。在发生撞击后应吊住负载以防止其跌落而对玩具滑板车产生无关的破坏。

注1：在搭建试验装置时，注意操作50 kg砝码的安全。

注2：为了吊住负载和保护试验人员的人身安全，建议用绳子连接负载，绳子另一头连接在高架索道或类似装置上。

注3：对玩具可使用限定装置以使其垂直撞击在非弹性台阶上。

注4：测试中可使用平衡装置以保证玩具和负载处于垂直位置。

如果玩具滑板车在使用中能够同时承载多名儿童，则同时对每个站立面进行测试。

5.3 刹车性能

5.3.1 带手刹车的玩具滑板车

使用重量为(4.8±0.2)kg、高度为(250±25)mm的垫块，在玩具滑板车上加载5.2.2规定的(50±0.5)kg的负载，重心高度在踏板上方400 mm。模拟手臂固定在把管上，放置在(10±1)°的斜面上，斜面表面铺一层砂纸(氧化铝P60)，横轴与斜面平行。在手刹杆中间位置垂直施加(30±2)N的力。

使用测力计，测力方向与斜面平行。测量将玩具滑板车保持在斜面上的力是否小于50 N。

5.3.2 带脚刹车的玩具滑板车

使用重量为(4.8±0.2)kg、高度为(250±25)mm的垫块，在玩具滑板车上加载5.2.2规定的(25±0.2)kg的负载，重心高度在踏板上方400 mm。模拟手臂固定在把管上，放置在(10±1)°的斜面上，斜面表面铺一层砂纸(氧化铝P60)，横轴与斜面平行(见图3)。在脚刹杆中间位置垂直施加(20±1)kg的力。

使用测力计，测力方向与斜面平行。测量将玩具滑板车保持在斜面上的力是否小于50 N。

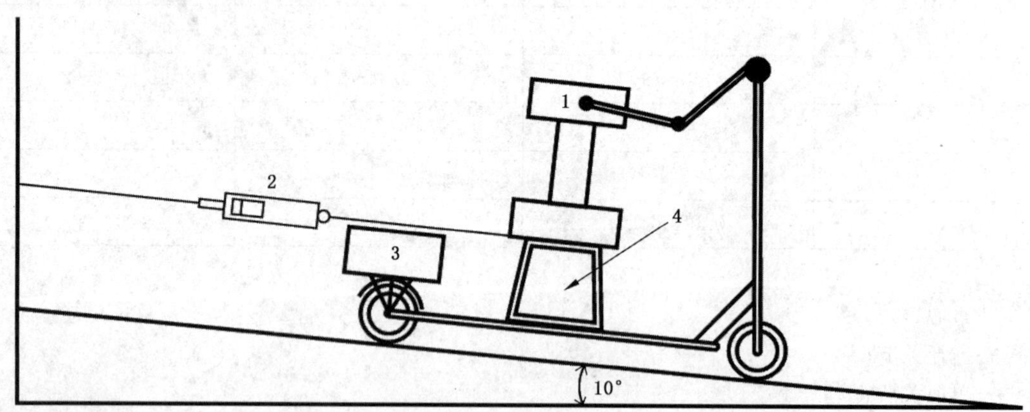

说明：

1——测试用负载，25 kg，以及模拟手臂；

2——测力计；

3——测试用负载，20 kg；

4——垫块和平衡物，高度(250±25)mm，重量(4.8±0.2)kg。

图3 带脚刹车的玩具滑板车的刹车性能试验

5.4 把立管强度

5.4.1 抗向下力

把玩具滑板车放置在水平面上，将其固定，使其在测试中保持垂直。检查锁定装置是否正确工作。

a) 如果有2个把手，则在每个把手中间位置施加(50±0.5)kg的负载(见图4a))，保持5 min。检查把立管是否倒塌，锁定机构是否仍能正常操作和有效。然后卸下50 kg负荷。松开主锁定装置，让副锁定装置继续工作，在每个把手上施加(25±0.2)kg的力，保持5 min。检查副锁定装置是否仍能正常操作和有效。如果不能明确哪个是主锁定装置，则假定每个锁定装置都是主锁定装置，依次测试。

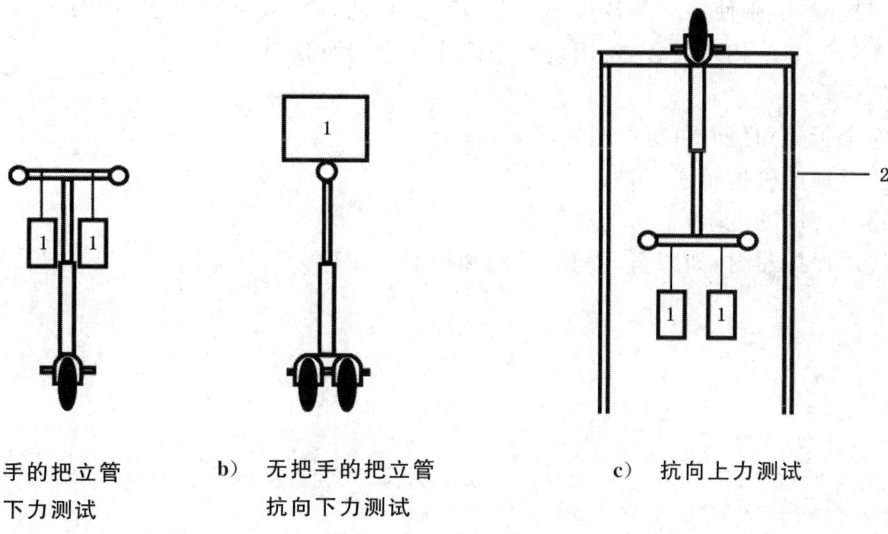

a) 有把手的把立管抗向下力测试　　b) 无把手的把立管抗向下力测试　　c) 抗向上力测试

说明：

1——测试负载；

2——龙门架。

图4 把立管测试

b) 如果立管没有把手，则按照a)所述进行测试时，负载分别为(100±1)kg和(50±0.5)kg，作用在把立管顶部[见图4b)]。

5.4.2 抗向上力

将玩具滑板车垂直朝下固定在龙门架上[见图4c)]。检查锁定装置是否正确工作。

a) 对于有2个把手的，在每个把手上施加(25±0.2)kg的负载，保持5 min。

b) 对于把立管上没有把手，在把立管顶部施加(50±0.5)kg的负载，保持5 min。

检查把立管是否被拉下，锁定装置是否仍然能正常操作和有效。

5.4.3 把横管连接强度

在把横管两端相反方向施加(90±5)N的力，保持5 min。

检查把横管是否分离。

注：必要时拆除把套进行试验。

附 录 A
（资料性附录）
安全标识导则

供体重不超过 20 kg 儿童使用的玩具滑板车应注明："最大承载 20 kg"。

供体重不超过 50 kg 儿童使用的玩具滑板车应注明："最大承载 50 kg"。

另外，包装（如果有）和使用说明上应包含以下警告：

"警告！应佩戴防护器材。

不适用于体重超过 20 kg（或 50 kg）的儿童。"

使用说明应提醒：由于使用玩具滑板车需要较大的技巧，应小心使用玩具滑板车，以防止跌到和撞击伤及使用者和第三方。如果适合，使用说明中还应包含以下信息：

——上述的警告；

——如何安全折叠和打开可折叠滑板车；

——必须注意锁定机构正常工作；

——在公路上使用的危险；

——建议使用保护器材，如头盔、手套、护膝和护肘。

附 录 B
（资料性附录）
附加说明

5 岁儿童的平均体重约为 20 kg。14 岁儿童的平均体重为 50 kg。

作为运动器材的滑板车的安全要求参见 EN 14619。

曾经考虑将玩具滑板车分为 2 个体重组别，20 kg 的组别与滚轴冰鞋等产品划分的组别一致。玩具滑板车的更高组别是 50 kg。

供 5 岁以下的儿童使用的玩具滑板车没有必要装刹车，因为这类玩具滑板车通常不会在高速下运行，并且儿童一般不会操作刹车。

ICS 97.200.50
Y 57

中华人民共和国国家标准

GB 6675.13—2014

玩具安全
第13部分:除实验玩具外的化学套装玩具

Safety of toys—
Part 13:Chemical toys(sets)other than experimental sets

2014-12-05 发布 2016-01-01 实施

中华人民共和国国家质量监督检验检疫总局
中国国家标准化管理委员会 发布

前　言

本部分的全部技术内容为强制性。

GB 6675 是玩具安全系列标准，包括以下部分：

——基本规范(GB 6675.1)；

——通用要求，包括但不限于机械与物理性能(GB 6675.2)、易燃性能(GB 6675.3)、特定元素的迁移(GB 6675.4)；

——特定要求，是针对特定产品的要求。

本部分为 GB 6675 的第 13 部分。

本部分是玩具安全系列标准中除实验玩具外的化学套装玩具的特定要求(GB 6675.13)，与 GB 6675.1、GB 6675.2、GB 6675.3、GB 6675.4、GB 19865(适用于电玩具)结合使用。

本部分按照 GB/T 1.1—2009 给出的规则起草。

本部分使用重新起草法修改采用 EN 71-5:1993+A1:2006《玩具安全　第 5 部分:除实验玩具外的化学套装玩具》(英文)。

考虑到我国国情，在采用 EN 71-5:1993+A1:2006 时，本部分做了一些修改。有关技术性差异已编入正文中，在附录 E 中给出了这些技术性差异及其原因的一览表以供参考。

为了便于使用，本部分还做了下列编辑性修改：

a) 表的脚注用 a、b 等代替 a)、b)；

b) 用“本部分”代替“EN 71 本部分标准”和“EN 71-5”；

c) 用“GB 6675《玩具安全》”代替“EN 71-1、EN 71-2 和 EN 71-3”以及用“GB 6675”代替“EN 71-3”；

d) 删除了 EN 71-5:1993+A1:2006 的“书名页”、“前言”、“A1 修订版前言”和“附录 ZA”，修改了 EN 71-5:1993+A1:2006 的“引言”；

e) 给原标准标题 7.2、9.2.1、9.2.1.1、9.2.1.2、9.2.2、9.3、9.4、10、12.6.3 下的悬置段分别加入下列标题:7.2.1 一般要求、9.2.1.1 一般要求、9.2.1.2.1 一般要求、9.2.1.3.1 一般要求、9.2.2.1 一般要求、9.3.1 一般要求、9.4.1 一般要求、10.1 一般要求和 12.6.3.1 一般要求；

f) 增加了资料性“附录 D”和“附录 E”；

g) 改正了下述印刷错误：

——表 4 中“*N*-(4-羟基苯基)-氨基-乙酸”的 CAS 号“2298-36-4”改为“122-87-2”；EINECS 号“218-947-5”改为“204-580-8”；“对甲氨基苯酚及其盐”改成“对甲氨基苯酚硫酸盐”；

——9.2.1 原标准第三行“表 6 和表 8 中的特殊材料”改为“表 6～表 8 中的特殊材料”；

——9.2.1.2 表 7 中聚甲基丙烯酸的 CAS 号“25087-27-7”应改为“25087-26-7”；

——12.2.9.1 原标准式(2)中的“M_m”与原标准公式(1)的符号重复了，改为另一个符号如“M_M”；公式(2)后的说明“M_m 是样品中金属的含量，用%(质量分数)表示”改为“M_M 是样品中化合物的含量(质量分数)，%。”；最后一行“个别金属的折算系数 f 见表 19。”中的“f”改为“f_m”；

——12.3.2.1 注中提到的“表 17”改为“表 2”；

——12.3.2.1 表 22 所列化学物质“乙酰柠檬酸三丁酯”的 CAS No.“77-89-4”改为“77-90-7”；

——12.3.3.14 图 2 中的 DEHP 和 BBP 的名称对调了；

——12.3.4.1 表 25“烷基磺酸酯”名称后漏了个“4”字；

——12.3.7.5 中第一行中的“12.3.7.1”改为“12.3.7.3”；

——12.3.7.6 中第一行中的“12.3.7.2”改为“12.3.7.3”；

——12.3.8.1.3 注中提到的“表 17”改为“表 2”；

——12.3.8.2.1 中“记录 12.3.7.5 和 12.3.7.6 鉴别的增塑剂。”改成“记录 12.3.7.5 鉴别的增塑剂。”；

——12.3.8.2.2.1 原标准式(19)中 c_{e1} 的说明“为萃取溶液的浓度，用 μg/mL 表示；”改为“邻苯二甲酸酯的浓度，单位为微克每毫升(μg/mL)；”；原标准式(20)“ $c_{e1}=(W_{A+E})-W_A$ ”是多余的，删除；

——12.3.8.2.2.2 原标准式(21)中 c_{e2} 的说明“为萃取溶液的浓度，用 μg/mL 表示；”改为“柠檬酸酯的浓度，单位为微克每毫升(μg/mL)；”；原标准式(22)“ $c_{e2}=(W_{B+E})-W_B$ ”是多余的，删除；

——12.3.8.2.2.3 原标准式(23)中 c_e 的说明“为萃取溶液的浓度，用 μg/mL 表示；”改为“烷基磺酸酯的浓度，单位为微克每毫升(μg/mL)；”；

——12.5.7 倒数第二行苯乙烯浓度“(mg/mL)”改为“(μg/mL)”；

——12.5.8 第一行苯乙烯浓度“(mg/mL)”改为“(μg/mL)”；

——12.5.8 原标准式(24)“ $M_{st}=\frac{c_{st}\times 15}{(W_s\times 10\ 000)}$ ”改为“ $M_{st}=\frac{c_{st}\times 15}{W_s}$ ”；

——12.6.2.4.2.2 表 40 的表题“标准物质”改为“试剂”；

——12.6.2.6.1 中“当进行 12.6.2.6 的测试时”改为“当进行 12.6.2.5 的测试时”；

——12.6.2.6.2.2 表 44 中“浓度”改为“要求”；

——12.6.2.6.4 中的图 3 题目“焦亚硫酸钠 Na_2SO_3 的 IR 谱图”改为“焦亚硫酸钠 $Na_2S_2O_5$ 的 IR 谱图”；

——12.6.2.9 中提到的“表 35”改为“表 32”；

——12.6.3.6 原标准 12.6.3.5 式(26)中 W_c 的说明“是称到坩埚中的物质的质量，用 g 表示。”改为“称到坩埚中的盐的质量，单位为克(g)。”；

——12.6.4.1 表 49 中的“对甲氨基苯酚及其盐”改为“对甲氨基苯酚硫酸盐”；分子式“C_7H_9NO”改为“$(C_7H_9NO)_2 \cdot H_2SO_4$”；

——12.6.4.2.7 中图 5 的 X 轴上数值标注“0、2、4、6、8、1”改为：“0、2、4、6、8、10”；“Y 面积”改成“Y——响应值”；

——12.6.4.3 标题 “对甲氨基苯酚及其盐”改为“对甲氨基苯酚硫酸盐”；

——12.6.4.3.1.1 表 53 中的“对甲氨基苯基硫酸盐” 改为“对甲氨基苯酚硫酸盐”；

——12.6.4.3.3 中的“对甲氨基苯酚”改为“对甲氨基苯酚硫酸盐”；

——12.6.4.3.7 中图 6 的 X 轴上数值标注“5、1、1、2、2”改为：“5、10、15、20、25”；“Y 面积”改为“Y——响应值”；

——12.6.4.4.6 中“色谱图见图 6”改为“色谱图见图 5”；

——12.6.4.4.7 中原标准式(28)有错，分母“$10\ 000\times d_{乙酸}$”改为“$100\times d_{乙酸}\times 2$”；

——12.7.3.1 表 60 的表题“溶剂”改为“标准”；

——12.7.4.12 的柱名“50％苯基甲基聚硅氧烷”改为“50％苯基-50％二甲基聚硅氧烷”；

——12.7.5.1 中的原标准式(29)“ $V_s=\frac{V_f\times d_s}{c_{sst}}$ ”改为“ $V_s=\frac{V_f\times c_{sst}}{1\ 000\times d_s}$ ”；

——12.7.5.1 中“d_s——溶剂的密度，用 mg/mL 表示”改为“d_s——溶剂的密度，单位为克每毫升(g/mL)”；

——12.7.5.4.4 标题中的“鉴别”改为“定量”；

——12.7.5.4.4 表 73 第二列表头中的“工作溶液”改为“储备液”；

——12.7.5.4.6 原标准第一行的“表 76”改为“表 76～表 79”；原标准第三行中的“3-甲基-2,4-戊二醇”改为“2-甲基-2,4-戊二醇”；表 76 和表 79 第二列最后一数字“0.005”改为“0.050”；表 76、表 77、表 78 和表 79 对应注 a 中所引用的条款号“12.7.5.4.1”改为“12.7.7.4”；

——12.7.5.4.7 表 80 对应注 a 中所引用的条款号“12.7.5.4.1”改为“12.7.7.4”；

——12.7.7.4 原标准第三行中的“3-甲基-2,4-戊二醇”改为“2-甲基-2,4-戊二醇”；

——12.7.7.5 原标准第二行中的“12.7.7.2”改为“12.7.7.3”；

——12.7.8.1 表 82 第五列第三行的溶剂名称“3-甲基 2-丁醇”改为“3-甲基 2-丁酮”；

——12.7.8.3 原标准第四行所引用的条款号“12.7.5.4.5”改为“12.7.5.4.4”；

——12.7.8.4 原标准第四行所引用的条款号“12.7.5.4.5”改为“12.7.5.4.6”；

——12.7.9.1 原标准第一行的溶剂浓度“(mg/mL)”改为“(mg/瓶)”；

——12.7.9.2 原标准式(31)中 W_s 的说明“溶剂的质量，用 mg 表示”，改为“溶剂的浓度，单位为毫克每毫升(mg/mL)；”；

——12.8.4.1 中第一行“增塑剂的测量用 12.3 所描述的 GC-MS 方法来进行。”，删除其中的“GC-MS”；

——12.8.4.5 原标准第二行中所引用的条款号“12.8.2.6”改为“12.8.2.5”；

——12.8.5.3.4.1 图 11 中的横坐标“Y”改为“X”；

——12.8.5.3.4.2 图 12 中的横坐标“Y”改为“X”；

——12.8.5.7“c_{std}——所加入标准的浓度，用 mg/L 表示。”改为“c_{std}——所加入标准的浓度换算成定容后的浓度，单位为毫克每毫升(mg/mL)。”；

——12.8.5.7 原标准式(35)“$M_{fa}=\frac{c_{fa}\times 2\times 100}{1\,000\times 1\,000\times W}\times\frac{100}{rec}$”改为“$M_{fa}=\frac{c_{fa}\times 50\times 100}{1\,000\times 1\,000\times W}\times\frac{100}{rec}$”。

本部分由中国轻工业联合会提出。

本部分由全国玩具标准化技术委员会(SAC/TC 253)归口。

本部分起草单位：深圳出入境检验检疫局玩具检测技术中心、广东出入境检验检疫局检验检疫技术中心玩具实验室、北京中轻联认证中心、宁波出入境检验检疫局轻工产品检测中心、广州威凯检测技术研究所。

本部分主要起草人：董夫银、刘斌斌、黄理纳、蚁乐洲、阮建苗。

引　言

本部分是关于除实验玩具外的化学套装玩具的国家玩具安全标准。

考虑到儿童的正常行为，当化学套装玩具按规定的用途或可预见的方式使用时，本部分试图降低对儿童的健康可能造成的伤害危险。

当使用这些化学套装玩具时，通过加入对有关可能危害、危险和其他问题引起特别注意的信息，将潜在的危险降低到最少。

玩具安全 第13部分:除实验玩具外的化学套装玩具

1 范围

GB 6675 的本部分规定了使用在除实验玩具外的化学套装玩具中的物质和材料的要求和测试方法,规定了:

——危险物质和配制品的最高含量;

——儿童过量使用可能会伤害其健康的物质和配制品的最高含量;

——玩具附带的其他物质和配制品的最高含量。

除此之外,还规定了标识、警告、安全规则、物品清单、使用说明及急救信息的要求。

本部分适用于:

——熟石膏模具套装;

——小型作坊套装中所提供的陶瓷和玻璃质上釉材料;

——烤炉固化可塑 PVC 模型粘土套装;

——塑料模具套装;

——包埋套装;

——照相显影套装;

——模型套装中所提供或推荐的胶粘剂、油漆、漆、清漆、稀释剂及清洗剂(溶剂)。

2 规范性引用文件

下列文件对于本文件的应用是必不可少的。凡是注日期的引用文件,仅注日期的版本适用于本文件。凡是不注日期的引用文件,其最新版本(包括所有的修改单)适用于本文件。

GB 2760 食品安全国家标准 食品添加剂使用标准

GB 5296.5 消费品使用说明 第5部分:玩具

GB 6675 国家玩具安全技术规范

GB/T 6682—2008 分析实验室用水规格和试验方法(ISO 3696:1987,MOD)

GB 13690—2009 化学品分类和危险性公示 通则

EN 14517:2004 液化石油产品 石油中烃类和氧化物的测定 多维气相色谱法(Liquid petroleum products—Determination of hydrocarbon types and oxygenates in petrol—Multidimensional gas chromatography method)

《化妆品卫生规范》(中华人民共和国卫生部2007年1月)

3 术语和定义

下列术语和定义适用于本文件。

3.1

熟石膏(石膏)模具套装 Plaster of Paris (gypsum) moulding set

含有模具的玩具,在模具中可倒入水和石膏(主要为半水硫酸钙 $CaSO_4 \cdot 0.5H_2O$)的混合物使之硬化，如用来制作图形和图版。

3.2

小型作坊套装中所提供的陶瓷和玻璃质上釉材料　ceramic and vitreous enamelling materials supplied in miniature workshop set

含有陶瓷和玻璃质上釉材料(透明，不透明或彩色的)的玩具，将这些上釉材料加入水后涂在陶瓷和金属物体的表面上以形成光滑的涂层，然后将它们放置干燥并在700 ℃以上进行烧制。

3.3

烤炉固化可塑PVC模型粘土套装　oven hardening plasticized PVC-modelling clay set

用来制造各种类型的图形、胸针、流行珠宝等的玩具，其制备是通过在温度介于100 ℃和130 ℃之间的烤炉固化来达到的。

3.4

塑料模具套装　plastic moulding set

用来替代陶瓷材料以制造装饰品或模型的玩具，其制备是通过在最高温度不超过180 ℃的烤炉中加热使聚合物融合来达到的。

3.5

包埋套装　embedding set

用来在透明材料中保存某些产品的玩具。

3.6

照相显影套装　photographic developing set

含有化学品(显影剂，停显液，定影液)来处理黑白照相胶卷及相片并设计来传授摄影基本原理的玩具。

3.7

模型套装中所提供或推荐的胶粘剂、油漆、漆、清漆、稀释剂及清洗剂　adhesives, paints, lacquers, varnishes, thinners and cleaning agents supplied or recommended in model sets

用来组装和涂膜模型(如汽车，飞机，房子，轮船)的产品。

3.7.1

胶粘剂　adhesive

一种能通过表面粘接(粘连)和具有一定内力(内聚力)的粘接力将材料结合在一起的非金属物质。

3.7.2

水性油漆　water-based paint

一种加有颜料的材料，以液体的形式涂膜到表面时，一段时间后形成一个干燥的胶粘膜。

3.7.3

含有溶剂的油漆和漆　paint and lacquers containing solvents

以胶粘剂、溶剂、染料和颜料(着色物质)、填料和调节剂为材料的涂层。

3.7.4

清漆　varnishes

低粘性的漆。

3.7.5

稀释剂和清洗剂(溶剂)　thinners and cleaning agents (solvents)

供获得所需粘度的油漆和漆，以及清洗工具和刷子的产品。

3.8

配制品　preparations

由两种或以上物质组成的混合物或溶液。

4 熟石膏(石膏)模具套装

注：一般来说熟石膏(石膏)不是有害的材料,但是假如吸入或吞入该粉末,可以在肺或胃中形成硬块。

4.1 标识

除10.2的标识要求外,外包装还要有下面的内容：

注意! 仅供5岁以上儿童使用。

在成人的监督下使用。

在使用前要阅读说明书,并严格依照说明使用,保存好说明书以备用。

4.2 安全规则

使用说明除了11.4所要求的规则外,还要有下面的安全规则：

——不要将材料放入口内；

——不要吸入灰尘或粉末；

——不要用到身体上。

5 小型作坊套装中所提供的陶瓷和玻璃质上釉材料

5.1 化学配制品

这些陶瓷和玻璃质上釉材料是硅酸盐釉料加上表1中所给出的金属氧化物以及其他化合物的混合配制品。

一个套装中每一配制品的最大质量不能超过50 g。

注：陶瓷釉料是一种玻璃化的无机硅酸盐材料。陶瓷熔块是一种玻璃化的添加有颜料的无机硅酸盐材料。

5.2 标识

除10.2的标识要求外,外包装还要有下面的警告内容：

警告! 仅供5岁以上儿童使用。

在成人的监督下使用。

注意! 在使用前要阅读说明书,并严格依照说明使用,保存好说明书以备用。

5.3 安全规则

使用说明除了11.4所要求的规则外,还要有下面的安全规则：

——不要吸入粉末；

——不要将粉末放入口内；

——不要施加到供与食品和饮料接触的物品上；

——将套装远离食品和饮料；

——烧制过程不属于玩具功能的部分,因此在烧制过程中儿童不要靠近,不要吸入所散发的气体。

表 1 化学配制品

化学物质/配制品		CAS 号	EINECS 号
水化硅酸钙(粘土)		1344-96-3	—
高岭土(瓷土)		1332-58-7	—
微溶硅酸盐釉料,如搪瓷和陶瓷熔块		65997-18-4	266-047-6
在这些釉料中仅使用下面的颜料:			
氧化铜	≤0.25%	1317-38-0	215-269-1
三氧化二铁	≤5%	1309-37-1	215-168-2
硅酸锆铁	≤5%	68412-79-3	270-210-7
二氧化锡	≤10%	18282-10-5	242-159-0
硅酸锆钒	≤5%	68186-95-8	269-057-9
氧化钴铝	≤3%	1333-88-6	—
硅酸锆	≤15%	10101-52-7	—
硅酸锆镨	≤5%	68187-15-5	269-075-7

6 烤炉固化可塑 PVC 模型粘土套装

6.1 化学物质

这些模型粘土套装应由 PVC(聚氯乙烯)、增塑剂、填料(如瓷土、氢氧化铝)以及着色剂组成。只使用表 2 给出的增塑剂。

在配制品中增塑剂的最高含量不超过 30%。

氯乙烯单体的含量要低于 1 mg/kg。

表 2 增塑剂

化学物质	CAS 号	EINECS 号
己二酸聚酯	—	—
苯酚的烷基磺酸酯(C_{12}～C_{20})	—	—
直链脂肪醇(C_6 以上)的邻苯二甲酸酯以及这类酯的混合物	—	—
乙酰柠檬酸三丁酯	77-90-7	201-067-0
乙酰柠檬酸三(2-乙基己基)酯	144-15-0	205-617-0

6.2 标识

除 10.2 的标识要求外,外包装还要有下面的警告内容:

警告! 仅供 8 岁以上儿童使用。

在成人的监督下使用。

注意! 在使用前要阅读说明书,并严格依照说明使用,保存好说明书以备用。

6.3 安全规则

使用说明除了 11.4 所要求的规则外,还要有下面的安全规则:

——不要将材料放入口内;

——温度不要超过 130 ℃,否则有害的气体将产生;
——不要超过 30 min 的硬化时间;
——硬化过程不属于玩具功能的部分,应由负责监督的成人来进行;
——使用家用烤炉温度计来测量温度,如双金属的;
——不要使用玻璃温度计;
——不要使用微波炉。

7 塑料模具套装

7.1 聚苯乙烯颗粒

7.1.1 化学物质

这类套装应含有符合表 3 要求的带颜色和不带颜色的聚苯乙烯颗粒。

表 3 聚苯乙烯

化学物质	CAS 号	EINECS 号
含有苯乙烯单体含量≤500 mg/kg 的聚苯乙烯	9003-53-6	—

7.1.2 标识

除 10.2 的标识要求外,外包装还要有下面的警告内容:

警告! 仅供 10 岁以上儿童使用。
在成人的监督下使用。

注意! 在使用前要阅读说明书,并严格依照说明使用,保存好说明书以备用。

7.1.3 安全规则

使用说明除了 11.4 所要求的规则外,还要有下面的安全规则:
——温度不要超过 180 ℃;
——熔化过程不属于玩具功能的部分,应由负责监督的成人来进行;
——使用家用烤炉温度计来测量温度,如双金属的;
——不要吞入材料;
——不要同时在家用烤炉内加热材料和煮食;
——不要使用玻璃温度计;
——不要超过最高推荐的处理时间;
——不要使用微波炉。

7.2 包埋套装

7.2.1 一般要求

GB 13690—2009 所列出的物质不能使用在包埋套装中。

除了短期使用外,只有 GB 2760 和《化妆品卫生规范》所定义的在食品和化妆品中允许的防腐剂才能使用。所使用的防腐剂名称要按照《化妆品卫生规范》的要求标识。

注:诸如明胶或琼脂等物质在适当的防腐下可使用。

7.2.2 包装

所使用的任何防腐剂均应在外包装上明示。

7.2.3 标识

除10.2的标识要求外，外包装还要有下面的警告内容：

警告！ 仅供5岁以上儿童使用。

注意！ 在使用前要阅读说明书，并严格依照说明使用，保存好说明书以备用。

7.2.4 安全规则

使用说明除了11.4所要求的规则外，还要有下面的安全规则：

——不要将加有防腐剂的材料放入口中。

8 照相显影套装

8.1 化学物质和配制品

在黑白照相套装中只能使用表4所给出的物质和配制品，并且不能超过规定的最高量。这些量是基于套装可分别配4批溶液，每批为0.5 L，而得出的。

表4 化学物质的最高含量

物质	最高含量/每套	CAS号	EINECS号
乙酸7%(体积分数)	100 mL	64-19-7	200-580-7
硫代硫酸铵	4×75 g	7783-18-8	231-982-0
抗坏血酸	4×10 g	50-81-7	200-066-2
柠檬酸	5 g	77-92-9	201-069-1
焦亚硫酸钠	4×10 g	7681-57-4	231-673-0
N-(4-羟基苯基)-氨基-乙酸	4×5 g	122-87-2	204-580-8
对甲氨基苯酚硫酸盐	4×5 g	55-55-0	200-237-1
菲尼酮	4×1 g	92-43-3	202-155-1
溴化钾	4×0.5 g	7758-02-3	231-830-3
碳酸钠	4×20 g	497-19-8	207-838-8
亚硫酸钠	4×20 g	7757-83-7	231-821-4
硫代硫酸钠	4×75 g	7772-98-7	231-867-5
注：所给的量是指无水化学品。等当量的含水化学品或它的盐(适用时)，可能具有不同的CAS号和EINECS号，可代替该无水化学品。			

8.2 包装

用作显影液和定影液的化学品可配成混合的配制品并包装好，以防洒出。

套装中要含有护目镜、手套和镊子。

8.3 标识

8.3.1 外包装的标识

除 10.2.1 的标识要求外，外包装还要有下面警告的内容：

警告！ 仅供 12 岁以上儿童使用。

在成人监督下使用。

注意！ 套装含有有害的化学品。

在使用前要阅读说明书，并严格依照说明使用，保存好说明书以备将来使用。

8.3.2 独立包装的标识

每个包装容器应按 10.3 的要求标识。

8.4 安全规则

当用这些套装进行实验时，应小心并严格按照说明书使用。必须遵守包装容器的安全说明。

使用说明除了 11.4 所要求的规则外，还要有下面的安全规则：

——始终戴护目镜；

——始终戴保护手套和使用镊子；

——不要将显影溶液放入口中；

——不要在处理食品或饮料的地方混合化学品；

——不要让化学品与皮肤和眼睛接触；

——不要吞入化学品；

——不要吸入灰尘。

9 模型套装中所提供或推荐的胶粘剂、油漆、漆、清漆、稀释剂及清洗剂(溶剂)

9.1 一般要求

模型套装中所提供的胶粘剂、油漆、漆、清漆、稀释剂及清洗剂(溶剂)应符合第 9 章的相关要求。套装中所附带的说明书只提及符合第 9 章要求的胶粘剂、油漆、漆、清漆、稀释剂及清洗剂(溶剂)。

9.2 胶粘剂

9.2.1 水基型胶粘剂

9.2.1.1 一般要求

水基型胶粘剂应由水、表 5 中的基础材料、表 6～表 8 中的特殊材料、防腐剂、填料和调节剂组成。

除了短期使用外，只有 GB 2760 和《化妆品卫生规范》所定义的在食品和化妆品中允许的防腐剂才能使用。所使用的防腐剂名称要按照《化妆品卫生规范》的要求进行标识。

水基型胶粘剂的基础材料要符合表 5 的要求。

表 5　水基型胶粘剂以及水性油漆和漆的基础材料

化学物质	CAS 号	EINECS 号
丙烯酸类聚合物	—	—
既不含游离的异氰酸酯基团也不含芳香族氨基化合物的亲水性聚氨酯	—	—
含有允许作为供与食品接触的材料的单体的聚合物和共聚物	—	—
聚醋酸乙烯酯	9003-20-7	—
聚乙烯醇	9002-89-5	209-183-3

基础材料应符合"供与食品接触的塑料材料和物品"的法律法规和国家标准的要求。

迁移溶剂应为三级水(见 GB/T 6682—2008)。在 40 ℃的接触时间应为 1 h。

9.2.1.2　纸张和木材的液体胶粘剂

9.2.1.2.1　一般要求

纸张和木材的液体胶粘剂的特殊材料要符合表 6 的要求。

表 6　纸张和木材胶粘剂以及水性油漆和漆的特殊材料

化学物质	CAS 号	EINECS 号
纤维素醚(例如:羧甲基纤维素、甲基纤维素)	9004-67-5	—
糊精	9004-53-9	232-675-4
阿拉伯胶	9000-01-5	232-519-5
淀粉或改性淀粉	9005-25-8	232-679-6

纸张和木材液体胶粘剂的特殊添加剂要符合表 7 的要求。

表 7　纸张和木材液体胶粘剂的特殊添加剂

化学物质	CAS 号	EINECS 号
乙醇酸丁酯＜3%	7397-62-8	230-991-7
己内酰胺＜5%	105-60-2	203-313-2
甘油	56-81-5	200-289-5
聚丙烯酰胺	9003-05-8	—
聚丙烯酸	9003-01-4	—
聚乙二醇	25322-68-3	—
聚甲基丙烯酸	25087-26-7	—
聚丙二醇	25322-69-4	—
脂肪酸(C_{14}以上)钠盐	—	—
山梨(糖)醇	50-70-4	200-061-5
二乙二醇丁醚醋酸酯＜3%	124-17-4	204-685-9
木糖醇	87-99-0	201-788-0

表 7 给出的聚合物应该符合"供与食品接触的塑料材料和物品"的法律法规和国家标准的要求。

迁移溶剂应为三级水(见 GB/T 6682—2008)。在 40 ℃的接触时间应为 1 h。

纸张和木材液体胶粘剂不应含有三者总量超过10%的乙醇酸丁酯、己内酰胺和二乙二醇丁醚醋酸酯。

9.2.1.2.2 包装

一个套装中水基型胶粘剂的包装容器的容量不应超过100 mL。所使用的任何防腐剂均应在外包装上注明。

9.2.1.2.3 标识

除10.2的标识要求外，胶粘剂的包装容器上还要有下面警告的内容：

警告！ 仅供3岁以上儿童使用。
在成人监督下使用。

9.2.1.3 用于纸张的粘性胶棒

9.2.1.3.1 一般要求

纸张粘性胶棒的特殊材料应符合表6、表7和表8的要求。

表8 纸张粘性胶棒的特殊材料

化学物质	CAS号	EINECS号
聚乙烯吡咯烷酮	9003-39-8	—

特殊材料应该符合“供与食品接触的塑料材料和物品”的法律法规和国家标准的要求。

迁移溶剂应为三级水(见GB/T 6682—2008)。在40 ℃的接触时间应为1 h。

9.2.1.3.2 包装

一个套装中粘性胶棒的质量不应超过50 g。

9.2.1.3.3 标识

除10.2的标识要求外，包装(如有时)或粘性胶棒的包装容器还要有下面警告的内容：

警告！ 仅供3岁以上儿童使用。
在成人监督下使用。

9.2.2 溶剂型胶粘剂

9.2.2.1 一般要求

溶剂型胶粘剂应由表5～表12的物质组成，另外还可含有其他物质包括填料、调节剂和增塑剂。增塑剂应该符合“供与食品接触的塑料材料和物品”的法律法规和国家标准的要求。

在这些胶粘剂中增塑剂的含量不应超过8%；调节剂的含量不应超过3%。

9.2.2.2 多用途胶粘剂

多用途胶粘剂的基础材料应符合表9的要求。

表 9　多用途胶粘剂的基础材料

化学物质	CAS号	EINECS号
丙烯酸类聚合物	9003-01-4	—
硝酸纤维素	9004-70-0	—
聚醋酸乙烯酯	9003-20-7	—
醋酸乙烯共聚物	—	—

9.2.2.3　接触型胶粘剂

接触型胶粘剂的基础材料应符合表10的要求。

表 10　接触型胶粘剂的基础材料

化学物质	CAS号	EINECS号
含有允许作为与食品接触材料的单体的聚合物和共聚物	—	—
氯丁橡胶	9010-98-4	—
聚氨酯	73561-64-5	—

9.2.2.4　专用胶粘剂

专用胶粘剂的基础材料应符合表11的要求。

表9～表11给出的基础材料应该符合“供与食品接触的塑料材料和物品”的法律法规和国家标准的要求。

迁移溶剂应为三级水(见GB/T 6682—2008)。在40 ℃的接触时间应为1 h。

表 11　专用胶粘剂的基础材料

化学物质	CAS号	EINECS号
丙烯酸类聚合物	—	—
含有允许作为与食品接触材料的单体的聚合物和共聚物	—	—
聚苯乙烯	9003-53-6	—
聚氯乙烯共聚物	—	—

表 12　溶剂

化学物质/配制品	CAS号	EINECS号
丙酮	67-64-1	200-662-2
环已烷	110-82-7	203-806-2
3-戊酮	96-22-0	202-490-3
乙酸乙酯	141-78-6	205-500-4
乙醇	64-17-5	200-578-6
醋酸异丙酯	108-21-4	203-561-1
异丙醇	67-63-0	200-661-7

表 12（续）

化学物质/配制品	CAS号	EINECS号
乙酸甲酯	79-20-9	201-185-2
甲乙酮	78-93-3	201-159-0
甲基异丙基酮	563-80-4	209-264-3
乙酸正丁酯	123-86-4	204-658-1
乙酸正丙酯	109-60-4	203-686-1
1-甲氧基-2-丙醇	107-98-2	203-539-1
1,1-二甲氧基乙烷	534-15-6	208-589-8
石油馏分(60 ℃～140 ℃) (正己烷的最大含量为5%)	64742-89-8	265-192-2
石油馏分(135 ℃～210 ℃) (正己烷的最大含量为5%)	64742-88-7	265-191-7

1-甲氧基-2-丙醇的最大含量不应超过20%。

9.2.2.5 包装

在一个套装中包装容器的容量不应超过15 g。

9.2.2.6 标识

除10.2的标识要求外，套装的外包装还要有下面警告的内容：

警告！ 仅供8岁以上儿童使用。
在成人监督下使用。

注意！ 在使用前要阅读说明书，并严格依照说明使用，保存好说明书以备用。

独立的包装容器应按10.3的要求标识。

9.2.2.7 安全规则

使用说明除了11.4所要求的规则外，还要有下面的安全规则：

——远离火源；
——皮肤、眼睛和嘴不能接触胶粘剂；
——不要吞入材料；
——不要吸入气体。

9.3 水性油漆和漆

9.3.1 一般要求

水性油漆和漆应由水、着色剂、填料、防腐剂、调节剂、表5的基础材料、表6的特殊材料以及表13的有机溶剂和成膜剂组成。

有机溶剂和成膜剂的含量不要超过10%。除了短期使用外，只有GB 2760和《化妆品卫生规范》所规定的在食品和化妆品中允许使用的防腐剂才能使用。所使用的防腐剂的名称要按照《化妆品卫生规范》要求进行标识。

表 13　有机溶剂和成膜剂

化学物质/配制品	CAS 号	EINECS 号
脂肪二酸(C_{20}～C_{33})二(2-甲基丙基)酯(作为成膜剂最大含量为 2%)	—	—
乙醇	64-17-5	200-578-6
脂肪酸酯和醇的混合物(C_{12}～C_{14})(作为成膜剂最大含量为 2%)	—	—
1-甲氧基-2-丙醇	107-98-2	203-539-1
1,2-丙二醇	57-55-6	200-338-0
2-甲基-2,4-戊二醇	107-41-5	203-489-0
2-丙醇	67-63-0	200-661-7
石油馏分(60 ℃～140 ℃)(正己烷的最大含量为 5%)	64742-89-8	265-192-2
石油馏分(135 ℃～210 ℃)(正己烷的最大含量为 5%)	64742-88-7	265-191-7

所使用的材料的可迁移元素的最大限量要求应符合 GB 6675 的限量规定。

9.3.2　包装

在一个套装中包装容器的含量不应超过 100 mL。所使用的任何防腐剂均应在外包装上注明。

9.3.3　标识

除 10.2 的标识要求外,包装或包装容器还要有下面警告的内容:

警告! 仅供 8 岁以上儿童使用。

在成人监督下使用。

注意! 在使用前要阅读说明书,并严格依照说明使用,保存好说明书以备用。

9.3.4　安全规则

使用说明除了 11.4 所要求的规则外,还要有下面的安全规则:

——不要让材料接触到眼睛;

——不要将材料放入口中;

——不要吸入有机气体。

9.4　溶剂型油漆、漆、稀释剂及清洗剂

9.4.1　一般要求

溶剂型油漆和漆应包括着色剂、填料、调节剂、表 14 的基础材料以及表 13 和表 15 的溶剂。调节剂的含量不应超过 3%。

对于用硝化纤维素制造的溶剂型油漆和漆,增塑剂的含量不应超过 5%。

稀释剂和清洗剂只能含有除成膜剂外的表 13 和表 15 所列出的物质和配制品。油漆和漆不能含有超过 2%的异丁醇或正丁醇以及超过 20%的 1-甲氧基-2-丙醇。异丁醇,正丁醇和 1-甲氧基-2-丙醇不能用在稀释剂和清洗剂中。

压力罐包装(喷雾剂瓶)不能用于盛装油漆、漆、稀释剂或清洗剂。

所使用的材料的可迁移元素的最大限量要求应符合 GB 6675 的限量规定。

表 14　基础材料

化学物质	CAS 号	EINECS 号
丙烯酸类聚合物	—	—
醇酸树脂聚合物	—	—
硝化纤维素	9004-70-0	—

表 15　溶剂

化学物质/配制品	CAS 号	EINECS 号
三乙酸甘油酯	102-76-1	203-051-9
异丁醇	78-83-1	201-148-0
甲乙酮(2-丁酮)	78-93-3	201-159-0
1-甲氧基-2-丙醇(PM)	107-98-2	203-539-1
1-甲氧基-2-丙醇乙酸酯(MPA)	108-65-6	203-603-9
正丁醇	71-36-3	200-751-6
醋酸 3-甲氧基正丁酯	4435-53-4	224-644-9

9.4.2　包装

在一件套装中包装容器的最大容量不应超过：

——对于闪点不超过 55℃的配制品为 15 mL；

——对于闪点超过 55℃的配制品为 50 mL。

危险配制品的包装应配有防儿童打开的装置。

9.4.3　标识

除 10.2 的标识要求外，外包装还要有下面警告的内容：

警告！ 仅供 8 岁以上儿童使用。

在成人监督下使用。

注意！ 在使用前要阅读说明书，并严格依照说明使用，保存好说明书以备用。

9.4.4　安全规则

使用说明除了 11.4 所要求的规则外，还要有下面的安全规则：

——远离火源；

——皮肤和眼睛不能接触产品；

——不要将材料放入口中；

——不要吸入气体。

10　标识

10.1　一般要求

标识必须是明显的、易读和难擦掉的，并且要用中文书写。

"警告!"和"注意!"的字体应符合 GB 5296.5 的规定。

假如包装容器太小而放不下所有必需的信息,随同包装要另外提供一份说明宣传单。

所推荐的任何 GB 13690—2009 物质如不包含在本玩具中则应在外包装上注明。

在使用说明书中应给出详细的安全信息资料。

10.2 外包装的标识

10.2.1 制造商的识别

外包装应有制造商或其授权代理或进口商的名称和/或商号和/或标识和地址。

制造商或其授权代理或进口商的名称和地址可以缩写,假如缩写后可识别的话。

10.2.2 警告和注意用语

外包装上应有第 4 章～第 9 章提到的警告和注意用语。

10.3 独立的包装容器及包装的标识

相关时,独立的包装容器及包装应标有下面的内容:

a) 相关表格和条款中所给出的化学物质或配制品的名称,如按 GB 13690—2009 规定有必要时则适用于每一个具体物质。
b) GB 13690—2009 所规定的必需的危险符号和所必需的危险/安全用语。

11 使用说明

11.1 总则

使用说明应用中文书写。

应在使用说明书的封面重复 10.2 要求的外包装标识。

某些说明和内容用语不适用于第 4 章～第 9 章的要求。在这些情况下,要将例外写入文件中和/或给出修改后的用语。

11.2 物品清单

物品清单应包括下面内容:

a) 相关时,所提供的化学品;
b) 相关时,按 GB 13690—2009 规定所适用的每一个具体物质的危险/安全用语;
c) 相关时以及假如按照 11.2 b)所提到的标准的规定是危险的物质/配制品时,留出空余的位置,在其上尽可能写上当地中毒处理中心(急救信息中央办公室)或医院的电话,以防不小心时吸入危险的物质;
d) 总的急救说明如下:

——在皮肤接触和烧伤的情况:用大量的水冲洗受影响区域至少 15 min 并征询医生的意见。

用语不适用于:第 4 章、第 5 章、第 6 章、7.2。

——对于第 8 章,下面经修改后的版本适用:

在皮肤接触的情况:用大量的水冲洗受影响区域至少 15 min。

——对于条款 9.2.1、9.2.2、9.3、9.4,下面经修改后的版本适用:

在皮肤接触的情况:用大量的水冲洗受影响区域。

在眼睛接触的情况:将眼睛张开,用大量的水冲洗眼睛,并立即征询医生的意见。

用语不适用于：第6章、7.1、7.2。

假如吞入：用水洗口，喝新鲜的水。勿催吐，并立即征询医生的意见。

用语不适用的条款：5、6、7.1、9.2.1、9.2.2、9.3。

在吸入的情况：将人转移到空气新鲜的地方。

用语不适用的条款：4、5、7.2、9.2.1.2、9.2.1.3。

——对于第6章，下面经修改后的版本适用：

在意外过热和吸入有毒气体的情况：将人转移到空气新鲜的地方，并立即征询医生的意见。

在有疑问时，立即征询医生的意见。并带上化学品和/或产品和包装容器。

在受伤时总是征询医生的意见。

注：急救内容也可在指导该项活动的说明书中找到。

e) 适用时，特殊的急救说明。

11.3 成人监督的建议

适用时，对成人的建议包括以下内容：

a) 该化学套装玩具仅供×岁以上儿童使用(适用时)；

b) 阅读并依照使用说明书、安全规则以及急救说明执行，保存它们以备用；

c) 不正确使用化学品将导致受伤和对健康的损害。只进行说明书上列出的活动项目；

d) 因为儿童的能力差别很大，即使在同一年龄组，负责监督的成人要辨别哪些活动项目对他们是适合以及安全的。说明书应该能使负责监督的人员评估所列出的活动项目，以决定其是否适合于某一类儿童；

e) 在开始活动前，负责监督的成人应与该儿童或所有儿童讨论警告、安全信息以及可能的危害。特别要注意碱、酸及可燃性液体的安全处理；

f) 活动区域要没有障碍物以及远离食品贮藏室。光线要明亮、通风要好以及近水源。要使用带有抗热面的结实桌子；

g) 工作区域在活动结束后要立即清理干净。

11.4 安全规则

要给出下面的安全规则：

——指定年龄限以下的儿童和动物要远离活动区域；

——将化学套装玩具贮藏在较小儿童拿不到的地方；

——活动结束后要洗手；

——使用后将所有的仪器清理干净；

——套装中没有配带的或者说明书上没有推荐的仪器不要使用；

——在活动区域不要吃、喝或抽烟。

以及合适时：

第4章～第9章中的特定安全规则。

11.5 实施具体活动的说明

要给出如何进行每一个活动的详细内容。

注1：相关时，制造商要对活动进行评估。

注2：细述使用该玩具产生的各种危害。

11.6 化学品的溢出及处理

相关时，要给出处理溢出和已用化学品的说明。

处理说明书要考虑到我国处理该化学品的相关法规。

12 测试方法

警告——使用本部分的人员应注意环境、健康和安全注意事项。在制定本部分时，已考虑到使用本方法对环境所造成的影响，并最大限度地减少它。

分析员有责任使用安全和合适的技术来处理本部分中所规定的分析方法中的材料。

——就具体细节咨询制造商，如关于化学品安全技术说明书(MSDS)以及其他建议。

——在所有的实验区域穿戴保护性的眼镜和外套。

——对于有毒的和/或致癌的物质要小心。

——在制备有机溶剂的过程中要使用通风橱。

——处置溶剂要符合环境要求。

12.1 总则

分析用的化学品应该使用分析纯的，如果没有分析纯的，则使用具有最高技术级别的。水应为GB/T 6682—2008的三级水或同等质量的，并证明没有被分析物的存在。

玻璃量具的精度应为A级。

12.2 陶瓷和玻璃质上釉材料中的元素的测量

12.2.1 原理

陶瓷或搪瓷样品使用四硼酸二锂进行熔化消解，分解后熔融的产品通过稀盐酸萃取。用原子发射光谱法测量各个金属元素。

12.2.2 标准溶液和试剂

12.2.2.1 标准溶液

见表16。

注：市面上可购得元素的标准溶液。

表16 标准溶液

化学品	浓度 mg/L
铜	1 000
铁	1 000
镨	1 000
钴	1 000
锆	1 000
钒	1 000
锡	1 000

12.2.2.2 试剂

见表17。

表 17 试剂

化学品	浓度/(g/mL)
四硼酸二锂($Li_2B_4O_7$)	
盐酸(HCl)	1.12

12.2.3 仪器

注：因为市面上没有标准化的仪器，只能提供较详细的使用说明。

12.2.3.1 铂坩埚。

12.2.3.2 马弗炉或类似的仪器，温度范围：可达到(1 000±50)℃。

12.2.3.3 分析天平，精度为 0.1 mg。

12.2.3.4 玻璃器皿(烧杯、漏斗、容量瓶和移液管)。

在使用之前，所有的玻璃应用 10%盐酸(体积比)清洗干净。

12.2.3.5 原子发射光谱仪。

12.2.4 标准溶液的制备

12.2.4.1 多元素标准溶液Ⅰ

c(Cu,Fe,Pr,Co,Zr,V,Sn)=10 mg/L

用移液管将浓度为 1 000 mg/L 的标准溶液(见 12.2.2.1)各移取(1.0±0.01)mL 到 100 mL 的容量瓶中。加 10 mL 的盐酸(见 12.2.2.2)，混合并用水定容。

注：多元素标准溶液Ⅰ在(4±2)℃的冰箱中可保存一个月。

12.2.4.2 多元素标准溶液Ⅱ

c(Cu,Fe,Pr,Co,Zr,V,Sn)=5.0 mg/L

用移液管移取(50±0.05) mL 多元素标准溶液Ⅰ到 100 mL 的容量瓶中。加 10 mL 的盐酸，混合并用水定容。

该溶液必须现用现配。

12.2.4.3 多元素标准溶液Ⅲ

c(Cu,Fe,Pr,Co,Zr,V,Sn)=1.0 mg/L

用移液管移取(10±0.02) mL 多元素标准溶液Ⅰ到 100 mL 的容量瓶中。加 10 mL 的盐酸，混合并用水定容。

该溶液必须现用现配。

12.2.5 空白溶液

加 10 mL 盐酸到用聚乙烯或聚四氟乙烯(PTFE)瓶装的 90 mL 水中。

12.2.6 取样

从每一种颜色的材料上获取三个测试组份，并分别处理。

注：测试组份的均匀化不是必要的，因为这些材料已经熔化并且是磨得很细。

12.2.7　样品制备

每一测试组份称取(0.1±0.05) g到铂坩埚中，精确到0.001 g。加1 g四硼酸二锂到铂坩埚并小心混合。将铂坩埚放到马弗炉中在温度为(1 000±50)℃下加热120 min。

冷却至约500 ℃后，将铂坩埚从马弗炉中取出，转移到一杯水中。加20 mL盐酸。加热该溶液到沸点，继续沸腾直到样品完全分解。转移该溶液到250 mL的容量瓶中并定容。假如出现二氧化硅沉淀，用过滤去除。

12.2.8　步骤

使用表18的波长测量元素浓度。在光谱干扰时，选择其他合适的波长。

表18　波长

元素	波长 nm
铜(Cu)	324 752
铁(Fe)	259 942
镨(Pr)	422 285
钴(Co)	228 616
锆(Zr)	339 198
钒(V)	292 399
锡(Sn)	189 932

对校准函数进行验证后，开始测量样品。

在分析溶液前测量空白溶液。

要经常重新校准分析仪器。为避免记忆效应，也用空白溶液进行检查。

12.2.9　结果的评估

12.2.9.1　总则

要给出3个测试组份的平均值。

金属含量按式(1)计算：

$$M_{\mathrm{m}}=\frac{(c_{样品}-c_{空白})\times V\times f}{W\times 10\ 000} \qquad \cdots\cdots(1)$$

式中：

M_{m} ——样品中金属的含量(质量分数)，%；

$c_{样品}$ ——分析溶液中金属的浓度，单位为毫克每升(mg/L)；

$c_{空白}$ ——空白溶液中金属的浓度，单位为毫克每升(mg/L)；

V ——样品溶液的体积，单位为毫升(mL)；

f ——稀释系数；

W ——样品称量部分的质量，单位为克(g)。

将元素含量的计算结果与附录B中表B.1给出的化合物中最高允许元素浓度进行比较。假如这些浓度没有超出，则满足本部分的要求。

假如这些浓度超出了，必须按照式(2)和12.2.9.2计算化合物的浓度：

$$M_M = \frac{(c_{样品} - c_{空白}) \times V \times f \times f_m}{W \times 10\ 000} \quad \cdots\cdots(2)$$

式中：

M_M ——样品中化合物的含量(质量分数),%；

$c_{样品}$ ——分析溶液中金属的浓度,单位为毫克每升(mg/L)；

$c_{空白}$ ——空白溶液中金属的浓度,单位为毫克每升(mg/L)；

V ——样品溶液的体积,单位为毫升(mL)；

f ——稀释系数；

W ——样品称量部分的质量,单位为克(g)；

f_m ——金属至金属氧化物的折算系数。

个别金属的折算系数 f_m 见表 19。

表 19 折算系数

化合物	元素	折算系数
氧化铜（CuO）	铜 Cu	1.251 8
三氧化二铁（Fe_2O_3）	铁 Fe	1.429 7
三氧化二镨(Pr_2O_3)	镨 Pr	1.170 3
氧化钴(CoO)	钴 Co	1.271 5
二氧化锆（ZrO_2）	锆 Zr	1.350 8
五氧化二钒(V_2O_5)	钒 V	1.785 2
二氧化锡（SnO_2）	锡 Sn	1.269 6

12.2.9.2 搪瓷样品中颜料的计算

12.2.9.2.1 氧化铜（CuO）和二氧化锡（SnO_2）浓度的计算

按照式(2)计算氧化铜（CuO）和二氧化锡（SnO_2）的浓度。

12.2.9.2.2 氧化铝钴(CoO·Al_2O_3)的浓度计算

氧化铝钴的浓度的计算,将按式(2)所计算的 CoO 的量乘以折算系数 2.360 7：

$$CoO \times 2.360\ 7 = CoO \cdot Al_2O_3 \quad \cdots\cdots(3)$$

12.2.9.2.3 硅酸锆镨($Pr_2O_3 + ZrSiO_4$)的浓度计算

硅酸锆镨的浓度的计算,将按式(2)所计算的 Pr_2O_3 的量乘以折算系数 1.555 8：

$$Pr_2O_3 \times 1.555\ 8 = Pr_2O_3 + ZrSiO_4 \quad \cdots\cdots(4)$$

12.2.9.2.4 硅酸锆钒($V_2O_4 + ZrSiO_4$)的浓度计算

硅酸锆钒的量的计算,将按式(2)所计算的 V_2O_5 的量乘以折算系数 1.919 8：

$$V_2O_5 \times 1.919\ 8 = V_2O_4 + ZrSiO_4 \quad \cdots\cdots(5)$$

12.2.9.2.5 三氧化二铁（Fe_2O_3）、硅酸锆铁($Fe_2O_3 + ZrSiO_4$)和硅酸锆($ZrSiO_4$)的浓度计算

按式(2)计算 Fe_2O_3 总浓度、V_2O_5 总浓度、Pr_2O_3 总浓度和 ZrO_2 总浓度。

假如有 Pr_2O_3 存在,则按照式(4)计算(Pr_2O_3+$ZrSiO_4$)的浓度。

ZrO_2(a)量的计算，将($Pr_2O_3+ZrSiO_4$)的浓度乘以折算系数0.240 1：

$$(Pr_2O_3 + ZrSiO_4) \times 0.240\,1 = ZrO_2(a) \qquad (6)$$

假如有 V_2O_5 存在，则按照式(5)计算($V_2O_4+ZrSiO_4$)的浓度。

ZrO_2(b)量的计算，将($V_2O_4+ZrSiO_4$)的浓度乘以折算系数0.352 9：

$$(V_2O_4 + ZrSiO_4) \times 0.352\,9 = ZrO_2(b) \qquad (7)$$

总的 ZrO_2 减去 ZrO_2(a)与 ZrO_2(b)之和用来计算 ZrO_2(c)。

$$ZrO_{2总} - [ZrO_2(a) + ZrO_2(b)] = ZrO_2(c) \qquad (8)$$

硅酸锆铁($Fe_2O_3+ZrSiO_4$)浓度，由式(2)所计算的 Fe_2O_3 量计算得到。

Fe_2O_3 的量应该乘以2.147 8：

$$Fe_2O_3 \times 2.147\,8 = Fe_2O_3 + ZrSiO_4 \qquad (9)$$

ZrO_2(d)量的计算，将($Fe_2O_3+ZrSiO_4$)的浓度乘以折算系数0.359 3：

$$(Fe_2O_3 + ZrSiO_4) \times 0.359\,3 = ZrO_2(d) \qquad (10)$$

假如 $ZrO_2(c)>ZrO_2(d)$，则两者之差 $ZrO_2(c)-ZrO_2(d)$用来计算 ZrO_2(e)：

$$ZrO_2(c) - ZrO_2(d) = ZrO_2(e) \qquad (11)$$

$ZrSiO_{4纯}$的量的计算等于 ZrO_2(e)浓度乘以折算系数1.487 6：

$$ZrO_2(e) \times 1.487\,6 = ZrSiO_{4纯} \qquad (12)$$

假如 $ZrO_2(c)< ZrO_2(d)$，($Fe_2O_3+ZrSiO_4$)浓度的计算等于 ZrO_2(c)浓度乘以折算系数2.783 6：

$$ZrO_2(c) \times 2.783\,6 = Fe_2O_3 + ZrSiO_4 \qquad (13)$$

Fe_2O_3(a)的量的计算等于($Fe_2O_3+ZrSiO_4$)浓度乘以折算系数0.465 6：

$$(Fe_2O_3 + ZrSiO_4) \times 0.465\,6 = Fe_2O_3(a) \qquad (14)$$

纯的三氧化二铁 ($Fe_2O_{3纯}$)的浓度等于 $Fe_2O_{3总}$减去 Fe_2O_3(a)：

$$Fe_2O_{3总} - Fe_2O_3(a) = Fe_2O_{3纯} \qquad (15)$$

12.2.10 测试报告

分析报告至少应包括下列内容：

a) 所测试的产品和/或材料的类型和识别；

b) 提及本部分；

c) 测试结果以 $X\%$(质量分数)表示，颜料含量取舍至0.01%(质量分数)，不要大于三位有效数字；

d) 与规定测试程序的任何偏离；

e) 测试日期。

12.3 测量烤炉固化聚氯乙烯(PVC)模型粘土套装中的增塑剂

12.3.1 原理

增塑剂的测量是通过溶剂萃取，使用索氏抽提器从已知重量的PVC材料中定量提取增塑剂。正己烷用来萃取邻苯二甲酸酯、柠檬酸酯和烷基磺酸酯。甲醇用来提取己二酸聚酯。增塑剂的定性测量，可通过溶剂蒸发、称量溶剂残留和用衰减全反射傅里叶变换红外(ATR-FT-IR)光谱来确定。通过气质联用仪(GC-MS)来测量邻苯二甲酸酯、烷基磺酸苯酯及柠檬酸酯增塑剂的含量。通过重量法定量测量己二酸聚酯。

该方法部分被用来测量溶剂型胶粘剂以及溶剂型油漆和漆中的增塑剂(见12.8.4)。

12.3.2 标准物质和试剂

12.3.2.1 标准物质

见表20、表21、表22和表23。

注：所给出的物质(除柠檬酸酯外)是表2要求的具体实例。

表20 邻苯二甲酸酯

化学品	CAS号
邻苯二甲酸二(2-乙基己基)酯(DEHP)	117-81-7
邻苯二甲酸二异壬酯(DINP)	28553-12-0
邻苯二甲酸二异癸酯(DIDP)	26761-40-0
邻苯二甲酸丁苄酯(BBP)	85-68-7
邻苯二甲酸二正丁酯(DBP)	84-74-2
邻苯二甲酸二正己酯(DNHP)	84-75-3
邻苯二甲酸二正庚酯(DNHpP)	3648-21-3
邻苯二甲酸二正辛酯(DNOP)	117-84-0
邻苯二甲酸二正壬酯(DNP)	84-76-4
邻苯二甲酸二正癸酯(DDP)	84-77-5
注1：化学品DEHP，DINP，DIDP，BBP和DBP可用于分析造型粘土的用途，不允许用在PVC造型粘土中。然而，它们是9.2.2和9.4要求的增塑剂的具体实例。 注2：技术级的DINP和DIDP典型的是异构体和同系物的混合物。	

表21 己二酸聚酯

化学品	商标	CAS号
己二酸与1,2-丙二醇的聚合物的乙酸酯	Palamoll[a] 632 & 636	55799-38-7
己二酸与1,3-丙二醇和1,4-丁二醇的聚合物的乙酸酯	Palamoll[a] 646	150923-12-9
己二酸与2,2-二甲基1,3-丙二醇和1,2-丙二醇的聚合物的异壬酯	Palamoll[a] 652	208945-13-5
己二酸与1,4-丁二醇和2,2-二甲基1,3-丙二醇的聚合物的异壬酯	Palamoll[a] 654 & 656	208945-12-4
己二酸与2,2-二甲基1,3-丙二醇和3-羟基2,2-二甲基丙酸的聚合物的异壬酯	Palamoll[a] 858	208945-11-3
未获得化学清单名	Paraplex[b] G-40	39363-92-3
注：己二酸聚酯的商标名是这类增塑剂的具体实例。		
[a] 从己二酸和多元醇衍生的高分子型增塑剂。 [b] 己二酸聚酯。		

表22 柠檬酸酯

化学品	CAS号
乙酰柠檬酸三丁酯	77-90-7
乙酰柠檬酸三(2-乙基己基)酯	144-15-0

表 23 烷基磺酸酯

化 学 品	CAS 号
烷基磺酸苯酯	91082-17-6

12.3.2.2 试剂

见表 24。

表 24 溶剂

化 学 品	CAS 号
正己烷,分析纯	110-54-3
甲醇,分析纯	67-56-1

12.3.3 仪器

12.3.3.1 分析天平,精度 0.1 mg。
12.3.3.2 防火花加热套/水浴锅。
12.3.3.3 烘箱,可维持温度在(105±5)℃。
12.3.3.4 干燥器。
12.3.3.5 150 mL 或 250 mL 的磨口平底玻璃烧瓶。
12.3.3.6 带有虹吸杯的索氏玻璃抽提器。
12.3.3.7 用于索氏萃取的纤维素滤纸筒(Whatman 或同等)。
12.3.3.8 水冷式玻璃冷凝管。
12.3.3.9 原棉。
12.3.3.10 玻璃容量瓶。
12.3.3.11 普通的玻璃量具。
12.3.3.12 不透钢刀片。
12.3.3.13 衰减全反射傅里叶变换红外光谱仪(ATR-FT-IR)。
12.3.3.14 气质联用仪(GC-MS)。

色谱柱:50%苯基-50%二甲基聚硅氧烷(ZB-50),30 m×0.25 mm(内径)×0.25 μm(膜厚)。
载气:氦气。
流量:0.8 mL/min。
进样口温度:290 ℃。
进样量:2 μL。
进样方式:不分流进样。
传输线温度:280 ℃。
检测器扫描范围:50 m/z～550 m/z。
运行时间:37 min。
柱箱升温程序:

升温阶次 1:60 ℃(1 min),60 ℃～290 ℃(10 ℃/min);

升温阶次 2:200 ℃(5 min),200 ℃～320 ℃(5 ℃/min),320 ℃(5 min)。

定量离子:

邻苯二甲酸酯主要特征离子为 149 m/z;

柠檬酸酯主要特征离子为 157 m/z；

烷基磺酸酯主要特征离子为 94 m/z。

邻苯二甲酸酯的典型色谱图见图 1 和图 2。

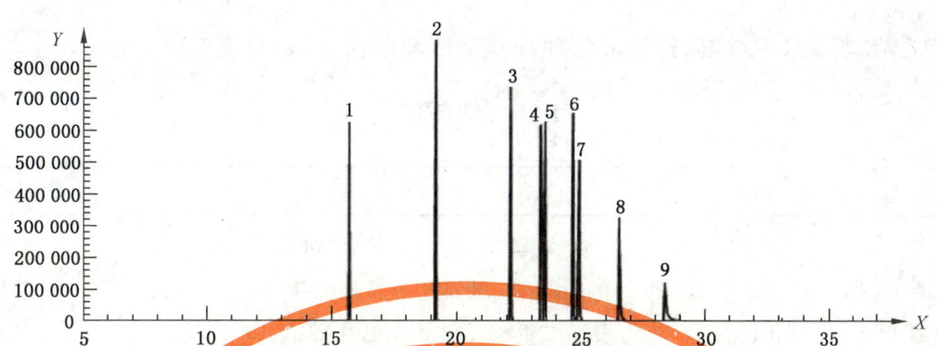

说明：

Y——响应值；

X——时间，分(min)；

混合物 1(10 μg/mL)；

1——邻苯二甲酸二乙酯；

2——邻苯二甲酸二正丁酯；

3——邻苯二甲酸二正己酯；

4——邻苯二甲酸丁苄酯和邻苯二甲酸二(2-乙基己基)酯；

5——邻苯二甲酸二正庚酯；

6——邻苯二甲酸二环己酯；

7——邻苯二甲酸二正辛酯；

8——邻苯二甲酸二正壬酯；

9——邻苯二甲酸二正癸酯。

注：1,2,4 和 6 是禁用物质。

图 1　一组邻苯二甲酸酯混合物的总离子流图

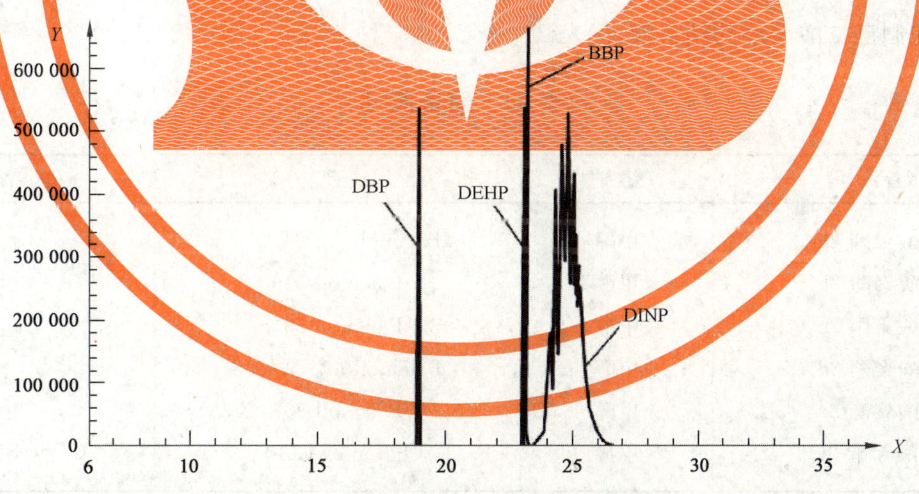

说明：

Y——响应值；

X——时间，分(min)；

混合物 2(10 μg/mL)；

DBP ——邻苯二甲酸二正丁酯；

DEHP——邻苯二甲酸二(2-乙基己基)酯；

BBP ——邻苯二甲酸丁苄酯；

DINP ——邻苯二甲酸二异壬酯。

图 2　一组邻苯二甲酸酯混合物的总离子流图

12.3.4 标准溶液的制备

12.3.4.1 储备液

用正己烷配制邻苯二甲酸酯、柠檬酸酯和烷基磺酸酯的储备液，见表25。

表25 储备液Ⅰ

储备液	溶剂	酯	浓度 μg/mL
邻苯二甲酸酯1a	正己烷	邻苯二甲酸二异壬酯(DINP)	5 000
邻苯二甲酸酯1b	正己烷	邻苯二甲酸二异癸酯(DIDP)	5 000
邻苯二甲酸酯1c	正己烷	邻苯二甲酸二(2-乙基己基)酯(DEHP)	500
		邻苯二甲酸丁苄酯(BBP)	500
		邻苯二甲酸二丁酯(DBP)	500
		邻苯二甲酸二己酯(DNHP)	500
		邻苯二甲酸二正庚酯(DNHpP)	500
		邻苯二甲酸二正辛酯(DNOP)	500
		邻苯二甲酸二正壬酯(DNP)	500
		邻苯二甲酸二正癸酯(DDP)	500
柠檬酸酯3a	正己烷	乙酰柠檬酸三丁酯	500
柠檬酸酯3b	正己烷	乙酰柠檬酸三(2-乙基己基)酯	1 000
烷基磺酸酯4	正己烷	烷基磺酸苯酯	5 000

用甲醇配制己二酸聚酯的储备液，见表26。

表26 储备液Ⅱ

储备液	溶剂	酯	浓度 μg/mL
己二酸聚酯2a	甲醇	Palamoll 632 或 636	5 000
己二酸聚酯2b	甲醇	Palamoll 646	5 000
己二酸聚酯2c	甲醇	Palamoll 652	5 000
己二酸聚酯2d	甲醇	Palamoll 654 或 656	5 000
己二酸聚酯2e	甲醇	Palamoll 858	5 000
己二酸聚酯2f	甲醇	Paraplex G-40	5 000
注：己二酸聚酯的储备液主要用于定性。			

12.3.4.2 校准溶液

通过适当的溶剂稀释，从储备液制备得到含有这些储备液组分混合物的的校准溶液(Std 1～Std 5)。具体做法是：用移液管转移到100 mL的玻璃容量瓶中，并用正己烷定容。表27给出了在该校准溶液中每一个被分析物的浓度。

表 27 校准溶液

储备液	浓度/(μg/mL)				
	Std 1	Std 2	Std 3	Std 4	Std 5
储备液 1a	50	125	250	375	500
储备液 1b	50	125	250	375	500
储备液 1c	10	15	20	25	30
储备液 3(a)	10	15	20	25	30
储备液 3(b)	50	100	150	200	250
储备液 4	10	15	20	25	30

12.3.4.3 标准溶液的稳定性

稳定性实验表明,增塑剂储备液和该校准溶液可在(4±2)℃的冰箱中存放 6 个月。

12.3.5 取样

市售的造型粘土通常以长方形块形式出现在零售包装中。从造型粘土中获取代表性的测试组分,无须进一步处理。

12.3.6 样品制备

对每一个样品,将两个平底烧瓶(见 12.3.3.5)做上标记 A 和标记 B,并放入烘箱(见 12.3.3.3)在(105±5)℃预热(30±5)min。

将烧瓶从烘箱中取出,在干燥器中放置(30±5)min 使其冷却。

冷却后,精确称量烧瓶,并记录质量。

使用手术刀片或其他合适的剪切工具,从样品的中心和各个边缘切下代表性小片(<5 mm)。

称量(1±0.2) g 所切下的样品碎片,精确到 0.1 mg,放到索氏抽提所使用的圆筒滤纸中,加入约 0.2 g 的原棉到滤纸的上面,以形成一个堵塞物,以防止任何无机填料从滤纸上溢出。

12.3.7 步骤

注:处理化学品和仪器设备时,要遵守所有的安全注意事项。记住要使用适当的空气抽气系统。

12.3.7.1 邻苯二甲酸酯、柠檬酸酯和烷基磺酸酯的萃取

加约(50±1)mL 正己烷到烧瓶 A 中。

将索氏抽提所使用的圆筒滤纸放到索氏抽提器中,并将烧瓶 A、索氏抽提器和冷凝管连接在一起,放到加热套上。

慢慢回流 6 h±30 min。

6 h 后,关闭加热套,放置足够长时间使正己烷冷却下来。

轻轻地将索氏抽提器中多余的正己烷倒入烧瓶 A 中。

注 1:基于玻璃器具的大小,以及为了达到溢出和适当的回流,正己烷的体积可以调整。

注 2:建议收集蒸发出来的溶剂,以保护环境。

12.3.7.2 己二酸聚酯的萃取

使用预先称重的烧瓶 B 和约(50±1) mL 甲醇,重复 12.3.7.1 的过程。

注:基于玻璃器具的大小,以及为了达到溢出和适当的回流,甲醇的体积可以调整。

12.3.7.3 溶剂的蒸发和称重

将烧瓶 A 和烧瓶 B 放在蒸汽浴的上面,使正己烷和甲醇完全蒸发。

在正己烷和甲醇蒸发后,将烧瓶 A 和烧瓶 B 放入到(105±5)℃的烘箱(见 12.3.3.3)中。

(30±5) min 后,将烧瓶 A 和烧瓶 B 从烘箱中取出,并放入到干燥器中冷却。

冷却(30±5) min 后,精确称重烧瓶 A 和烧瓶 B,并记录它们的质量。

再将烧瓶放到烘箱中,干燥至恒重,使得同一烧瓶连续两次的称重之差不超过 0.000 5 g。记录该质量并得出正己烷和甲醇两者的溶剂可萃取量。

12.3.7.4 空白测量

通过在两个预先称重的烧瓶 C 和烧瓶 D 中,按照 12.3.6(省去样品和萃取步骤)和 12.3.7.1 的步骤,分别蒸发 50 mL 正己烷和 50 mL 甲醇,来测量它们的溶剂空白残留。假如所计算的某个溶剂的空白残留值≥0.001 g,则使用不同批的溶剂来重复实验,直到该值<0.001 g。

12.3.7.5 邻苯二甲酸酯、柠檬酸酯和烷基磺酸酯的 GC-MSD 测量

完成 12.3.7.3 所述的称重后,加(50±2) mL 的正己烷到烧瓶 A 中。

塞住烧瓶 A 并充分旋转正己烷使增塑剂萃取物完全溶解。

将该溶液轻轻转移到 250 mL 的容量瓶中,并用正己烷反复冲洗烧瓶,并将冲洗液合并到该 250 mL的容量瓶中,定容。

必要时,用正己烷进一步稀释溶液,以使溶液的最终浓度落在已知增塑剂校准浓度的线性范围。

转移一份该正己烷溶液到样品瓶中供 GC-MS 分析用(按 12.3.3.14 所述的条件)。

将所获得的 GC-MS 谱图与已知的酯标准谱图进行比较,以定性鉴别增塑剂或任何其他化合物。

画一条响应值对已知标准浓度的校准曲线。

从标准曲线得出空白/样品中所找到的酯的响应值,扣除任何稀释因素,内插推出酯的浓度,用 μg/mL表示。

12.3.7.6 ATR-FT-IR 鉴别己二酸聚酯

完成 12.3.7.3 所述的称重后,加(50±2) mL 的甲醇到烧瓶 B 中。

塞住烧瓶 B 并充分旋转甲醇使增塑剂萃取物完全溶解。

将该溶液轻轻转移到 250 mL 的容量瓶中,并用甲醇反复冲洗烧瓶,并将冲洗液合并到该 250 mL 的容量瓶中,定容。

将所获得的红外光谱与合适的谱图类数据库比较。

12.3.8 结果的评估

12.3.8.1 含有增塑剂的溶剂可萃取量的计算

12.3.8.1.1 由 GC-MS 鉴别为邻苯二甲酸酯、柠檬酸酯和烷基磺酸酯等正己烷可萃取材料的量,见式(16)。

$$M_{正己烷} = \frac{W_{A+E} - W_{A}}{W_{s}} \times 100 \qquad \cdots\cdots(16)$$

式中：

$M_{正己烷}$——正己烷可萃取材料的量(质量分数),%；

W_{A+E}——烧瓶A和萃取物的质量,单位为克(g)；

W_A——烧瓶A的质量,单位为克(g)；

W_s——样品的质量,单位为克(g)。

12.3.8.1.2 由ATR-FT-IR鉴别为己二酸聚酯的甲醇可萃取材料的量见式(17)。

$$M_{甲醇}=\frac{W_{B+E}-W_B}{W_s}\times 100 \qquad \cdots\cdots(17)$$

式中：

$M_{甲醇}$——甲醇可萃取材料的量(质量分数),%；

W_{B+E}——烧瓶B和萃取物的质量,单位为克(g)；

W_B——烧瓶B的质量,单位为克(g)；

W_s——样品的质量,单位为克(g)。

12.3.8.1.3 合并(正己烷+甲醇)萃取材料的含量,见式(18)。

$$M_{te+p}=式(16)+式(17) \qquad \cdots\cdots(18)$$

式中：

M_{te+p}——包含有增塑剂的总的可萃取材料量(质量分数),%。

注：假如能证明只使用表2中的增塑剂时,且合并(正己烷+甲醇)萃取材料的含量<30%时,不要求进一步确定每一个增塑剂,但要报告总的可萃取材料量(质量分数),%。

12.3.8.2 用GC-MS分析来计算和鉴别增塑剂含量

12.3.8.2.1 增塑剂的鉴别

记录12.3.7.5鉴别的增塑剂。

12.3.8.2.2 计算GC-MS分析所得的增塑剂含量

12.3.8.2.2.1 计算GC-MS分析所得的邻苯二甲酸酯的含量,见式(19)。

$$M_{PAE}=\frac{c_{e1}\times 250\times f}{W_s\times 10\ 000} \qquad \cdots\cdots(19)$$

式中：

M_{PAE}——邻苯二甲酸酯含量(质量分数),%；

c_{e1}——邻苯二甲酸酯的浓度,单位为微克每毫升(μg/mL)；

f——稀释系数；

W_s——样品的质量,单位为克(g)。

12.3.8.2.2.2 计算GC-MS分析所得的柠檬酸酯的含量,见式(20)。

$$M_{CAE}=\frac{c_{e2}\times 250\times f}{W_s\times 10\ 000} \qquad \cdots\cdots(20)$$

式中：

M_{CAE}——柠檬酸酯含量(质量分数),%；

c_{e2}——柠檬酸酯的浓度,单位为微克每毫升(μg/mL)；

f——稀释系数；

W_s——样品的质量,单位为克(g)。

12.3.8.2.2.3 计算GC-MS分析所得的烷基磺酸酯的含量,见式(21)。

$$M_{\mathrm{AAE}}=\frac{c_{\mathrm{e}}\times 250\times f}{W_{\mathrm{s}}\times 10\ 000} \qquad \cdots\cdots(21)$$

式中：

M_{AAE}——烷基磺酸酯含量(质量分数)，%；

c_{e} ——烷基磺酸酯的浓度，单位为微克每毫升(μg/mL)；

f ——稀释系数；

W_{s} ——样品的质量，单位为克(g)。

12.3.9 测试报告

分析报告应包括下列内容：

a) 所测试的产品和/或材料的类型和识别；

b) 提及本部分；

c) 测试结果的表达：

——所鉴别的增塑剂；

——正己烷可萃取材料的含量(质量分数)，%；

——由 ATR-FT-IR 鉴别为己二酸聚酯的甲醇可萃取材料的含量(质量分数)，%；

——合并(正己烷＋甲醇)可萃取材料的含量(质量分数)，%；

——GC-MS 分析所得的邻苯二甲酸酯的含量(质量分数)，%；

——GC-MS 分析所得的柠檬酸酯的含量(质量分数)，%；

——GC-MS 分析所得的烷基磺酸酯的含量(质量分数)，%。

d) 与规定测试程序的任何偏离；

e) 测试日期。

12.4 测量从烤炉固化可塑 PVC 模型粘土套装和塑料模具套装中挥发的苯、甲苯和二甲苯

12.4.1 原理

测量从烤炉固化可塑 PVC 模型粘土套装和由聚苯乙烯制作的塑料模具套装中挥发的苯、甲苯和二甲苯，使用标准加入法，通过采用质谱检测器的顶空-气相色谱法来分析。

12.4.2 标准物质和试剂

见表 28 和表 29。

表 28 标准物质

化 学 品	CAS 号
甲苯	108-88-3
苯	71-43-2
邻-二甲苯	95-47-6
间-二甲苯	108-38-3
对-二甲苯	106-42-3

表 29 溶剂

化 学 品	CAS 号
甲醇	67-56-1
注：也可使用高沸点的溶剂如十二烷(没有被分析物的存在)来代替甲醇，以降低顶空样品瓶的蒸汽压。在顶空样品瓶不受压时尤其需要这样(见 12.4.3.2 的顶空条件)。	

12.4.3 仪器

12.4.3.1 气质联用仪(GC-MS)

测量苯、甲苯和二甲苯需要使用带分流/不分流进样系统的气质联用仪。

色谱柱：交联 5%苯基甲基硅氧烷(phenylmethylsiloxane)，95%二甲基聚硅氧烷(dimethylpolysiloxane)(DB—VRX[1])，30 m×0.25 mm(内径)×0.25 μm(膜厚)。

进样口温度：300 ℃。

进样方式：分流，不分流进样时间，0～1.5 min。

接口温度：250 ℃。

离子源温度：250 ℃。

进样时间：2 min～22 min。

质量范围：30 m/z～500 m/z。

数据采集：1 scan/s。

注：假如其他条件能给出更好或相当的结果，也可使用。

载气：氦气。

柱箱升温程序：

升温阶次 1：35 ℃(10 min)，35 ℃～150 ℃(7 ℃/min)；

升温阶次 2：150 ℃(0 min)，150 ℃～220 ℃(20 ℃/min)，220 ℃(6 min)。

典型保留时间：

苯为 3.4 min；

甲苯为 5.6 min；

间-二甲苯为 10.5 min；

邻-二甲苯为 12.3 min。

测量苯、甲苯和二甲苯的检测器条件：

定量离子：苯的主要特征离子为 78 m/z；

甲苯的主要特征离子为 91 m/z；

二甲苯的主要特征离子为 91 m/z。

12.4.3.2 顶空分析条件

平衡式加压系统(样品瓶用载气加压。达到平衡后，打开阀一段规定时间，将样品中的挥发物转移到柱中)。

定量环加压系统(样品瓶用载气加压。然后打开阀，定量环充满样品。再转阀将样品中的挥发物送到柱中)。

加压气体：He，压力设在 45 kPa。

恒温箱温度：130 ℃(对于测试基于 PVC 的材料)；180 ℃(对于测试由聚苯乙烯制成的材料)。

取样针温度：140 ℃(对于测试基于 PVC 的材料)；190 ℃(对于测试由聚苯乙烯制成的材料)。

---

1) DB-VRX 是市售合适产品的实例。此信息只是方便本部分的使用者，不代表本国家标准认可了该产品。

传输线温度：140 ℃（对于测试基于 PVC 的材料）；190 ℃（对于测试由聚苯乙烯制成的材料）。

进样时间：0.05 min。

加压时间：4 min。

恒温时间：30 min。

延迟时间：0.2 min。

12.4.3.3 其他实验室仪器

玻璃器具应该洗净，在使用前最好用几毫升二氯甲烷冲洗和干燥，以避免苯、甲苯和二甲苯的污染。

12.4.3.3.1 分析天平，精度为 0.1 mg。

12.4.3.3.2 冰箱，可达到(4±2)℃。

12.4.3.3.3 顶空取样的棕色玻璃样品瓶。

12.4.3.3.4 玻璃移液管：0.5 mL，1 mL，2 mL，10 mL 和 20 mL。

12.4.3.3.5 棕色玻璃容量瓶：10 mL，20 mL，50 mL 和 100 mL。

12.4.3.3.6 注射器：1 000 μL。

12.4.4 标准溶液的制备

每一标准物质（苯、甲苯、间-二甲苯、对-二甲苯、邻-二甲苯）准确称量约 100 mg 并溶在甲醇中，定容到 100 mL 的容量瓶中。用甲醇稀释该储备液制备浓度为 5 μg/mL、10 μg/mL、20 μg/mL、50 μg/mL 和 100 μg/mL 的标准溶液。

溶液应在(4±2)℃的玻璃容器（见 12.4.3.3.3 和 12.4.3.3.5）中储存。该储备液应在一个月内使用。标准溶液现用现配。

12.4.5 取样

本方法所适用的样品为 PVC 造型粘土和聚苯乙烯颗粒。取下代表性的材料组分无须进一步进行均匀化。在分析前，样品要贮存在密闭的容器中以防挥发物的损失。

12.4.6 样品制备

没有具体的样品制备要求。

对于 PVC 材料，取一片同样形状和重量的作为一个组分。可能时，从该材料的每一种颜色上取测试组分，并分别处理。

称取每一测试组分(1±0.05) g，精确到 0.001 g，分别放到 5 个顶空样品瓶中。然后，加入 500 μL 的不同标准溶液（见 12.4.4）以达到分别添加 2.5 μg、5 μg、10 μg、25 μg 和 50 μg 的标准溶液。

迅速将每一个样品瓶密封并在室温下贮存 1 h。

12.4.7 步骤

进样前，在顶空 GC 系统中于 130 ℃（对于测试基于 PVC 的材料）或 180 ℃（对于测试由聚苯乙烯制成的材料）加热每一个测试组分，加热时间为 30 min。

为了测试是否来自周围空气的污染，将空的样品瓶作为样品空白进行分析。

使用 12.4.3.1 的 GC 条件来分析这些样品。

12.4.8 结果的评估

在图表上，画出个别组分的面积对照其所加入的溶液浓度。将直线外推到浓度轴，其绝对值，就是样品中被分析物的实际浓度。回归系数(r)应大于 0.995。

12.4.9 测试报告

分析报告至少应包括下列内容：

a) 所测试的产品和/或材料的类型和识别；

b) 提及本部分；

c) 测试结果的表达：

——从PVC或聚苯乙烯中挥发的苯，单位为毫克每千克(mg/kg)；

——从PVC或聚苯乙烯中挥发的甲苯，单位为毫克每千克(mg/kg)；

——从PVC或聚苯乙烯中挥发的二甲苯，单位为毫克每千克(mg/kg)。

d) 与规定测试程序的任何偏离；

e) 测试日期。

12.4.10 关键控制点

标准溶液的体积应加到样品瓶的下端表面。由于有机化合物的挥发性，样品瓶应立即完全密封。

玩具材料的加热时间对每一个测试组分应准确控制在30 min。顶空恒温室的温度必须准确控制在130 ℃(对PVC造型粘土)和180 ℃(对于聚苯乙烯颗粒)。

顶空样品瓶的隔膜应对结果没有任何影响(惰性的、不挥发、不吸附)。

12.5 测量聚苯乙烯颗粒中的苯乙烯含量

12.5.1 原理

聚苯乙烯颗粒中的苯乙烯含量是以质谱作为检测系统的气相色谱来测量。通过苯乙烯单体外标法进行定量。

本方法适用于定量测量聚苯乙烯中被测物浓度范围为50 mg/kg～3 000 mg/kg的苯乙烯。

12.5.2 标准物质和试剂

12.5.2.1 标准物质

见表30。

表30 标准物质

化 学 品
苯乙烯，在(4±2) ℃贮存

12.5.2.2 试剂

见表31。

表31 试剂

化 学 品
二氯甲烷 甲醇

12.5.3 仪器

12.5.3.1 气相色谱,装有分流/不分流进样器和质谱检测器,GC柱可将苯乙烯从溶剂混合物中分离出来以及完全溶解聚苯乙烯中的添加剂,例如:

色谱柱:交联5% 聚苯基甲基硅氧烷(phenylmethylsiloxane),95%聚二甲基硅氧烷(dimethylpolysiloxane)(DB-VRX),30 m×0.25 mm(内径)×0.25 μm(膜厚)或同等。

载气:氦气。

使用这些条件,苯乙烯典型的保留时间约为12.5 min。

柱箱升温程序:

升温阶次1:35 ℃(10 min),35 ℃~150 ℃(7 ℃/min);

升温阶次2:150 ℃(0 min),150 ℃~220 ℃(20 ℃/min),220 ℃(6 min)。

进样条件:

进样口温度:250 ℃。

进样量:2 μL。

进样方式:不分流,分流阀关闭时间:0~1.5 min。

苯乙烯测量的检测器条件:

检测系统:四极质谱仪。

模式:选择离子检测(SIM),目标离子:104 m/z 和 78 m/z。

接口温度:250 ℃。

离子源温度:250 ℃。

进样时间:3 min~25 min。

数据采集:2 scan/s。

12.5.3.2 实验室中的常用仪器和玻璃器具。

12.5.3.3 分析天平,精度为0.1 mg。

12.5.3.4 离心机:至少能维持2 300 g。

12.5.3.5 冰箱,可达到(4±2) ℃。

12.5.3.6 配有玻璃塞的玻璃容器。

避免使用塑料仪器,玻璃器具应该洗净,在使用前用几毫升混合溶剂(二氯甲烷和甲醇)冲洗并干燥。

12.5.3.7 容量瓶和移液管

12.5.4 标准溶液的制备

将80 mg的苯乙烯溶解在甲醇中并定容至100 mL的容量瓶,制得标准储备液。用二氯甲烷和甲醇(2+1)(体积分数)的混合物稀释该储备液,制备浓度为0.4 μg/mL、1 μg/mL、5 μg/mL、10 μg/mL和20 μg/mL的校准溶液。

标准溶液要在(4±2) ℃贮藏,并要在制备后的两周内使用。

12.5.5 取样

每种颜色的颗粒要分别测试。

12.5.6 样品制备

没有规定具体的制备要求。

12.5.7 步骤

称(1.5±0.1) g 的测试组分,精确到 0.001 g,到 50 mL 有玻璃塞的锥形瓶中。加 10.0 mL 的二氯甲烷。轻轻摇动溶液直到聚合物完全溶解(可能最多要用 24 h)。然后加入 5.0 mL 的甲醇并搅拌以使聚合物沉淀。为使不同的相间得到完全分离,在分析前用离心机分离溶液。

使用 12.5.3.1 规定的条件,用 GC/MS 来分析校准溶液。作一条五点的响应强度对应苯乙烯浓度(μg/mL)的曲线。用同样的条件分析测试组分。

12.5.8 结果评估

样品溶液中苯乙烯的浓度(μg/mL)直接从曲线上内推而来,样品中苯乙烯的含量(mg/kg)计算见式(22):

$$M_{st}=\frac{c_{st}\times 15}{W_s} \qquad \cdots\cdots(22)$$

式中:

M_{st}——在聚苯乙烯样品中的游离苯乙烯的含量,单位为毫克每千克(mg/kg);

c_{st} ——从校准曲线上得出的苯乙烯浓度,单位为微克每毫升(μg/mL);

W_s ——样品的质量,单位为克(g)。

所报告的结果是两次或以上的测量值的平均值,用 mg 苯乙烯/kg 聚苯乙烯来表示。

12.5.9 测试报告

分析报告至少应包括下列内容:

a) 所测试的产品和/或材料的类型和识别;

b) 提及本部分;

c) 测试结果的表达:

——用 mg 苯乙烯/kg 聚苯乙烯来表示;

d) 与规定测试程序的任何偏离;

e) 测试日期。

12.6 照相显影套装中物质的鉴别和测量

12.6.1 总则

这些方法描述了鉴别和测量照相显影套装中物质的步骤,使用盐的简单定性测试、有机化合物的 HPLC 方法和照相显影套装容器中物质总量测定的重量分析法。

12.6.2 照相显影套装中无机物质的阳离子和阴离子的鉴别

所要测定的物质见表 32。

表 32 照相显影套装中的无机物质

被分析物	CAS 号	分子式
硫代硫酸铵	7783-18-8	$(NH_4)_2S_2O_3$
焦亚硫酸钠	7681-57-4	$Na_2S_2O_5$
溴化钾	7758-02-3	KBr
碳酸钠	497-19-8	Na_2CO_3
亚硫酸钠	7757-83-7	Na_2SO_3
硫代硫酸钠	7772-98-7	$Na_2S_2O_3$

下面要求适用于12.6.2.1～12.6.2.8的测试方法：

——对于取样，测试组分取自照相显影套装的容器中；

——不需要特别的样品制备；

——结果评估见12.6.2.9；

——测试报告见12.6.6。

注：每种离子的方法检测限为0.05 g。

12.6.2.1 硫代硫酸铵中铵离子的鉴别方法

12.6.2.1.1 原理

氨的强刺激性气味给出了定性鉴别铵盐的简易方法。将铵盐用碱，如氢氧化钠，来处理将产生氨。湿的试纸显示出碱性的pH。

12.6.2.1.2 标准物质和试剂

12.6.2.1.2.1 标准物质

见表33。

表33 标准物质

化 学 品
硫代硫酸铵

12.6.2.1.2.2 试剂

见表34。

表34 试剂

试剂与材料	规格
氢氧化钠	颗粒
试纸	pH范围：1～14

12.6.2.1.3 仪器

研钵。

12.6.2.1.4 步骤

转移约50 mg的测试组分到研钵中，与约四倍的氢氧化钠一起研磨，并加几滴水。放一张湿的试纸到研钵的边上。改变颜色(变成碱性pH)显示有氨的存在。

12.6.2.2 碳酸钠或亚硫酸钠或硫代硫酸钠或焦亚硫酸钠中的钠离子的鉴别方法

12.6.2.2.1 原理

钠通过使用铂丝或氧化镁条和本生灯产生的火焰颜色来鉴别。有钠时会呈现耀明的深黄色火焰

12.6.2.2.2 标准物质和试剂

12.6.2.2.2.1 标准物质

见表35。

表35 标准物质

化学品
碳酸钠
亚硫酸钠
硫酸钠
焦亚硫酸钠

12.6.2.2.2.2 试剂

见表36。

表36 试剂

化学品
浓盐酸

12.6.2.2.3 仪器

12.6.2.2.3.1 本生灯

12.6.2.2.3.2 氧化镁条或铂丝

12.6.2.2.4 步骤

转移约50 mg的测试组分到滴试板上，与两滴浓盐酸混合。将灼烧过的氧化镁条或铂丝(没有Na^+!)浸入该溶液中，并拿着放到本生灯的火焰上。耀明的深黄色火焰说明有钠的存在。

12.6.2.3 溴化钾中的钾离子的鉴别方法

12.6.2.3.1 原理

钾通过火焰颜色来鉴别。钾使火焰呈紫色，但微量的钠化合物会掩盖了钾火焰。通过钴玻璃观察该火焰，黄色的钠光被吸收，只看到红紫色的钾光。

12.6.2.3.2 标准物质和试剂

12.6.2.3.2.1 标准物质

见表37。

表 37 标准物质

化 学 品
溴化钾

12.6.2.3.2.2 试剂

见表 38。

表 38 试剂

化 学 品
浓盐酸

12.6.2.3.3 仪器

12.6.2.3.3.1 本生灯

12.6.2.3.3.2 氧化镁条或铂丝

12.6.2.3.3.3 钴玻璃

12.6.2.3.4 步骤

转移约 50 mg 的测试组分到滴试板上，与两滴浓盐酸混合。将灼烧过的氧化镁条或铂丝（没有 K^+!）浸入该溶液中，并拿着放到本生灯的火焰上。通过钴玻璃观察该火焰。观察到耀明的红色火焰说明有钾的存在。

12.6.2.4 硫代硫酸钠/铵中的硫代硫酸根离子的鉴别方法

12.6.2.4.1 原理

银离子和硫代硫酸根形成一个白色不稳定的沉淀，其分解成硫化银。从白到黄、橙、棕和黑的颜色变化可用来鉴别硫代硫酸根。

12.6.2.4.2 标准物质和试剂

12.6.2.4.2.1 标准物质

见表 39。

表 39 标准物质

化 学 品
硫代硫酸钠或硫代硫酸铵

12.6.2.4.2.2 试剂

见表40。

表40 试剂

化 学 品	浓 度
盐酸 硝酸银	2.5 mol/L 2 mol/L

12.6.2.4.3 仪器

试管。

12.6.2.4.4 步骤

将约50 mg的测试组分转移到试管中,用水溶解并用2.5 mol/L的盐酸酸化,与过量的2 mol/L硝酸银混合。有硫代硫酸根时,会出现白色的沉淀,它会分解,并在几分钟内变成黑色。

12.6.2.5 亚硫酸钠中的亚硫酸根离子的鉴别方法

12.6.2.5.1 原理

中性的亚硫酸溶液可破坏三苯甲烷染料(如:孔雀石绿、洋红)的chinoid结构,而使它们褪色。有亚硫酸根时,染料会由绿变为无色。硫代硫酸根不会干扰本反应。焦亚硫酸根呈现出与亚硫酸同样的反应。通过红外光谱鉴别亚硫酸根并与焦亚硫酸根区分开来。

12.6.2.5.2 标准物质和试剂

12.6.2.5.2.1 标准物质

见表41。

表41 标准物质

化 学 品
亚硫酸钠

12.6.2.5.2.2 试剂

见表42。

表42 试剂

化 学 品	浓 度
孔雀石绿溶液 洋红水溶液	25 mg/100 mL 25 mg/100 mL

12.6.2.5.3 仪器

12.6.2.5.3.1 试管。

12.6.2.5.3.2 滴试板。

12.6.2.5.4 步骤

将约 50 mg 的测试组分转移到试管中，用水溶解，转移几滴该溶液到滴试板中。然后加入 1 滴孔雀石绿溶液或洋红溶液。褪色表明有亚硫酸存在。假如该定性测试亚硫酸根是阳性的，有必要用红外(见 12.6.2.5.1)进行鉴别。

12.6.2.6 焦亚硫酸钠中的焦亚硫酸根的鉴别方法

12.6.2.6.1 原理

焦亚硫酸根出现在浓的亚硫酸氢盐溶液中。假如被稀释时，它转换成亚硫酸氢盐或在碱性溶液里变成亚硫酸盐。当进行 12.6.2.5 的测试时，焦亚硫酸盐呈现出与亚硫酸盐同样的反应。假如亚硫酸盐的定性测试是阳性的，有必要用红外进行鉴别。用红外鉴别焦亚硫酸盐并与亚硫酸盐区分开来。

12.6.2.6.2 标准物质和试剂

12.6.2.6.2.1 标准物质

见表 43。

表 43 标准物质

化 学 品
焦亚硫酸钠

12.6.2.6.2.2 试剂

见表 44。

表 44 试剂

化 学 品	要 求
溴化钾	干燥并存放在干燥器中

12.6.2.6.3 仪器

12.6.2.6.3.1 红外光谱(IR)，范围：4 000 cm^{-1}～ 400 cm^{-1}。

12.6.2.6.3.2 烘箱，能达到(105±2)℃。

12.6.2.6.4 步骤

将测试组分在 105 ℃的烘箱中干燥，然后将该测试组分放在干燥器中。将该测试组分与溴化钾一起研磨，并压成透明薄片。该 KBr(溴化钾)压片是用来进行 4 000 cm^{-1}～ 400 cm^{-1}范围内的红外测量。

下面的例图说明了透射模式的亚硫酸盐和焦亚硫酸盐的 IR 谱图(见图 3 和图 4)。

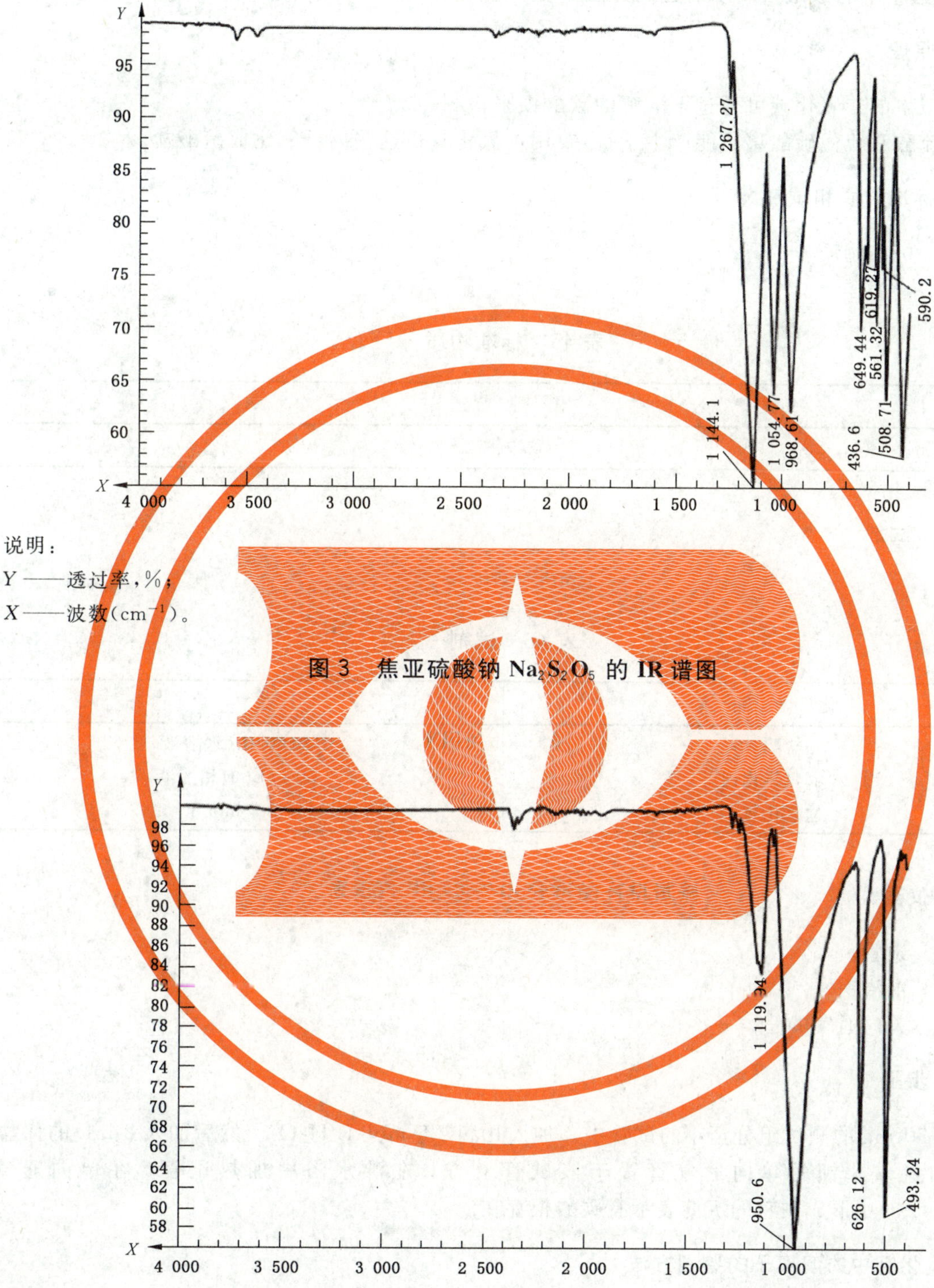

说明：

Y——透过率,%;

X——波数(cm^{-1})。

图 3 焦亚硫酸钠 $Na_2S_2O_5$ 的 IR 谱图

说明：

Y——透过率,%;

X——波数(cm^{-1})。

图 4 亚硫酸钠 Na_2SO_3 的 IR 谱图

注：也可在反射模式下进行测量。

12.6.2.7 碳酸钠中的碳酸根离子的鉴别方法

12.6.2.7.1 原理

碳酸盐产生的二氧化碳可通过不溶解的碳酸钡来检测。

由于亚硫酸和硫代硫酸离子能产生干扰,要用过氧化氢将这些离子氧化成硫酸盐。

12.6.2.7.2 标准物质和试剂

12.6.2.7.2.1 标准物质

见表45。

表45 标准物质

化学品
碳酸钠

12.6.2.7.2.2 试剂

见表46。

表46 试剂

化学品	浓度
盐酸	3 mol/L(水溶液)
八水氢氧化钡	50 g/L(饱和溶液)
过氧化氢	2.5 mol/L

12.6.2.7.3 仪器

12.6.2.7.3.1 试管。

12.6.2.7.3.2 水浴锅。

12.6.2.7.3.3 单向通气的管。

12.6.2.7.4 步骤

转移约50 mg的测试组分至小的试管中。加入几滴2.5 mol/L H_2O_2。然后加入2 mL的稀盐酸。将含有饱和氢氧化钡的单向通气管置于该试管上方。在沸水浴中加热试管。在单向通气管(见12.6.2.7.3.3)中形成白色的沉淀表示有碳酸根存在。

12.6.2.8 溴化钾中的溴离子的鉴别方法

12.6.2.8.1 原理

有硝酸银存在时,溴离子形成不溶于硝酸的浅黄色的沉淀,但它们溶于浓的氨水中。

12.6.2.8.2 标准物质和试剂

12.6.2.8.2.1 标准物质

见表47。

表 47 标准物质

化 学 品
溴化钾

12.6.2.8.2.2 试剂

见表 48。

表 48 试剂

化 学 品
浓盐酸 硝酸银水溶液 50 g/L 浓氨水溶液 硫代硫酸钠
注：硝酸银水溶液的稳定性：在暗处约 4 周。

12.6.2.8.3 仪器

试管。

12.6.2.8.4 步骤

放约 50 mg 的测试组分到试管中，用水溶解并用几滴硝酸酸化。然后加入几滴的硝酸银溶液。浅黄色的沉淀证明有溴离子的存在。

加入浓氨水通过溶解沉淀来证实该反应。

干扰：

在中性和弱酸性的溶液中硫代硫酸盐与硝酸银产生白色的沉淀，其分解过程类似于 12.6.2.4.4。最终的硫化银溶于热的稀硝酸中，而卤化银则不溶。硫代硫酸盐也与硝酸银生成沉淀，但可被过量的硫代硫酸盐溶解。

12.6.2.9 结果的评估

按照上面所述的阳离子和阴离子的定性测试，照相显影套装中每一瓶中的盐得到了鉴别并与表 32 进行了比较。

12.6.3 重量法测量无机物质

12.6.3.1 一般要求

下面要求适用于 12.6.3.2 的方法：

——对于取样，测试组分取自照相显影套装的容器中；

——不需要特别的样品制备；

——测试报告见 12.6.6。

12.6.3.2 原理

通过称重得出实际存在物质的量。

12.6.3.3 标准物质和试剂

无。

12.6.3.4 仪器

12.6.3.4.1 分析天平,精度为 0.1 mg。

12.6.3.4.2 坩埚。

12.6.3.4.3 干燥器。

12.6.3.4.4 马弗炉。

12.6.3.4.5 烘箱,能达到(105±2) ℃。

12.6.3.5 步骤

假如 12.6.2 的定性测试能检测到表 4 的无机物质,则执行下面的定量测量,计算结果见式(25)。

称量容器,精确到毫克级。将容器内的所有内容物全部倒入一个合适的接收容器中并用水将容器洗净。将该容器放在烘箱中烘干并冷至室温,再一次称量该容器。两次质量之差即为容器中物质的量。

假如照相显影套装是由含有同种盐的几个容器组成,则按上面的同样方式分别称量每一个容器,将几个结果合并,见式(23)。

在某些情况下(碳酸钠或硫代硫酸钠),盐中可能含有结晶水。如果这些盐的量处在表 4 的量范围内,则无须去除结晶水。

为了除去碳酸钠和或/硫代硫酸钠中的结晶水,在马弗炉/烘箱中加热物质,条件如下:

碳酸钠　　500 ℃ 2 h

硫代硫酸钠　　100 ℃ 2 h

称 1 g 测试组分到已称过重并已预先处理的坩埚中,加热 2 h。将坩埚放到干燥器中让其冷却大约 1 h。然后再一次称坩埚的重量,见式(24)。

12.6.3.6 结果的评估

$$W_{sph}=\sum_{i=1}^{x}(W_1-W_0)_i \qquad \cdots\cdots(23)$$

式中:

W_{sph}——照相显影套装中盐的量,单位为克(g);

x ——容器的数量;

W_1 ——含盐容器的质量,单位为克(g);

W_0 ——空容器的质量,单位为克(g)。

计算除去结晶水后的碳酸钠和硫代硫酸钠的量:

$$M_{sub}=\frac{(W_a-W_b)}{W_c}\times 100 \qquad \cdots\cdots(24)$$

式中:

M_{sub}——盐中碳酸钠或硫代硫酸钠的含量(质量分数),%;

W_a ——含有碳酸钠或硫代硫酸钠的坩埚的质量,单位为克(g);

W_b ——空坩埚的质量,单位为克(g);

W_c ——称到坩埚中的盐的质量,单位为克(g)。

$$W_t=M_{sub}\times W_{sph} \qquad \cdots\cdots(25)$$

式中:

W_t ——照相显影套装中碳酸钠或硫代硫酸钠的质量,单位为克(g);

M_{sub}——盐中碳酸钠或硫代硫酸钠的含量(质量分数),%;
W_{sph}——照相显影套装中盐的质量,单位为克(g)。

12.6.4 鉴别有机物质和测量乙酸

12.6.4.1 原理

鉴别表49所列的物质,此外用HPLC-DAD测量乙酸。

表49 照相显影套装中的有机物质

化学品	CAS号	分子式
乙酸	64-19-7	$C_2H_4O_2$
抗坏血酸	50-81-7	$C_6H_8O_6$
柠檬酸	77-92-9	$C_6H_8O_7$
N-(4-羟基苯基)甘氨酸[*N*-(4-羟基苯基)-氨基-乙酸]	122-87-2	$C_8H_9NO_3$
对甲氨基苯酚硫酸盐	55-55-0	$(C_7H_9NO)_2 \cdot H_2SO_4$
菲尼酮	92-43-3	$C_9H_{10}N_2O$

测试报告见12.6.6。

12.6.4.2 乙酸、抗坏血酸和柠檬酸的鉴别

12.6.4.2.1 标准物质和试剂

12.6.4.2.1.1 标准物质

见表50。

表50 标准物质

化学品
乙酸
抗坏血酸
柠檬酸

12.6.4.2.1.2 试剂

见表51。

表51 试剂

化学品
甲醇
去离子水
硫酸溶液 0.005 mol/L

12.6.4.2.2 仪器

12.6.4.2.2.1 量筒100 mL和1 000 mL。

12.6.4.2.2.2　移液管。

12.6.4.2.2.3　2 mL 压盖式样品瓶。

12.6.4.2.2.4　巴氏吸管。

12.6.4.2.2.5　分析天平，精度为 0.1 mg。

12.6.4.2.2.6　高效液相色谱(HPLC)，采用紫外-二极管阵列检测器(UV-DAD)。

柱：Nucleosil 100-5-C18，250 mm×4 mm。

柱温：25 ℃。

流动相：洗脱液 A：0.005 mol/L 硫酸；

洗脱液 B：甲醇；

洗脱液 A：B=91%(洗脱液 A)：9%(洗脱液 B)；

等度洗脱。

流量：0.5 mL/min。

注射量：25 μL。

波长：乙酸和柠檬酸：(204±4) nm；

抗坏血酸：(240±4) nm。

12.6.4.2.3　标准溶液的制备

12.6.4.2.3.1　储备液

乙酸，水溶液，1 000 mg/L。

抗坏血酸，水溶液，1 000 mg/L。

柠檬酸，水溶液，1 000 mg/L。

12.6.4.2.3.2　稀释标准溶液

取 10 mL 的储备液，用水稀释到 100 mL，c－100 mg/L。

乙酸和柠檬酸的储备液可在冰箱中贮藏一周，而抗坏血酸溶液以及乙酸和柠檬酸的稀释标准溶液只能在使用当天现配。

12.6.4.2.4　取样

对于取样，测试组分取自照相显影套装中的容器。

12.6.4.2.5　样品制备

取出约 100 mg 的测试组分(如是固体)，溶解在水中，转移到 100 mL 的容量瓶中，用水定容。

假如容器含有溶液，则用移液管移取 2 mL 溶液到 100 mL 的容量瓶中，用水定容。

12.6.4.2.6　步骤

将稀释的标准溶液注射到 HPLC 系统，记录化合物的保留时间。

注射样品溶液和空白溶液，将保留时间与标准溶液的保留时间进行比较。

12.6.4.2.7　结果评估

为了确认这些化合物，将它们的 UV 谱图与标准溶液的 UV 谱图相比较。UV 谱图的波长范围为：200 nm～400 nm。

有机酸按下面的次序洗脱(见图 5 和表 52)：

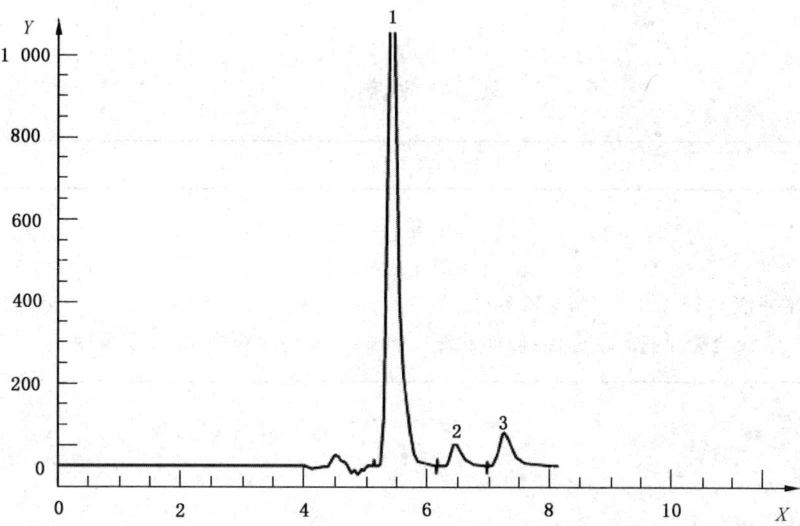

说明：
Y ——响应值；
X ——分(min)；
1 ——5.375 抗坏血酸；
2 ——6.424 乙酸；
3 ——7.229 柠檬酸。

图 5　有机酸的色谱图

表 52　洗脱次序

洗脱次序	被分析物
1	抗坏血酸
2	乙酸
3	柠檬酸

12.6.4.3　*N*-(4-羟基苯基)甘氨酸、对甲氨基苯酚硫酸盐和菲尼酮的鉴别

12.6.4.3.1　标准物质和试剂

12.6.4.3.1.1　标准物质

见表 53。

表 53　标准物质

化　学　品
N-(4-羟基苯基)甘氨酸
对甲氨基苯酚硫酸盐
菲尼酮

12.6.4.3.1.2 试剂

见表54。

表54 试剂

化学品
甲醇 去离子水 磷酸盐缓冲液 pH=7.0:575 mg 磷酸二氢铵和 700 mg 磷酸氢二钠溶于 1 000 mL 水中 磷酸盐缓冲液的稳定性:假如贮藏在(4±2) ℃的冰箱中,是4个星期

12.6.4.3.2 仪器

12.6.4.3.2.1 量筒:100 mL 和 1 000 mL。
12.6.4.3.2.2 移液管。
12.6.4.3.2.3 2 mL 压盖式样品瓶。
12.6.4.3.2.4 巴氏吸管。
12.6.4.3.2.5 分析天平,精度为 0.1 mg。
12.6.4.3.2.6 超声波浴。
12.6.4.3.2.7 高效液相色谱(HPLC),采用紫外-二极管阵列检测器(UV-DAD)。

柱:Nucleosil 100-5-C18,250 mm×3 mm。

柱温:25 ℃。

流动相:洗脱液 A:磷酸盐缓冲液 pH=7.0;

洗脱液 B:甲醇;

梯度:1 min 洗脱液 A 100%,1 min~24 min 68%洗脱液 A/32%洗脱液 B。

流量:0.75 mL/min。

注射量:20 μL。

检测波长:238 nm。

12.6.4.3.3 制备标准溶液

N-(4-羟基苯基)甘氨酸,水溶液,50 mg/L。

对甲氨基苯酚硫酸盐,水溶液,50 mg/L。

菲尼酮,水溶液,50 mg/L。

注:利用超声波浴,将化合物溶在水中。

标准溶液要在使用当天现配。

12.6.4.3.4 取样

测试组分取自照相显影套装中的容器。

12.6.4.3.5 样品制备

将约 200 mg 的测试组分溶解在水中(超声波浴),转移到 100 mL 的容量瓶中,并用水定容。在使用当天配制测试组分溶液。

12.6.4.3.6 **步骤**

注射标准溶液到HPLC系统并记录这些化合物的保留时间。注射样品溶液，并将保留时间与标准溶液的保留时间进行比较。

12.6.4.3.7 **结果的评估**

为确认单一化合物的身份，将它们的UV谱图与标准溶液的UV谱图进行比较。UV谱图的波长范围：200 nm～400 nm。

这些化合物按下面的次序洗脱(见图6和表55)：

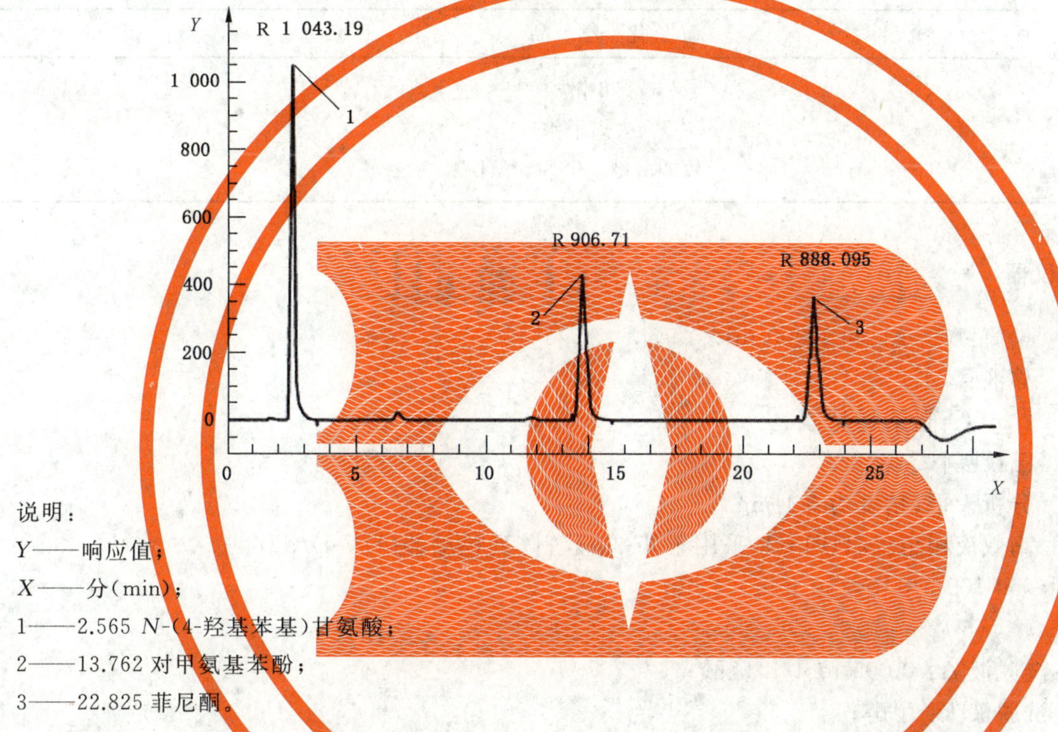

说明：

Y——响应值；

X——分(min)；

1——2.565 *N*-(4-羟基苯基)甘氨酸；

2——13.762 对甲氨基苯酚；

3——22.825 菲尼酮。

图6 *N*-(4-羟基苯基)甘氨酸、对甲氨基苯酚和菲尼酮的色谱图

表55 洗脱次序

洗脱次序	被分析物
1	*N*-(4-羟基苯基)甘氨酸
2	对甲氨基苯酚
3	菲尼酮

12.6.4.4 **测量乙酸**

12.6.4.4.1 **标准物质和试剂**

12.6.4.4.1.1 **标准物质**

见表56。

表 56 标准物质

化 学 品
乙酸

12.6.4.4.1.2 试剂

见表 57。

表 57 试剂

化 学 品
甲醇 去离子水 硫酸溶液 0.005 mol/L

12.6.4.4.2 仪器

12.6.4.4.2.1 量筒:100 mL 和 1 000 mL。

12.6.4.4.2.2 移液管。

12.6.4.4.2.3 2 mL 压盖式样品瓶。

12.6.4.4.2.4 巴氏吸管。

12.6.4.4.2.5 分析天平,精度为 0.1 mg。

12.6.4.4.2.6 高效液相色谱(HPLC),采用紫外-二极管阵列检测器(UV-DAD)。

柱:Nucleosil 100-5-C18,250 mm×4 mm。

柱温:25 ℃。

流动相:洗脱液 A:0.005 mol/L 硫酸;

洗脱液 B:甲醇;

洗脱液 A:B =91%洗脱液 A:9%洗脱液 B;

等度洗脱。

流量:0.5 mL/min。

注射量:25 μL。

检测波长:204 nm。

12.6.4.4.3 标准溶液的制备

12.6.4.4.3.1 储备液

乙酸,水溶液,c=2 000 mg/L

12.6.4.4.3.2 稀释标准溶液

溶液 1:取 0.5 mL 储备液,用水稀释至 100 mL,c=10 mg/L

溶液 2:取 5 mL 储备液,用水稀释至 100 mL,c=100 mg/L

溶液 3:取 20 mL 储备液,用水稀释至 100 mL,c=400 mg/L

溶液 4:取 45 mL 储备液,用水稀释至 100 mL,c=900 mg/L

溶液 5：取 60 mL 储备液，用水稀释至 100 mL，c=1 200 mg/L

乙酸的储备液可在冰箱中贮藏 1 周，而稀释标准溶液则要在使用当天现配。

12.6.4.4.4 取样

测试组分取自照相显影套装中的容器。

12.6.4.4.5 样品制备

转移 2.0 mL 的测试组分到 100 mL 的容量瓶中，并用水定容。

该溶液必须在使用当天现配。

12.6.4.4.6 步骤

注射稀释的校准溶液到 HPLC 系统。制作峰面积和浓度的校准曲线。

注射样品溶液，并从校准曲线上计算样品浓度，以 mg/L 表示。

色谱图见图 5。

12.6.4.4.7 结果的评估

$$c_{aa}=\frac{c_{ss}}{100\times 2\times d_{乙酸}} \qquad \cdots\cdots(26)$$

式中：

c_{aa}——乙酸的浓度(体积分数)，%；

c_{ss}——样品溶液的浓度，单位为毫克每升(mg/L)；

$d_{乙酸}$=1.049。

12.6.5 重量法测量某些有机物质的含量(见表 49)

12.6.5.1 原理

通过重量法测量实际存在的化合物。

12.6.5.2 标准物质和试剂

无。

12.6.5.3 仪器

12.6.5.3.1 分析天平，精度 0.1 mg。

12.6.5.3.2 坩埚。

12.6.5.3.3 量筒，100 mL 和 200 mL。

12.6.5.3.4 干燥器。

12.6.5.3.5 烘箱，能达到(105±2) ℃。

12.6.5.4 取样

测试组分取自照相显影套装中的容器。

12.6.5.5 样品制备

没有特别的样品制备要求。

12.6.5.6 步骤

假如所列的物质通过定性测试可检测到,则进行下列定量测试:

假如是结晶物质时,称量容器,精确至毫克。将容器的内容物全部倒入合适的接收器中,并用水清洗该容器。将容器放在烘箱中烘干并冷却至室温,再一次称量容器。两次质量之差得出了容器中物质的量。

假如在照相显影套装中同一种物质有几瓶,称量每一个容器,几个结果合并。

假如容器的内容物是溶液,则用量筒测量该溶液的体积。

12.6.5.7 结果的评估

结晶物质的量按照式(23)进行计算。

乙酸的浓度按 12.6.4.4.7 进行计算,乙酸溶液的体积按 12.6.5.6 所描述的方式进行测量。

12.6.6 测试报告

分析报告至少应包括下列内容:

a) 所测试的产品和/或材料的类型和识别;

b) 提及本部分;

c) 定性测试的结果:

——所鉴别的物质清单;

——除乙酸外,在套装中每一物质的总量,单位为克(g),取三位有效数字;

——乙酸溶液的浓度(体积分数),%,取到 0.1%;

——乙酸溶液的体积,单位为毫升(mL),取三位有效数字。

d) 与规定测试程序的任何偏离;

e) 测试日期。

12.7 测量有机溶剂

12.7.1 总则

只有某些溶剂允许使用在化学套装玩具中,在某些情况下这些溶剂不能超出最高限量。表 58 所列出的 27 种溶剂需要鉴别,检测浓度至少为 0.2%。

附录 A 中表 A.1 给出了每一类样品和溶剂所需要技术的信息。

表 58 溶剂/鉴别

溶剂	条款及含有要求的相关表格
丙酮	9.2.2,表 12
环己烷	9.2.2,表 12
3-戊酮(二乙基酮)	9.2.2,表 12
乙酸乙酯	9.2.2,表 12
乙醇	9.2.2,表 12;9.3 和 9.4,表 13
乙酸异丙酯	9.2.2,表 12
2-丙醇(异丙醇)	9.2.2,表 12;9.3 和 9.4,表 13
乙酸甲酯	9.2.2,表 12
2-丁酮(甲基乙基酮)	9.2.2,表 12;9.4,表 15

表 58（续）

溶剂	条款及含有要求的相关表格
3-甲基 2-丁酮(甲基异丙酮)	9.2.2,表 12
乙酸丁酯	9.2.2,表 12
乙酸丙酯	9.2.2,表 12
1-甲氧基 2-丙醇	9.2.2,表 12;9.3,表 13;9.4,表 13 和 15
1,1-二甲氧基乙烷	9.2.2,表 12
正己烷(*n*-己烷)	9.2.2,表 12;9.3 和 9.4,表 13
石油馏分(沸点范围:60 ℃～140 ℃)	9.2.2,表 12;9.3 和 9.4,表 13
石油馏分(沸点范围:135 ℃～210 ℃)	9.2.2,表 12;9.3 和 9.4,表 13
1,2-丙二醇	9.3 和 9.4,表 13
2-甲基-2,4-戊二醇	9.3 和 9.4,表 13
1-丁醇	9.4,表 15
2-甲基 1-丙醇(异丁醇)	9.4,表 15
1-甲氧基-2-丙醇乙酸酯	9.4,表 15
乙酸 3-甲氧基丁酯	9.4,表 15
乙醇酸丁酯	9.2.1,表 7
ε-己内酰胺	9.2.1.2,表 7
二乙二醇丁醚醋酸酯	9.2.1.2,表 7
三乙酸甘油酯	9.4,表 15

表 59 所列的 14 种溶剂需要测量,检测限至少为 0.1%。

表 59　溶剂/测量

溶剂	最高允许浓度
乙醇酸丁酯	3%
ε-己内酰胺	5%
二乙二醇丁醚醋酸酯	3%
正己烷	5%;0.5%在水性油漆和漆中[a]
2-甲基 1-丙醇(异丁醇)	2%
1-丁醇	2%
乙醇	10%(总)在水性油漆和漆中
2-丙醇(异丙醇)	
1,2-丙二醇	
2-甲基-2,4-戊二醇	
石油馏分(沸点范围:60 ℃～140 ℃)	
石油馏分(沸点范围:135 ℃～210 ℃)	
1-甲氧基 2-丙醇	20%在溶剂型油漆中

注:所允许的最高浓度仅供参考。

[a] 限量是基于所允许使用石油馏分的最高值。

12.7.2 原理

溶剂既可通过顶空气相色谱-火焰离子化检测器法(HS-GC-FID)来鉴别,并使用两个柱来相互比较,也可使用带有质谱检测器的气相色谱(GC-MS)来鉴别。

取决于溶剂的挥发性以及样品的基体,使用下面的技术之一来测量溶剂。

1) 顶空气相色谱-火焰离子化检测器法(HS-GC-FID)来测量挥发性溶剂(沸点≤120 ℃);

2) 带有质谱检测器的气相色谱(GC-MS)来测量非挥发性的溶剂(沸点>120 ℃);

3) 气相色谱-氢火焰离子化检测器法(GC-FID)来测量 1,2-丙二醇。

石油馏份的测量基于 EN 14517:2004。

12.7.3 标准物质和试剂

12.7.3.1 标准物质

见表 60。

表 60 标准

化学品	CAS 号	密度[a] g/mL
丙酮	67-64-1	0.791
环己烷	110-82-7	0.778
3-戊酮(二乙基酮)	96-22-0	0.853
乙酸乙酯	141-78-6	0.902
乙醇	64-17-5	0.785
乙酸异丙酯	108-21-4	0.872
2-丙醇(异丙醇)	67-63-0	0.785
乙酸甲酯	79-20-9	0.932
2-丁酮(甲基乙基酮)	78-93-3	0.806
3-甲基 2-丁酮(甲基异丙酮)	563-80-4	0.805
乙酸丁酯	123-86-4	0.872
乙酸丙酯	109-60-4	0.888
1-甲氧基 2-丙醇	107-98-2	0.922
1,1-二甲氧基乙烷	534-15-6	0.852
1,2-丙二醇	57-55-6	1.036
2-甲基-2,4-戊二醇	107-41-5	0.925
1-甲氧基-2-丙醇乙酸酯	108-65-6	0.969
乙酸 3-甲氧基丁酯	4435-53-4	0.960
2-甲基 1-丙醇(异丁醇)	78-83-1	0.803
1-丁醇	71-36-3	0.810
正己烷	110-54-3	0.659
石油馏分(沸点范围:80 ℃~110 ℃)[b]	64742-89-8	—
石油馏分(沸点范围:150 ℃~190 ℃)[b]	64742-88-7	—
乙醇酸丁酯	7397-62-8	1.019
ε-己内酰胺	105-60-2	—
二乙二醇丁醚醋酸酯	124-17-4	0.978
三乙酸甘油酯	102-76-1	1.155

[a] 密度值是指纯物质的密度值。

[b] 相关的石油馏份没有市售,参考最相近的。

12.7.3.2 试剂

见表61。

表61 试剂

化学品	CAS号
N,*N*-二甲基甲酰胺(DMF)	68-12-2
氯化钠	7647-14-5
二氯甲烷	75-09-2
甲醇	67-56-1
氯化钠,10%水溶液(盐)	—

12.7.4 仪器

12.7.4.1 分析天平,精度0.1 mg。

12.7.4.2 顶空样品瓶,玻璃,卡口22 mL。

12.7.4.3 玻璃容量瓶,20 mL。

12.7.4.4 容量瓶,50 mL。

12.7.4.5 容量瓶,100 mL。

12.7.4.6 普通的玻璃量具。

12.7.4.7 不同规格的正位移分液器(范围:0.02 mL~10.00 mL)。

12.7.4.8 滤纸,通用型的,介质保留,中/快流速,孔径:11 μm。

12.7.4.9 针筒过滤器,尼龙膜,0.45 μm。

12.7.4.10 针筒过滤器,没有表面活性剂的醋酸纤维素(SFCA)膜,0.45 μm。

12.7.4.11 顶空气相色谱-氢火焰离子化检测器法(HS-GC-FID)。

极性柱:聚乙二醇(Polyethylene glycol)(ZB-Wax),60 m×0.32 mm(内径)×0.5 μm(膜厚)。

非极性柱:二甲基聚硅氧烷(Dimethylpolysiloxane)(ZB-1),60 m×0.32 mm(内径)×1.0 μm(膜厚)。

载气:氦气。

分流排空流量:18 mL/min(不带顶空的GC)。

柱流量:1.19 mL/min(在50 ℃),小流量(在220 ℃)。

柱头压:10.5 psi。

密封垫吹扫:4 mL/min。

分流排空流量:51 mL/min(带顶空的GC)。

平衡时间:45 min。

平衡温度:80 ℃。

进样类型:分流。

传输线温度:250 ℃。

检测器温度:250 ℃。

运行时间:35 min。

柱箱升温程序:

升温阶次1:50 ℃(1 min),50 ℃~100 ℃(2.5 ℃/min);

升温阶次2:100 ℃(0.5 min),100 ℃~220 ℃(10 ℃/min),220 ℃(5 min)。

12.7.4.12 带有质谱检测器的气相色谱(GC-MS)

色谱柱:50%苯基-50%二甲基聚硅氧烷(ZB-50),30 m×0.25 mm(内径)×0.25 μm(膜厚)。

载气:氦气。

流量:0.8 mL/min。

进样口温度:290 ℃。

进样量:2 μL。

进样方式:不分流/不分流进样。

传输线温度:280 ℃。

检测器扫描范围:50*m*/*z*~550*m*/*z*。

运行时间:25 min。

柱箱升温程序:

升温阶次 1:40 ℃(4 min),40 ℃~280 ℃(20 ℃/min);

升温阶次 2:280 ℃(4 min),280 ℃~300 ℃(20 ℃/min),300 ℃(2 min)。

12.7.4.13 气相色谱-火焰离子化检测器法(GC-FID)

柱:聚乙二醇(Polyethylene glycol)(ZB-Wax),30 m×0.32 mm(内径)×0.25 μm(膜厚)。

载气:氦气。

流量:1.6 mL/min。

进样口温度:250 ℃。

进样方式:分流进样(分流比 100∶1)。

进样量:0.2 μL。

传输线温度:250 ℃。

检测器温度:250 ℃。

运行时间:35 min。

柱箱升温程序:

升温阶次 1:50 ℃(0.55 min),50 ℃~75 ℃(7 ℃/min);

升温阶次 2:75 ℃(4 min),75 ℃~110 ℃(4 ℃/min),110 ℃(6 min)。

12.7.5 标准溶液的制备

注:稳定性测试证明,溶剂储备液(>10 mg/mL)可在(4±2)℃的冰箱中贮藏 6 个月。

12.7.5.1 使用 HS-GC-FID 鉴别和测量溶剂所使用的储备液

对表 62 的每一溶剂(除正己烷外)制备 250 mg/mL 的储备液,使用不同规格的移液管(见 12.7.4.7)移取所计算的溶剂体积(相当于 12.5 g 溶剂)到 50 mL 的容量瓶(见 12.7.4.4)中并用 DMF(见 12.7.3.2)定容。

移取到 50 mL 容量瓶所需要的每一挥发性有机溶剂的体积的计算见式(27):

$$V_s = \frac{V_f \times c_{sst}}{1\,000 \times d_s} \qquad (27)$$

式中:

V_s ——溶剂的体积,单位为毫升(mL);

V_f ——容量瓶的体积,单位为毫升(mL);

c_{sst} ——储备液的浓度,单位为毫克每毫升(mg/mL);

d_s ——溶剂的密度,单位为克每毫升(g/mL)。

对(正)己烷,由于在 DMF 中较低的溶混性,制备 100 mg/mL 的储备液。

表 62 用 HS-GC-FID 分析的有机试剂

有机试剂
丙酮
环己烷
3-戊酮
乙酸乙酯
乙醇
乙酸异丙酯
2-丙醇
乙酸甲酯
2-丁酮
3-甲基 2-丁酮
乙酸丁酯
乙酸丙酯
1-甲氧基 2-丙醇
1,1-二甲氧基乙烷
2-甲基 1-丙醇
1-丁醇
(正)已烷

12.7.5.2 用 GC-MS 鉴别和测量溶剂时所使用的储备液

分别称取 1.00 g 表 63 中所列的溶剂到 100 mL 容量瓶(见 12.7.4.5),用二氯甲烷定容,配制成每种溶剂 10 mg/mL 的储备液。

表 63 用 GC-MS 分析的有机试剂

有机试剂
乙酸丁酯
1-甲氧基-2-丙醇乙酸酯
2-甲基-2,4-戊二醇
乙酸 3-甲氧基丁酯
乙醇酸丁酯
二乙二醇丁醚醋酸酯
ε-已内酰胺
三乙酸甘油酯
石油馏分(沸点范围:80 ℃～110 ℃)
石油馏分(沸点范围:150 ℃～190 ℃)

12.7.5.3 鉴别和测量 1,2-丙二醇所用的储备液

通过称取 1.00 g 的 1,2-丙二醇到 100 mL 容量瓶并用二氯甲烷定容来制备 10 mg/mL 1,2-丙二醇的储备液。

12.7.5.4 校准溶液

注：稳定性实验证明，在(4±2)℃的冰箱中工作溶液可保存6个月。

12.7.5.4.1 用HS-GC-FID鉴别溶剂的校准溶液

通过分别移取10.00 mL每一种合适的250 mg/mL储备液(见12.7.5.1)到四个50 mL的容量瓶中并用DMF定容，制备表64～表68所示成分的50 mg/mL工作溶液。

表64 工作溶液1

有机试剂	储备液	工作溶液1
乙醇	250 mg/mL	50 mg/mL
2-丙醇	250 mg/mL	
1-甲氧基2-丙醇	250 mg/mL	

表65 工作溶液2

有机试剂	储备液	工作溶液2
丙酮	250 mg/mL	50 mg/mL
乙酸乙酯	250 mg/mL	
3-甲基2-丁酮	250 mg/mL	
2-甲基1-丙醇	250 mg/mL	

表66 工作溶液3

有机试剂	储备液	工作溶液3
1,1-二甲氧基乙烷	250 mg/mL	50 mg/mL
2-丁酮	250 mg/mL	
乙酸丙酯	250 mg/mL	
1-丁醇	250 mg/mL	

表67 工作溶液4

有机试剂	储备液	工作溶液4
乙酸甲酯	250 mg/mL	50 mg/mL
环己烷	250 mg/mL	
乙酸丁酯	250 mg/mL	
3-戊酮	250 mg/mL	
乙酸异丙酯	250 mg/mL	

对于制备 50 mg/mL 的(正)己烷(见表 68)工作溶液,移取 100 mg/mL 的(正)己烷储备液 25.00 mL 到 50 mL 的容量瓶中,并用 DMF 定容。

表 68 工作溶液 5

有机试剂	储备液	工作溶液 5
(正)己烷	100 mg/mL	50 mg/mL

12.7.5.4.2 用来鉴别水性材料中的溶剂所使用的校准溶液

使用不同规格的移液管,按照表 69 制备工作溶液 1 和 5 两者在顶空样品瓶(见 12.7.4.2)中的盐水(见 12.7.3.2)校准溶液(a 和 b)。紧紧夹压每一个顶空样品瓶以达到良好地密封,并摇动每一个瓶使溶液均匀。

注:盐水溶液是通过降低有机分子在水相中的可溶性,来增加检测的灵敏度(盐析效应)。

表 69 分析水性材料的盐水校准溶液

校准溶液	要加入的 50 mg/mL 工作溶液的体积 mL	要加入的 10% 盐水的体积 mL	工作溶液和盐水的总体积 mL	顶空瓶中溶剂的质量 mg	在样品中的同等浓度 %
a	0.40	4.60	5.00	20	2
b	0.04	4.96	5.00	2.0	0.2

12.7.5.4.3 用来鉴别溶剂型材料中的溶剂的校准溶液

使用不同规格的移液管,按照表 70 制备工作溶液 1～5 的每一种在顶空样品瓶中的 DMF 校准溶液(a 和 b)。紧紧夹压每一个顶空样品瓶以达到良好地密封,并摇动每一个瓶使溶液均匀。

表 70 分析溶剂型材料的 DMF 校准溶液

校准溶液	要加入的 50 mg/mL 工作溶液的体积 mL	要加入的 DMF 的体积 mL	工作溶液和 DMF 的总体积 mL	顶空瓶中溶剂的质量 mg	在样品中的同等浓度 %
a	0.40	4.60	5.00	20	2
b	0.04	4.96	5.00	2.0	0.2

12.7.5.4.4 用于定量溶剂型材料中的溶剂的校准溶液

取决于基体及被测量的溶剂,制备 1-丁醇、2-甲基-1-丙醇、正己烷、1-甲氧基-2-丙醇、乙醇和 2-丙醇的校准溶液(a～e),通过移取所要求的规定量(按照表 71～表 74)DMF 或盐水(见 12.7.3.2),和合适的工作溶液(见 12.7.5.4.1)或储备液(见 12.7.5.1)到顶空样品瓶中。紧紧夹压每一个顶空样品瓶以达到良好密封,并摇动每一个瓶使溶液均匀。

表 71 用 HS-GC-FID 测量溶剂的校准溶液

校准溶液	要加入的工作溶液 2 或 3 的体积 mL	要加入的 DMF 的体积 mL	工作溶液和 DMF 的总体积 mL	顶空瓶中溶剂的质量 mg	在样品中的同等浓度 %
a	0.80	4.20	5.00	40	4.0
b	0.40	4.60	5.00	20	2.0
c	0.20	4.80	5.00	10	1.0
d	0.10	4.90	5.00	5.0	0.5
e	0.05	4.95	5.00	2.5	0.2

表 72 分析(正)己烷的 DMF 或盐水校准溶液

校准溶液	要加入的 100 mg/mL 储备液的体积 mL	要加入的 DMF 或 10%盐水的体积 mL	储备液和 DMF 或盐水的总体积 mL	顶空瓶中溶剂的质量 mg	在样品中的同等浓度 %
a	1.00	4.00	5.00	100	10
b	0.80	4.20	5.00	80	8
c	0.50	4.50	5.00	50	5
d	0.20	4.80	5.00	20	2
e	0.10	4.90	5.00	10	1

表 73 分析 1-甲氧基 2-丙醇的 DMF 校准溶液

校准溶液	要加入的 250 mg/mL 储备液的体积 mL	要加入的 DMF 的体积 mL	储备液和 DMF 的总体积 mL	顶空瓶中溶剂的质量 mg	在样品中的同等浓度 %
a	1.20	3.80	5.00	300	30
b	1.00	4.00	5.00	250	25
c	0.60	4.40	5.00	150	15
d	0.40	4.60	5.00	100	10
e	0.20	4.80	5.00	50	5

表 74 分析 1-甲氧基 2-丙醇、乙醇和 2-丙醇的盐水校准溶液

校准溶液	要加入的 250 mg/mL 储备液的体积 mL	要加入的 10% 盐水的体积 mL	储备液和盐水的总体积 mL	顶空瓶中溶剂的质量 mg	在样品中的同等浓度 %
a	0.80	4.20	5.00	200	20
b	0.40	4.60	5.00	100	10
c	0.20	4.80	5.00	50	5
d	0.08	4.92	5.00	20	2
e	0.04	4.96	5.00	10	1

12.7.5.4.5 用 GC-MS 鉴别溶剂的校准溶液

按表 75 所示制备每一组溶剂(A～E)的校准溶液(a 和 b),通过移取适当体积的相关 10 mg/mL 储备液(见 12.7.5.2)到一系列的 100 mL 容量瓶中并用二氯甲烷定容。

表 75 用 GC-MS 鉴别溶剂的校准溶液

组	有机溶剂	校准溶液的浓度(a) mg/mL	校准溶液的浓度(b) mg/mL
A	1,2-丙二醇	1.00	0.05
B	乙酸丁酯 1-甲氧基-2-丙醇乙酸酯 2-甲基-2,4-戊二醇 乙酸 3-甲氧基丁酯	0.02	0.005
C	乙醇酸丁酯 二乙二醇丁醚醋酸酯	0.25	0.05
D	ε-己内酰胺 三乙酸甘油酯	0.02	0.005
E	石油馏分(沸点范围:80 ℃～110 ℃) 石油馏分(沸点范围:150 ℃～190 ℃)	0.25	0.05

12.7.5.4.6 用 GC-MS 测量溶剂的校准溶液

为二乙二醇丁醚醋酸酯、乙醇酸丁酯、ε-己内酰胺和 2-甲基-2,4-戊二醇制备表 76～表 79 所示的校准溶液(a～e),通过移取规定体积(按照表 76～表 79)的相关 10 mg/mL 储备液(见 12.7.5.2)到一系列的 100 mL 的容量瓶中,并用二氯甲烷定容。

表 76 分析二乙二醇丁醚醋酸酯的校准溶液

校准溶液	所需的 10 mg/mL 储备液的体积 mL	校准溶液的浓度 mg/mL	在样品中的同等浓度 (%)[a] (仅供参考)
a	0.50	0.050	15
b	0.25	0.025	7.5
c	0.10	0.010	3
d	0.075	0.007 5	2.25
e	0.050	0.005	1.5

[a] 假设用作分析的取样量为 1.000 g 并且使用了条款 12.7.7.4 的稀释系数。

表 77 分析乙醇酸丁酯的校准溶液

校准溶液	所需的 10 mg/mL 储备液的体积 mL	校准溶液的浓度 mg/mL	在样品中的同等浓度 (%)[a] (仅供参考)
a	2.50	0.25	5
b	2.00	0.20	4
c	1.50	0.15	3
d	1.00	0.10	2
e	0.50	0.05	1

[a] 假设用作分析的取样量为 1.000 g 并且使用了条款 12.7.7.4 的稀释系数。

表 78 分析 ε-己内酰胺的校准溶液

校准溶液	所需的 10 mg/mL 储备液的体积 mL	校准溶液的浓度 mg/mL	在样品中的同等浓度 (%)[a] (仅供参考)
a	0.20	0.020	10
b	0.10	0.010	5
c	0.08	0.008	4
d	0.06	0.006	3
e	0.05	0.005	2.5

[a] 假设用作分析的取样量为 1.000 g 并且使用了条款 12.7.7.4 的稀释系数。

表 79 分析 2-甲基-2,4-戊二醇的校准溶液

校准溶液	所需的 10 mg/mL 储备液的体积 mL	校准溶液的浓度 mg/mL	在样品中的同等浓度 (%)[a] (仅供参考)
a	0.50	0.050	15
b	0.25	0.025	7.5
c	0.10	0.010	3
d	0.075	0.007 5	2.25
e	0.050	0.005	1.5

[a] 假设用作分析的取样量为 1.000 g 并且使用了条款 12.7.7.4 的稀释系数。

12.7.5.4.7 用 GC-FID 测量 1,2-丙二醇的校准溶液

为 1,2-丙二醇制备校准溶液(a～e),通过移取规定体积(按照表 80)的 10 mg/mL,1,2-丙二醇储备液(见 12.7.5.3)到一系列的 100 mL 的容量瓶中,并用二氯甲烷定容。

表 80　用 GC-FID 测量 1,2-丙二醇的校准溶液

校准溶液	所需的 10 mg/mL 储备液的体积 mL	校准溶液的浓度 mg/mL	在 1 g 样品中的同等浓度 (%)[a] (仅供参考)
a	5.00	0.50	20
b	4.00	0.40	16
c	3.00	0.30	12
d	2.00	0.20	8
e	1.00	0.10	4
[a] 假设用作分析的取样量为 1.000 g 并且使用了条款 12.7.7.4 的稀释系数。			

12.7.6　取样

对于取样，测试组分取自容器。样品用不同的管和瓶子来包装，在打开时，会释放挥发性的组分到空气中。打开容器时，尽可能用玻璃棒搅拌样品以使样品均匀。对于≤1 g 的样品，所有样品应立即转移到取样管或样品瓶中。

12.7.7　样品制备

12.7.7.1　总则

为了最大程度地减少样品的损失，在打开前，应将样品放在(4±2)℃的冰箱中冷却 1 h。

12.7.7.2　用 HS-GC-FID 鉴别和测量溶剂的样品制备

称取(1.0±0.05)g 测试组分，精确到 0.001 g，到顶空样品瓶中，并记录质量。对于水样品，加入 5 mL 的盐水，对于非水样品，加入 5 mL 的 DMF。立即夹压样品瓶，并摇动以使溶液均匀。

12.7.7.3　用 GC-MS 鉴别溶剂的样品制备

注：不建议直接进样到气相色谱中。需要对样品进行必要的净化。由于本技术所鉴别的溶剂具有低挥发性，估计只有很小的损失。

12.7.7.3.1　溶剂型的胶水、稀释剂和油漆样品

称取(1.0±0.05)g 测试组分，精确到 0.001 g，到 50 mL 的烧杯中，并加入 5 mL 的二氯甲烷。轻轻的旋转使测试组分溶解，并用滤纸(见 12.7.4.8)过滤到 20 mL 的容量瓶中，用二氯甲烷定容。胶水和油漆样品溶液在进样到 GC-MS 前需要再用 0.45 μm 尼龙膜针筒过滤器(见 12.7.4.9)过滤。移取 1 mL 的样品溶液到压盖式样品瓶中。

12.7.7.3.2　水性胶水样品

称取(1.0±0.05)g 测试组分，精确到 0.001 g，到 50 mL 的烧杯中，并加入 5 mL 的水。轻轻旋转使测试组分溶解，并用滤纸过滤到 20 mL 的容量瓶中，用甲醇定容。某些样品在进样到 GC-MS 前需要再用 0.45 μm 没有表面活性剂的醋酸纤维素(SFCA)针筒过滤器(见 12.7.4.10)过滤。移取 1 mL 的样品

溶液到压盖式样品瓶中。

12.7.7.3.3 水性油漆样品

称取(1.0±0.05)g 测试组分,精确到 0.001 g,到 50 mL 的烧杯中,并加入 5 mL 的甲醇。轻轻的旋转使测试组分溶解,并用滤纸(见 12.7.4.8)过滤到 20 mL 的容量瓶中,用甲醇定容。某些样品在进样到 GC-MS 前需要再用 0.45 μm 没有表面活性剂的醋酸纤维素(SFCA)针筒过滤器(见 12.7.4.10)过滤。移取 1 mL 的样品溶液到压盖式样品瓶中。

12.7.7.4 用 GC-MS 测量某些溶剂的样品制备

测量二乙二醇丁醚醋酸酯、乙醇酸丁酯、ε-己内酰胺和 2-甲基-2,4-戊二醇时,按 12.7.7.3 所制备的样品溶液需要用适合的溶剂,如二氯甲烷或甲醇,做进一步的稀释,以保证被分析物的浓度在校准范围内。稀释情况见表 81。移取 1 mL 的稀释样品溶液到压盖式样品瓶中,供 GC-MS 分析。

表 81 用 GC-MS 和 GC-FID 定量测量溶剂的稀释系数

溶剂	稀释	稀释系数
二乙二醇丁醚醋酸酯	1 mL 用二氯甲烷定容至 150 mL	150
乙醇酸丁酯	1 mL 用二氯甲烷定容至 10 mL	10
ε-己内酰胺	1 mL 用二氯甲烷定容至 250 mL	250
2-甲基-2,4-戊二醇	1 mL 用二氯甲烷定容至 150 mL	150
1,2-丙二醇	1 mL 用二氯甲烷定容至 20 mL	20

12.7.7.5 用 GC-FID 测量 1,2-丙二醇的样品制备

测量 1,2-丙二醇时,按 12.7.7.3 所制备的样品溶液需要用合适的溶剂,如二氯甲烷或甲醇,做进一步的稀释,以保证被分析物的浓度在校准范围内。稀释情况见表 81。移取 1 mL 的稀释样品溶液到压盖式样品瓶中,供 GC-FID 分析。

12.7.7.6 测量水性油漆和漆中的石油馏份的样品制备

称取(1.0±0.05)g 测试组分,精确到 0.001 g,到 50 mL 的磨口玻璃瓶中,并加入 5 mL 的甲醇。轻轻的旋转使测试组分溶解,并用滤纸(见 12.7.4.8)过滤到 20 mL 的容量瓶中,用甲醇定容。某些溶液在进样到 GC-MS 或 GC-FID 前需要再用 0.45 μm 没有表面活性剂的醋酸纤维素(SFCA)针筒过滤器(见 12.7.4.10)过滤。移取 1 mL 的样品溶液到 20 mL 的容量瓶中,用二氯甲烷定容。

12.7.7.7 测量石油馏份

按照 EN 14517:2004 第 8 条款分析测试组分。

12.7.8 步骤

12.7.8.1 用 HS-GC-FID 鉴别溶剂

对于鉴别水性材料中的溶剂,使用 12.7.5.4.2 制备的校准溶液制作两点的校准曲线。

对于鉴别溶剂型材料中的溶剂,使用 12.7.5.4.3 制备的校准溶液制作两点的校准曲线。

使用 12.7.4.13 的条件用 HS-GC-FID 分析校准溶液。在色谱中使用极性柱 60 m×0.32 mm×0.50 μm (ZB-WAX),溶剂的洗脱次序见图 7 和表 82。

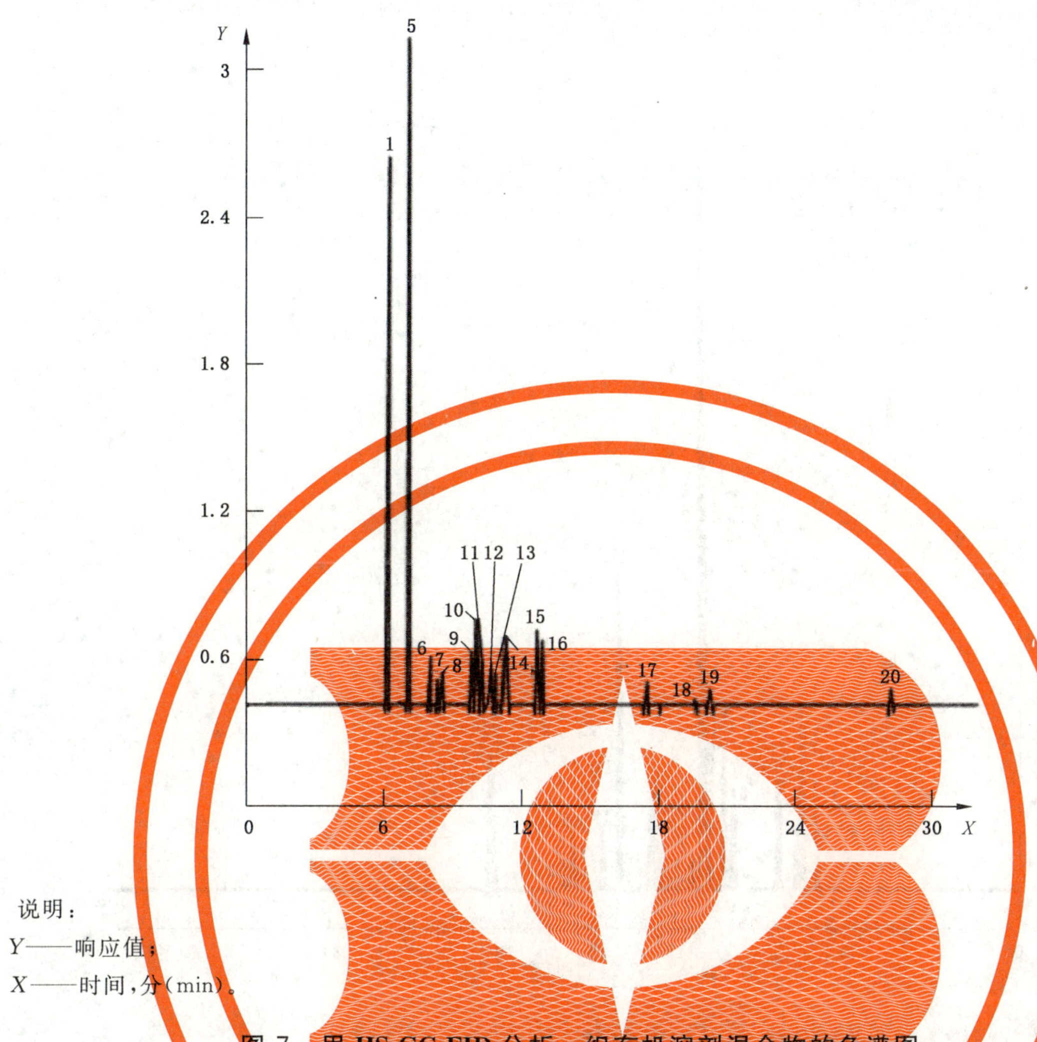

说明：

Y——响应值；

X——时间，分(min)。

图 7 用 HS-GC-FID 分析一组有机溶剂混合物的色谱图

[极性柱(ZB-Wax)：60 m×0.32 mm×0.5 μm]

表 82 用极性柱(ZB-WAX)分析溶剂的典型保留时间

峰	溶剂	保留时间 min	峰	溶剂	保留时间 min
1	(正)己烷	6.18	13	乙醇	11.0
5	环己烷	7.07	14	3-甲基 2-丁酮	11.1
6	1,1-二甲氧基乙烷	7.93	15	乙酸丙酯	12.5
7	丙酮	8.28	16	3-戊酮	12.7
8	乙酸甲酯	8.50	17	2-甲基 1-丙醇	17.3
9	乙酸乙酯	9.75	18	1-甲氧基 2-丙醇	19.5
10	乙酸异丙酯	10.0	19	1-丁醇	20.1
11	2-丁酮	10.2	20	*N*,*N*-二甲基甲酰胺	28.1
12	2-丙醇	10.7			

使用与分析校准溶液同样的条件，用 HS-GC-FID 分析按 12.7.7.2 制备的样品顶空瓶。将样品的色谱图与已知的标准物质的色谱图进行比较，以鉴别溶剂或其他任何化合物。通过与在另一根非极性柱(ZB-1)上的保留时间进行比较，来确定溶剂的身份。

在色谱中使用非极性柱 60 m×0.32 mm×1.00 μm(ZB-1)，溶剂的洗脱次序见图 8 和表 83。

通过分别制备和直接分析 250 mg/mL 储备液(见 12.7.5.1)来确定保留时间和洗脱次序。

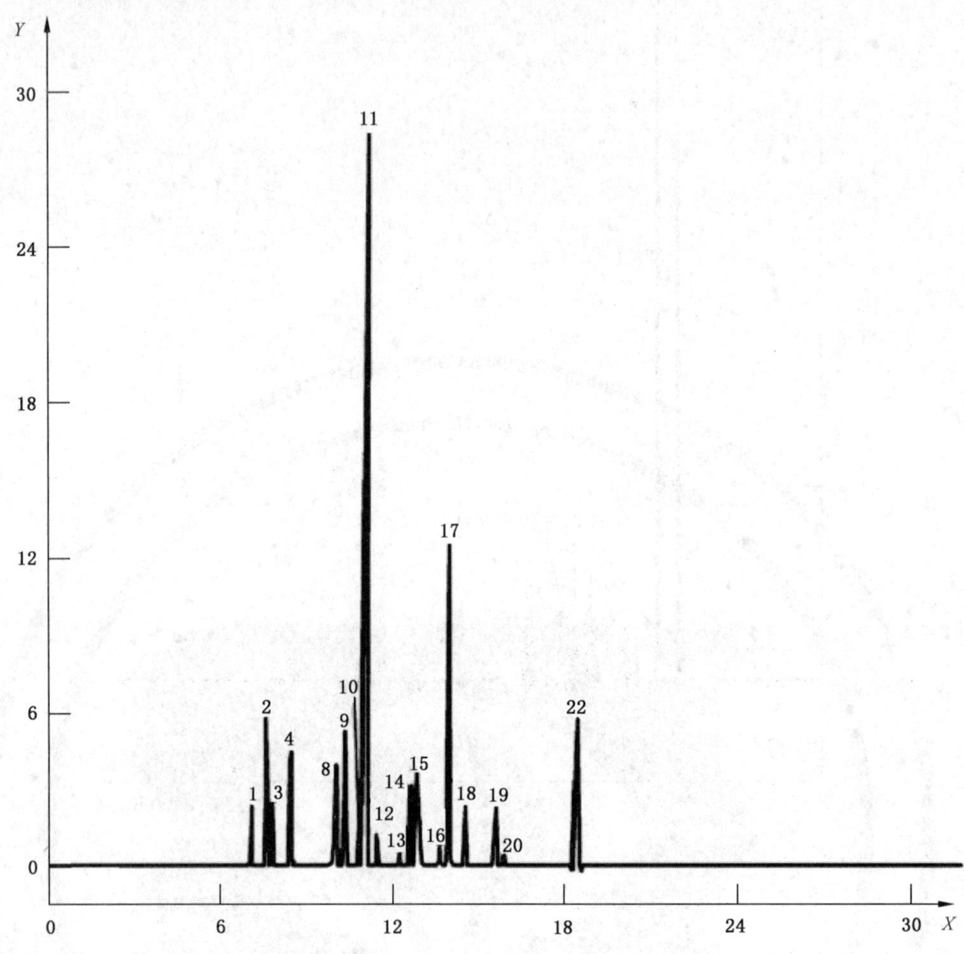

说明:

Y——响应值;

X——时间,分(min)。

图 8 用 HS-GC-FID 分析一组有机溶剂混合物的色谱图
(非极性柱(ZB-1):60 m×0.32 mm×1.00 μm)

表 83 用非极性柱(ZB-1)分析溶剂的典型保留时间

峰	溶剂	保留时间 min	峰	溶剂	保留时间 min
1	乙醇	7.10	14	3-甲基-2-丁酮	12.8
2	丙酮	7.60	15	1-丁醇	13.0
3	2-丙醇	7.77	15	乙酸异丙酯	13.0
4	乙酸甲酯	8.45	16	1-甲氧基-2-丙醇	13.7
8	2-丁酮	10.1	17	环己烷	14.1
9	1,1-二甲氧基乙烷	10.4	18	3-戊酮	14.6
10	乙酸乙酯	10.9	19	乙酸丙酯	15.6
11	(正)己烷	11.1	22	*N*,*N*-二甲基甲酰胺	18.4
12	2-甲基-1-丙醇	11.5			
注:在同一溶液中非极性柱不能将 1-丁醇和乙酸异丙酯分开来。					

12.7.8.2 用 GC-MS 鉴别溶剂

使用 12.7.4.12 规定的条件，用 GC-MS 分析 12.7.5.4.5 制备的每一组校准溶液(a 和 b)，并作一条两点的校准曲线。在色谱中某些溶剂的洗脱次序见图 9 和表 84。对于石油馏份(沸点范围：80 ℃～110 ℃)的鉴别，使用 60 m 的柱。

使用与分析校准溶液同样的条件，用 GC-MS 分析 12.7.7.3 制备的样品瓶。将样品的色谱图与已知标准物质的进行比较，以鉴别溶剂或其他任何化合物。

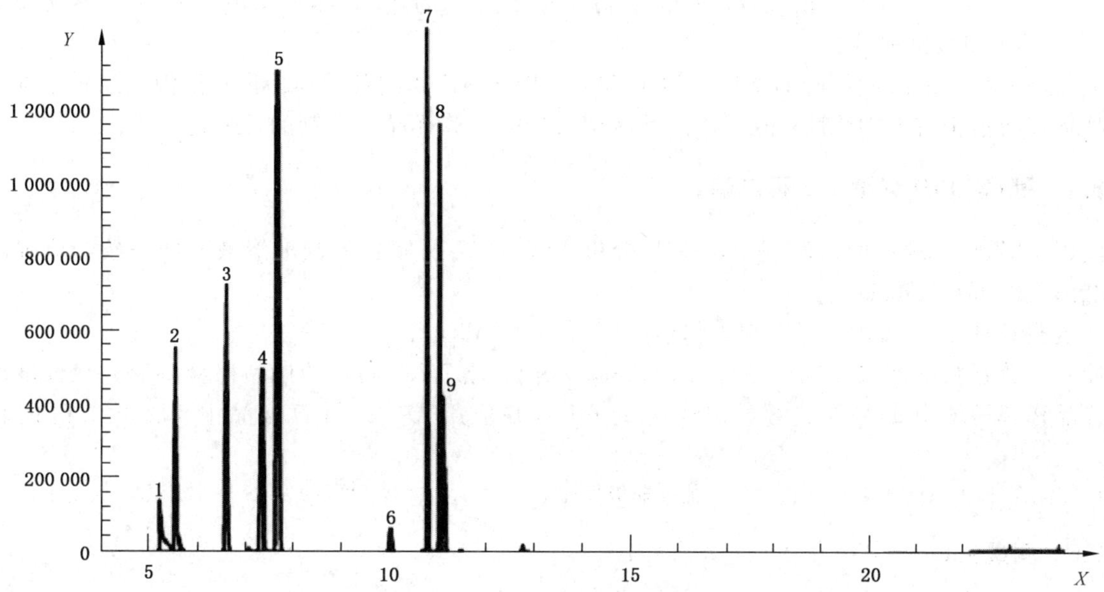

说明：

Y——响应值；

X——时间，分(min)。

图 9 用 GC-MSD 分析一组有机溶剂混合物的总离子流图

表 84 用 GC-MS 分析某些溶剂的典型保留时间

峰	溶剂	保留时间 min	离子 m/z
1	1,2-丙二醇	5.29	45
2	乙酸丁酯	5.55	43
3	1-甲氧基-2-丙醇乙酸酯	6.61	43
4	2-甲基-2,4-戊二醇	7.35	59/43
5	乙酸 3-甲氧基丁酯	7.70	43/59
6	乙醇酸丁酯	10.0	57
7	二乙二醇丁醚醋酸酯	10.8	48/87/57
8	三乙酸甘油酯	11.0	53
9	ε-己内酰胺	11.20	113/55/85

12.7.8.3 用 HS-GC-FID 测量溶剂含量

对 12.7.8.1 所鉴别的并要求用 HS-GC-FID 定量的每一溶剂，使用 12.7.4.11 所规定的条件分析

12.7.5.4.4 所制备的相关校准溶液。对每一已鉴别的溶剂，作一条响应强度对溶剂校准浓度(mg/瓶)的五点校准曲线。

使用与分析校准溶液相同的条件，用 HS-GC-FID 分析 12.7.7.2 制备的样品顶空瓶。从校准曲线上得出样品瓶中溶剂的浓度(mg/瓶)，并应用式(28)计算样品中溶剂的百分比含量。

12.7.8.4 用 GC-MS 测量溶剂含量

对 12.7.8.2 所鉴别的并要求用 GC-MS 定量的每一溶剂(除石油馏份外)，使用 12.7.4.12 规定的条件，分析 12.7.5.4.6 所制备的相关校准溶液。对每一已鉴别的溶剂，作一条响应强度对溶剂校准浓度(mg/mL)的五点校准曲线。

使用与分析校准溶液相同的条件，用 GC-MS 分析 12.7.7.4 制备的样品稀释溶液。从校准曲线上得出样品稀释溶液中溶剂的浓度(mg/mL)，并应用式(29)计算样品中溶剂的百分比含量。

12.7.8.5 用 GC-FID 测量 1,2-丙二醇

使用 12.7.4.13 规定的条件，用 GC-FID 分析 12.7.5.4.7 所制备的校准溶液。作一条响应强度对溶剂校准浓度的五点校准曲线。

在这些条件下，1,2-丙二醇的典型保留时间为 16.5 min。

使用与分析校准溶液相同的条件，用 GC-FID 分析 12.7.7.5 制备的样品稀释溶液。从校准曲线上得出样品稀释溶液中 1,2-丙二醇的浓度(mg/mL)，并应用式(29)计算样品中 1,2-丙二醇的百分比含量。

注：由于色谱的拖尾效应，1,2-丙二醇不能在非极性柱上用 12.7.4.12 规定的 GC-MS 条件定量。

12.7.8.6 测量空白

12.7.8.6.1 用 HS-GC-FID 测量空白

对于每一个测试，按 12.7.4.11 规定的条件，用 HS-GC-FID 分析 12.7.7.2 制备的不含样品的空白溶液。

12.7.8.6.2 用 GC-MS 和 GC-FID 测量空白

对于每一个测试，选择所适用的 12.7.4.12 或 12.7.4.13 中规定的条件，用 GC-MS 分析按 12.7.7.3 制备的不含样品的空白溶液。

12.7.9 结果的评估

12.7.9.1 用 HS-GC-FID 测量的溶剂含量计算

从校准曲线上内插直接得出样品溶液中的每一种溶剂的浓度(mg/瓶)，按式(28)计算样品中每一种溶剂的质量分数(%)：

$$M_{溶剂}=\frac{W_s}{W \times 10} \qquad \cdots\cdots(28)$$

式中：

$M_{溶剂}$——溶剂的含量(质量分数)，%；

W_s ——溶剂的质量，单位为毫克(mg)；

W ——样品的质量，单位为克(g)。

12.7.9.2 用 GC-MS 或 GC-FID 测量的溶剂含量计算

从校准曲线上内插直接得出样品溶液中的每一种溶剂的浓度(mg/mL)，按式(29)计算样品中每一

种溶剂的质量分数(%):

$$M_{溶剂}=\frac{W_s \times f}{W \times 0.5} \quad \cdots\cdots(29)$$

式中:

$M_{溶剂}$——溶剂的含量(质量分数),%;

W_s ——溶剂的浓度,单位为毫克每毫升(mg/mL);

W ——样品的质量,单位为克(g);

f ——稀释系数。

12.7.9.3 石油馏份含量的计算

使用 EN 14517:2004 表 1 石蜡的响应因子,按照 EN 14517:2004 的 10.1 计算石油馏份中的烃的量。通过将所测量的各个化合物的数量加在一起得到总量。

12.7.10 测试报告

分析报告至少应包括下列内容:

a) 所测试的产品和/或材料的类型和识别;

b) 提及本部分;

c) 记录测试结果如下:

——溶剂的鉴别,以及鉴别所用的技术,HS-GC-FID/GC-MS/GC-FID;

——每一种已鉴别溶剂的含量(质量分数),%;

——总的溶剂量,即各个溶剂的量的总和(质量分数),%。

d) 与规定测试程序的任何偏离;

e) 测试日期。

12.8 溶剂型胶粘剂以及溶剂型油漆和漆中的增塑剂、油漆和漆中的成膜剂以及溶剂型油漆和漆中的调节剂的测量方法总汇

12.8.1 原理

本方法所描述的测量步骤,适用于定量测量溶剂型胶粘剂和溶剂型油漆和漆中的不同的增塑剂、成膜剂和调节剂。

样品用乙醚萃取,总的萃取量用重量法来确定。萃取物中的增塑剂的含量按照 12.3 来测量(烤炉固化可塑 PVC 模型粘土套装中的增塑剂的测量)。成膜剂的测量使用带质谱检测器的气相色谱仪。调节剂的含量的计算,即为总的萃取量减去增塑剂的量和成膜剂的量。

用 IR 光谱鉴别溶剂型油漆和漆中的硝酸纤维素。

测试报告见 12.8.7。

12.8.2 测量总的萃取量

12.8.2.1 标准物质和试剂

12.8.2.1.1 标准物质

无。

12.8.2.1.2 试剂

见表 85。

表 85 试剂

化学品	CAS 号
乙醚	60-29-7
甲醇	67-56-1
碳酸氢钾	298-14-6
沙	—

12.8.2.2 **仪器**

12.8.2.2.1 离心机，至少 1 900 g。

12.8.2.2.2 超声波浴或震动器。

12.8.2.2.3 旋转蒸发器。

12.8.2.2.4 烘箱，能维持温度(110±2)℃。

12.8.2.2.5 分析天平，精度 0.1 mg。

12.8.2.2.6 50 mL 的磨口平底玻璃烧瓶。

12.8.2.2.7 普通的玻璃量具。

12.8.2.2.8 干燥器。

12.8.2.2.9 离心管，至少 30 mL，带盖。

12.8.2.3 **取样**

对于取样，测试组分取自容器。

12.8.2.4 **样品制备**

在萃取之前，用玻璃棒或抹刀搅拌，使油漆或漆样品均匀。胶粘剂无需处理即可分析。

12.8.2.5 **步骤**

称取(1.0±0.1)g 测试组分到离心管中，精确到 0.001 g，加入少量的沙和 10 mL 的乙醚。盖好离心管并在超声波浴中放置 15 min。

注：也可用其他萃取方法代替超声波浴。

将离心管离心 5 min，并将上层液体转移到第二支含有 10 mL 甲醇的离心管中。假如在几分钟内形成沉淀，用离心机分离。转移上层液体到一个已称重的 50 mL 的磨口玻璃烧瓶中，并用旋转蒸发器蒸发至干燥。将烧瓶在(110±2) ℃的烘箱中烘干。烘干后，将烧瓶放在干燥器中直至冷却。然后，再称重，得出残渣的量。

将残渣重新溶解到 50 mL 的乙醚中。

用该溶液来测量增塑剂和成膜剂。

12.8.2.6 **结果评估**

样品中的残渣含量的计算见式(30)：

$$M_r = \frac{W_r \times 100}{1\ 000 \times W} \quad \cdots\cdots (30)$$

式中：

M_r ——可萃取材料的含量(质量分数)，%；

W_r ——残渣的质量，单位为毫克(mg)；

W ——样品的质量，单位为克(g)。

12.8.3 硝酸纤维素的鉴别

12.8.3.1 原理

用 IR 光谱鉴别溶剂型油漆和漆中的硝酸纤维素。

12.8.3.2 试剂

见表 86。

表 86 试剂

化学品	CAS 号
IR 用溴化钾	7758-02-3

12.8.3.3 仪器

12.8.3.3.1 烘箱，温度能达到(105 ± 2) ℃。

12.8.3.3.2 制作溴化钾压片的压片机。

12.8.3.3.3 衰减全反射-傅里叶变换红外光谱仪(ATR-FTIR)。

测量范围：4 000 cm^{-1}～ 400 cm^{-1}。

扫描：32 次。

使用样品架在透射模式(transmission mode)测量。

使用 ATR 池在反射模式(reflection mode)测量。

12.8.3.4 取样

见 12.8.2.3。

12.8.3.5 样品制备

在萃取之前，用玻璃棒或抹刀搅拌，使油漆或漆样品均匀。

12.8.3.6 步骤

在(105±2) ℃的烘箱中烘干溶剂型油漆。使用残渣进行 IR 分析。

将烘干的残渣紧压在 FTIR 光谱仪的 ATR 仪器窗口上。

注：鉴别也可透射模式(transmission) 模式进行。

12.8.3.7　结果评估

将图 10 给出的硝酸纤维素 IR 谱图与样品的相关吸收进行比较。

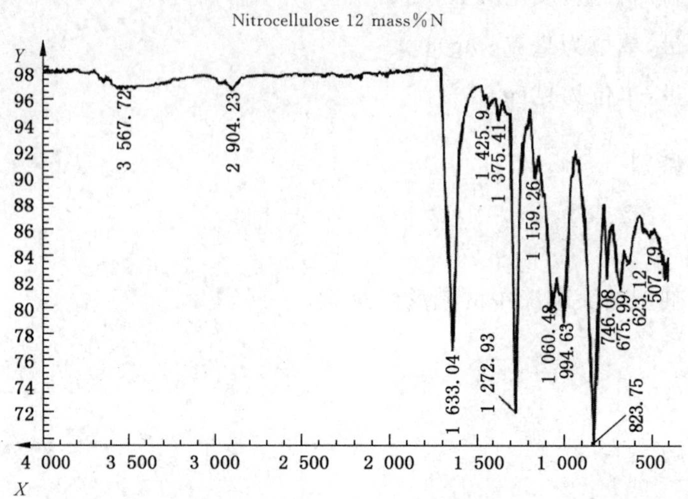

说明：

Y——反射率，%；

X——波数(cm^{-1})。

图 10　硝酸纤维素在反射模式下的 FTIR 谱图

12.8.4　增塑剂的测量

12.8.4.1　原理

增塑剂的测量用 12.3 所描述的方法来进行。

注：假如 12.8.2 的残渣<3%，则无需进行增塑剂的测量。在含有硝酸纤维素时，假如 12.8.2 的残渣<5%，则无需进行增塑剂的测量。

12.8.4.2　标准物质和试剂

见 12.3.2。

12.8.4.3　仪器

见 12.3.3。

12.8.4.4　标准溶液的制备

见 12.3.4。

12.8.4.5　步骤

在 20 mL 的容量瓶中，加入 5 mL 的 12.8.2.5 的萃取残渣溶液，并用(正)已烷定容。

必要时，用(正)已烷进一步稀释溶液，使得溶液的最终浓度处在已知增塑剂的线性校准范围内。

转移一部分该溶液到压盖式样品瓶中供 GC-MS 分析用。

按照 12.3.7.5 和 12.3.7.6 来测量增塑剂的含量。

12.8.4.6　结果的评估

样品中增塑剂的含量计算见式(31)：

$$M_p = \frac{c_p \times 20 \times 10}{W \times 10\ 000} \times f \quad \cdots\cdots\cdots\cdots (31)$$

式中：

M_p ——样品中增塑剂的含量(质量分数)，%；

c_p ——样品溶液中增塑剂含量的浓度，单位为微克每毫升(μg/mL)；

W ——样品的质量，单位为克(g)；

f ——稀释系数。

12.8.5 测量成膜剂

12.8.5.1 原理

用 GC-MS 测量 12.8.2.5 萃取物中的成膜剂。

12.8.5.2 标准物质和试剂

12.8.5.2.1 标准物质

见表 87。

表 87 用于鉴别和测量成膜剂的标准物质

序号	化学品	CAS 号
1	十三烷酸甲酯	1731-88-0
2	十一烷酸甲酯	1731-86-8
3	月桂酸甲酯	111-82-0
4	癸酸乙酯	110-38-3
5	乙酸十二醇酯	112-66-3
6	10-十一烯酸乙酯	692-86-4
7	十二醇	112-53-8
8	十三醇	112-70-9
9	十四醇	112-72-1
10	C_{20}-C_{30}碳酸二醇酯（Luwax E[a]）	

[a] Luwax E 是商标名。

12.8.5.2.2 试剂

见表 88。

表 88 试剂

化学品	CAS 号
乙醚	60-29-7
异丙醚	108-20-3
硫酸二甲酯	77-78-1
甲醇	67-56-1
碳酸氢钾	298-14-6

注：试剂溶液：0.5 mol/L 的碳酸氢钾甲醇溶液。

12.8.5.3　仪器

12.8.5.3.1　普通的玻璃量具。

12.8.5.3.2　分析天平。

12.8.5.3.3　烘箱,可达到(65 ± 2) ℃。

12.8.5.3.4　带质谱检测器的气相色谱(GC-MS)。

12.8.5.3.4.1　测试表 87 中物质 1～9 的 GC 条件。

色谱柱:聚乙二醇(Polyethylene glycol)(ZB-Wax),30 m×0.32 mm(内径) ×0.25 μm(膜厚)。

载气:氦气。

进样口温度:250 ℃。

进样方式:不分流。

进样量:1 μL。

检测器温度:320 ℃。

柱箱升温程序:

升温阶次 1:40 ℃(5 min),40 ℃～260 ℃(5 ℃/min),260 ℃(11 min)。

成膜剂的典型色谱图见图 11。

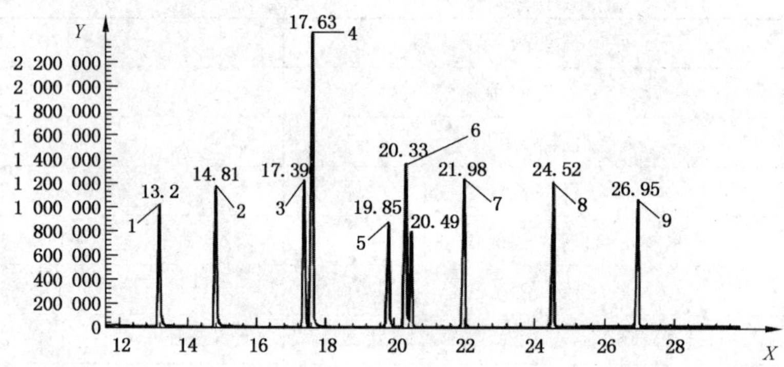

说明:

Y——响应值;

X——时间,分(min)。

图 11　成膜剂物质 1～9 的色谱图

12.8.5.3.4.2　测试 Luwax E 的 GC 条件

色谱柱:聚乙二醇(Polyethylene glycol)(ZB-Wax),30 m×0.32 mm(内径) ×0.25 μm(膜厚)。

载气:氦气。

进样口温度:250 ℃。

进样方式:不分流。

进样量:1 μL。

检测器温度:320 ℃。

柱箱升温程序:

升温阶次 1:100 ℃(1 min),100 ℃～240 ℃(10 ℃/min),240 ℃(40 min)。

表 89 给出了 SIM 模式的不同物质的质量数。

表 89　SIM 模式的不同物质的质量数

被分析物	m/z
十三烷酸甲酯	74，87，143，185
十一烷酸甲酯	55，74，87
月桂酸甲酯	74，87
癸酸乙酯	88，101，155
乙酸十二醇酯	83，97，98，111
10-十一烯酸乙酯	69，88，101，166
十二醇	56，70，83，97
十三醇	83，85，97
十四醇	83，97，125
Luwax E	143

成膜剂的典型色谱图见图 12。

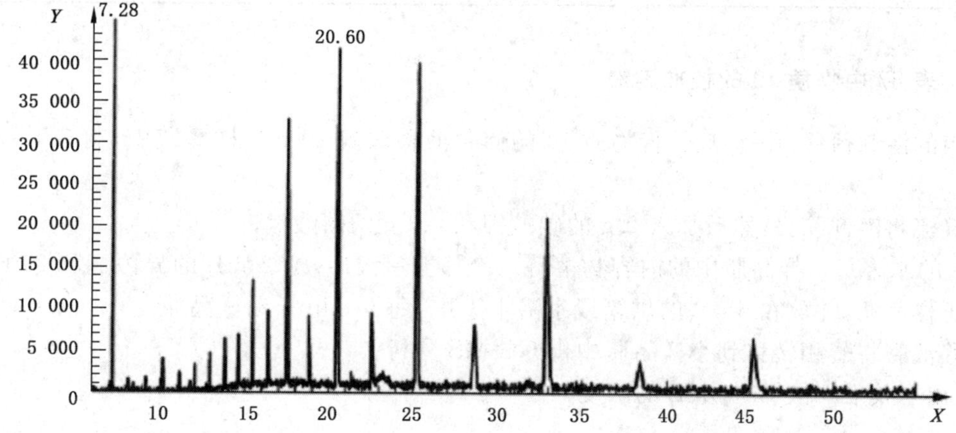

说明：

Y——响应值；

X——时间，分（min）。

图 12　成膜剂 Luwax E 的色谱图

12.8.5.4　标准溶液的制备

12.8.5.4.1　储备液

通过将表 87 中物质 1～9 的成膜剂物质各 200 mg 分别溶解 100 mL 的乙醚中，制备各种成膜剂物质的储备液（c＝2 000 mg/L）。

通过将 50 mg 的 Luwax E 物质溶解在 10 mL 的 0.5 mol/L 碳酸氢钾甲醇溶液中，制备该物质的储备液（c＝5 μg/μL）。

12.8.5.4.2 校准溶液

12.8.5.4.2.1 表 87 中物质 1～9 的校准溶液

按适当的稀释比例，用移液管将物质 1～9 的储备液移取到 100 mL 容量瓶中，并用乙醚定容，制备含有这些物质的混标校准溶液。

表 90 给出了校准溶液每一被分析物的浓度。

表 90 表 87 中物质 1～9 的校准溶液

储备液的体积/mL	浓度 mg/L
0.25	5
1	20
2.5	50
5	100
10	200

12.8.5.4.2.2 表 87 中物质 10 的校准溶液

采用适当的溶剂稀释，用移液管将物质 10 的储备液移取到 20 mL 样品瓶中，制备 Luwax E 的校准溶液。

通入氮气流将溶剂除去，然后加入 2 g 的碳酸钾和 0.2 g 的碳酸氢钾。

用 4 mL 的水将每一样品瓶中的内容物溶解。冷却至室温后，加 2 mL 的异丙醚和 200 μL 的硫酸二甲酯。夹压样品瓶，并放在 65 ℃的烘箱或水浴中 1 h。每 5 min 摇动样品瓶。

用小的移液管将醚相转移到小样品瓶中供 GC-MS 分析。

表 91 给出了校准溶液 Luwax E 的浓度。

表 91 Luwax E 的校准溶液

储备液的体积(μL)/2 mL 异丙醚	浓度 mg/L
50	125
100	250
200	500
500	1 250
1 000	2 500

12.8.5.4.3 标准溶液的稳定性

储备液可在(4±2)℃的冰箱中存放 3 个月。

稀释的标准溶液可在(4±2)℃的冰箱中存放 1 周。

12.8.5.5 取样

见 12.8.2.3。

12.8.5.6 步骤

取 1 mL12.8.2.5 制备的萃取残渣溶液到 100 mL 的容量瓶中，并用乙醚稀释。

用 GC-MS 的全扫描模式“full-scan”(按 12.8.5.3.4 的条件)分析该样品溶液。

在每一组分的全扫描谱图的协助下，选择它们的特征质量数，以便定量哪些在 SIM-模式(见表 89)下最灵敏的组分。

假如检测到有成膜剂，则通过标准加入法进行回收率测试，见如下：

分析平行样。如上所述直接分析第一个测试组分。按照 12.8.2.5 和 12.8.5.6 加入已知含量被分析物(标准溶液) 制备第二个测试组分，并对该测试组分进行分析。

注：为了方便，可在进行鉴别工作的同时进行回收率/标准加入工作。

12.8.5.7 结果评估

成膜剂含量的计算，可通过计算由校准溶液生成的校准曲线中各个组分的峰面积得到。

使用两测试组分中被分析物的浓度进行回收率的计算见式(32)：

$$rec = \frac{(c_{fa+std} - c_{fa})}{c_{std}} \times 100 \qquad \cdots\cdots(32)$$

式中：

rec ——回收率(质量分数)，%；

c_{fa+std} ——成膜剂加上标准加入的浓度，单位为毫克每升(mg/L)；

c_{fa} ——成膜剂的浓度，单位为毫克每升(mg/L)；

c_{std} ——所加入标准的浓度换算成定容后的浓度，单位为毫克每升(mg/L)。

经回收率修正后样品中的成膜剂的浓度计算见式(33)：

$$M_{fa} = \frac{c_{fa} \times 50 \times 100}{1\,000 \times 1\,000 \times W} \times \frac{100}{rec} \qquad \cdots\cdots(33)$$

式中：

M_{fa} ——成膜剂的含量(质量分数)，%；

c_{fa} ——成膜剂的浓度，单位为毫克每升(mg/L)；

W ——样品的质量，单位为克(g)；

rec ——回收率，%。

12.8.6 调节剂的测量

残渣含量、增塑剂含量和成膜剂含量的计算分别见 12.8.2.6、12.8.4.6 和 12.8.5.7，从它们计算出调节剂的含量。

溶剂型胶粘剂中调节剂含量的计算见式(34)：

$$M_{m,sha} = r - M_p \qquad \cdots\cdots(34)$$

式中：

$M_{m,sha}$ ——溶剂型胶粘剂中调节剂的含量(质量分数)，%；

r ——残渣的含量(质量分数)，%；

M_p ——增塑剂的含量(质量分数)，%。

溶剂型油漆和漆中调节剂含量的计算见式(35)：

$$M_{m,sbpl}=M_r-M_{fa}-M_p \quad\quad (35)$$

式中：

$M_{m,sbpl}$——溶剂型油漆和漆中调节剂的含量(质量分数)，%；

M_r ——残渣的含量(质量分数)，%；

M_{fa} ——成膜剂的含量(质量分数)，%；

M_p ——增塑剂的含(质量分数)量，%。

12.8.7 **测试报告**

分析报告至少应包括下列内容：

a) 所测试的产品和/或材料的类型和识别；

b) 提及本部分；

c) 记录测试结果如下：

——已鉴别物质的列表；

——增塑剂、成膜剂和调节剂的总含量(质量分数)，%，取到0.1%。

d) 与规定测试程序的任何偏离；

e) 测试日期。

附　录　A
（资料性附录）
不同基体中的溶剂含量和所允许的最高浓度

不同基体中的溶剂含量和所允许的最高浓度情况见表 A.1。

表 A.1　不同基体中的溶剂含量和所允许的最高浓度

溶剂	水基型胶粘剂	溶剂型胶粘剂	水性油漆和漆	溶剂型油漆和漆	溶剂型稀释剂和清洗剂	技术(s)
丙酮		＞0.1%				HS-GC-FID
环己烷		＞0.1%				HS-GC-FID
3-戊酮		＞0.1%				HS-GC-FID
乙酸乙酯		＞0.1%				HS-GC-FID
乙醇		＞0.1%	＜10%	＞0.1%	＞0.1%	HS-GC-FID
乙酸异丙酯		＞0.1%				HS-GC-FID
2-丙醇		＞0.1%	＜10%	＞0.1%	＞0.1%	HS-GC-FID
乙酸甲酯		＞0.1%				HS-GC-FID
2-丁酮		＞0.1%		＞0.1%	＞0.1%	HS-GC-FID
3-甲基-2-丁酮		＞0.1%				HS-GC-FID
乙酸丁酯		＞0.1%				GC-MS
乙酸丙酯		＞0.1%				HS-GC-FID
1-甲氧基-2-丙醇		＞0.1%	＜10%	＜20%	＜0.1%	HS-GC-FID
1,1-二甲氧基乙烷		＞0.1%				HS-GC-FID
1,2-丙二醇			＜10%	＞0.1%	＞0.1%	GC-MS/GC-FID
2-甲基-2,4-戊二醇			＜10%	＞0.1%	＞0.1%	GC-MS
2-甲基-1-丙醇				＜2%	＜0.1%	HS-GC-FID
1-丁醇				＜2%	＜0.1%	HS-GC-FID
1 甲氧基-2-丙醇乙酸酯		＜20%		＞0.1%	＞0.1%	GC-MS
乙酸-3-甲氧基丁酯				＞0.1%	＞0.1%	GC-MS
(正)己烷		＞0.1%	⩽5%	⩽5%	⩽5%	HS-GC-FID
石油馏分(沸点范围:60 ℃～140 ℃)		＞0.1%	＞0.1%	＞0.1%	＞0.1%	GC-MS EN 14517:2004
石油馏分(沸点范围:135 ℃～210 ℃)		＞0.1%	0.1%	＞0.1%	＞0.1%	GC-MS EN 14517:2004
乙醇酸丁酯	⩽3%	⩽3%				GC-MS
ε-己内酰胺	⩽5%	⩽5%				GC-MS
二乙二醇丁醚醋酸酯	⩽3%	⩽3%				GC-MS
三乙酸甘油酯				＞0.1%	＞0.1%	GC-MS

附 录 B
（资料性附录）
测量陶瓷和玻璃质上釉材料上元素的预测试方法

为测量单一元素在玩具中是否以及以多少含量存在，表 B.1 可用作预测试。假如超过限量值，使用 12.2.9.1 的总计算程序来定量单个组分。所测的某些化合物没有化学当量关系。

表 B.1 元素含量

化合物	按照本部分的最高含量 %	待测元素	计算化合物中元素含量的因子[a]	化合物中元素所允许的最高浓度 %
SnO_2	10	Sn	0.787 6	7.88
CuO	0.25	Cu	0.798 9	0.20
$CoO \cdot Al_2O_3$	3	Co	0.333 2	1.00
$ZrSiO_4+V_2O_4$	5	V	0.291 8	1.46
$ZrSiO_4+Pr_2O_3$	5	Pr	0.549 2	2.75
$ZrSiO_4+Fe_2O_3$	5	Fe	0.325 6	1.63
Fe_2O_3[b]	5	Fe	0.699 4	3.50
$ZrSiO_4$[b]	15	Zr	0.497 6	7.46

[a] 计算所基于假设是：该混合物或双氧化物的成分是处于化学当量关系。

[b] 多个化合物中含有同一元素（如 Fe 和 Zr）时，指最高含量。

附 录 C
（资料性附录）
测试方法的确认

本部分所描述方法的开发和确认是基于AOAC所使用的规程基础上所建立的同行评议规程(a peer-review protocol)。开发方法过程所获得的确认数据满足Horwitz基于实验统计数据所推导出的可接受的重复性限量值。

本同行评议系统考虑了参加实验室所使用的有限范围的样品、基体和仪器。使用这种方法的结果是，实验室额外实验所产生的数据没有用作方法确认。

附 录 D
（资料性附录）
相关的欧盟指令

本部分修改采用 EN 71-5，后者引用了下列的欧盟指令：

a） 欧洲理事会指令 64/54/EEC—在供人类食用的食品中准许使用的防腐剂（以及后续的修订和改动）。
b） 欧洲理事会指令 67/548/EEC—危险物质的分类、包装和标识（以及后续的修订和改动）。
c） 欧洲理事会指令 76/768/EEC—化装用品（以及后续的修订和改动）。
d） 欧洲理事会指令 78/142/EEC—含有氯乙烯单体以及供与食品接触的材料和物品（以及后续的修订和改动）。
e） 欧洲理事会指令 88/379/EEC—危险配制品的分类、包装和标识（以及后续的修订和改动）。
f） 欧洲理事会指令 90/128/EEC—供与食品接触的塑料材料和物品（以及后续的修订和改动）。
g） 欧盟委员会指令 91/442/EEC—其包装必须配有防儿童打开紧固件的危险配制品（以及后续的修订和改动）。

附　录　E
（资料性附录）
本部分与 EN 71-5：1993＋A1：2006 的技术性差异及其原因

表 E.1 给出了本部分与 EN 71-5：1993＋A1：2006 的技术性差异及其原因的一览表。

表 E.1　本部分与 EN 71-5：1993＋A1：2006 的技术性差异及其原因

本部分的章条编号	技术性差异	原因
1	删除了原文第二段中的"—指令 67/548/EEC(以及后续的修订和改动)和 88/379/EEC(以及后续的修订和改动)的定义中归类为" "—上述指令未覆盖的"	我国没有等同的标准和法规，并且删除后也不会影响整个标准的完整性和技术要求
3.8	增加了"配制品"的定义	在标准正文中要用到该名称，但本国标在"规范性引用文件"中所引用的所有标准均没有配制品的定义。EN 71-5：1993＋A1：2006 在"规范性引用文件"中所引用的欧盟指令中有配制品的定义
5.1 表 1	在允许使用的颜料百分比限量前加"≤"	使限量的意义更明确
6.1	删除原文"氯乙烯单体的含量要低于 1 mg/kg(EEC 指令 78/142/EEC)"中的 EEC 指令	考虑到我国国情，不能出现欧盟指令，而且国家标准 GB 9681—1988《食品包装用聚氯乙烯成型品卫生标准》和 GB 14944—1994《食品包装用聚氯乙烯瓶盖垫片及粒料卫生标准》对氯乙烯单体的限量也做了同样的规定，因此同意采用该限量
7.1.1 表 3	在苯乙烯单体含量前加"≤"	使限量的意义更明确
7.4.1	用"危险配制品的包装应配有防儿童打开的装置。"代替"包装必须符合指令 91/442/EEC"	考虑到我国国情，不能出现欧盟指令，因此将指令的内容直接写出来
2、7.2、9.2.1、9.3	用"GB 2760《食品添加剂使用标准》"代替"欧洲理事会指令 64/54/EEC—在供人类食用的食品中准许使用的防腐剂(以及后续的修订和改动)" 用"《化妆品卫生规范》(中华人民共和国卫生部 2007 年 1 月)"代替"欧洲理事会指令 76/768/EEC—化装用品(以及后续的修订和改动)"	考虑到我国国情，用国家标准代替相关的指令

表 E.1（续）

本部分的章条编号	技术性差异	原因
2、7.2、10、10.3、11.2	用“GB 13690—2009《化学品分类和危险性公示　通则》”代替“欧洲理事会指令67/548/EEC—危险物质的分类、包装和标识(以及后续的修订和改动)及欧洲理事会指令88/379/EEC—危险配制品的分类、包装和标识(以及后续的修订和改动)”	考虑到我国国情，用国家标准代替相关的指令
2、9.2.1、9.2.1.2、9.2.1.3、9.2.2、9.2.2.4	除条款2“规范性引用文件”外，其余条款用“供与食品接触的塑料材料和物品”的法律法规和国家标准代替“欧洲理事会指令90/128/EEC—供与食品接触的塑料材料和物品(以及后续的修订和改动)”	考虑到我国国情，没有一个等同的法律法规和标准，但有针对指令中所提及的个别材料所制定的国家标准，由于材料较多无法全部列出，因此给了现在这个名称，以涵盖所有此类法规和标准
2、9.2.1、9.2.1.2、9.2.1.3、9.2.2.4、12.1	用“GB/T 6682—2008”代替“EN ISO 3696:1995”	考虑到我国国情，用国家标准代替相关的指令
9.2.2、9.4	删除了“注：增塑剂和调节剂的其他参考资料见概要文件V，清单1，可从EEC获取”	该注不是一个要求，而且是站在欧盟的角度来写的
12.2.2.1、12.2.2.2、12.3.2.1、12.3.2.2、12.3.4.1、12.4.2、12.5.2.1、12.5.2.2、12.6.2.1.2.1、12.6.2.1.2.2、12.6.2.2.2.1、12.6.2.2.2.2、12.6.2.3.2.1、12.6.2.3.2.2、12.6.2.4.2.1、12.6.2.4.2.2、12.6.2.5.2.1、12.6.2.5.2.2、12.6.2.6.2.1、12.6.2.6.2.2、12.6.2.7.2.1、12.6.2.7.2.2、12.6.2.8.2.1、12.6.2.8.2.2、12.6.4.2.1.1、12.6.4.2.1.2、12.6.4.2.7、12.6.4.3.1.1、12.6.4.3.1.2、12.6.4.3.7、12.6.4.4.1.1、12.6.4.4.1.2、12.7.3.1、12.7.3.2、12.8.2.1.2、12.8.3.2、12.8.5.2.1、12.8.5.2.2、12.8.5.3.4.2	在相关条款的标准条文中加入“见表16”“见表17”“见表20”“见表21”“见表22”“见表23”“见表24”“见表25”“见表26”“见表28”“见表29”“见表30”“见表31”“见表33”“见表34”“见表35”“见表36”“见表37”“见表38”“见表39”“见表40”“见表41”“见表42”“见表43”“见表44”“见表45”“见表46”“见表47”“见表48”“见表50”“见表51”“见表52”“见表53”“见表54”“见表55”“见表56”“见表57”“见表60”“见表61”“见表85”“见表86”“见表87”“见表88”“表89给出了SIM模式的不同物质的质量数”	按照GB/T 1.1—2009中7.4.1的要求，即每个表在条文中均应明确提及
12.6.2.6.4、12.6.4.2.7、12.6.4.3.7	在相关条款的标准条文中加入“见图3”“见图4”“见图5”“见图6”	按照GB/T 1.1—2009中7.3.1的要求，即每幅图在条文中均应明确提及

表 E.1（续）

本部分的章条编号	技术性差异	原因
12.7.1 总则	将原文的“表 B.1”改成“表 A.1”并在前面加“附录 A”三个字	原文附录 A 的内容移到了“12 测试方法”后面，原文附录 B 变成了附录 A。加“附录 A”三个字使条文的内容更加完整
12.2.9.1 总则	将原文的“表 C.1”改成“表 B.1”并在前面加“附录 B”三个字	原文附录 A 的内容移到了“12 测试方法”后面，原文附录 C 变成了附录 B。加“附录 B”三个字使条文的内容更加完整
12.4.3.1 脚注	用“本国家标准”代替“18）DB-VRX 是市售合适产品的实例。此信息只是方便本部分的使用者，不代表 CEN 认可了该产品。”中的“CEN”	考虑到我国国情，用国家标准代替 CEN
附录 A	删除原文的附录 A，并将其内容移到“12 测试方法”后，并加“警告”两个字	按照 GB/T 20001.4—2001 A.4 的规定

参 考 文 献

[1] W. Horwitz,"Evaluation of Analytical Methods for Regulation of Foods and Drugs",Anal. Chem. 1982,Nr. 54,67A-76A

[2] Identification and Analysis of Plastics by J. Haslam,H.A. Willis & D.C.M Squirrel 1981

[3] ISO 2561:1974,Plastics; Determination of residual styrene monomer in polystyrene by gas chromatography

[4] EN ISO 11885:1997,Water quality—Determination of 33 elements by inductively coupled plasma atomic emission spectroscopy (ISO 11885:1996)

ICS 97.200.50
Y 57

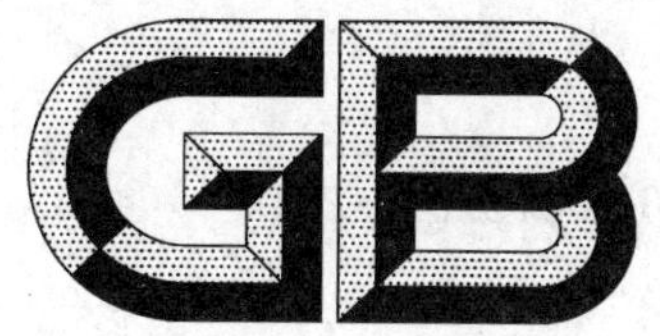

中华人民共和国国家标准

GB 6675.14—2014

玩具安全　第14部分：指画颜料技术要求及测试方法

Safety of toys—Part 14:
Requirements and test methods of finger paints

2014-12-05 发布　　2016-01-01 实施

中华人民共和国国家质量监督检验检疫总局
中国国家标准化管理委员会　发布

前 言

GB 6675 的本部分的第 4、6 章为强制性，其余为推荐性。

GB 6675 是玩具安全系列标准，包括以下部分：

——基本规范(GB 6675.1)；

——通用要求，包括但不限于机械与物理性能(GB 6675.2)、易燃性能(GB 6675.3)、特定元素的迁移(GB 6675.4)；

——特定要求，是针对特定产品的要求。

本部分为 GB 6675 的第 14 部分。

本部分是玩具安全系列标准中指画颜料的特定要求(GB 6675.14)，与 GB 6675.1、GB 6675.2、GB 6675.3、GB 6675.4、GB 19865(适用于电玩具)结合使用。

本部分按照 GB/T 1.1—2009 给出的规则起草。

请注意本文件的某些内容可能涉及专利。本文件的发布机构不承担识别这些专利的责任。

本部分由中国轻工业联合会提出。

本部分由全国玩具标准化技术委员会(SAC/TC 253)归口。

本部分起草单位：中国上海进出口玩具检测中心、深圳市华测检测有限公司、北京中轻联认证中心、深圳出入境检验检疫局玩具检测技术中心、深圳市计量质量检测研究院、广东出入境检验检疫局检验检疫技术中心玩具实验室、浙江省质量技术监督检测研究院。

本部分主要起草人：卫碧文、于文佳、朱平、李宣、赵彦、何晓红、陈小珍、缪俊文。

玩具安全　第14部分：指画颜料技术要求及测试方法

1　范围

GB 6675 的本部分规定了供14岁以下儿童使用的指画颜料的技术要求和测试方法。

本部分适用于供14岁以下儿童使用的指画颜料中的物质和材料，指画颜料产品中除指画颜料外的其他部件和材料不适用于本部分。

2　规范性引用文件

下列文件对于本文件的应用是必不可少的。凡是注日期的引用文件，仅注日期的版本适用于本文件。凡是不注日期的引用文件，其最新版本(包括所有的修改单)适用于本文件。

GB/T 1717　颜料水悬浮液 pH 值的测定

GB 5296.5　消费品使用说明　第5部分：玩具

GB 6675.4　玩具安全　第4部分：特定元素的迁移

GB/T 6682　分析实验室用水规格和试验方法

GB/T 23344　纺织品　4-氨基偶氮苯的测定

《化妆品卫生规范》(中华人民共和国卫生部)

3　术语和定义

下列术语和定义适用于本文件。

3.1

指画颜料　finger paints

设计为儿童用手指或手直接涂抹于物体表面的黏土状或胶状的着色材料。

注：指画颜料的成分中除了水之外，主要包括着色剂、填充剂、胶粘剂、保湿剂、防腐剂、表面活性剂和苦味剂等。

3.2

着色剂　colourant

用于着色的化合物(染料和颜料)。

3.3

填充剂　extender

由难溶颗粒组成的物质以增加产品的体积，优化使用效果或使产品美观。

3.4

保湿剂　humectant

可延缓产品干裂的物质。

3.5

胶粘剂　binding agent

难挥发的、易溶或可溶于水的化合物，可使产品粘附在其涂抹的物体表面。

3.6

防腐剂　preservative

防止微生物滋生的物质。

3.7

表面活性剂　surfactant

可改善产品表面活性的物质。

3.8

苦味剂　embittering agent

使产品带有苦味的物质。

4　要求

4.1　通用要求

指画颜料中不得含有危险物质或配制品，以免对使用指画颜料的儿童造成健康危害。

附录A和附录B中所列着色剂和防腐剂应符合4.1要求。

4.2　着色剂

4.2.1　指画颜料禁用下列物质：

——急性毒性(1)

——皮肤腐蚀/刺激(2)

——严重眼损伤/眼刺激(3)

——呼吸道或皮肤致敏(4)

——生殖细胞突变性(5)

——致癌性(6)

——生殖毒性(7)

——特异性靶器官毒性　一次接触(8)

——特异性靶器官毒性　反复接触(9)

——吸入危害(10)

注1：(1)参见GB 30000.18—2013《化学品分类和标签规范　第18部分：急性毒性》；(2)参见GB 30000.19—2013《化学品分类和标签规范　第19部分：皮肤腐蚀/刺激》；(3)参见GB 30000.20—2013《化学品分类和标签规范　第20部分：严重眼损伤/眼刺激》；(4)参见GB 30000.21—2013《化学品分类和标签规范　第21部分：呼吸道或皮肤致敏》；(5)参见GB 30000.22—2013《化学品分类和标签规范　第22部分：生殖细胞突变性》；(6)参见GB 30000.23—2013《化学品分类和标签规范　第23部分：致癌性》；(7)参见GB 30000.24—2013《化学品分类和标签规范　第24部分：生殖毒性》；(8)参见GB 30000.25—2013《化学品分类和标签规范　第25部分：特异性靶器官毒性　一次接触》；(9)参见GB 30000.26—2013《化学品分类和标签规范　第26部分：特异性靶器官毒性　反复接触》；(10)参见GB 30000.27—2013《化学品分类和标签规范　第27部分：吸入危害》。

注2：附录A给出了广泛使用的、规定纯度的着色剂；表A.1中着色剂可分为以下几类：

食品着色剂；化妆品中的着色剂；满足4.1要求的其他颜料。

4.2.2　指画颜料不得含有可通过降解失去一个或多个偶氮基团，生成表3和表4中所列出的初级芳香胺的偶氮染料。

4.3　防腐剂

指画颜料只能使用附录B列出的防腐剂，其最大允许限量以及限制和要求应符合附录B的要求。

4.4 胶粘剂、填充剂、保湿剂和表面活性剂

不得使用具有致癌性、致畸、生殖毒性、剧毒、毒性、有害、腐蚀性、刺激性或诱发过敏性的胶粘剂、填充剂、保湿剂和表面活性剂。附录C列出了允许使用的胶粘剂、填充剂、保湿剂和表面活性剂。

4.5 pH 值

指画颜料的 pH 值应介于 4.0～10.0 之间。

4.6 特定元素的可迁移限量

指画颜料中特定元素的迁移量经校正(按表 2 进行校正)的分析结果应不得超过表 1 规定的最大限量要求。

表 1 指画颜料中特定元素迁移的最大限量要求

元素	锑	砷	钡	镉	铬	铅	汞	硒
材料最大限量/(mg/kg)	10	10	350	15	25	25	10	50

表 2 分析校正系数

元素	锑	砷	钡	镉	铬	铅	汞	硒
分析校正系数/%	60	60	30	30	30	30	50	60

4.7 游离初级芳香胺的限量

4.7.1 指画颜料中不得检出表 3 中所列的游离初级芳香胺。

表 3 指画颜料中不得检出的初级芳香胺

序号	初级芳香胺名称	化学文摘编号(CAS)
1	联苯胺(benzidine)	92-87-5
2	2-萘胺(2-naphthylamine)	91-59-8
3	4-氯-2-甲基苯胺(4-氯邻甲苯胺)(4-chloro-2-methyl-aniline)(4-chloro-o-toluidine)	95-69-2
4	4-氨基联苯(4-aminobiphenyl)	92-67-1

4.7.2 除表 3 中所列的芳香胺外，指画颜料中所含初级芳香胺总量不能超过 20 mg/kg，且任何一种芳香胺的含量不能超过 10 mg/kg。此限制不适用于芳香氨基羧酸或氨基磺酸。

表 4 列举了其他关注的初级芳香胺。

表 4 其他关注的初级芳香胺

序号	初级芳香胺名称	化学文摘编号(CAS)
1	邻氨基偶氮甲苯(*o*-aminoazotoluene)(4-*o*-tolylazo-*o*-toluidine)	97-56-3
2	2-氨基-4-硝基甲苯(2-amino-4-nitro-toluene)(5-nitro-*o*-toluidine)	99-55-8
3	4-氯苯胺(4-chloroaniline)	106-47-8
4	2,4-二氨基苯甲醚(2,4-diaminoanisole)	615-05-4
5	4,4′-二氨基二苯甲烷(4,4′-diaminodiphenylmethane)	101-77-9
6	3,3′-二氯联苯胺(3,3′-dichlorobenzidine)	91-94-1
7	3,3′-二甲氧基联苯胺(3,3′-dimethoxybenzidine)	119-90-4
8	3,3′-二甲基联苯胺(3,3′-dimethylbenzidine)	119-93-7
9	3,3′-二甲基-4,4′-二氨基二甲苯烷 (3,3′-dimethyl-4,4′-diaminodiphenylemethane)	838-88-0
10	2-甲氧基-5-甲基苯胺(*p*-cresidine)(6-methoxy-m-toluidine)	120-71-8
11	2,2′-二氯-4,4′-二氨基二苯氨基甲烷(4,4′二氨基-3,3′二氯二苯甲烷) (2,2′-dichloro-4,4′-methylenedianiline)(4,4′-methylene-bis-2-chloroaniline)	101-14-4
12	4,4′-二氨基二苯醚(4,4′-oxydianiline)	101-80-4
13	4,4′-二氨基二苯硫醚(4,4′-thiodianiline)	139-65-1
14	2-甲基苯胺(*o*-toluidine)	95-53-4
15	2,4-二甲基苯胺(2,4-xylidine)	95-68-1
16	2,6-二甲基苯胺(2,6-xylidine)	87-62-7
17	4-氨基-3-氟苯酚(4-amino-3-fluorophenol)	399-95-1
18	邻甲氧基苯胺(2-methoxyaniline)(*o*-anisidine)	90-04-0
19	4-氨基偶氮苯(4-aminoazobenzene)	60-09-3
20	2,4-二氨基甲苯(4-methl-m-phenylenediamine)(toluene-2,4-diamine)	95-80-7
21	2,4,5-三甲基苯胺(2,4,5-trimethylaniline)	137-17-7
22	苯胺	62-53-3

4.8 味觉和嗅觉

指画颜料不应有甜味、香味或其他吸引儿童的味道,应加入以下任意一种苦味剂以尽可能减少儿童吞咽颜料的可能性。在产品生命周期内,苦味应始终保持。指画颜料用水稀释100倍后,仍应感觉到苦味的存在。

——柚皮苷(CAS 10236-47-2);

——苯甲酸地那铵(CAS 3734-33-6)。

注:柚皮苷和苯甲酸地那铵的苦味程度比约为1∶3 000(柚皮苷∶苯甲酸地那铵)。单个苦味剂参考添加浓度为:1%柚皮苷、0.000 4%苯甲酸地那铵(4 mg/kg)。

5 测试方法

5.1 着色剂

5.1.1 能产生表3和表4(4-氨基偶氮苯除外)中的初级芳香胺的偶氮染料，按附录D进行测试。

5.1.2 4-氨基偶氮苯按GB/T 23344进行测试。

5.2 防腐剂

按《化妆品卫生规范》进行测试。

5.3 pH值

按GB/T 1717进行测试。

5.4 特定元素的迁移

按GB 6675.4进行测试。

5.5 游离初级芳香胺

游离初级芳香胺按附录D进行测试。

6 标识和使用说明

指画颜料的标识和使用说明应同时符合：

a) GB 5296.5中强制性条款的要求。

b) 包装上应标注以下警示：

“警告 3岁以下儿童应在成人监护下使用”

c) 产品包装上应标注防腐剂和苦味剂清单。

注：防腐剂应标注化学名称、INCI名或CAS号。

附　录　A
（资料性附录）
指画颜料中允许使用的着色剂

表 A.1　指画颜料中允许使用的着色剂

序号	着色剂索引通用中文名	着色剂索引号[1]	CAS 号	颜色	限制要求和信息
1	颜料绿 8	10006		绿	[3]
2	颜料黄 1	11680	2512-29-0	黄	[4]
3	颜料黄 3	11710	6486-23-3	黄	[4]
4	颜料黄 74	11741	6358-31-2	黄	
5	颜料黄 154	11781	68134-22-5	黄	
6	颜料橙 38	12367		橙	
7	颜料红 188	12467		红	
8	颜料红 170	12475		红	
9	颜料棕 25	12510		棕	
10	颜料红 208	12514		红	
11	颜料紫 32	12517		紫	
12	颜料黄 151	13980		黄	
13	颜料黄 12	21090	6358-85-6	黄	
14	颜料黄 14	21095	5468-75-7	黄	
15	颜料黄 13	21100	5102-83-0	黄	[3]
16	颜料黄 17	21105	4531-49-1	黄	
17	颜料橙 13	21110	3520-72-7	橙	
18	颜料橙 34	21115	15793-73-4	橙	
19	颜料紫 19	73900	1047-16-1	紫	[3]
20	颜料紫 23	51319	215247-95-3,6358-30-1	紫	[3]
21	颜料黄 138	56300	30125-47-4	黄	
22	颜料黄 139	56298	36888-99-0	黄	
23	颜料红 168	59300		红	
24	颜料橙 43	71105	4424-06-0	橙	[4]
25	颜料红 122	73915	980-26-7	红	[3]
26	颜料绿 7	74260	1328-53-6	绿	[5]
27	颜料绿 36	74265	14302-13-7	绿	
28	颜料白 19	77005		白	
29	颜料棕 24	77310		棕	

表 A.1（续）

序号	着色剂索引通用中文名	着色剂索引号[1]	CAS 号	颜色	限制要求和信息
30	颜料黄 53	77788		黄	
31	颜料黄 155	200310	68516-73-4	黄	
32	颜料红 214	200660	82643-43-4	红	
33	颜料红 242	20067	52238-92-3	红	
34	颜料红 48：4	15865：4		红	
35	颜料白 7	77975		白	
36	溶剂橙 1	11920		橙	
37	颜料红 5	12490		红	
38	酸性黄 9	13015		黄	E105[6]
39	酸性橙 6	14270		橙	E103[6]
40	食品红 1	14700		红	
41	酸性红 14	14720		红	
42	食品红 2	14815		红	
43	颜料红 68	15525	5850-80-6	红	
44	颜料红 51	15580		红	
45	颜料红 57：1	15850：1[2]	5281-04-9	红	
46	颜料红 48：2	15865：2[2]	7023-61-2	红	
47	颜料紫 63：1	15880：1		红	
48	食品橙 2	15980		橙	E111[6]
49	食品黄 3	15985[2]		黄	E110[6]
50	食品红 17	16035		红	
51	酸性红 27	16185		红	E123[6]
52	酸性红 18	16255[2]		红	E124[6]
53	酸性红 41	16290		红	E126[6]
54	酸性红 33	17200[2]		红	
55	酸性黄 17	18965		黄	
56	酸性黄 23	19140[2]		黄	E102[6]
57	食品黑 2	27755		黑	E152[6]
58	食品黑 1	28440		黑	E151[6]
59	食品橙 5	40800		橙	
60	食品橙 6	40820		橙	E160e[6]
61	食品橙 7	40825		橙	E160f[6]
62	食品橙 8	40850		橙	E161g[6]

表 A.1（续）

序号	着色剂索引通用中文名	着色剂索引号[1]	CAS 号	颜色	限制要求和信息
63	酸性蓝 3	42051[2]		蓝	E131[6]
64	食品绿 3	42053		绿	
65	食品蓝 2	42090		蓝	
66	酸性绿 50	44090		绿	E142[6]
67	溶剂红 72	45370[2]		橙	2-(6-羟基-3-氧-3H-占吨-9-基)苯甲酸不超过 1%；2-(溴-6-羟基-3-氧-3H-占吨-9-基)苯甲酸不超过 2%
68	酸性红 87	45380[2]		红	2-(6-羟基-3-氧-3H-占吨-9-基)苯甲酸不超过 1%；2-(溴-6-羟基-3-氧-3H-占吨-9-基)苯甲酸不超过 2%
69	酸性红 92	45410[2]		红	2-(6-羟基-3-氧-3H-占吨-9-基)苯甲酸不超过 1%；2-(溴-6-羟基-3-氧-3H-占吨-9-基)苯甲酸不超过 2%
70	酸性红 95	45425		红	2-(6-羟基-3-氧-3H-占吨-9-基)苯甲酸不超过 1%；2-(碘-6-羟基-3-氧-3H-占吨-9-基)苯甲酸不超过 3%
71	食品红 14	45430[2]		红	E127[6] 2-(6-羟基-3-氧-3H-占吨-9-基)苯甲酸不超过 1%；2-(溴-6-羟基-3-氧-3H-占吨-9-基)苯甲酸不超过 2%
72	酸性黄 3	47005		黄	E104[6]
73	颜料红 83(：1)	58000：1	104074-25-1	红	
74	溶剂紫 13	60725		紫	
75	溶剂绿 3	61565		绿	
76	酸性绿 25	61570		绿	
77	颜料蓝 6	69800		蓝	E130[6]
78	颜料蓝 64	69825		蓝	
79	颜料蓝 66	73000		蓝	
80	食品蓝 1	73015		蓝	E132[6]
81	颜料红 181	73360	2379-74-0	红	
82	颜料紫 36	73385		紫	

表 A.1（续）

序号	着色剂索引通用中文名	着色剂索引号[1]	CAS 号	颜色	限制要求和信息
83	颜料蓝 15	74160	147-14-8	蓝	
84	天然黄 6	75100	89382-88-7＋27876-94-4	黄	天然黄 19,天然红 1
85	天然橙 4	75120		橙	E160b[6]
86	天然黄 27	75125		黄	E160d[6]
87	天然黄 26	75130		橙	E160a[6]
88	天然黄 27	75135		黄	E161d[6]
89	天然白 1	75170		白	
90	天然黄 3	75300	458-37-7	黄	E100[6]
91	天然红 4	75470	1390-65-4＋1260-17-9	红	E120[6]
92	天然绿 3	75810	8049-84-1＋11006-34-1	绿	E140[6] 和 E141[6]
93	金属颜料 1	77000		白	E173[6]
94	颜料白 24	77002		白	
95	颜料白 19	77004	8047-76-5	白	
96	颜料蓝 29	77007	1317-97-1,57455-37-5	蓝	
97	颜料红 101	77491		红	混合
98	颜料白 21	77120	7727-43-7	白	
99	颜料白 14	77163		白	
100	颜料白 18	77220	207-439-9,208-915-9	白	E170[6]
101	颜料白 25	77231	91315-45-6	白	
102	颜料黑 6	77266	1333-86-4	黑	
103	颜料黑 9	77267		黑	
104	食品黑 3	77268：1		黑	E153[6]
105	颜料绿 17	77288		绿	无铬酸盐离子
106	颜料绿 18	77289		绿	无铬酸盐离子
107	颜料蓝 28	77346		绿	
108	金属颜料 2	77400		棕	
109	金属颜料 3	77480	7440-57-5	棕	E175[6]
110	氧化亚铁	77489		橙	E172(混合)[6]
111	颜料红 101	77491	1309-37-1	红	E172[6]
112	颜料黄 42	77492	51274-00-1	黄	E172[6]
113	颜料黑 11	77499	12227-89-3	黑	E172[6]
114	颜料蓝 27	77510		蓝	无氰离子
115	颜料白 18	77713	207-439-9,208-915-9	白	碳酸镁

表 A.1（续）

序号	着色剂索引通用中文名	着色剂索引号[1]	CAS号	颜色	限制要求和信息
116	颜料紫16	77742		紫	
117	—	77745		红	水合磷酸锰
118	—	77820		白	E174(银)[6]
119	颜料白6	77891	13463-67-7	白	E171[6]
120	颜料白4	77947	1314-13-2	白	
121	核黄素	—		黄	E101[6]
122	焦糖	—		棕	E150[6]
123	辣椒红/辣椒玉红素	—		橙	E160c[6]
124	甜菜红	—		红	E162[6]
125	花青素	—		红	E163[6]
126	硬脂酸铝、锌、锰和钙	—		白	

[1] 染料索引出自英国《染色家协会会志》(The society of dyers and colourists)，官方网址，www.colour-index.org。

[2] 这些着色剂的不溶性钡、锶、锆色淀，盐和颜料也被允许使用，它们必须通过不溶性测定。

[3] 这种物质被《化妆品卫生规范》限制，根据“专用于仅和皮肤暂时接触的化妆品。”

[4] 这种物质被《化妆品卫生规范》限制，根据“专用于不与黏膜接触的化妆品。”

[5] 这种物质被《化妆品卫生规范》限制，根据“除眼部用化妆品之外的其他化妆品。”

[6] 参见2008/128/EC“关于制定食品中使用的染料纯度具体标准”。

附 录 B
（规范性附录）
指画颜料中允许使用的防腐剂

表 B.1 指画颜料中允许使用的防腐剂

序号	物质	CAS 号	最大允许限量	限制和要求
1	苯甲酸，盐类和酯类[1)]		0.5%（以酸计）	
2	丙酸和其盐类[1)]		2%（以酸计）	
3	山梨酸及其盐类[1)]	110-44-1	0.6%（以酸计）	
4	多聚甲醛	30525-89-4	0.1%（以游离甲醛计）	
5	联苯-2-酚（邻苯基苯酚）和其盐类[1)]	90-43-7	0.2%（以游离苯酚计）	
6	无机亚硫酸盐类和亚硫酸氢盐类		0.2%（以游离 SO_2 计）	
7	4-羟基苯甲酸及其盐类和酯类[1)]		单一酯：0.4%（以酸计） 混合酯：0.8%（以酸计）	
8	脱氢醋酸及其盐类[1)]		0.6%（以酸计）	
9	甲酸和其钠盐[1)]	64-18-6	0.5%（以酸计）	
10	二溴己脒及其盐类，包括二溴己脒羟乙磺酸盐[1)]		0.1%	
11	十一烯酸和其盐类[1)]		0.2%（以酸计）	
12	己脒定	3811-75-4	0.1%	
13	2-溴-2-硝基丙烷-1,3 二醇	52-51-7	0.1%	避免形成亚硝胺
14	2,4-二氯苯甲醇	1777-82-8	0.15%	
15	三氯卡班	101-20-2	0.2%	纯度标准： 3,3′,4,4′-四氯偶氮苯少于 1 mg/kg； 3,3′,4,4′-四氯氧化偶氮苯少于 1 mg/kg
16	三氯生	3380-34-5	0.3%	
17	氯二甲酚	133-53-9	0.5%	
18	咪唑烷基脲		0.6%	
19	聚六亚甲基双胍盐酸盐	32289-58-0	0.3%	
20	苯氧乙醇	122-99-6	1.0%	
21	乌洛托品	100-97-0	0.15%	
22	聚季铵盐-15	4080-31-3	0.2%	
23	氯咪巴唑	38083-17-9	0.5%	
24	DMDM 乙内酰脲	6440-58-0	0.6%	

表 B.1（续）

序号	物质	CAS 号	最大允许限量	限制和要求
25	苯甲醇	100-51-6	1%	
26	吡罗克酮乙醇胺盐	68890-66-4	0.5%	
27	溴氯芬	15435-29-7	0.1%	
28	4-异丙基-3-甲酚	3228-02-2	0.1%	
29	2-苄基-4-氯苯酚	120-32-1	0.2%	
30	氯己定及其二葡萄糖酸盐，二醋酸盐和二盐酸盐		0.3%(以氯己定表示)	
31	烷基(C_{12}-C_{22})三甲基铵溴化物或氯化物		0.1%	
32	4,4-二甲基恶唑啉	51200-87-4	0.1%	制成品的 pH 不得低于 6
33	双(羟甲基)咪唑烷基脲	78491-02-8	0.5%	
34	己脒定及其盐，包括己脒定二个羟乙基磺酸盐和己脒定对羟基苯甲酸盐[1)]		0.1%	
35	氯苯甘醚	104-29-0	0.3%	
36	N-羟甲基甘氨酸钠	70161-44-3	0.5%	
37	甲基氯异噻唑啉酮和甲基异噻唑啉酮与氯化镁及硝酸镁的混合物	55965-84-9	0.001 5%(以甲基氯异噻唑啉酮和甲基异噻唑啉酮为 3∶1 的混合物计)	

[1)] “盐类”系指某防腐剂与阳离子钠、钾、钙、镁、铵和醇铵所成的盐类；或指某防腐剂与阴离子所成的氯化物、溴化物、硫酸盐和醋酸盐等盐类。表中“酯类”系指甲基、乙基、丙基、异丙基、丁基、异丁基和苯基酯。

附 录 C
（资料性附录）
指画颜料生产中用到的成分

根据现有的经验指画颜料生产中用到下列成分，见表C.1。

表 C.1 成分表

序号	名称	
1	胶粘剂	羧甲基纤维素及其盐类
2		糊精
3		聚乙烯醇
4		纤维素脂
5		淀粉
6		黄芪胶
7		黄原胶
8		聚乙烯吡咯烷酮
9		干酪素
10		藻酸盐
11		聚丙烯酸酯
12	填充剂	碳酸钙(包括白粉)
13		硫酸钙
14		二氧化硅
15		氧化镁
16		氧化铝
17		硅酸镁
18		硅酸钙
19		高岭土(陶瓷黏土)
20		斑脱土
21	保湿剂	多磷酸钠
22		乙氧基脂肪醇
23		聚(亚烷基)二醇酯
24		脂肪酸钠盐
25		甘油
26		聚乙二醇
27		丙二醇

表 C.1（续）

序号	名称	
28	表面活性剂	可食用脂肪酸钠盐
29		聚(亚烷基)二醇酯
30		烷基苯磺酸盐
31		聚蜡

附 录 D
（资料性附录）
特定偶氮染料的测定和初级芳香胺的确认方法

D.1 概述

为了检测染料中的特定偶氮染料，样品首先置于密封器皿中，在 70 ℃柠檬酸盐缓冲溶液（pH＝6.0）中，用连二亚硫酸钠还原处理。还原得到的芳香胺经“kieselguhr”类硅藻土柱（如 Chromabond XTR 或相当）萃取后，用叔丁基甲基醚提取。提取溶液小心地以旋转蒸发仪或者使用相当的样品浓缩仪浓缩。浓缩残留物按照检测/确认方法要求溶于乙腈或其他合适的溶剂中。

芳香胺的检测/确认方法可选用：配有二极管阵列检测器的高效液相色谱仪（HPLC/DAD）；带有氢火焰检测器或质谱检测器的气相色谱仪（GC/FID 或 GC/MS）。

芳香胺的鉴定可采用本附录中的至少一种色谱分离方法。除非用一种没有疑问的确认方法（例如，使用 GC/MS 和与已知标准物质的保留时间相比较的方法），否则阳性结果需要用另一种合适的分离技术来确认（为了避免可能的误判断，例如，芳香胺的同分异构体的鉴别）。

芳香胺的定量需要使用 HPLC/DAD 或者 GC/MS 方法。

注：某些芳香胺在 D.6.2 的条件下还原会分解，见表 D.1：

表 D.1 在还原条件下会分解的芳香胺化合物

芳香胺化合物	分解产物
邻氨基偶氮甲苯	邻甲苯胺，2，4-二氨基甲苯
2-氨基-4-硝基甲苯	2，4-二氨基甲苯
4-氨基偶氮苯	对苯二胺，苯胺

4-氨基偶氮苯还原分解成对苯二胺和苯胺；邻氨基偶氮甲苯还原分解成 2，4-二氨基甲苯和邻甲苯胺；2-氨基-4-硝基甲苯还原分解成 2，4-二氨基甲苯。

在表 3 中列出的芳香胺，单个含量超过 5 mg/kg 认为被检出。

如果在还原过程中，表 3 和表 4 中列出的一种或几种芳香胺总浓度超过 30 mg/kg，认为指画颜料中含有禁用偶氮染料。

D.2 试剂

除非另有说明，在分析中使用的试剂纯度为分析纯，实验室用水符合 GB/T 6682 的规定。

D.2.1 甲醇，色谱纯。

D.2.2 乙腈，色谱纯。

D.2.3 叔丁基甲基醚，色谱纯。

D.2.4 柠檬酸/氢氧化钠缓冲溶液（0.06 mol/L，pH＝6），预加热到 70 ℃或 37 ℃：溶解 12.6 g 一水柠檬酸和 6.4 g 氢氧化钠于 900 mL 水中，定容至 1 L。

D.2.5 连二亚硫酸钠溶液：200 mg/mL，需新鲜配制。

D.2.6 多孔粒状“kieselguhr”硅藻土柱。

D.2.7 列于表3和表4的芳香胺标准物质,纯度≥98%。

注:列于表3和表4的芳香胺是人体致畸或可能致癌的试剂。这些化学品的处置需要采取非常小心和适当的安全措施。

D.2.8 气相色谱用内标物质

D.2.8.1 内标1:萘-d_8,CAS号,1146-65-2。

D.2.8.2 内标2:2,4,5-三氯苯胺,CAS号,636-30-6。

D.2.8.3 内标3:4-氨基-2-甲基喹啉,CAS号,6628-04-2。

D.2.8.4 内标4:蒽-d_{10},CAS号,1719-06-8。

D.2.9 标准溶液

D.2.9.1 芳香胺校准溶液,在合适的溶剂中每一个芳香胺的浓度为10 μg/mL。

D.2.9.2 内标溶液包含内标1到内标4(D.2.8.1～D.2.8.4),在合适的溶剂中每一种需要的内标浓度为10 μg/mL。

D.2.9.3 表3和表4中芳香胺核查溶液,在合适的溶剂中每一个芳香胺的浓度为30 μg/mL。

注:依据选择的色谱分析方法来确定溶剂。

应确认芳香胺溶液的稳定性。

D.3 设备

常用实验室设备和下列设备:

D.3.1 耐热具塞玻璃反应器(20 mL～50 mL)。

D.3.2 恒温水浴锅或恒温加热炉,控制温度精度在(37±2)℃和(70±2)℃。

D.3.3 内径25 mm～30 mm,长度140 mm～150 mm,可填充约20 g多孔粒状"kieselguhr"固相萃取填料的,玻璃或者聚丙烯材质的柱,其出口安装有玻璃纤维滤膜(或商业固相萃取柱)。

D.3.4 真空旋转蒸发仪或相当的低温样品浓缩仪。

D.3.5 移液管规格10 mL,5 mL,2 mL,1 mL。

D.4 检测仪器

从下列名单中选用检测设备:

D.4.1 带梯度洗脱和DAD检测器的HPLC

D.4.2 GC/FID或GC/MS

D.5 样品处理

充分搅拌使样品均匀。

D.6 测试步骤

D.6.1 样品准备

为了检测特定偶氮染料和确认游离的芳香胺,称取大约1.0 g有代表性的样品至反应器中(D.3.1)。

D.6.2 偶氮染料的还原

将17 mL预热至(70±2)℃的缓冲溶液(D.2.4)加入反应器中,将反应器密闭,在不间断地剧烈的震荡下，于(70±2)℃保持 30 min。

为了得到偶氮染料的还原产物，3 mL 连二亚硫酸钠溶液(D.2.5)加入到反应器中，立即密闭并剧烈地震荡，将反应器再次于(70±2)℃加热 30 min，并不时震荡，使其充分还原。还原后在 2 min 内使溶液冷却至室温。

D.6.3 萃取游离芳香胺

为了检测游离的芳香胺(见 4.7.2)，不进行(D.6.2)还原过程，而是将 20 mL 预加热至(37±2)℃的缓冲溶液(D.2.4)加入反应器中。将反应器密闭，在不间断地剧烈的震荡下，于(37±2)℃保持 30 min。

D.6.4 固相萃取和芳香胺溶液的浓缩

将 D.6.2 和 D.6.3 得到的溶液倒入硅藻土柱中，放置 15 min 使水相吸附在柱子上。反应器无需水或者缓冲液冲洗，然后按下列步骤分两次用 40 mL 叔丁基甲基醚进行萃取。

在萃取之前，第一个 40 mL 叔丁基甲基醚分成两个 10 mL 和一个 20 mL 来清洗反应器。在反应器中加入 10 mL 叔丁基甲基醚，密闭反应器并剧烈摇动。在上述水相吸附在柱子上 15 min 后，叔丁基甲基醚从反应器中倒入硅藻土柱。流出液用 100 mL 圆底烧瓶接收。接下来的 10 mL 和 20 mL 叔丁基甲基醚重复以上的操作。最后，将剩下的 40 mL 叔丁基甲基醚直接倒入硅藻土柱中。流出液通常是干净的，不需要干燥除水。

选择合适的真空度，温度不高于 25 ℃条件下，将叔丁基甲基醚萃取液在真空旋转蒸发器小心的浓缩至 1 mL 左右(不能蒸干)。如果叔丁基甲基醚不是色谱分析所需溶剂，残余的溶剂用较小流量的惰性气体小心的吹干。如果叔丁基甲基醚是色谱分析的溶剂，残余物定量的转移到小的带刻度的小瓶中，用圆底烧瓶清洗液定容至 2 mL。

注 1：如果去除溶剂的过程没有严格的操作(如真空度过高，温度过高，气体流速过大)，芳香胺可能产生不可忽略的损失。溶剂去除的过程中灯光不要强烈(如果可能避免阳光直射和荧光照射)。

若叔丁基甲基醚萃取液浓缩至干，应立即将残余物质溶解在 2.0 mL 合适溶剂中，如甲醇，储存在棕色玻璃瓶中，立即分析。如果分析不能立即进行，样液需在－20 ℃条件下保存。

芳香胺的定量需要用 HPLC/DAD 或者 GC/MS。如果使用 GC/MS，需要使用内标。

注 2：某些芳香胺，如 2,4-二氨基甲苯和 2,4-二氨基苯甲醚，稳定性较差。如果萃取和浓缩过程处理不当，可能产生部分的和完全的损失。

D.6.5 色谱分析

下列的色谱条件可用于芳香胺的测定/确认。

D.6.5.1 高效液相色谱(HPLC)

流动相 1：乙腈。

流动相 2：0.575 g 磷酸二氢铵和 0.7 g 磷酸氢二钠溶于 1 000 mL 水，pH＝6.9。

柱：Hypurity Advance 250×3 mm；5 μm；或相当者。

流速：0.4 mL/min。

梯度：0 min 15％流动相 1，45 min 内线性变成 75％流动相 1。

柱温：40 ℃(或 15 ℃)。

进样体积：5.0 μL。

检测器：DAD，全扫描。

定量：在 240 nm，280 nm 和 305 nm 处。

D.6.5.2　气相色谱(GC)

毛细管柱:DB-5MS,DB-35MS,SE54 或相同类型,长度:30 m,内径:0.25 mm,膜厚 0.25 μm,对芳香胺无活性。

进样方式:分流。

进样口温度:260 ℃。

载气:氦气。

升温程序:60 ℃(2 min),60 ℃～310 ℃(15 ℃/min),310 ℃(2 min)。

进样体积:1.0 μL,分流比 1∶15。

检测器:质谱。

D.6.6　分析方法的确认

为了确认分析步骤,加入 1.0 mL 标准溶液(D.2.9.3)和 1 mL 甲醇到反应器中(D.3.1),加入 15 mL 预加热至(70±2)℃的缓冲液,按 D.6.2 以后步骤操作。芳香胺的回收率至少要达到 70%,2,4-二氨基甲苯、2,4-二氨基苯甲醚和邻甲苯胺的回收率期望在 20%～50%。

注:同样参照本方法能够做出平行的数据。

注:4-氨基-3-氟苯酚不适用于本方法中气相色谱检测,适用于液相色谱检测。

D.7　计算

芳香胺的含量根据每一个芳香胺的峰面积按式(D.1)来计算,以质量分数 w 来表示,单位为毫克每千克(mg/kg):

$$w=\frac{A_s \cdot c_c \cdot V_s}{A_c \cdot E_s} \qquad \cdots\cdots(D.1)$$

式中:

A_s ——样品溶液中芳香胺的峰面积;

A_c ——校准溶液中芳香胺的峰面积;

c_c ——校准溶液中芳香胺的浓度,单位为微克每毫升(μg/mL);

E_s ——最后定容体积中的样品初始质量,单位为克(g);

V_s ——根据 D.6.4 得到的用于色谱分析的测试溶液体积,单位为毫升(mL);

如果使用到内标,那么芳香胺的质量分数还需要乘以 $A_{IS(S)}/A_{IS(C)}$。

其中:

$A_{IS(S)}$——样品溶液中内标的峰面积;

$A_{IS(C)}$——校准溶液中内标的峰面积。

D.8　报告

分析报告应至少包括以下信息:

D.8.1　精确的样品描述/识别/组分数目

D.8.2　制样的类型和日期

D.8.3　提交分析日期和分析日期

D.8.4　过程的参数(分离和检测)

D.8.5　定量过程的数据

D.8.6 计算结果

D.8.7 是否检测出禁用偶氮染料的结论(见 4.2.2)

D.8.8 芳香胺的含量是否满足要求的结论(见 4.7)

ICS 13.100
C 66

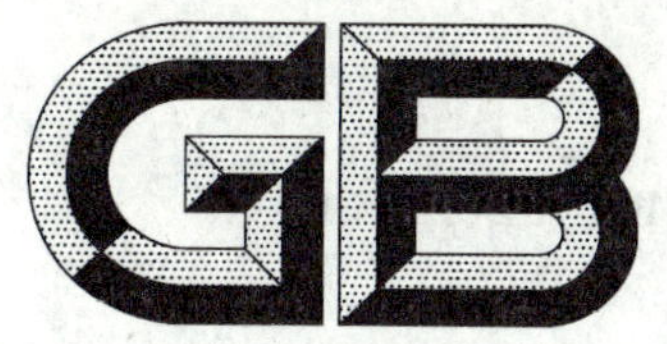

中华人民共和国国家标准

GB 6722—2014
代替 GB 6722—2003

爆破安全规程

Safety regulations for blasting

2014-12-05 发布 2015-07-01 实施

中华人民共和国国家质量监督检验检疫总局
中国国家标准化管理委员会 发布

前　言

本标准的全部技术内容为强制性。

本标准按照 GB/T 1.1—2009 给出的规则起草。

本标准代替 GB 6722—2003《爆破安全规程》。

与 GB 6722—2003 相比，主要变化如下：

——调整了章节的编排结构，由原来的 7 章增加为 14 章；

——补充了必要的术语和定义（见第 3 章）；

——修改了爆破工程分级标准（见第 4 章）；

——补充和完善了爆破安全评估、施工监理的内容（见 5.3、5.4）；

——强调了起爆网路的设计和试爆的要求（见 6.4）；

——补充和完善了高温爆破的安全规定（见第 9 章）；

——补充了拆除爆破预处理的规定（见 11.3）；

——补充和完善了特种爆破的内容（见第 12 章）；

——完善了爆破对环境影响的安全控制标准（见第 13 章）；

——补充和完善了质点峰值振动速度和主振频率，强调了爆破振动监测应同时测定质点振动相互垂直的三个分量（见 13.2.2）；

——补充了水中冲击波对水生物影响的安全控制标准（见 13.5）；

——补充和完善了爆炸物品购买、运输、贮存和使用的规定（见第 14 章）；

——删除了被淘汰的爆破器材品种、爆破方法和爆破工艺。

本标准由国家安全生产监督管理总局提出。

本标准由全国安全生产标准化技术委员会非煤矿山安全分技术委员会（SAC/TC 288/SC 2）归口。

本标准起草单位：中国工程爆破协会、广东宏大爆破股份有限公司、浙江省高能爆破工程有限公司、北京矿冶研究总院、中国铁道科学研究院、长江水利委员会长江科学院、武汉爆破公司、大昌建设集团爆破公司、青岛海防工程局、河南迅达爆破有限公司、唐山金宇爆破工程有限公司、贵州新联爆破工程有限公司、中钢集团武汉安全环保研究院有限公司。

本标准主要起草人：汪旭光、郑炳旭、张正忠、谢先启、管志强、张英才、池恩安、于淑宝、吴金仓、张正宇、王中黔、于亚伦、周家汉、颜事龙、梅锦煜、汪浩、刘殿中、高荫桐、顾毅成、刘宏刚、吴新霞、张永哲、刘殿书、李晓杰、杨年华、李战军、查正清、宋锦泉、谢源、陈绍潘、薛培兴、高文学。

本标准所代替标准的历次版本发布情况为：

——GB 6722—1986、GB 6722—2003。

爆破安全规程

1 范围

本标准规定了爆破作业和爆破作业单位购买、运输、贮存、使用、加工、检验与销毁爆破器材的安全技术要求。

本标准适用于各种民用爆破作业和中国人民解放军、中国人民武装警察部队从事的非军事目的的工程爆破。

2 规范性引用文件

下列文件对于本文件的应用是必不可少的。凡是注日期的引用文件,仅注日期的版本适用于本文件。凡是不注日期的引用文件,其最新版本(包括所有的修改单)适用于本文件。

GB 18098 工业炸药爆炸后有毒气体含量的测定

GB 50089 民用爆破器材工程设计安全规范

GA 837 民用爆炸物品贮存库治安防范要求

GA 838 小型民用爆炸物品贮存库安全规范

GA/T 848 爆破作业单位民用爆炸物品贮存库安全评价导则

GA 990 爆破作业单位资质条件和管理要求

GA 991 爆破作业项目管理要求

3 术语和定义

下列术语和定义适用于本文件。

3.1

爆破作业 blasting

利用炸药的爆炸能量对介质做功,以达到预定工程目标的作业。

3.2

爆破作业单位 blasting unit

持有爆破作业单位许可证从事爆破作业的单位,分非营业性和营业性两类。非营业性爆破作业单位是指为本单位的合法生产活动需要,在限定区域内自行实施爆破作业的单位;营业性爆破作业单位是指具有独立法人资格,承接爆破作业项目设计施工、安全评估、安全监理的单位。

3.3

爆破工程技术人员 blasting engineering and technical personnel

指具有爆破专业知识和实践经验并通过考核,获得从事爆破工作资格证书的技术人员。

3.4

爆破作业人员 blasting personnel; personals engaged in blasting operations

指从事爆破作业的爆破工程技术人员、爆破员、安全员和保管员。

3.5

爆破有害效应 adverse effects of blasting

爆破时对爆区附近保护对象可能产生的有害影响。如爆破引起的振动、个别飞散物、空气冲击波、噪声、水中冲击波、动水压力、涌浪、粉尘、有害气体等。

3.6

爆破作业环境　blasting circumstances

泛指爆区及其周围影响爆破安全的自然条件、环境状况。

3.7

岩土爆破　rock blasting

利用炸药的爆炸能量对岩土介质做功，以达到预期工程目标的作业。

3.8

露天爆破　surface blasting

在地表进行的岩土爆破作业。

3.9

地下爆破　underground blasting

在地下（如地下矿山，地下硐室，隧道等）进行的岩土爆破作业。

3.10

浅孔爆破　short-hole blasting

炮孔直径小于或等于 50 mm，炮孔深度不大于 5 m 的爆破作业。

3.11

深孔爆破　deep-hole blasting

炮孔直径大于 50 mm，并且深度大于 5 m 的爆破作业。

3.12

复杂环境爆破　blasting in complicated surroundings

在爆区边缘 100 m 范围内有居民集中区、大型养殖场或重要设施的环境中，采取控制有害效应措施实施的爆破作业。

3.13

掘进爆破　development blasting；heading blast

井巷、隧道等掘进工程中的爆破作业。

3.14

硐室爆破　chamber blasting

采用集中或条形硐室装药药包，爆破开挖岩土的作业。

3.15

水下爆破　blasting in water；underwater blasting

在水中、水底介质中进行的爆破作业。

3.16

预裂爆破　presplitting blasting

沿开挖边界布置密集炮孔，采取不耦合装药或装填低威力炸药，在主爆区之前起爆，从而在爆区与保留区之间形成预裂缝，以减弱主爆孔爆破对保留岩体的破坏并形成平整轮廓面的爆破作业。

3.17

光面爆破　smooth blasting

沿开挖边界布置密集炮孔，采取不耦合装药或装填低威力炸药，在主爆区之后起爆，以形成平整的轮廓面的爆破作业。

3.18

延时爆破　delay blasting

采用延时雷管使各个药包按不同时间顺序起爆的爆破技术，分为毫秒延时爆破、秒延时爆破等。

3.19

拆除爆破　demolition blasting

采取控制有害效应的措施，按设计要求用爆破方法拆除建(构)筑物的作业。

3.20

特种爆破　special blasting

指采用特殊爆破手段、特种爆破器材、在特定环境下对某种介质进行的非军事爆破。特种爆破包含金属爆炸加工、爆炸冲击波的特殊应用、聚能爆破、石油开采中的燃烧爆破和高温凝结物爆破以及抢险救灾应急爆破等。

3.21

聚能爆破　cumulative blasting; blasting with cavity charge

采用聚能装药方法进行的爆破作业。

3.22

爆炸加工　explosion working

利用炸药爆炸的瞬态高温和高压，使物料高速变形、切断、相互复合(焊接)或物质结构相变的加工方法。包括爆炸成形、焊接、复合、合成金刚石、硬化与强化、烧结、消除焊件残余应力等。

3.23

地震勘探爆破　seismic blasting; seismic prospecting blasting

利用震源药包爆炸在地层中激起地震波，进行地质构造勘探的爆破作业。

3.24

煤矿许用炸药　permitted explosives in coalmine

经批准，允许在煤矿矿井中使用的炸药。

3.25

预装药　precharge

大量深孔爆破时，在全部炮孔钻完之前，预先在验收合格的炮孔中装药或炸药在孔内放置时间超过24 h的装药作业。

3.26

爆破器材　blasting materials and accessories; blasting supplies

工业炸药、起爆器材和器具的统称。

3.27

起爆方法　method of initiation

利用起爆器材激发工业炸药爆炸的方法。

3.28

起爆网路　firing circuit; initiating circuit

向多个起爆药包传递起爆信息和能量的系统，包括电雷管起爆网路、导爆管雷管起爆网路、导爆索起爆网路、混合起爆网路和数码电子雷管起爆网路等。

3.29

盲炮　misfire; unexploded charge

因各种原因未能按设计起爆，造成药包拒爆的全部装药或部分装药。

3.30

爆破振动　blast vibration

指爆破引起传播介质沿其平衡位置作直线或曲线往复运动的过程。

3.31

质点振动速度　particle vibration velocity

在地震波作用下，介质质点往复运动的速度。

3.32

振动频率　vibration frequency

质点每秒振动的次数。

3.33

主振频率　main vibration frequency

介质质点最大振幅所对应波的频率。

3.34

应急预案　emergency response plan

指事先制定的针对生产安全事故发生时进行紧急救援的组织、程序、措施、责任以及协调等方面的方案和计划。

4　爆破工程分级

4.1　爆破工程按工程类别、一次爆破总药量、爆破环境复杂程度和爆破物特征，分 A、B、C、D 四个级别，实行分级管理。工程分级列于表 1。

表 1　爆破工程分级

作业范围	分级计量标准	级别			
		A	B	C	D
岩土爆破[a]	一次爆破药量 Q/t	$100 \leqslant Q$	$10 \leqslant Q < 100$	$0.5 \leqslant Q < 10$	$Q < 0.5$
拆除爆破	高度 H^{b}/m	$50 \leqslant H$	$30 \leqslant H < 50$	$20 \leqslant H < 30$	$H < 20$
	一次爆破药量 Q^{c}/t	$0.5 \leqslant Q$	$0.2 \leqslant Q < 0.5$	$0.05 \leqslant Q < 0.2$	$Q < 0.05$
特种爆破[d]	单张复合板使用药量 Q/t	$0.4 \leqslant Q$	$0.2 \leqslant Q < 0.4$	$Q < 0.2$	

[a] 表中药量对应的级别指露天深孔爆破。其他岩土爆破相应级别对应的药量系数：地下爆破 0.5；复杂环境深孔爆破 0.25；露天硐室爆破 5.0；地下硐室爆破 2.0；水下钻孔爆破 0.1，水下炸礁及清淤、挤淤爆破 0.2。

[b] 表中高度对应的级别指楼房、厂房及水塔的拆除爆破；烟囱和冷却塔拆除爆破相应级别对应的高度系数为 2 和 1.5。

[c] 拆除爆破按一次爆破药量进行分级的工程类别包括：桥梁、支撑、基础、地坪、单体结构等；城镇浅孔爆破也按此标准分级；围堰拆除爆破相应级别对应的药量系数为 20。

[d] 第 12 章所列其他特种爆破都按 D 级进行分级管理。

4.2　B、C、D 级一般岩土爆破工程，遇下列情况应相应提高一个工程级别：

——距爆区 1 000 m 范围内有国家一、二级文物或特别重要的建（构）筑物、设施；

——距爆区 500 m 范围内有国家三级文物、风景名胜区、重要的建（构）筑物、设施；

——距爆区 300 m 范围内有省级文物、医院、学校、居民楼、办公楼等重要保护对象。

4.3　B、C、D 级拆除爆破及城镇浅孔爆破工程，遇下列情况应相应提高一个工程级别：

——距爆破拆除物或爆区 5 m 范围内有相邻建（构）筑物或需重点保护的地表、地下管线；

——爆破拆除物倒塌方向安全长度不够，需用折叠爆破时；

——爆破拆除物或爆区处于闹市区、风景名胜区时。

4.4 矿山内部且对外部环境无安全危害的爆破工程不实行分级管理。

5 爆破设计施工、安全评估与安全监理

5.1 一般规定

5.1.1 爆破设计施工、安全评估与安全监理应按 GA 990 和 GA 991 执行。

5.1.2 爆破设计施工、安全评估与安全监理应由具备相应资质和从业范围的爆破作业单位承担。

5.1.3 爆破设计施工、安全评估与安全监理负责人及主要人员应具备相应的资格和作业范围。

5.1.4 爆破作业单位不得对本单位的设计进行安全评估,不得监理本单位施工的爆破工程。

5.1.5 从事爆破设计施工、安全评估与安全监理的爆破作业单位,应当按照有关法律、法规和本标准的规定实施爆破设计施工、安全评估与安全监理,并承担相应的法律责任。

5.2 爆破设计施工

5.2.1 设计依据

5.2.1.1 进行爆破设计应遵守本标准的规定及有关行业规范、地方法规的规定,按设计委托书或合同书要求的深度和内容编写。

5.2.1.2 设计单位应按设计需要提出勘测任务书。勘测任务书内容应当包括:

——爆破对象的形态,包括爆区地形图,建(构)筑物的设计文件、图纸及现场实测、复核资料;

——爆破对象的结构与性质,包括爆区地质图,建(构)筑物配筋图;

——影响爆破效果的爆体缺陷,包括大型地质构造和建(构)筑物受损状况;

——爆破有害效应影响区域内保护物的分布图。

5.2.1.3 设计人员现场踏勘调查后形成的报告书,试验工程总结报告,当地类似工程的总结报告以及现场试验、检测报告,均应作为设计依据。

5.2.1.4 爆破工程施工过程中,发现地形测量结果和地质条件、拆除物结构尺寸、材质完好状态等与原设计依据不相符或环境条件有较大改变,应及时修改设计或采取补救措施。

5.2.1.5 凡安全评估未通过的设计文件,应按安全评估的要求重新作设计;安全评估要求修改或增加内容的,应按要求修改补充。

5.2.2 设计文件

5.2.2.1 爆破工程均应编制爆破技术设计文件。

5.2.2.2 矿山深孔爆破和其他重复性爆破设计,允许采用标准技术设计。

5.2.2.3 爆破实施后应根据爆破效果对爆破技术设计作出评估,构成完整的工程设计文件。

5.2.2.4 爆破技术设计、标准技术设计以及设计修改补充文件,均应签字齐全并编录存档。

5.2.3 技术设计内容

5.2.3.1 爆破技术设计分说明书和图纸两部分,应包括以下内容:

——工程概况,即爆破对象、爆破环境概述及相关图纸,爆破工程的质量、工期、安全要求;

——爆破技术方案,即方案比较、选定方案的钻爆参数及相关图纸;

——起爆网路设计及起爆网路图;

——安全设计及防护、警戒图。

5.2.3.2 合格的爆破设计应符合下列条件:

——设计单位的资质符合规定;

——承担设计和安全评估的主要爆破工程技术人员的资格及数量符合规定；

——设计文件通过安全评估或设计审查认为爆破设计在技术上可行、安全上可靠。

5.2.3.3 复杂环境爆破技术设计应制定应对复杂环境的方法、措施及应急预案。

5.2.4 施工组织设计

5.2.4.1 施工组织设计由施工单位编写，编写负责人所持爆破工程技术人员安全作业证的等级和作业范围应与施工工程相符合。

5.2.4.2 施工组织设计应依据爆破技术设计、招标文件、施工单位现场调查报告、业主委托书、招标答疑文件等进行编制。

5.2.4.3 爆破工程施工组织设计应包括的内容如下：

——施工组织机构及职责；

——施工准备工作及施工平面布置图；

——施工人、材、机的安排及安全、进度、质量保证措施；

——爆破器材管理、使用安全保障；

——文明施工、环境保护、预防事故的措施及应急预案。

5.2.4.4 设计施工由同一爆破作业单位承担的爆破工程，允许将施工组织设计与爆破技术设计合并。

5.3 安全评估

5.3.1 需经公安机关审批的爆破作业项目，提交申请前，均应进行安全评估。

5.3.2 爆破安全评估的依据：

——国家、地方及行业相关法规和设计标准；

——安全评估单位与委托单位签订的安全评估合同；

——设计文件及设计施工单位主要人员资格材料；

——安全评估人员现场踏勘收集的资料。

5.3.3 爆破安全评估的内容应包括：

——爆破作业单位的资质是否符合规定；

——爆破作业项目的等级是否符合规定；

——设计所依据的资料是否完整；

——设计方法、设计参数是否合理；

——起爆网路是否可靠；

——设计选择方案是否可行；

——存在的有害效应及可能影响的范围是否全面；

——保证工程环境安全的措施是否可行；

——制定的应急预案是否适当。

5.3.4 A、B级爆破工程的安全评估应至少有两名具有相应作业级别和作业范围的持证爆破工程技术人员参加；环境十分复杂的重大爆破工程应邀请专家咨询，并在专家组咨询意见的基础上，编写爆破安全评估报告。

5.3.5 爆破安全评估报告内容应该翔实，结论应当明确。

5.3.6 经安全评估通过的爆破设计，施工时不得任意更改。经安全评估否定的爆破技术设计文件，应重新编写，重新评估。施工中如发现实际情况与评估时提交的资料不符，需修改原设计文件时，对重大修改部分应重新上报评估。

5.4 安全监理

5.4.1 经公安机关审批的爆破作业项目，实施爆破作业时，应进行安全监理。

5.4.2 爆破安全监理的主要内容：

——爆破作业单位是否按照设计方案施工；

——爆破有害效应是否控制在设计范围内；

——审验爆破作业人员的资格，制止无资格人员从事爆破作业；

——监督民用爆炸物品领取、清退制度的落实情况；

——监督爆破作业单位遵守国家有关标准和规范的落实情况，发现违章指挥和违章作业，有权停止其爆破作业，并向委托单位和公安机关报告。

5.4.3 爆破安全监理单位应在详细了解安全技术规定、应急预案后认真编制监理规划和实施细则，并制定监理人员岗位职责。

5.4.4 爆破安全监理人员应在爆破器材领用、清退、爆破作业、爆后安全检查及盲炮处理的各环节上实行旁站监理，并作出监理记录。

5.4.5 每次爆破的技术设计均应经监理机构签认后，再组织实施。爆破工作的组织实施应与监理签认的爆破技术设计相一致。

5.4.6 发生下列情况之一时，监理机构应当签发爆破作业暂停令：

——爆破作业严重违规经制止无效时；

——施工中出现重大安全隐患，须停止爆破作业以消除隐患时。

5.4.7 爆破安全监理单位应定期向委托单位提交安全监理报告，工程结束时提交安全监理总结和相关监理资料。

6 爆破作业的基本规定

6.1 爆破作业环境

6.1.1 爆破前应对爆区周围的自然条件和环境状况进行调查，了解危及安全的不利环境因素，并采取必要的安全防范措施。

6.1.2 爆破作业场所有下列情形之一时，不应进行爆破作业：

——距工作面 20 m 以内的风流中瓦斯含量达到 1%或有瓦斯突出征兆的；

——爆破会造成巷道涌水、堤坝漏水、河床严重阻塞、泉水变迁的；

——岩体有冒顶或边坡滑落危险的；

——硐室、炮孔温度异常的；

——地下爆破作业区的有害气体浓度超过表 15 规定的；

——爆破可能危及建(构)筑物、公共设施或人员的安全而无有效防护措施的；

——作业通道不安全或堵塞的；

——支护规格与支护说明书的规定不符或工作面支护损坏的；

——危险区边界未设警戒的；

——光线不足且无照明或照明不符合规定的；

——未按本标准的要求作好准备工作的。

6.1.3 露天和水下爆破装药前，应与当地气象、水文部门联系，及时掌握气象、水文资料，遇以下恶劣气候和水文情况时，应停止爆破作业，所有人员应立即撤到安全地点：

——热带风暴或台风即将来临时；

——雷电、暴雨雪来临时；

——大雾天或沙尘暴，能见度不超过 100 m 时；

——现场风力超过 8 级、浪高大于 1.0 m 时或水位暴涨暴落时。

6.1.4 应急抢险爆破可以不受本标准的限制，但应采取安全保障措施并经应急抢险领导人批准。

6.1.5　在有关法规不允许进行常规爆破作业的场合，但又必须进行爆破时，应先与有关部门协调一致，作好安全防护，制定应急预案。

6.1.6　采用电爆网路时，应对高压电、射频电等进行调查，对杂散电流进行测试；发现存在危险，应立即采取预防或排除措施。

6.1.7　浅孔爆破应采用湿式凿岩，深孔爆破凿岩机应配收尘设备；在残孔附近钻孔时应避免凿穿残留炮孔，在任何情况下均不许钻残孔。

6.2　爆破工程施工准备

6.2.1　施工组织

6.2.1.1　A、B 级爆破工程，都应成立爆破指挥部，全面指挥和统筹安排爆破工程的各项工作。

指挥部的设置及职能为：

——指挥部应设指挥长 1 人，副指挥长若干人；指挥长负责指挥部的全面工作并对副指挥长工作进行分工；

——指挥部应根据需要设置设计施工组、起爆组、物资供应组、安全保卫组、警戒组、安全监测组和后勤组等；

——指挥部和各职能组的每个成员，都应分工明确，职责清楚，各尽其责。

6.2.1.2　其他爆破应设指挥组或指挥人，指挥组应适应爆破类别、爆破工程等级、周围环境的复杂程度和爆破作业程序的要求，并严格按爆破设计与施工组织计划实施，确保工程安全。

6.2.2　施工公告

6.2.2.1　凡须经公安机关审批的爆破作业项目，爆破作业单位应于施工前 3 天发布公告，并在作业地点张贴，施工公告内容应包括：爆破作业项目名称、委托单位、设计施工单位、安全评估单位、安全监理单位、爆破作业时限等。

6.2.2.2　装药前 1 天应发布爆破公告并在现场张贴，内容包括：爆破地点、每次爆破时间、安全警戒范围、警戒标识、起爆信号等。

6.2.2.3　邻近交通要道的爆破需进行临时交通管制时，应预先申请并至少提前 3 天由公安交管部门发布爆破施工交通管制通知。

6.2.2.4　在邻近通航水域进行爆破施工时，应在 3 天前通知港航监督部门。

6.2.2.5　爆破可能危及供水、排水、供电、供气、通讯等线路以及运输交通隧道、输油管线等重要设施时，应事先准备好相应的应急措施、应向有关主管部门报告，做好协调工作并在爆破时通知有关单位到场。

6.2.2.6　在同一地区同时进行露天、地下、水下爆破作业或几个爆破作业单位平行作业时，应由建设单位组织协商后共同发布施工公告和爆破公告。

6.2.3　施工现场清理与准备

6.2.3.1　爆破工程施工前，应根据爆破设计文件要求和场地条件，对施工场地进行规划，并开展施工现场清理与准备工作。

施工场地规划内容应包括：

——爆破施工区段或爆破作业面划分及其程序编排；爆破与清运交叉循环作业时，应制定相关的安全措施；

——有碍爆破作业的障碍物或废旧建(构)筑物的拆除与处理方案；

——现场施工机械配置方案及其安全防护措施；

——进出场主通道及各作业面临时通道布置；

——夜间施工照明与施工用风、水、电供给系统敷设方案，施工器材、机械维修场地布置；

——施工用爆破器材现场临时保管、施工用药包现场制作与临时存放场所安排及其安全保卫措施；

——施工现场安全警戒岗哨、避炮防护设施与工地警卫值班设施布置；

——施工现场防洪与排水措施。

6.2.3.2 爆破工程施工之前，应制定施工安全与施工现场管理的各项规章制度。

6.2.4 通讯联络

6.2.4.1 爆破指挥部应与爆破施工现场、起爆站、主要警戒哨建立并保持通讯联络；不成立指挥部的爆破工程，在爆破组(人)、起爆站和警戒哨间应建立通讯联络，保持畅通。

6.2.4.2 通讯联络制度、联络方法应由指挥长或指挥组(人)决定。

6.2.5 装药前的施工验收

6.2.5.1 装药前应对炮孔、硐室、爆炸处理构件逐个进行测量验收，作好记录并保存。

6.2.5.2 凡须经公安机关审批的爆破作业项目施工验收，应有爆破设计人员参加。

6.2.5.3 对验收不合格的炮孔、硐室、构件，应按设计要求进行施工纠正，或报告爆破技术负责人进行设计修改。

6.3 爆破器材现场检测、加工和起爆方法

6.3.1 一般规定

6.3.1.1 爆破工程使用的炸药、雷管、导爆管、导爆索、电线、起爆器、量测仪表均应作现场检测，检测合格后方可使用。

6.3.1.2 进行爆破器材检测、加工和爆破作业的人员，应穿戴防静电的衣物。

6.3.1.3 在爆破工程中推广应用爆破新技术、新工艺、新器材、新仪表装备，应经有关部门或经授权的行业协会批准。

6.3.1.4 在潮湿或有水环境中应使用抗水爆破器材或对不抗水爆破器材进行防潮、防水处理。

6.3.2 爆破器材现场检测

6.3.2.1 在实施爆破作业前，爆破器材现场检测应包括：

——对所使用的爆破器材进行外观检查；

——对电雷管进行电阻值测定；

——对使用的仪表、电线、电源进行必要的性能检验。

6.3.2.2 爆破器材外观检查项目应包括：

——雷管管体不应变形、破损、锈蚀；

——导爆索表面要均匀且无折伤、压痕、变形、霉斑、油污；

——导爆管管内无断药，无异物或堵塞，无折伤、油污和穿孔，端头封口良好；

——粉状硝铵类炸药不应吸湿结块，乳化炸药和水胶炸药不应破乳或变质；

——电线无锈痕，绝缘层无划伤、开绽。

6.3.2.3 起爆电源及仪表的检验包括：

——起爆器的充电电压、外壳绝缘性能；

——采用交流电起爆时，应测定交流电压，并检查开关、电源及输电线路是否符合要求；

——各种连接线、区域线、主线的材质、规格、电阻值和绝缘性能；

——爆破专用电桥、欧姆表和导通器的输出电流及绝缘性能。

6.3.2.4 A、B级爆破工程检测及试验项目还应包括：

——炸药的殉爆距离；

——延时雷管的延时时间；

——起爆网路连接方式的传爆可靠性试验。

6.3.3 起爆器材加工

6.3.3.1 加工起爆药包和起爆药柱，应在指定的安全地点进行，加工数量不应超过当班爆破作业用量。

6.3.3.2 在水孔中使用的起爆药包，孔内不得有电线、导爆管和导爆索接头。

6.3.3.3 当采用孔(硐)内延时爆破时，应在起爆药包引出孔(硐)外的电线和导爆管上标明雷管段别和延时时间。

6.3.3.4 切割导爆索应使用锋利刀具，不得使用剪刀剪切。

6.3.4 起爆方法

6.3.4.1 电雷管应使用电力起爆器、动力电、照明电、发电机、蓄电池、干电池起爆。

6.3.4.2 电子雷管应使用配套的专用起爆器起爆。

6.3.4.3 导爆管雷管应使用专用起爆器、雷管或导爆索起爆。

6.3.4.4 导爆索应使用雷管正向起爆。

6.3.4.5 不应使用药包起爆导爆索和导爆管。

6.3.4.6 工业炸药应使用雷管或导爆索起爆，没有雷管感度的工业炸药应使用起爆药包或起爆器具起爆。

6.3.4.7 各种起爆方法均应远距离操作，起爆地点应不受空气冲击波、有害气体和个别飞散物危害。

6.3.4.8 在有瓦斯和粉尘爆炸危险的环境中爆破，应使用煤矿许用起爆器材起爆。

6.3.4.9 在杂散电流大于 30 mA 的工作面或高压线、射频电危险范围内(见表 11～表 14)，不应采用普通电雷管起爆。

6.4 起爆网路

6.4.1 一般规定

6.4.1.1 多药包起爆应连接成电爆网路、导爆管网路、导爆索网路、混合网路或数码电子雷管网路起爆。

6.4.1.2 起爆网路连接工作应由工作面向起爆站依次进行。

6.4.1.3 雷雨天禁止任何露天起爆网路连接作业，正在实施的起爆网路连接作业应立即停止，人员迅速撤至安全地点。

6.4.1.4 各种起爆网路均应使用合格的器材。

6.4.1.5 起爆网路连接应严格按设计要求进行。

6.4.1.6 在可能对起爆网路造成损害的部位，应采取保护措施。

6.4.1.7 敷设起爆网路应由有经验的爆破员或爆破技术人员实施，并实行双人作业制。

6.4.2 电力起爆网路

6.4.2.1 同一起爆网路，应使用同厂、同批、同型号的电雷管；电雷管的电阻值差不得大于产品说明书的规定。

6.4.2.2 电爆网路的连接线不应使用裸露导线，不得利用照明线、铁轨、钢管、钢丝作爆破线路，电爆网路与电源开关之间应设置中间开关。

6.4.2.3 电爆网路的所有导线接头，均应按电工接线法连接，并确保其对外绝缘。在潮湿有水的地区，应避免导线接头接触地面或浸泡在水中。

6.4.2.4 起爆电源能量应能保证全部电雷管准爆;用变压器、发电机作起爆电源时,流经每个普通电雷管的电流应满足:一般爆破,交流电不小于 2.5 A,直流电不小于 2 A;硐室爆破,交流电不小于 4 A,直流电不小于 2.5 A。

6.4.2.5 用起爆器起爆电爆网路时,应按起爆器说明书的要求连接网路。

6.4.2.6 电爆网路的导通和电阻值检查,应使用专用导通器和爆破电桥,导通器和爆破电桥应每月检查一次,其工作电流应小于 30 mA。

6.4.3 导爆管起爆网路

6.4.3.1 导爆管网路应严格按设计要求进行连接,导爆管网路中不应有死结,炮孔内不应有接头,孔外相邻传爆雷管之间应留有足够的距离。

6.4.3.2 用雷管起爆导爆管网路时,应遵守下列规定:

——起爆导爆管的雷管与导爆管捆扎端端头的距离应不小于 15 cm;

——应有防止雷管聚能射流切断导爆管的措施和防止延时雷管的气孔烧坏导爆管的措施;

——导爆管应均匀地分布在雷管周围并用胶布等捆扎牢固。

6.4.3.3 使用导爆管连通器时,应夹紧或绑牢。

6.4.3.4 采用地表延时网路时,地表雷管与相邻导爆管之间应留有足够的安全距离,孔内应采用高段别雷管,确保地表未起爆雷管与已起爆药包之间的水平间距大于 20 m。

6.4.4 导爆索起爆网路

6.4.4.1 起爆导爆索的雷管与导爆索捆扎端端头的距离应不小于 15 cm,雷管的聚能穴应朝向导爆索的传爆方向。

6.4.4.2 导爆索起爆网路应采用搭接、水手结等方法连接;搭接时两根导爆索搭接长度不应小于 15 cm,中间不得夹有异物或炸药,捆扎应牢固,支线与主线传爆方向的夹角应小于 90°。

6.4.4.3 连接导爆索中间不应出现打结或打圈;交叉敷设时,应在两根交叉导爆索之间设置厚度不小于 10 cm 的木质垫块或土袋。

6.4.5 电子雷管起爆网路

6.4.5.1 电子雷管网路应使用专用起爆器起爆,专用起爆器使用前应进行全面检查。

6.4.5.2 装药前应使用专用仪器检测电子雷管,并进行注册和编号。

6.4.5.3 应按说明书要求连接子网路,雷管数量应小于子起爆器规定数量;子网路连接后应使用专用设备进行检测。

6.4.5.4 应按说明书要求,将全部子网路连接成主网路,并使用专用设备检测主网路。

6.4.6 混合起爆网路

6.4.6.1 大型起爆网路可以同时使用电雷管、导爆管雷管、电子雷管和导爆索连接成混合起爆网路。

6.4.6.2 混合网路中的地表导爆索与雷管、导爆管和电线之间应留有足够的安全距离。

6.4.6.3 用导爆索引爆导爆管时,应使用单股导爆索与导爆管垂直连接,或使用专用联结块连接。

6.4.7 起爆网路试验

6.4.7.1 硐室爆破和 A、B 级爆破工程,应进行起爆网路试验。

6.4.7.2 电起爆网路应进行实爆试验或等效模拟试验;起爆网路实爆试验应按设计网路连接起爆;等效模拟试验,至少应选一条支路按设计方案连接雷管,其他各支路可用等效电阻代替。

6.4.7.3 大型混合起爆网路、导爆管起爆网路和导爆索起爆网路试验，应至少选一组（地下爆破选一个分区）典型的起爆支路进行实爆；对重要爆破工程，应考虑在现场条件下进行网路实爆。

6.4.8 起爆网路检查

6.4.8.1 起爆网路检查，应由有经验的爆破员组成的检查组担任，检查组不得少于两人，大型或复杂起爆网路检查应由爆破工程技术人员组织实施。

6.4.8.2 电力起爆网路，应进行下述检查：

——电源开关是否接触良好，开关及导线的电流通过能力是否能满足设计要求；

——网路电阻是否稳定，与设计值是否相符；

——网路是否有接头接地或锈蚀，是否有短路或开路；

——采用起爆器起爆时，应检验其起爆能力。

6.4.8.3 导爆索或导爆管起爆网路应检查：

——有无漏接或中断、破损；

——有无打结或打圈，支路拐角是否符合规定；

——雷管捆扎是否符合要求；

——线路连接方式是否正确、雷管段数是否与设计相符；

——网路保护措施是否可靠。

6.4.8.4 电子雷管起爆网路应按设计复核电子雷管编号、延时量、子网路和主网路的检测结果。

6.4.8.5 混合起爆网路应按 6.4.8.2～6.4.8.4 的规定进行检查。

6.5 装药

6.5.1 一般规定

6.5.1.1 装药前应对作业场地、爆破器材堆放场地进行清理，装药人员应对准备装药的全部炮孔、药室进行检查。

6.5.1.2 从炸药运入现场开始，应划定装药警戒区，警戒区内禁止烟火，并不得携带火柴、打火机等火源进入警戒区域；采用普通电雷管起爆时，不得携带手机或其他移动式通讯设备进入警戒区。

6.5.1.3 炸药运入警戒区后，应迅速分发到各装药孔口或装药硐口，不应在警戒区临时集中堆放大量炸药，不得将起爆器材、起爆药包和炸药混合堆放。

6.5.1.4 搬运爆破器材应轻拿轻放，装药时不应冲撞起爆药包。

6.5.1.5 在铵油、重铵油炸药与导爆索直接接触的情况下，应采取隔油措施或采用耐油型导爆索。

6.5.1.6 在黄昏或夜间等能见度差的条件下，不宜进行露天及水下爆破的装药工作，如确需进行装药作业时，应有足够的照明设施保证作业安全。

6.5.1.7 炎热天气不应将爆破器材在强烈日光下暴晒。

6.5.1.8 爆破装药现场不得用明火照明。

6.5.1.9 爆破装药用电灯照明时，在装药警戒区 20 m 以外可装 220 V 的照明器材，在作业现场或硐室内应使用电压不高于 36 V 的照明器材。

6.5.1.10 从带有电雷管的起爆药包或起爆体进入装药警戒区开始，装药警戒区内应停电，应采用安全蓄电池灯、安全灯或绝缘手电筒照明。

6.5.1.11 各种爆破作业都应按设计药量装药并做好装药原始记录。记录应包括装药基本情况、出现的问题及其处理措施。

6.5.2 人工装药

6.5.2.1 人工搬运爆破器材时应遵守 14.1.6.4 的规定，起爆体、起爆药包应由爆破员携带、运送。

6.5.2.2 炮孔装药应使用木质或竹制炮棍。

6.5.2.3 不应往孔内投掷起爆药包和敏感度高的炸药，起爆药包装入后应采取有效措施，防止后续药卷直接冲击起爆药包。

6.5.2.4 装药发生卡塞时，若在雷管和起爆药包放入之前，可用非金属长杆处理。装入雷管或起爆药包后，不得用任何工具冲击、挤压。

6.5.2.5 在装药过程中，不得拔出或硬拉起爆药包中的导爆管、导爆索和电雷管引出线。

6.5.3 机械装药

6.5.3.1 现场混装多孔粒状铵油炸药装药车应符合以下规定：

——料箱和输料螺旋应采用耐腐蚀的金属材料，车体应有良好的接地；

——输药软管应使用专用半导体材料软管，钢丝与厢体的连接应牢固；

——装药车整个系统的接地电阻值不应大于 1×10^5 Ω；

——输药螺旋与管道之间应有一定的间隙，不应与壳体相摩擦；

——发动机排气管应安装消焰装置，排气管与油箱、轮胎应保持适当的距离；

——应配备灭火装置和有效的防静电接地装置；

——制备炸药的原材料时，装药车制药系统应能自动停车。

6.5.3.2 现场混装乳化炸药装药车应符合以下规定：

——料箱和输料部分的材料应采用防腐材料；

——输药软管应采用带钢丝棉织塑料或橡胶软管；

——排气管应安装消焰装置，排气管与油箱、轮胎应保持适当的距离；

——车上应设有灭火装置和有效的防静电接地装置；

——清洗系统应能保证有效地清理管道中的余料和积污；

——应具有出现原材料缺项、螺杆泵空转、螺杆泵超压等情况下自动停车等功能。

6.5.3.3 现场混装重铵油炸药装药车除符合 6.5.3.2 的规定以外，还应保证输药螺旋与管道之间应有足够的间隙并不应与壳体相摩擦。

6.5.3.4 小孔径炮孔爆破使用的装药器应符合下列规定：

——装药器的罐体使用耐腐蚀的导电材料制作；

——输药软管应采用专用半导体材料软管；

——整个系统的接地电阻不大于 1×10^5 Ω。

6.5.3.5 采用装药车、装药器装药时应遵守下列规定：

——输药风压不超过额定风压的上限值；

——装药车和装药器应保持良好接地；

——拔管速度应均匀，并控制在 0.5 m/s 以内；

——返用的炸药应过筛，不得有石块和其他杂物混入。

6.5.4 压气装药孔底起爆

6.5.4.1 压气装药孔底起爆应使用经安全性试验合格的起爆器材或采用孔底起爆具；孔底起爆具应在现场装入导爆管、雷管和炸药，导爆管应放在装置的槽内，并用胶布固定在装置尾端。炸药的感度和威力均不应小于 2# 粉状乳化炸药，装药密度应大于 0.95 g/cm³。

6.5.4.2 孔底起爆具应符合下列规定：

——通过激波管试验，能承受 6×10^5 Pa 的空气冲击波入射超压；

——在锤重 2 kg、落高 1.5 m 的卡斯特落锤试验中不损坏；

——对导爆管应有保护措施；

——能起爆孔底起爆具以外的炸药；

——每年至少检测一次。

6.5.4.3 压气装药安全性技术指标应符合下列规定：

——装药器符合 6.5.3.4 的规定；

——现场装药空气相对湿度不小于 80%；

——装药器的工作压力不大于 6×10^5 Pa；

——炮孔内静电电压不应超过 1 500 V，在炸药和输药管类型改变后应重新测定静电电压。

6.5.5 现场混装炸药车装药

6.5.5.1 使用现场混装炸药车装药应经安全验收合格。

6.5.5.2 混装炸药车驾驶员、操作工，应经过严格培训和考核持证上岗，应熟练掌握混装炸药车各部分的操作程序和使用、维护方法。

6.5.5.3 混装炸药车上料前应对计量控制系统进行检测标定，配料仓不应有其他杂物；上料时不应超过规定的物料量；上料后应检查输药软管是否畅通。

6.5.5.4 混装炸药车应配备消防器具，接地良好，进入现场应悬挂“危险”警示标识。

6.5.5.5 混装炸药车行驶速度不应超过 40 km/h，扬尘、起雾、暴风雨等能见度差时速度减半；在平坦道路上行驶时，两车距离不应小于 50 m；上山或下山时，两车距离不应小于 200 m。

6.5.5.6 装药前，应先将起爆药柱、雷管和导爆索按设计要求加工并按设计要求装入炮孔内。

6.5.5.7 混装炸药车行车时严禁压坏、刮坏、碰坏爆破器材。

6.5.5.8 装药前应对炸药密度进行检测，检测合格后方可进行装药。

6.5.5.9 混装炸药车装药前，应对前排炮孔的岩性及抵抗线变化进行逐孔校核，设计参数变化较大的，应及时调整设计后再进行装药。

6.5.5.10 采用输药软管方式输送混装炸药时，对干孔应将输药软管末端送至孔口填塞段以下 0.5 m～1 m 处；对水孔应将输药软管末端下至孔底，并根据装药速度缓缓提升输药软管。

6.5.5.11 装药过程中发现漏药的情况，应及时采取处理措施。

6.5.5.12 装药时应进行护孔，防止孔口岩屑、岩渣混入炸药中。

6.5.5.13 混装乳化炸药装药完毕 10 min 后，经检查合格后才可进行填塞，应测量填塞段长度是否符合爆破设计要求。

6.5.5.14 混装乳化炸药装药至最后一个炮孔时，应将软管中剩余炸药装入炮孔中，装药完毕将软管内残留炸药清理干净。

6.5.5.15 现场混制装填炸药时，炮孔内导爆索、导爆管雷管、起爆具等起爆器材的性能除应满足国家标准要求外，还应满足耐水、耐油、耐温、耐拉等现场作业要求；严禁电雷管直接入孔。

6.5.5.16 孔底起爆时，起爆药包应离开孔底一定距离。

6.5.6 预装药

6.5.6.1 进行预装药作业，应制定安全作业细则并经爆破技术负责人审批。

6.5.6.2 预装药爆区应设专人看管，并作醒目警示标识，无关人员和车辆不得进入预装药爆区。

6.5.6.3 雷雨天气露天爆破不得进行预装药作业。

6.5.6.4 高温、高硫区不得进行预装药作业。

6.5.6.5 预装药所使用的雷管、导爆管、导爆索、起爆药柱等起爆器材应具有防水防腐性能。

6.5.6.6 正在钻进的炮孔和预装药炮孔之间，应有 10 m 以上的安全隔离区。

6.5.6.7 预装药炮孔应在当班进行填塞，填塞后应注意观察炮孔内装药高度的变化。

6.5.6.8 如采用电力起爆网路，由炮孔引出的起爆导线应短路，如采用导爆管起爆网路，导爆管端口应可靠密封,预装药期间不得连接起爆网路。

6.6 填塞

6.6.1 硐室、深孔和浅孔爆破装药后都应进行填塞,禁止使用无填塞爆破。

6.6.2 填塞炮孔的炮泥中不得混有石块和易燃材料,水下炮孔可用碎石渣填塞。

6.6.3 用水袋填塞时,孔口应用不小于 0.15 m 的炮泥将炮孔填满堵严。

6.6.4 水平孔和上向孔填塞时,不得紧靠起爆药包或起爆药柱楔入木楔。

6.6.5 不得捣固直接接触起爆药包的填塞材料或用填塞材料冲击起爆药包。

6.6.6 分段装药间隔填塞的炮孔,应按设计要求的间隔填塞位置和长度进行填塞。

6.6.7 发现有填塞物卡孔应及时进行处理(可用非金属杆或高压风处理)。

6.6.8 填塞作业应避免夹扁、挤压和拉扯导爆管、导爆索,并应保护电雷管引出线。

6.6.9 深孔机械填塞应遵守下列规定:

——当填塞物潮湿、黏性较大或表面冻结时,应采取措施防止将大块装入孔内;

——填塞水孔时,应放慢填塞速度,让水排出孔外,避免产生悬料。

6.7 爆破警戒和信号

6.7.1 爆破警戒

6.7.1.1 装药警戒范围由爆破技术负责人确定;装药时应在警戒区边界设置明显标识并派出岗哨。

6.7.1.2 爆破警戒范围由设计确定;在危险区边界,应设有明显标识,并派出岗哨。

6.7.1.3 执行警戒任务的人员,应按指令到达指定地点并坚守工作岗位。

6.7.1.4 靠近水域的爆破安全警戒工作,除按上述要求封锁陆岸爆区警戒范围外,还应对水域进行警戒。水域警戒应配有指挥船和巡逻船,其警戒范围由设计确定。

6.7.2 信号

6.7.2.1 预警信号:该信号发出后爆破警戒范围内开始清场工作。

6.7.2.2 起爆信号:起爆信号应在确认人员全部撤离爆破警戒区,所有警戒人员到位,具备安全起爆条件时发出。起爆信号发出后现场指挥应再次确认达到安全起爆条件,然后下令起爆。

6.7.2.3 解除信号:安全等待时间过后,检查人员进入爆破警戒范围内检查、确认安全后,报请现场指挥同意,方可发出解除警戒信号。在此之前,岗哨不得撤离,不允许非检查人员进入爆破警戒范围。

6.7.2.4 各类信号均应使爆破警戒区域及附近人员能清楚地听到或看到。

6.8 爆后检查

6.8.1 爆后检查等待时间

6.8.1.1 露天浅孔、深孔、特种爆破,爆后应超过 5 min 方准许检查人员进入爆破作业地点;如不能确认有无盲炮,应经 15 min 后才能进入爆区检查。

6.8.1.2 露天爆破经检查确认爆破点安全后,经当班爆破班长同意,方准许作业人员进入爆区。

6.8.1.3 地下工程爆破后,经通风除尘排烟确认井下空气合格、等待时间超过 15 min 后,方准许检查人员进入爆破作业地点。

6.8.1.4 拆除爆破,应等待倒塌建(构)筑物和保留建筑物稳定之后,方准许人员进入现场检查。

6.8.1.5 硐室爆破、水下深孔爆破及本标准未规定的其他爆破作业,爆后检查的等待时间由设计确定。

6.8.2 爆后检查内容

爆破后应检查的内容有：

——确认有无盲炮；

——露天爆破爆堆是否稳定，有无危坡、危石、危墙、危房及未炸倒建(构)筑物；

——地下爆破有无瓦斯及地下水突出、有无冒顶、危岩，支撑是否破坏，有害气体是否排除；

——在爆破警戒区内公用设施及重点保护建(构)筑物安全情况。

6.8.3 检查人员

6.8.3.1 A、B级及复杂环境的爆破工程，爆后检查工作应由现场技术负责人、起爆组长和有经验的爆破员、安全员组成检查小组实施。

6.8.3.2 其他爆破工程的爆后检查工作由安全员、爆破员共同实施。

6.8.4 检查发现问题的处置

6.8.4.1 检查人员发现盲炮或怀疑盲炮，应向爆破负责人报告后组织进一步检查和处理；发现其他不安全因素应及时排查处理；在上述情况下，不得发出解除警戒信号，经现场指挥同意，可缩小警戒范围。

6.8.4.2 发现残余爆破器材应收集上缴，集中销毁。

6.8.4.3 发现爆破作业对周边建(构)筑物、公用设施造成安全威胁时，应及时组织抢险、治理，排除安全隐患。

6.8.4.4 对影响范围不大的险情，可以进行局部封锁处理，解除爆破警戒。

6.9 盲炮处理

6.9.1 一般规定

6.9.1.1 处理盲炮前应由爆破技术负责人定出警戒范围，并在该区域边界设置警戒，处理盲炮时无关人员不许进入警戒区。

6.9.1.2 应派有经验的爆破员处理盲炮，硐室爆破的盲炮处理应由爆破工程技术人员提出方案并经单位技术负责人批准。

6.9.1.3 电力起爆网路发生盲炮时，应立即切断电源，及时将盲炮电路短路。

6.9.1.4 导爆索和导爆管起爆网路发生盲炮时，应首先检查导爆索和导爆管是否有破损或断裂，发现有破损或断裂的可修复后重新起爆。

6.9.1.5 严禁强行拉出炮孔中的起爆药包和雷管。

6.9.1.6 盲炮处理后，应再次仔细检查爆堆，将残余的爆破器材收集起来统一销毁；在不能确认爆堆无残留的爆破器材之前，应采取预防措施并派专人监督爆堆挖运作业。

6.9.1.7 盲炮处理后应由处理者填写登记卡片或提交报告，说明产生盲炮的原因、处理的方法、效果和预防措施。

6.9.2 裸露爆破的盲炮处理

6.9.2.1 处理裸露爆破的盲炮，可安置新的起爆药包(或雷管)重新起爆或将未爆药包回收销毁。

6.9.2.2 发现未爆炸药受潮变质，则应将变质炸药取出销毁，重新敷药起爆。

6.9.3 浅孔爆破的盲炮处理

6.9.3.1 经检查确认起爆网路完好时，可重新起爆。

6.9.3.2 可钻平行孔装药爆破,平行孔距盲炮孔不应小于 0.3 m。

6.9.3.3 可用木、竹或其他不产生火花的材料制成的工具,轻轻地将炮孔内填塞物掏出,用药包诱爆。

6.9.3.4 可在安全地点外用远距离操纵的风水喷管吹出盲炮填塞物及炸药,但应采取措施回收雷管。

6.9.3.5 处理非抗水类炸药的盲炮,可将填塞物掏出,再向孔内注水,使其失效,但应回收雷管。

6.9.3.6 盲炮应在当班处理,当班不能处理或未处理完毕,应将盲炮情况(盲炮数目、炮孔方向、装药数量和起爆药包位置,处理方法和处理意见)在现场交接清楚,由下一班继续处理。

6.9.4 深孔爆破的盲炮处理

6.9.4.1 爆破网路未受破坏,且最小抵抗线无变化者,可重新连接起爆;最小抵抗线有变化者,应验算安全距离,并加大警戒范围后,再连接起爆。

6.9.4.2 可在距盲炮孔口不少于 10 倍炮孔直径处另打平行孔装药起爆。爆破参数由爆破工程技术人员确定并经爆破技术负责人批准。

6.9.4.3 所用炸药为非抗水炸药,且孔壁完好时,可取出部分填塞物向孔内灌水使之失效,然后做进一步处理,但应回收雷管。

6.9.5 硐室爆破的盲炮处理

6.9.5.1 如能找出起爆网路的电线、导爆索或导爆管,经检查正常仍能起爆者,应重新测量最小抵抗线,重划警戒范围,连接起爆。

6.9.5.2 可沿竖井或平硐清除填塞物并重新敷设网路连接起爆,或取出炸药和起爆体。

6.9.6 水下爆破的盲炮处理

6.9.6.1 因起爆网路绝缘不好或连接错误造成的盲炮,可重新连接起爆。

6.9.6.2 对填塞长度小于炸药殉爆距离或全部用水填塞的水下炮孔盲炮,可另装入起爆药包诱爆。

6.9.6.3 处理水下裸露药包盲炮,也可在盲炮附近投入裸露药包诱爆。

6.9.6.4 在清渣施工过程中发现未爆药包,应小心地将雷管与炸药分离,分别销毁。

6.9.7 其他盲炮处理

6.9.7.1 地震勘探爆破发生盲炮时应从炮孔或炸药安放点取出拒爆药包销毁;不能取出拒爆药包时,可装填新起爆药包进行诱爆。

6.9.7.2 凡本标准没有提到处理方法的盲炮,在处理之前应制定安全可靠的处理办法及操作细则,经爆破技术负责人批准后实施。

6.10 爆破有害效应监测

6.10.1 D级以上爆破工程以及可能引起纠纷的爆破工程,均应进行爆破有害效应监测。监测项目由设计和安全评估单位提出,监理单位监督实施。

6.10.2 监测项目涉及:爆破振动、空气或水中冲击波、动水压力、涌浪、爆破噪声、飞散物、有害气体、瓦斯以及可能引起次生灾害的危险源。

6.10.3 监测单位应经有关部门认证具有法定资质,所使用的测试系统应满足国家计量法规的要求。

6.10.4 爆破振动有害效应测试系统应在工程爆破行业测试标定中心定期标定,并将校核标定和测试信息、测试仪器设备标识信息输入中国爆破网信息管理系统,同时利用中国爆破网信息管理系统进行远程校核标定与数据处理。

6.10.5 D级以上或需要仲裁的爆破工程,爆破振动有害效应监测信息应纳入中国爆破网信息管理系统。

6.10.6 监测报告内容应包括:监测目的和方法、测点布置、测试系统的标定结果、实测波形图及其处理方法、各种实测数据、判定标准和判定结论。

6.10.7 重复爆破的监测项目,应在每次爆破后及时提交监测简报。

6.10.8 爆破有害效应监测单位,不应作为本单位承担爆破工程仲裁的监测方。

6.11 爆破总结

6.11.1 爆破作业单位应在一项爆破工程结束或告一段落时,进行爆破总结。

6.11.2 爆破总结应包括:

——设计方案和爆破参数的评述,提出改进设计的意见;

——施工概况、爆破效果及安全分析,论述施工中的不安全因素、隐患以及防范办法;

——安全评估及安全监理的作用;

——经验和教训,提出类似爆破工程设计与施工的建议。

6.11.3 爆破总结资料应整理归档。

7 露天爆破

7.1 一般规定

7.1.1 露天爆破作业时,应建立避炮掩体,避炮掩体应设在冲击波危险范围之外;掩体结构应坚固紧密,位置和方向应能防止飞石和有害气体的危害;通达避炮掩体的道路不应有任何障碍。

7.1.2 起爆站应设在避炮掩体内或设在警戒区外的安全地点。

7.1.3 露天爆破时,起爆前应将机械设备撤至安全地点或采用就地保护措施。

7.1.4 雷雨天气、多雷地区和附近有通讯机站等射频源时,进行露天爆破不应采用普通电雷管起爆网路。

7.1.5 松软岩土或砂矿床爆破后,应在爆区设置明显标识,发现空穴、陷坑时应进行安全检查,确认无危险后,方准许恢复作业。

7.1.6 在寒冷地区的冬季实施爆破,应采用抗冻爆破器材。

7.1.7 硐室爆破爆堆开挖作业遇到未松动地段时,应对药室中心线及标高进行标示,确认是否有硐室盲炮。

7.1.8 当怀疑有盲炮时,应设置明显标识并对爆后挖运作业进行监督和指挥,防止挖掘机盲目作业引发爆炸事故。

7.1.9 露天岩土爆破严禁采用裸露药包。

7.2 深孔爆破

7.2.1 验孔时,应将孔口周围 0.5 m 范围内的碎石、杂物清除干净,孔口岩壁不稳者,应进行维护。

7.2.2 深孔验收标准:孔深允许误差±0.2 m,间排距允许误差±0.2 m,偏斜度允许误差 2%;发现不合格钻孔应及时处理,未达验收标准不得装药。

7.2.3 爆破工程技术人员在装药前应对第一排各钻孔的最小抵抗线进行测定,对形成反坡或有大裂隙的部位应考虑调整药量或间隔填塞。底盘抵抗线过大的部位,应进行处理,使其符合爆破要求。孔口抵抗线过小者,应适当加大填塞长度。

7.2.4 爆破员应按爆破技术设计的规定进行操作,不得自行增减药量或改变填塞长度;如确需调整,应征得现场爆破工程技术人员同意并做好变更记录。

7.2.5 台阶爆破初期应采取自上而下分层爆破形成台阶,如需进行双层或多层同时爆破,应有可靠的安全措施。

7.2.6 装药过程中发现炮孔可容纳药量与设计装药量不符时，应及时报告，由爆破工程技术人员检查校核处理。

7.2.7 装药过程中出现阻塞、卡孔等现象时，应停止装药并及时疏通。如已装入雷管或起爆药包，不得强行疏通，应保护好雷管或起爆药包，报告爆破工程技术人员采取补救措施。

7.2.8 装药结束后，应进行检查验收，验收合格后再进行填塞和联网作业。

7.2.9 高台阶抛掷爆破应与预裂爆破结合使用。

7.2.10 深孔爆破使用空气间隔器时，应确保空气间隔器与使用环境要求相匹配；使用前应进行空气间隔器充气速度测试和负荷试验；使用时不应损伤空气间隔器外防护层。

7.3 预裂爆破和光面爆破

7.3.1 采用预裂爆破或光面爆破技术时，验孔、装药等应在现场爆破工程技术人员指导监督下由熟练爆破员操作。

7.3.2 预裂孔、光面孔应按设计要求钻凿在一个布孔面上，钻孔偏斜误差不得超过1.5%。

7.3.3 布置在同一控制面上的预裂孔，应采用导爆索网路同时起爆，如同时起爆药量超过安全允许药量时，也可分段起爆。

7.3.4 预裂爆破、光面爆破应严格按设计的装药结构装药。若采用药串结构药包，在加工和装药过程中应防止药卷滑落；若设计要求药包装于钻孔轴线，应使用专门的定型产品或采取定位措施。

7.3.5 预裂爆破、光面爆破应按设计进行填塞。

7.3.6 预裂爆破孔应超前相邻主爆破孔或缓冲爆破孔起爆，时差应不小于75 ms。光面爆破孔应滞后相邻主爆破孔起爆。

7.4 复杂环境深孔爆破

7.4.1 复杂环境深孔爆破工程应设立指挥部，统筹安排设计施工及善后工作；设计前应对爆区周围人员、地面和地下建(构)筑物及各种设备、设施分布情况等进行详细的调查研究，爆破前还应进行复核。

7.4.2 爆破孔深一般应限制在20 m之内，并严格控制钻孔偏差。

7.4.3 应采用毫秒延时爆破，并严格控制可能发生的段数重叠，应按环境要求限制单段最大爆破药量，并采取必要的减振措施。

7.4.4 填塞长度应不小于底盘抵抗线与装药顶部抵抗线平均值的1.2倍。

7.4.5 起爆网路应由有经验的爆破员连接，并经爆破工程技术人员检查验收。

7.4.6 爆破有害效应的监测除按6.10有关规定执行外，对C级及以下级别的复杂环境深孔爆破工程，如认为可能引起民房及其他建(构)筑物、设施损伤，应作相应有害效应监测。

7.5 浅孔爆破

7.5.1 露天浅孔开挖应采用台阶法爆破。

7.5.2 在台阶形成之前进行爆破应加大填塞长度和警戒范围。

7.5.3 装填的炮孔数量，应以一次爆破为限。

7.5.4 采用浅孔爆破平整场地时，应尽量使爆破方向指向一个临空面，并避免指向重要建(构)筑物。

7.5.5 破碎大块时，单位炸药消耗量应控制在150 g/m^3以内，应采用齐发爆破或短延时毫秒爆破。

7.6 保护层开挖爆破

7.6.1 建(构)筑物岩石基础邻近保护层开挖爆破时，应按要求控制单段爆破药量、一次爆破总装药量和起爆排数。

7.6.2 紧邻水平建基面的开挖，应优先采用预留保护层的开挖方法。紧邻水平建基面的岩体保护层厚度，应由设计或现场爆破试验确定，台阶爆破钻孔不应钻入预留的保护层内。

7.6.3 保护层的一次爆破法应根据施工条件在下列方法中选取，并经爆破技术负责人批准：

——水平预裂爆破与水平孔台阶爆破相结合的方法；

——水平预裂爆破与上部竖直浅孔台阶爆破相结合的方法；

——岩石较软或较坚硬，选用水平光面爆破与水平浅孔台阶爆破相结合的方法；

——孔底加柔性或复合垫层的台阶爆破法。

7.6.4 保护层开挖爆破方法，应经过试验验证后才能大规模实施，无论采用何种开挖爆破方式，钻孔均不应钻入建基面。

7.7 冻土爆破

7.7.1 冻土爆破应选择防水耐冻爆破器材。

7.7.2 冻土爆破施工前，应进行冻土温度测定，通过试爆确定爆破参数；当冻土温度发生变化时，应依据冻土物理力学性质的变化及时调整爆破参数。

7.7.3 采用现场加工聚能药包在冻土凿孔时，应制定安全操作细则并经爆破技术负责人批准。

7.8 硐室爆破

7.8.1 爆破作业单位应有不少于一次同等级别的硐室爆破设计施工实践，爆破技术负责人应有不少于一次同等级别的硐室爆破工程的主要设计人员或施工负责人的经历。

7.8.2 硐室爆破设计施工、安全评估和安全监理，除执行第 4 章、第 5 章、第 6 章的有关规定外，还应重点考虑以下几个方面的安全问题：

——爆破对周围地质构造、边坡以及滚石等的影响；

——爆破对水文地质、溶洞、采空区的影响；

——爆破对周围建(构)筑物的影响；

——在狭窄沟谷进行硐室爆破时空气冲击波、气浪可能产生的安全问题；

——大量爆堆本身的稳定性；

——地下硐室爆破在地表可能形成的塌陷区；

——爆破产生的大量气体窜入地下采矿场和其他地下空间带来的安全问题；

——大量爆堆入水可能造成的环境破坏和安全问题。

7.8.3 在硐室开挖施工期间应成立工程指挥部，负责开挖工程组织、临时作业人员培训、考核和其他准备工作；爆破之前应按 6.2.1 的规定成立爆破指挥部。

7.8.4 硐室爆破导硐设计开挖断面不小于 1.5 m×1.8 m，小井不小于 1 m^2，一般平硐坡度不小于 1%；掘进工程完成后，应由设计、施工、监理三方共同验收，主要验收标准为：

——硐内清洁无杂物，不残存爆破器材、爆渣和金属物；

——硐顶硐壁无浮石，支护地段稳固并做好地质编录工作；

——硐内无积水，渗漏的药室硐应设防水棚和排水沟；

——药室容积不小于设计要求，中心坐标误差不超过±30 cm；

——硐内杂散电流不大于 30 mA。

7.8.5 装药前应根据开挖工程验收结果及实测最小抵抗线大小，调整爆破设计并按硐口做出施工分解图，图中应标明：

——每个硐口内各药室的装药量、装药部位、起爆体编号雷管段别和安装位置；

——填塞段位置及填塞料数量；

——该硐内所需起爆器材、电线、线槽等的总量；

——辅助器材及工具。

7.8.6 硐室爆破起爆体由熟练的爆破员加工、存放、安装，且应满足下列要求：

——在专门场所加工、存放；

——质量不应超过 20 kg；

——外包装应用木箱，内衬作防水包装；

——应在包装箱上写明导硐号、药室号、雷管段别、电阻值；

——起爆箱内的雷管和导爆索结应固定在木箱内；

——起爆体运输、安装应由两名熟练的爆破员操作，并作安装记录；

——起爆体应存放在安全地点并有专人看守，不得存放在硐口、硐内。

7.8.7 装药应由爆破员在工作面操作或指挥，严格按设计分解图规定的数量(袋数)整齐紧密码放。

7.8.8 装药时可使用 36 V 以下的低压电源照明，照明灯应加保护网，照明线路应绝缘良好，电灯与炸药堆之间的水平距离不应小于 2 m；电雷管起爆体装入药室前，应切断一切电源并拆去除起爆网路外的一切金属导体，改为安全矿灯或绝缘手电筒照明。

7.8.9 每个药室装药完成后均应进行验收，核实装药和起爆网路连接无误后才允许进行填塞作业。填塞时应保护好硐内敷设的起爆网路。

7.8.10 硐室爆破填塞工作应由爆破员在工作面指挥，应使用编织袋装开挖石渣作填塞料，填塞应整齐、严密，不得有空顶，不得以任何方式减少填塞长度；硐内有水时应在硐底留排水沟并保持排水通畅；填塞过程应检查质量，填塞完成后应验收、记录。

7.8.11 硐室爆破应采用复式起爆网路并作网路试验；敷设起爆网路应由熟练爆破员实施、爆破技术人员督查，按从后爆到先爆、先里后外的顺序联网，联网应双人作业，一人操作，另一人监督、测量、记录，严格按设计要求敷设；电爆网路应设中间开关。

7.8.12 起爆站应配置良好的通讯设备，起爆站长负责站内工作，从联网工作开始，应安排专人看管起爆站。

7.8.13 爆后检查除应遵守 6.8 的规定外，还应在清挖爆破岩渣时派专人跟班巡查有无疑似盲炮，发现疑似盲炮的迹象，应立即停止清挖并设置警戒区，报告爆破技术负责人，进行排查处理。在排查处理期间禁止一切爆破作业。

7.8.14 重大硐室爆破工程应按设计要求安排现场小型试验爆破，并根据试验结果修改爆破设计。

7.8.15 硐室爆破结束后均应进行总结，总结报告除了应符合 6.11 的规定外，还应包括主要技术经济指标、社会效益和经济效益。

7.9 地震勘探爆破

7.9.1 实施地震勘探爆破的有关爆破人员应严格执行定岗、定责的规定，坚持规范上岗；爆破人员岗位或工作单位变动，要报上一级安全管理部门登记备案。

7.9.2 制作炸药包时，应设置半径大于 15 m 的警戒区，并远离炸药车 15 m 以上，远离无线电设备30 m 以上；不应提前制作炸药包，炸药包不得在野外过夜。

7.9.3 往炮井中安放炸药包时，应由专人负责，炸药包下到井底并确认没有上浮后方可用细土、细砂埋井，不应用石块、砖块、冻土块、铁片等硬物埋井；严禁使用钻杆等机械往井下压炸药包。

7.9.4 起爆站应设在视野开阔与炮井通视条件良好的炮井上风方向的安全区内，如不能通视则应派人站在双方均能看到的安全位置，监视爆破点警戒区域内的安全情况并用旗语通知起爆站。起爆站距炮井的距离不应小于：

——砂土、黏土层，30 m；

——岩石、冻土层，60 m；

——井深小于 5 m(或坑炮)，100 m；

——特殊情况应按爆炸方式，使用药量由设计计算确定。

在起爆站周围30 m范围内，无关人员不应进入，站内不准堆放与爆破作业无关的物品。不应将两个(包含两个)以上炮井的炮线同时引到起爆站。

7.9.5 在水域进行地震勘探爆破施工时，应遵守第10章的有关规定。爆破作业船应有专人负责警戒，确保爆破点周围200 m内无任何船只和人员；爆破作业船与爆破点之间的距离不得小于100 m。

8 地下爆破

8.1 一般规定

8.1.1 地下爆破可能引起地面塌陷和山坡滚石时，应在通往塌陷区和滚石区的道路上设置警戒，树立醒目的警示标识，防止人员误入。

8.1.2 工作面的空顶距离超过设计或超过作业规程规定的数值时，不应爆破。

8.1.3 采用电力起爆时，爆破主线、区域线、连接线，不应与金属物接触，不应靠近电缆、电线、信号线、铁轨等。

8.1.4 距井下爆破器材库30 m以内的区域不应进行爆破作业。在离爆破器材库30 m～100 m区域内进行爆破时，人员不应停留在爆破器材库内。

8.1.5 地下爆破时，应明确划定警戒区，设立警戒人员和标识，并应采用适合井下的声响信号。发布的“预警信号”“起爆信号”“解除警报信号”，应确保受影响人员均能辨识。

8.1.6 井下工作面所用炸药、雷管应分别存放在受控加锁的专用爆破器材箱内，爆破器材箱应放在顶板稳定、支架完整、无机械电气设备、无自燃易燃或其他危险物品的地点。每次起爆时均应将爆破器材箱放置于警戒线以外的安全地点。

8.1.7 地下爆破出现不良地质或渗水时，应及时采取相应的支护和防水措施；出现严重地压、岩爆、瓦斯突出、温度异常及炮孔喷水时，应立即停止爆破作业，制定安全方案和处理措施。

8.1.8 爆破后，应进行充分通风，检查处理边帮、顶板安全，做好支护，确认地下爆破作业场所空气质量合格、通风良好、环境安全后方可进行下一循环作业。

8.1.9 在城市、大海、河流、湖泊、水库、地下积水下方及复杂地质条件下实施地下爆破时，应作专项安全设计并应有切实可行的应急预案。

8.1.10 地下爆破应有良好照明，距爆破作业面100 m范围内照明电压不得超过36 V。

8.2 井巷掘进爆破

8.2.1 用爆破法贯通巷道，两工作面相距15 m时，只准从一个工作面向前掘进，并应在双方通向工作面的安全地点设置警戒，待双方作业人员全部撤至安全地点后，方可起爆。天井掘进到上部贯通处附近时，不宜采取从上向下的坐炮贯通法；如果最后一炮在下面钻孔爆破不安全，需在上面坐炮处理时，应采取可靠的安全措施。

8.2.2 间距小于20 m的两个平行巷道中的一个巷道工作面需进行爆破时，应通知相邻巷道工作面的作业人员撤到安全地点。

8.2.3 独头巷道掘进工作面爆破时，应保持工作面与新鲜风流巷道之间畅通；爆破后，作业人员进入工作面之前，应进行充分通风。

8.2.4 天井掘进采用大直径深孔分段装药爆破时，装药前应在通往天井底部出入通道的安全地点设置警戒，确认底部无人时，方准起爆。

8.2.5 竖井、盲竖井、斜井、盲斜井或天井的掘进爆破，起爆时井筒内不应有人；井筒内的施工提升悬吊设备，应提升到施工组织设计规定的爆破安全范围之外。

8.2.6 在井筒内运送起爆药包，应把起爆药包放在专用木箱或提包内；不应使用底卸式吊桶；不应同时运送起爆药包与炸药。

8.2.7 往井筒掘进工作面运送爆破器材时，应遵守14.1.6.1的规定，还应做到：除爆破员和信号工外，任何人不应留在井筒内；工作盘和稳绳盘上除押运爆破器材的爆破员外，不应有其他人员；装药时，不应在吊盘上从事其他作业。

8.2.8 井筒掘进使用电力起爆时，应使用绝缘良好的柔性电线或电缆作爆破导线；电爆网路的所有接头都应用绝缘胶布严密包裹并高出水面。

8.2.9 井筒掘进起爆时，应打开所有的井盖门；与爆破作业无关的人员应撤离井口。

8.2.10 用钻井法开凿竖井井筒时，破锅底和开马头门的爆破作业应制定安全技术措施，并报单位爆破技术负责人批准。

8.2.11 用冻结法施工竖井井筒，冻结段的爆破作业应制定安全技术措施，并报单位爆破技术负责人批准。

8.2.12 人工冻土爆破应采取下列措施确保冻结管安全：

——爆破前书面通知冻结站停止盐水循环；

——爆破后与冻结站人员一起下井检查，确认冻结管无损坏时，方可恢复盐水循环；

——在后续出渣和钻孔过程中，要认真观察井帮，发现有出水或出现黄色水迹，应立即通知冻结站，关闭有关冻结管并检查。

8.2.13 用反井法掘进时，爆破作业应遵循下列规定：

——反井应及时采用木垛盘支护；爆破前最后一道小垛盘距离工作面不应超过1.6 m；

——爆破前应将人行格和材料格盖严；爆破后，首先充分通风，待有害气体吹散，方可进入检查；检查人员不应少于两名；经检查确认安全，方可进行作业；

——用吊罐法施工时，爆破前应摘下吊罐，并放置在水平巷道的安全地点；爆破后，应指定专人检查提升钢丝绳和吊具有无损坏。

8.2.14 桩井爆破应遵守下列规定：

——桩井掘进爆破，应遵守井巷掘进爆破的有关规定；

——桩井爆破作业应有专人负责指挥；

——井深不足10 m时，井口应做重点覆盖防护；

——应控制爆破振动的影响，确保邻井井壁和桩体的安全；

——爆后应修整井壁并及时清渣。

8.3 地下大跨度硐群开挖爆破

8.3.1 深孔爆破的钻孔直径不应超过90 mm，台阶高度不应超过8 m。

8.3.2 大跨度硐室边墙、顶板及硐群交汇部位应进行预裂爆破或光面爆破。

8.3.3 当地下厂房需留岩锚梁时，岩锚梁岩壁保护层开挖应采用浅孔爆破法。

8.3.4 大跨度硐群开挖，应按设计的开挖顺序进行，爆破时应监控爆破振动对本硐室及相邻硐室的影响。

8.4 地下采场爆破

8.4.1 浅孔爆破采场应通风良好、支护可靠并应至少有两个人行安全出口；特殊情况下不具备两个安全出口时，应报单位爆破技术负责人批准。

8.4.2 深孔爆破采场爆破前应做好以下准备工作：

——建立通往爆区井巷的良好通行条件和装药现场的作业条件，必要时在适当位置建立防冲击波阻波墙；

——巷道中应设有通往爆破区和安全出口的明显路标，并设联通爆破作业区和地表爆破指挥部的通讯线路；

——现场划定爆破危险区，并在通往爆破危险区的所有井巷的入口处设置明显的警示标识；

——验收合格的深孔应用高压风吹干净，列出深孔编号，废孔应作出明显标识。

8.4.3 地下深孔爆破作业，应遵守7.2和7.3的有关规定，还应符合以下要求：

——装药开始后，爆区50 m范围内不应进行其他爆破；

——现场加工起爆药包应选择不受其他作业影响的安全地点；

——现场装药、填塞、联网、起爆，应由专职爆破员进行，遇有装药故障，应在爆破技术人员指导下进行处理；

——需要回收的装药操作台、人行梯子等物，应在起爆网路连接完成、并经现场爆破负责人检查无误后，由专人从工作面开始向起爆站方向依次回收。回收操作不得影响和损坏起爆网路。

8.4.4 地下开采二次爆破时，应遵守下列规定：

——起爆前应通知可能受影响的相邻采场和井巷中的作业人员撤到安全地点；

——人员不应进入溜井与漏斗内爆破大块矿石；

——人员不应进入采场放矿出现的悬拱或立槽下方危险区实施二次爆破；

——在与采场短溜井、溜眼相对或斜对的出矿漏斗处理卡斗或二次爆破时，应待溜井、溜眼下部的放矿作业人员撤到安全地点后方可进行，且爆破作业人员应有可靠的防坠措施；

——地下二次破碎地点附近，应设专用炸药箱和起爆器材箱，其存放量不应超过当班二次爆破使用量；

——在旋回、漏斗等设备、设施中的裸露药包爆破，应在停电、停机状态下进行，并应采取相应的安全措施。

8.5 溜井(含矿仓)堵塞处理

8.5.1 用爆破法处理溜井堵塞，不允许作业人员进入溜井，应采用竹、木等材料制作的长杆把炸药包送到堵头表面进行爆破振动处理。

8.5.2 当溜井堵塞、矿石粘壁，经多次爆振仍未塌落，准备采用特殊方法处理时，应制定和采取可靠安全措施，经爆破技术负责人批准后，在安全部门监护下作业。

8.5.3 用矿用火箭弹处理溜井堵塞时，应遵守下列规定：

——爆破员应经过火箭弹使用技术的专门培训；

——堵塞处不稳定(如掉石块)时，不得使用矿用火箭弹处理；

——用矿用火箭弹处理溜井堵塞时，相邻井巷、采场不应进行其他爆破作业；

——堵塞物一次未处理完，当班不应第二次用矿用火箭弹处理。

8.5.4 处理采场卡斗和悬顶爆破，应遵守下列规定：

——处理卡斗和悬顶人员，应经专门技术培训；

——处理卡斗和悬顶前，应保证作业人员进出通道畅通，观察人员应在照明充足和有人监护的条件下，确认卡斗、悬顶类型并做好记录；

——根据卡斗高度不同，应采用不同的处理方法(爆破振动法、直接爆破法和火箭弹法等)；

——当有人进入漏斗作业时，应停止相邻采场的爆破和出矿，且应有专人监护和警戒；

——振动爆破每次用药量不超过2 kg，破碎爆破每次用药量不超过20 kg；

——巨型石块卡堵在漏斗上方无冒落危险采用浅孔爆破法处理时，应在漏斗内搭操作平台，支护四壁岩石；从支护到爆破完毕应连续作业；

——用爆破方法处理采场残柱及悬顶，应由爆破技术负责人组织制定处理方案并实施。

8.6 煤矿井下爆破(包括有瓦斯或煤尘爆炸危险的地下工程爆破)

8.6.1 井下爆破工作应由专职爆破员担任，在煤与瓦斯突出煤层中，专职爆破员应固定在同一工作面工作，并应遵守下列规定：

——爆破作业应执行装药前、爆破前和爆破后的“一炮三检”制度；

——专职爆破员应经专门培训，考试合格，持证上岗；

——专职爆破员应依照爆破作业说明书进行作业。

8.6.2 在有瓦斯和煤尘爆炸危险的工作面爆破作业，应具备下列条件：

——工作面有风量、风速、风质符合煤矿安全规程规定的新鲜风流；

——使用的爆破器材和工具，应经国家授权的检验机构检验合格，并取得煤矿矿用产品安全标识；

——掘进爆破前，应对作业面 20 m 以内的巷道进行洒水降尘；

——爆破作业面 20 m 以内，瓦斯浓度应低于 1%。

8.6.3 煤矿井下爆破作业，必须使用煤矿许用炸药和煤矿许用电雷管，不应使用导爆管或普通导爆索。煤矿和有瓦斯矿井选用许用炸药时，应遵守煤炭行业规定；同一工作面不应使用两种不同品种的炸药。

8.6.4 煤矿井下爆破使用电雷管时，应遵守下列规定：

——使用煤矿许用瞬发电雷管或煤矿许用毫秒延时电雷管；

——使用煤矿许用毫秒延时电雷管时，从起爆到最后一段的延时时间不应超过 130 ms。

8.6.5 煤矿井下应使用防爆型起爆器起爆；开凿或延深通达地面的井筒时，无瓦斯的井底工作面可使用其他电源起爆，但电压不应超过 380V，并应有防爆型电力起爆接线盒。

8.6.6 推广使用新工艺、新设备、新器材等除应遵守 6.3.1.3 的规定外，煤矿井下使用新型爆破器材须经国家授权的检验机构检验合格，并取得煤矿矿用产品安全标识后，方可在煤矿井下试用。

8.6.7 装药前和爆破前有下列情况之一的，不应装药、爆破：

——采掘工作面的空顶距离不符合作业规程的规定、支架有损坏、伞檐超过规定；

——爆破地点附近 20 m 以内风流中瓦斯浓度达到 1%；

——炮孔内发现异状、温度骤高骤低、有显著瓦斯涌出、煤岩松散、穿透老采空区等情况；

——在爆破地点 20 m 以内，矿车、未清除的煤、矸或其他物体堵塞巷道断面 1/3 以上；

——采掘工作面风量不足。

8.6.8 炮孔填塞材料应用黏土或黏土与砂子的混合物，不应用煤粉、块状材料或其他可燃性材料。

炮孔填塞长度应符合下列要求：

——炮孔深度小于 0.6 m 时，不应装药、爆破；在特殊条件下，如挖底、刷帮、挑顶等确需炮孔深度小于 0.6 m 的浅孔爆破时，应封满炮泥，并应制定安全措施；

——炮孔深度为 0.6 m～1.0 m 时，封泥长度不应小于炮孔深度的 1/2；

——炮孔深度超过 1.0 m 时，封泥长度不应小于 0.5 m；

——炮孔深度超过 2.5 m 时，封泥长度不应小于 1.0 m；

——光面爆破时，周边光爆孔应用炮泥封实，且封泥长度不应小于 0.3 m；

——工作面有两个或两个以上自由面时，在煤层中最小抵抗线不应小于 0.5 m，在岩层中最小抵抗线不应小于 0.3 m；浅孔装药二次爆破时，最小抵抗线和封泥长度均不应小于 0.3 m；

——炮孔用水炮泥封堵时，水炮泥外剩余的炮孔部分应用黏土炮泥或不燃性的、可塑性松散材料制成的炮泥封实，其长度不应小于 0.3 m；

——无封泥，封泥不足或不实的炮孔不应爆破。

8.6.9 有煤(岩)和瓦斯突出危险的采掘工作面，废炮孔也应在爆破前用炮泥封实；大直径炮孔的填塞深度，应超过炮孔装药的长度。

8.6.10 在有瓦斯或煤尘爆炸危险的采掘工作面，应采用毫秒延时爆破；掘进工作面应全断面一次起爆；采煤工作面，可分组装药，但一组装药应一次起爆且不应在一个采煤工作面使用两台起爆器同时进行爆破。

8.6.11 在有瓦斯或煤尘爆炸危险的矿井中，放顶煤工作面不应用爆破挑顶煤。

8.6.12 爆破法处理卡在溜煤(矸)孔中的煤、矸时,应遵守下列规定:

——应采用取得煤矿矿用产品安全标识的用于溜煤(矸)孔的煤矿许用被筒炸药或不低于该安全等级的煤矿许用炸药;

——每次只准使用一个煤矿许用电雷管,最大装药量不应超过 450 g;

——爆破前应检查溜煤(矸)孔内堵塞部位上部和下部空间的瓦斯;

——爆破前应洒水。

8.6.13 采用振动爆破揭开有煤(岩)与瓦斯突出危险的煤层时,应按专门设计及规定进行,并应遵守以下规定:

——选用符合分级规定的爆破器材,采用铜脚线的煤矿许用毫秒电雷管且不应跳段使用;

——爆破母线应采用专用电缆,并尽可能减少接头,有条件的可采用遥控起爆器;

——爆破前应加强振动爆破地点附近的支护;

——振动爆破应一次全断面揭穿或揭开煤层;如果未能一次揭穿煤层,掘进剩余部分的第二次爆破作业仍应按振动爆破的安全要求进行。

8.6.14 振动爆破工作面,应具有独立、可靠、畅通的回风系统;爆破时回风系统内应切断电源,且不应有人员作业或通过。

8.6.15 振动爆破应由爆破技术负责人统一指挥,并有救护队员在指定地点值班,爆破 30 min 后,检查人员方可进入工作面检查。

8.6.16 石门揭煤采用远距离爆破时,应制定专项安全措施,内容应包括爆破地点、避灾路线、停电范围、撤人和警戒范围等。

8.6.17 煤巷掘进工作面爆破时,起爆地点应设在进风侧反向风门之外的全风压通风的新鲜风流中或避难硐室内,装药前回风系统必须停电撤人,爆破后不应小于 30 min 方允许进入工作面检查。

8.7 钾矿井下爆破

8.7.1 装药前应测定爆破作业面及其 20 m 以内的所有巷道和起爆站等重要部位空气中的氢气和瓦斯浓度,确认无危险时,方准进行爆破准备工作。

8.7.2 起爆站应设在安全区的新鲜风流中。

8.7.3 装药前,应切断采区的动力电源和照明电源;起爆前,应检查起爆网路绝缘情况。

8.7.4 起爆网路的设计,应保证炮孔按逆风流方向依次顺序起爆。

8.7.5 爆后 15 min,瓦斯检查员方准进入爆破作业面和电气设备附近检查瓦斯、氢气等浓度;确认无瓦斯爆炸危险,并检查确认动力电网、照明电网和电气设备无破损且绝缘良好,方可恢复送电;通风正常之后,方准人员进入工作面作业。

8.7.6 在有氢气和瓦斯爆炸危险的矿井爆破时,应使用符合钾矿爆破安全要求的爆破器材。

8.8 石油矿和地蜡矿井下爆破

8.8.1 应根据矿井空气中有毒气体、瓦斯和油蒸气等爆炸危险性气体的浓度,确定允许进行爆破作业的工作面,经单位爆破技术负责人批准后方可爆破。

8.8.2 在批准爆破作业的地点进行爆破,应遵守下列规定:

——确保爆破作业面有新鲜风流,可燃气体的浓度不超标;

——使用煤矿许用炸药;

——使用煤矿许用型雷管;

——不准使用裸露药包或不足 1.0 m 深的炮孔爆破;

——炮孔深度为 1.0 m～1.5 m 时,填塞长度不应小于孔深的 1/2;炮孔深度超过 1.5 m 时,填塞长度不应小于孔深的 1/3,且不小于 0.75 m;不得采用无填塞爆破;

——有多个自由面时，每个方向的最小抵抗线不应小于0.5 m。

8.8.3 装药与起爆前，应测定工作面及其20 m以内的所有巷道和起爆站的瓦斯、油蒸气浓度。

8.8.4 应清除工作面及其20 m以内的各巷道底板上的石油，并覆盖砂子。

8.8.5 爆破作业现场应有专人监护。

8.8.6 每次爆破后，应有专人检查工作面及通风情况，经爆破技术负责人批准后，方准许人员进入工作面。

8.8.7 有轻石油和瓦斯强烈喷出的炮孔，不应装药爆破；只有少量滴状石油析出的炮孔，装药前应仔细清除油滴。

8.9 放射性矿井爆破

8.9.1 放射性矿井爆破与放射性物探应遵守下列规定：

——井下采掘作业面应根据物探编录进行爆破设计；

——凿炮孔前应对工作面进行γ取样，确定矿体厚度、品位，圈定矿体边界，打孔后应进行γ测孔，区分矿石和废石；

——根据物探测孔资料确定炮孔装药方案，实施分爆分采；

——爆破后应进行放射性测量，根据物探测量资料进行分装分运；

——采场作业面分爆分运之后，还需进行物探钻孔找边，只有在物探找边完毕后，才能实施上采钻孔的施工。

8.9.2 采用原地爆破浸出工艺的采场，在爆破筑堆前应结合采切工程进行生产探矿设计和施工，并根据生产探矿资料计算采场储量，作为深孔爆破施工设计和浸出效果评估的基础资料。

钻孔施工结束后及时验孔并同时进行物探测孔、编录和上图，为爆破装药设计提供资料，并按炮孔排面进行储量核算。

8.9.3 采场原地浸出爆破宜采用小补偿空间一次挤压爆破方式，挤压爆破空间补偿系数宜控制在15%～20%范围内。

8.9.4 原地爆破浸出采场的爆破作业应遵守下列规定：

——对于中等厚度以下矿体，采场采用上向平行凿岩，炮孔深度不应大于15 m；

——对于中等厚度以上矿体，可采用大于15 m的深孔爆破，但应经过严格的论证；

——一次爆破取段长度控制在60 m以内；

——应保证爆破后80%以上的矿岩粒度小于150 mm；

——设计装药单耗比非原地爆破浸出采场的装药单耗增加20%～30%；

——爆破装药到起爆的时间不超过24 h。

8.9.5 放射性矿井爆破后的通风应符合下列规定：

——以稀释氡气及氡子体浓度作为计算爆破后通风量的依据；

——爆破后工作面通风时间不应少于30 min；

——井下深孔大爆破后应开启主风机，经通风吹散有害气体，达到设计要求的通风时间(不得少于48 h)后，安全检查人员佩带防护装置和检测仪器到各工作面检测有毒、有害气体的含量；

——只有氡气浓度小于2 700 Bq/m^3，方可允许作业人员进入工作面作业；

——原地爆破浸出采场的布液巷和集液巷应与矿井回风系统贯通，确保原地爆破浸出采场析出的氡引入回风系统。

8.9.6 放射性矿井的凿岩爆破作业人员应遵守下列规定：

——应佩带好防护用品(包括口罩、个人计量剂)才能进入工作面；

——每天只应上一班，每班作业时间不应超过6 h；

——作业结束后应洗澡，并经放射性剂量监测合格。

8.9.7 自然温度高于 30 ℃的放射性矿井的工作面，应有完备的降温措施，保证工作面的温度低于 30 ℃，同时适当控制持续作业时间。

8.9.8 水文地质条件复杂的大水铀矿床的采掘工作面应布置 3 个以上超前探水钻孔，钻孔深度不少于 25 m。

8.10 隧道开挖爆破

8.10.1 隧道开挖方法应根据隧道周围环境、工程地质条件、开挖断面形式及尺寸、施工设备、工期等因素，选择全断面法、半断面法或分部爆破开挖法。

8.10.2 非长大隧道掘进时，起爆站应设在硐口侧面 50 m 以外；长大隧道在硐内的避车洞中设立起爆站时，起爆站距爆破位置应不小于 300 m，并能防飞石、冲击波、噪声等对人员的伤害。

8.10.3 隧道爆破时，所有人员和机械应撤离到安全地点，警戒人员应从爆破工作面向外全面清场，待警戒人员到达起爆站后，确认隧道内无人方可进行起爆。

8.10.4 隧道贯通爆破应遵守 8.2.1 的有关规定；两条相邻平行隧道开挖爆破时，应遵守 8.2.2 的有关规定。

8.10.5 长大隧道掘进，应配备充足的通风设备加强通风，保证硐内空气质量符合标准。

8.10.6 用压气盾构法掘进隧道时，不应将爆破器材放在有压缩空气的区域内。

8.10.7 隧道掘进遇到煤夹层时，应进行瓦斯监测并调整人员避炮安全距离。

9 高温爆破

9.1 一般规定

9.1.1 高温爆破作业人员应经过专门培训，且形成固定搭配。

9.1.2 高温爆破温度低于 80 ℃时，应选用耐高温爆破器材或隔热防护措施，温度超过 80 ℃时，必须对爆破器材采取隔热防护措施。

9.1.3 装药前应测定工作面与孔内温度，掌握孔温变化规律；温度计应进行标定，确保测温准确。

9.1.4 高温爆破作业面附近的非爆破工作人员，应在装药前全部撤离。

9.1.5 装药时，应按从低温孔到高温孔的顺序装药；在既有高温孔又有常温孔的爆区，应先把常温孔装填好之后，再实施高温孔装药。

9.1.6 装药时，应根据孔温限定装药至起爆的时间，并做好人员应急撤离方案，在限定时间内所有人员撤离到安全地点。

9.1.7 装药时，应安排专人监督，发现炮孔逸出棕色浓烟等异常现象时，应迅速组织撤离。

9.2 高温岩石爆破

9.2.1 装药前应做好以下准备工作：

——降低炮孔温度；

——测温并掌握温度上升规律；

——爆破器材隔热防护。

9.2.2 降温应遵守以下规定：

——每次降温后，应重新测量孔深并监测升温过程，如果炮孔变浅或坍塌，应及时调整该炮孔及其周围炮孔的装药量；

——对回温较快的炮孔应采取进一步的降温措施，并注意观测温度变化；

——装药前爆破员要对炮孔的温度、孔深进行测量并做好记录。

9.2.3 装药前的测温应遵守以下规定：

——测温应两人同时进行，并在装药前将孔温在现场标注清楚；

——测温应使用两种不同类型的测温仪同时进行，并分别做好记录。

9.2.4 露天台阶高温爆破应采用垂直炮孔。

9.2.5 高温爆破时不得在高温炮孔内放置雷管，应采用孔内敷设导爆索、孔外使用电雷管和导爆管雷管的起爆方式；应将导爆索捆在起爆药包外，不得直接插入药包内。

9.2.6 应严格控制一次高温爆破的炮孔数目，确保在规定的时间内完成装药、填塞及起爆工作。

9.2.7 高温孔的装药应在炮孔的填塞材料全部备好，所有作业人员分工明确并全部到位，孔外起爆网路全部连接好后进行。

9.2.8 在装药过程中如发生堵孔，在规定时间内不能处理完毕，应立即放弃该孔装药，并注意观察。

9.3 高温高硫矿山爆破

9.3.1 高温高硫矿山爆破应遵守9.2的规定。

9.3.2 高温高硫矿(岩)的大规模爆破应选用稳定性高、不易自燃自爆的炸药；在矿岩与常用炸药接触有较强反应的区域进行爆破作业时，应使用防自燃自爆的安全炸药。

9.3.3 高温高硫矿(岩)的爆破，应尽量避免炸药与高温高硫矿石接触，应控制药包与炮孔壁的接触时间，必要时采取隔离措施。

9.3.4 在具有硫尘或硫化物粉尘爆炸危险的矿井进行爆破时，应遵守下列规定：

——定期测量粉尘浓度；

——不许采用裸露药包爆破和无填塞的炮孔爆破，炮孔填塞长度应大于炮孔全长的1/3，并应大于0.3 m；

——装药前，工作面应洒水：浅孔爆破时，10 m范围内均应洒水；深孔爆破时，30 m范围内均应洒水；

——爆破作业人员应随身携带自救器，使用防爆蓄电池灯照明。

9.3.5 在高温高硫矿井爆破时，应遵守下列规定：

——应使用加工良好的耐高温防自爆药包，且药包不应有损坏、变形；

——装药前应测定工作面与孔内温度，孔温不应高于药包安全使用温度；

——爆前、爆后应加强通风，并采取喷雾洒水、清洗炮孔等降温措施；

——用导爆索起爆时，应采用耐高温高强度塑料导爆索；

——不应使用含硫化矿的矿岩粉作填塞物；

——孔内温度为60 ℃～80 ℃时，应控制装药至起爆的间隔时间不超过1 h；

——孔内温度为80 ℃～120 ℃时，应用石棉织物或其他绝热材料严密包装炸药，采用防热处理的导爆索起爆，装药至起爆的间隔时间应通过模拟试验确定；

——孔内温度超过120 ℃时，应采用特种耐高温爆破器材。

9.3.6 在高硫矿井使用硝铵类炸药进行爆破，应事先测定硫化矿矿粉含硫量和铁离子浓度。当矿石含硫量超过30%，矿粉硫酸铁和硫酸亚铁的铁离子浓度之和(三价铁和二价铁)超过0.3%，作业面潮湿有水时，应遵守下列规定：

——清除炮孔内矿粉；

——炸药应包装完好，炸药不应直接接触孔壁；

——不应使用硫矿渣填塞炮孔并严格控制装药至起爆的时间。

9.3.7 在同时具有高温、高硫和硫尘爆炸危险的矿井爆破时，应根据实地情况，制定操作细则并采取可靠的安全防护措施。

9.3.8 具有自燃自爆倾向的露天高温高硫矿山爆破应遵守以下规定：

——爆前应实测炮孔温度，对高温炮孔应遵守9.3.5、9.3.6、9.3.7的有关规定；

——应采用添加抑制剂的乳化炸药,或使用高强度塑料袋进行隔离;

——实施大规模爆破前,应模拟装药条件(炮孔有水,相同环境、炸药、温度等)进行试验,取得可靠经验后,再实施爆破作业;

——不许实施预装药爆破;

——应在整个爆区装药完毕后集中填塞,并同时连接起爆网路。

9.4 热凝结物爆破

9.4.1 热凝结物破碎宜采用钻孔爆破,用专门加工的炮泥填塞。

9.4.2 炮孔底部温度超过 200 ℃时,应采用定型隔热药包向炮孔内装药;温度低于 200 ℃时,炮孔内药包应进行隔热处理,确保药包内温度不超过 80 ℃。

9.4.3 装药前,先对炮孔进行强制降温,然后测定隔热包装条件下的包装内部温度上升曲线,确认 5 min后隔热包装内的温度。

9.4.4 如孔内装雷管应采用双发,爆破前应先做隔热包装试验,保证雷管在 5 min 内不发生自爆。

9.4.5 孔内装导爆索时,爆破前应做导爆索隔热试验,确保传爆可靠。

9.4.6 热凝结物爆破开始装药前应作好清场、警戒工作。

9.4.7 多个药包同时爆破且炮孔底部温度高于 80 ℃时,每人装药的孔数不得超过两个,装药时间内炸药温度不得超过 80 ℃。

9.4.8 采用新型隔热材料应经模拟试验,确认安全可靠;定型隔热药包的作业时间和装药孔数应根据产品说明书和模拟试验结果确定。

9.4.9 热凝结物爆破出现盲炮时,待其自爆后再解除警戒;如需人工处理盲炮,应大量洒水使凝结物温度降至 80 ℃以下再进行处理。

9.4.10 邻近有金属熔液出炉作业时,炉内不准进行爆破。

10 水下爆破

10.1 一般规定

10.1.1 进行水下爆破工程前,应征得有关部门许可,并由海事部门发布航行通告。

10.1.2 水下爆破实施前,爆破区域附近有建(构)筑物、养殖区、野生水生物需保护时,应针对爆破飞石、水中冲击波(动水压力)、爆破振动和涌浪等水下爆破有害效应制定有效的安全保护措施。

10.1.3 爆破作业船(平台)上的工作人员,作业时应穿好救生衣,无关人员不应登上爆破作业船(平台)。爆破施工时,爆破作业船(平台)及其辅助船舶应悬挂信号(灯号);水域危险边界上应设置警告标识、禁航信号。

10.1.4 进行水下爆破前,除按 6.2 的规定作相应准备工作外,还应准备救生设备,选择爆破作业船及其辅助船舶并报批爆破器材的水上运输和贮存方案,调查水域中有无遗留的爆炸物和水中带电情况。

10.1.5 爆破作业负责人应根据爆破区的地质、地形、潮汐、水深、流速、流态、风浪和周围环境等情况布置爆破作业。

10.1.6 水下爆破应使用防水或经防水处理的爆破器材并进行与实际使用条件相应的抗水、抗压试验;爆破器材可存放在专用贮存船内。

10.1.7 水下爆破采用导爆管起爆网路时,水下不应有导爆管接头和接点;采用导爆索起爆网路时,水下导爆索的接头或接点应做防水处理,同时应在主爆线上加系浮标,使其悬吊;采用电爆网路时,水下导线宜采用柔韧绝缘铜线并避免水中接头。

10.1.8 在流速较大的水域进行爆破作业时,应采用高强度导爆管雷管起爆网路,并对爆破网路采取有效的防护措施。

10.1.9 水下爆破施工中，爆区附近有重要建(构)筑物、水生物需保护时，一次爆破药量应由小逐渐加大，并对水中冲击波、涌浪、爆破振动等进行监测和观察。

10.2 水下裸露药包爆破

10.2.1 水下裸露药包爆破只宜在爆夯、挤淤及水下钻孔爆破难以实施时采用。

10.2.2 水下裸露爆破的药包，应在专用的加工房或加工船上制作，并适当配重；加工区和存放区应采取绝缘、隔热处理并留有足够的安全距离。

10.2.3 投药船应采用结构坚固、技术性能良好的船只，工作舱内和船壳外表不应有尖锐的突出物，作业舱内不应存放任何带电物品。

10.2.4 在急流区域投药时，投药船应由定位船或有固定端的绳缆牵引。定位船不应走锚移位。

10.2.5 投药船离开投放药包地点前，应检查船底、舵板、推进器、装药设备等是否挂有药包或缠有网路线。

10.2.6 已投入水底(水中)的裸露药包，不应拖曳和撞击，应采取防止漂移措施并设置浮标。

10.3 水下钻孔爆破

10.3.1 水下钻孔爆破宜一次钻孔至炮孔设计的底标高，爆破顺序按由深水至浅水、由下游至上游的方向进行。

10.3.2 钻孔船(平台)应稳固，定位应准确并经常校核；钻孔位置的偏差：内河应小于 20 cm，沿海应小于 40 cm。

10.3.3 装药前应将孔内的泥砂、石屑吹净；在现场加工起爆药包，加工完毕应立即装入孔内。

10.3.4 装药时应拉稳药包提绳，配合送药杆进行，不应强行冲击、挤压卡塞在孔内的药包；深水爆破采用金属杆作为送药杆时，应对接触药包端作绝缘处理。

10.3.5 水下深孔采取孔内分段装药时，段间应有间隔填塞；采用孔内延时爆破时填塞长度不得小于炸药殉爆距离。

10.3.6 水下钻孔爆破应采用小于 2.0 cm 的碎石或粗砂填塞，填塞长度应不少于 0.5 m。

10.3.7 水下钻孔爆破采用延时起爆网路时，延时雷管宜放入孔内；采用孔外延时起爆网路时，应采取措施对起爆网路进行保护。

10.3.8 钻机移位时应将钻杆和套管提离水面，不得刮(挂)断爆破网路；移船及涨潮、落潮时，应适当收放导线(导爆管)；导线(导爆管)上附有漂浮物时，应及时清理。

10.3.9 水下钻孔爆破连续作业时，爆破器材可存放在主管部门认可的临时专用贮存舱房内。

10.3.10 水下钻孔爆破应确保孔内炸药、雷管在防水有效时间内正常起爆。

10.4 水下岩塞爆破

10.4.1 水下岩塞爆破的设计除应遵照 5.2 的有关规定外，还应包括以下内容：

——岩塞口水下地形图及地质剖面图(1∶100～1∶200)；

——岩塞与聚渣坑的稳定性及其围岩渗漏性的分析；

——对水文地质情况的分析；

——采用硐室方案时，导硐及硐室开挖程序和相应爆破规模的规定；

——采用泄渣方案时，应对泄渣硐的损坏情况进行分析，并制定相应的应对措施；

——岩塞周边应采用预裂或光面爆破；

——水中冲击波、涌水对周围建(构)筑物影响的分析论证。

10.4.2 岩塞厚度小于 10 m 时，不应采用硐室爆破法。

10.4.3 岩塞体漏水量过大时，应作引水或止水处理。

10.4.4 装药工作开始之前，应将距岩塞工作面 50 m 范围内的所有电气设备全部撤离。

10.4.5 岩塞爆破应采用复式导爆管雷管起爆、电雷管起爆或数码电子雷管起爆网路；爆破器材应按设计要求进行防水试验，起爆网路应有可靠的保护措施。

10.5 破冰爆破

10.5.1 破冰爆破的爆破段(班)长，应由有破冰经验的爆破工程技术人员担任。

10.5.2 保护物周围的冰层，应先用人工或机械破碎；在特殊情况下，经爆破技术负责人批准和有关部门同意，才可使用小药包爆破破碎保护物周围的冰层。

10.5.3 用爆破法排除保护物附近的阻塞冰块、冰排时，一次爆破的炸药量应根据保护物、堤坝的坚固性和安全距离确定。采用火炮进行破冰排凌时，应严格控制弹丸破片对周边环境的有害影响。

10.5.4 从气垫船跨至冰层上作业的爆破人员，应穿好救生衣，携带杆子和木板，并系好安全带；待爆破人员撤至安全区域后，方可起爆。

10.6 爆炸挤淤与夯实

10.6.1 用裸露药包爆破时，应遵守 10.2 的规定。

10.6.2 爆炸挤淤筑堤置换厚度宜控制在 4 m～25 m，布药施工中应遵守下列规定：

——每个药包内都应装有起爆体并捆扎牢固，传爆用的导爆索或导爆管应有保护措施；

——导爆索搭接长度不应少于 0.3 m，不应用导爆索或导爆管拉扯重物；

——采用压入式装药机装药时，不应挤压或撞击药包、导爆管或导爆索；采用振冲式装药时，应先将套管振压就位后再投放药包，药包在套管内时不应开启振动装置；投放药包时，不应使药包在套管内自由坠落；

——泥下装药时，装药器应有可靠的脱钩装置，避免装药器在上拔过程中将药包带出；

——装药时，应对每个药包的装药深度、装药位置进行检查，对不符合要求的及时处理。

10.6.3 爆炸夯实分层夯实厚度不应大于 12 m；当药包在水面下的深度大于 8 m 时，分层夯实厚度不应超过 15 m。

10.6.4 爆炸夯实布药施工中应遵守下列规定：

——可采用水上布药船布药，低潮露出石面时也可采用人工陆上布药，可选用点、线或面的布药方式进行；

——应对药包捆扎配重物，避免移位；

——受风或水流影响时，应逆风或逆流布药；受风和水流同时影响时，应逆流布药；

——在水位变动区施工时，应保证起爆时水深符合爆破设计要求。

10.6.5 在饱和砂(土)地基附近进行爆破作业时，应遵照 13.8.5 的规定。

10.7 潜水爆破和水下结构物解体爆破

10.7.1 海上救助、沉船打捞、水下结构物解体、深水炸礁采用潜水爆破时，允许在作业船上设置供爆破器材贮存和加工的临时专用舱。

10.7.2 海上运输爆破器材，应使用符合航海等级的船舶，爆破器材应包装完好，不准分拆装卸。

10.7.3 潜水爆破应有良好的通讯设备，夜间进行潜水爆破应有良好的照明和通讯设备。

10.7.4 潜水爆破作业前，应对被爆物(如沉船等)进行调查和检测，如果被爆物内有易燃、易爆、有毒、放射性等危险物品时应采取有效的安全措施。

10.7.5 潜水爆破应在潜水员离开水面并将作业船移至安全地点后，方可起爆。

10.7.6 在潜水爆破作业时严禁进行与爆破无关的水下作业。

10.7.7 潜水爆破的炸药包，应由经过爆破培训的潜水员安放，潜水员的作业还应同时遵循相关的潜水安全操作规程。

10.7.8 同一爆破区的起爆导线,应并为一束,并用绳索加强,下端固定;潜水员出水时应避免潜水装备或管线等与起爆网路缠挂。

10.7.9 打捞爆破,爆后应进行水下探摸,确定无盲炮后方可开始打捞工作。

10.7.10 采用电力起爆网路进行潜水爆破时,应遵守下列规定:

——应用抗杂电和防水的金属壳电雷管;

——起爆主线应用双芯屏蔽电缆;

——安放药包时,不应使用水下照明灯;

——潜水员离开水面之前,不应校核起爆网路电阻和连接起爆主线。

10.7.11 钢结构拆除和沉船解体爆破应遵守下列规定:

——药条应紧贴钢结构拆除构件、船体;

——海况差时应采用复式起爆网路,海况恶劣时应禁止进行爆破作业;

——爆破点多、药量大时应采用毫秒延时爆破,但须采取措施,防止发生殉爆。

11 拆除爆破及城镇浅孔爆破

11.1 设计文件

11.1.1 拆除爆破及城镇浅孔爆破若无特别要求,宜将技术设计与施工组织设计合并编写。

11.1.2 拆除爆破及城镇浅孔爆破应按下列规定进行爆区周围设施、建(构)筑物的保护和安全防护设计:

——根据被保护建(构)筑物或设备允许的地面质点振动速度,限制最大一段起爆药量及一次爆破用药量,或采取减振措施;

——拆除高耸建(构)筑物时,应考虑塌落振动、后坐、残体滚动、落地飞溅和前冲等发生事故的可能性,并采取相应的防护措施,提出必要的监测方案;

——对爆破体表面进行有效覆盖;

——对保护物作重点覆盖或设置防护屏障;

——采取防尘、减尘措施。

11.1.3 对爆区周围道路的防护与交通管制,应遵守下列规定:

——使拆除物倒塌方向和爆破飞散物主要散落方向避开道路,并控制残体塌散影响范围;

——规定断绝交通、封锁道路或水域的地段和时间。

11.1.4 对爆区周围及地下水、电、气、通讯等公共设施进行调查和核实,并对其安全性做出论证,提出相应的安全技术措施。若爆破可能危及公共设施,应向有关部门提出关于申请暂时停水、电、气、通讯的报告,得到有关主管部门同意方可实施爆破。

11.1.5 水下及临水拆除爆破设计,应考虑水中冲击波和地震波在水饱和介质中传播的特性并加大安全允许距离。

11.2 施工准备

11.2.1 拆除爆破及城镇浅孔爆破应采用封闭式施工,围挡爆破作业地段,设置明显的警示标识,并设警戒;在邻近交通要道和人行通道的方位或地段,应设置防护屏障和信号标识。

11.2.2 爆破作业前,应清理现场,准备现场药包临时存放与制作场所。

11.2.3 拆除爆破及城镇浅孔爆破应在爆破设计人员参与下对炮孔逐个进行验收,复核最小抵抗线的大小,根据每个炮孔的实际状况调整装药量;对不合格的炮孔应提出处理意见;对截面较小的梁柱构件,钻孔宜采用中心线两侧交错布孔方法。

11.2.4　拆除爆破应进行试验爆破，试爆方案内容包括：

——了解结构及材质、核定爆破设计参数；

——进行结构整体稳定性分析，保证试爆不影响结构的稳定；

——监测方法和爆后处置措施。

11.2.5　试爆方案应经爆破技术负责人批准，并应在爆破设计人员的指导下进行试爆。存在下列情况，拆除爆破可以不进行试爆：

——试爆可能危及被拆建(构)筑物的稳定；

——周围环境不允许试爆。

11.3　预拆除

11.3.1　建(构)筑物拆除爆破的预拆除设计，应征求结构工程师的意见并保证建(构)筑物的整体稳定。预拆除工作应在工程技术人员的指导下进行。

11.3.2　预拆除工作应在装药前完成，预拆除和装药作业不应同时进行。

11.4　装药、填塞、覆盖防护

11.4.1　拆除爆破及城镇浅孔爆破装药作业，应设置相应的装药警戒范围，严禁无关人员进入。

11.4.2　拆除爆破及城镇浅孔爆破的每个药包，应按爆破设计要求计量准确，并按药包重量、雷管段别、药包个数分类编组放置；应设专人负责登记、办理领取手续，并设专人监督检查装药作业。

11.4.3　不能在当天完成装药爆破时，应设临时存放点，严格划定警戒范围并进行昼夜警戒。

11.4.4　所有装药炮孔均应做好填塞，并防止炮泥发生干缩。

11.4.5　应按爆破设计进行防护和覆盖，起爆前由现场负责人检查验收，对不合格的防护和覆盖提出处理措施。防护材料应有一定的重量和抗冲击能力，应透气、易于悬挂并便于连接固定。

11.4.6　装药、填塞和覆盖防护时应保护好起爆线路。

11.5　起爆网路与起爆

11.5.1　拆除爆破及城镇浅孔爆破严禁采用裸露爆破及孔外导爆索起爆网路。

11.5.2　爆区附近有高压输电线和电讯发射台时，应采用导爆管雷管起爆网路。

11.5.3　防护及覆盖工作完成后，应重新检查起爆网路。

11.5.4　起爆前应派人检查现场，核实警戒区无人并核查起爆网路无误后报告现场指挥，由现场指挥下令将起爆装置接入起爆网路。

11.5.5　在有瓦斯(如下水道)、城市煤气管道和可燃粉尘的环境进行拆除爆破，应按8.6的有关规定制定安全操作细则。

11.6　爆后检查、盲炮处理

11.6.1　因设计失误或出现盲炮造成建(构)筑物未倒塌或倒塌不完全的，应由爆破技术负责人、结构工程师根据未倒塌建(构)筑物的稳定情况及时改变警戒范围，提出处置方案，未处理前不应解除警戒。

11.6.2　爆破作业人员应跟踪建(构)筑物解体、塌散体及岩渣清理作业的全过程，及时处理可能出现的盲炮并回收残留爆破器材。

11.7　楼房类建筑物爆破拆除

11.7.1　楼房类建筑物爆破拆除倒塌方式的选取，应遵守以下规定：

——根据建筑物的结构特点、环境条件等因素，综合确定倒塌方式；

——当倒塌场地条件受限制时，应采用原地坍塌、单向折叠或双向折叠、逐段塌落的倒塌方式；

——虽有足够的倒塌场地，但因周边环境要求需控制塌落振动时，应采取多切口的单向折叠或多向折叠倒塌方式。

11.7.2 建筑物拆除爆破后出现未倒塌或未完全倒塌的事故时，在确定建筑物处于稳定状态的情况下，由有经验的技术人员入内检查，并按下列方式处置：

——如果属于起爆网路问题，经爆破技术负责人批准后，可重新连接网路爆破；

——因设计原因造成未倒塌或未完全倒塌的，宜采用机械方法处理；

——如机械拆除存在严重安全问题，确需采用爆破方法施工的，需对未倒建筑物进行结构分析，重新制定爆破方案。

11.7.3 剪力墙、筒体结构的楼房可采取将墙体等效为柱子的承载方法进行预拆除，爆破时应采用高等级的防护措施。钢筋混凝土剪力墙应进行试爆调整爆破设计参数。

11.8 烟囱、冷却塔类构筑物爆破拆除

11.8.1 烟囱、冷却塔类构筑物爆破拆除，宜采用定向倒塌的爆破方案；因场地限制，倒塌长度不足时，可采用双向折叠或提高爆破切口位置的爆破方案。

11.8.2 采用定向倒塌爆破方案时，应对保留的支撑部分进行强度设计校核，且爆破切口最大断面所对应的圆心角应根据校核设计确定。

11.8.3 应由专业测量人员准确测定烟囱高度、垂直度以及倒塌中心线、定向窗的位置。要考虑风载荷、结构不对称（烟道、出灰口、爬梯、烟囱筒体内井字梁和灰斗）对倒塌方向的影响。

11.8.4 爆破拆除施工作业的预拆除、钻孔、起爆网路都应保持对于设计倒塌方向中心线的对称性。

11.8.5 爆破拆除烟囱、冷却塔类构筑物时，应考虑爆后筒体后坐及残体滚动、筒体塌落触地的飞溅、前冲，并采取相应的防护措施。

11.8.6 要做好防止烟囱、冷却塔塌落着地瞬间筒体两端冲出的强空气流，对爆区附近设备及设施造成破坏性影响。

11.8.7 烟囱、冷却塔类构筑物爆破拆除时，应清除地面积水、碎石；可将地面挖松，或开挖沟槽，并在地面堆起一定高度的土埂，组合成沟埂减振措施。

11.9 桥梁构筑物爆破拆除

11.9.1 应根据桥梁的结构类型、环境条件选择安全合理的爆破拆除总体方案。

11.9.2 桥梁爆破拆除设计方案应仔细分析桥梁结构体的整体受力关系，校核预拆除及试爆后桥梁的力学平衡状态。

11.9.3 若需采用水压爆破方法拆除箱式桥梁构件，应按11.12的相关规定执行，并根据桥梁承载能力校核最大注水量。

11.9.4 爆破拆除设计应将桥梁桩柱（桥墩）间节点处的钻爆方案作为重点，确保爆后连接部分解体充分。

11.9.5 应对桥梁爆破残渣落水产生的涌浪危害进行分析，并采取必要的防护措施。

11.9.6 施工期间应设立交通封闭管理区，桥上、桥下严禁通行。

11.10 基坑钢筋混凝土支撑爆破拆除

11.10.1 采用预埋管装药爆破方案时应编制埋管设计说明书，详细说明预埋管的位置、深度、材质和施工方法。预埋管的敷设应在爆破设计人员的指导下进行。

11.10.2 爆破前应对每个炮孔的孔位、深度和角度进行验收，对不合格的炮孔应采取加深、回填、重新钻孔等措施以确保炮孔符合设计要求。

11.10.3 当采用大规模或一次性爆破拆除基坑钢筋混凝土支撑时，应采用全封闭的防护棚，防护棚应

严格按设计要求搭设并有严格的质量验收制度。

11.10.4 大面积支撑一次性爆破时，应充分论证起爆网路的可靠性。

11.11 围堰、堤坝和挡水岩坎爆破

11.11.1 围堰、堤坝和挡水岩坎的拆除爆破应遵守10.1的有关规定，设计文件除5.2.3、5.2.4规定的内容外还应包括以下内容：

——爆破区域与周围建(构)筑物的详细平面图；

——水下地形地质图及人工围堰的竣工图；

——爆破对周围被保护建(构)筑物和岩基影响的详细论证；

——爆破后需要过流的工程，应有确保过流的技术设计和措施。

11.11.2 混凝土围堰和堤坝工程需要爆破拆除时，宜在修建前作出爆破拆除设计，修建时预留出爆破拆除的装药空间。

11.11.3 应按周围设施安全要求严格控制单段最大药量，爆区两侧采用预裂或光面爆破，确保附近建(构)筑物的安全。

11.11.4 应采用复式或双复式起爆网路。

11.11.5 应根据工程要求进行爆破有害效应的监测，并长期保留测试资料。

11.12 水压爆破

11.12.1 水压爆破应避免泄水对周围环境造成危害。

11.12.2 拆除物盛水部位应按设计要求注水并校核注水后结构的安全。

11.12.3 装药时应将药包定位在设计位置，不得采用起爆电线或导爆管直接悬挂药包。

11.12.4 水压爆破使用的爆破器材与起爆网路连接应符合10.1.6和10.1.7的有关规定。

12 特种爆破

12.1 金属破碎爆破与爆炸加工

12.1.1 一般规定

12.1.1.1 金属破碎爆破和爆炸加工作业，应在专用爆炸场(坑)内进行。爆炸场(坑)或专用厂房的结构设计应保障使用安全并能长期使用。

12.1.1.2 爆炸加工场应建在空旷且有优越自然屏障条件的丘陵或山区；应远离居民点、高压线、强射频台、桥梁、铁道、公路、水坝、通信光缆等设施；最大装药爆炸时，在最近的工业及民用建筑物上的空气冲击波超压应不大于2 kPa，在最近村庄和居民区的爆炸噪声应符合表5的规定。

12.1.1.3 爆炸加工场的安全范围按飞散物安全允许距离和爆破冲击波对人员的安全允许距离确定。在安全范围边界处应设有围墙、篱笆或铁网，并只设一条进入作业场地的通道。

12.1.1.4 爆炸加工场应设有避炮掩体。避炮掩体应能够抵抗飞散物，掩体观察口应可视爆炸点全景，掩体入口方向应与爆炸点相背；掩体到爆炸点的距离按空气冲击波对人员的安全允许距离计算；掩体空间以能容纳3人为宜。

12.1.1.5 进行室内爆炸加工的厂房应有防振基础、防塌墙及轻型屋顶，地基周围应有减振沟。建筑物的高度和结构，减振沟的深度等，均应根据最大允许炸药量确定。

12.1.1.6 爆炸加工厂房应包括作业建筑物和辅助建筑物两部分。非操作人员禁止进入作业建筑物。

12.1.1.7 爆炸加工厂房应有良好的通风系统，还应设有安全联锁装置、加工作业所需要的给排水系统和真空系统。其测试线路与起爆线路要严格分开铺设。

12.1.1.8 炸药配置和药包制作应采用专用工具并在专用场所进行;炸药中不应混入砂子或金属屑等杂物。

12.1.1.9 爆炸压床操作时,雷管与炸药被送入爆炸腔内且关严后,才允许起爆。

12.1.1.10 火药锤应以黑火药或无烟药作能源;最大装药量应由设计确定,不得超药量进行操作。

12.1.1.11 在爆炸加工厂房、爆炸坑、地下室等密闭空间进行爆破后,应充分通风,待有害气体吹散、空气质量达标后,方可进行新的作业。

12.1.1.12 加工梯恩梯、硝化甘油等炸药的人员,应做好卫生防护工作。

12.1.1.13 未完全爆炸的残药应仔细回收,单独保存,集中销毁。

12.1.2 金属破碎爆破

12.1.2.1 采用多个药包同时破碎金属时,应使用瞬发雷管或导爆索起爆。

12.1.2.2 用火焰喷射法在金属内钻孔时,应待孔壁温度降到 40 ℃以下且孔内金属屑清除干净后,方准装药。

12.1.2.3 用裸露药包爆破破碎金属时,炸药应设置于工件上表面,不应将炸药设置在工件之下或工件空腔内;采用双向装药爆炸切割时,炸药应交错安放在工件两侧。

12.1.3 聚能切割爆破

12.1.3.1 对建(构)筑物进行聚能爆破拆除的爆破作业单位的爆破工程技术负责人员,应具有相应级别的特种爆破资质和拆除爆破资质。

12.1.3.2 裸露布放聚能切割器时,应对空气冲击波、爆炸飞溅物进行控制与防护,并防止高温飞溅物引起次生火灾。

12.1.3.3 聚能切割器的加工与组装应遵守下列规定:

——大量使用聚能切割器材爆破时,应采用定型的聚能切割器材或向生产厂家订制;少量使用时,可进行现场加工和组装简单的聚能切割器材,现场一次加工药量不大于 40 kg;

——现场加工与组装聚能切割器材时,应选择安全地点设置专用的加工、组装工房;

——施工前应复验聚能切割器材的起爆、传爆性能和切割破碎指标。

12.1.3.4 采用火焰切割进行预处理时,应待火焰切割部位冷却到 60 ℃以下,清理干净周边高温焊渣后,方可安装聚能切割器。

12.1.3.5 在有可燃可爆气体、粉尘场所,应测定气体和粉尘的成分与浓度,并采取措施使其浓度降到爆炸极限点以下,方可进行爆破作业。

12.1.3.6 安放药包前应清理干净聚能药包固定位置的铁锈、油污、水珠等,并在布药位置标明切割器长度、雷管段别、连接方法。

12.1.3.7 聚能切割器应采用端面起爆或棱上起爆,聚能药包的聚能穴朝向应对准待切割体并背离被保护体方向;在切割平板类材料时,聚能药包应固定在材料的外表面;环形切割器安放时应采取相应措施测定并固定好环形聚能切割器位置。

12.1.3.8 对临近的被保护体应进行覆盖防护或设置防护屏障;聚能切割高耸钢架构筑物时,应考虑钢架后坐及残体滚动、落地飞溅前冲可能引起的安全问题,并采取相应的防护措施。

12.1.3.9 聚能切割爆破应采用导爆管雷管或导爆索起爆网路;两个以上聚能切割器进行延时聚能切割时,应防止先爆区域碎片损坏后爆区域网路与爆破器材。

12.1.3.10 聚能爆破的安全允许距离由爆破设计确定,但不小于 150 m。

12.1.3.11 爆后检查的等待时间按 6.8.1 的规定执行;聚能切割爆破高耸建筑物时,应等倒塌建筑物和保留建筑物稳定后,方可进入爆破现场检查。

12.1.3.12 水下聚能切割爆破应遵循第 10 章的有关安全规定。

12.1.3.13 水下聚能切割器应准确定位，并牢靠地固定在待切割体上。

12.1.3.14 当水下聚能切割药包周边有被保护物体时，应对聚能切割器外壳进行强化处理，减小外壳对四周的损坏范围。

12.1.4 爆炸复合

12.1.4.1 专业从事爆炸复合的企业应配备专业人员调配专用炸药并配备专业的生产设施。

12.1.4.2 凡进入爆炸复合作业现场的一切机动车辆必须安装机动车排气火花熄灭器。

12.1.4.3 爆炸复合作业场地应平整，应清除地面石渣及直径 50 m 范围内的杂草、灌木等可燃物，必要时在爆炸复合基板下面铺垫经过筛选的细沙土、矿岩粉等松软材料。

12.1.4.4 装药前，除装药车以外的所有车辆应撤离现场；装药应使用木制等不产生火花和静电的器具；剩余的爆炸物品，不得在现场存放。

12.1.4.5 爆炸复合炸药应选用操作安全、爆轰稳定的低爆速炸药。

12.1.4.6 爆炸复合应使用木框、油毡纸或硬纸板框敷设炸药，不应用金属框（如型铝框）敷设炸药。

12.1.4.7 内衬管爆炸复合时，应由熟练爆破员在衬管内腔装药，现场应有专业技术人员指导；设定安全允许距离时，应考虑金属管炸裂形成飞散物的影响。

12.1.4.8 管-管外爆炸复合时，装于外管外侧的装药外表面应用油毡纸、硬壳纸或薄壁塑料管进行包裹。

12.1.5 爆炸成型、爆炸压实、爆炸硬化与爆炸合成

12.1.5.1 爆炸成型、爆炸压实、爆炸硬化与爆炸合成等爆破作业应在专用的爆炸加工场内或专用的爆炸井、爆炸容器中进行，严禁超设计药量爆破；安全允许距离由设计确定。

12.1.5.2 露天爆炸硬化、爆炸压实与合成，爆破前应清除地面石渣及直径 30 m 范围内的杂草、灌木等可燃物；同时进行多个硬化、压实与合成爆破时，应采用瞬发雷管同时起爆，相互之间距离不小于4.5 m。

12.1.5.3 爆炸成型以水为传压介质时，应执行 10.1 的有关规定；爆炸成型采用反射板时，应严格控制装药量，防止反射板碎片飞散。

12.1.5.4 在室内爆炸井中进行爆炸加工作业时，应检查确认井盖自锁后，方可连接起爆线，实施起爆；发生拒爆应立即打捞残药；爆炸井进行抽水清理时，应有爆破技术人员现场指导，收集的残药应集中销毁。

12.1.5.5 在爆炸容器内进行爆炸硬化、爆炸压实与合成时，炸药应固牢并严禁接触和接近容器壁；应在紧固容器门、检查所有连通容器的紧固件并确认完全紧固后，再连接启动真空、注水等电器设备。

12.1.5.6 在专用爆炸容器中进行爆炸硬化时，不应在设备上直接操作。

12.1.6 爆炸压接与爆炸消除应力

12.1.6.1 爆炸压接与爆炸消除应力均属于现场裸露爆破，应充分考虑爆炸空气冲击波安全和爆破噪声影响。

12.1.6.2 连接输电导线的爆炸压接作业，应采用导爆索或专用炸药，应采取措施防止雷管早爆、防止爆炸诱发输电线路短路事故。

12.1.6.3 在地面进行爆炸压接作业时，应先将药包下方的碎石、杂物、干草等清除干净；安全距离由设计确定，不应小于 30 m。

12.1.6.4 爆炸消除应力时，应切断爆炸受体与其他带电设备的连接，检查焊缝温度，确认周边无高温焊渣后，方可开始布药作业。

12.1.6.5 爆炸消除应力时，禁止使用金属、石块顶靠药条；使用竹木等顶靠药条时，要进行浸湿等简易防火处理；使用普通塑料制品顶靠药条时，要进行消除静电处理。

12.1.6.6　爆炸消除拐角焊缝应力时，应事先进行传爆试验。

12.1.6.7　完成装药撤离爆破现场时，应清理所有可能产生飞散物的攀登器具、工具、周边遗留的金属物和药条下方的石块。

12.2　油气井爆破

12.2.1　施工井场条件

12.2.1.1　施工人员到达井场后，施工负责人应将“施工设计书”或“施工通知单”的内容告知作业队负责人与作业队，一起识别并纠正在作业过程中可能造成事故的井场条件。

12.2.1.2　在井场施工前应设置安全警戒线及醒目的安全警示标识，并应指定爆炸物品临时存放地点和装枪地点。

12.2.1.3　消除施工用电及通讯电磁波干扰的方法是：

——关掉阴极保护系统；

——停止所有用电作业；

——检查作业井架有无漏电，如有漏电应立即采取措施消除漏电；

——作业期间应关闭手机、对讲机等无线通讯工具。

12.2.2　施工准备

12.2.2.1　油气井爆破施工前，应确认施爆处的井深和井温，计算井压并根据井压和井温选择爆破器材的类型。

12.2.2.2　使用的电器仪表对地绝缘和仪表线路间绝缘电阻应大于 $20\times10^{6}\ \Omega$。

12.2.2.3　作业人员穿戴好防静电工作服。

12.2.3　弹体装配

12.2.3.1　组装爆破器材时，应正确操作，不使部件受力，避免产生火花；已装弹的有枪身射孔器端部，应安装防护帽或其他防护装置；应保护好枪或带有暴露起爆部件的装置。组装作业应做到：

——在雷电、雨、雪、沙尘暴、六级以上大风等恶劣天气及有直升机或船只抵达现场时，不应进行组装作业；

——装卸射孔枪、切割器、压裂弹、雷管等爆炸器材时，装卸现场周围 10 m 以内严禁无关人员进入，操作人员应站在射孔器材两端，射孔器材丝扣上如有药粉，须轻擦干净后方能上扣；

——装配好的射孔器下井前不允许再用任何仪表测量；

——施工结束后，对现场进行清理，检查核对爆炸物品数量，剩余爆炸物应及时交库核销，严禁在其他地方存放。

12.2.3.2　有枪身和无枪身的射孔枪装配时，应遵守下列规定：

——安装有枪身的射孔枪时，应将装有射孔弹的弹架平稳送入射孔枪管内，均匀用力拉直导爆索；安装枪尾时，应用手托好并准确定位；

——安装无枪身射孔器时，雷管应捆系牢固，不应脱落、摩擦。

12.2.3.3　取芯器装药时，应将弹筒向上用钳子夹牢，并设有保护装置。放置衬垫时不应使用产生火花的工具，不应与烟火、电源接近。已装药的取芯器弹筒应向下放置，不准将其朝向工作人员。

12.2.3.4　在井场装药(弹)时，装药地点应离开井口、输油管线和电源，枪身两侧不准站人。

12.2.4　弹体输送及起爆

12.2.4.1　压裂弹、切割弹、射孔枪(弹)、取芯器搬到井口前，应切断井场电源；绞车、仪器车应接好地线；

待压裂弹、射孔枪(弹)、取芯器进入井内 70 m 方可检查通断情况;井口联炮前应切断仪器电源,将缆芯接地放电,确认缆芯无电后,方可将缆芯与雷管导线接通。

12.2.4.2 严禁利用已装药的压裂弹、切割弹、射孔器、取芯器通井。

12.2.4.3 电缆输送射孔应遵守下列规定:

——用电雷管起爆时,应选用安全磁电雷管,并用专用起爆器起爆;爆破器材的耐温耐压性能应满足该施工井的要求;

——爆破器材升降中,点火开关必须断开;

——电缆在升降过程中应平稳,避免打结、扭缠;出现异常时,应立即停车处理;

——在套管内的有枪身射孔器,电缆的上提或下放速度不超过 8 000 m/h,过油管射孔器,下放电缆速度应均匀,其最大速度不超过 4 000 m/h,取芯器的上提速度不超过 4 000 m/h,下放速度不超过 6 000 m/h。

12.2.4.4 油管输送射孔应遵守下列规定:

——管柱下井前,需将每根管柱逐一用标准通管规通过,保证管柱畅通;

——下井管柱应平稳下放,下放速度控制在 30 根/h 以内;严禁溜钻、顿钻、急停;

——防止落物掉进管柱内,引起误爆。

12.2.4.5 在硫化氢、一氧化碳含量大于 1 g/m^3 的油气井中进行爆炸、射孔和取芯作业时,井口工作人员应佩戴防毒面具。

12.2.4.6 用导爆索爆炸松扣解卡时,井口周围不准站人;装配好的高温导爆索和高温管束的直径,不应超过导向套(扶正器)的直径;在含硫化氢、井温高于 130 ℃、液压高于 50 MPa 的井内,不应使用塑料导爆索。

12.2.4.7 不允许现场装配和使用自制的爆炸筒处理井下卡钻事故,应采用定型切割弹处理井下卡钻事故。

12.2.4.8 弹体到位后应采用投棒引爆或电缆引爆,引爆程序是现场指挥确认安全后发布引爆命令,爆破员引爆。

12.2.5 盲炮处理

12.2.5.1 处理电缆输送射孔的盲炮时应先检查线路,当发现线路不通时应关闭引爆开关,上提射孔器(速度小于 3 000 m/h)。射孔器提到距井口 70 m 时,关闭井场所有电源、移动电话、对讲机;剪断引爆线,提出井口后拆除引爆体;确定盲炮是引爆体造成还是枪身(弹体)漏水所致,再作出相应处理。

12.2.5.2 处理油管输送射孔撞击引爆的盲炮时,必须用投棒打捞器下井打捞投棒,不准采用追加投棒处理法;投棒捞出后,起出管柱,将射孔器起到距井口约两根管柱长度时,由现场技术人员指导处理;已损坏的爆破器材应回收。

12.2.5.3 处理定时的盲炮,应在井下放置 24 h,使定时器电源电量耗尽,再进行处理。

12.2.5.4 拒爆的压裂弹、射孔器、取芯器提出井口前,应切断仪器电源和引爆电源,提出井口后剪断导线,使其短路,并立即卸掉起爆装置或雷管,搬运到安全地点后再进行处理。

12.2.5.5 拒爆的电雷管应就地销毁或装入防爆箱交还弹药库;打开拒爆的取芯器的取芯室时,不得使用金属工具敲砸,应在现场附近安全地点先向药室内灌水,再用专用工具打开,用燃烧法销毁取芯器内的火药;射孔器、切割弹按规定拆掉点火装置,然后将拆卸的射孔弹和切割弹送回库房,分别存放,统一销毁。

12.2.6 油、气井爆炸灭火

12.2.6.1 地面装药地点应设在井口火源的上风侧,其距井口的水平距离不应小于 100 m,并设安全警戒。

12.2.6.2 安放炸药的木箱内、外，应用耐火材料包裹并用石棉绳紧密缠绕。石棉绳应浸水(用于气井灭火)或浸泡沫灭火剂(用于油井灭火)。

12.2.6.3 全部高压灭火水龙头应配足水源，并聚集在药箱和火苗与喷气界面处；爆破前，全部高压水龙头应固定在设计的位置。

12.3 钻孔雷爆

12.3.1 实施钻孔雷爆前应勘查井场环境，测试杂散电流，了解含水层的位置及凿井施工偏差度，清洗井筒，清除残留岩心及障碍物。

12.3.2 钻孔雷爆应选用猛度与密度较大并有良好耐压及抗水性能的炸药，制成直径不超过井筒直径0.8倍、装药长度为含水层高度0.5倍的金属材料药筒进行装药。

12.3.3 爆破筒搬到井口前应切断周围一切电源；装药前应检查孔壁和水位，孔内缺水时应进行灌水，使水位高出药筒顶部2 m以上。

12.3.4 药筒应用标有定长标记的钢丝绳缓慢吊入井筒，确保药筒到达含水层位置并固定于孔中心。

12.3.5 钻孔雷爆应采用双雷管引爆，安装雷管后不准冲击、摩擦筒体；装药时应有专人负责保护起爆线。待药筒进入井内50 m后，方可检查电爆网路。

12.3.6 起爆站宜设置在钻孔上风侧，站内不应堆放与爆破无关的设备和用具。

13 安全允许距离与对环境影响的控制

13.1 一般规定

13.1.1 爆破地点与人员和其他保护对象之间的安全允许距离，应按各种爆破有害效应(地震波、冲击波、个别飞散物等)分别核定，并取最大值。

13.1.2 确定爆破安全允许距离时，应考虑爆破可能诱发的滑坡、滚石、雪崩、涌浪、爆堆滑移等次生灾害的影响，适当扩大安全允许距离或针对具体情况划定附加的危险区。

13.2 爆破振动安全允许距离

13.2.1 评估爆破对不同类型建(构)筑物、设施设备和其他保护对象的振动影响，应采用不同的安全判据和允许标准。

13.2.2 地面建筑物、电站(厂)中心控制室设备、隧道与巷道、岩石高边坡和新浇大体积混凝土的爆破振动判据，采用保护对象所在地基础质点峰值振动速度和主振频率。安全允许标准见表2。

表2 爆破振动安全允许标准

序号	保护对象类别	安全允许质点振动速度 v/(cm/s)		
		$f \leqslant 10$ Hz	10 Hz $< f \leqslant 50$ Hz	$f > 50$ Hz
1	土窑洞、土坯房、毛石房屋	0.15～0.45	0.45～0.9	0.9～1.5
2	一般民用建筑物	1.5～2.0	2.0～2.5	2.5～3.0
3	工业和商业建筑物	2.5～3.5	3.5～4.5	4.5～5.0
4	一般古建筑与古迹	0.1～0.2	0.2～0.3	0.3～0.5
5	运行中的水电站及发电厂中心控制室设备	0.5～0.6	0.6～0.7	0.7～0.9
6	水工隧洞	7～8	8～10	10～15
7	交通隧道	10～12	12～15	15～20

表 2（续）

序号	保护对象类别	安全允许质点振动速度 v/(cm/s)		
		f≤10 Hz	10 Hz<f≤50 Hz	f>50 Hz
8	矿山巷道	15～18	18～25	20～30
9	永久性岩石高边坡	5～9	8～12	10～15
10	新浇大体积混凝土(C20)： 龄期：初凝～3 天 龄期：3 天～7 天 龄期：7 天～28 天	 1.5～2.0 3.0～4.0 7.0～8.0	 2.0～2.5 4.0～5.0 8.0～10.0	 2.5～3.0 5.0～7.0 10.0～12.0

爆破振动监测应同时测定质点振动相互垂直的三个分量。

注 1：表中质点振动速度为三个分量中的最大值，振动频率为主振频率。

注 2：频率范围根据现场实测波形确定或按如下数据选取：硐室爆破 f 小于 20 Hz，露天深孔爆破 f 在 10 Hz～60 Hz 之间，露天浅孔爆破 f 在 40 Hz～100 Hz 之间；地下深孔爆破 f 在 30 Hz～100 Hz 之间，地下浅孔爆破 f 在 60 Hz～300 Hz 之间。

13.2.3 在按表 2 选定安全允许质点振速时，应认真分析以下影响因素：

——选取建筑物安全允许质点振速时，应综合考虑建筑物的重要性、建筑质量、新旧程度、自振频率、地基条件等；

——省级以上（含省级）重点保护古建筑与古迹的安全允许质点振速，应经专家论证后选取；

——选取隧道、巷道安全允许质点振速时，应综合考虑构筑物的重要性、围岩分类、支护状况、开挖跨度、埋深大小、爆源方向、周边环境等；

——永久性岩石高边坡，应综合考虑边坡的重要性、边坡的初始稳定性、支护状况、开挖高度等；

——非挡水新浇大体积混凝土的安全允许质点振速按表 2 给出的上限值选取。

13.2.4 爆破振动安全允许距离，按式(1)计算。

$$R=\left(\frac{K}{V}\right)^{\frac{1}{\alpha}}Q^{\frac{1}{3}} \qquad \cdots\cdots(1)$$

式中：

R ——爆破振动安全允许距离，单位为米(m)；

Q ——炸药量，齐发爆破为总药量，延时爆破为最大单段药量，单位为千克(kg)；

V ——保护对象所在地安全允许质点振速，单位为厘米每秒(cm/s)；

K，α——与爆破点至保护对象间的地形、地质条件有关的系数和衰减指数，应通过现场试验确定；在无试验数据的条件下，可参考表 3 选取。

表 3 爆区不同岩性的 K、α 值

岩性	K	α
坚硬岩石	50～150	1.3～1.5
中硬岩石	150～250	1.5～1.8
软岩石	250～350	1.8～2.0

13.2.5 在复杂环境中多次进行爆破作业时，应从确保安全的单响药量开始，逐步增大到允许药量，并控制一次爆破规模。

13.2.6 核电站及受地震惯性力控制的精密仪器、仪表等特殊保护对象，应采用爆破振动加速度作为安全判据，安全允许质点加速度由相关管理单位确定。

13.2.7 高耸建(构)筑物拆除爆破的振动安全允许距离包括建(构)筑物塌落触地振动安全距离和爆破振动安全距离。

13.3 爆破空气冲击波安全允许距离

13.3.1 露天地表爆破当一次爆破炸药量不超过 25 kg 时，按式(2)确定空气冲击波对在掩体内避炮作业人员的安全允许距离。

$$R_k = 25\sqrt[3]{Q} \qquad \cdots\cdots(2)$$

式中：

R_k ——空气冲击波对掩体内人员的最小允许距离，单位为米(m)；

Q ——一次爆破梯恩梯炸药当量，秒延时爆破为最大一段药量，毫秒延时爆破为总药量，单位为千克(kg)。

13.3.2 爆炸加工或特殊工程需要在地表进行大当量爆炸时，应核算不同保护对象所承受的空气冲击波超压值，并确定相应的安全允许距离。在平坦地形条件下爆破时，可按式(3)计算超压。

$$\Delta P = 14\frac{Q}{R^3} + 4.3\frac{Q^{\frac{2}{3}}}{R^2} + 1.1\frac{Q^{\frac{1}{3}}}{R} \qquad \cdots\cdots(3)$$

式中：

ΔP ——空气冲击波超压值，10^5 Pa；

Q ——一次爆破梯恩梯炸药当量，秒延时爆破为最大一段药量，毫秒延时爆破为总药量，单位为千克(kg)；

R ——爆源至保护对象的距离，单位为米(m)。

13.3.3 空气冲击波超压的安全允许标准：对不设防的非作业人员为 0.02×10^5 Pa，掩体中的作业人员为 0.1×10^5 Pa；建筑物的破坏程度与超压的关系列入表 4。

13.3.4 地表裸露爆破空气冲击波安全允许距离，应根据保护对象、所用炸药品种、药量、地形和气象条件由设计确定。

13.3.5 露天及地下爆破作业，对人员和其他保护对象的空气冲击波安全允许距离由设计确定。

13.4 爆破作业噪声控制标准

13.4.1 爆破突发噪声判据，采用保护对象所在地最大声级。其控制标准见表 5。

表 4 建筑物的破坏程度与超压关系

破坏等级		1	2	3	4	5	6	7
破坏等级名称		基本无破坏	次轻度破坏	轻度破坏	中等破坏	次严重破坏	严重破坏	完全破坏
超压 $\Delta P/10^5$ Pa		<0.02	0.02～0.09	0.09～0.25	0.25～0.40	0.40～0.55	0.55～0.76	>0.76
建筑物破坏程度	玻璃	偶然破坏	少部分破碎呈大块，大部分呈小块	大部分破碎呈小块到粉碎	粉碎	—	—	—
	木门窗	无损坏	窗扇少量破坏	窗扇大量破坏，门扇、窗框破坏	窗扇掉落、内倒，窗框、门扇大量破坏	门、窗扇摧毁，窗框掉落	—	—
	砖外墙	无损坏	无损坏	出现小裂缝，宽度小于 5 mm，稍有倾斜	出现较大裂缝，缝宽 5 mm～50 mm，明显倾斜，砖垛出现小裂缝	出现大于 50 mm 的大裂缝，严重倾斜，砖垛出现较大裂缝	部分倒塌	大部分或全部倒塌
	木屋盖	无损坏	无损坏	木屋面板变形，偶见折裂	木屋面板、木檩条折裂，木屋架支座松动	木檩条折断，木屋架杆件偶见折断，支座错位	部分倒塌	全部倒塌
	瓦屋面	无损坏	少量移动	大量移动	大量移动到全部掀动	—	—	—
	钢筋混凝土屋盖房	无损坏	无损坏	无损坏	出现小于 1 mm 的小裂缝	出现 1 mm～2 mm宽的裂缝，修复后可继续使用	出现大于 2 mm的裂缝	承重砖墙全部倒塌，钢筋混凝土承重柱严重破坏
	顶棚	无损坏	抹灰少量掉落	抹灰大量掉落	木龙骨部分破坏，出现下垂缝	塌落	—	—
	内墙	无损坏	板条墙抹灰少量掉落	板条墙抹灰大量掉落	砖内墙出现小裂缝	砖内墙出现大裂缝	砖内墙出现严重裂缝至部分倒塌	砖内墙大部分倒塌
	钢筋混凝土柱	无损坏	无损坏	无损坏	无损坏	无损坏	有倾斜	有较大倾斜

表 5 爆破噪声控制标准

声环境功能区类别	对应区域	不同时段控制标准/dB(A)	
		昼间	夜间
0 类	康复疗养区、有重病号的医疗卫生区或生活区，进入冬眠期的动物养殖区	65	55
1 类	居民住宅、一般医疗卫生、文化教育、科研设计、行政办公为主要功能，需要保持安静的区域	90	70

表 5 (续)

声环境功能区类别	对应区域	不同时段控制标准/dB(A)	
		昼间	夜间
2类	以商业金融、集市贸易为主要功能,或者居住、商业、工业混杂,需要维护住宅安静的区域;噪声敏感动物集中养殖区,如养鸡场等	100	80
3类	以工业生产、仓储物流为主要功能,需要防止工业噪声对周围环境产生严重影响的区域	110	85
4类	人员警戒边界,非噪声敏感动物集中养殖区,如养猪场等	120	90
施工作业区	矿山、水利、交通、铁道、基建工程和爆炸加工的施工厂区内	125	110

13.4.2 在0～2类区域进行爆破时,应采取降噪措施并进行必要的爆破噪声监测。监测应采用爆破噪声测试专用的A计权声压计及记录仪;监测点宜布置在敏感建筑物附近和敏感建筑物室内。

13.5 水中冲击波及涌浪安全允许距离

13.5.1 水下裸露爆破,当覆盖水厚度小于3倍药包半径时,对水面以上人员或其他保护对象的空气冲击波安全允许距离的计算原则,与地表爆破相同。

13.5.2 在水深不大于30 m的水域内进行水下爆破,水中冲击波的安全允许距离,应遵守下列规定:

——对人员按表6确定;

——客船:1 500 m;

——施工船舶:按表7确定;

——非施工船舶:可参照表7和式(4),根据船舶状况由设计确定。

表6 对人员的水中冲击波安全允许距离

装药及人员状况		炸药量/kg		
		$Q \leqslant 50$	$50 < Q \leqslant 200$	$200 < Q \leqslant 1\,000$
水中裸露装药/m	游泳	900	1 400	2 000
	潜水	1 200	1 800	2 600
钻孔或药室装药/m	游泳	500	700	1 100
	潜水	600	900	1 400

表7 对施工船舶的水中冲击波安全允许距离

装药及船舶类别		炸药量/kg		
		$Q \leqslant 50$	$50 < Q \leqslant 200$	$200 < Q \leqslant 1\,000$
水中裸露装药/m	木船	200	300	500
	铁船	100	150	250
钻孔或药室装药/m	木船	100	150	250
	铁船	70	100	150

13.5.3 一次爆破药量大于 1 000 kg 时，对人员和施工船舶的水中冲击波安全允许距离可按式(4)计算。

$$R = K_0 \times \sqrt[3]{Q} \qquad (4)$$

式中：

R ——水中冲击波的最小安全允许距离，单位为米(m)；

Q ——一次起爆的炸药量，单位为千克(kg)；

K_0 ——系数，按表 8 选取。

表 8 K_0 值

装药条件	保护人员		保护施工船舶	
	游泳	潜水	木船	铁船
裸露装药	250	320	50	25
钻孔或药室装药	130	160	25	15

13.5.4 在水深大于 30 m 的水域内进行水下爆破时，水中冲击波安全允许距离由设计确定。

13.5.5 在重要水工、港口设施附近及水产养殖场或其他复杂环境中进行水下爆破，应通过测试和邀请专家对水中冲击波和涌浪的影响作出评估，确定安全允许距离。

13.5.6 水中爆破或大量爆渣落入水中的爆破，应评估爆破涌浪影响，确保不产生超大坝、水库校核水位涌浪、不淹没岸边需保护物和不造成船舶碰撞受损。

13.5.7 水中冲击波对鱼类影响安全控制标准，参见表 9。

表 9 水中冲击波超压峰值对鱼类影响安全控制标准

安全控制标准级别/10^5 Pa	鱼类品种	自然状态/10^5 Pa	网箱养殖/10^5 Pa
高度敏感	石首科鱼类	0.10	0.05
中度敏感	石斑鱼、鲈鱼、梭鱼	0.30～0.35	0.20～0.25
低度敏感	冬穴鱼、野鲤鱼、鲟鱼、比目鱼	0.35～0.50	0.25～0.40

13.6 个别飞散物安全允许距离

13.6.1 一般工程爆破个别飞散物对人员的安全距离不应小于表 10 的规定；对设备或建(构)物的安全允许距离，应由设计确定。

13.6.2 抛掷爆破时，个别飞散物对人员、设备和建筑物的安全允许距离应由设计确定。

表 10 爆破个别飞散物对人员的安全允许距离

爆破类型和方法		最小安全允许距离/m
露天岩土爆破	浅孔爆破法破大块	300
	浅孔台阶爆破	200(复杂地质条件下或未形成台阶工作面时不小于 300)
	深孔台阶爆破	按设计，但不小于 200
	硐室爆破	按设计，但不小于 300

表 10（续）

爆破类型和方法		最小安全允许距离/m
水下爆破	水深小于 1.5 m	与露天岩土爆破相同
	水深大于 1.5 m	由设计确定
破冰工程	爆破薄冰凌	50
	爆破覆冰	100
	爆破阻塞的流冰	200
	爆破厚度大于 2 m 的冰层或爆破阻塞流冰一次用药量超过 300 kg	300
金属物爆破	在露天爆破场	1 500
	在装甲爆破坑中	150
	在厂区内的空场中	由设计确定
	爆破热凝结物和爆破压接	按设计，但不小于 30
	爆炸加工	由设计确定
拆除爆破、城镇浅孔爆破及复杂环境深孔爆破		由设计确定
地震勘探爆破	浅井或地表爆破	按设计，但不小于 100
	在深孔中爆破	按设计，但不小于 30
沿山坡爆破时，下坡方向的个别飞散物安全允许距离应增大 50%。		

13.6.3　硐室爆破个别飞散物安全距离，可按式(5)计算：

$$R_f = 20K_f n^2 W \qquad \cdots\cdots(5)$$

式中：

R_f——爆破飞石安全距离，单位为米(m)；

K_f——安全系数，一般 K_f 取 1.0～1.5；

n——爆破作用指数；

W——最小抵抗线，单位为米(m)。

应逐个药包进行计算，选取最大值为个别飞散物安全距离。

13.7　外部电源与电爆网路的安全允许距离

13.7.1　电力起爆时，普通电雷管爆区与高压线间的安全允许距离，应按表 11 的规定；与广播电台或电视台发射机的安全允许距离，应按表 12、表 13 和表 14 的规定。

表 11　爆区与高压线的安全允许距离

电压/kV		3～6	10	20～50	50	110	220	400
安全允许距离/m	普通电雷管	20	50	100	100	—	—	—
	抗杂电雷管	—	—	—	—	10	10	16

表 12 爆区与中长波电台(AM)的安全允许距离

发射功率/W	5～25	25～50	50～100	100～250	250～500	500～1 000
安全允许距离/m	30	45	67	100	136	198
发射功率/W	1 000～2 500	2 500～5 000	5 000～10 000	10 000～25 000	25 000～50 000	50 000～100 000
安全允许距离/m	305	455	670	1 060	1 520	2 130

表 13 爆区与调频(FM)发射机的安全允许距离

发射功率/W	1～10	10～30	30～60	60～250	250～600
安全允许距离/m	1.5	3.0	4.5	9.0	13.0

表 14 爆区与甚高频(VHF)、超高频(UHF)电视发射机的安全允许距离

发射功率/W	1～10	10～10^2	10^2～10^3	10^3～10^4	10^4～10^5	10^5～10^6	10^6～5×10^6
VHF 安全允许距离/m	1.5	6.0	18.0	60.0	182.0	609.0	—
UHF 安全允许距离/m	0.8	2.4	7.6	24.4	76.2	244.0	609.0

13.7.2 不得将手持式或其他移动式通讯设备带入普通电雷管爆区。

13.8 爆破对环境有害影响控制

13.8.1 有害气体

13.8.1.1 有害气体监测应遵守下列规定：

——在煤矿、钾矿、石油地蜡矿、铀矿和其他有爆炸性气体及有害气体的矿井中爆破时，应按有关规定对有害气体进行监测；

——在下水道、储油容器、报废盲巷、盲井中爆破时，作业人员进入之前应先对空气取样检验。

13.8.1.2 预防瓦斯爆炸应采取下列措施：

——爆破工作面的瓦斯超标时严禁进行爆破；

——在有瓦斯爆炸危险的矿井中，严格按规程进行布孔、装药、填塞、起爆，以防爆破引爆瓦斯；

——通风良好，防止瓦斯积累；

——封闭采空区，以防氧气进入和瓦斯逸出；

——采用防爆型电器设备，严格控制杂散电流。

13.8.1.3 地下爆破作业点有害气体的浓度，不应超过表 15 的标准。

表 15 地下爆破作业点有害气体允许浓度

有害气体名称		CO	N_nO_m	SO_2	H_2S	NH_3	R_n
允许浓度	按体积/%	0.002 40	0.000 25	0.000 50	0.000 66	0.004 00	3 700 Bq/m³
	按质量/(mg·m⁻³)	30	5	15	10	30	

13.8.1.4 有害气体监测应遵守下列规定：

——应按 GB 18098 规定的方法监测爆破后作业面和重点区域有害气体的浓度，且不应超过表 15 的规定值；

——露天硐室爆破后 24 h 内，应多次检查与爆区相邻的井、巷、涵洞内的有毒、有害气体浓度，防止人员误入中毒；

——地下爆破作业面有害气体浓度应每月测定一次；爆破炸药量增加或更换炸药品种时，应在爆破前后各测定一次爆破有害气体浓度。

13.8.1.5 预防有害气体中毒应采取下列措施：

——使用合格炸药；

——做好爆破器材防水处理，确保装药和填塞质量，避免半爆和爆燃；

——井下爆破前后加强通风，应设置对死角和盲区的通风设施；

——加强有毒气体监测，不盲目进入可能聚藏有害气体的死角；

——对封闭矿井应作监管，防止盗采和人员误入造成中毒事故。

13.8.2 防尘与预防粉尘爆炸

13.8.2.1 在确保爆破作业安全的条件下，城镇拆除爆破工程应采取以下减少粉尘污染的措施：

——适当预拆除非承重墙，清理构件上的积尘；

——建筑物内部洒水或采用泡沫吸尘措施；

——各层楼板设置水袋；

——起爆前后组织消防车或其他喷水装置喷水降尘。

13.8.2.2 在有煤尘、硫尘、硫化物粉尘的矿井中进行爆破作业，应遵守有关粉尘防爆的规定。

13.8.2.3 在面粉厂、亚麻厂等有粉尘爆炸危险的地点进行爆破时，应先通风除尘，离爆区 10 m 范围内的空间和表面应作喷水降尘处理。

13.8.3 噪声控制

13.8.3.1 城镇拆除及岩土爆破，应采取以下措施控制噪声：

——严禁使用导爆索起爆网路，在地表空间不应有裸露导爆索；

——严格控制单位炸药消耗量、单孔药量和一次起爆药量；

——实施毫秒延时爆破；

——保证填塞质量和长度；

——加强对爆破体的覆盖。

13.8.3.2 爆区周围有学校、医院、居民点时，应与各有关单位协商，实施定点、准时爆破。

13.8.4 水下爆破时对水生物的保护

13.8.4.1 水下爆破前应详细了解爆破影响范围内水生物及水产养殖的基本情况，并评估水中冲击波、涌浪及爆渣落水对水生物的影响。

13.8.4.2 水下爆破工程施工应尽量避开水生物的主要洄游、产卵季节，避开产卵区域或水生物幼苗生长区域；并应选用无污染或污染小的爆破器材。

13.8.4.3 可采取以下措施减少爆破有害效应对水生物的影响：

——优先采用水下钻孔爆破并保证孔口填塞长度与质量，避免采用水中裸露爆破；

——采用毫秒延时起爆技术并控制单段起爆药量；

——采用气泡帷幕等防护技术；

——减少爆破岩石向水域中的抛掷量。

13.8.4.4　受影响水域内有重点保护生物时，应与生物保护管理单位协商制定保护措施。

13.8.5　振动液化控制

13.8.5.1　在饱和砂(土)地基附近和尾矿库库区进行爆破作业时，应邀请专家评估爆破引起地基与尾矿坝振动液化的可能性和危害程度；提出预防土层受爆破振动压密、孔隙水压力骤升的措施；评估因土体“液化”对建筑物及其基础产生的危害。

13.8.5.2　实施爆破前，应查明可能产生液化土层的分布范围，并采取相应的处理措施，如增加土体相对密度，降低浸润线，加强排水，减小饱和程度；控制爆破规模，降低爆破振动强度，增大振动频率，缩短振动持续时间等。

14　爆破作业单位使用爆破器材的购买、运输、贮存等

14.1　爆破器材的购买和运输

14.1.1　一般规定

14.1.1.1　爆破器材应办理审批手续后持证购买，并按指定线路运输。

14.1.1.2　爆破器材运达目的地后，收货单位应指派专人领取，认真检查爆破器材的包装、数量和质量；如果包装破损、数量与质量不符，应立即报告有关部门，并在有关代表参加下编制报告书，分送有关部门。

14.1.1.3　运输爆破器材应使用专用车船。

14.1.1.4　装卸爆破器材，应遵守下列规定：

——认真检查运输工具的完好状况，清除运输工具内一切杂物；

——有专人在场监督；

——设置警卫，无关人员不允许在场；

——遇暴风雨或雷雨时，不应装卸爆破器材；

——装卸爆破器材的地点应远离人口稠密区并设明显标识：白天应悬挂红旗和警标，夜晚应有足够的照明并悬挂红灯；

——装卸爆破器材应轻拿轻放，码平、卡牢、捆紧，不得摩擦、撞击、抛掷、翻滚；

——分层装载爆破器材时，不应脚踩下层箱(袋)。

14.1.1.5　同车(船)运输两种以上的爆破器材时，应遵守14.2.1.4的规定。

14.1.1.6　当需要将雷管与炸药装载在同一车内运输时，应采用符合有关规定的专用的同载车运输。

14.1.1.7　待运雷管箱未装满雷管时，其空隙部分应用不产生静电的柔软材料塞满。

14.1.1.8　装运爆破器材的车(船)，在行驶途中应遵守下列规定：

——押运人员应熟悉所运爆破器材性能；

——非押运人员不应乘坐；

——运输工具应符合有关安全规范的要求，并设警示标识；

——不准在人员聚集的地点、交叉路口、桥梁上(下)及火源附近停留；开车(船)前应检查码放和捆绑有无异常；

——运输特殊安全要求的爆破器材，应按照生产企业提供的安全要求进行；

——车(船)完成运输后应打扫干净，清出的药粉、药渣应运至指定地点，定期进行销毁。

14.1.2　公路运输

14.1.2.1　用汽车运输爆破器材，应遵守下列规定：

——出车前，车库主任(或队长)应认真检查车辆状况，并在出车单上注明“该车经检查合格，准许运输爆破器材”；

——由熟悉爆破器材性能，具有安全驾驶经验的司机驾驶；

——在平坦道路上行驶时，前后两部汽车距离不应小于 50 m，上山或下山不小于 300 m；

——遇有雷雨时，车辆应停在远离建筑物的空旷地方；

——在雨天或冰雪路面上行驶时，应采取防滑安全措施；

——车上应配备消防器材，并按规定配挂明显的危险标识；

——在高速公路上运输爆破器材，应按国家有关规定执行。

14.1.2.2 公路运输爆破器材途中应避免停留住宿，禁止在居民点、行人稠密的闹市区、名胜古迹、风景游览区、重要建筑设施等附近停留。

14.1.3 铁路运输

除执行铁道部门有关规定外，铁路运输爆破器材还应遵守下列规定：

——装有爆破器材的车厢不应溜放；

——装有爆破器材的车辆，应专线停放，与其他线路隔开；通往该线路的转辙器应锁住，车辆应锲牢，其前后 50 m 处应设“危险”警示标识；机车停放位置与最近的爆破器材库房的距离，不应小于 50 m；

——装有爆破器材的车厢与机车之间，炸药车厢与起爆器材车厢之间，应用一节以上未装有爆破器材的车厢隔开；

——车辆运行的速度，在矿区内不应超过 30 km/h、厂区内不超过 15 km/h、库区内不超过 10 km/h。

14.1.4 水路运输

14.1.4.1 水路运输爆破器材，应遵守下列规定：

——不应用筏类工具运输爆破器材；

——船上配备消防器材；

——船头和船尾设“危险”警示标识，夜间及雾天设警示灯；

——停泊地点距岸上建筑物不小于 250 m。

14.1.4.2 运输爆破器材的机动船，应符合下列条件：

——装爆破器材的船舱不应有电源；

——底板和舱壁应无缝隙，舱口应关严；

——与机舱相邻的船舱隔墙，应采取隔热措施；

——对邻近的蒸汽管路进行可靠的隔热。

14.1.5 航空运输

用飞机运输爆破器材，应严格遵守国际民航组织理事会和我国航空运输危险品的有关规定。

14.1.6 往爆破作业地点运输爆破器材

14.1.6.1 在竖井、斜井运输爆破器材，应遵守下列规定：

——事先通知卷扬司机和信号工；

——在上、下班或人员集中的时间内，不应运输爆破器材；

——除爆破人员和信号工外，其他人员不应与爆破器材同罐乘坐；

——运送硝化甘油类炸药或雷管时，罐笼内只准放 1 层爆破器材料箱，不得滑动；运送其他类炸药时，炸药箱堆放的高度不得超过罐笼高度的2/3；

——用罐笼运输硝化甘油类炸药或雷管时，升降速度不应超过2 m/s；用吊桶或斜坡卷扬设备运输爆破器材时，速度不应超过1 m/s；运输电雷管时应采取绝缘措施；

——爆破器材不应在井口房或井底车场停留。

14.1.6.2 用矿用机车运输爆破器材时，应遵守下列规定：

——列车前后设“危险”警示标识；

——采用封闭型的专用车厢，车内应铺软垫，运行速度不超过2 m/s；

——在装爆破器材的车厢与机车之间，以及装炸药的车厢与装起爆器材的车厢之间，应用空车厢隔开；

——运输电雷管时，应采取可靠的绝缘措施；

——用架线式电力机车运输爆破器材，在装卸时机车应断电。

14.1.6.3 在斜坡道上用汽车运输爆破器材时，应遵守下列规定：

——行驶速度不超过10 km/h；

——不应在上、下班或人员集中时运输；

——车头、车尾应分别安装特制的蓄电池红灯作为危险标识。

14.1.6.4 用人工搬运爆破器材时，应遵守下列规定：

a) 在夜间或井下，应随身携带完好的矿用灯具；

b) 不应一人同时携带雷管和炸药；雷管和炸药应分别放在专用背包（木箱）内，不应放在衣袋里；

c) 领到爆破器材后，应直接送到爆破地点，不应乱丢乱放；

d) 不应提前班次领取爆破器材，不应携带爆破器材在人群聚集的地方停留；

e) 一人一次运送的爆破器材数量不超过：

——雷管，1 000发；

——拆箱（袋）运搬炸药，20 kg；

——背运原包装炸药1箱（袋）；

——挑运原包装炸药2箱（袋）；

f) 用手推车运输爆破器材时，载重量不应超过300 kg，运输过程中应防止碰撞并采取防滑、防摩擦产生火花等安全措施。

14.2 爆破器材的贮存

14.2.1 一般规定

14.2.1.1 爆破器材贮存库安全评价应按GA/T 848执行。

14.2.1.2 爆破器材应贮存在爆破器材库内，任何个人不得非法贮存爆破器材。

14.2.1.3 单库允许存放量及存放方式执行GB 50089的规定，总库的总容量不得超过以下规定：

——炸药为本单位半年用量；

——起爆器材为本单位年用量。

14.2.1.4 爆破器材单一品种专库存放。若受条件限制，同库存放不同品种的爆破器材则应符合下列规定：

——炸药类、射孔弹类和导爆索、导爆管可以同库混存；

——雷管类起爆器材应单独库房存放；

——黑火药应单独库房存放；

——硝酸铵不应和任何物品同库存放。

当不同品种的爆破器材同库存放时，单库允许的最大存药量应符合GB 50089的规定。

14.2.1.5 小型爆破器材库的最大贮存量应按 GA 838 执行。

14.2.2 可移动式爆破器材仓库

可移动爆破器材仓库的选址、外部距离、总平面布置按 GB 50089 和 GA 838 的相关规定执行，其结构应经国家有关主管部门鉴定验收。

14.2.3 地下矿山的井下爆破器材库与发放站

14.2.3.1 井下只准建分库，库容量不应超过：炸药 3 天的生产用量；起爆器材 10 天的生产用量。

14.2.3.2 井下爆破器材库的布置，应遵守下列规定：

——井下爆破器材库不应设在含水层或岩体破碎带内；

——井下爆破器材库应设有独立的回风道；

——井下爆破器材库距井筒、井底车场和主要巷道的距离：硐室式库不小于 100 m，壁槽式库不小于 60 m；

——井下爆破器材库距行人巷道的距离：硐室式库不小于 25 m，壁槽式库不小于 20 m；

——井下爆破器材库距地面或上下巷道的距离：硐室式库不小于 30 m，壁槽式库不小于 15 m；

——井下爆破器材库应设防爆门，防爆门在发生意外爆炸事故时应可自动关闭，且能限制大量爆炸气体外溢；

——井下爆破器材库除设专门贮存爆破器材的硐室和壁槽外，还应设联通硐室或壁槽的巷道和若干辅助硐室；

——贮存雷管和硝化甘油类炸药的硐室或壁槽，应设金属丝网门；

——贮存爆破器材的各硐室、壁槽的间距应大于殉爆安全距离。

14.2.3.3 井下爆破器材库和距库房 15 m 以内的联通巷道，需要支护时应用不燃材料支护；库内应备有足够数量的消防器材。

14.2.3.4 有瓦斯煤尘爆炸危险的井下爆破器材库附近，应设置岩粉棚，并应定期更换岩粉。

14.2.3.5 在多水平开采的矿井，爆破器材库距工作面超过 2.5 km 或井下不设爆破器材库时，允许在各水平设置发放站。

14.2.3.6 井下爆破器材发放站应符合下列规定：

——发放站存放的炸药不应超过 0.5 t，雷管不应超过 1 000 发；

——炸药与雷管应分开存放，并用砖或混凝土墙隔开，墙的厚度不小于 0.25 m。

14.2.3.7 井下爆破器材库区，不应设爆破器材检验与销毁场；爆破器材的爆炸性能检验与销毁，应在地面指定的地点进行。

14.2.3.8 不应在井下爆破器材库房对应的地表修筑永久性建筑物，也不应在距库房 30 m 范围内掘进巷道。

14.2.3.9 井下爆破器材库应安装专线电话并装备报警器。

14.2.3.10 井下爆破器材库的电气照明，应遵守下列规定：

——应采用防爆型或矿用密闭型电气设备，电线应采用铜芯铠装电缆；

——照明线路的电压不应大于 36 V；

——贮存爆破器材的硐室或壁槽，不安装灯具；

——电源开关或熔断器，应设在铁制的配电箱内，该箱应设在辅助硐室里；

——爆破器材库和发放站的移动式照明，应使用防爆型移动灯具和防爆手电筒。

14.3 爆破器材的治安防范、收发、检验、销毁与加工

14.3.1 贮存库的治安防范

爆破器材库区和贮存库的治安防范，应满足 GA 837 的要求。

14.3.2 爆破器材的收发

14.3.2.1 新购进的爆破器材，应逐个检查包装情况，并按规定作性能检测。

14.3.2.2 建立爆破器材收发账、领取和清退制度，定期核对账目，应做到账物相符。

14.3.2.3 变质、过期和性能不详的爆破器材，不应发放使用。

14.3.2.4 爆破器材应按出厂时间和有效期的先后顺序发放使用。

14.3.2.5 库房内不准许拆箱（袋）发放爆破器材，只准许整箱（袋）搬出后发放。

14.3.2.6 爆破器材的发放应在单独的发放间（发放硐室）里进行，不应在库房硐室或壁槽内发放。

14.3.2.7 退库的爆破器材应单独建账、单独存放。

14.3.3 爆破器材的检验

14.3.3.1 各类爆破器材的检验项目，应按照产品的技术条件和性能标准确定；检验方法应严格执行相应的国家标准或行业标准；在爆破器材性能试验场进行性能试验时，应遵守 GB 50089 的有关规定。

14.3.3.2 爆破器材的外观检验应由保管员负责定期抽样检查。

14.3.3.3 爆破器材的爆炸性能检验，由爆破工程技术人员负责。

14.3.3.4 对新入库的爆破器材，应抽样进行性能检验；有效期内的爆破器材，应定期进行主要性能检验。

14.3.4 爆破器材的销毁

14.3.4.1 经过检验，确认失效及不符合国家标准或技术条件要求的爆破器材，均应退回原发放单位销毁；包装过硝化甘油类炸药有渗油痕迹的药箱（袋、盒），应予销毁。

14.3.4.2 不应在阳光下暴晒待销毁的爆破器材。

14.3.4.3 销毁爆破器材，可采用爆炸法、焚烧法、溶解法、化学分解法。

14.3.4.4 用爆炸法或焚烧法销毁爆破器材时，应在销毁场进行，销毁场应符合 GB 50089 的规定。

14.3.4.5 用爆炸法销毁爆破器材应按销毁技术设计进行，技术设计由爆破器材库主任提出并经单位爆破技术负责人批准后报当地县级公安机关监督销毁。

14.3.4.6 燃烧不会引起爆炸的爆破器材，可组织用焚烧法销毁；焚烧前，应仔细检查，严防其中混有雷管或其他起爆器材。

14.3.4.7 不抗水的硝铵类炸药和黑火药可置于容器中用溶解法销毁；不得将爆破器材直接丢入河塘江湖及下水道。

14.3.4.8 采用化学分解法销毁爆破器材时，应使爆破器材达到完全分解，其溶液应经处理符合有关规定后，方可排放到下水道。

14.3.4.9 每次销毁爆破器材后，应对现场进行检查，发现残存爆破器材应收集起来，进行再次销毁。

14.3.5 炸药的再加工

14.3.5.1 炸药的再加工应由具备加工资质的单位进行。

14.3.5.2 再加工单位应制定严格的加工工艺流程和安全操作规程，并经爆破技术负责人审查批准。

参 考 文 献

[1] 民用爆炸物品安全管理条例(国务院令第466号)
[2] 汪旭光.爆破手册.北京:冶金工业出版社,2010.
[3] 汪旭光.爆破设计与施工.北京:冶金工业出版社,2011.

ICS 73.060.10
D 31

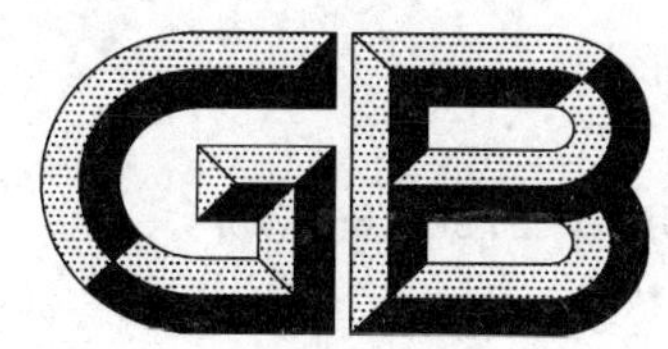

中华人民共和国国家标准

GB/T 6730.10—2014
代替 GB/T 6730.10—1986

铁矿石　硅含量的测定　重量法

Iron ores—Determination of silicon content—Gravimetric methods

(ISO 2598-1:1992 Iron ores—Determination of silicon content—
Part 1: Gravimetric methods, NEQ)

2014-09-30 发布　　2015-05-01 实施

中华人民共和国国家质量监督检验检疫总局
中国国家标准化管理委员会　发布

前　言

GB/T 6730《铁矿石》分为64个部分。

本部分为GB/T 6730的第10部分。

本部分按照GB/T 1.1—2009给出的规则起草。

本部分代替GB/T 6730.10—1986《铁矿石化学分析方法　重量法测定硅量》。本部分与GB/T 6730.10—1986相比，除编辑性修改外，主要技术变化如下：

——原部分试样用盐酸分解，残渣用碳酸钠和硼酸混合溶剂熔融。本部分试料分解采用两种方法：方法一用过氧化钠熔融分解，然后用盐酸和高氯酸处理；方法二用盐酸、硝酸、高氯酸溶解（必要时包括硼酸），并蒸发至冒高氯酸烟。然后将二氧化硅沉淀连同所有残渣过滤，用碳酸钠熔融并溶解于盐酸和高氯酸中。

——测定范围由1.50％～25.00％修改为1.00％～15.00％。

——原部分对数据处理只是提到按数字修约规则对结果数据进行修约，没有作具体表述，修订后对数据修约规则作了具体要求。

——增加了安全警示条款。

——增加了对试验报告内容的具体要求。

本部分使用重新起草法参考ISO 2598-1:1992《铁矿石　硅含量的测定　重量法》编制，与ISO 2598-1:1992的一致性程度为非等效。

本部分与ISO 2598-1:1992的技术性差异及原因如下：

——关于规范性引用文件，本部分做了具有技术性差异的调整，以适应我国的技术条件，调整的情况集中反映在第2章“规范性引用文件”中，具体调整如下：

- 增加引用了GB/T 6682（见第4章）；
- 用等同采用国际标准的GB/T 6730.1代替了ISO 7764（见6.1）；
- 用等同采用国际标准的GB/T 6730.3代替了ISO 2596（见6.2.1）；
- 用等同采用国际标准的GB/T 10322.1代替了ISO 3082（见6.1）；
- 用非等效采用国际标准的GB/T 12806代替了ISO 1042（见第5章）；
- 用等效采用国际标准的GB/T 12808代替了ISO 648（见第5章）。

——在8.2.3最终结果计算中，将ISO 2598-1:1992的表述按我国现行标准的表述方式进行了修改，以更加符合我国的习惯，便于应用。

本部分由中国钢铁工业协会提出。

本部分由全国铁矿石与直接还原铁标准化技术委员会（SAC/TC 317）归口。

本部分主要起草单位：鞍钢集团矿业公司、上海出入境检验检疫局、马鞍山钢铁股份有限公司、冶金工业信息标准研究院。

本部分主要起草人：田虹、陈志华、高景俊、任丽萍、程坚平、孙德明、姚强。

本部分所代替标准的历次版本发布情况为：

——GB/T 1368—1978、GB/T 6730.10—1986。

铁矿石　硅含量的测定　重量法

警告：本部分可能涉及危险物质、操作和设备。使用本部分的人员应有正规实验室工作的实践经验。本部分并未指出所有可能的安全问题。使用者有责任采取适当的安全和健康措施，使用前应确保合适的使用范围。

1　范围

GB/T 6730 的本部分规定了用重量法测定铁矿石中硅含量。

本部分适用于天然铁矿石、铁精矿和人造块矿，包括烧结产品。测定范围(质量分数)为 1.00%～15.00%。

方法 1：本方法不适用于还原剂含量大于 2%(质量分数)的铁矿石，例如，黄铁矿或含氟量超过 0.1%(质量分数)的铁矿石。此法推荐用于两性元素含量较高的低品位矿石。

方法 2：本方法可用于含氟量大于 0.1%(质量分数)的铁矿石。此法推荐用于含脉石低的高品位矿石。

注：对含硅量小于 5%(质量分数)的样品，用硅钼酸还原分光光度法更合适。

2　规范性引用文件

下列文件对于本文件的应用是必不可少的。凡是注日期的引用文件，仅注日期的版本适用于本文件。凡是不注日期的引用文件，其最新版本(包括所有的修改单)适用于本文件。

GB/T 6682　分析实验室用水规格和试验方法(GB/T 6682—2008，ISO 3696：1987，MOD)

GB/T 6730.1　铁矿石化学分析方法　分析用预干燥试样的制备(GB/T 6730.1—1986，idt ISO 7764：1985)

GB/T 6730.3　铁矿石化学分析方法　重量法测定分析试样中吸湿水量(GB/T 6730.3—1986，idt ISO 2596：1984)

GB/T 10322.1　铁矿石　取样和制样方法(GB/T 10322.1—2000，ISO 3082：1998，IDT)

GB/T 12806　实验室玻璃仪器　单标线容量瓶(GB/T 12806—2011，ISO 1042：1998，NEQ)

GB/T 12808　实验室玻璃仪器　单标线吸量管(GB/T 12808—1991，eqv ISO 648：1977)

3　原理

用方法 1 或方法 2 分解待测试样。

方法 1：用过氧化钠熔融分解，然后用盐酸和高氯酸处理。

方法 2：用盐酸、硝酸和高氯酸处理(必要时包括硼酸)，并蒸发至冒高氯酸烟。将二氧化硅沉淀连同所有残渣过滤，用碳酸钠熔融并溶解于盐酸和高氯酸中。

将来自方法 1 或方法 2 的溶液蒸发至冒高氯酸烟，过滤沉淀的二氧化硅。灼烧不纯的二氧化硅并称重。再用氢氟酸和硫酸处理不纯的二氧化硅，然后灼烧并再称重，前后两次称量之差为二氧化硅的质量。

4 试剂和材料

分析中除另有说明外,仅使用认可的分析纯试剂和符合 GB/T 6682 规定的二级水。

4.1 过氧化钠,固体。

4.2 硼酸,固体。

4.3 碳酸钠,无水。

4.4 盐酸,ρ=1.19 g/mL。

4.5 盐酸,1+1。

4.6 盐酸,1+9。

4.7 高氯酸,ρ=1.67 g/mL。

4.8 硫酸,1+1。

4.9 硫酸,1+9。

4.10 氢氟酸,ρ=1.15 g/mL。

4.11 硝酸,ρ=1.42 g/mL。

4.12 硝酸银溶液,10 g/L。

5 仪器

常用实验室仪器,包括符合 GB/T 12806、GB/T 12808 规定的单标线容量瓶及单标线移液管。

5.1 镍坩埚、刚玉坩埚或石墨坩埚:容积约 40 mL。

5.2 铂坩埚:容积约 40 mL。

5.3 镍勺。

5.4 马弗炉:可控制温度 400 ℃±20 ℃,最高温度可达 1 050 ℃。

6 试料

6.1 实验室样

按 GB/T 10322.1 的规定进行取样和制样,一般试样粒度应小于 100 μm,如矿石化合水或易氧化合物含量较高时,粒度应小于 160 μm。

注:化合水和易氧化物含量高的规定参见 GB/T 6730.1。

6.2 试样的制备

根据矿石类型,按 6.2.1 或 6.2.2 进行。

6.2.1 矿石中化合水或易氧化合物的含量较高,而且硅含量高于 10%(质量分数)。

在硅含量高于 10%(质量分数)的情况下,对下列矿石类型,制备一个空气平衡试样(参见 GB/T 6730.3):

a) 含有金属铁的加工矿;

b) 硫含量大于 0.2%(质量分数)的天然或加工矿;

c) 化合水含量大于 2.5%(质量分数)的天然或加工矿。

6.2.2 在 6.2.1 范围外的矿石。

预干燥试样的制备:将实验室样充分混匀,用份样缩分法采样并在 105 ℃±2 ℃干燥试样,作为预干燥试样备用。此部分预干燥试样应按 GB/T 6730.1 的规定。

7 分析步骤

警告:在进行试料分解的操作(见7.4.1.1和7.4.1.2)过程中应带上护目镜。

7.1 测定次数

按附录A,对一个预干燥试样至少进行两次独立分析。

注:"独立"是指再次和其后续任何一次的测定结果不受前面测定结果的影响。本分析方法中,此条件意味着由同一操作者在不同的时间或不同操作者进行重复测定,包括进行适当的再校准。

7.2 试料量

按表1称取近似量的预干燥试样,精确至0.000 2 g。

表1 试料量

硅含量(质量分数)/%	试料的质量/g
1.00～10.00	1.00
>10.00～15.00	0.50

注:试料应快速称取,以免再次吸湿。

7.3 空白试验和验证试验

每次操作,都应在相同条件下与矿石试样平行分析一个同类型矿石标准样品和做一个空白试验。标准样品的预干燥应按6.2的规定制备。标准样品和分析样品应为同一类型,性能应足够相似,保证标准样品和分析样品的分析程序无变化。

同时分析几个试样时,只要分析步骤相同且所用试剂来自同一试剂瓶,空白值可用一个空白试验表示。

同时分析几个相同类型的矿石试样时,可只带一个标准样品同时分析。

7.4 测定

7.4.1 试料的分解

7.4.1.1 碱融法(方法1)

将试料(见7.2)置于镍坩埚、刚玉坩埚或石墨坩埚(见5.1),加3 g过氧化钠(见4.1),用镍勺(见5.3)混匀并填实。

将坩埚置于马弗炉(见5.4)入口处,温度控制在400 ℃±20 ℃,放置1 min～2 min。然后将坩埚放入炉中,控制在同样的温度,放置1 h。将坩埚从炉中取出并在干燥器中冷却。

将装有熔融物的坩埚移入600 mL低型烧杯中,盖上表面皿,小心加200 mL热水,加50 mL盐酸(见4.4)和25 mL高氯酸(见4.7)溶解熔融物。从烧杯中取出坩埚并先后用盐酸(见4.6)和水清洗,用一个带橡皮头的玻璃棒将坩埚内壁上的附着物擦下,将烧杯放在电热板上缓慢加热溶液至熔块完全溶解。

加1 mL硫酸(见4.9)以防止钛沉淀。

偏移烧杯上的表面皿,并加热至冒浓高氯酸白烟。然后再将表面皿盖严,继续加热,直至烧杯中无流动烟雾。保持此阶段,直至大部分高氯酸已蒸发但要防止蒸干。

使溶液冷却，然后加约 25 mL 盐酸（见 4.5），搅拌并缓慢加热，溶解可溶性盐类，使沉淀物沉降几分钟，然后用约 30 mL 水清洗烧杯壁。接下来按 7.4.2 操作。

注：混合物不应达到熔点。万一发生这种情况，推荐在较低温度下重复操作。

7.4.1.2 酸溶法（方法 2）

将试料（见 7.2）放入 400 mL 的低型烧杯中，并用 5 mL 水湿润。对含氟量大于 0.1%（质量分数）或含氟量未知的矿石，在加 5 mL 水之前，先在装有试料的烧杯中加 0.8 g 硼酸（见 4.2）。

加 50 mL 盐酸（见 4.4）。用表面皿盖上烧杯，在近沸点下缓慢加热，直至试料完全分解。加 1 mL 硝酸（见 4.11），然后加 25 mL 高氯酸（见 4.7）。

加 1 mL 硫酸（见 4.9）以防止钛沉淀。

偏移烧杯上的表面皿，并加热至冒浓高氯酸白烟。再将表面皿盖严，继续加热，直至烧杯中无流动烟雾。保持此阶段，直至大部分高氯酸烟蒸发，但要防止蒸干。

使溶液冷却，然后加 25 mL 盐酸（见 4.5），搅拌并缓慢加热，溶解可溶性盐类，使沉淀物沉降几分钟，加约 30 mL 水混匀并用含小片滤纸或带少量纸浆的致密滤纸过滤。

用带橡皮头的玻璃棒擦烧杯内壁，用水清洗烧杯。残渣用热盐酸（见 4.6）洗三或四次，最后用热水洗至无酸性。

通过下列程序回收该滤液和洗液中的二氧化硅，在滤液和洗液中加 10 mL 高氯酸（见 4.7）和 1 mL 硫酸（见 4.9），加热到冒浓高氯酸白烟。将表面皿盖严，并继续加热到烧杯中无流动烟雾。保持此阶段，直至大部分高氯酸蒸发掉，但要避免蒸干。重复 5 和 6 段中规定的程序，然后按 7.4.2 中第 2 段继续操作。

将残渣连同滤纸放入铂坩埚（见 5.2）中，干燥，灰化滤纸，最后在马弗炉（见 5.4）中灼烧，温度控制在 750 ℃～800 ℃。使坩埚冷却，加 2 g～3 g 碳酸钠（见 4.3），用镍勺（见 5.3）混匀并在马弗炉中加热，温度控制在 900 ℃～1 000 ℃，至完全熔融。

使坩埚冷却，然后放入 600 mL 低型烧杯中，盖上表面皿，加 200 mL 水，50 mL 盐酸（见 4.4），25 mL高氯酸（见 4.7）。将坩埚从烧杯中取出，然后用盐酸（见 4.6）和水清洗。用带橡皮头的玻璃棒擦去粘附在坩埚壁上的剩余物。将烧杯放在电热板上并缓慢加热溶液，使熔融物溶解。

加 1 mL 硫酸（见 4.9）以防止钛沉淀。

偏移烧杯上的表面皿，并加热至冒浓高氯酸白烟。再将表面皿盖严，继续加热，直至烧杯中无流动烟雾。保持此阶段，直至大部分高氯酸烟蒸发，但要防止蒸干。

使烧杯冷却，然后加 25 mL 盐酸（见 4.5），搅拌并缓慢加热，溶解可溶性盐类。使沉淀物沉降几分钟，然后用约 30 mL 水清洗烧杯壁。立即按 7.4.2 继续操作。

7.4.2 二氧化硅的处理

将 7.4.1.1 或 7.4.1.2 中含有不溶硅的溶液，用有小片滤纸或少量滤纸浆的致密滤纸过滤。用带橡皮头的玻璃棒擦洗烧杯壁并用水洗净烧杯。残渣用热盐酸（见 4.6）洗，然后用热水完全洗净高氯酸，最后用温水洗，直到用硝酸银（见 4.12）检查确认无氯离子为止，保留滤纸上的残渣。对硅含量超过 5%（质量分数）[约 10%（质量分数）的二氧化硅]的矿石，或硅含量未知的矿石，应回收该滤液和洗液中的二氧化硅。

将残渣连同滤纸放入铂坩埚（见 5.2）。缓慢加热蒸干，然后灰化滤纸，并置于温度控制在 1 050 ℃±20℃的马弗炉（见 5.4）中灼烧 30 min。

在干燥器中冷却并作为不纯硅称重，精确至 0.000 1 g。如上所述重复灼烧直至恒重（m_1）。用几滴水湿润坩埚中的残渣，加 5 滴硫酸（见 4.8），然后按二氧化硅含量加 5 mL～15 mL 氢氟酸（见 4.10）。在抽风橱中缓慢加热挥发二氧化硅和硫酸。蒸发至冒尽三氧化硫白烟，并重复一次。最后将坩埚放在马弗炉中，温度控制在 1 050 ℃± 20 ℃，加热 15 min。在干燥器中冷却，并作为杂质称量，精确至 0.000 1 g。重复硫酸、氢氟酸处理和灼烧，直至获得恒重(m_2)。

8 结果计算

8.1 硅含量的计算

硅含量以质量分数 w_{Si} 计，数值用%表示，由式(1)计算至四位小数：

$$w_{Si}=\frac{m_1-m_2-(m_3-m_4)}{m}\times 0.467\,4\times K\times 100\% \qquad \cdots\cdots(1)$$

式中：

m_1 ——铂坩埚装有不纯二氧化硅的质量，单位为克(g)；

m_2 ——铂坩埚装有杂质时的质量，单位为克(g)；

m_3 ——空白铂坩埚和装有不纯二氧化硅的铂坩埚同时称量的质量，单位为克(g)；

m_4 ——空白铂坩埚和装有杂质的铂坩埚同时称量的质量，单位为克(g)；

m ——试料量，单位为克(g)；

0.467 4——二氧化硅换算为硅的系数；

K ——如使用预干燥试样(见 6.2.2)，则 $K=1$，对空气平衡试样(见 6.2.1)，由 $K=\frac{100}{100-A}$ 所得的换算系数，A 是按照 GB/T 6730.3 测定得到的吸湿水质量分数。

8.2 分析结果的一般处理

8.2.1 重复性和允许差

本分析方法的精密度由下列回归方程式表示(参见附录 B 和附录 C)。

$$r=0.009\,0X+0.051\,1 \qquad \cdots\cdots(2)$$

$$p=0.009\,5X+0.083\,1 \qquad \cdots\cdots(3)$$

$$\sigma_r=0.003\,2X+0.018\,1 \qquad \cdots\cdots(4)$$

$$\sigma_l=0.002\,7X+0.024\,8 \qquad \cdots\cdots(5)$$

式中：

X ——干燥试样的二氧化硅含量，以质量分数表示，如下计算：

- 实验室内式(2)和式(4)：重复值的算术平均值；
- 实验室间式(3)和式(5)：两个实验室最终结果(见 8.2.3)的算术平均值；

r ——实验室内允许差；

p ——实验室间允许差；

σ_r ——实验室内标准偏差；

σ_L ——实验室间标准偏差。

8.2.2 分析值的验收

标准样品的分析值与其标准值之间应无明显统计差异。对一种已经至少被 10 家实验室用在准确度和精密度两方面都与本方法类似的方法分析的标准样品，可用式(6)来判断其差异；

$$|A_C-A|\leqslant 2\sqrt{\frac{S_{LC}^2+\frac{S_{WC}^2}{n_{WC}}}{N_C}+\sigma_L^2+\frac{\sigma_r^2}{n}} \qquad \cdots\cdots(6)$$

式中：

A_C ——标准样品的标准值；

A ——标准样品的分析值或分析值的算术平均值；

S_{LC} ——验证实验室间的标准偏差；

S_{WC} ——验证实验室内的标准偏差；

n_{WC} ——验证实验室中的平均重复测定数目；

N_C ——验证实验室的个数；

n ——是对标准样品的重复测定次数(多数情况下 $n=1$)；

σ_r和 σ_L 如 8.2.1 所规定。

如果条件式(6)满足，即左边小于或等于右边，则$|A_C-A|$无显著统计差异，否则就有显著性统计差异。

当差异显著时，就应和试样一起重新分析。如果差异仍然显著时，应用同样类型矿石的另一个标准样品重复操作。

当试样的两个值的范围超出按 8.2.1 中的式(3)计算出来的 r 的极限时，应按附录 A 中的流程图与相同类型矿石的标准样品同时进行一个或多个附加分析。

在任何情况下，试样的分析值的可接受性应视标准样品分析值的可接受性而定。

对标准样品的情况不完全了解时，应使用下列程序：

a） 如果有充分数据可以估测出实验室的标准偏差，删去 S_{WC}/n_{WC}，并把 S_{LC}视作实验室间的标准偏差；

b） 如果只有一个实验室进行鉴定或无中间实验室结果，式(6)则可简化为式(7)。

$$|A_C-A|\leqslant 2\sqrt{2\sigma_L^2+\frac{\sigma_r^2}{n}} \qquad \cdots\cdots(7)$$

8.2.3 最终结果的计算

二氧化硅的计算最终结果是试样可接受值的算术平均值，在另一种情况下，就是按附录 A 中规定的操作测定。计算到第四位小数，并按下列方法修约到第二位小数：

——拟舍弃数字的最左一位数字小于 5 时，则舍去，即保留的各位数字不变。

——拟舍弃数字的最左一位数字大于 5 或虽等于 5 时，而其后并非全部为零的数字时，则进 1，即保留的末位数字加 1。

——拟舍弃数字的最左一位数字等于 5 时，而其后无数字或全部为零时，若所保留的末位数字为奇数(1、3、5、7、9)，则进 1，即保留的末位数字加 1；若所保留的末位数字为偶数(2、4、6、8、0)，则舍弃，即保留的末位数字不变。

8.3 二氧化硅含量的计算

二氧化硅含量以质量分数计，数值用%表示按式(8)计算：

$$w_{SiO_2}=2.139\times w_{Si} \qquad \cdots\cdots(8)$$

式中：

2.139——硅换算为二氧化硅的系数。

9 试验报告

试验报告至少应包括下列信息：

a） 测试实验室名称和地址；

b） 试验报告发布日期；

c） 本部分的编号；

d） 试样本身必要的详细说明；

e） 分析结果；

f） 标准样品名称和结果；

g） 测定过程中存在的任何异常特性和在本部分中没有规定的可能对试样或标准样品的分析结果产生影响的任何操作。

附 录 A
（规范性附录）
试样分析值接受程序流程图

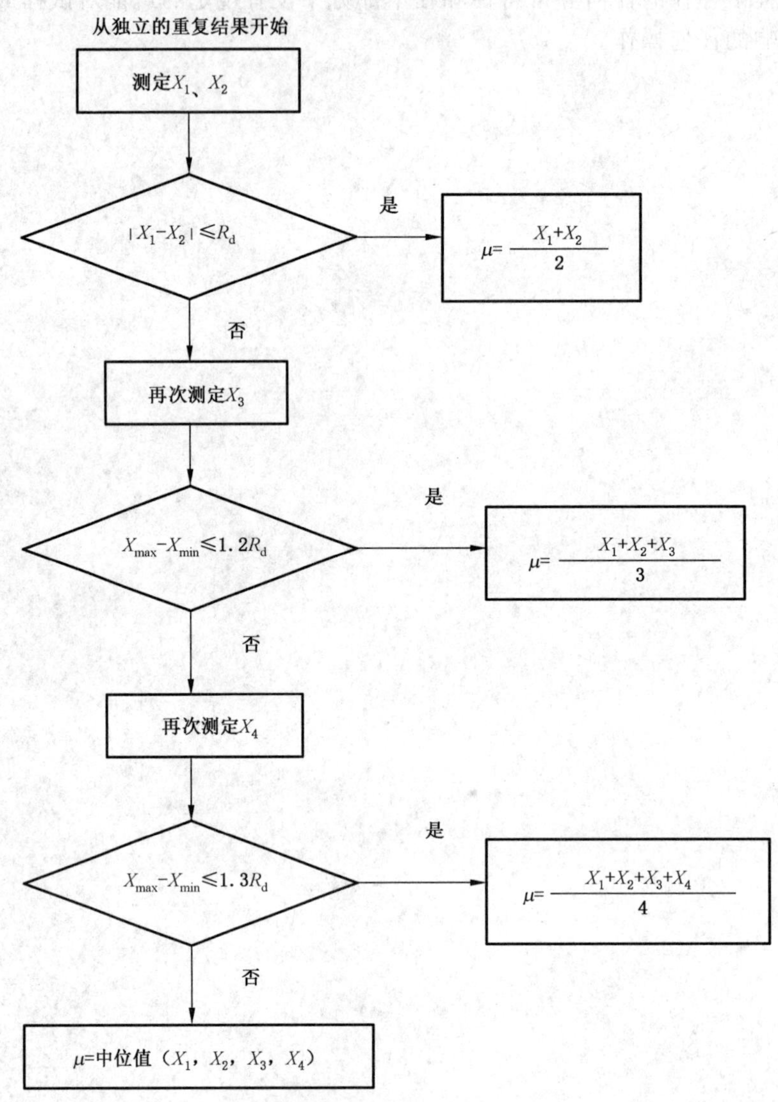

图 A.1 试样分析值接受程序流程图

附 录 B
（资料性附录）
重复性和允许差公式推导

8.2.1 中方程式是从 1967～1968 年间和 1970～1971 年间，12 个国家的 28 个实验室对 5 个铁矿石样进行的国际分析试验的结果推导出来的。

精密度数据的图解处理在附录 C 中给出。

所用试样列在表 B.1 中。

注：国际实验报告和结果的统计分析（文件 ISO/TC 102/SC 2 N148 和 N224）可从 ISO/TC 102/SC 2 秘书处或 ISO/TC 102 秘书处获得。

表 B.1 试样中的硅含量

试 样	硅含量(质量分数)/%
Palabora 矿	0.19
菲律宾铁砂	1.05
瑞典矿	3.88
英国烧结矿	7.73
克里沃伊罗矿	12.85

附 录 C
（资料性附录）
国际分析试验中获得的精密度数据

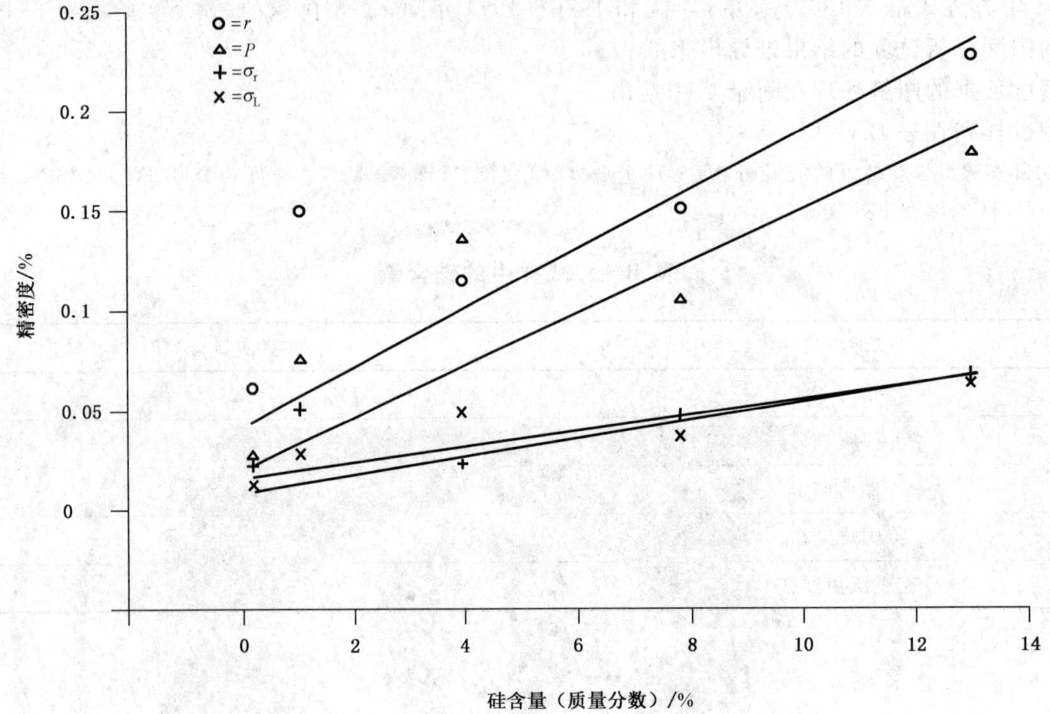

图 C.1 精密度对硅含量的最小二乘方拟合图

ICS 73.060.10
D 31

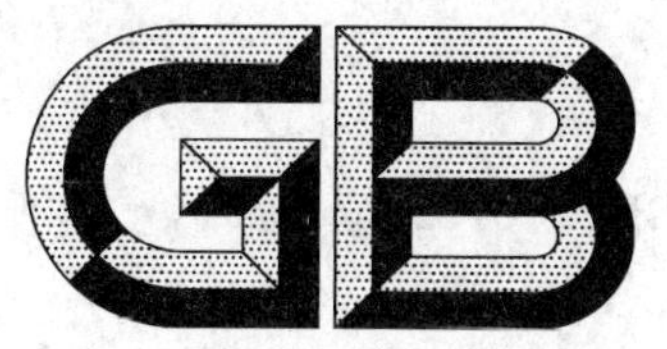

中华人民共和国国家标准

GB/T 6730.17—2014
代替 GB/T 6730.17—1986

铁矿石　硫含量的测定　燃烧碘量法

Iron ores—Determination of sulfur content—Combustion iodometric method

2014-09-30 发布　　2015-05-01 实施

中华人民共和国国家质量监督检验检疫总局
中国国家标准化管理委员会　发布

前 言

GB/T 6730《铁矿石》分为 64 个部分。

本部分为 GB/T 6730 的第 17 部分。

本部分按照 GB/T 1.1—2009 给出的规则起草。

本部分代替 GB/T 6730.17—1986《铁矿石化学分析方法 燃烧碘量法测定硫量》。本部分与 GB/T 6730.17—1986 相比,除编辑性修改外,主要技术变化如下:

——增加警告部分;

——增加规范性引用文件;

——标准中"1 220 ℃±20 ℃高温炉"修改为"1 250 ℃±20 ℃高温炉";

——标准中删掉试剂三氧化钨中用钨的制备方法;

——标准中试剂"碘化钾(3%)"修改为"碘化钾溶液,30 g/L";

——标准中试剂"淀粉溶液(2%)"修改为"淀粉溶液,20 g/L";

——标准中仪器 7 增加"注:瓷舟及瓷舟罩应在 1 250 ℃±20 ℃高温炉中灼烧,以降低空白值";

——增加了 8.3 氧化物换算系数;

——增加了 9 试验报告。

本部分由中国钢铁工业协会提出。

本部分由全国铁矿石与直接还原铁标准化技术委员会(SAC/TC 317)归口。

本部分主要起草单位:鞍钢集团矿业公司、上海出入境检验检疫局、马鞍山钢铁股份有限公司、冶金工业信息标准研究院。

本部分主要起草人:李玉林、陈志华、高景俊、任丽萍、程坚平、孙德明、姚强。

本部分所代替标准的历次版本发布情况为:

——GB/T 1368—1978、GB/T 6730.17—1986。

铁矿石 硫含量的测定 燃烧碘量法

警告：使用本部分的人员应有正规实验室工作的实践经验。本部分并未指出所有可能的安全问题。使用者有责任采取适当的安全和健康措施，并保证符合国家有关法规规定的条件。

1 范围

GB/T 6730 的本部分规定了用燃烧碘量法测定铁矿石中硫含量。

本部分适用于天然铁矿石、铁精矿、烧结矿和球团矿中硫含量的测定。测定范围(质量分数)：0.002 0%～0.50%。

2 规范性引用文件

下列文件对于本文件的应用是必不可少的。凡是注日期的引用文件，仅注日期的版本适用于本文件。凡是不注日期的引用文件，其最新版本(包括所有的修改单)适用于本文件。

GB/T 6682 分析实验室用水规格和试验方法

GB/T 6730.1 铁矿石化学分析方法 分析用预干燥试样的制备

GB/T 6730.3 铁矿石化学分析方法 重量法测定分析试样中吸湿水量

GB/T 10322.1 铁矿石 取样和制样方法

3 原理

将试料同三氧化钨混合，以氮气作为载气，在 1 250 ℃±20 ℃高温炉中加热。将产生的二氧化硫气体用含淀粉及碘化钾的稀盐酸溶液吸收，在析出吸收的过程中连续以碘酸钾标准溶液滴定，通过消耗的碘酸钾溶液的体积来计算试样中的硫含量。

4 试剂

分析中除另有说明外，仅使用认可的分析纯试剂和符合 GB/T 6682 规定的二级水。

4.1 三氧化钨，固体(硫含量小于 0.001%)。三氧化钨应在 700 ℃±20 ℃温度下加热 2 h 预处理，以降低空白值。

4.2 盐酸，1+66。

4.3 碘化钾溶液，30 g/L。

4.4 淀粉溶液，20 g/L。称取 2 g 淀粉，加 10 mL 水使成悬浮液，加入 50 mL 沸水搅拌，再加入 30 mL 饱和硼酸，4 滴～5 滴盐酸(ρ=1.19 g/mL)，冷却，稀释至 100 mL，混匀，待沉淀后，取上层清液使用。

4.5 碘酸钾标准溶液，0.001 042 mol/L。称取 0.223 0 g 预先在 105 ℃～110 ℃烘 2 h 并置于干燥器中冷至室温的基准试剂碘酸钾溶于水中，移入 1 000 mL 容量瓶中，用水稀释至刻度，混匀。此溶液 1 mL 相当于 0.10 mg 硫。

5 仪器

燃烧装置示意图见图 1。包括：

a) 1——氮气钢瓶(纯度大于 95%)。

b) 2——气体流量计:0 L/min～15 L/min。

c) 3——洗气瓶:内盛高锰酸钾(50 g/L)及氢氧化钾(400 g/L)溶液。

d) 4——干燥塔:下层装烧碱石棉(粒度 0.70 mm～1.4 mm),上层装无水高氯酸镁(粒度 0.70 mm～1.4 mm),顶端和底部放玻璃棉。

e) 5——卧式燃烧炉:可保持 1 250 ℃±20 ℃。

f) 6——瓷管:耐温 1 250 ℃±20 ℃,23 mm×27 mm×600 mm。

g) 7——瓷舟(长 88 mm,宽 14 mm,深 9 mm)和瓷舟罩(长 83 mm,内径 ϕ14 mm,外径 ϕ18 mm),瓷舟及瓷舟罩应在 1 250 ℃±20 ℃高温炉中灼烧,以降低空白值。

h) 8——吸收器:如图 3(口径 ϕ30 mm,高 270 mm),装吸收液用。

i) 9——滴定管:25 mL(测定硫<0.025%时,使用较精密的微量滴定管)。

j) 10——×点处:接 U 形吸收管,如图 2,内径 ϕ17 mm,内盛约 30 g 氯化亚锡($SnCl_2 \cdot H_2O$,粒度 0.70 mm～1.4 mm),两端塞以玻璃棉,需用时安装在瓷管的出口处。

注: 如已知或认为试样中含有氯化物,例如以氯化钠、方柱石、氯磷灰石存在,试样燃烧生成的氯气,应在吸收和滴定之前,使气流通过装有氯化亚锡的 U 形玻璃管,将其除去,当分析含氯化物大于 1% 的大量试样时,应适当更换氯化亚锡。当不知试样是否含有氯化物时,亦应配备氯化亚锡吸收管,此装置对测定没有影响。

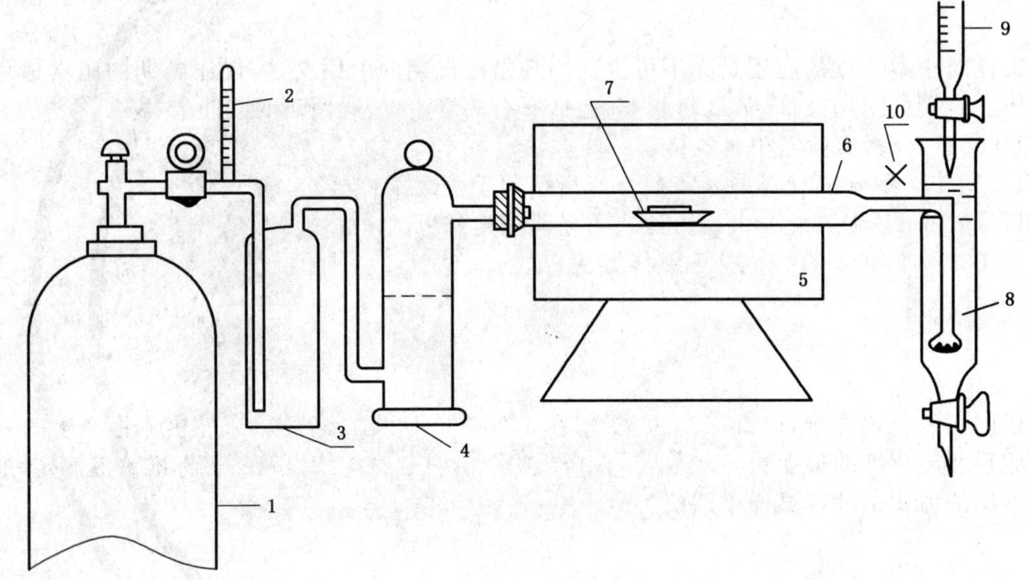

图 1 燃烧装置示意图

单位为毫米

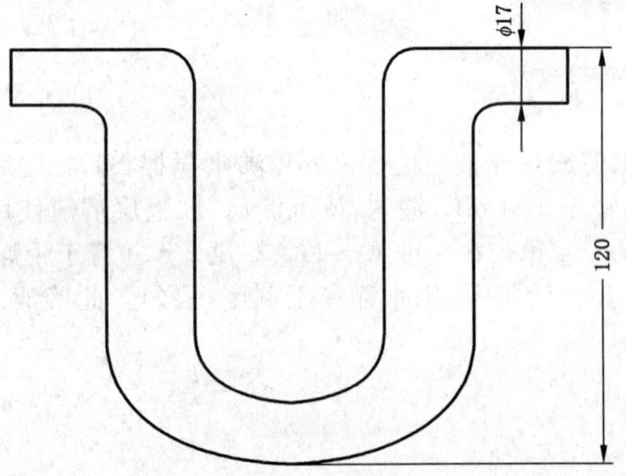

图 2 U 形吸收管规格图

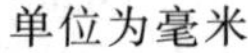
单位为毫米

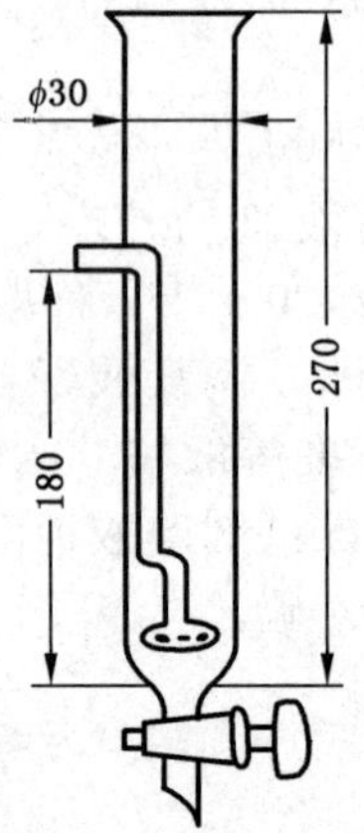

图 3 吸收器规格图

6 取样和制样

6.1 实验室样

按 GB/T 10322.1 的规定进行取样和制样，一般试样粒度应小于 100 μm，矿石中化合水或易氧化物含量高时，粒度应小于 160 μm。

6.2 预干燥试样的制备

将实验室样充分混合，采用份样缩分法取样。按照 GB/T 6730.1 中的规定，将试样在 105 ℃±2 ℃的温度下进行干燥。

7 分析步骤

7.1 测定次数

按照附录 A，对同一预干燥试样，至少独立测定两次。

注："独立"是指再次及后续任何一次测定结果不受前面测定结果的影响。本分析方法中，此条件意味着同一操作者在不同的时间或不同操作者进行重复测定，包括采用适当的再校准。

7.2 试料量

按表 1 称取试料，精确至 0.000 1 g。

表 1

硫含量(质量分数)/%	试料量/g
0.002～0.025	1.00
>0.025～0.30	0.50
>0.30～0.50	0.25

7.3 空白试验

随同试样做空白试验，所用试剂需取自同一试剂瓶，空白试验的硫含量不得大于 0.001%。

7.4 验证试验

随同试样分析进行同类型标准样品的验证试验。

7.5 测定

7.5.1 按图 1 连接好测定装置，将燃烧炉炉温升至 1 250 ℃±20 ℃(指放瓷舟处的温度)。通氮气检查，确信装置不漏气后才能测定。

7.5.2 将试料(见 7.2)置于预先盛有约 1.0 g 三氧化钨(见 4.1)的小皿中，充分混匀。

7.5.3 将 80 mL 盐酸(见 4.2)、1 mL 碘化钾溶液(见 4.3)、1 mL 淀粉溶液(见 4.4)注入吸收器中，调节氮气流量为 500 mL/min～700 mL/min，在通氮情况下，用碘酸钾标准溶液(见 4.5)滴定至吸收液呈淡蓝色。

7.5.4 将同三氧化钨混匀的试样(见 7.5.2)，移入瓷舟中，装上瓷舟罩。

7.5.5 将装有试料的瓷舟及瓷舟罩推入卧式燃烧炉中心高温处，立即塞上橡皮塞，以 500 mL/min～700 mL/min 氮气流通过燃烧炉，用碘酸钾标准溶液(见 4.5)滴定吸收液，使吸收液的液面保持淡蓝色。

7.5.6 为防止二氧化硫被载气带出液面，应在通氮气后立即滴定，使吸收液的液面保持淡蓝色。

7.5.7 继续通氮 5 min～6 min，并使吸收液保持稳定的蓝色。重复打开通向燃烧管入口的橡皮塞(为使吸收液倒流入吸收器的气泡内)，然后再塞上，如此清洗吸收器 2 次～3 次，最后把溶液滴定至淡蓝色为终点。记录消耗的碘酸钾标准溶液体积(V_1)。

7.5.8 在测定高氟含量(>1%)试样时，应在燃烧管的出口处装一个盛有玻璃棉的球形管，同时每分析一个样品，吸收器需用热的氢氧化钠(200 g/L)清洗一次，然后用水洗净后使用，以防止吸收器堵塞，影响分析结果。

注：一般试样燃烧 5 min～6 min 已足够了，但有些试样需要增加燃烧时间至 10 min，或更长一些，以保证硫从试样中完全释放出来。

8 结果计算

8.1 硫的含量以质量分数 w_S 计，数值用%表示，按式(1)计算：

$$w_S = \frac{(V_1 - V_2) \times C}{m \times 1\,000} \times K \times 100\% \qquad \cdots\cdots(1)$$

式中：

V_1——滴定试样溶液所消耗的碘酸钾标准溶液体积，单位为毫升(mL)；

V_2——滴定随同试样的空白溶液所消耗的碘酸钾标准溶液体积，单位为毫升(mL)；

C——1 mL 碘酸钾标准溶液(0.001 042 mol/L)相当于 0.10 mg 硫；

m——试料量，单位为克(g)；

K——由公式 $K = \frac{100}{100 - A}$ 所得的换算系数(如使用预干燥试样，则 $K=1$)，A 是按 GB/T 6730.3 测定得到的吸湿水质量分数。

8.2 分析值的验收

当试样的两个分析结果之差，不大于表 2 所列允许差时，则可予以平均，计算出分析结果。如二者之差大于允许差时，则应按附录 A 的规定，进行追加分析和数据处理。

表 2

%(质量分数)

硫含量	允许差
0.002 0～0.010 0	0.001 5
>0.010～0.050	0.003
>0.050～0.100	0.005
>0.100～0.250	0.008
>0.250～0.500	0.012

8.3 最终结果的计算

试样的有效分析值的算术平均值为最终分析结果，并按数字修约规则的规定修约至小数点第四位或第三位。

8.4 氧化物系数

二氧化硫的含量以质量分数 w_{SO_2} 计，数值用%表示，按式(2)计算：

$$w_{SO_2}=1.9979w_S \quad \cdots\cdots(2)$$

式中：

1.997 9——硫换算为二氧化硫的系数。

9 试验报告

试验报告应包括下列信息：

a) 测试实验室名称和地址；

b) 试验报告发布日期；

c) 本部分的编号；

d) 试样本身必要的详细说明；

e) 分析结果；

f) 标准样品名称和结果；

g) 测定过程中存在的任何异常特性和本部分中没有规定的可能对试样或标准样品的分析结果产生影响的任何操作。

附 录 A
（规范性附录）
试样分析值接受程序流程图

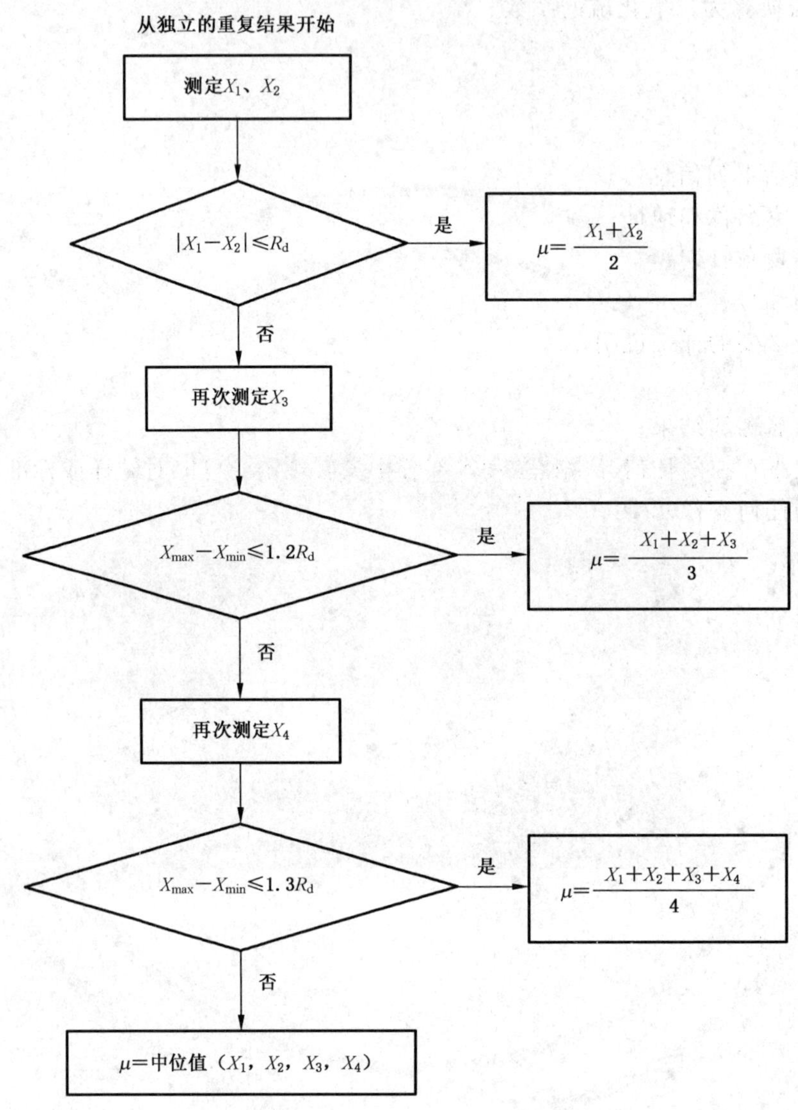

注：R_d 为表 2 所列允许差。

图 A.1 试样分析值接受程序流程图

ICS 73.060.10
D 31

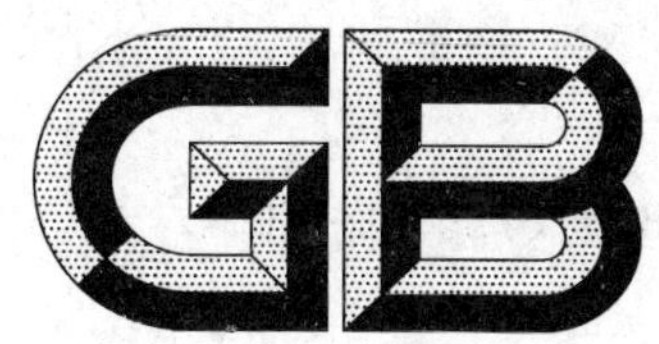

中华人民共和国国家标准

GB/T 6730.71—2014

铁矿石　酸溶亚铁含量的测定　滴定法

Iron ores—Determination of acid-soluble iron(Ⅱ) content—Titrimetric method

(ISO 9035:1989,MOD)

2014-06-09 发布　　2015-01-01 实施

中华人民共和国国家质量监督检验检疫总局
中国国家标准化管理委员会　发布

前　言

本部分为 GB/T 6730 的第 71 部分。

本部分按照 GB/T 1.1—2009 给出的规则起草。

本部分使用重新起草法修改采用 ISO 9035:1989《铁矿石　酸溶亚铁含量的测定　滴定法》。

本部分与 ISO 9035:1989 的主要技术性差异及其原因如下：

——按照规范性引用文件的有关要求，将规范性引用文件中用相应的国家标准代替相应的国际标准；

——修改了还原滴定方法，使方法易于操作；

——增加了空白试验，用扣除空白试验的分析结果更为科学合理；

——重新进行了协同试验确定方法的精密度，使精密度反映本方法的实际情况；

——重新确定了检测范围，使检测范围反映本方法的实际情况；

——修改了“8.2.3 最终结果的计算”的表述，更符合我国的使用情况；

——增加了“8.3 氧化物换算系数”，使得在进行氧化物换算时更为方便。

本部分由中国钢铁工业协会提出。

本部分由全国铁矿石与直接还原铁标准化技术委员会(SAC/TC 317)归口。

本部分起草单位：中华人民共和国天津出入境检验检疫局、冶金工业信息标准研究院。

本部分主要起草人：马德起、谷松海、李异、宋义、胡德新、陈自斌。

铁矿石　酸溶亚铁含量的测定　滴定法

警告：使用本部分的人员应有正规实验室工作的实践经验。本部分并未指出所有可能的安全问题。使用者有责任采取适当的安全和健康措施，并保证符合国家有关法律法规规定的条件。

1　范围

GB/T 6730 的本部分规定了滴定法测定亚铁含量。

本部分适用于天然和加工铁矿石中亚铁含量的测定，测定范围(质量分数)：0.2％～28.0％。

本方法只适于 GB/T 24515 或 GB/T 24189 中规定的矿石还原性试验中使用，不适用于硫含量大于 0.3％或含游离碳大于 5.0％的矿石。试验表明，在满足还原性试验方法精密度的要求下，酸不溶残渣可以忽略。

2　规范性引用文件

下列文件对于本文件的应用是必不可少的。凡是注日期的引用文件，仅注日期的版本适用于本文件。凡是不注日期的引用文件，其最新版本(包括所有的修改单)适用于本文件。

GB/T 6379.2　测量方法与结果的准确度(正确度与精密度)　第 2 部分：确定标准测量方法重复性与再现性的基本方法(GB/T 6379.2—2004，ISO 5725-2：1994，IDT)

GB/T 6682　分析试验室用水规格和试验方法(GB/T 6682—2008，ISO 3696：1987，MOD)

GB/T 6730.1　铁矿石化学分析方法　分析用预干燥试样的制备(GB/T 6730.1—1986，idt ISO 7764：1985)

GB/T 8170　数值修约规则与极限数值的表示和判定

GB/T 10322.1　铁矿石　取样和制样方法(GB/T 10322.1—2000，ISO 3082：1998，IDT)

GB/T 12805　实验室玻璃仪器　滴定管(GB/T 12805—2011，ISO 385：2005，NEQ)

GB/T 12806　实验室玻璃仪器　单标线容量瓶(GB/T 12806—2011，ISO 1042：1998，NEQ)

GB/T 12808　实验室玻璃仪器　单标线吸量管(GB/T 12808—1991，eqv ISO 648：1977)

GB/T 24189　高炉用铁矿石　用最终还原度指数表示的还原性的测定(GB/T 24189—2009，ISO 7215：2007，IDT)

GB/T 24515　高炉用铁矿石　用还原速率表示的还原性的测定(GB/T 24515—2009，ISO 4695：2007，IDT)

ISO 4791-1　实验室仪器　玻璃、瓷器或透明石英制品仪器的基本词汇　第 1 部分：仪器名称(Laboratory apparatus — Vocabulary relating to apparatus made essentially from glass, porcelain or vitreous silica — Part 1: Names for items of apparatus)

3　原理

在惰性气氛中，试样用盐酸溶解，加硫磷混酸，以水稀释。用二苯胺磺酸钠作指示剂，用重铬酸钾标准滴定溶液滴定，测定亚铁含量。

4 试剂

除另有说明外，仅使用认可的分析纯试剂，符合 GB/T 6682 的二级水的要求。

4.1 碳酸钠或碳酸氢钠，碳酸钠为无水或在 500 ℃预灼烧。

4.2 盐酸，$\rho=1.19$ g/mL。

4.3 氢氟酸，$\rho=1.14$ g/mL。

警告：氢氟酸剧毒，接触皮肤或者吞服会造成严重灼伤。在通风良好的条件下密封保存。如不慎入眼，立即用大量清水冲洗，并遵医嘱。穿戴合适的防护服手套，一旦发生事故或者感觉不适立刻就医（在必要的地方明示此标签）。

4.4 硫酸，$\rho=1.84$ g/mL。

4.5 磷酸，$\rho=1.70$ g/mL。

4.6 碳酸钠或碳酸氢钠饱和溶液。

4.7 硫磷混酸。移取 150 mL 硫酸（4.4）和 150 mL 磷酸（4.5），边摇动边小心的注入到 500 mL 水中，冷却后用水稀释至 1 000 mL，混匀。

4.8 氮气或氩气，99.99％。

4.9 重铬酸钾标准滴定溶液，$c(\frac{1}{6}K_2Cr_2O_7)=0.100\ 0$ mol/L。

称取 4.904 g 在 140 ℃～150 ℃干燥 2 h 的重铬酸钾（基准）溶于 150 mL～200 mL 水中，冷却至室温后移至 1 000 mL 容量瓶中，用水稀释至刻度，混匀。

4.10 二苯胺磺酸钠（$C_6H_5NHC_6H_4SO_3Na$）指示剂溶液，2 g/L。

4.11 硫酸亚铁铵溶液，$c(Fe^{2+})\approx0.1$ mol/L。

称取 39.4 g 硫酸亚铁铵[$(NH_4)_2Fe(SO_4)_2\cdot6H_2O$]溶解于硫酸（5＋95）中，移入 1 000 mL 容量瓶中，用硫酸（5＋95）稀释至刻度，混匀。

5 仪器

滴定管、单标线容量瓶和单标线移液管应分别符合 GB/T 12805、GB/T 12806 和 GB/T 12808 的规定。

5.1 锥形瓶，容量 500 mL。

5.2 安全收集器，符合 ISO 4791-1，如图 1 所示。

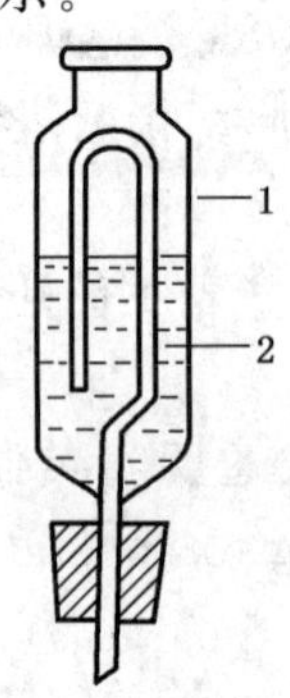

说明：

1——漏斗；

2——碳酸钠或碳酸氢钠饱和溶液（4.6）。

图 1 安全收集器

5.3　带有惰性气体输送管的装置，如图 2 所示。

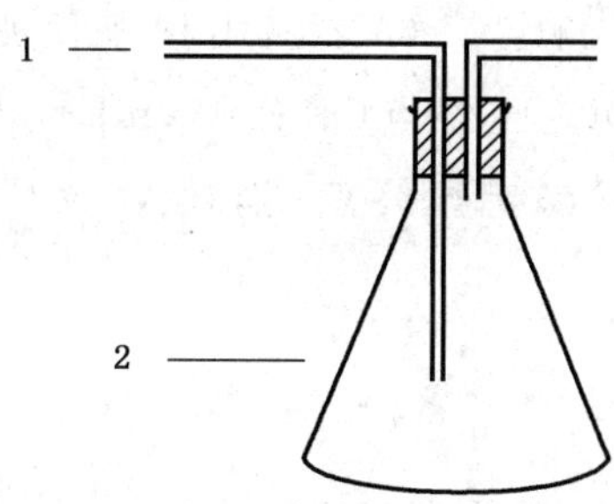

说明：

1——氮气或氩气(4.8)；

2——锥形瓶(5.1)。

图 2　带有惰性气体输送管的装置

6　取样和制样

6.1　实验室样品

按照 GB/T 10322.1 进行取制样。一般试样粒度应小于 100 μm，如试样中化合水或易氧化物含量高时，其粒度应小于 160 μm。

注：化合水和易氧化化合物含量较高的规定包括在 GB/T 6730.1 中。

6.2　预干燥试样的制备

用非磁性用具将实验室样充分混匀。用一非磁性称量勺，用份样缩分法采取试样，按照 GB/T 6730.1 中的规定，将试样在 105 ℃± 2 ℃的温度下进行干燥。

7　分析步骤

7.1　测定次数

对同一预干燥试样，至少独立测定 2 次。

注：“独立”一词是指再次及后续任何一次测定结果不受前面测定结果的影响。本分析方法中，此条件意味着同一操作者在不同的时间或不同操作者进行重复测定，包括采用适当的再校准。

7.2　校正试验

每次操作，都应在相同条件下与试样平行分析一个同类型标准样品，预干燥试样应按 6.2 的规定制备。同时分析几个相同类型的试样时，可只带一个标准样品同时分析。

注 1：标准样品和分析试样应为同类型。两种材料的性能要充分相似，保证这两种情况下的分析步骤无明显变化。

注 2：标准样品只是用来证实分析步骤的完成情况，不是用来标定重铬酸钾标准滴定溶液的。

7.3　试料量

用非磁性称量勺，称取 0.5 g 按 6.2 制得的预干燥试样，精确至 0.000 2 g。

7.4 空白试验

在测定试料的同时，测定空白值。在滴定(7.6)之前用移液管加入 10.00 mL 硫酸亚铁铵溶液(4.11)，以重铬酸钾标准滴定溶液(4.9)滴定至终点(消耗 V_1 mL)，再加 10.00 mL 硫酸亚铁铵溶液(4.11)，再以重铬酸钾标准滴定溶液(4.9)滴定至终点(消耗 V_2 mL)，前后滴定体积之差即为空白值($V_0=V_1-V_2$)。

7.5 分解

将预干燥试样(6.2)移至干燥的 500 mL 锥形瓶(5.1)中，加 1 g～2 g 固体碳酸氢钠或碳酸钠(4.1)，以及 30 mL 盐酸(4.2)。对二氧化硅含量大于 5%的试样，加几滴氢氟酸(4.3)。立刻用装有碳酸氢钠或碳酸钠饱和溶液(4.6)的安全收集器封闭烧瓶，或用带惰性气体输送管的装置(5.3)在分解期用氮气或氩气(4.8)，气量控制在 0.5 L/min 左右进行净化。在电热板上(约 90 ℃)加热锥形瓶，直至试样完全分解，分解时间应不超过 60 min，通常为 30 min。分解完成后，冷却至室温。注意向安全收集器(5.2)中补充碳酸氢钠或碳酸钠饱和溶液(4.6)，若使用氮气或氩气(4.8)则需保持通气直至冷却。

7.6 滴定

加入 30 mL 硫磷混酸(4.7)到溶液中，用水稀释至约 300 mL，加约 5～6 滴二苯胺磺酸钠指示剂(4.10)，立即用重铬酸钾标准滴定溶液(4.9)滴定，直至溶液的颜色由绿变为蓝绿，最后 1 滴变为紫色为终点。

注：应注意重铬酸钾溶液的环境温度。如果它与配制时的温度相差 2 ℃以上，要作适当的体积校正：每相差 1 ℃，相当于 0.02%。即当滴定过程中环境温度比配制标准滴定溶液过程的温度高时，浓度应减少。

8 结果计算

8.1 计算

按式(1)计算亚铁含量 $w(Fe^{2+})$(质量分数)，用百分数(%)表示：

$$w(Fe^{2+})=\frac{c\times(V_3-V_0)\times 55.85}{m\times 1\ 000}\times 100\% \qquad (1)$$

式中：

c ——重铬酸钾标准滴定溶液浓度，单位为摩尔每升(mol/L)；

V_0 ——空白试验所消耗的重铬酸钾标准滴定溶液的体积，单位为毫升(mL)；

V_3 ——滴定试料所消耗的重铬酸钾标准滴定溶液的体积，单位为毫升(mL)；

m ——预干燥试料量，单位为克(g)；

55.85——铁的摩尔质量，单位为克每摩尔(g/mol)。

8.2 结果的一般处理

8.2.1 精密度

精密度数据是按照 GB/T 6379.2，在 2012 年由 8 个实验室对 4 个测试水平所组织和分析的试验而得到的，见表 1。

表 1 精密度

%(质量分数)

水平范围	重复性限 r	再现性限 R
0.005～0.15	$r=0.0515+0.0125\ m$	$R=0.0552+0.0145\ m$
注：m 为两次测定结果的算术平均值。		

8.2.2 分析结果的确定

按照附录 A 的步骤，根据式(1)计算独立重复测量结果，与重复性限(r)进行比较。

8.2.3 实验室间精密度

实验室间精密度用以评价两个实验室报告的最终结果之间的一致性。两个实验室按照 8.2.2 中规定的相同步骤报告结果后，计算：

$$\mu_{12}=\frac{\mu_1-\mu_2}{2} \qquad \cdots\cdots(2)$$

式中：

μ_1 ——实验室 1 报告的最终结果；

μ_2 ——实验室 2 报告的最终结果；

μ_{12} ——最终结果的平均值。

如果$|\mu_1-\mu_2|\leqslant R$ 见(8.2.1)，最终结果是一致的。

8.2.4 分析值的验收

分析值的验收使用标准样品进行验证。步骤与以上所述相同。确认精密度后，实验室最终结果与标准值 Ac 比较。如：

a) $|Ac-A|\leqslant C$，报告结果与标准值之间无显著差异；

b) $|Ac-A|>C$，报告结果与标准值之间有显著差异。

式中：

μ_c ——标准样品的报告结果；

Ac ——标准样品的标准值；

C ——该值取决于所使用标准样品的种类。

对通过实验室间认证的标准样品：

$$C=2\sqrt{\sigma_L^2+\frac{\sigma_d^2}{n}+V(Ac)} \qquad \cdots\cdots(3)$$

式中：

$V(Ac)$——标准值 Ac 的方差。

对仅有一个实验室认证的标准样品：

$$C=2\sqrt{\sigma_L^2+\frac{\sigma_d^2}{n}} \qquad \cdots\cdots(4)$$

注：除非已确认该标准值没有偏差，否则不应采用此类标准样品。

8.2.5 最终结果的计算

最终结果是试样可接受值的算术平均值，在另一种情况下，就是按附录 A 中规定的操作测定，计算到第三位小数，并按 GB/T 8170 的规定修约到第一位小数。

8.3 氧化物换算系数

$$w(\mathrm{FeO})(\%)=1.286w(\mathrm{Fe})(\%) \quad \cdots\cdots(5)$$

9 试验报告

试验报告应包括下列内容：

a) 实验室名称和地址；

b) 试验报告发布日期；

c) 本部分编号；

d) 识别试样的必要细节；

e) 分析结果；

f) 所用标准样品的编号；

g) 在测定过程中注意到的任何特点和本部分中没有规定的可能会影响结果(对试样或标准样品)的任何操作。

附　录　A
（规范性附录）
试样分析值验收流程图

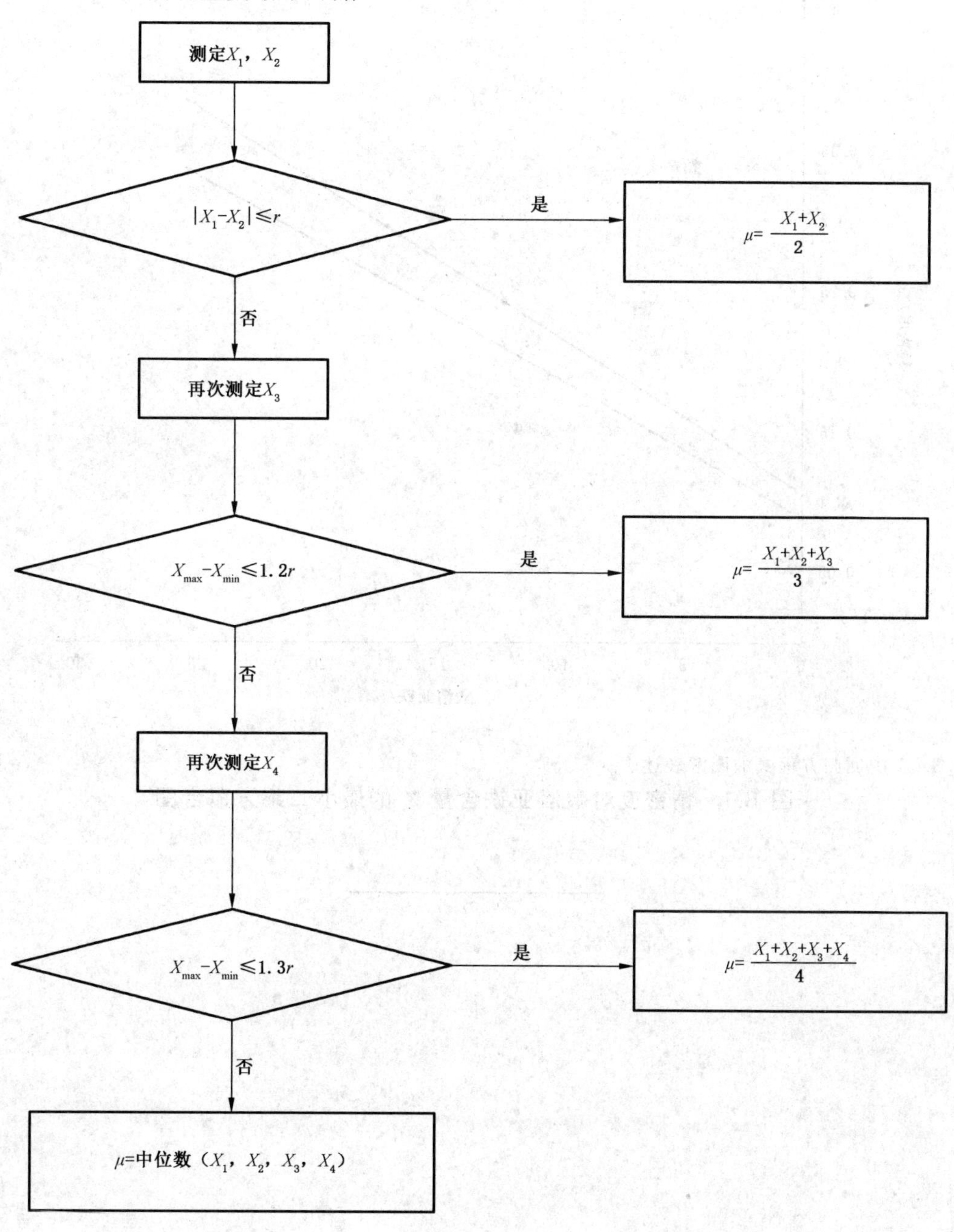

图 A.1　试样分析值验收流程图

附　录　B
（资料性附录）
分析试验所得精密度数据

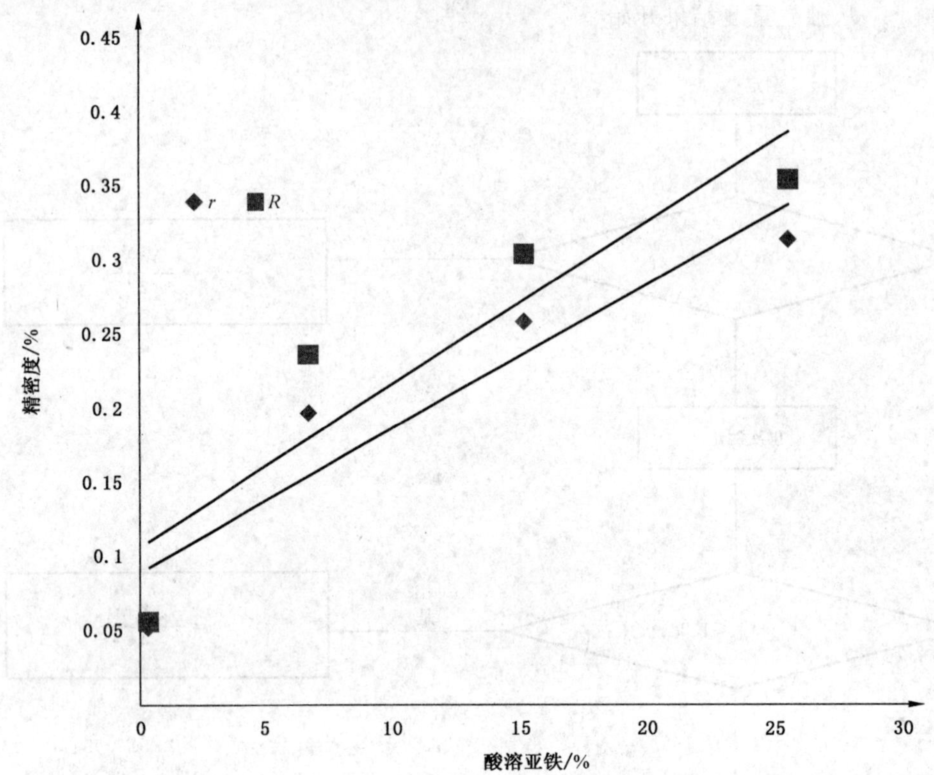

注：本图是 8.2.1 中回归方程式的图解表述。

图 B.1　精密度对酸溶亚铁含量 X 的最小二乘方拟合图

ICS 87.040
G 51

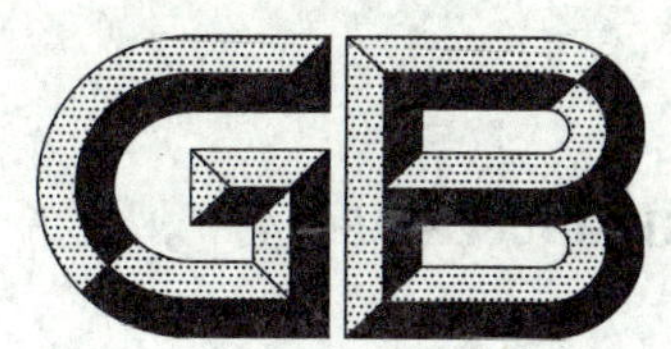

中华人民共和国国家标准

GB/T 6822—2014
代替 GB/T 6822—2007

船体防污防锈漆体系

Antifouling and anticorrosive paint systems for ship hull

2014-07-08 发布　　　　2014-12-01 实施

中华人民共和国国家质量监督检验检疫总局
中国国家标准化管理委员会　发布

前　言

本标准按照 GB/T 1.1—2009 给出的规则起草。

本标准代替 GB/T 6822—2007《船体防污防锈漆体系》，与 GB/T 6822—2007 相比，除编辑性修改外主要技术变化如下：

——修改了防污漆体系的分类方法，改为防污漆类型和防污剂类型，在防污漆类型中增加了Ⅲ型不含防污剂的非自抛光型或非磨蚀型的防污漆（Foul Release Coating，简称 FRC）（见 3.1.1，2007 版的第 3 章）；

——取消了防锈漆体系分类的使用期效和类别（见 2007 版的 3.2.3）；

——增加连接漆分类（见 3.3）；

——删除原附录 C 和附录 D（见 2007 版的附录 C、附录 D）；

——增加了附录 C、附录 D、附录 E、附录 F（见附录 C、附录 D、附录 E、附录 F）；

——修改了范围（见第 1 章，2007 版的第 1 章）；

——修改表 1（见 4.1.1.1，2007 版的 4.1.2.4）；

——修改与阴极保护性的有关要求、试验方法和结果判定（见 4.2.2、4.3.4、5.16，2007 版的 4.3.4、5.11、5.15）；

——修改了耐浸泡性的评定，补充了量化指标（见 4.3.2，2007 版的 4.3.2）；

——修改了型式检验周期（见 6.3.1，2007 版的 6.4.1）。

本标准由中国石油和化学工业联合会提出。

本标准由全国涂料和颜料标准化技术委员会（TC 5）归口。

本标准的负责起草单位：中国船舶重工集团公司第七二五研究所。

本标准参加起草单位：中国船级社、上海开林造漆厂、庞贝捷涂料（昆山）有限公司、海虹老人涂料（中国）有限公司、海洋化工研究院有限公司、中远佐敦船舶涂料有限公司、中海油常州涂料化工研究院、厦门双瑞船舶涂料有限公司、上海国际油漆有限公司、中涂化工（上海）有限公司、浙江鱼童新材料股份有限公司。

本标准主要起草人：金晓鸿、龚暄威、欧伯兴、杨琳、钱叶苗、王健、苏春海、郑添水、叶章基、姚敬华、吴海荣、危春阳、孙凌云、王磊、杨亚良、陶乃旺。

本标准所代替标准的历次版本发布情况为：

——GB/T 6822—1986、GB/T 6822—2007；

——GB/T 13351—1992。

船体防污防锈漆体系

1 范围

本标准规定了船体设计水线以下和水线部位外表面用防污防锈漆体系(包括防污漆、防锈漆和连接漆)的分类、要求、试验方法、检验规则及标志、包装、运输和贮存。

本标准适用于各类船体材料的船舶设计水线以下和水线部位的防污防锈漆体系(包括防污漆、防锈漆和连接漆)。

2 规范性引用文件

下列文件对于本文件的应用是必不可少的。凡是注日期的引用文件,仅注日期的版本适用于本文件。凡是不注日期的引用文件,其最新版本(包括所有的修改单)适用于本文件。

GB 190 危险货物包装标志

GB/T 191 包装储运图示标志

GB/T 1723 涂料粘度测定法

GB/T 1725—2007 色漆、清漆和塑料 不挥发物含量的测定

GB/T 1728 漆膜、腻子膜干燥时间测定法

GB/T 1766 色漆和清漆 涂层老化的评级方法

GB/T 3186 色漆、清漆和色漆与清漆用原材料 取样

GB/T 5208 闪点的测定 快速平衡闭杯法

GB/T 5210—2006 色漆和清漆 拉开法附着力试验

GB/T 5370—2007 防污漆样板浅海浸泡试验方法

GB/T 6750 色漆和清漆 密度的测定 比重瓶法

GB/T 6753.3 涂料贮存稳定性试验方法

GB/T 7789—2007 船舶防污漆防污性能动态试验方法

GB/T 7790—2008 色漆和清漆 暴露在海水中的涂层耐阴极剥离性能的测定

GB/T 9269 涂料黏度的测定 斯托默黏度计法

GB/T 9272 色漆和清漆 通过测量干涂层密度测定涂料的不挥发物体积分数

GB/T 9750 涂料产品包装标志

GB/T 9751.1 色漆和清漆 用旋转黏度计测定黏度 第1部分:以高剪切速率操作的锥板黏度计

GB/T 9761 色漆和清漆 色漆的目视比色

GB/T 10834—2008 船舶漆 耐盐水性的测定 盐水和热盐水浸泡法

GB/T 13491 涂料产品包装通则

GB/T 23985 色漆和清漆 挥发性有机化合物(VOC)含量的测定 差值法

GB/T 23986 色漆和清漆 挥发性有机化合物(VOC)含量的测定 气相色谱法

GB/T 25011 船舶防污漆中滴滴涕含量测试及判定

GB/T 26085 船舶防污漆锡总量的测试及判定

HG/T 2458　涂料产品检验、运输和贮存通则

HG/T 3668—2009　富锌底漆

3　分类

3.1　防污漆体系

3.1.1　防污漆类型

Ⅰ型：含防污剂的自抛光型或磨蚀型防污漆。

Ⅱ型：含防污剂的非自抛光型或非磨蚀型防污漆。

Ⅲ型：不含防污剂的非自抛光型或非磨蚀型的防污漆(Foul Release Coating，简写 FRC)。

3.1.2　防污剂类型

A 类：铜和铜化合物。

B 类：不含铜和铜化合物。

C 类：其他。

3.1.3　使用期效

短期效：3 年以下使用期。

中期效：3 年及 3 年以上，5 年以下使用期。

长期效：5 年及 5 年以上使用期。

3.1.4　分类说明

防污漆体系的组成和分类的详细说明参见附录 A。

3.2　防锈漆体系

3.2.1　防锈漆型别

Ⅰ型：双组分油漆。

Ⅱ型：单组分油漆。

3.2.2　分类说明

防锈漆体系的组成和分类的详细说明参见附录 B。

3.3　连接漆

3.3.1　连接漆型别

Ⅰ型：双组分油漆。

Ⅱ型：单组分油漆。

3.3.2　分类说明

连接漆体系的组成和分类的详细说明参见附录 C。

4 要求

4.1 防污防锈漆体系一般要求

4.1.1 防污防锈漆的技术性能

4.1.1.1 本标准规定的船体防污防锈漆体系产品应均匀一致，配套应用。油漆的技术性能应符合表1的规定。油漆制造方按表1的规定提供油漆技术性能要求。

表1 油漆的技术性能

序号	检测项目		防污漆	防锈漆	连接漆
1	防污剂	铜总量[a]	按产品的技术要求	—	—
		不含铜的杀生物剂			
2	不挥发分的体积分数/%		按产品的技术要求	按产品的技术要求	按产品的技术要求
3	挥发性有机化合物(VOC)		按产品的技术要求	按产品的技术要求	按产品的技术要求
4	密度/(g/mL)		按产品的技术要求	按产品的技术要求	按产品的技术要求
5	颜色		按产品的技术要求	按产品的技术要求	按产品的技术要求
6	黏度		按产品的技术要求	按产品的技术要求	按产品的技术要求
7	闪点/℃		按产品的技术要求	按产品的技术要求	按产品的技术要求
8	干燥时间/h	表干	按产品的技术要求	按产品的技术要求	按产品的技术要求
		实干[b]	≤24	≤24	≤24
9	适用期		按产品的技术要求	按产品的技术要求	按产品的技术要求
10	有机锡防污剂/(mg/kg)		不得使用[c]	—	—
11	滴滴涕(DDT)/(mg/kg)		不得使用[d]	—	—
12	磨蚀率/(μm/月)[e]		按产品的技术要求	—	—

[a] 仅适用于A类防污剂。

[b] Ⅲ型防污漆产品按各自规定的技术要求。

[c] 按照GB/T 26085方法检测到的锡总量≤2 500 mg/kg，可认为没有添加有机锡防污剂。

[d] 按照GB/T 25011方法检测到的滴滴涕含量≤1 000 mg/kg，可认为没有添加滴滴涕作为防污剂。

[e] 磨蚀率仅适用于自抛光型防污漆(Ⅰ型)，方法参见附录D。

4.1.1.2 表1中列出的性能，如不挥发分、挥发性有机化合物(VOC)、密度、颜色、黏度、闪点和干燥时间应符合产品的技术要求。

4.1.1.3 适用期(适用于多组分的防污漆Ⅲ型、防锈漆Ⅰ型和连接漆Ⅰ型)：油漆产品按照HG/T 3668—2009中5.8方法试验，符合产品技术要求。

4.1.1.4 磨蚀率应符合自抛光型防污漆的技术要求。

4.1.2 在容器中状态

在用机械混和器搅拌5 min之内，油漆应很容易地混合成均匀的状态。油漆应无坚硬的沉底、结皮、起颗粒或其他不适合使用的现象。

4.1.3 贮存稳定性

原封、未开桶包装的油漆按照 GB/T 6753.3 方法试验，在自然环境条件下贮存 1 年后(或按照产品技术要求)，或者在加速条件下贮存 30 d 后，使用时应该满足下列性能：

a) 用机械混和器搅拌，在 5 min 之内很容易地混合成均匀的状态；
b) 无粗粒子、颗粒，无硬质或胶质沉淀物、结皮、硬的颜料沉底和持续的泡沫。

4.1.4 油漆的施工性

4.1.4.1 喷涂性能

油漆体系的每一种单独的油漆，按照产品规定要求混合，进行喷涂试验时，喷涂时油漆能雾化均匀。湿膜不应出现流挂，干燥后的漆膜应平整、均匀。

4.1.4.2 刷涂性能

油漆体系的每一种单独的油漆，按照产品规定要求混合，进行刷涂试验时，应容易涂刷，应具有良好的流动性和涂布性。湿膜不应出现流挂，干燥后的漆膜应平整、均匀。

4.1.4.3 辊涂性能

油漆体系的每一种单独的油漆，按照产品规定要求混合，进行辊涂试验时，应容易辊涂，应具有良好的流动性和涂布性。湿膜不应出现流挂，干燥后的漆膜应平整、均匀。

4.2 防污漆体系的涂层性能

4.2.1 防污性能

4.2.1.1 浅海浸泡性(不适用于Ⅲ型防污漆)

Ⅰ型和Ⅱ型的防污漆在按照 5.15.1 进行试验时，应符合下列要求：

a) 防锈涂层应无剥落和片落；
b) 防污漆的性能按 GB/T 5370—2007 方法评定。

4.2.1.2 防污涂层抛光(磨蚀)性(不适用于Ⅱ型和Ⅲ型防污漆)

Ⅰ型防污漆在按照 5.15.2 进行试验时，防污涂层的抛光或磨蚀率应与鉴定特征性能相一致。

4.2.1.3 动态模拟试验(适用于所有类型的防污漆)

4.2.1.3.1 短期效防污漆体系

在按照 5.15.3 进行试验时，试验周期为 3 个，并且在每个试验周期结束后检查评级 1 次，最后一个周期应在海生物生长旺季。防污防锈漆体系应符合下列要求：

a) 防锈涂层应无剥落和片落；
b) 防污漆的性能按 GB/T 5370—2007 方法评定。在试验结束时，Ⅰ型和Ⅱ型防污漆应符合 GB/T 5370—2007 中 6.1.7 要求；Ⅲ型防污漆的试验样板的硬壳污损生物(藤壶、硬壳苔藓虫、盘管虫等)覆盖面积应不大于 25%(注明适用的最长的海港静态浸泡时间)。

4.2.1.3.2 中期效防污漆体系

在按照 5.15.3 进行试验时，试验周期为 5 个，并且在每个试验周期结束后检查评级 1 次，最后一个周期应在海生物生长旺季。防污防锈漆体系应符合下列要求：

a) 防锈涂层应无剥落和片落；

b) 防污漆的性能按 GB/T 5370—2007 方法评定。在试验结束时，Ⅰ型和Ⅱ型防污漆应符合 GB/T 5370—2007 中 6.1.7 要求；Ⅲ型防污漆的试验样板的硬壳污损生物(藤壶、硬壳苔藓虫、盘管虫等)覆盖面积应不大于 25%(注明适用的最长的海港静态浸泡时间)。

4.2.1.3.3 长期效防污漆体系

在按照 5.15.3 进行试验时，试验周期为 8 个，并且在每个试验周期结束后检查评级 1 次，最后一个周期应在海生物生长旺季。防污防锈漆体系应符合下列要求：

a) 防锈涂层应无剥落和片落；

b) 防污漆的性能按 GB/T 5370—2007 方法评定。在试验结束时，Ⅰ型和Ⅱ型防污漆应符合 GB/T 5370—2007 中 6.1.7 要求；Ⅲ型防污漆的试验样板的硬壳污损生物(藤壶、硬壳苔藓虫、盘管虫等)覆盖面积应不大于 25%(注明适用的最长的海港静态浸泡时间)。

4.2.2 与阴极保护相容性

在按照 5.16 进行试验时，防污涂层与防锈涂层之间(包括连接涂层)的剥离在人造漏涂孔外缘起 10 mm 范围内；同时防锈漆涂层从钢基体表面的剥离在人造漏涂孔外缘起 8 mm 范围内，即在整个人造漏涂孔周围被剥离涂层的计算等效圆直径为 19 mm 范围内。本试验仅适用于钢基材的防污漆体系。Ⅲ型防污漆的与阴极保护相容性应符合产品的技术要求。

4.3 防锈漆体系的涂层性能

4.3.1 附着力(Ⅱ型沥青系除外)

船体防锈漆体系与基体材料的附着力，按照 GB/T 5210—2006 中 9.4.3 方法试验时，防锈漆体系应大于 3.0 MPa。

4.3.2 耐浸泡性(Ⅱ型沥青系除外)

防锈漆体系按照 5.10 进行试验，结果按照 GB/T 1766 方法评定。浸泡试验的前 10 个周期(70 d)起泡不超过 1(S2)级或其他表面缺陷，但增长速率很慢或不明显，可以不计在内。浸泡 20 周期(140 d)结束后，漆膜生锈不超过 1(S2)级，起泡不超过 2(S3)级，外观颜色变化不超过 1 级。浸泡后重涂面防锈漆体系附着力应不小于未重涂面附着力的 50%。

4.3.3 抗起泡性(适用于Ⅰ型)

防锈漆体系经热盐水浸泡试验，不应出现起泡。

4.3.4 耐阴极剥离试验(适用于Ⅰ型)

本条仅对船体防锈漆体系而言，防锈漆体系应与船舶的阴极保护方法相适应，采用锌阳极，试验时间 182 d。试验后被剥离涂层距人造漏涂孔外缘的平均距离不大于 8 mm，即在整个人造漏涂孔周围被剥离涂层的计算等效圆直径为 19 mm。如防锈漆体系与配套的防污漆一同进行耐阴极保护性试验，试验方法和要求按照 5.15 和 4.2.2 进行，不再单独做防锈漆的耐阴极剥离性试验。

5 试验方法

5.1 防污剂

5.1.1 铜类(铜和铜化合物)防污剂

防污漆中铜总量的测定按照附录 E 进行，其结果应符合表 1 第 1 项的要求。

5.1.2 有机锡含量

防污漆样品的锡总量的测定按照 GB/T 26085 方法进行，其结果应符合表 1 第 10 项的要求。

5.1.3 滴滴涕(DDT)含量

防污漆中滴滴涕(DDT)的测定按照 GB/T 25011 方法进行，其结果应符合表 1 第 11 项的要求。

5.1.4 不含铜的防污剂(杀生物剂)

防污漆中不含铜的防污剂(杀生物剂)的测定按照各产品的技术方法进行，其结果应符合各产品的技术要求。

5.2 不挥发物体积分数

防污漆、防锈漆和连接漆的不挥发物的测定按照 GB/T 9272 方法，其结果应符合表 1 第 2 项的要求。

5.3 挥发性有机化合物(VOC)

防污漆、防锈漆和连接漆的挥发性有机化合物的测定按照 GB/T 23985 或 GB/T 23986 的方法进行，其结果应符合表 1 第 3 项要求。

5.4 密度

防污漆、防锈漆和连接漆的密度的测定按照 GB/T 6750 方法进行，其结果应符合表 1 第 4 项的要求。

5.5 颜色

防污漆的颜色测定和表示按照 GB/T 9761 的方法进行，其结果应符合表 1 第 5 项的要求。

5.6 黏度

防污漆、防锈漆和连接漆的黏度测定按照 GB/T 1723、或 GB/T 9269、或 GB/T 9751.1 或按照产品规定的测试方法进行，其结果应符合表 1 第 6 项的要求。

5.7 闪点

防污漆、防锈漆和连接漆的闪点测定按照 GB/T 5208 方法进行，其结果应符合表 1 第 7 项的要求。

5.8 干燥时间

防污漆、防锈漆和连接漆的干燥时间测定按照 GB/T 1728 方法进行，其结果应符合表 1 第 8 项的要求。

5.9 附着力

防锈漆体系的附着力测定按照 GB/T 5210—2006 中 9.4.3 方法进行，其结果应符合 4.3.1 的要求。

5.10 耐浸泡性

5.10.1 试样制备及试验条件：试样尺寸为 150 mm×300 mm×3 mm，表面粗糙度为 40 μm～80 μm。试样制备和试验条件按 GB/T 10834—2008 的第 4 章、5.1 和 5.2.1 规定进行。

5.10.2 试验程序及评定:涂漆样板经 20 个周期(每周期 7 d)浸泡试验(或至失效前),每周期均记录涂层情况。如果在 20 个周期后,涂层情况完好,则用软布和自来水轻擦表面,干燥,然后用金刚砂布(100#)手工轻磨每块样板其中的一面,对打磨面再清洗、干燥,用涂层体系面漆一道(如适合,则涂底漆一道、面漆一道),重涂该面中心向上的三分之一,并封边 13 mm。状态处理 7 d,然后增加 5 个周期全浸试验。全浸试验后分别进行原涂层和重涂涂层的附着力测试。其结果应符合 4.3.2 的要求。

5.11 抗起泡性

试样制备及试验用盐水溶液按 GB/T 10834—2008 规定进行,第一个周期试验温度 88 ℃±3 ℃,条件保持 14 d。取出样板,洗涤、干燥,然后用金刚砂布(100#)手工轻磨每块样板其中的一面,对打磨面再清洗、干燥,再涂面漆一道,干燥 7 d 后,进行第二周期试验,样板浸入 38 ℃±2 ℃盐水或天然海水中 14 d。取出样板,检查并记录起泡程度(边缘向内 6 mm 不计)。其结果应符合 4.3.3 的要求。

5.12 耐阴极剥离性

防锈漆体系的耐阴极剥离性测定按照 GB/T 7790 方法进行,其结果应符合 4.3.4 的要求。

5.13 适用期

按照 HG/T 3668—2009 中 5.8 进行,其结果应符合 4.1.1.3 的要求。

5.14 贮存稳定性

按照 GB/T 6753.3 规定的方法进行,其结果应符合 4.1.3 的要求。

5.15 防污性能

5.15.1 浅海浸泡性

5.15.1.1 浮筏浸泡法

按照 GB/T 5370 规定的方法进行,其结果应符合 4.2.1.1 的要求。

5.15.1.2 试验时间

5.15.1.2.1 短期效防污漆

要求经过 1 个海生物生长旺季,并且至少每半年检查评级一次,油漆体系应符合 4.2.1.1 要求。仅含 B 类防污剂的Ⅰ型和Ⅱ型防污漆的浮筏浸泡试验结果应符合产品的技术要求。

5.15.1.2.2 中期效防污漆

要求经过 2 个海生物生长旺季,并且至少每半年检查评级一次,油漆体系应符合 4.2.1.1 要求。仅含 B 类防污剂的Ⅰ型和Ⅱ型防污漆的浮筏浸泡试验结果应符合产品的技术要求。

5.15.1.2.3 长期效防污漆

要求经过 3 个海生物生长旺季,并且至少每半年检查评级一次,油漆体系应符合 4.2.1.1 要求。仅含 B 类防污剂的Ⅰ型和Ⅱ型防污漆的浮筏浸泡试验结果应符合产品的技术要求。

5.15.2 防污涂层抛光(磨蚀)性

防污涂层抛光(磨蚀)性的测定按照附录 E 的要求进行,其结果应符合表 1 第 12 项和 4.2.1.2 的要求。

5.15.3 动态模拟试验

按照 GB/T 7789 方法要求进行,其中Ⅰ型和Ⅱ型防污漆的试验程序按照 GB/T 7789—2007 的 4.3 试验程序要求,Ⅲ型防污漆的试验程序是先将试样放入试验浮筏进行防污漆浅海浸泡试验 10 d 到 2 个月(根据产品技术要求确定,并在检验结果中注明适用的最长的海港静态浸泡时间),检查试样表面的硬壳污损生物(藤壶、硬壳苔藓虫、盘管虫等)覆盖面积和其他类型的污损生物,并记录拍照;然后将样板移到动态试验装置,调整试样表面的线速度为(18±2)knot(简称 kn),试样连续运转相当于航行(4 000±50)kn,检查试样表面保留的硬壳污损生物(藤壶、硬壳苔藓虫、盘管虫等)覆盖面积并记录拍照。依此作为动态试验的一个周期。其结果应符合 4.2.1.3 的要求。

5.16 与阴极保护相容性

防污防锈漆体系的与阴极保护相容性的测定按照 GB/T 7790—2008 的方法 B 进行。试验结果应符合 4.2.2 的要求。

6 检验规则

6.1 检验分类

船体防污防锈漆检验分为型式检验和出厂检验。

6.2 抽样规则

船体防污防锈漆应按 GB/T 3186 的规定抽样,样品分为两份,一份密封储存备查,另一份作检验用样品。

6.3 型式检验

6.3.1 检验周期

本油漆体系中每一种单一涂料有下列情况之一时,应进行型式检验:

a) 正常生产时,每四年应进行一次型式检验;中、长期效防污漆的浅海浸泡性试验每八年进行一次型式检验;
b) 当产品新投产时;
c) 当材料、工艺有改变足以影响产品性能时;
d) 产品停产一年以上后重新恢复生产时;
e) 出厂检验结果与上次型式检验有较大差异时;
f) 国家质量监督机构提出型式检验要求时。

6.3.2 检验项目

防污漆体系按表 2 规定的项目进行型式检验;船体防锈漆体系按表 3 规定的项目进行型式检验,船体连接漆按表 4 规定的项目进行型式检验。其中表 2 的第 10 项浅海浸泡性为首次型式检验项目,对中长期效防污漆可采用动态模拟试验作为防污性检验的必检项目。

6.4 出厂检验

6.4.1 组批规则

出厂检验以批为单位,按每一贮漆槽为一批。

6.4.2 检验项目

按表2、表3和表4的规定分别进行出厂检验。

6.5 检验结果的判定

油漆定货方在对油漆产品进行检验时,如发现产品质量不符合本标准技术要求规定时,供需双方应按照GB/T 3186的规定重新取双倍量进行复验,如仍不符合本标准技术要求规定时,产品即为不合格品。

表2 船体防污漆体系检验项目

序号	检验项目	型式检验	出厂检验	要求章条号	试验方法章条号
1	防污剂/%	●	—	4.1.1.1	5.1
2	不挥发分的体积分数/%	●	—	4.1.1.1	5.2
3	挥发性有机化合物(VOC)	●	—	4.1.1.1	5.3
4	密度/(g/mL)	●	●	4.1.1.1	5.4
5	颜色	●	●	4.1.1.1	5.5
6	黏度	●	●	4.1.1.1	5.6
7	闪点/℃	●	—	4.1.1.1	5.7
8	干燥时间/h	●	●	4.1.1.1	5.8
9	贮存稳定性	●	—	4.1.3	5.14
10	浅海浸泡性[a]	●	—	4.2.1.1	5.15.1
11	防污涂层抛光(或磨蚀)性(适用于Ⅰ型)	●	—	4.2.1.2	5.15.2
12	动态模拟试验[a]	●	—	4.2.1.3	5.15.3
13	与阴极保护相容性[a]	●	—	4.2.2	5.16
14	适用期	●	—	4.1.1.3	5.13
15	锡总量	●		4.1.1.1	5.1.2
16	滴滴涕(DDT)	●	—	4.1.1.1	5.1.3
注:"●"为必检项目;"—"为不检项目。					
[a] 与防锈漆配套试验。					

表3 船体防锈漆体系检验项目

序号	检验项目	型式检验	出厂检验	要求章条号	试验方法章条号
1	不挥发分的体积分数/%	●	—	4.1.1.1	5.2
2	挥发性有机化合物(VOC)	●	—	4.1.1.1	5.3
3	密度/(g/mL)	●	●	4.1.1.1	5.4
4	黏度	●	●	4.1.1.1	5.6
5	闪点/℃	●	—	4.1.1.1	5.7

表 3（续）

序号	检验项目	型式检验	出厂检验	要求章条号	试验方法章条号
6	干燥时间/h	●	●	4.1.1.1	5.8
7	附着力	●	—	4.3.1	5.9
8	耐浸泡性	●	—	4.3.2	5.10
9	抗起泡性	●	—	4.3.3	5.11
10	耐阴极剥离性	●	—	4.3.4	5.12
11	适用期	●	—	4.1.1.3	5.13
12	贮存稳定性	●	—	4.1.3	5.14
注：“●”为必检项目；“—”为不检项目。					

表 4 船体连接漆检验项目

序号	检验项目	型式检验	出厂检验	要求章条号	试验方法章条号
1	不挥发分的体积分数/%	●	—	4.1.1.1	5.2
2	挥发性有机化合物(VOC)	●	—	4.1.1.1	5.3
3	密度/(g/mL)	●	●	4.1.1.1	5.4
4	黏度	●	●	4.1.1.1	5.6
5	闪点/℃	●	—	4.1.1.1	5.7
6	干燥时间/h	●	●	4.1.1.1	5.8
7	适用期	●	—	4.1.1.3	5.13
注：“●”为必检项目；“—”为不检项目。					

7 标志、包装、运输和贮存

7.1 标志

船体防污防锈漆体系产品的标志应符合 GB/T 9750 的要求。

7.2 包装

船体防污防锈漆体系产品的包装应符合 GB 190、GB/T 191 和 GB/T 13491 的要求。

7.3 运输

船体防污防锈漆体系产品在运输中应符合 HG/T 2458 的要求，防止雨淋、日光曝晒。

7.4 贮存

船体防污防锈漆体系产品应符合 HG/T 2458 的要求，贮存在通风、干燥的仓库内，防止日光直接照射，并应隔绝火源。产品在原包装封闭的条件下，自生产完成之日起，贮存期为 1 年（或按照产品技术要求）。超过贮存期的产品可按本标准规定的出厂检验项目进行检验，如检验合格，仍可使用。

8 安全要求

8.1 安全技术说明书

作为船体防污防锈漆体系产品，提供的安全技术说明书(MSDS)应包括采用的防污剂。

8.2 有害化学物质

油漆产品不含有国家有关部门禁用的有害化学物质。

附 录 A
（资料性附录）
防污漆体系组成和分类说明

A.1 组成

A.1.1 预定直接涂在金属底材上的防锈漆体系或连接漆之上的防污漆。

A.1.2 应用非金属材料表面上，不需要与防锈漆配套，可以直接涂装防污漆或用附着力增进涂层（或称中间涂层、连接涂层）进行配套。

A.2 分类说明

A.2.1 防污漆类型

三种类型的防污漆的防污机理如下：

Ⅰ型：Ⅰ型是一种具有自抛光型防污漆的油漆体系，防污作用的过程应是水解的、抛光的、磨耗的或者在厚度上是减少的。其主要防污功能应是通过防污剂渗出过程来达到，也可以采用机械水下冲刷进行防污漆面层的更新；

Ⅱ型：Ⅱ型是一类非自抛光型防污漆，它们在使用中不减少涂层厚度。其主要防污功能应是通过防污剂渗出过程来达到，也可以采用机械水下冲刷进行防污漆面层的更新；

Ⅲ型：Ⅲ型是一类不含防污剂的非自抛光型或非磨蚀型的防污漆（Foul Release Coating）。其主要机理是形成一个非常光滑的、低摩擦力的表面，从而使污损生物难以附着或者容易地被一定速度的水流冲刷掉，也可采用合适的水下清洗方法进行防污漆面层的更新。

A.2.2 防污剂类型

按照防污剂的化学组成分成3类防污剂：

A类：铜和铜化合物；

B类：不含铜和铜化合物的防污剂；

C类：其他。

A.2.3 使用期效

按照防污漆体系的使用期效分短期效、中期效和长期效3种：

短期效：油漆体系应具有3年以下的使用期，并且没有因附着力损失、起泡、片落，由于过量磨蚀或防污能力的降低而造成的防污失效（从水线到轻载水线少量的海泥和污损除外）；

中期效：油漆体系应具有3年和3年以上，5年以下的使用期，并且没有因附着力损失、起泡、片落，由于过量磨蚀或防污能力降低而造成的防污失效（从水线到轻载水线少量的海泥和污损除外）；

长期效：油漆体系应具有5年和5年以上的使用期，并且没有因附着力损失、起泡、片落，由于过量磨蚀或防污能力降低而造成的防污失效（从水线到轻载水线少量的海泥和污损除外）。

附 录 B
（资料性附录）
防锈漆体系组成和分类说明

B.1 组成

船体防锈漆体系可以是多道的单一防锈漆产品，也可以由防锈底漆和防锈面漆组成的体系。

B.2 分类说明

B.2.1 型别

按照防锈漆的成膜机理，防锈漆可分成下面两种型别：

Ⅰ型：防锈漆由两种组分构成，在涂装施工前按照规定比例，均匀混合两种组分，经过一定时间的预反应后即可进行涂装施工，通过两种组分反应固化而干燥成膜；

Ⅱ型：防锈漆为单组分，涂装施工后，通过漆膜内的溶剂挥发或其他方式干燥成膜。

附 录 C
（资料性附录）
连接漆的组成和分类说明

C.1 组成

连接漆通常是单一的油漆产品。

C.2 分类说明

C.2.1 型别

按照连接漆的成膜机理，连接漆可分成下面两种型别：

Ⅰ型：连接漆由两种组分构成，在涂装施工前按照规定比例，均匀混合两种组分，经过一定时间的预反应后即可进行涂装施工，通过两种组分反应固化而干燥成膜；

Ⅱ型：连接漆为单组分，涂装施工后，通过漆膜内的溶剂挥发或其他方式干燥成膜。

附 录 D
（规范性附录）
防污涂层抛光（磨蚀）性的测定方法

D.1 适用范围

本方法适用于测定具有自抛光性能的防污涂层的抛光（磨蚀）率。

D.2 术语和定义

D.2.1

基材 substrate

制备试样的材料，如环氧玻璃纤维复合材料板。

D.2.2

样板 panel

采用基材材料加工而成平板，作为制备涂层的试样的基体。

D.2.3

试样 specimen

在样板上面涂覆试验的防污漆，形成的具有单面防污涂层的试验样板。

D.2.4

抛光（磨蚀）率 Rate of polishing (or ablative)

防污涂层试样在连续运动（如旋转）的单位时间段（月或年）内平均的防污涂层膜厚减少值。

D.2.5

抛光（磨蚀）性 ability of polishing

防污涂层试样在连续运动（如旋转）的单位时间段（月或年）的防污涂层抛光（减少）的性能。

D.3 方法原理

以防污涂层试样板的基材表面为基准面，测量防污涂层在进行抛光试验前后涂膜的厚度变化，计算防污涂层的抛光（磨蚀）率，评价自抛光防污漆的抛光（磨蚀）性。

D.4 试样制备及设备

D.4.1 样板的材料和加工

选择在海水中不易腐蚀的材料，如环氧玻璃纤维复合材料板作为样板的基材。材料表面平整、无弯曲、不易磨损变形。每块样板的尺寸为 95 mm×60 mm×3 mm，样板四周距边缘 10 mm 处各开一个 ϕ6 mm 的通孔。见图 D.1。

D.4.2 试样的制备

D.4.2.1 样板的涂漆部位用 120 目的砂纸打磨拉毛后，用丙酮或无水乙醇将样板表面灰尘及油污擦洗干净，晾干备用。

单位为毫米

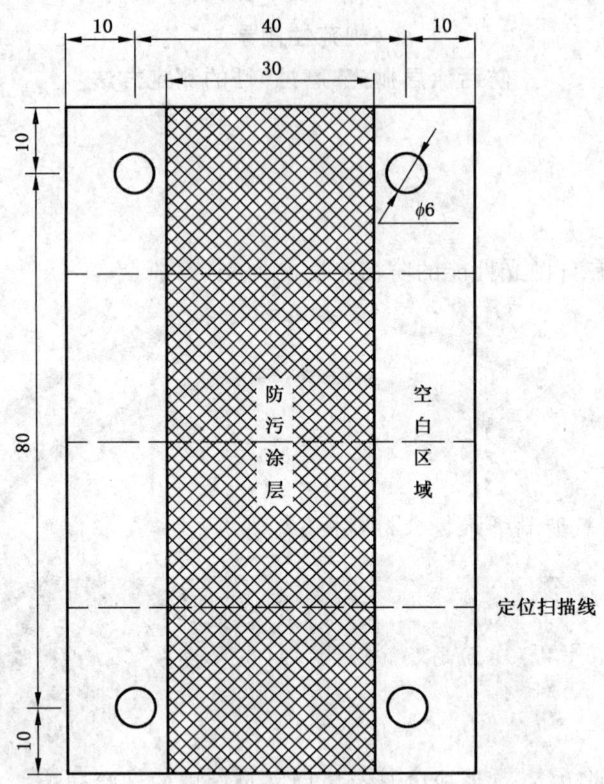

图 D.1 样板制备方式(虚线为测试线位置)

D.4.2.2 用胶带纸覆盖样板空白区域，采用喷涂或漆膜制备器在样板上均匀涂装 2 道防污漆。防污涂层表干后，揭去覆盖的胶带纸，要求涂层平整，无漏涂，无起泡，厚度要求达到 100 μm～150 μm。按防污漆产品技术要求干燥涂层或放置在温度为(23±2)℃，湿度为(50±5)%的室内干燥 7 d 后，完成试样的制备。

D.4.3 试样的标记

在每块试样上做好标记和编号，作为安装和测试的定位标记。以保证每次进行检测时仪器扫描的测试曲线或测量点的位置一致。

D.4.4 检测仪器

D.4.4.1 CCD 激光位移传感器，也称激光平整度检测仪(测量精度为±1 μm)。

D.4.4.2 转子试验机，也称防污漆动态试验装置，见 GB/T 7789—2007 的 4.1.2 和附录 A。

D.5 试样防污涂层膜厚的测试程序

D.5.1 定位

将试样按 D.4.3 的定位标记放置在测试平台上，设置并固定每次测量的起点坐标和终点坐标，确保不同试验周期扫描数据线的重合。

D.5.2 测量记录原始数据

开始试验前,按定位要求进行一次测量,得到初始涂层数据。

D.5.3 试验步骤

D.5.3.1 将每组3块平行试样用铜质螺栓固定在一块260 mm×150 mm×3 mm的惰性基材底板上,再将底板安装在转子试验机上。如图D.2所示。

D.5.3.2 将转子浸泡于天然海水中,控制转子顶端距水面≥1 m,以(18±2)kn线速度连续旋转30 d。

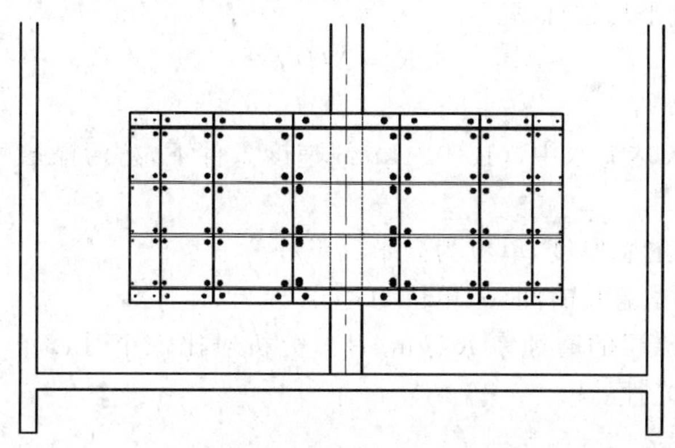

图 D.2 试样安装示意图

D.5.3.3 旋转结束后,取出试样,在自来水下用柔软毛刷清洗干净,平放于温度(23±2)℃,相对湿度(50±5)%的室内干燥2 d,按D.5.1进行防污涂层膜厚的定位测量,得到防污涂层抛光1个周期后的膜厚h_i。

D.5.3.4 测量结束后,按D.5.3.2和D.5.3.3步骤重复试验,得到不同试验周期的涂层厚度值。

D.5.3.5 整个试验的周期数最小为4个,最大为6个。

D.6 计算

D.6.1 防污涂层初始膜厚

涂层初始膜厚Δh_0。

$$\Delta h_0 = h_0 - h_0' \qquad \text{(D.1)}$$

式中:

h_0 ——防污涂层初始测量厚度,单位为微米(μm);

h_0'——样板基准面的测量厚度,单位为微米(μm)。

D.6.2 第1周期涂层磨蚀厚度

第1周期后涂层的厚度Δh_1:

$$\Delta h_1 = h_1 - h_1' \qquad \text{(D.2)}$$

第1周期后涂层的磨蚀厚度ΔH_1:

$$\Delta H_1 = \Delta h_0 - \Delta h_1 \qquad \text{(D.3)}$$

式中:

h_1 ——第1周期试验后防污漆涂层的测量厚度,单位为微米(μm);

h_1'——样板基准面的测量厚度,单位为微米(μm)。

D.6.3　其他周期涂层磨蚀厚度

按 D.6.2 类推，可得到第 2、3……6 周期的磨蚀厚度。

试验结束时，得到防污涂层在天然海水中以 18 kn 线速度旋转 6 个月后，漆膜的磨蚀总厚度为：

$$\Delta H = h_0 - h_6 \qquad \cdots\cdots(D.4)$$

D.6.4　绘制防污涂层磨蚀厚度与试验时间的关系曲线

根据各个周期测得的漆膜磨蚀厚度与试验时间作图，得到防污涂层漆膜厚度随时间的变化曲线，或按总磨蚀厚度求算漆膜的月平均磨蚀率。

$$R = \Delta H / t \qquad \cdots\cdots(D.5)$$

式中：

R ——在(23±2)℃天然海水中，(18±2)kn 线速度条件下，防污涂层的月磨蚀率，单位为微米每月(μm/月)；

ΔH ——防污涂层磨蚀的总厚度，单位为微米(μm)；

t ——防污涂层旋转试验总时间，6，单位为月。

由式(D.5)可得到防污涂层的磨蚀率 R(μm/月)，分析对比 1 个月、2 个月……试验数据的变化趋势，即可评判防污涂层的抛光性。

附 录 E
（规范性附录）
船舶防污漆铜总量测定法——火焰原子吸收光谱法

E.1 基本原理

防污漆干膜样品用适宜的酸溶液进行密闭微波消解，经赶酸、定容处理后，采用火焰原子吸收光谱法(FAAS)或能满足精度的现行有效方法(如 ICP、XRF 等)对每个样品中的铜总量进行检测分析，即可得到防污漆膜中的铜总量或含铜质量分数。

E.2 试剂

除另有说明外，在分析中所用试剂均为分析纯，水为蒸馏水或相当纯度的水。涉及的试剂如下：

a) 盐酸，ρ 为 1.19 g/mL；

b) 硝酸，ρ 为 1.42 g/mL；

c) 硫酸，ρ 为 1.84 g/mL；

d) 10%(体积分数)盐酸溶液：用盐酸[a)]和蒸馏水以体积比 1∶9 的配比制备 10%(体积分数)的盐酸溶液；

e) 铜标准溶液：可选用符合要求的市售标准溶液或按以下方法制备：

铜标准溶液Ⅰ：准确称取 1.341 8 g $CuCl_2 \cdot 2H_2O$(优级纯)，放置于烧杯中，用 50 mL 水溶解后转移至 250 mL 容量瓶中，加入 2.5 mL 硝酸[b)]，混匀，用水稀释至刻度，得到稳定的铜离子标准储备液。此标准储备溶液铜离子浓度为 2 mg/mL。

E.3 仪器设备

E.3.1 密闭微波消解仪：配有聚四氟乙烯(PTFE)样品消解罐。

E.3.2 智能控温电加热器：温度设定范围为室温至 200 ℃。

E.3.3 火焰原子吸收光谱仪。

E.3.4 鼓风烘箱：控温精度为±1 ℃。

E.3.5 精密天平：称量精度应达到 0.000 1 g。

E.3.6 其他，包括：

a) pH 计或 pH 试纸；

b) 烧杯、锥形瓶、容量瓶、载玻片等实验室玻璃仪器。

E.4 取样

E.4.1 取样要求

测试样品既可从产品容器内的液态油漆样品中采取，也可从船底的干油漆层上采取。

E.4.2 液态油漆样品取样

E.4.2.1 液态油漆样品的取样按 GB/T 3186 的相关要求进行。

E.4.2.2 液态油漆干膜试样的制备：将防污涂料样品均匀涂抹于载玻片上，按 GB/T 1725—2007 中表 1、表 2 的要求烘干样品或在室内温度(23±2)℃、相对湿度(50±5)%条件下干燥 7 d。

E.4.3 现场船底取样

E.4.3.1 对船底干油漆层进行取样前，应用水和海绵清除涂层表面积垢，以防止样品污染；如果取样在船坞内进行，则应先对船底用自来水进行冲洗。

E.4.3.2 船底干油漆层的取样点应选择在覆盖完整的防污漆涂层代表区域，避免在有明显破损的防污涂层处或船舶平底设有标志的地方取样；根据船舶大小和船底部位的可达性，以沿船底长度方向均匀分布为原则，至少应设定四个取样点；如果取样在船坞内进行，除船底旁垂直取样外，还应对船舶平底区域进行取样。

E.5 试验步骤

E.5.1 试样溶液的制备

E.5.1.1 干膜样品的预消解

将按 E.4.2.2 制备的干膜样品用工具刀从载玻片表面刮下，或将按 E.4.3 现场船底取样样品，放入陶瓷研臼中研磨均匀，准确称取(0.1±0.000 2)g 的干膜样品放入消解罐中，加入 3 mL 硝酸[E.2b)]和 9 mL 盐酸[E.2a)]或根据涂料样品特性选用其他适宜的酸溶液体系，混合均匀，再加入 1 mL 硫酸[E.2c)]，室温放置 30 min 或至无剧烈反应为止，然后盖上密封塞和罐盖。

在将研磨后的干膜样品放入消解罐中时，应尽量避免样品粉末粘附在罐体内壁。若有粘附，则在加入酸溶液时可将酸液沿罐壁加入，应尽量将样品冲洗到消解罐底部，并浸泡于酸溶液中。此项操作应在通风橱内进行。

E.5.1.2 试样溶液的微波消解

将装有样品酸液的消解罐按要求装入微波消解仪内腔，根据样品特性、酸液体积和样品数量等相关条件设定消解参数，开始进行微波消解。

示例：以 6 个消解罐为例，参数设定参见表 E.1。

表 E.1 微波消解参数设定

功率 W	功率输出 %	升温时间 min	消解温度 ℃	消解时间 min	风冷时间 min
400	100	15	180	20	15

微波消解停止后，取出消解罐，在通风橱内打开罐盖，观察罐内防污涂料样品是否完全溶解，若仍有涂料固体样品存在，则按 E.5.1.2 的步骤再次进行消解，若二次消解仍有不溶物，则应向消解罐内再加酸溶液或重新取样换用其他适宜的酸溶液体系重新进行消解。消解程序应确保防污涂料干膜样品完全溶解于酸溶液中。

E.5.1.3 赶酸

确认防污漆干膜样品完全消解后，用蒸馏水少量多次冲洗罐壁，将消解罐直接放入智能控温电加热器的消解罐插槽内，恒温(120±2)℃，加热至罐内留有约 5 mL～10 mL 溶液为止。在赶酸过程中，应随时注意样品溶液状况，避免出现干烧现象。

E.5.1.4 定容

沿消解罐内壁旋转加入约 20 mL 蒸馏水稀释罐内溶液，振荡均匀后，将稀释溶液转移至 1 000 mL 容量瓶中，然后应用蒸馏水清洗消解罐至少 3 次以上，清洗液一并转入到容量瓶中，加入硝酸[E.2b)] 1 mL，用蒸馏水定容至刻度线，混匀。

E.5.2 空白试验

在不加入防污漆干膜样品的情况下，按 E.5.1.1～E.5.1.4 的步骤与测试样品同步进行试样溶液的制备，得到试样空白溶液。

E.5.3 测试分析

E.5.3.1 标准曲线的绘制

E.5.3.1.1 标准参比溶液的配制

E.5.3.1.1.1 取 5 mL 铜标准溶液Ⅰ[E.2e)]于 1 000 mL 容量瓶中，用符合要求的蒸馏水定容至刻度，得铜标准溶液Ⅱ，此标准溶液铜离子浓度为 10 mg/L。进行分析试验时，根据试验需求取铜标准溶液Ⅱ配制一组铜离子浓度适宜的标准参比溶液。

表 E.2 铜标准溶液的配制

溶液名称	加入铜标准溶液Ⅱ的体积/mL	加入 10%(体积分数)盐酸溶液的体积/mL	蒸馏水稀释至最终体积/mL	铜标准溶液浓度 mg/L
S0	0	10	50	0.00
S1	1	9	50	0.20
S2	2	8	50	0.40
S3	3	7	50	0.60
S4	4	6	50	0.80
S5	5	5		1.00
注：由于待测样品各有不同，测试时可根据实际情况配制适宜浓度的标准溶液。				

E.5.3.1.1.2 以上溶液均应在使用当天配制。

E.5.3.1.2 仪器设置

E.5.3.1.2.1 将铜空心阴极灯安装在光谱仪 E.3.3 上，按仪器说明选定测定铜的最佳条件。为取得最大吸收，单色器波长应设置于 324.8 nm。

E.5.3.1.2.2 根据吸入器和燃烧器的特性，调节燃气与助燃气的流量，点燃火焰。调整仪器，使浓度最高的标准参比溶液吸光度达到最大值。

E.5.3.1.3 标准曲线

按仪器分析程序进行铜标准溶液(见表 E.2)和空白溶液(见 E.5.2)的分析，得到以浓度为横坐标，以吸光度值为纵坐标的铜离子浓度标准曲线。

E.5.3.2 样品溶液测定

采用原子吸收光谱分析仪检测由步骤 E.5 所得样品溶液。必要时可对样品溶液进行稀释处理。

若同一样品测试结果的相对标准偏差大于 10%,重新取样进行分析。

E.5.3.3 精密度

E.5.3.3.1 重复性

同一操作者采用相同的仪器设备在相同操作条件下在短的时间间隔内,对同一试验样品所得到的 3 个结果之间的相对误差,在置信水平为 95%时应不超过 3%。

E.5.3.3.2 再现性

不同操作者在不同的实验室对同一试验样品所得到的 3 个结果之间的相对误差,在置信水平为 95%时应不超过 5%。

E.6 结果计算

铜总量以质量分数 ω_{Cu} 表示,数值以%表示,按式(E.1)计算:

$$\omega_{Cu}=\frac{\rho_{Cu}\times V\times 10^{-3}}{m}\times 100\% \qquad \cdots\cdots(E.1)$$

式中:

ρ_{Cu}——样品溶液中铜的浓度平均值,单位为毫克每升(mg/L);

V ——防污涂料干膜样品消解定容的样品溶液的体积值,单位为升(L);

m ——防污涂料干膜样品的质量值,单位为克(g)。

计算结果保留 3 位有效数字。

E.7 试验报告

试样报告应至少包括以下内容:

a) 被试产品的型号和名称;

b) 注明采用本标准和使用的仪器及型号;

c) 注明参照在本标准中涉及的国家标准和其他文件;

d) 记录校准程序及与本试验规定程序的任何不同之处;

e) 试验结果;

f) 试验日期。

附 录 F
（资料性附录）
缩 略 语

AAS：原子吸收光谱法（atomic absorption spectrophotometry）

防污剂（Antifouling compound）

杀生物剂（Biocide）

DDT：二氯-二苯-三氯乙烷，滴滴涕（商品名）（dichlorodiphenyltrichloro-ethane）

FRC：污底易脱型防污漆，也有称不沾污型、污损释放型、和低表面能型涂料（防污漆）（Foul Release Coating，or Easy Release）

GC：气相色谱法（gas chromatography）

ICP：感应耦合等离子体（inductively coupled plasma）

IMO：国际海事组织（International Maritime Organization）

Kn：节（测航速的单位）＝1 海里/小时，合 1.85 km/h（Knot）

MEPC：海洋环境保护委员会（Marine Environment Protection Committee）

PSCO：当事国港监官员（port State control officer）

XRF：X 射线荧光分析（X-ray fluorescence anaysis）

参 考 文 献

［1］ International Convention on the Control of Harmful Anti-fouling Systems on Ships，2001（the AFS Convention）

ICS 75.080
E 30

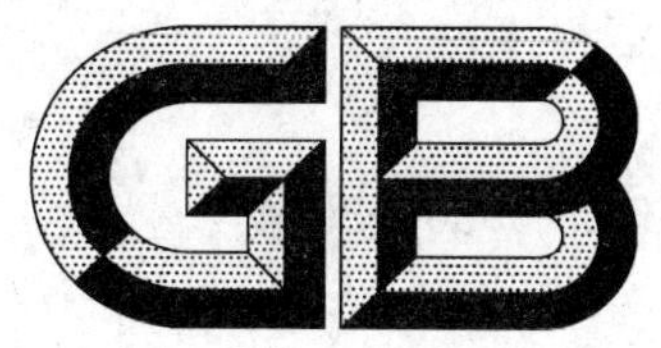

中华人民共和国国家标准

GB/T 6986—2014
代替 GB/T 6986—1986

石油产品浊点测定法

Standard test method for cloud point of petroleum products

2014-02-19 发布 2014-06-01 实施

中华人民共和国国家质量监督检验检疫总局
中国国家标准化管理委员会 发布

前 言

本标准按照GB/T 1.1—2009给出的规则起草。

本标准代替GB/T 6986—1986《石油浊点测定法》,与GB/T 6986—1986相比,主要技术变化如下:

——名称修改为《石油产品浊点测定法》;

——扩宽了适用范围,增加了生物柴油和生物柴油调合燃料(见第1章);

——增加了试样色度的要求,即试样色度为不大于3.5,对于色度大于3.5的试样,本标准也可以测定,但精密度不适合(见第1章);

——增加了自动方法(见第1章、第8章、9.2、第10章);

——增加了手动方法为仲裁方法的说明(见第1章);

——增加了"规范性引用文件"(见第2章)、"术语和定义"(见第3章);"方法应用"(见第5章)和"报告"(见第11章);

——增加了测试过程环境条件要求为湿度不大于75%的说明(见6.3);

——增加了符合GB/T 514要求的GB-36、GB-37和GB-38的温度计(见7.1.1);

——试管内径和试管刻线处容积的要求不同;

——对套管的描述不同;

——增加了硫酸钠脱水剂的处理过程(见7.2.1)和滤纸的要求及处理步骤(见7.2.2);

——冷浴温度控制略有差异;

——试样在冷浴中转移温度有所变化;

——精密度有所变化。

本标准使用重新起草法修改采用ASTM D2500-11《石油产品浊点的标准试验法》。本标准与ASTM D 2500-11的主要技术差异如下:

——增加了自动方法,自动方法内容依据ASTM D5771-12《石油产品浊点测定法(光学检测分级冷却法)》(见第1章、第8章、9.2和第10章);

——在"规范性引用文件"中将引用标准修改为我国现行的国家标准和行业标准(见第2章);

——增加了相应术语和定义(见3.3、3.5和3.6);

——增加了测试过程环境条件要求为湿度不大于75%的说明(见6.3);

——增加了符合我国GB/T 514要求的GB-36、GB-37和GB-38的温度计(见7.1.1);

——增加了试管刻线处的容积要求(见7.1.2);

——增加了试剂和材料、清洗溶剂的规格要求(见7.2、8.2);

——增加了硫酸钠脱水剂的处理过程(见7.2.1)和滤纸要求及处理步骤(见7.2.2)。

本标准由全国石油产品和润滑剂标准化技术委员会(SAC/TC 280)提出。

本标准由全国石油产品和润滑剂标准化技术委员会石油燃料和润滑剂分技术委员会(SAC/TC 280/SC 1)归口。

本标准主要起草单位:中国石油化工股份有限公司茂名分公司。

本标准参加起草单位:中国石油化工股份有限公司润滑油茂名分公司、中国石油天然气股份有限公司兰州润滑油研发中心、中国石油化工股份有限公司镇海炼化分公司、中国石油化工股份有限公司润滑油上海分公司、中华人民共和国茂名出入境检验检疫局、中国石油化工股份有限公司润滑油北京研发中心。

本标准主要起草人:党晨霞、王雪梅、潘小霞、黄红霞、高云、李玲、梁玉权、崔海鸥。

本标准所代替标准的历次版本发布情况为:

——GB/T 6986—1986。

石油产品浊点测定法

警告：本标准涉及某些有危险性的材料、操作和设备，但是无意对与此有关的所有安全问题都提出建议。因此，使用者在应用本标准之前应建立适当的安全和防护措施，并确定相关规章限制的适用性。

1 范围

本标准规定了石油产品、生物柴油和生物柴油调合燃料浊点的手动和自动两种测定方法，手动法为仲裁方法。

本标准仅适用于测定在 40 mm 层厚时透明、且浊点低于 49 ℃的石油产品、生物柴油和生物柴油调合燃料的浊点。

注：本标准所测定试样的色度为≤3.5(按 GB/T 6540 测定)，本标准也可用于色度>3.5 试样的浊点测定，但本标准的精密度不适用。

2 规范性引用文件

下列文件对于本文件的应用是必不可少的。凡是注日期的引用文件，仅注日期的版本适用于本文件。凡是不注日期的引用文件，其最新版本(包括所有的修改单)适用于本文件。

GB/T 514—2005 石油产品试验用玻璃液体温度计技术条件

GB 1922—2006 油漆及清洗用溶剂油

GB/T 4756 石油液体手工取样法(GB/T 4756—1998，eqv ISO 3170:1988)

GB/T 6540 石油产品颜色测定法

GB/T 15000.3 标准样品工作导则(3) 标准样品 定值的一般原则和统计方法(GB/T 15000.3—2008，ISO Guide 35:2006，IDT)

GB/T 15000.7 标准样品工作导则(7) 标准样品 生产者能力的通用要求(GB/T 15000.7—2012，ISO Guide 34:2009，IDT)

GB 17602 工业己烷

JB/T 8622 工业铂热电阻技术条件及分度表(JB/T 8622—1997，neq IEC 751:1983)

3 术语和定义

下列术语和定义适用于本文件。

3.1

生物柴油 biodiesel

一种衍生于植物油或动物脂肪，由长链脂肪酸单烷基酯组成的燃料，以 BD100 表示。

注：典型的生物柴油是植物油或动物脂肪在催化剂作用下与醇(如甲醇或乙醇)反应所生成的单脂。燃料可能包含高达 14 种不同类型的脂肪酸，通过化学作用转换的脂肪酸甲酯(FAME)。

3.2

生物柴油调合燃料　biodiesel fuel blend

一种生物柴油与石油馏分燃料的混合物，以B××表示，其中××代表生物柴油的体积百分比。

3.3

馏分燃料　distillate fuels

由一次加工或二次加工得到的常压或减压馏分油及其产品燃料。

3.4

浊点　cloud point

在规定条件下，清澈透明的液体石油产品、生物柴油及生物柴油调合燃料由于蜡晶体的出现而首次呈雾状或浑浊时的最高温度，以℃表示。

注1：对于许多观察者来说，蜡晶体簇看起来像一团发白的或乳状浑浊的斑点，方法因此而得名。当试样温度下降至足够低，导致蜡晶体的形成，就会出现浑浊。对于许多试样，结晶首先出现在温度最低的试管壁四周较低处。试样性质的不同使浊点出现的浑浊或结晶的大小和位置也有所不同。有些试样会形成很大、易于观察的晶体簇，而其他试样则仅能形成刚好能被察觉晶体。

注2：继续冷却到温度比浊点低，晶体簇会向各个方向生长，例如，在试管较低处的周围，向试管的中心，或垂直方向生长。晶体会沿着底部四周形成一个环，当温度继续降低时，大量晶体将覆盖试管底部。但是，浊点的定义是：当晶体刚刚出现时的温度，而不是在试管底部已形成整圈或一层蜡时的温度。

注3：通常，能迅速形成大晶体簇的试样，浊点比较容易测定，如含蜡的试样。晶体簇与液体间透明度的差别是很明显的。另外，当试样被照亮时，在晶体簇中可观察到光反射点。对于其他较难观察的试样，如环烷基、加氢和那些低温流动性已发生化学变化的试样，浑浊的出现会很不明显。晶体变大速度很慢，透明度差别微小，晶体簇的边界混淆。当这些试样的温度降至比浊点低时，混淆会加重。试样中如果含有微量水时也会出现这种现象。对于这些难测定的试样，在测试前先脱水，就能减少干扰。

注4：测试浊点的目的是检测试样中蜡晶体的存在，尽管微量水和无机化合物也可能存在。测浊点的目的是为了获得试样从单一的液相转变成固-液两相共存时的温度。本标准的目的不在于测定试样中微量成分(如水)的相变。

3.5

有证标准样品(CRM)　certified reference material

由稳定的烃类物质组成，按照GB/T 15000.7和GB/T 15000.3或者是经指定试验方法的实验室间，确定了本标准浊点的其他稳定的石油产品组成。

3.6

标准样品(RM)　reference material

使用已用CRM校验的仪器，对一种或多种规定特性足够均匀和稳定的材料，至少通过三个及以上实验室参加的实验室间特定方法的试验，统计分析结果，剔除异常值后，计算结果的算术平均值或中位值。

注：改写了GB/T 15000.3—2008定义的3.1。

4　方法概要

将清澈透明的试样放入仪器中，以分级降温的方式冷却试样。通过目测观察或光学系统的连续监控，来判断试样是否有蜡晶体的形成。当试管底部首次出现蜡晶体而呈现雾状或浑浊的最高试样温度，即为试样的浊点，用℃表示。

5　方法应用

对于石油产品、生物柴油和生物柴油调合燃料，浊点是特定用途时能有效使用的最低温度指标。太多的蜡结晶会堵塞某种燃料系统的过滤器。

6 取样和试样制备

6.1 除非另有规定,取样应按照 GB/T 4756 进行。

6.2 试样常温下应是流动、透明、无杂质的。

6.3 若试样含水,可用下列之一进行脱水处理。在处理全过程中应保持环境的相对湿度不大于 75%,过滤时应保持试样温度高于预期浊点至少 14 ℃,但不能超过 49 ℃。

6.3.1 如果试样在常温下不透明,应将试样温度调到至少高于预期浊点 14 ℃,用干燥的滤纸(7.2.2)过滤直至试样完全清澈。

注:蜡晶体形成的浑浊或雾状总是最先出现在温度最低的试管底部。而通常由于油中含有痕量水引起的轻微雾状会遍及整个试样,且随着温度下降,慢慢会变得更明显。一般来说,此种水雾不干扰蜡浊点的测定。若有干扰,用干燥滤纸过滤即可。

6.3.2 对于柴油,如果出现的雾状较浓,则取 100 mL 新试样和 5g 无水硫酸钠(7.2.1),摇动至少5 min,静置至澄清,并用干燥滤纸(7.2.2)过滤,只要时间足够,用此方法将可脱除或足以减少水雾,便于操作者正确观察蜡结晶所呈现的浑浊现象。

注:无水硫酸钠的量,可根据试样中的含水量,酌情增减,主要是以能清楚观察浊点为最佳的量。

7 手动法

7.1 仪器

浊点手动测定仪如图 1 所示,包括下述组件:

7.1.1 温度计

注:低温温度计宜在低温下竖立保存。

7.1.1.1 恒温浴(孔温)使用的温度计

全浸式,符合 GB/T 514—2005 中 GB-38 温度计的技术要求。测温范围 −80 ℃~+20 ℃,分度值 0.5 ℃。

7.1.1.2 试管(测定试样)中使用的温度计

局浸式,符合 GB/T 514—2005 中 GB-36 和 GB-37 温度计的技术要求。其中 GB-36 号为低温范围温度计,测温范围 −80 ℃~+20 ℃,分度值 1 ℃;GB-37 号为高温范围温度计,测温范围 −38 ℃~+50 ℃,分度值 1 ℃。

7.1.2 试管

平底、圆筒状,由透明玻璃制成,内径 30.0 mm~32.4 mm,外径 33.2 mm~34.8 mm,高 115 mm~125 mm,壁厚不大于 1.6 mm。距试管内底部 54 mm±3 mm 处标有一刻线,刻度线处的容积为 45 mL±0.5 mL。

单位为毫米

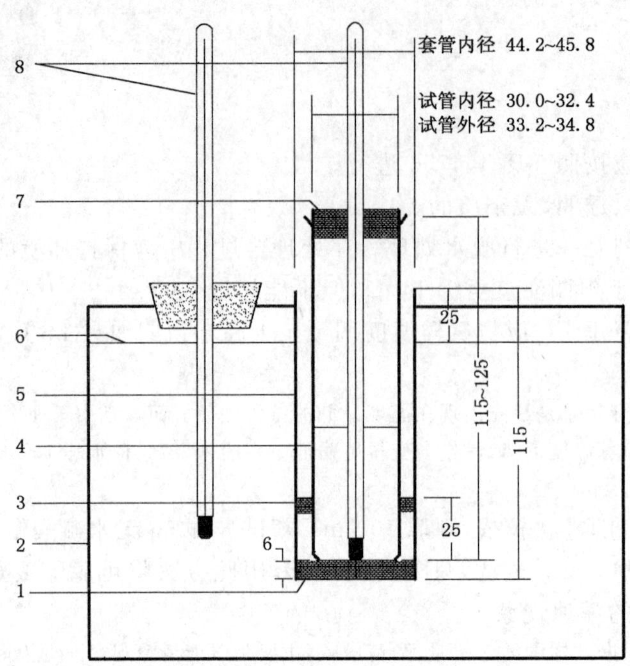

说明：

1——圆盘；

2——冷浴；

3——垫圈；

4——试管；

5——套管；

6——冷浴液面位置；

7——软木塞；

8——温度计。

图 1 浊点测定仪

7.1.3 套管

平底的金属或玻璃材质圆筒，内径 44.2 mm～45.8 mm，高约 115 mm。套管在冷浴中应能维持直立位置，高出冷却介质不能超过 25 mm。

7.1.4 软木塞

与试管配套使用，塞的中心有孔，可插温度计。

7.1.5 垫片

软木或毛毡制成，厚 6 mm，直径与套管内径相同。

7.1.6 垫圈

环形，厚约 5 mm，要求能紧贴试管外壁，在套管内可松动。垫圈可由软木、毛毡或其他合适的材料制成，只要垫圈的弹性足以紧贴试管，硬度足能保持其形状。垫圈的用途是防止试管与套管接触。

7.1.7 冷浴

要达到本标准所规定的温度，且能把套管牢牢固定在垂直的位置。所需浴温尽可能用制冷装置或合适的冷却剂来维持。冷浴的浴温要求维持在规定温度的±1.5 ℃范围之内。一般常用的冷却剂见表1。

表1 冷浴介质和浴温

冷却介质	浴温/℃
冰和水	0±1.5
碎冰和氯化钠晶体，或丙酮或溶剂油或乙醇或甲醇(见7.2.3)中加入固体二氧化碳得到所需温度	−18±1.5
丙酮或溶剂油或甲醇或乙醇(见7.2.3)中加入固体二氧化碳得到所需温度	−33±1.5
丙酮或溶剂油或甲醇或乙醇(见7.2.3)中加入固体二氧化碳得到所需温度	−51±1.5
丙酮或溶剂油或甲醇或乙醇(见7.2.3)中加入固体二氧化碳得到所需温度	−69±1.5

7.2 试剂和材料

7.2.1 脱水剂

无水硫酸钠，分析纯。

注：宜在100 ℃～105 ℃的烘箱中烘干1 h～2 h，至恒重，放在干燥器中待用。现烘现用会更好。

7.2.2 滤纸

定性或定量滤纸。

注：宜在100 ℃～105 ℃的烘箱中烘干至恒重，放在干燥器中待用。现烘现用会更好。

7.2.3 冷却剂

7.2.3.1 冰和水。

7.2.3.2 氯化钠晶体：化学纯。

7.2.3.3 固体二氧化碳(干冰)。

7.2.3.4 丙酮：化学纯。

警告：极易燃。

7.2.3.5 溶剂油：符合GB 1922—2006中3号要求。

警告：易燃，蒸气有毒。

7.2.3.6 无水乙醇：化学纯。

警告：易燃。

7.2.3.7 无水甲醇：化学纯。

警告：易燃，蒸气有毒。

7.3 试验步骤

7.3.1 将试样(6.1)注入试管(7.1.2)至刻线处。

7.3.2 用带有温度计的软木塞塞紧试管。如果预期浊点高于−36 ℃，选用GB-37温度计(7.1.1.2)；如果预期浊点低于−36 ℃，则选用GB-36温度计(7.1.1.2)。调整软木塞和温度计的位置，使软木塞紧紧塞住试管，且温度计和试管在同一轴线上，温度计的水银球刚好接触到试管底部。

注：温度计偶尔会出现断线，而不能立即检查出来。可定期检查温度计。只有当温度计不浸入浴时读数为室温，而浸入冰浴时读数为 0 ℃±1 ℃时才能使用。或者，将温度计浸入一个已知准确温度的冷浴来核查。

7.3.3 垫片、垫圈和套管内都应洁净、干燥。将垫片放入套管底部。在放入试管前，垫片和套管应先放入冷却介质中至少 10 min。当空套管冷却时可以盖上盖子。将垫圈套入试管，离底部约 25 mm，并将试管插入套管。绝不准许将试管直接放入冷却介质内。

注：垫片、垫圈和套管内如果不洁净、不干燥，会导致霜的形成，这样可能造成错误结果。

7.3.4 冷浴保持在 0 ℃±1.5 ℃范围内。

7.3.5 每当观察试管温度计读数下降 1 ℃时，在不搅动试样的情况下，迅速将试管取出，观察浊点，然后再放入套管。完成整个过程不应超过 3 s。

注：当试管温度很低，拿出试管进行浊点现象观察时，试管外壁会被薄薄的水雾笼罩，此时可用无水乙醇快速擦拭试管，便于观察。

7.3.6 当试样冷却至 9 ℃还未出现浊点，则将试管移入温度保持在－18 ℃±1.5 ℃的第二个浴套管中。在转移试管过程中不能转移套管。若试样冷却至－6 ℃还未显示浊点，则将试管移入温度保持在－33 ℃±1.5 ℃的第三个浴套管中。为了测定很低的浊点，需要增加几个浴，每个浴的浴温应与表 2 一致。在所有情况下，如果试管中的试样没有出现浊点和已识别试样当前使用的浴温达到了表 2 对应试样温度范围中的最低温度，应将试管转移至下一个冷浴。

表 2 冷浴和试样温度

浴的序号	浴温设定/℃	试样温度范围/℃
1	0±1.5	开始～9
2	－18±1.5	9～－6
3	－33±1.5	－6～－24
4	－51±1.5	－24～－42
5	－69±1.5	－42～－60

7.3.7 当连续冷却的试管底部出现蜡结晶时，记录温度计读数为浊点，读准至 1 ℃。

8 自动法

8.1 仪器

8.1.1 光学浊点测定仪：本方法所描述的自动浊点测定仪，是由一个微处理控制器组成，微处理控制器可以控制一个或多个独立的测定单元。该仪器应具备以下功能：根据具体冷却程序单独控制每个单元的温度；不断监控试样温度；不从套管中移出试管也能探测到试管底部浊点的出现，并显示精确到 0.1 ℃或 1 ℃的结果(见图 2)。

8.1.2 温度探测器：应符合 JB/T 8622 标准 PT100 的 A 级：$\Delta T=\pm(0.15+0.002|T|)$，测量范围为－50 ℃～＋80 ℃，温度探测器应与试管底部接触。

8.1.3 试管：圆筒状，透明玻璃制成，底部有镜面，外径 34 mm±0.5 mm，壁厚 1.4 mm±0.15 mm，高 120 mm±0.5 mm，底部厚 2.0 mm±0.5 mm，距试管内底 54 mm±0.5 mm 处有标线指示试样高度。

8.1.4 套管：黄铜材质，圆筒形，平底，深 113 mm±0.2 mm，内径 45 mm±0.1 mm。根据特定冷却程序冷却套管。

8.1.5 循环冷浴：装有一个循环泵(内部系统配备或外部系统配备均可)，能够保持的温度至少比最低所需套管温度低10 ℃(见表3和图2)。

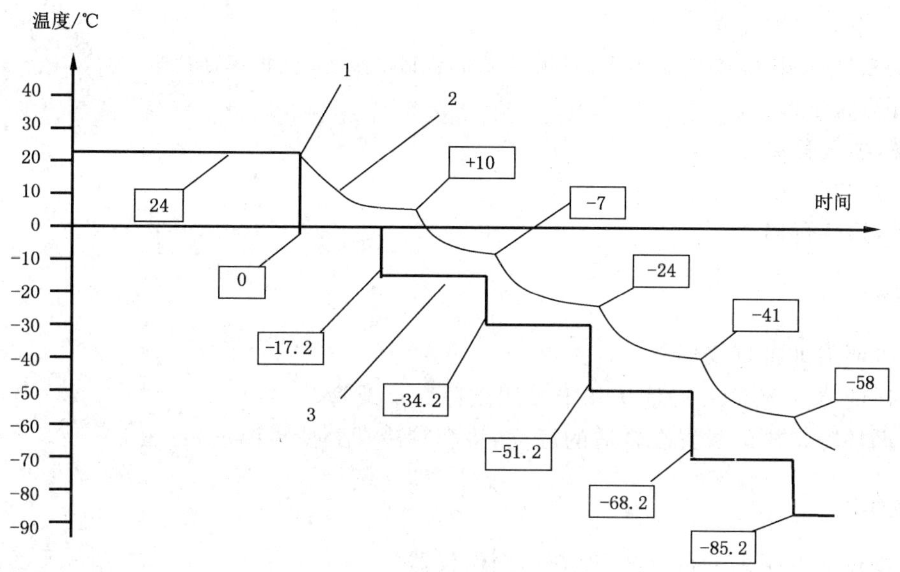

说明:

1——测试开始;

2——试样温度;

3——套管温度。

图2 自动浊点仪套管和样品冷却温度分布图

表3 套管和试样温度

试样温度(ST)/℃	套管温度/℃
ST>+10	0±0.5
+10≥ST>−7	−17.2±0.5
−7≥ST>−24	−34.2±0.5
−24≥ST>−41	−51.2±0.5
−41≥ST>−58	−68.2±0.5
−58≥ST>−75	−85.2±0.5

8.1.6 软木垫片:6 mm±0.2 mm厚,可在套管内松动。毛毡垫片也可用,但特别注意毛毡垫片内可能有水分。每次测试前毛毡垫片都应是干的。

8.1.7 软木垫圈:能套紧在试管外面,且在套管内松动。它的目的是防止试管与套管接触。

8.2 清洁试剂

用于清洁和干燥测试单元。

注:也可用无腐蚀的其他试剂清洁和干燥测试单元,包括仪器供应商推荐的试剂。

8.2.1 溶剂油:符合GB 1922—2006中3号要求。

8.2.2 己烷:符合GB 17602的要求。

8.3 冷却浴介质

用于循环浴中的冷却介质。

注：能达到方法规定的浴温，并不腐蚀设备的无水介质，包括仪器供应商推荐的试剂。

8.3.1 无水甲醇：化学纯。

警告：易燃，蒸气有毒。

8.3.2 无水乙醇：化学纯。

警告：易燃，蒸气有毒。

8.4 仪器的准备

8.4.1 按仪器说明书准备好仪器。

8.4.2 选择合适的清洗溶剂(8.2)清洁和干燥测试探头及试管。

8.4.3 调整再循环冷却机的设置至合适的温度，将套管冷却到所需温度(见表3)。

8.5 校准和标准化

8.5.1 确保依据仪器说明书进行校准、检查和操作仪器。

8.5.2 用来校准仪器的是一种带有已知电阻的模拟器。可依据操作手册中的校准说明进行。

注：测试探头模拟器可从仪器供应商处获得，模拟器可帮助证实温度测量的正确性。

8.5.3 有着相互认同浊点的试样，如多个实验室验证的试样，可用于仪器性能的核查。

注1：可用有证标准样品(CRM)、标准样品(RM)、实验室之间比对样品和能力验证样品，来核查仪器。

注2：对于新仪器或一年至少使用一次的仪器，可使用"注1："中的样品进行核查，所测定的浊点结果在标称值或中位值的±1 ℃范围内。

8.6 试验步骤

8.6.1 按仪器说明书的要求设定仪器参数，如灵敏度或阈值和设置温度精度等。

注1：温度精度，一般实验室规程是1 ℃，如果对结果有更高要求，可选0.1 ℃。

注2：对于色度为0或≥3.5的试样，如溶剂精制润滑油工艺生产的光亮油(BS)、环烷基油和二次加工工艺生产的加氢油等，在浊点测试时如果测定结果不理想，可通过调整灵敏度或阈值来实现。

8.6.2 将试样(6.1)注入试管(8.1.3)至刻线处。

8.6.3 将软木垫片放入套管底部，软木垫圈套入试管。如果需要，按仪器说明书对其作最终调整。软木垫圈应离试管底部25 mm±3.0 mm。

8.6.4 将试管放入套管。依据仪器说明书连接温度探测头。

8.6.5 依据仪器说明书开始测试。仪器将如表3自动调整套管温度，开始用光监测试样的浊点。在测试过程中，仪器将监测显示套管温度和试样温度。

8.6.6 仪器将根据表3连续监测来调整套管温度。从一个套管温度移动到下一个套管温度的时间不能超过200 s，这个时间适合于套管温度降至－52 ℃。

8.6.7 对于更低的套管温度，从一个套管温度移动到下一个套管温度的时间不能超过300 s。维持冷却系统的温度尽可能的低，以便在最短的时间内达到这些套管的温度。冷却系统的冷却能力能够实现试验所需的最低温度。

8.6.8 仪器应能检测试管底部出现浑浊的温度。试管底部出现浑浊的最高显示温度即为试样的浊点，并记录准至0.1 ℃或1 ℃。

8.6.9 仪器应有报警器，这样当检测到浊点，它将立即提示操作者。这个作用还可让操作者从仪器中取出试样，观察试样是否有浑浊，来进一步证实试样的浊点结果。

8.6.10 检测完毕后，应调整套管温度至23 ℃±2 ℃，才能拆卸试管。

注：在低温条件下拆卸试管，可能会引起温度探头的损害。

9 结果表述

9.1 手动法取 7.3.7 记录的温度作为浊点，精确至 1 ℃。

9.2 自动法取 8.6.8 记录的温度作为浊点，精确至 0.1 ℃或 1 ℃。

注：测定结果的精度要求，与客户的需求或产品的技术规格等方面有关。

10 精密度和偏差

10.1 精密度

用下述规定判断试验结果的可靠性(95%置信水平)。

注：本标准的精密度是由多个实验室的结果经统计分析得出。手动法是参与者分析了 13 种样品，这些样品的浊点范围在−1 ℃～−37 ℃的各种馏出燃料和润滑油组成，8 个参与的实验室用手动仪器。自动法是参与者分析了 11 种样品，这些样品的浊点范围在＋34 ℃～−56 ℃的各种馏出燃料和润滑油组成。10 个参与实验室用自动仪器，8 个参与的实验室用手动仪器。

10.1.1 重复性(r)

同一操作者，使用同一仪器，对同一试样测定，所得的两个重复测定结果之差，不应大于表 4 和表 5 中所示重复性的数值。

表 4 手动法的精密度

试样	重复性(r)/℃	再现性(R)/℃
馏分燃料和润滑油	2	4
生物柴油和生物柴油调合燃料	2	3

表 5 自动法的精密度

试样	重复性(r)/℃	再现性(R)/℃
馏分燃料和润滑油	2.2	3.9
生物柴油和生物柴油调合燃料	1.2	2.7

10.1.2 再现性(R)

在不同的实验室，不同的操作者，使用不同仪器，对同一试样测定，所得两个单一和独立的结果之差，不应大于表 4 和表 5 所示再现性的数值。

10.2 偏差

10.2.1 手动法的偏差

因为浊点结果只根据一个方法定义。手动法中浊点的偏差未确定。

10.2.2 自动法的偏差

因为没有合适的参考物质用于定义偏差，所以在自动法中浊点的偏差未确定，包括生物柴油的偏差。

10.3 相对偏差

自动法的相对偏差：是由多个实验室已测试与手动法的相对偏差。尽管已认识到有统计学的有效偏差，但测出数值太小（−0.56 ℃），没有实际意义。

11 报告

试验报告至少应包括以下内容：

a） 注明对本标准的引用；

b） 被测试样的类型和标识；

c） 试样是否过滤、脱水；

d） 试验结果；

e） 试验结果测试采用的是自动法还是手动法；

f） 按协议规定或其他规定与本标准的试验步骤存在的任何差异都应注明；

g） 试验日期。

ICS 91.100.40
Q 10

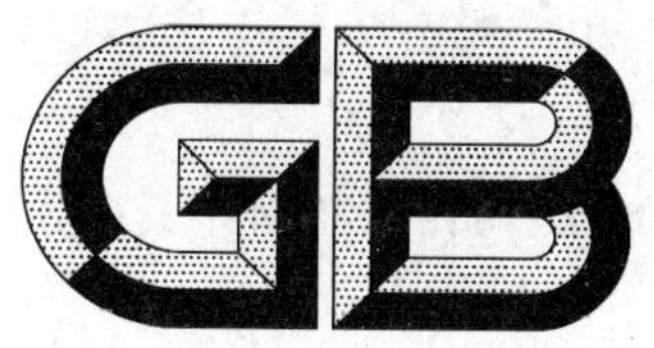

中华人民共和国国家标准

GB/T 7019—2014
代替 GB/T 7019—1997

纤维水泥制品试验方法

Test methods for fiber cement prdoucts

2014-12-05 发布　　2015-06-01 实施

中华人民共和国国家质量监督检验检疫总局
中国国家标准化管理委员会　发布

前　言

本标准按照 GB/T 1.1—2009 给出的规则起草。

本标准代替 GB/T 7019—1997《纤维水泥制品试验方法》。

本标准与 GB/T 7019—1997 相比主要差异如下：

——增加了规范性引用文件(见第 2 章)；

——补充了术语和定义(见第 3 章,1997 版第 2 章)；

——增加了九波瓦的尺寸与外观质量的试验方法(见第 4 章,1997 版第 3 章)；

——增加了表面带花纹时平板厚度的测定方法(见第 4 章,1997 版第 3 章)；

——增加了波瓦、平板对角线差的试验方法(见第 4 章)；

——修改了平板边缘直线度拉线法试验方法(见第 5 章,1997 版第 4 章)；

——增加了纤维水泥管道椭圆度、弯曲度试验方法(见第 5 章,1997 版第 4 章)；

——修改了平板不透性试验方法(见第 7 章,1997 版第 6 章)；

——抗冻性试验规定了达到起始时间要求及强度损失率试验方法(见第 9 章,1997 版第 8 章)；

——增加了平板落球法抗冲击性试验(见第 11 章)；

——增加了平板的热水、热雨、浸泡-干燥试验方法(见第 17 章、第 18 章、第 19 章)。

本标准由中国建筑材料联合会提出。

本标准由全国水泥制品标准化技术委员会(SAC/TC 197)归口。

本标准负责起草单位:苏州混凝土水泥制品研究院有限公司、苏州第五建筑集团有限公司。

本标准参加起草单位:国家水泥混凝土制品质量监督检验检验中心、金强(福建)建材科技股份有限公司、佛山市欧朗板业有限公司、宜春市金特建材实业有限公司、浙江海龙新型建材有限公司、广东新元素板业有限公司、安徽华普节能材料股份有限公司、昆明民兴工贸有限责任公司、浙江汉德邦建材有限公司、四川嘉华企业(集团)股份有限公司、江苏爱富希新型建材有限公司。

本标准主要起草人:冯立平、吴楠峰、李秋建、徐定丰、廖合堂、沈建新、史志强、薛念念、张黎。

本标准所代替的历次版本标准发布情况为：

——GB 7019—1986、GB/T 7019—1997；

——GB 8040—1987；

——GB 8041—1987；

——GB 8042—1987；

——GB 9773—1988。

纤维水泥制品试验方法

1 范围

本标准规定了纤维水泥制品的性能试验方法。

本标准适用于纤维水泥波瓦、纤维水泥平板、纤维增强硅酸钙板、纤维水泥半波板、纤维水泥脊瓦及纤维水泥管等纤维水泥制品的性能试验。

2 规范性引用文件

下列文件对于本文件的应用是必不可少的。凡是注日期的引用文件,仅注日期的版本适用于本文件。凡是不注日期的引用文件,其最新版本(包括所有的修改单)适用于本文件。

GB/T 8170 数值修约规则和极限数值的表示和判定

GB/T 16309 纤维增强水泥及其制品术语

GB/T 17671 水泥胶砂强度检验方法(ISO 法)

3 术语和定义

GB/T 16309 中界定的以及下列术语和定义适用于本文件。

3.1

热水试验 warm water performance

将产品长时间置于热水中来试验产品老化性能的试验,是一种比较性试验。

3.2

热雨试验 heat-rain performance

模拟产品在雨水、日晒循环下的耐久性能的试验。

3.3

浸泡-干燥试验 soak-dry performance

试验产品在泡水-干燥循环下的产品老化性能的试验,是一种比较性试验。

3.4

自然状态试件 natural condition

将试件存放在室温自然通风的试验室中,当板的公称厚度小于或等于 20 mm 时,存放 3 d;而当板的公称厚度大于 20 mm 时,存放 7 d。

3.5

饱水状态试件 wet condition

将试件置于最低温度为 5 ℃的水中,当板的公称厚度小于或等于 20 mm 时,浸泡 24 h;对公称厚度大于 20 mm 时,浸泡 48 h;取出用湿布擦去浮水。

3.6

干燥状态试件 dry condition

将试件置于 105 ℃±5 ℃的干燥箱内烘干,当板的公称厚度小于或等于 20 mm 时,烘干时间为 24 h;对公称厚度大于 20 mm 的试件,烘干时间为 48 h;取出冷却至室温。

4 规格尺寸与形状偏差的测量

4.1 波瓦

4.1.1 仪器设备

仪器设备如下：

a) 钢卷尺：分度值 1 mm；

b) 钢直尺：分度值 1 mm；

c) 宽座直角尺：1 000 mm×630 mm；

d) 宽座直角尺：160 mm×160 mm；

e) 壁厚千分尺：分度值 0.02 mm；

f) 深度游标卡尺：分度值 0.02 mm；

g) 弧谷定位轴，见图 1。

单位为毫米

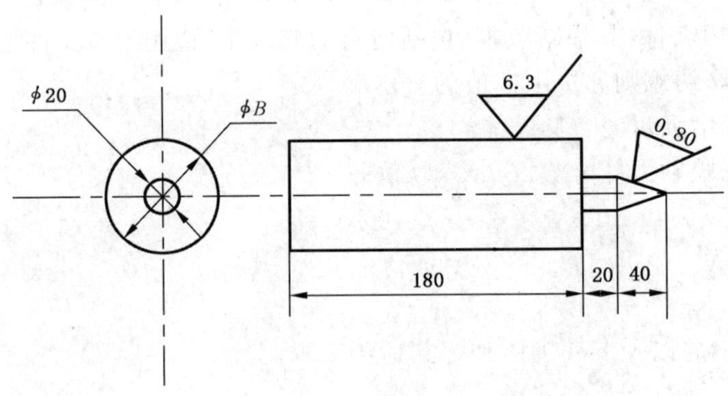

说明：

ϕB——定位轴外径，小波瓦：37 mm，中波瓦、大波瓦：65 mm。

图 1 弧谷定位轴

4.1.2 试验方法

4.1.2.1 长度

大波瓦、中波瓦在 2 和 5 波顶；九波瓦在 2、7 波顶；小波瓦在 3 和 9 波顶，用钢卷尺各测量一次，取两次测量的算术平均值，结果修约至 1 mm。

4.1.2.2 宽度

将样品平放在操作平台上，在离波瓦两端部 200 mm 处，将宽座直角尺放置在样品宽度方向的两侧，直角尺的宽边放置在平台上，另一边紧靠在样品的边缘，用钢卷尺测量直角尺间的最短距离，各测量一次，取两次测量的算术平均值，结果修约至 1 mm。

4.1.2.3 厚度

用壁厚千分尺在离端部 10 mm 处测量，大波瓦、中波瓦在 2 和 5 波顶；九波瓦在 2、7 波顶；小波瓦在 3 和 9 波顶，各测量一次，取两次测量的算术平均值，结果修约至 0.1 mm。

4.1.2.4 波高

用深度游标卡尺在离两端部 200 mm 处，大波瓦、中波瓦在 2 和 3 波间及 4 和 5 波间测量；九波瓦在 2 和 3 波间及 6 和 7 波间测量；小波瓦在 3 和 4 波间及 8 和 9 波间测量，各测量一次，取两次测量的算术平均值，见图 2，结果修约至 1 mm。

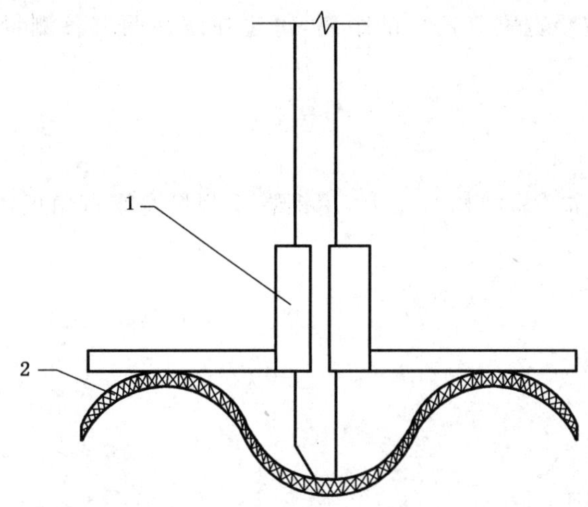

说明：

1——深度游标卡尺；

2——波瓦样品。

图 2 波高测量示意图

4.1.2.5 波距

在波瓦相邻波谷中(测量位置与测量波高相同)放置弧谷定位轴，弧谷定位轴锥形端伸出瓦端部，用钢直尺测量相邻两锥顶的距离，各测量一次，取两次测量的算术平均值，结果修约至 0.5 mm。见图 3。

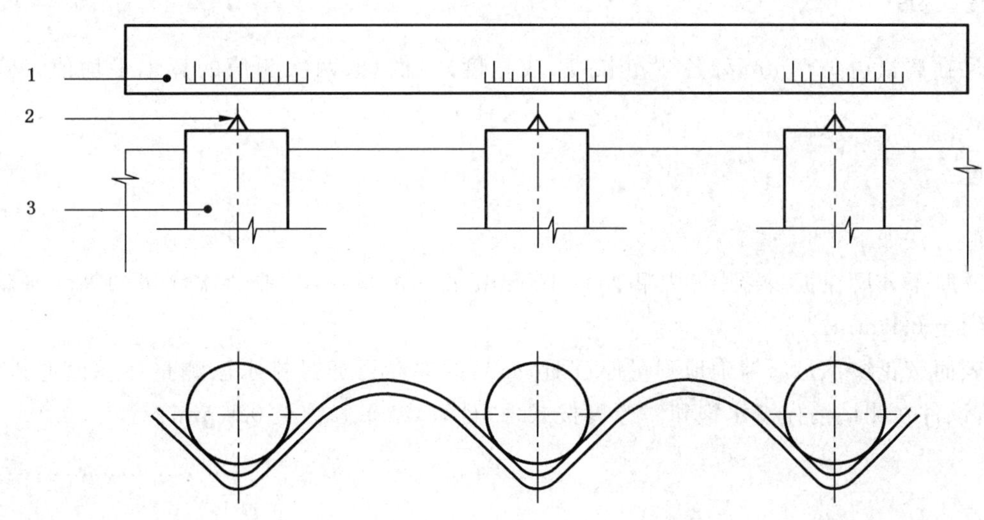

说明：

1——钢直尺；

2——滚筒锥形端；

3——弧谷定位轴(滚筒)。

图 3 波距的测量

4.1.2.6 边距

将样品反面朝上平放在操作平台上，在离波瓦两端部 200 mm 处，将宽座直角尺放置在样品宽度方向的一侧，宽座直角尺的宽边放置在平台上，另一边紧靠在样品的边缘；将滚筒放置在波瓦反面边波波谷内，用钢直尺测量滚筒顶端至宽座直角尺的距离，每边在波瓦两端各测量一次，取两次测量的算术平均值，结果修约至 1 mm。

4.1.2.7 对角线差

将宽座直角尺内侧紧卡在样品的相对角上，用钢卷尺测量宽座直角尺内角间的距离，两个测值之差为对角线差，结果修约至 1 mm。

4.2 平板

4.2.1 仪器设备

仪器设备如下：

a) 钢卷尺：分度值 1 mm；

b) 钢直尺：分度值 1 mm；

c) 宽座直角尺：1 000 mm×630 mm；

d) 宽座直角尺：160 mm×160 mm；

e) 壁厚千分尺：分度值 0.02 mm；

f) 游标卡尺：分度值 0.02 mm；

g) 塞尺：最小值 0.01 mm。

4.2.2 试验方法

4.2.2.1 长度、宽度

用钢卷尺在离板边 100 mm 处各测量长度(或宽度)一次，取两次测值的算术平均值，结果修约至 1 mm。

4.2.2.2 厚度

厚度试验方法如下：

a) 用壁厚千分尺在板一端中间及距两角 10 mm 处各测量一次，取 3 次测量的算术平均值，结果修约至 0.1 mm。

b) 如表面带花纹不足以精确地测量厚度时，样品的厚度可通过排水法测量体积值并进行计算确定，试件在测试前先浸水饱和。厚度按式(1)计算，结果修约至 0.1 mm：

$$e=\frac{V}{lb} \tag{1}$$

式中：

e ——试件平均厚度，单位为毫米(mm)；

V——按排水法测定的排出水的体积，单位为立方厘米(cm^3)；

l ——试件长度，单位为毫米(mm)；

b ——试件宽度，单位为毫米(mm)。

4.2.2.3 厚度不均匀度

用壁厚千分尺在板的四角及板边中部，距板边缘 20 mm 处测量板的厚度，共测得 8 个厚度值(测点见图 4)，以 8 个厚度值中最大值与最小值之差除以 8 个厚度测值的平均值为该板的厚度不均匀度，结果修约至1%。

单位为毫米

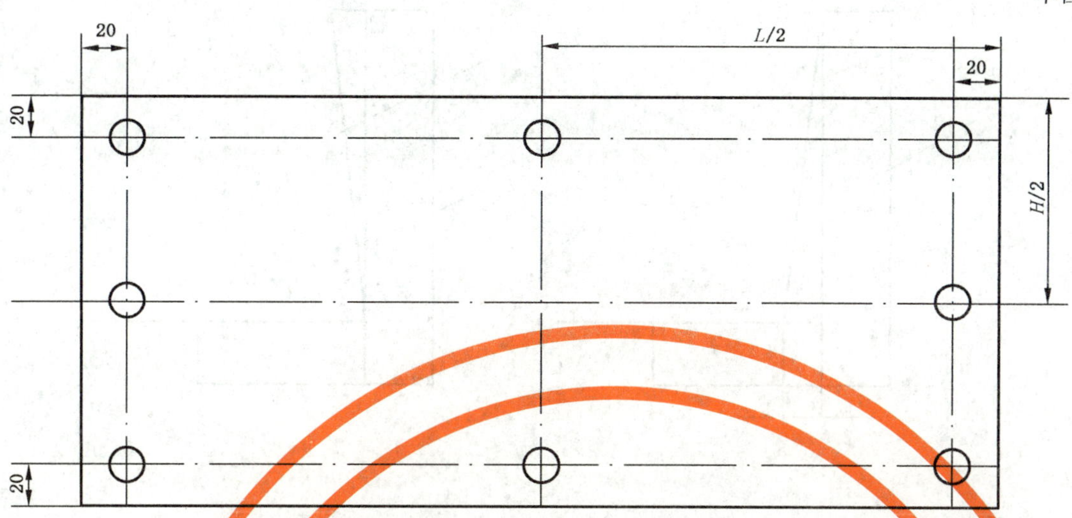

图 4　厚度不均匀度测量位置图

4.2.2.4　边缘直线度

将两垫块紧贴在平板一侧各距端部10 mm处，垫块上拽紧弦线，用钢直尺测量弦线与板边的距离，测值减去垫块厚度即为平板的边缘直线度(见图5)，依次测量四个边取最大值，结果修约至1 mm。

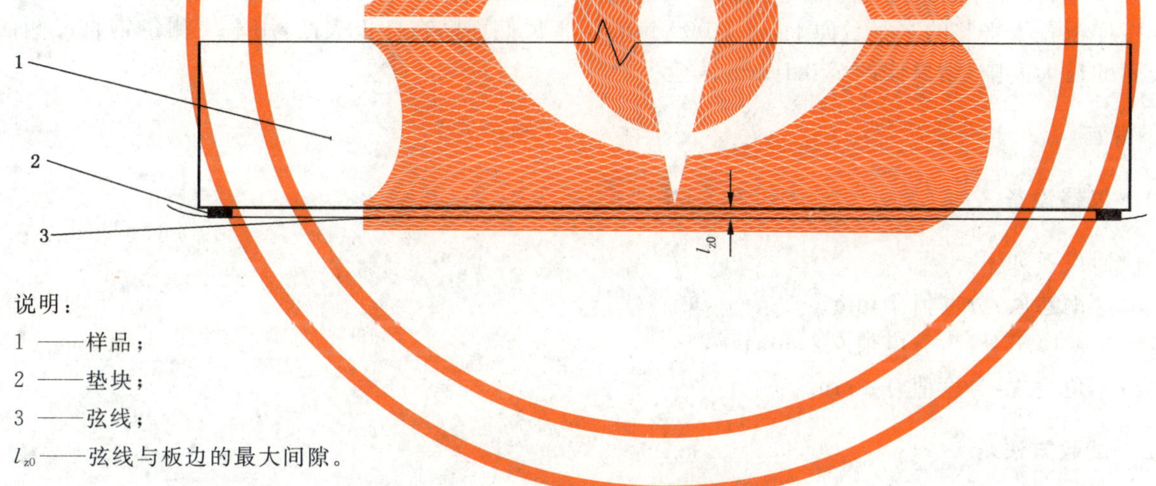

说明：

1 ——样品；

2 ——垫块；

3 ——弦线；

l_{z0}——弦线与板边的最大间隙。

图 5　边缘直线度的测量

4.2.2.5　对角线差

用分度值为1 mm的钢卷尺，测量平板对角线长度，取两个对角线长度之差为对角线差，结果修约至1 mm。

4.2.2.6　边缘垂直度

将直角尺贴至平板的一个角上，直角尺的短臂紧贴平板的宽度方向边缘，测量直角尺长臂端部离板边的间距或平板角的顶点离直角尺短臂的间距(见图6)，依次测量四个角取最大值，结果修约至1 mm。

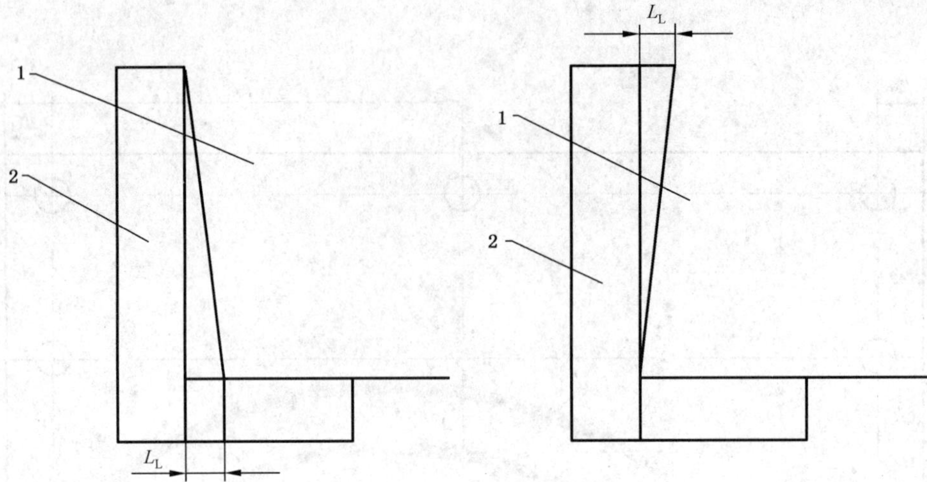

说明：

1 ——平板；

2 ——直角尺；

L_L——边缘垂直度。

图6 边缘垂直度

4.2.2.7 平整度

将样板置于平整的水平台面上，将1 000 mm钢直尺侧面贴在样板表面，用塞尺测量钢直尺侧面与样板间的最大间隙，结果修约至0.1 mm。

4.3 脊瓦

4.3.1 仪器设备

仪器设备如下：

a) 钢卷尺：分度值1 mm；

b) 壁厚千分尺：分度值0.2 mm；

c) 角度规：分度值0.2 mm。

4.3.2 试验方法

4.3.2.1 长度

用钢卷尺在脊瓦两边中部，各测量一次，取两次测量的算术平均值，结果修约至1 mm。

4.3.2.2 宽度

用钢卷尺在脊瓦长度方向离端部三分之一处，各测量一次，取两次测量的算术平均值，结果修约至1 mm。

4.3.2.3 厚度

用壁厚千分尺在脊瓦两边中部，各测量一次，取两次测量的算术平均值，结果修约至0.1 mm。

4.3.2.4 脊瓦角度

把角度规一边紧靠脊瓦外边一面，调整角度规使其另一边与脊瓦另一面紧密接触，读取角度规读数。

4.4 半波板

4.4.1 仪器设备

仪器设备如下：

a) 钢卷尺：分度值 1 mm；

b) 钢直尺：分度值 1 mm；

c) 壁厚千分尺：分度值 0.02 mm；

d) 深度游标卡尺：分度值 0.02 mm；

e) 弧谷定位轴，见图 1。

4.4.2 长度

在板中间及距板边各约 50 mm 的两处各测量一次，取 3 次测量结果的算术平均值，结果修约至 1 mm。

4.4.3 宽度

在板中间及距板两端 50 mm 处各测量一次，取 3 次测量结果的算术平均值，结果修约至 1 mm。

4.4.4 厚度

在一端取 6 点测量，其中包括 3 个平谷，取 6 次测量的算术平均值，结果修约至 0.1 mm。

4.4.5 波高

在离端部 200 mm 处的 2 和 3 波间及 4 和 5 波间测量，取其两次测量的算术平均值，结果修约至 1 mm。

4.4.6 波距

将半波板反而朝上，平放在操作平台上，在半波板相邻波谷中(测量位置与测量波高相同)放置弧谷定位轴，让弧谷定位轴锥形端伸出端部，用钢直尺测量相邻两锥顶的距离，取两次测量的算术平均值，结果修约至 1 mm。

4.5 纤维水泥管

4.5.1 仪器设备

仪器设备如下：

a) 钢卷尺：分度值 1 mm；

b) 钢直尺：分度值 1 mm；

c) 游标卡尺：分度值 0.2 mm；

d) 试通器：管段长度为 1 m，两头为半球型的钢管(见图 7)；

e) 垫块：20 mm×10 mm×10 mm 的钢质垫块。

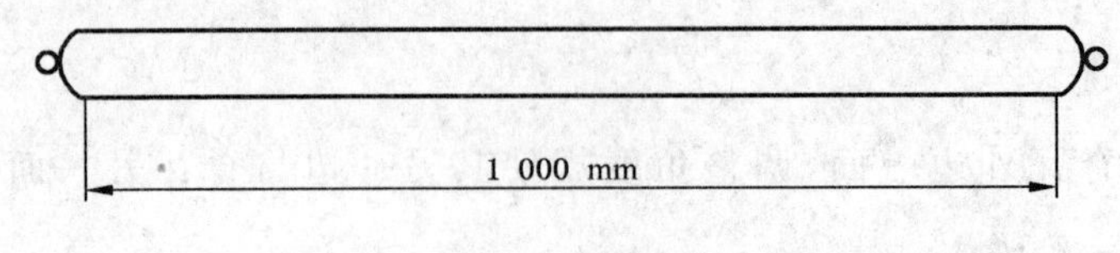

图 7 试通器

4.5.2 试验方法

4.5.2.1 长度

将试验管平放在操作平台上，用钢卷尺在管子轴向对称位置测量两次，取其算术平均值，结果修约至 1 mm。

4.5.2.2 壁厚

将试验管平放在操作平台上，用游标卡尺在管子两端垂直对称位置测量两次，共得 4 个数值，取 4 个数值的算术平均值，结果修约至 0.1 mm。

4.5.2.3 内、外径

将试验管平放在操作平台上，用游标卡尺在管子两端垂直对称方向各测量两次，共得 4 个数值，取 4 个数值的算术平均值，结果修约至 1 mm。

4.5.2.4 弯曲度

将试验管平放在操作平台上，将两个垫块分别紧贴在管子同一侧面离两端各 5 mm 处的外表面上，在垫块上曳紧弦线，用钢直尺测量管子外表面与弦线之间的最大间隙，减去垫块厚度即为管子的弯曲度，精确至 1 mm。

4.5.2.5 椭圆度

用游标卡尺外卡面，按 45°角间隔测量试验管端口 4 个方向内径，取其最大值与最小值之差除以公称内径，结果修约至 0.1%。

4.5.2.6 管身弯曲

将试通器从电缆管的一端送进，从另一端抽出，试验能否顺畅通过。

5 外观质量

5.1 仪器设备

仪器设备如下：

a) 钢直尺：分度值 1 mm；
b) 宽座直角尺：1 000 mm×630 mm；
c) 宽座直角尺：160 mm×160 mm；
d) 读数显微镜：分度值 0.01 mm；
e) 方正度框架：两端带有与瓦形吻合的弧形框架，框架外围宽度为整个瓦宽，长度 500 mm，边缘直线偏差每米不超过 0.2 mm，两边间的直角精度为 0.001 rad。

5.2 波瓦

5.2.1 掉角

将宽座直角尺贴至缺角部位，测量缺角处两个方向的长度，结果修约至 1 mm。如图 8 所示。

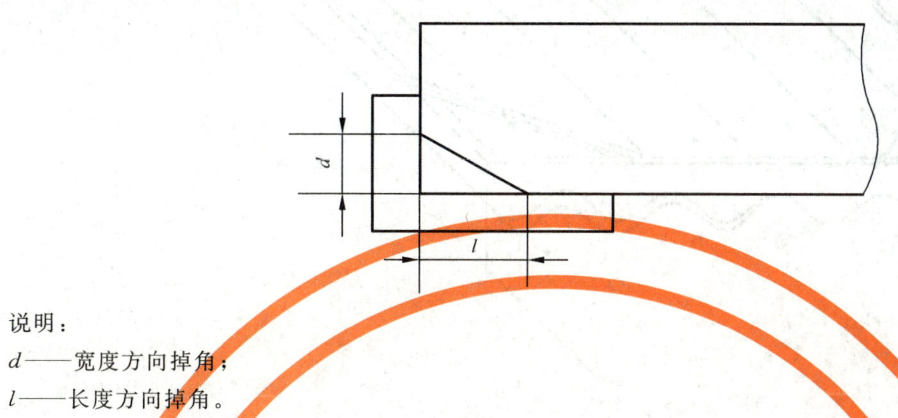

说明：

d——宽度方向掉角；

l——长度方向掉角。

图 8 掉角测量示意图

5.2.2 掉边

将长的钢直尺一边紧靠在掉边处，用短的钢直尺测出掉边最宽处与长钢直尺边的距离 δ_b（见图 9），结果修约至 1 mm。

说明：

1——样品；

2——钢直尺。

图 9 掉边测量

5.2.3 裂纹

用读数显微镜测量裂缝最宽处的宽度，结果修约至 0.1 mm。

用钢直尺测量裂缝长度，结果修约至 1 mm。

5.2.4 方正度

将框架的一端与波瓦的一端对齐，测量框架另一端与波瓦另一端波顶的最大间隙 δ（见图 10），结果修约至 1 mm。

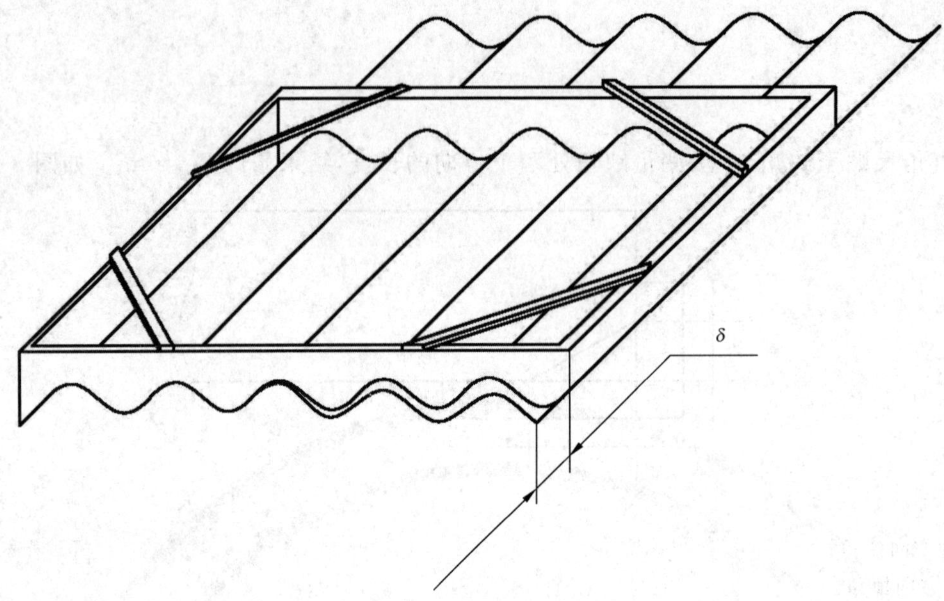

图 10 方正度试验

5.3 纤维水泥管

5.3.1 用钢直尺测量管子外表面伤痕和脱皮等瑕疵的长度 L_x、最大宽度 $B_{x\max}$ 和最小宽度 $B_{x\min}$，修约至 0.1 mm，见图 11。瑕疵面积按式(2)进行计算，修约至 0.1 mm^2。

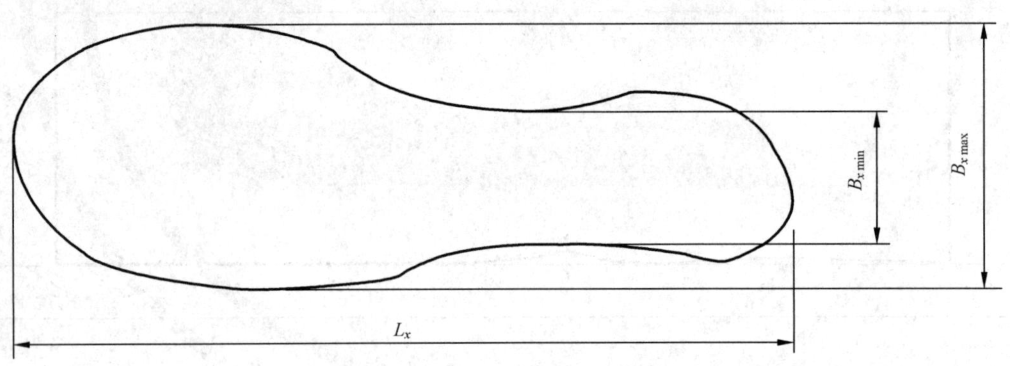

图 11 瑕疵的测量

5.3.2 用深度游标卡尺测量瑕疵深度，修约至 0.1 mm。

$$A_x = L_x \frac{B_{x\max} + B_{x\min}}{2} \qquad \cdots\cdots(2)$$

式中：

A_x ——瑕疵面积，单位为平方毫米(mm^2)；

L_x ——瑕疵长度，单位为毫米(mm)；

$B_{x\max}$——瑕疵最大宽度，单位为毫米(mm)；

$B_{x\min}$——瑕疵最小宽度，单位为毫米(mm)。

6 含水率、吸水率、密度及孔隙率的测定

6.1 仪器设备

仪器设备如下：

a) 天平：分度值 0.01 g；

b) 电热鼓风干燥箱：温度范围不大于 200 ℃；

c) 水槽：控制水温在 5 ℃以上。

6.2 试件

6.2.1 试件尺寸与数量

样品数及试件数量按表 1 的规定。

表 1 含水率、吸水率、密度及孔隙率的试件尺寸及数量

种类	波瓦		半波板	平板	脊瓦	管子
	波距≥130 mm	波距<130 mm				
长度/mm	100	100	100	80	80	轴向 30
宽度/mm	1 个波距	2 个波距	100 (包括半个波顶)	80	80	环向 50
样品数量/张	2	2	2	2	2	2
每张样品试件数量/个	2	2	2	2	2	2

6.2.2 试件的制备

6.2.2.1 取样：波瓦在离端部 100 mm 处的中部对称位置各取 1 块；平板或脊瓦在距板边 30 mm 以上的中间对称位置切取；管子从管两端部切取。

6.2.2.2 试件应无肉眼可见裂纹，表面无灰尘及细碎颗粒，无切取试件造成的裂纹、分层、缺角等缺陷。

6.3 试验步骤

试验步骤如下：

a) 切割试件后，将试件置于室内自然通风条件下至少 7 d 用天平立即称取每个试件的质量 m_0。修约至 0.1 g。

b) 将试件置于 105 ℃±5 ℃的干燥箱内烘干 24 h，取出置于干燥器中冷却至室温，称取试件的质量 m_1，修约至 0.1 g。

c) 将试件放入 5 ℃以上的水槽中 24 h，然后将试件用夹子夹住悬吊于水中称取试件在水中的质量 m_2，称量时试件不能接触容器壁，修约至 0.1 g。

d) 从水中取出试件，用湿毛巾小心地擦去试件表面附着水后立即称取饱水试件的质量 m_3，修约至 0.1 g。

6.4 结果计算

6.4.1 含水率按式(3)计算，修约至 0.1%：

$$H=\frac{m_0-m_1}{m_1}\times 100 \qquad \cdots\cdots(3)$$

式中：

H ——试件的含水率，%；

m_0 ——自然状态试件的质量，单位为克(g)；

m_1 ——干燥状态试件的质量，单位为克(g)。

6.4.2 吸水率按式(4)计算，修约至0.1%：

$$X=\frac{m_3-m_1}{m_1}\times 100 \qquad \cdots\cdots(4)$$

式中：

X ——试件的吸水率，%；

m_1 ——干燥状态试件的质量，单位为克(g)；

m_3 ——饱水试件在空气中的质量，单位为克(g)。

6.4.3 表观密度按式(5)计算，修约至0.01%：

$$\rho=\frac{m_1\times\rho_0}{m_3-m_2} \qquad \cdots\cdots(5)$$

式中：

ρ ——试件的表观密度，单位为克每立方米(g/m^3)；

ρ_0 ——水的密度，单位为克每立方厘米(g/cm^3)，取1 g/cm^3。

6.4.4 孔隙率按式(6)计算，修约至0.1%：

$$K=\frac{m_3-m_1}{m_3-m_2}\times 100 \qquad \cdots\cdots(6)$$

式中：

K ——试件的孔隙率，%；

m_1 ——干燥状态试件的质量，单位为克(g)；

m_2 ——饱水试件在水中的质量，单位为克(g)；

m_3 ——饱水试件在空气中的质量，单位为克(g)。

7 不透水性试验

7.1 仪器设备

仪器设备如下：

a) 波瓦试验用围水框架：二端边带有与波瓦弧型相吻合波型的长方型围框，内框长度1 000 mm，高40 mm，宽度：小波瓦为6个波距，中波瓦、九波瓦为4个波距，大波瓦为3个波距；

b) 平板用围水框架：内框尺寸为600 mm×500 mm×40 mm的长方型框架；

c) 钢直尺：分度值1 mm；

d) 温度计：分度值1 ℃；

e) 恒温试验室：试验室温度控制在23 ℃±2 ℃，相对湿度大于50%；

f) 密封胶：非水溶性密封胶；

g) 温湿度计：分度值1 ℃。

7.2 试件尺寸与数量

7.2.1 样品数量及试件尺寸、数量见表2。

7.2.2 样品处理：将制备好的试件置于室内自然通风条件下7 d。

表 2 不透水性试件尺寸及数量

种类	波瓦	半波板	平板
长度/mm	≥1 200 或整张瓦	≥1 200	700
宽度/mm	整张瓦宽	整张瓦宽	700
样品数量/张	2	2	2
每张样品试件数量/个	—	—	2 (在距板边 200 mm 的中间部位切取)

7.3 试验方法

7.3.1 波瓦及半波板

7.3.1.1 试验在温度为 23 ℃±2 ℃,相对湿度大于 50%的室内进行。

7.3.1.2 将试件正面朝上水平放置,围水框架弧形面与试件波形对应放置,在接触面用玻璃密封胶完全密封,确保不渗水,见图 12。

7.3.1.3 待密封胶已经完全干燥,将自来水注入框架,至水面高出波顶 20 mm 并保持,水温不低于 5 ℃。

7.3.1.4 试验结果

试验 24 h 后检查瓦反面是否出现湿痕或水滴并记录。

说明:

1——围水框;

2——波瓦。

图 12 波瓦不透水性试验示意图

7.3.2 平板

7.3.2.1 试验在温度为 23 ℃±2 ℃,相对湿度大于 50%的室内进行。

7.3.2.2 将试件正面朝上水平放置,将围水框放置试件表面,与试件的接触处用密封胶完全密封,确保不渗水,见图 13。

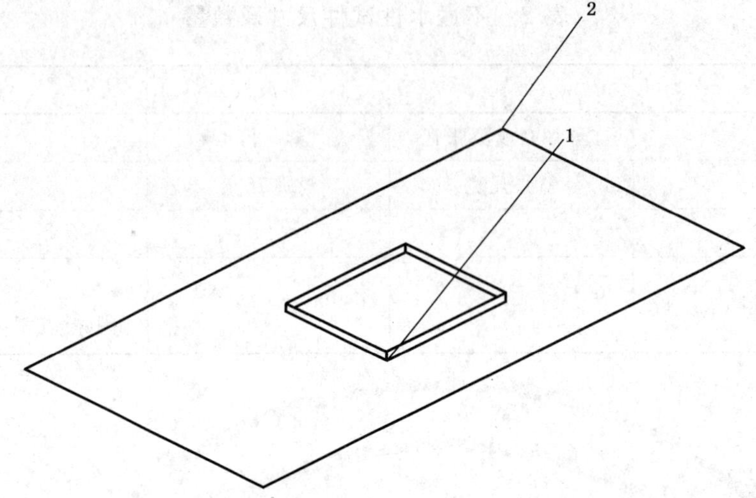

说明：

1——围水框；

2——平板。

图 13 平板不透水试验示意图

7.3.2.3 待密封胶已经完全干燥，将自来水注入框架，至水面高出板面 20 mm 并保持，水温不低于 5 ℃。

7.3.2.4 试验结果

注水 24 h 后检查平板反面是否出现湿痕或水滴并且记录。

8 平板干缩率、湿胀率

8.1 仪器设备

仪器设备如下：

a) 外径千分尺：分度值 0.01 mm；

b) 电热鼓风干燥箱：温度范围 0 ℃～200 ℃；

c) 水槽：控制水温在 5 ℃以上。

8.2 试件

8.2.1 试件的尺寸

试件的尺寸 260 mm×260 mm，每张板干缩率试件 2 个，湿涨率试件 2 个。

8.2.2 试件的制备

距板边 200 mm 处的中间对称位置切取。

8.3 试验步骤

8.3.1 干缩率

将试件放置于室内自然通风条件下放置 7 d 以上，在试件四边测量部位刻上标线，用外径千分尺测量 4 个边长 l_1，然后将试件放进干燥箱里，保持 60 ℃±5 ℃，24 h 后取出放在干燥器中冷却至室温，再测量 4 个边的长度 l_2。测量结果均修约至 0.01 mm。

8.3.2 湿胀率

将试件放进干燥箱里开始升温，在 105 ℃±5 ℃温度下烘干 24 h，取出放在干燥器中冷却至室温，在试件四边测量部位刻上标线，用外径千分尺测量 4 个边长 l_4；然后将试件浸入不低于 5 ℃的水槽中 24 h，取出后用湿毛巾擦净，再次测量四边的 4 个边长 l_3。测量结果均修约至 0.01 mm。

试件在浸水、烘干过程中，应用夹子夹住试件，保证试件处于悬挂状态，以防止产生起拱变形。

8.4 结果计算

8.4.1 干缩率按式(7)计算，结果修约至 0.01%：

$$\Delta l=\frac{l_1-l_2}{l_1}\times 100 \qquad \cdots\cdots(7)$$

式中：

Δl ——干缩率，%；

l_1 ——自然状态试件长度，单位为毫米(mm)；

l_2 ——60 ℃±5 ℃烘干后试件长度，单位为毫米(mm)。

8.4.2 湿胀率按式(8)计算，结果修约至 0.01%：

$$\varepsilon=\frac{l_3-l_4}{l_3}\times 100 \qquad \cdots\cdots(8)$$

式中：

ε ——湿涨率，%；

l_3——饱水后试件长度，单位为毫米(mm)；

l_4—— 105 ℃±5 ℃烘干后试件长度，单位为毫米(mm)。

8.4.3 结果以两块试件 8 个数据的算术平均值表示，修约至 0.01%。

9 抗冻性试验

9.1 仪器设备

仪器设备如下：

a) 低温箱：最低温度－40 ℃，分度值 0.5 ℃；

b) 水箱：温度可控制在 20 ℃±5 ℃的水箱，体积应能保证试件完全浸没在水中，保持水面高度高出试件 20 mm；

c) 试验架：能确保试件侧立于试验架上，试件之间保持 20 mm 的间隔；

d) 温度计：分度值 1 ℃。

9.2 试件的制备

从波瓦、半波板或平板上按表 3 尺寸在距样品边缘 200 mm 处的中间对称位置切取。管子从管两端部切取。如需进行冻融后强度损失率试验，应需加倍取样，一组作冻融循环试件，一组作对比试件。

9.3 试验步骤

9.3.1 将已切割好的试件放入不低于 5 ℃的清水中浸泡 24 h，取出检查是否有因切割而引起的缺陷。作好检查记录。

9.3.2 浸泡后的试件用湿布擦干后，侧立在试件架上(管子试件竖立放置)，将其放入冷冻箱内，开始制冷，应能保证冷冻箱在2 h内降温至－20 ℃±2 ℃，波瓦、半波板、平板冷冻时间为1 h 30 min，管子2 h。冷冻起始时间从达到－20 ℃时开始计时。

表3 抗冻性试验试件数量及尺寸

种类	波瓦		半波板	平板	脊瓦	管
	波距≥130 mm	波距<130 mm				
长度/mm	300		300	300	100	200 管段
宽度/mm	1个波距	2个波距	200	200	150	
样品数量/张	2	2张	2	2	2	2
每张样品试件数量/个	2	2	2	2	2	2

9.3.3 达到冷冻时间后，取出试件立即放入20 ℃±5 ℃的清水中融解，波瓦、半波板和平板融解时间1 h、管子融解时间2 h，冻、融一次为一个循环。

9.3.4 因试验条件等原因造成无法连续循环试验时，允许试件在循环之间放置水中浸泡，时间最长不超过72 h。

9.4 试验结果评定

9.4.1 反复冻融 n 次(n 为产品标准规定的冻融次数，若产品标准未作规定，则 n 可取25次)，每次浸水融化后，用湿布擦干，检查试件有无起层和龟裂等破坏现象。当试验未达标准规定的循环次数而试件发生起层和龟裂等破坏现象时，并能明确作出判定时，可以中止试验，并记录循环次数。

9.4.2 冻融循环结束后，如需进行冻融后强度损失率试验，则按10.3.2进行抗折强度试验，冻融后抗折强度与对比试件抗折强度比为强度损失率，精确至0.1%。

10 抗折试验

10.1 仪器设备

仪器设备如下：

a) 非金属薄板抗折试验机：最大分度值5 N，精度±1%。
   波瓦：上压板：230 mm×1 000 mm，下支座：50 mm×1 000 mm，压板及支座与试件接触面用厚10 mm的毛毡粘贴，且粘贴平整。
   脊瓦：下支座均为钢质平板，上压板与试件之间放置长度为大于脊瓦平直区全长，宽50 mm，高度为30 mm的木条。
b) 平板抗折试验机：分度值1 N，精度±1%。上、下压杆均为钢质半圆型，半径为5 mm，长度大于等于260 mm。
c) 钢卷尺：分度值1 mm。
d) 钢直尺：分度值1 mm。
e) 壁厚千分尺：分度值0.01 mm。

10.2 试件制备

试件尺寸、试验支距见表4。波瓦横向抗折试件取整张瓦，纵向抗折试件在作完横向抗折试验的试件上割取；平板试件在去除板边不小于200 mm的中间部分对称位置割取，切取出垂直和平行于制品长度方向相同数量的试件。样品的试验状态根据产品标准的规定执行。

表 4 波瓦、半波板、平板抗折试验支距及试件尺寸

产品品种	试验项目	支距 L	试件尺寸	样品数量及试件数量
中波瓦、小波瓦	横向抗折力	850 mm	整张瓦	样品数量按产品标准规定的抽样数量确定。每张样品即为一个试件
钢丝网中波瓦九波瓦		1 500 mm		
钢丝网小波瓦		850 mm		
大波瓦		1 350 mm		
半波板		1 150 mm		
小波瓦 钢丝网小波瓦	纵向抗折力	8 个波距	瓦宽×500 mm	
中波瓦、九波瓦 钢丝网中波瓦		4 个波距	瓦宽×500 mm	
大波瓦		4 个波距	瓦宽×500 mm	
脊瓦	破坏荷重	平置	整张瓦	
平板	抗折强度	正方形试件：215 mm	a) $e \leqslant 9$ mm 250 mm×250 mm； b) 9 mm$<e\leqslant 20$ mm 250 mm×(100 mm ～250 mm) (可长方形也可正方形) c) $e>20$ mm $(10e+40)$mm×100 mm	样品数量按产品标准规定的抽样数量确定，每张样品中切取试件数为： 正方形试件：2 件； 长方形试件： 纵、横向各 5 件
		长方形试件：$10e$ mm		

注 1：表中波瓦横向抗折试验支距 L 为支座间净支距，其他支距为支座中心距。

注 2：表中 e 为平板厚度。

10.3 试验步骤

10.3.1 波瓦、半波板抗折

10.3.1.1 横向抗折

横向抗折步骤如下：

a) 将试件正面朝上平置于预先调整好支距的支座上，下支座与波瓦长度方向垂直(见图 14)。以每秒 60 N～100 N 的速度均匀加荷直至试件断裂，记录最大破坏荷载。

b) 用钢卷尺测量试件断裂处的宽度，修约至 1 mm。

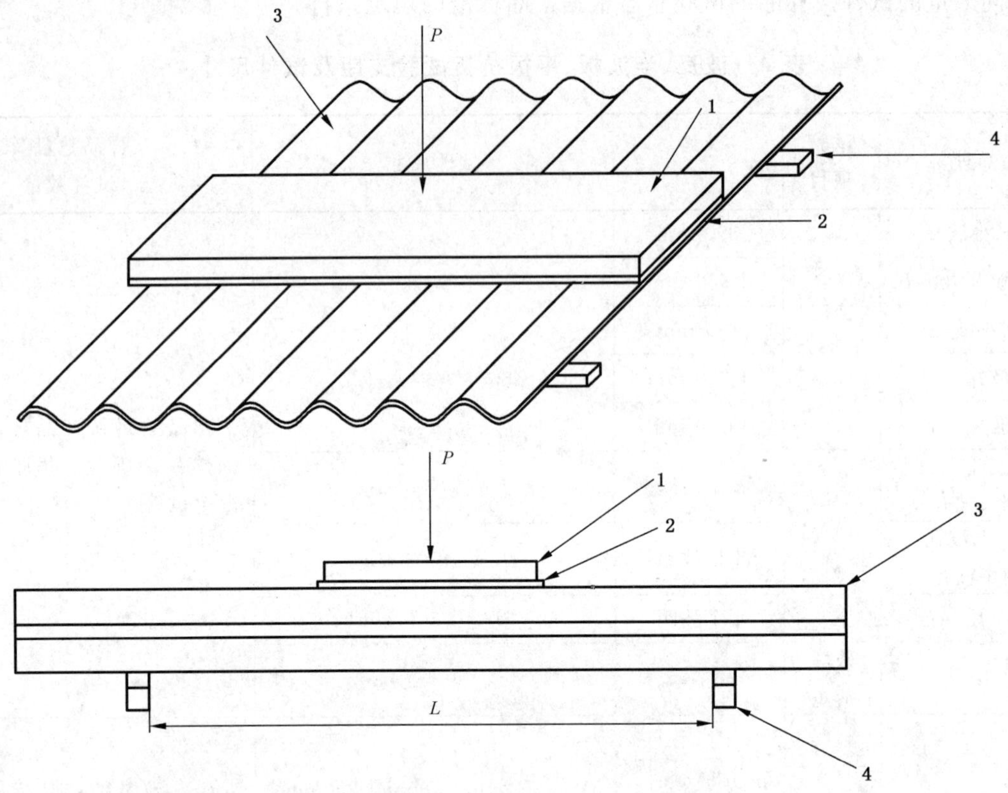

说明：

1——上压板；

2——毛毡；

3——波瓦；

4——下支座。

图 14 波瓦横向抗折

c) 波瓦横向抗折力按式(9)计算，结果修约至 10 N/m。

$$C=\frac{P}{b}\times 1\ 000 \qquad \cdots\cdots(9)$$

式中：

C ——每米宽横向抗折力，单位为牛每米(N/m)；

P ——破坏荷载，单位为牛顿(N)；

b ——试件断裂处宽度，单位为毫米(mm)。

10.3.1.2 纵向抗折

纵向抗折步骤如下：

a) 将试件正面朝上，使试件波谷支撑在支座上，下支座与试件宽度方向平行，见图 15。在 15 s～30 s 内断裂，记录最大破坏荷载，精确至 5 N。

b) 用钢卷尺测量试件断裂处的宽度，修约至 1 mm。

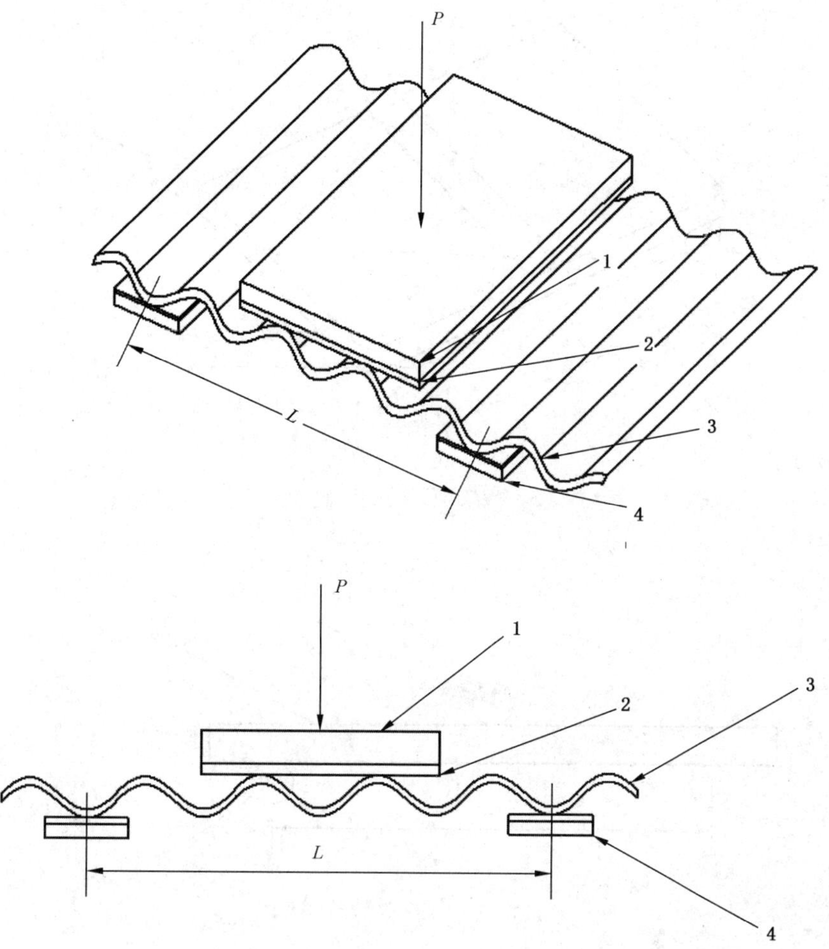

说明：

1——上压板；

2——毛毡；

3——波瓦；

4——下支梁。

图 15 波瓦纵向抗折

c) 波瓦纵向抗折力按式(10)计算，结果修约至 10 N。

$$C' = P \times 500/b \qquad (10)$$

式中：

C' ——纵向抗折力，单位为牛(N)；

P ——破坏荷载，单位为牛(N)；

500 ——试件标准宽度，单位为毫米(mm)；

b ——试件断裂处宽度，单位为毫米(mm)。

10.3.2 平板抗折强度

10.3.2.1 试件正面朝上置于支座上，使平板中心线与加荷杆中心线基本重合(见图 16)。控制加荷速度试件在 10 s～30 s 内断裂，读取破坏荷载。

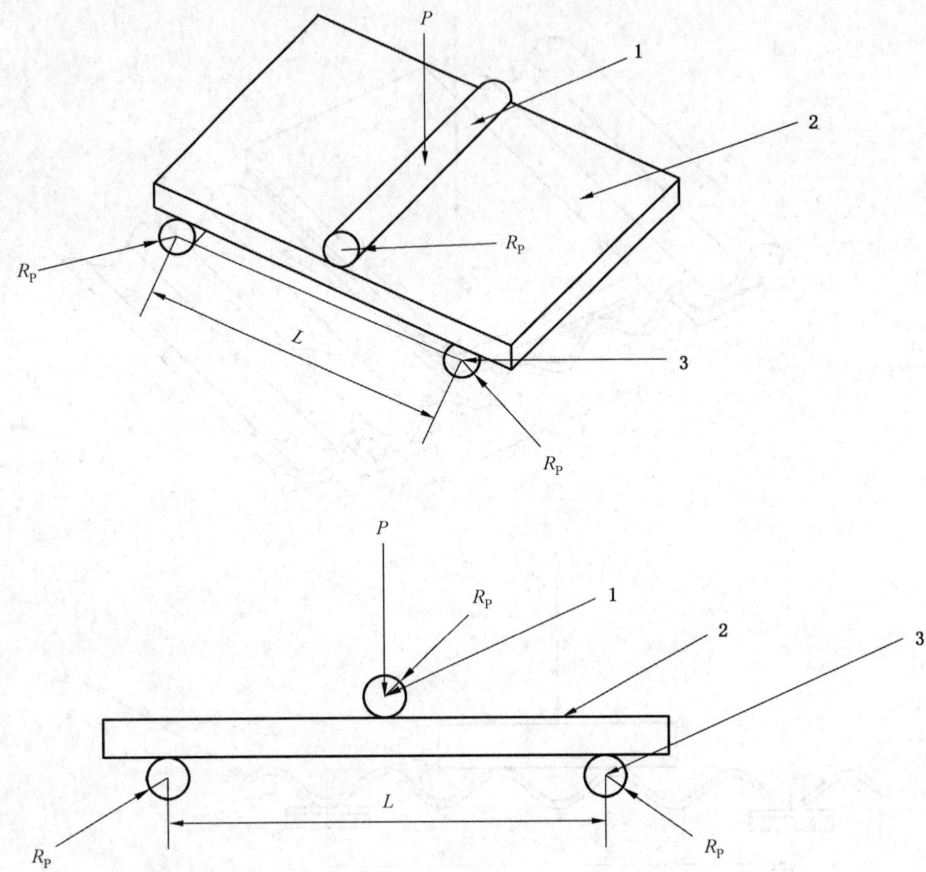

说明：

1——上支梁；

2——平板；

3——下支座。

图 16　平板抗折试验

10.3.2.2　测量断裂处试件宽度及对称两点的厚度(见图 17)，平面试件测定两个点，带花纹板测 4 点，取平均值，修约至 0.1 mm。

10.3.2.3　重新组合试件沿与第一次试验加荷方向成垂直的加荷方向进行第二次抗折试验。沿新断裂截线测量试件的厚度(见图 17)，平滑试件测两个点，带花纹板测四点，取平均值。

如使用长方形试件，检验纵横向试件得出两个方向的抗折破坏荷载。

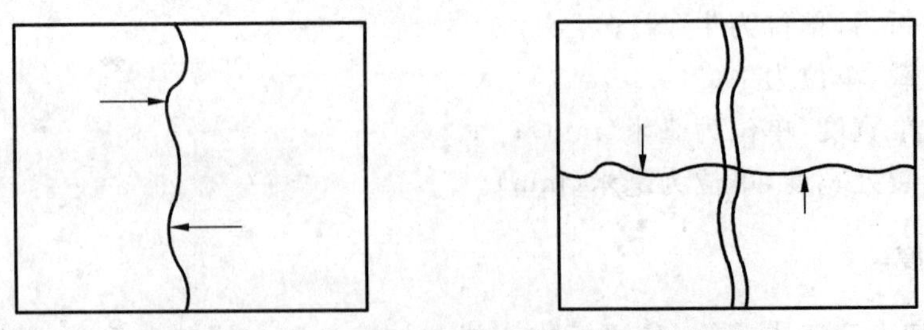

图 17　平板抗折试验断裂处厚度测量位置

10.3.2.4　平板抗折强度按式(11)计算，结果修约至 0.1 MPa：

$$R = \frac{3PL}{2be^2} \quad \cdots\cdots (11)$$

式中：

R ——抗折强度，单位为兆帕(MPa)；

P ——破坏荷载，单位为牛顿(N)；

L ——支距，单位为毫米(mm)；

b ——试件断面宽度，单位为毫米(mm)；

e ——试件断面厚度，单位为毫米(mm)。

取两次测量结果的算术平均值为代表值，精确至 0.1 MPa。

10.3.2.5 脊瓦破坏荷重：将浸水后的试件平置于钢板上，使脊瓦轴线与压板轴线重合，控制加荷速度使试件在 15 s～30 s 内破坏，读取破坏荷载。精确至 1 N。见图 18。

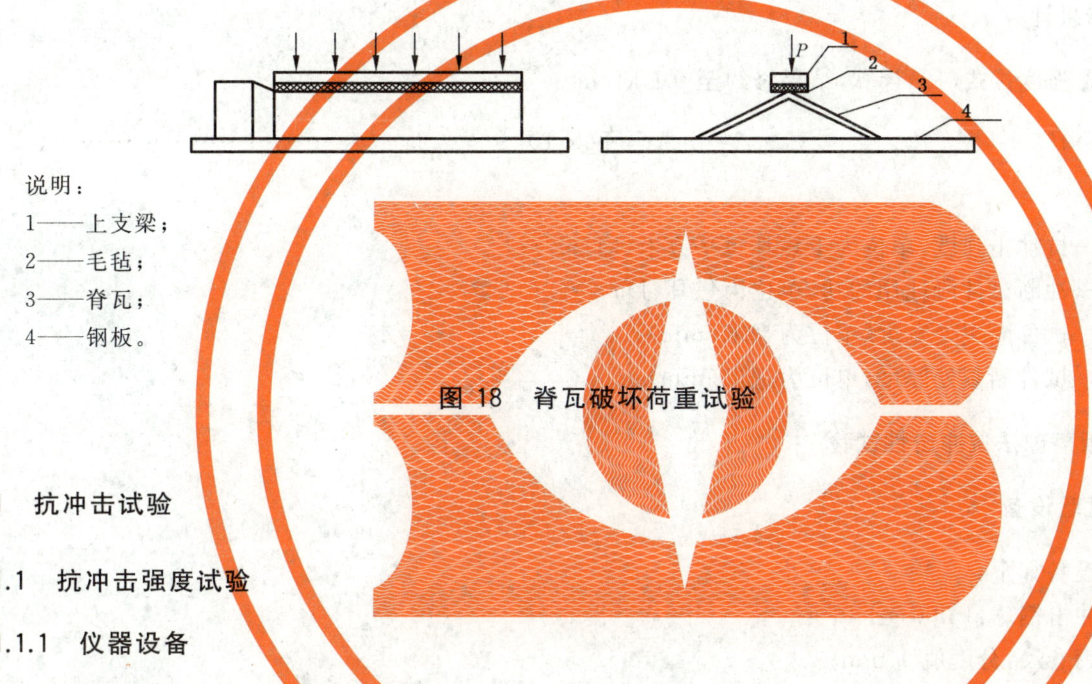

说明：

1——上支梁；

2——毛毡；

3——脊瓦；

4——钢板。

图 18 脊瓦破坏荷重试验

11 抗冲击试验

11.1 抗冲击强度试验

11.1.1 仪器设备

仪器设备如下：

a) 摆锤式冲击试验机：分度值为 0.01 J；

b) 游标卡尺：分度为 0.02 mm。

11.1.2 试件准备

11.1.2.1 标准试件的类型、尺寸、支座间的距离，见表 5。

表 5 摆锤法抗冲击强度试验试件尺寸及支座间距离 单位为毫米

试件类型	长度	宽度	厚度	支座间距
1	80±2	10±0.5	4±0.2	60
2	50±1	6±0.2	4±0.2	40
3	120±2	15±0.5	10±0.5	70
4	125±2	13±0.5	13±0.5	95

11.1.2.2 当样品厚度不能符合表 5 规定的厚度时，应根据试验机给出的冲击角度修正系数对试验结果

进行修正,作为实际冲断试件所耗用的功。

11.1.3 试验步骤

11.1.3.1 根据试件的厚度,选用适当的摆锤及量程。板厚小于 10 mm 时,选用 1 J 档;当板厚大于或等于 10 mm 且小于或等于 15 mm 时使用 2.5 J 档;当板厚大于 15 mm 且小于或等于 25 mm 时,选用 5 J档。

11.1.3.2 将摆锤提高到初始位置,锁定摆锤,将试件侧立于支座板上,正面面向摆锤,反面与支承刀刃紧靠,将被动指针调整至零位;

11.1.3.3 释放摆锤自由摆落,冲击试件并击断,读取破坏试件所消耗的功,测量试件折断处的宽度和厚度。

11.1.4 结果计算

抗冲击强度按式(12)计算,结果修约至 0.1 kJ/m²:

$$A = \frac{E}{be} \times 10^3 \qquad (12)$$

式中:

A ——抗冲击强度,单位为千焦耳每平方米(kJ/m²);

E ——冲断试件所耗用的功,单位为焦耳(J);

b ——试件断裂处宽度,单位为毫米(mm);

e ——试件断裂处厚度,单位为毫米(mm)。

11.2 平板落球法抗冲击性试验

11.2.1 试验设备

仪器设备如下:

a) 冲击钢球:1 000 g±10 g;

b) 钢卷尺:分度值 1 mm;

c) 标准砂:GB/T 17671 规定的中国 ISO 标准砂。

11.2.2 试件

11.2.2.1 试件尺寸 500 mm×400 mm×板厚。

11.2.2.2 试件数量:2 张板,每张取 2 块试样。

11.2.2.3 试件在距板边 100 mm 的板中心区域切取。

11.2.3 试验

试验步骤如下:

a) 将试验用砂松散均匀平铺在工作地坪上,表面用刮尺刮平,面积大于试样面积,砂层厚度不小于 50 mm。

b) 将试件正面朝上,平放在砂面上,轻轻按压试件,确保试件反面与标准砂紧密接触,见图 19。

c) 按表 6 所规定的冲击高度,调整球底面与试件接触面的间距,释放冲击球,冲击球以自由落体的方式,冲击试件,目测试件冲击点正反面是否有裂纹。

表 6 落球冲击高度

试件厚度/mm	冲击高度/cm
<16	110
≥16 且<20	140
≥20	170

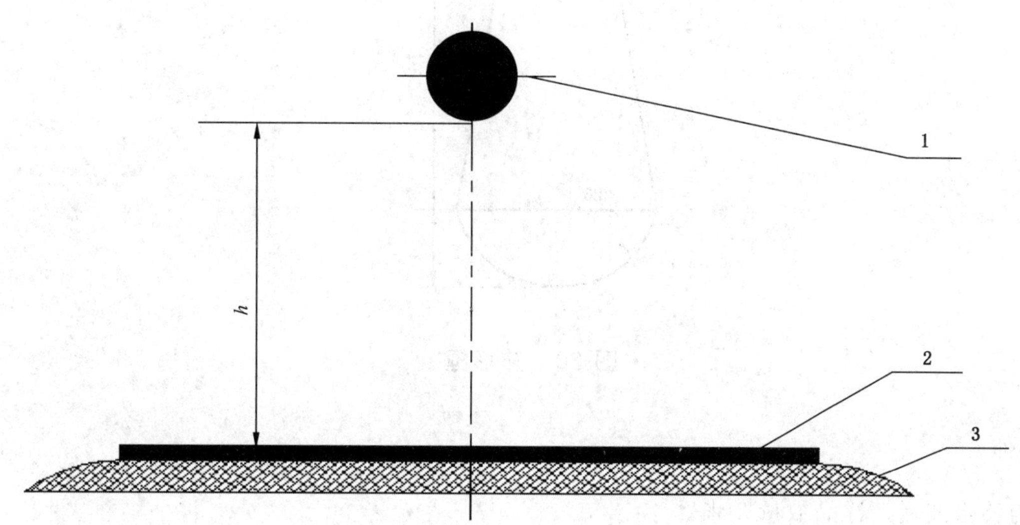

说明：

1——钢球；

2——试样；

3——标准砂。

图 19 落球法抗冲击试验

11.3 波瓦落锤法抗冲击性试验

11.3.1 仪器设备

仪器设备如下：

a) 钢卷尺：分度值 1 mm。

b) 钢直尺：分度值 1 mm。

c) 游标卡尺；分度值 0.02 mm。

d) 落锤式冲击试验机：试验机应保证固定样品的平台能前后滑动调整，茄形锤上下高度可调，并能自由释放。支座为宽 50 mm 的两根钢平面支座，长度略大于波瓦的宽度，其上垫厚度为 10 mm的木条，支座上有固定样品的夹紧装置。

e) 落锤：茄形锤，表面淬火处理，质量为 1 000 g±10 g，外形尺寸见图 20。

f) 框式水平仪：规格 250 mm×250 mm。

单位为毫米

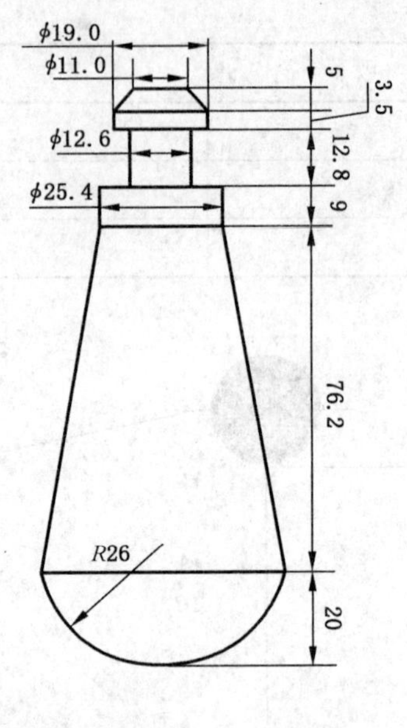

图 20 茄形锤

11.3.2 试件

样品为整张波瓦。样品数量 2 张。

11.3.3 试验步骤

试验步骤如下：

a) 用框式水平仪校整冲击试验台面，使两支座处于同一水平面，调整支距，使两支座的中心距为 800 mm；

b) 将波瓦正面朝上，平放在支座上，在支座对应的波瓦正面处安放木条，利用夹紧装置，将样品固定在支座上；

c) 在茄形锤固定处悬挂线锤，摇动支座平台，调整波瓦波顶对正线锤尖顶处；

d) 安放好茄形锤，用钢卷尺寸测量锤子底部圆顶与波瓦波顶的距离，转动茄形锤上下调整旋钮，达到冲击点至冲击锤底部圆顶的距离为 1 200 mm；

e) 释放茄形锤；

f) 按产品标准的规定的次数进行重复冲击。

11.3.4 试验结果

在自然光线的条件下，距离冲击点 60 cm 肉眼检查试件正反面是否有裂纹、剥落、龟裂等破坏现象，并作记录。

12 管子水压抗渗试验

12.1 仪器设备

仪器设备如下：

a) 水压试验装置：水压试验装置为带有两个密封堵头，其中一堵头加装有进水管，进水管与加压泵相连接，另一堵头安装排气阀门及压力表以排空管子内部气体并显示水压值。堵头尺寸与试验样品相对应的管子接头相同，见图21。采用柔性橡胶密封圈密封，密封圈内径与试验样品车销端外径相匹配，安装堵头后，堵头的顶端与应保证管端密封，管子两端不承受轴向压力。

b) 压力表：分度值为0.01 MPa。

c) 秒表：分度值1 s。

d) 加压水泵：最大工作压力为2.5 MPa。

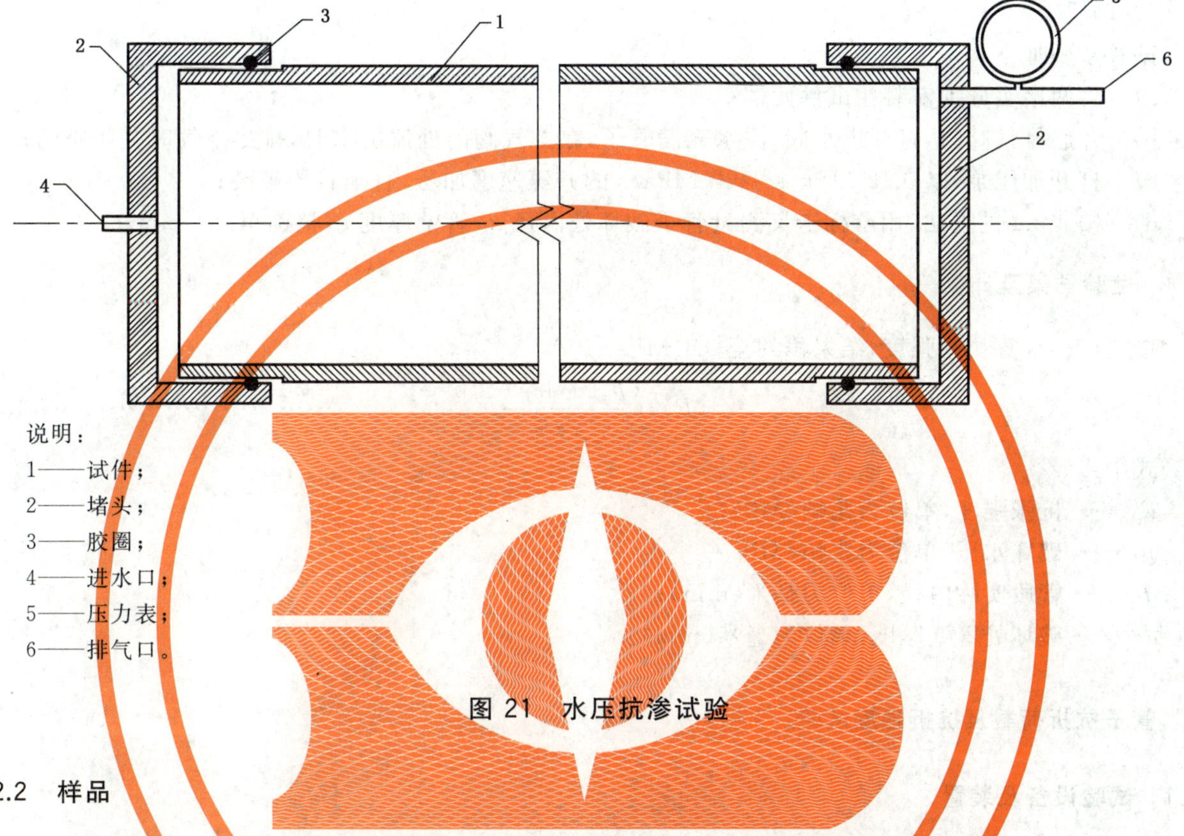

说明：

1——试件；

2——堵头；

3——胶圈；

4——进水口；

5——压力表；

6——排气口。

图21 水压抗渗试验

12.2 样品

以整根两端经车削加工后的管子作样品，样品数量按产品标准规定确定。

12.3 试验步骤

试验步骤如下：

a) 将两堵头分别安装在试件两端；

b) 开启排气阀门，打开进水阀，注水充满管子，在排气阀门处流出水时，关闭阀门；

c) 打开加压泵，在不少于1 min的时间内，使管内水压逐渐上升至标准规定的试验水压值，恒压30 s；

d) 关闭加压泵，打开排气阀门，卸去水压，拆除堵头。

12.4 试验结果

检查管子外表面是否有潮湿、水滴并记录。

13 管子抗张强度试验

13.1 仪器设备

仪器设备如下：

a) 游标卡尺;分度值 0.02 mm;

b) 其他仪器同 12.1。

13.2 样品制作

用 1 000 mm 长的管段预先在 20 ℃±5 ℃的水中浸泡 48 h。

13.3 试验步骤

试验步骤如下:

a) 将两堵头分别安装在试件两端;

b) 开启排气阀门,打开进水阀,注水充满管子,在排气阀门处流出水时,排尽空气时关闭阀门;

c) 打开加压泵,以 0.12 MPa/s~0.2 MPa/s 的升压速度加压,直至管段破裂;

d) 按 4.5.2 的方法,用游标卡尺测量管子破坏处内径 d、管壁厚度 e,精确至 0.1 mm。

13.4 试验结果及计算

按式(13)计算抗张强度,结果修约至 0.1 MPa:

$$R_t = \frac{p_t(d+e)}{2e} \qquad (13)$$

式中:

R_t ——抗张强度,单位为兆帕(MPa);

p_t ——破坏水压,单位为兆帕(MPa);

d ——管段实际内径,单位为毫米(mm);

e ——破坏处管壁厚度,单位为毫米(mm)。

14 管子抗折荷载及抗折强度试验

14.1 试验设备及装置

仪器设备如下:

a) 万能材料试验机:分度值 100 kN。

b) 受压面为相交 120°V 字型钢制托架,见图 22。上压块宽度 b' 为 100 mm,下支座宽度 d' 为 50 mm。

c) 橡胶垫:厚度 10 mm。

d) 游标卡尺:分度值 0.02 mm。

14.2 样品

按产品标准规定的样品尺寸进行切取,并将试件放置在 20 ℃±5 ℃的水中浸泡 48 h。

14.3 试验方法

采用一点加荷方法测定管子的抗折荷载及抗折强度,见图 22。

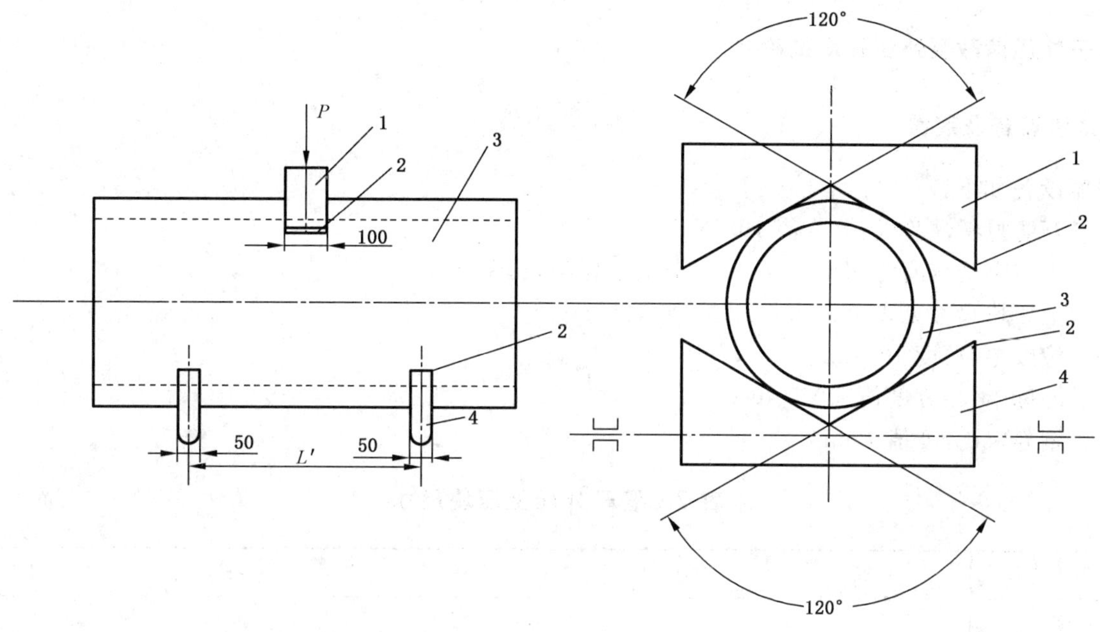

说明：

1——上压块；

2——橡胶垫；

3——试件；

4——下支座。

图 22 管子抗折试验

14.4 试验步骤

试验步骤如下：

a) 按产品标准规定抗折支距 L'调整 120° V 型钢制托架的中心间距；

b) 在管段中部及两侧支点放上 120° V 型钢制托架，管段与托架、压板间垫上 10 mm 厚橡胶板；

c) 开动材料试验机，以 400 N/s～600 N/s 的匀速加荷至产品标准规定的最小抗折荷载值时，管子不应折断；

d) 继续均匀加荷，直至管段折断，记录破坏荷载。读数修约至 100 N；

e) 按 4.5.2 的方法，用游标卡尺测量管子破坏处内径 d、管壁厚度 e，精确到 0.1 mm。

14.5 试验结果计算

抗折强度按式(14)计算，结果修约至 0.1 MPa：

$$R_f = \frac{8L'}{\pi} \times \frac{p_f(d+2e)}{(d+2e)^4 - d^4} \quad \cdots\cdots\cdots\cdots(14)$$

式中：

R_f ——抗折强度，单位为兆帕(MPa)；

p_f ——破坏荷载，单位为牛顿(N)；

d ——管段实际内径，单位为毫米(mm)；

e ——断裂处管壁厚度，单位为毫米(mm)。

15 管子外压荷载及外压强度试验

15.1 试验设备及装置

仪器设备如下：

a) 万能材料试验机：分度值 100 N；

b) 下支座受压面为相交 150° V 字型钢制托架，见图 23；

c) 上压块尺寸见表 7；

d) 橡胶垫：厚度 10 mm；

e) 游标卡尺：分度值 0.02 mm；

f) 钢卷尺：分度值 1 mm。

表 7 管子外压上压块尺寸

单位为毫米

管子公称直径	≤350	400～450	500	700～800	900～1 000
长度	320				
宽度	35	50	60	85	105
厚度	50				

15.2 样品

在所抽的样品中切取长为 300 mm 的试件，并将试件放置在 20 ℃±5 ℃的水中浸泡 48 h。

15.3 试验方法

采用管子长度方向 3 点加荷的方法进行试验。加荷试验示意图见图 23。

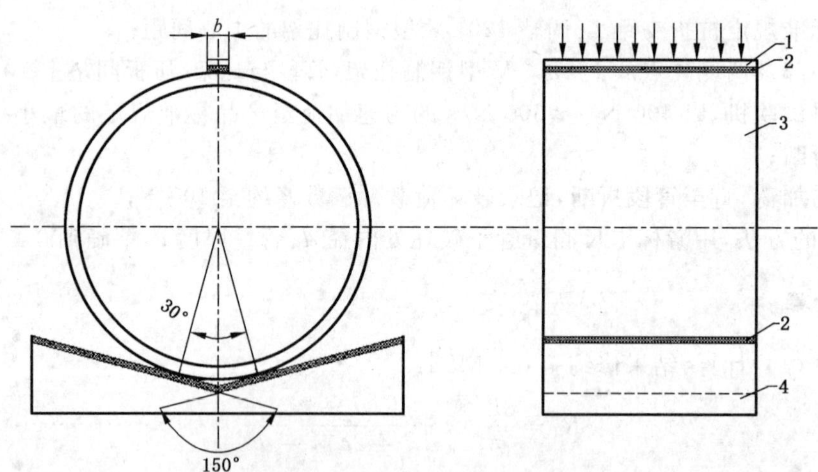

说明：

1——上支梁；

2——胶垫；

3——管子；

4——钢制托架。

图 23 管子外压试验

15.4 试验步骤

试验步骤如下：

a) 将预先置于 20 ℃±5 ℃的水中浸泡 48 h 后的试件取出，用湿布擦干，用钢卷尺测量试件的长度，修约至 1 mm；按 4.5.2 的方法，用游标卡尺测量管子内径。

b) 按图 23 所示。将样品安放在预先放置好橡胶板的 V 字型托架上。

c) 移动 V 字型托架，将 V 字型托架放置在万能材料试验机承压台面的中心位置上，使试件的中心点与试验机的中心点吻合。

d) 在管子受压线上放置橡胶板，橡胶板上安放好上压块。

e) 开启试验机，以 400 N/s～600 N/s 匀速加荷至产品标准规定的最小外压荷载值时，管子不应破坏；

f) 继续匀速加荷，直至管段破坏，记录破坏荷载，修约至 100 N。

g) 用游标卡尺在试件两端及中间测量管子破坏处管壁厚度 e，修约至 0.1 mm。

15.5 结果计算

外压强度按式(15)计算，结果修约至 0.1 MPa：

$$R_c = 0.3\frac{p_c(3d + 5e)}{Le^2} \qquad (15)$$

式中：

R_c ——外压强度，单位为兆帕(MPa)；

p_c ——破坏荷载，单位为牛顿(N)；

d ——试件实际内径，单位为毫米(mm)；

e ——试件破裂处实际壁厚，单位为毫米(mm)；

L ——试件长度，单位为毫米(mm)。

16 管子轴向抗压强度试验

16.1 仪器设备

仪器设备如下：

a) 万能材料试验机：分度值 100 N；

b) 游标卡尺：分度值 0.02 mm。

16.2 样品

16.2.1 在每根样品管子的两端切取的规格为 $2e \times 2e \times e$(见图 24)的试件各 2 块。试件两端断面必须加工成互相平行并与轴向垂直的平面。

16.2.2 将试件放置在 20 ℃±5 ℃的水中浸泡 48 h，取出用湿布揩干后，用游标卡尺测量试件的管壁厚度，

16.3 试验步骤

试验步骤如下：

a) 用干净布擦净试验机上下承压平面；

b) 将试件竖向放在材料试验机下支撑平台中心位置，试件端面与加压板之间不得垫放毛毡或橡胶板；

c) 开启试验机，并以 400 N/s～600 N/s，直至试件破坏。记录破坏荷载，修约到 100 N。

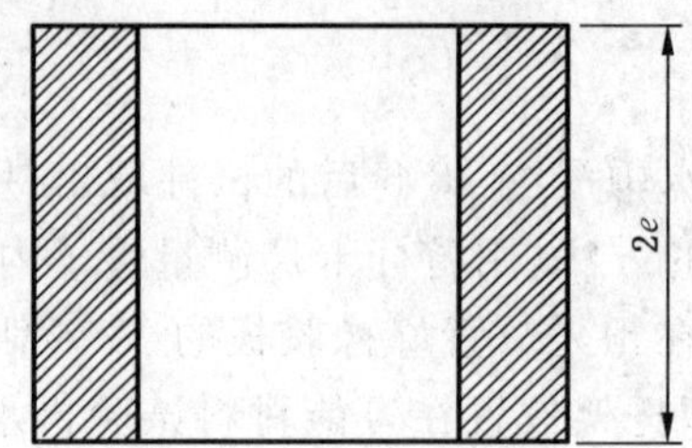

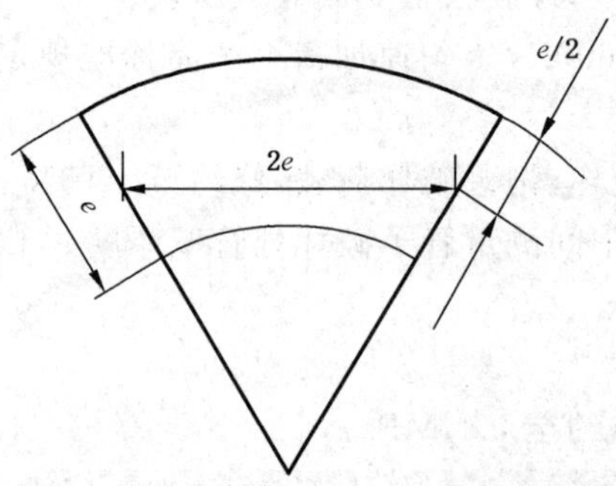

说明：

e——管壁厚度。

图 24　管子轴向抗压试验试件

16.4　结果及计算

管子轴向抗压强度按式(16)计算，修约至 0.1 MPa。

$$R = \frac{P}{e \times 2e} \tag{16}$$

式中：

R ——轴向抗压强度，单位为兆帕(MPa)；

P ——破坏荷载，单位为牛顿(N)；

e ——试件管壁厚度，单位为毫米(mm)。

17　热水试验

17.1　仪器设备

仪器设备如下：

a) 水槽：温度控制到 60 ℃±3 ℃；

b) 第 10 章平板抗折试验所需的设备。

17.2　试件的制备

在样品中抽取 10 块，裁取 10 组成对试件进行抗折强度试验。

每对试件应从一块板上相邻地裁取，并拿出相同数量的试件作以后的结果比较。

17.3　试验步骤

试验步骤如下：

a) 将成对试件分成两组，每组 10 块试件。

b) 将第 1 组 10 块试件按 10.3.2 进行饱水抗折强度试验。

c) 将第二组 10 块试件浸于 60 ℃±2 ℃的水中 56 d±2 d。

d) 浸泡结束后，将试件放在试验室环境下 7 d。

e) 按 10.3.2 规定测定抗折强度的试验设备。

17.4 结果表示与说明

对每对试件 $i(i=1\sim10)$，按式(17)计算单个比率：

$$r_{\mathrm{f}}=\frac{R_{\mathrm{f}i}}{R_{\mathrm{fc}i}} \qquad \cdots\cdots(17)$$

式中：

$R_{\mathrm{f}i}$ ——第 i 个试件经热水浸泡后抗折强度；

$R_{\mathrm{fc}i}$——第 i 对比试件(第一组试件)的抗折强度。

计算单个比率 r_i 的平均值 $\bar{r}$ 和标准偏差 S。按式(18)计算平均比率 $\bar{r}_{\mathrm{f}}$ 的 95%较低置信极限 L_i。

$$L_i=\bar{r}_{\mathrm{f}}-0.58S \qquad \cdots\cdots(18)$$

18 热雨试验

18.1 仪器设备

仪器设备如下：

a) 框架系统

能满足试验要求将试件固定在框架的垂直位置上。框架的间距和材料应由生产商规定。

b) 淋水系统

能够使水面均匀布满整个试件表面，水流量能达到 1 L/(m^2 · min)。

c) 热照射设备

能够加热整个测试表面并满足下列要求：

1) 加热装置要有热辐射测试装置测试中央最高温度测试区域，并由该热敏传感器控制。

2) 主要照射地区应能恒温在 60 ℃±5 ℃，且应在 15 min 内加热到要求的加热温度。

3) 试验中心区域与边缘区域的温差不应超过 15 ℃。

d) 控制系统

能够满足自动循环要求。

18.2 框架及试件安装要求

18.2.1 框架中心应有至少一个符合标准尺寸安装的连接点。框架应有一个 3.5 m^2～12 m^2 的试验区域，并能够垂直安装至少两块板材。

18.2.2 试件安装要求

a) 当面积超过 1.8 m^2 时，可使用两块板材。

b) 当面积小于 1.8 m^2 时，试验面积应能覆盖 3.5 m^2。

c) 当试件连接区域面积达 12 m^2，试件长度可以减少以保证测试区域不超过 12 m^2。

18.3 试验步骤

试验步骤如下：

a） 按要求安装试件。在试验框架上固定试件的方法应遵循生产商的建议和下列要求：

——固定点的边缘距离——规定的最小值；

——固定点的间距——规定的最大值；

——所有正常规定的防水和其他附件；

——包括两个方向的节点。

b） 按表8进行热雨循环试验。

表8 热雨循环

循环内容	持续时间
淋水 暂停 照射 暂停	2 h50 min±5 min 5 min～10 min 2 h50 min±5 min 5 min～10 min
总循环时间	5 h55 min±15 min

c） 循环产品标准所规定的循环次数。

d） 目测试验后样品状态，是否有开裂、分层等影响产品正常使用的缺陷。

19 浸泡-干燥试验

19.1 仪器设备

仪器设备如下：

a） 鼓风干燥箱：温度为 60 ℃±3 ℃，湿度小于或等于 20%；

b） 水槽：保证水温>5 ℃；

c） 按 10.3.2 规定测定抗折强度的试验设备。

19.2 试件的制备

a） 按本标准规定的抗折强度试验试件要求切取试件。

b） 将试件分为两组，每组10个试件，其中一组作为对比试件，放置于试验室内，待另一组浸热水试件试验结束后同时进行弯曲强度试验。

c） 第二组试件在环境温度大于5 ℃条件下浸泡在水中48 h。然后开始浸泡-干燥试验循环。

19.3 步骤试验

浸泡-干燥循环如下：

a） 浸于大于5 ℃的水中18 h。

b） 在 60 ℃±5 ℃和低于20%相对湿度的鼓风干燥箱中干燥6 h。

必要时，允许循环之间间隔存放达72 h，在该间隔存放期间，试件应存放在浸泡条件下。

经25次循环后，将试件置于试验室环境下7 d。

c） 试验期结束后，按10.3.2规定进行饱水状态抗折强度试验。

19.4 结果表示与说明

对于每对试件 $i(i=1\sim10)$，按式(19)计算单个比率 r_i；

$$r_i = \frac{R_{fi}}{R_{fci}} \tag{19}$$

式中：

r_i ——每对试件的抗折强度比率，%；

R_{fi} ——第 i 个试件经浸泡-干燥后抗折强度，单位为兆帕（MPa）；

R_{fci} ——第 i 对比试件（第一组试件）的抗折强度，单位为兆帕（MPa）。

计算单个比率 r_i 的平均值 $\bar{r}$ 和标准偏差 S。按式（20）计算平均比率 $\bar{r}$ 的 95%较低置信度 L_i。

$$L_i = \bar{r} - 0.58S \tag{20}$$

20 数值处理与试验报告

20.1 数值修约

按 GB/T 8170 中规定的数值修约规则进行修约。

20.2 数值判定

按 GB/T 8170 中规定的极限数值的表示方法和判定方法进行判定。

20.3 试验报告

试验报告应包括以下内容：

a) 标注依据本标准进行试验，即 GB/T 7019；

b) 送样单位及产品名称；

c) 详细说明是从哪一批产品中抽取样板所需的全部资料；

d) 试验场所的试验温度和条件；

e) 试验项目名称；

f) 样品编号、规格及数量；

g) 试验用主要仪器设备；

h) 试验结果；

i) 试验单位、试验人员、试验日期及其他。

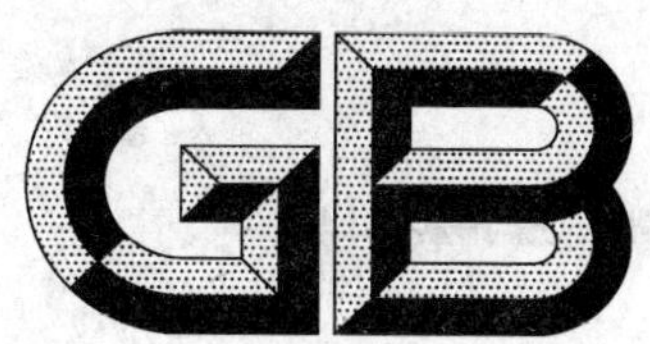

中华人民共和国国家标准

GB 7096—2014

食品安全国家标准
食用菌及其制品

2014-12-24 发布　　　　2015-05-24 实施

中华人民共和国国家卫生和计划生育委员会　发布

前　言

本标准代替了 GB 7096—2003《食用菌卫生标准》和 GB 11675—2003《银耳卫生标准》。

本标准与 GB 7096—2003、GB 11675—2003 相比，主要变化如下：

——标准名称修改为“食品安全国家标准　食用菌及其制品”；

——修改了范围；

——增加了术语和定义；

——修改了感官要求；

——修改了理化指标；

——增加了即食食用菌制品的微生物指标限量要求。

食品安全国家标准
食用菌及其制品

1 范围

本标准适用于食用菌及其制品。

2 术语和定义

2.1 食用菌

可食用的大型真菌。多数为担子菌，如双孢蘑菇、香菇、草菇、牛肝菌等。少数为子囊菌，如羊肚菌、块菌等。

2.2 食用菌制品

以食用菌为主要原料，经相关工艺加工制成的食品，包括干制食用菌制品、腌制食用菌制品、即食食用菌制品等。

2.2.1 干制食用菌制品

以食用菌为主要原料，经预处理、干燥等工艺制成的食用菌制品。

2.2.2 腌制食用菌制品

以食用菌为主要原料，经预处理、腌渍等工艺制成的食用菌制品。

2.2.3 即食食用菌制品

以食用菌为主要原料，经相关工艺加工制成可直接食用的食用菌制品。

3 技术要求

3.1 原料要求

原料应符合相应的食品标准和有关规定。

3.2 感官要求

感官要求应符合表 1 的规定。

表1 感官要求

项 目	要 求	检验方法
色泽	具有产品应有的色泽	取适量试样置于白色瓷盘中,在自然光下观察色泽和状态。闻其气味,用温开水漱口,品其滋味
滋味、气味	具有产品应有的滋味和气味	
状态	具有产品应有的状态,无正常视力可见外来异物,无霉变,无虫蛀	

3.3 理化指标

理化指标应符合表2的规定。

表2 理化指标

项 目	指 标	检验方法
水分/(g/100 g)		GB 5009.3
香菇干制品 ≤	13	
银耳干制品 ≤	15	
其他食用菌干制品 ≤	12	
米酵菌酸/(mg/kg)		GB/T 5009.189
银耳及其制品 ≤	0.25	

3.4 污染物限量

污染物限量应符合GB 2762的规定。

3.5 农药残留限量

农药残留限量应符合GB 2763的规定。

3.6 微生物限量

即食食用菌制品致病菌限量应符合GB 29921中即食果蔬制品类的规定。

3.7 食品添加剂

食品添加剂的使用应符合GB 2760的规定。

ICS 29.035.99
K 15

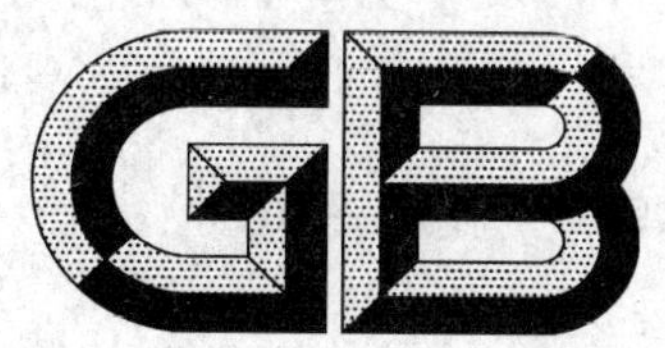

中华人民共和国国家标准

GB/T 7113.1—2014
代替 GB/T 7113—2003

绝缘软管
第1部分:定义和一般要求

Flexible insulating sleeving—
Part 1:Definitions and general requirements

(IEC 60684-1:2003,MOD)

2014-07-24 发布　　　　2015-02-01 实施

中华人民共和国国家质量监督检验检疫总局
中国国家标准化管理委员会　发布

前　言

GB/T 7113《绝缘软管》分为以下几个部分：

——第1部分：定义和一般要求；

——第2部分：试验方法；

——第3部分：聚氯乙烯玻璃纤维编织软管；

——第4部分：丙烯酸酯玻璃纤维编织软管；

——第5部分：硅橡胶玻璃纤维编织软管；

——第6部分：聚氨酯(PUR)玻璃纤维编织软管；

……

本部分为GB/T 7113的第1部分。

本部分按照GB/T 1.1—2009给出的规则起草。

本部分代替GB/T 7113—2003《绝缘软管　定义和一般要求》，与GB/T 7113—2003相比主要变化如下：

——对标准“范围”作了进一步说明；

——增加了“订货”、“质量鉴定要求”、“尺寸和/或颜色的相关性”、“委托检验”等章节，删除了“一般要求”一章(见第6章、第12章、第13章和第14章，2003年版第5章)。

本部分使用重新起草法修改采用IEC 60684-1:2003《绝缘软管　第1部分：定义和一般要求》。本部分与IEC 60684-1:2003相比做了下列编辑性修改：

——删除了IEC 60684-1:2003的“引言”，在“分类”一章中增加了举例说明；

——为避免产生悬置段，分别在“分类”、“尺寸”两章中增加了5.1和7.1“总则”。

本部分由中国电器工业协会提出。

本部分由全国绝缘材料标准化技术委员会(SAC/TC 51)归口。

本部分起草单位：杭州萧山绝缘材料厂、桂林电器科学研究院有限公司。

本部分主要起草人：罗传勇、张胜祥、宋玉侠。

本部分所代替标准的历次版本发布情况为：

——GB/T 7113—1986、GB/T 7113—2003。

绝缘软管
第1部分:定义和一般要求

1 范围

GB/T 7113 的本部分规定了绝缘软管的定义和一般要求。

本部分适用于主要用于电气设备的导体和接头绝缘的绝缘软管。某些型号的软管也适用于绑扎、识别、外围密封和机械保护。

2 规范性引用文件

下列文件对于本文件的应用是必不可少的。凡是注日期的引用文件,仅注日期的版本适用于本文件。凡是不注日期的引用文件,其最新版本(包括所有的修改单)适用于本文件。

GB/T 2900.5—2013 电工术语 绝缘固体、液体和气体(IEC 60050-212:2010,IDT)

GB/T 7113.2—2014 绝缘软管 第2部分:试验方法(IEC 60684-2:2003,MOD)

IEC 60304 低频电缆和电线用绝缘标准颜色(Standard colours for insulation for low-frequency cables and wires)

3 术语和定义

GB/T 2900.5—2013 界定的以及下列术语和定义适用于本文件。

3.1

中值 central value

当试验结果按大小顺序排列时奇数次试验的中间的结果或偶数次试验的中间两个结果的平均值。

3.2

批次 consignment

一次交货的同一尺寸、型号、等级和颜色的所有材料。

4 试样

以能代表整批材料的原则按所需试验的内容选取足够的软管作为试样。除非供需双方另有规定,一次交货的每一尺寸、型号和颜色的软管应被看做为单一批次。

5 分类

5.1 总则

软管按产品规范的标准代号、顺序号加上破折号后三位数字进行分类。三位数字中的第一位数字表示软管的基本类型,即:

1:普通挤出管,但不包括热收缩管。

2:热收缩管。

3:无涂层编织纤维管。

4:有涂层编织纤维管。

5～9:待分配。

第二和第三位数字只用于区分各种软管。

三位数字的编排见表1。

示例:

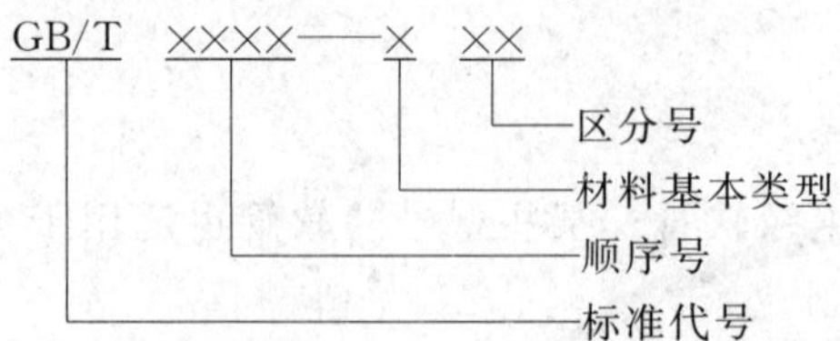

5.2 产品规范编号体系

标准按分类方式和材料基本类型对产品进行编号排序,见表1。

表1

材料类型	分配号码
挤出类,非热收缩	
聚氯乙烯 PVC	100～115
聚氯丁烯	116～120
硅树脂	121～135
氟橡胶(含 FEP)	136～144
聚四氟乙烯 PTFE	145～150
待分配	151～164
低着火危险性	165～170
待分配	171～199
热收缩类	
聚氯乙烯 PVC	200～204
聚氯丁烯	205～208
聚烯烃	209～225
PETP	226～227
PVDF	228～229
ETFE	230～232
氟橡胶(含 FEP)	233～239
聚四氟乙烯 PTFE	240～241
硅树脂	242～245
双壁	246～270
橡胶	271～279

表 1（续）

材料类型	分配号码
待分配	280～299
编织纤维类:无涂层	
玻璃	300～319
聚酯	320～339
待分配	340～399
编织纤维类:有涂层	
玻璃丝，经过涂覆	400～419
聚酯纤维，经过涂覆	420～439
棉纱/人造丝，经过涂覆	440～449
待分配	450～459
玻璃，经过浸渍	460～469
聚酯，经过浸渍	470～479
棉纱/人造丝，经过浸渍	480～489
待分配	490～499

6 订货

订购软管时,需方应说明如相应各产品规范的“分类”一章所规定的详细信息,如:产品采用标准编号、尺寸(内径及壁厚)、颜色等。

7 尺寸

7.1 总则

优选尺寸由相应的产品规范规定,但也可由供需双方商定。

7.2 长度

软管应以连续的或切成一定长度的方式供货,具体按供需双方商定。

7.3 内径

每种类型软管的合适内径由产品规范规定。

7.4 壁厚

每种类型软管的合适壁厚由产品规范规定。

7.5 公差

每种类型软管的合适尺寸公差由产品规范规定。

8 颜色和透明度

软管应以本色或着色的形式供货。当采用两种或两种以上颜色时，每种颜色应覆盖足够的表面以便在正常日光下可快速鉴别。

对于着色的软管，其颜色应与IEC 60304中规定的颜色之一相对应。

要求透明的软管可以是着色的，并且应符合GB/T 7113.2—2014中透明度试验的要求。

非标颜色可由供需双方商定。

9 外观

软管外表应均匀一致、平滑，内外表面应无凹凸不平之处，有涂层编织纤维软管的涂覆材料应均匀、连续、牢固地粘附于编织纤维上。

不应有影响产品规范中规定的性能的缺陷。

10 包装

供应软管时应保证其在运输、装卸和贮存期间具有足够的保护。除非合同要求用诸如集装箱或分格箱等另一种包装形式外，软管应均匀而紧密地绕在卷筒上或绕成盘并予以适当保护。如果单一包装内的软管不止一段，需方可以要求供方在标签上予以标明。下列条款由供需双方商定：

——段数；

——最小长度；

——标志要求。

11 标志

每单一包装上应清晰、牢固地标注有产品规范中规定的标识及下列信息：

a) 每卷或每盘或每包中软管的长度；标称内径及壁厚等信息；

b) 制造商和/或供应商的名称和/或商标；

c) 切成段供货时，单一包装中的段数；

d) 需方要求的附加信息(例如最高电压值，最高表面温度，不适应的特殊环境如油和油脂)；

e) 供货总量和/或卷或盘数；

f) 批号；

g) 使用截止期(如果有要求)；

h) 打印在软管上的符号或代号。

12 质量鉴定要求

12.1 经供需双方商定，供方应提供由获得国内或国际机构认可的第三方机构出具的质量证书。

12.2 需要时，供方应提供材料组成的细节、约定的工艺和令质量鉴定机构满意的证据，即所供软管符合产品规范中所列的所有要求的证据。

已申明的用于生产软管的材料组成和规定的工艺未经质量鉴定机构书面同意不得变更。若发生变更，应由质量鉴定机构重新进行质量鉴定检验。

除非另有规定,质量证书有效期为五年，五年后供方应重新申请符合产品规范的质量鉴定。

12.3 质量鉴定试验应在产品规范中指定尺寸的试样上进行。

12.4 当某项试验不符合要求,则应再取两组试样重复进行试验。这时两组试样均应符合要求,否则该软管应被判定为不符合产品规范。

12.5 无第三方质量鉴定时,可要求供方提供表明符合产品规范的检测报告。

13 尺寸和/或颜色的相关性

除下面列出的这些性能外,GB/T 7113.2—2014 中列出的各项试验方法基本上与软管的材料组成有关,因此试验仅需在产品规范所列的限定尺寸和/或颜色的软管上进行。然而,这些试验适用于产品规范中所列的、具有相同材料组成的所有尺寸和/或颜色的软管。与尺寸和/或颜色相关的更多试验将在产品规范中予以规定。这些试验通常将在以下列出的试验中选取:

a) 内径、壁厚及同心度的测量;

b) 受热后的抗破裂;

c) 长度变化;

d) 负荷变形;

e) 加热后的弯曲性;

f) 低温弯曲性;

g) 击穿电压;

h) 脆化温度;

i) 柔软性;

j) 拉伸强度(仅适用于编织软管);

k) 抗损伤性试验;

l) 火焰蔓延试验;

m) 有限收缩性;

n) 单位长度的质量;

o) 裂缝扩展。

对所列限定尺寸和/或颜色的软管而言,供方应对产品规范中的所有性能进行检测。这样可以认为规范中所列的所有尺寸和/或颜色的软管应是经过检验的。其他尺寸和/或颜色的软管可通过特别要求加以检验,但仅限于要求做以上所列出的这些检验项目。

14 委托检验

供方应确保每一次交付的所有软管能够符合产品规范中所规定的要求。若需方提出要求,对每一次交付的软管所做的检验应与供方协商,若需第三方鉴定,供方应同意并与鉴定机构商定进行检验。

ICS 29.035.99
K 15

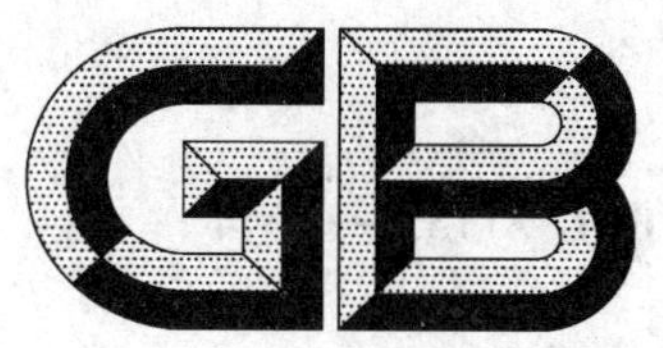

中华人民共和国国家标准

GB/T 7113.2—2014
代替 GB/T 7113.2—2005

绝缘软管
第2部分:试验方法

**Flexible insulating sleeving—
Part 2:Methods of test**

(IEC 60684-2:2003,MOD)

2014-07-24 发布　　2015-02-01 实施

中华人民共和国国家质量监督检验检疫总局
中国国家标准化管理委员会　发布

前　言

GB/T 7113《绝缘软管》分为以下几个部分：

——第1部分：定义和一般要求；

——第2部分：试验方法；

——第3部分：聚氯乙烯玻璃纤维编织软管；

——第4部分：丙烯酸酯玻璃纤维编织软管；

——第5部分：硅橡胶玻璃纤维编织软管；

——第6部分：聚氨酯(PUR)玻璃纤维编织软管；

……

本部分为GB/T 7113的第2部分。

本部分按照GB/T 1.1—2009给出的规则起草。

本部分代替GB/T 7113.2—2005《绝缘软管　试验方法》，与GB/T 7113.2—2005相比主要变化如下：

——对标准“范围”作了进一步说明；

——对标准“规范性引用文件”所引用标准进行了相应更新；

——增加了“长期耐热性(3 000 h)”、“室温动态剪切”、“高温动态剪切”、“热冲击和热老化后动态剪切”、“对铝材的旋转剥离”、“密封”、“双层热缩基片粘结后T型剥离”等章节(见第38章、第51章～第57章)。

本部分使用重新起草法修改采用IEC 60684-2:2003《绝缘软管　第2部分：试验方法》(第2.1版)及IEC 60684-2 A2 Ed2.0(2005)。

本部分对IEC 60684-2:2003及IEC 60684-2 A2 Ed2.0(2005)进行了如下编辑性修改：

——将第38章与第51章合并编写，标题改为“热耐久性/长期耐热性(3 000 h)”；

——对第27章“火焰蔓延试验”的试验用钢琴丝直径改用表格方式编制；

——对第45章“毒性指数”的有毒物组成列表上增加表头；将C_f值改用表格列出；气体浓度单位由“ppm”改为“μg/L”表示；

——将所有图示放于文本最后的编排方式改为将每个图示置于其对应的章节后编排。

本部分由中国电器工业协会提出。

本部分由全国绝缘材料标准化技术委员会(SAC/TC 51)归口。

本部分起草单位：杭州萧山绝缘材料厂、桂林电器科学研究院有限公司、常熟江南玻璃纤维有限公司。

本部分主要起草人：罗传勇、张胜祥、宋玉侠、赵婕、张志刚。

本部分所代替标准的历次版本发布情况为：

——GB/T 7114—1986、GB/T 7113.2—2005。

绝缘软管
第2部分:试验方法

1 范围

GB/T 7113 的本部分规定了包括热收缩管在内的绝缘软管的试验方法。这类软管主要被用于电气设备的导体部分和接头处的绝缘。

本部分适用于绝缘软管。

注:规定试验的目的是控制软管的质量,但这些试验并不一定完全适用于软管的浸渍、包胶工艺过程或其他特定应用。必要时试验方法还需要补充适宜的浸渍或相容性试验以适应特殊环境。

2 规范性引用文件

下列文件对于本文件的应用是必不可少的。凡是注日期的引用文件,仅注日期的版本适用于本文件。凡是不注日期的引用文件,其最新版本(包括所有的修改单)适用于本文件。

GB/T 528—2009 硫化橡胶或热塑性橡胶 拉伸应力应变性能的测定(ISO 37:2005,IDT)

GB/T 1034—2008 塑料 吸水性的测定(ISO 62:2008,IDT)

GB/T 1408.1—2006 绝缘材料电气强度试验方法 第1部分:工频下试验(IEC 60243-1:1998,IDT)

GB/T 1409—2006 测量电气绝缘材料在工频、音频和高频(包括米波波长在内)下电容率和介质损耗因数的推荐方法(IEC 60250:1969,MOD)

GB/T 1410—2006 固体电气绝缘材料体积电阻率和表面电阻率试验方法(IEC 60093:1980,IDT)

GB/T 2406.2—2009 塑料 用氧指数法测定燃烧行为 第2部分:室温试验(ISO 4589-2:1996,IDT)

GB/T 2423.28—2005 电工电子产品环境试验 第2部分:试验方法 试验T:锡焊(IEC 60068-2-20:1979,IDT)

GB/T 7196—2012 用液体萃取测定电气绝缘材料离子杂质的试验方法(IEC 60589:1977,IDT)

GB/T 10582—2008 电气绝缘材料 测定因绝缘材料引起的电解腐蚀的试验方法(IEC 60426:2007,IDT)

GB/T 11026.1—2003 电气绝缘材料 耐热性 第1部分:老化程序和试验结果的评定(IEC 60216-1:2001,IDT)

GB/T 11026.2—2012 电气绝缘材料 耐热性 第2部分:试验判断标准的选择(IEC 60216-2:2005,IDT)

GB/T 11026.3—2006 电气绝缘材料 耐热性 第3部分:计算耐热特征参数的规程(IEC 60216-3:2002,IDT)

GB/T 11026.4—2012 电气绝缘材料 耐热性 第4部分:老化烘箱 单室烘箱(IEC 60216-4-1:2006,IDT)

GB/T 11026.5—2010 电气绝缘材料耐热性 第5部分:老化烘箱 温度达300 ℃的精密烘箱(IEC 60216-4-2:2000,IDT)

ISO 5-1:2009 摄影和印刷技术 密度测量——第1部分:几何学和功能符号(Photography and graphic technology—Density measurements—Part 1:Geometry and functional notation)

ISO 5-2:2009 摄影和印刷技术 密度测定 第2部分:透射密度的几何条件(Photography and graphic technology—Density measurements—Part 2:Geometric conditions for transmittance density)

ISO 5-3:2009 摄影和印刷技术 密度测定 第3部分:光谱条件(Photography and graphic technology—Density measurements—Part 3:Spectral Conditions)

ISO 5-4:2009 摄影技术 密度测定 第4部分:反射密度的几何条件(Photography and graphic technology—Density measurements—Part 4:Geometric conditions for reflection density)

ISO 105-A02 纺织品 色牢度试验 第A02部分:颜色变化评定用灰度标(Textiles—Tests for colour fastness—Part A02:Grey scale for assessing change in colour)

ISO 105-B01 纺织品 色牢度试验 第B01部分:光色牢度:日光(Textiles—Tests for colour fastness—Part B01:Colour fastness to light:Daylight)

ISO 182-1:1990 塑料 以氯乙烯均聚物和共聚物为基的复合物及制品高温下放出氯化氢和其他酸性产物倾向的测定 第1部分:刚果红法(Plastics—Determination of the tendency of compounds and products based on vinyl chloride homopolymers and copolymers to evolve hydrogen chloride and any other acidic products at elevated temperature—Part 1:Congo red method)

ISO 182-2:1990 塑料 以氯乙烯均聚物和共聚物为基的复合物及制品高温下放出氯化氢和其他酸性产物倾向的测定 第2部分:pH法(Plastics—Determination of the tendency of compounds and products based on vinyl chloride homopolymers and copolymers to evolve hydrogen chloride and any other acidic products at elevated temperature—Part 2:pH method)

ISO 974:2000 塑料 冲击脆化温度的测定(Plastics—Determination of the brittleness temperature by impact)

ISO 1431-1:2004 硫化橡胶或热塑性橡胶 耐臭氧龟裂性 第1部分:静态应变试验(Rubber, vulcanized or thermoplastic—Resistance to ozone cracking—Part 1:Static and dynamic strain test)

ISO 4589-3:1996 塑料 通过氧指数测定燃烧性能 第3部分:高温试验(Plastics—Determination of burning behaviour by oxygen index—Part 3:Elevated-temperature test)

ISO 13943:2008 防火安全 词汇(Fire safety—Vocabulary)

IEC 60068-2-20:2008 电工电子产品环境试验 第2部分:试验方法 试验T:引线式元件的可焊性和耐焊接热试验方法(Environmental testing—Part 2—20:Tests—Test T:Test methods for solderability and resistance to soldering heat of devices with leads)

IEC 60212:2010 固体电气绝缘材料试验前或试验时采用的标准条件(Standard conditions for use prior to and during the testing of solid electrical insulating materials)

IEC 60587:2007 评定在严酷环境条件下使用的电气绝缘材料耐电痕化性和电蚀损的试验方法(Electrical insulating materials used under severe ambient conditions—Test methods for evaluating resistance to tracking and erosion)

IEC 60695-6-30:1996 着火危险试验 第6部分:评定电工产品着火产生的烟阻光引起的视觉模糊危险的方法和导则 第30节:小规模静态法 烟阻光度的测定(Fire hazard testing—Part 6: Guidance and test methods on the assessment of obscuration hazards of vision caused by smoke opacity from electrotechnical products involved in fires—Section 30:Small scale static method—Determination of smoke opacity—Description of the apparatus)

IEC 60754-1:1994 电缆材料燃烧过程中释放的气体的试验 第1部分:取自电缆的聚合物材料燃烧过程中释放的卤酸气体量的测定(Tests on gases evolved during combustion of materials from cables—Part 1:Determination of the amount of halogen acid gas)

IEC 60754-2:1991 电缆材料燃烧中释放气体的试验 第2部分:通过测定pH值和电导率来测定取自电缆的聚合物材料燃烧过程中释放的气体的酸度的测定(Test on gases evolved during combustion of electric cables—Part 2:Determination of degree of acidity of gases evolved during the combustion of materials taken from electric cables by measuring pH and conductivity)

3 试验条件

3.1 除非另有规定,所有试验应按IEC 60212:2010在标准大气下,即在温度15 ℃~35 ℃和周围环境相对湿度下进行。

有争议时,这些试验应在23 ℃±2 ℃和相对湿度(50±5)%下进行。

3.2 当某一试验程序规定在高温下加热时,试样应在符合GB/T 11026.4—2012的均匀加热烘箱中保持规定的时间。

3.3 对规定需要在低温下进行的试验,在产品规范中可以要求在$-t$ ℃或更低的温度下进行试验。该温度的偏差按IEC 60212:2010中规定取±3 ℃。

注:$-t$ ℃为各产品规范中规定的低温试验温度值。

4 内径、壁厚及同心度的测量

4.1 内径

4.1.1 试样数量

应试验三个试样。

4.1.2 通用方法

应使用合适直径的圆柱塞规或锥形塞规对试样的内径作出上下限值的推断。塞规应能深入试样的内部但不引起软管扩张。如需要,在对某些型号的软管进行测量时,可借助粉末状润滑剂进行。

4.1.3 可扩张编织软管的松弛后内径

选取一根250 mm长的钢芯棒,其直径等于规定的最小松弛后内径。

将芯棒完全插入软管,使芯棒伸出软管的切割端50 mm。

在软管的另一端,于紧靠芯棒端头处,用金属丝将软管扎紧以阻止芯棒进一步穿入软管内。

从软管扎紧端沿切割端将紧贴在芯棒上的软管抚平并扭挤软管,直至软管的切割端与芯棒端头对齐,再用金属丝缠绕固定。

用一种不会腐蚀软管的标识媒质,例如,打字机修改液,在软管中央位置画出两条间隔为200 mm的基准线。

松开切割端,让软管松弛。

测量基准线之间距离,准确至1 mm。

如果测量尺寸大于或等于195 mm,则该软管具有规定的最大松弛后内径。

如果测量尺寸小于195 mm,则用直径逐渐增大的芯棒重复测量直至测量尺寸大于或等于195 mm。

4.1.4 可扩张编织软管的扩张后内径

选取一圆柱塞规,其直径等于规定的最小扩张后内径。

紧握切割端以下 50 mm 处的软管。

(纵向)剖开软管的切割端 10 mm 并插入圆柱塞规。

设法将圆柱塞规向软管未剖开而被紧握住部分推进。

如果不需用力就能将圆柱塞规推进,则该软管具有最小扩张后内径。

如果需用力才能将圆柱塞规推进,则用逐渐缩小的圆柱塞规重复测量。

4.1.5 结果

取所有测量值的算术平均值作为结果。

4.2 编织软管的壁厚

4.2.1 试样数量

应试验三个试样。

4.2.2 程序

用圆柱塞规或芯棒插入软管,做到能自由插入但其直径应不小于软管内径的 80%。然后用一种具有直径约 6 mm 平面测量头的测微计测量软管外径总尺寸。在测量时,测微计施加于试样上的压力应恰好使软管紧贴插入的圆柱塞规或芯棒。以外径总尺寸与圆柱塞规或芯棒直径之差的一半计算壁厚。

4.2.3 结果

取所有测量值的算术平均值作为结果。

4.3 挤出软管的最小/最大壁厚和同心度

4.3.1 试样数量

应试验三个试样。

4.3.2 壁厚

本标准不规定强制性测量方法。通过适当次数的试验,找出软管壁上相应最小壁厚和最大壁厚的点。

注:下述测量法证明是适用的:光学轮廓投影仪,光学比较仪,适用的测微计。有争议时,采用光学方法中的一种。

4.3.3 同心度

按式(1)计算每一软管的同心度:

$$同心度 = \frac{最小壁厚}{最大壁厚} \times 100\% \quad \cdots\cdots(1)$$

4.3.4 结果

取所有最小壁厚和最大壁厚及同心度的算术平均值作为结果。

5 密度

5.1 试样数量

应试验至少三个试样。

5.2 程序

可采用任何测定密度的方法，只要该方法能保证准确度为 0.01 g/cm³ 即可。

注：小内径软管试样可沿其长度方向切割并剖开，以避免测定过程中夹入空气。

5.3 结果

注明所选用的测定方法并报告所有测得的密度值。除非产品规范另有规定，取算术平均值作为结果。

6 受热后的抗破裂

6.1 试样数量

应试验三个试样。

6.2 试样形状

试样应切成环状，其切割长度等于壁厚。切割时应保证切口整齐，因为切口缺陷会影响试验结果。

注：对因实际操作困难而不可能把试样切成方形截面的环时，长度可以增加到不超过 2.5 mm。

6.3 程序

用一根斜度为(15±1)°的锥形芯棒对试样进行试验。除产品规范另有规定，试样应在 70 ℃±2 ℃温度下保持(168±2)h，然后让其冷却至 23 ℃±5 ℃。然后沿着芯棒往上翻卷试样，使其扩张量等于产品规范中规定的标称内径的一定百分比。试样应在 23 ℃±5 ℃下保持(24±1)h，然后检查其破裂情况。

6.4 结果

报告是否有任何破裂情况。

7 热冲击

7.1 试样数量

应试验五个试样。

7.2 试样形状

几段约 75 mm 长的软管，或按第 20 章制备的用于测定拉伸强度或断裂伸长的试样。

7.3 程序

试样应垂直地悬挂在烘箱中，在产品规范中规定的温度下保持 4 h±10 min。

取出试样让其冷却至室温。然后，检查其是否有任何滴流、开裂或流动迹象。另外当产品规范有规定时，试样还应试验拉伸强度和/或断裂伸长。

7.4 结果

除非产品规范另有规定，取所有拉伸强度和/或断裂伸长测试值的算术平均值作为结果。

8 耐焊热性

8.1 试样数量

应试验三个试样。

8.2 试样形状

采用 60 mm 长的软管和大约 150 mm 长的镀锡铜线，该铜线直径容许能与软管滑动配合。

在铜线的中点处，沿一根直径三倍于软管标称内径的芯棒将铜线弯成 90°。

应将软管沿铜线滑动并逐渐穿过铜线弯曲部分，让试验时处于垂直状态铜线的直线部分套有软管的长度等于 1.5 倍的软管标称内径，但最小长度为 1 mm（见图 1）。在处于垂直部分的铜线超出软管 20 mm 处切断。

在试验时处于水平部分的铜线于软管端头处切断。在铜线被弯曲好至少 5 min 后，把铜线伸出下部的 6 mm 涂以由 25％（质量份）松香和 75％（质量份）2-丙醇（异丙醇）或乙醇组成的高级焊剂（只能使用非活性松香，其酸值以 KOH 计不低于 155 mg/g。详见 GB/T 2423.28—2005 附录 C）。

8.3 程序

在 23 ℃±5 ℃下将铜线涂上焊剂后的 60 min 内对软管进行试验。在距铜线弯曲部分至少 25 mm 的水平部分夹住铜线。把铜线的垂直部分浸入熔融焊锡槽的中央，使铜线浸入部分为 6 mm；常用方法是预先在铜线上做记号。浸焊时间为（15±1）s 或按产品规范规定。焊锡槽的直径应不小于 25 mm，深度不小于 12 mm 及在试验期间焊锡温度应保持在 260 ℃±5 ℃。试验后检查试样有无开裂、熔化或明显膨胀，轻微的熔化是允许的（见图 2）。

8.4 结果

报告是否有开裂、膨胀或明显熔化现象。

单位为毫米

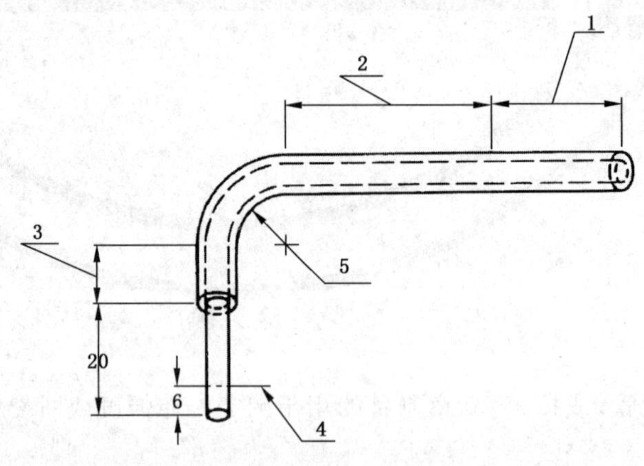

说明：

1——夹持试样部位；

2——距夹持试样部位至少 25 mm；

3——软管内径的 1.5 倍；

4——焊接液面；

5——绕直径为 3 倍于软管内径的芯棒弯曲而成的弯头。

图 1 耐焊热性试验用试样

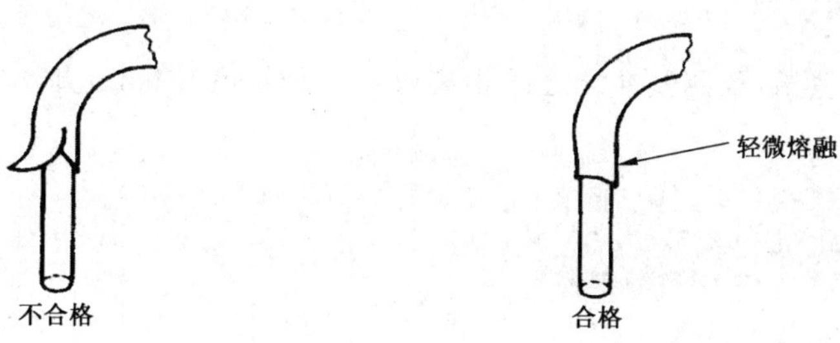

图 2 经受耐焊热性试验后的软管实例

9 无涂层编织玻璃纤维软管的加热质量损失

9.1 试样数量及质量

应试验三个试样，每个试样质量为(5±1)g。

9.2 程序

试样应经 105 ℃±2 ℃、1 h 的加热条件处理，随后在干燥器中冷却至室温。然后，对试样进行称重(m_1)，准确至 0.000 2 g。之后，在 600 ℃±10 ℃的通风的加热炉内加热 60 min～75 min。在干燥器内冷却至室温后再对试样称重(m_2)。

9.3 计算

按式(2)计算质量损失率：

$$M=\frac{m_1-m_2}{m_1}\times 100\% \qquad (2)$$

式中：

M ——质量损失率，以百分数(%)表示；

m_1——热处理后试样的质量，单位为克(g)；

m_2——高温加热灼烧后试样的质量，单位为克(g)。

9.4 结果

除非产品规范另有规定，取质量损失百分数所有值的算术平均值作为结果。

10 长度变化

10.1 试样数量

应试验三个试样。

10.2 试样形状

把每个试样切成长约 150 mm，用一种不会损害软管的标识媒质，在试样的大致中间位置作两条间隔为 100 mm 的基准线。测量基准线之间距离(L_1)，准确至 0.5 mm。

10.3 程序

试样应水平放置于能让其自由复原的某种材料上，并将它们一起置于烘箱内按产品规范规定的温度和时间进行处理。

然后，让试样冷却至室温，重测基准线之间距离(L_2)，准确至 0.5 mm。

10.4 计算

按式(3)计算长度变化(L_c)：

$$L_c = \frac{L_2 - L_1}{L_1} \times 100\% \qquad \cdots\cdots (3)$$

式中：

L_c ——长度变化量，以百分数(%)表示；

L_1 ——起始长度，单位为毫米(mm)；

L_2 ——自由收缩后的长度，单位为毫米(mm)。

10.5 结果

取所有长度变化值的算术平均值作为结果。

11 负荷变形(高温耐压力)

11.1 试样数量

应试验三个试样。

试验应在软管挤出 16 h 后进行。

11.2 试样形状

试样制备：沿软管长度方向将其剖开，然后把剖开的软管切成约 10 mm×5 mm 的切片，如果软管周长小于 5 mm，则按全周长切割，并使试样长度中心线平行于软管长度方向。

11.3 装置

试验装置是由一种能测量试样受力变形至±0.01 mm 的仪器组成，仪器上带有一个厚(0.70±0.01)mm 用来加载负荷于试样的矩形压痕板，除非产品规范另有规定，施加的负荷为(1.20±0.05)N。将试样置于支承在 V 型块上的直径为(6.00±0.10)mm 的金属芯棒上。如图 3 所示。

除非产品规范对温度另有规定，在加热期间应把该装置放入恒定在 110 ℃±2 ℃的烘箱内。为了减少振动，应安装在具有适当减震垫的自流循环的烘箱内。

11.4 程序

按 4.2 的方法测量试样壁厚，不同的是塞规和软管试样应由静置于芯棒上的试样代替。壁厚应是测得的总尺寸与芯棒直径之差。

除非产品规范对温度另有规定，试验前应把带有芯棒而无试样的装置置于 110 ℃±2 ℃的烘箱内处理至少 2 h。

升高压痕板，将试样置于芯棒上，使试样长度中心线与芯棒平行，再缓慢降下压痕板至试样表面。

注：对小内径软管试样操作起来可能会有困难。这时推荐在将试样置于芯棒上之前，先在室温下将试样置于 1 kg 重物下压平处理约 10 min。

然后将该装置和试样放入烘箱，在规定的温度下保持(60±5)min。

记录压痕板的位置。取出试样，使压痕板直接触及芯棒并再次记录压痕板的位置。从原先测得的壁厚减去这两次读数之差即得到压痕值。

三次压痕板直接触及芯棒后记录的位置读数中任何两次读数之差，应不大于 0.02 mm。

11.5 结果

试样压痕值应以对原始壁厚的百分率来表示。

取三次测定结果的算术平均值作为压痕百分率。

单位为毫米

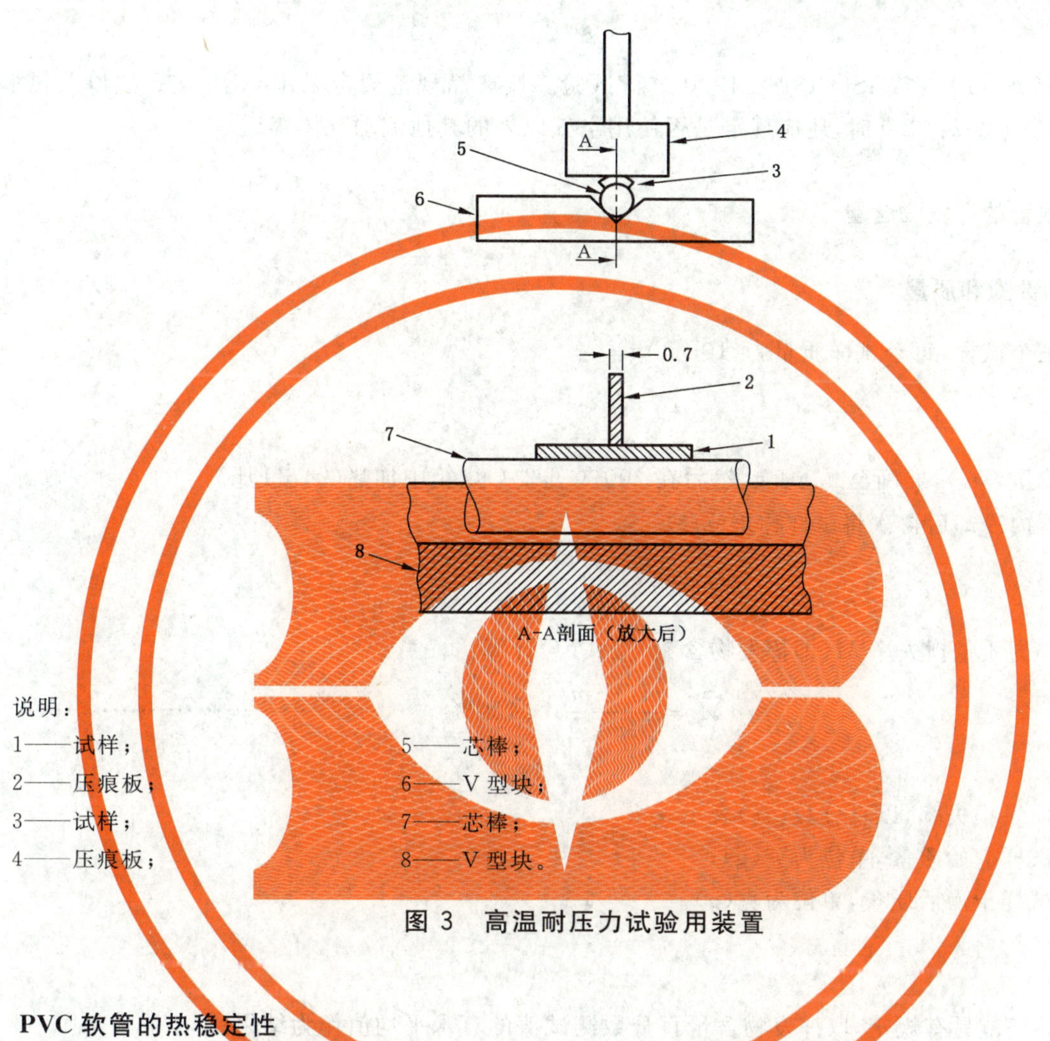

图 3 高温耐压力试验用装置

12 PVC 软管的热稳定性

12.1 原理

本方法是测定聚氯乙烯(PVC)、聚氯乙烯共聚物或以聚氯乙烯为基的复合物或产品加热时释放出氯化氢所需要的时间。

检测氯化氢释放可通过使用刚果红试纸或通过测定盛在测量池中的氯化钾溶液的 pH 值变化来实现。

12.2 试样形状

12.2.1 方法 A

按 ISO 182-1:1990 的规定。应备有足量试样使填入两个试管内的试样深度达到 50 mm。制备试样是把软管切成最大尺寸为 6 mm 的小段，需要时把它剖开。安装时应让软管小段在试管内保持自由松弛的状态。

12.2.2 方法 B

按 ISO 182-2:1990 的规定。制备试样是把软管切成约为 5 mm^2～6 mm^2 的小片,然后将大约 1 g 的试样装入每个试管。

12.3 程序

按 ISO 182-1:1990 或 ISO 182-2:1990 进行试验。按产品规范规定采用 A 法或 B 法以及试验温度,在采用 ISO 182-2:1990 时,还应规定是否使用空气以外的其他流动气体媒质。

13 硅树脂软管的挥发物含量

13.1 试样的数量和质量

应试验三个试样,每个试样质量为(10±1)g。

13.2 程序

将试样称重(m_1),准确至 0.001 g,然后在 200 ℃±2 ℃烘箱中加热(24±1)h。

在干燥器内冷却后再次将试样称重(m_2)。

13.3 计算

每个试样的质量损失率 M(即挥发物含量)按式(4)计算:

$$M=\frac{m_1-m_2}{m_1}\times 100\% \qquad \cdots\cdots(4)$$

式中:

M ——质量损失率,以百分数(%)表示;

m_1——试样起始质量,单位为克(g);

m_2——试样干燥后质量,单位为克(g)。

13.4 结果

除非产品规范另有规定,取挥发物含量百分数测试值的算术平均值作为结果。

14 加热后的弯曲性

14.1 试样数量

应试验三个试样,每个试样足够长至能方便地绕在芯棒上,芯棒尺寸按产品规范对该被试软管的规定。

14.2 试样形状

当标称内径不超过 2 mm 时,用一段能与软管滑动配合的金属线插入软管中。

当标称内径超过 2 mm 但不超过 15 mm(或在产品规范中对某种特殊类型软管规定的其他值)时,试样应该用任何适当的方法(例如多根金属线)填充以防止缠绕过程软管被过分压扁。

当标称内径超过 15 mm(或在产品规范中对某种特殊类型软管规定的其他值)时,试样应是一条沿平行于软管长度方向切取的 6 mm 宽的带。

14.3 程序

将按 14.2 制备的试样悬挂于烘箱内，在产品规范规定的温度下保持(48±1)h。然后从烘箱内取出并冷却至室温。

按细密螺旋方式在一根芯棒上平稳地将试样缠绕一周，芯棒直径由产品规范规定。对切割成带的试样，其内表面应与芯棒接触。缠绕一周的时间应不大于 5 s。然后将试样在缠绕状态保持 5 s。

不经放大直接目测仍处在芯棒上的试样是否有开裂、涂层脱落或分层迹象。

若在产品规范中有规定，通过施加电压检测内径 15 mm 及以下软管是否存在开裂，可采用第 22 章试验方法。

14.4 结果

报告试样是否存在开裂、涂层脱落或分层。

15 低温弯曲性

15.1 试样数量和形状

试样数量和形状应同第 14 章，但不同的是当标称内径超过 6 mm(而不是 15 mm)时，试样应沿平行于软管的长度方向切取 6 mm 宽的带。当产品规范有规定时，可用标称内径 6 mm 及以下未填充的试样进行试验。

15.2 程序

把按 14.1 制备的试样悬挂于试验箱内，在产品规范规定的温度下保持 4 h±10 min。然后在该温度下按细密螺旋形式在一根低温温度相同的芯棒上平稳地将试样缠绕一周，芯棒直径按产品规范规定。缠绕一周的时间应不大于 5 s。然后让试样的温度回复至室温。

不经放大直接目测仍处在芯棒上的试样是否有开裂、涂层脱落或分层现象。

15.3 结果

报告试样是否存在开裂、涂层脱落或分层。

16 脆化温度

采用下述方法制备试样，并按 ISO 974:2000 进行试验：

对标称内径 4 mm 及以下的软管，试样应切成 40 mm 长。对标称内径大于 4 mm 的软管，试样应为其长边平行于软管的长度方向的 6 mm 宽、40 mm 长的条带状试样。条带状试样应予以固定以便能用锤子敲打试样的卷边。

17 贮存过程尺寸稳定性(仅适用于热收缩软管)

17.1 试样数量和长度

应试验三个试样，每个试样长约 100 mm。

17.2 程序

应先在交货时扩张状态下测量软管内径。然后将软管放入一个通风的烘箱中，除非产品规范另有规定,在 40 ℃±3 ℃下贮存(336±2)h。然后将其从烘箱中取出,冷却至环境温度,再测扩张状态下的内径。

完成测量后,应让软管完全回缩,回缩的时间和温度按产品规范规定。之后,让软管冷却至环境温度并再测量回缩后的软管内径。

17.3 结果

报告在高温下贮存前和贮存后的扩张后内径,以及经高温贮存并完全回缩后的内径三组测量的每一组测量值的算术平均值作为结果。

18 涂层水解

18.1 试样数量

应试验三个试样。

18.2 试样形状

每个软管试样应切成 40 mm～50 mm 长,然后用滤纸把它们包成一束,束的直径应能将其顺利推入 125 mm×12 mm 的硼硅玻璃试管内。如果因软管尺寸原因操作有困难,可以沿着软管长度方向将试样剖开,在将试样卷起插入试管内。

注:该试验可使用厚壁试管以减小爆炸和人员伤亡的危险。推荐在试管与操作者之间放一个防护罩。

18.3 程序

将软管推到试管底部并加入约 2 mL 蒸馏水。然后插入直径约 0.6 mm 的一小段铜线,将铜线接近软管的一端弯成大致圆形状并与长度方向垂直。铜线的长度选择是当试管密封后,它完全在试管内,当试管倒置时,弯圆的一端在水平面上方。铜线的作用是防止软管滑入水中。之后,密封试管端部,适用的方法是在火焰中把它拉长后封口。

试验时试管应垂直放置,其密封端朝下,在 100 ℃±2 ℃下保持(72±1)h。

18.4 结果

报告试样是否有任何涂层位移、软管与纸之间或软管相互之间粘着以及纸变色等现象。

19 柔软性

19.1 试样数量和长度

应试验三个试样,每个试样长约 150 mm。

19.2 条件处理

试样应松散地置于一个平面上,在环境温度 23 ℃±5 ℃下保持约 24 h。

19.3 装置

采用图 4 所示装置。

将一段缝纫线固定于芯棒并穿过软管。试样用图 4 所示的螺纹夹紧器固定于芯棒上。

注:可用聚酯缝纫线,但对 0.5 mm 内径的软管,需要用吸或引的方法把线穿过软管。

芯棒应配备有能旋转 270°的装置,聚酯线的另一端应系上砝码。砝码的大小按产品规范中针对具体软管型号相关内径所作的规定。

位于软管下部的线应越过并几乎触及以毫米为单位的偏转度标尺。应采用铅垂线以保证标尺的零点正好位于芯棒边缘的下方。

19.4 试验温度

试验应在 23 ℃±2 ℃下进行。

19.5 程序

旋转芯棒使固定软管用的螺纹夹紧器处在偏转度标尺上零点标记线的上方。当芯棒处在这个位置时，施加砝码并立即平稳旋转芯棒 270°，旋转速率为当芯棒旋转到如图 4 所示的位置时约 10 s。在完成旋转后的(30±5)s 内记录偏转度。如果软管发生扭曲，应在扭曲状态下进行试验，不必恢复到原状。把记录到的偏转度减去被试软管的壁厚就得到真正的偏转度。

注：可能需要采用一种导向装置以保证软管保持在同一垂直平面内。

19.6 结果

除非产品规范另有规定，取所有偏转度测得值的算术平均值作为结果。

单位为毫米

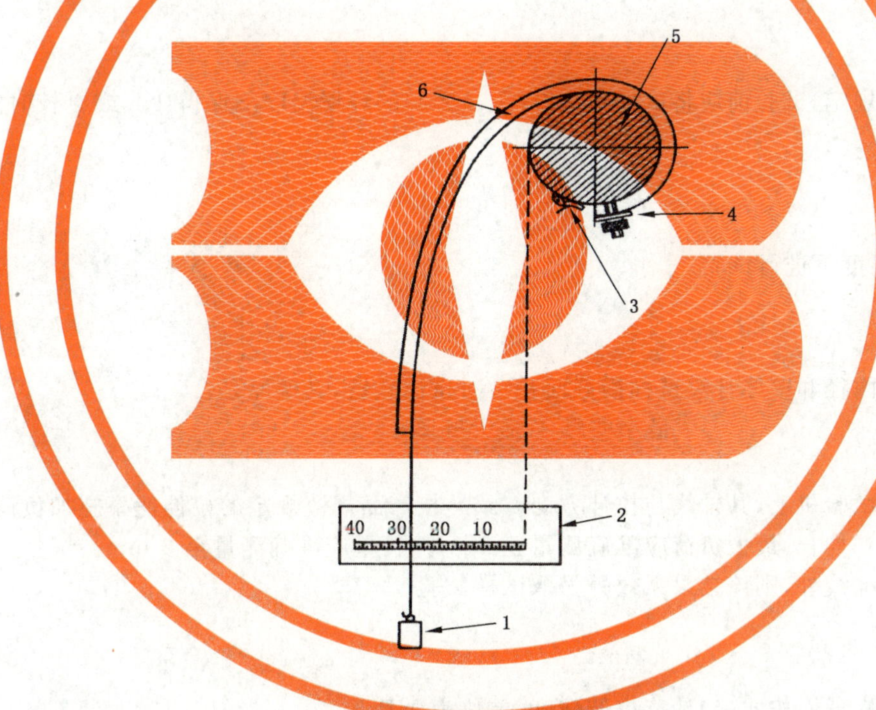

说明：

1——砝码；
2——偏转刻度尺；
3——固定缝纫线端头的夹子；
4——固定软管的螺纹夹紧器；
5——可旋转的 25 mm 直径芯棒最终位置；
6——被试软管。

图 4 柔软性试验用装置

20 拉伸强度、100%伸长下的拉伸应力、断裂伸长及 2%伸长下的割线模量

根据软管类型，产品规范中可以规定以下试验。依需要可以选择进行一种以上试验：

——全截面软管的拉伸强度和断裂伸长；

——哑铃形试样的拉伸强度和断裂伸长；
——无涂层玻璃纤维软管的拉伸强度；
——2%伸长下的割线模量；
——100%伸长下的拉伸应力；
——高温和100%伸长下的拉伸应力。

注：在所有试验中，可使用合适的夹头。以保护试样，避免因夹头引起的损坏。

20.1 全截面软管的拉伸强度和断裂伸长

20.1.1 试样数量

应试验五个试样。

20.1.2 试样形状

试样长度不少于150 mm以保证试验机夹头间距为50 mm，并应在夹头之间大致中间处的软管上画两条间隔至少25 mm的相互平行的基准线。用于画线的媒质不应对软管造成有害影响且基准线应尽可能细。推荐使用带有平行打印刀刃的标记器。

20.1.3 条件处理

除非产品规范另有规定，试验前应将试样置于23 ℃±2 ℃的环境温度下保持1 h或更长时间以保证试样达到23 ℃±2 ℃。

20.1.4 试验温度

应在23 ℃±2 ℃温度下进行试验。

20.1.5 程序

由按第4章测得的内径和壁厚计算试样横截面积。对挤出软管，其壁厚是：

$$\frac{\text{最小壁厚} + \text{最大壁厚}}{2}$$

将试样安装于拉力试验机上，其轴线与拉伸方向一致。按产品规范规定的拉伸速率施加负荷，记录断裂时的最大拉伸负荷和伸长，最大负荷应准确测量至2%，伸长量应准确测量至2 mm。

如果试样断裂在基准线外，则该结果无效并另取试样试验。

20.1.6 计算

取最大负荷和起始横截面按式(5)计算拉伸强度(单位为MPa)：

$$\text{拉伸强度} = \frac{F_{max}}{A} \qquad \cdots\cdots(5)$$

式中：

F_{max}——最大负荷，单位为牛顿(N)；

A ——起始横截面积，单位为平方毫米(mm^2)。

按式(6)计算断裂伸长：

$$\text{断裂伸长} = \frac{L - L_0}{L_0} \times 100\% \qquad \cdots\cdots(6)$$

式中：

L ——断裂时测得的伸长后试样上两基准线之间的距离，单位为毫米(mm)；

L_0——两基准线之间起始的距离，单位为毫米(mm)。

20.1.7 结果

除非产品规范中另有规定，取每一性能所有计算值的算术平均值作为结果。

20.2 哑铃形试样的拉伸强度和断裂伸长

试验应按 20.1 进行，但作下述变更。

20.2.1 以软管长度方向为长轴切割剖开成图 5 所示的尺寸和公差的试样。然后把它铺在置于硬质平台上某种表面光滑、稍带柔软的材料（例如皮革、橡胶或高质量的卡片纸板）上压平。应采用单冲程冲压机和合适形状及尺寸的刃形冲模，从软管片材上冲压制备试样。

注：图 5 给出的外形图是 GB/T 528—2009 中 2 型试样的外形图。

20.2.2 在基准线之间的至少三点处测量试样中间平行部分的宽度和厚度，准确至 0.01 mm。然后计算平均横截面积。

20.2.3 断裂后基准线之间的距离应测量精确至 2%。

20.3 无涂层纺织玻璃纤维软管的拉伸强度

试验按 20.1 进行，但作下述变更。

20.3.1 两夹头起始距离是(100±10)mm，夹头分离速率是(25±5)mm/min。

20.3.2 平均横截面积应由按 4.2 测得的壁厚的两倍和按下述方法制备的扁平带的宽度的乘积来求得。

让试样承受约占断裂应力 10%的拉伸应力并将其放在两个平板间稍微施加压力使软管形成一条带。测量这条带的宽度。

20.4 2%伸长下的割线模量

20.4.1 试样数量和形状

进行三次试验。试验在一段全截面软管上或在一条沿平行于软管长度方向剖开的带上进行。在采用剖开的带时，带的宽厚比至少为 8∶1。横截面积按 20.2.2 测量。

20.4.2 程序

a) 割线模量应通过测定试样在两夹头之间或基准线之间长度伸长 2%时所需要的拉伸应力来计算。

b) 根据所选择的测量方法，两夹头之间或基准线之间的试样长度应为 100 mm～250 mm。

c) 伸长可通过伸长仪或夹头间距变化进行测量；应准确至 2%。

d) 夹头间每 mm 长的应变速率应是(0.1±0.03)mm/min（例如，夹头间长为 250 mm 时，其应变速率为 25 mm/min）。

e) 必要时需要对试样施加一个起始拉伸力(F)使其拉直。这个力应不超过最终负荷值的 3%。

f) 施加负荷直至两夹头间或两基准线间的伸长达到 2%为止。记录产生这个伸长所需的力(F_1)。

20.4.3 计算

试样的割线模量（单位为 MPa）按式(7)计算：

$$2\% \text{ 伸长下的割线模量} = \frac{F_1 - F}{0.02A} \quad \cdots\cdots(7)$$

式中：

F_1——产生 2%伸长所需要的力，单位为牛顿(N)；

F ——产生起始(拉直)应力所施加的力,单位为牛顿(N);

A ——试样起始平均横截面积,单位为平方毫米(mm^2)。

20.4.4 结果

除非产品规范另有规定,取2%伸长下的割线模量所有测得值的算术平均值作为结果。

20.5 100%伸长下的拉伸应力

根据相应情况,按20.1或20.2进行试验。另外,当两基准线之间距离增加到100%时,记录这时的负荷。

20.5.1 计算

试样100%伸长下的拉伸应力(单位为MPa)应按式(8)计算:

$$100\%\text{ 伸长下的拉伸应力} = \frac{F_2}{A} \qquad \cdots\cdots(8)$$

式中:

F_2——产生100%伸长时的拉伸负荷,单位为牛顿(N);

A ——试样起始平均横截面积,单位为平方毫米(mm^2)。

20.5.2 结果

除非产品规范另有规定,取100%伸长下拉伸应力所有测试值的算术平均值作为结果。

20.6 高温和100%伸长下的拉伸应力

试验应按20.5和在产品规范规定的温度下进行。

单位为毫米

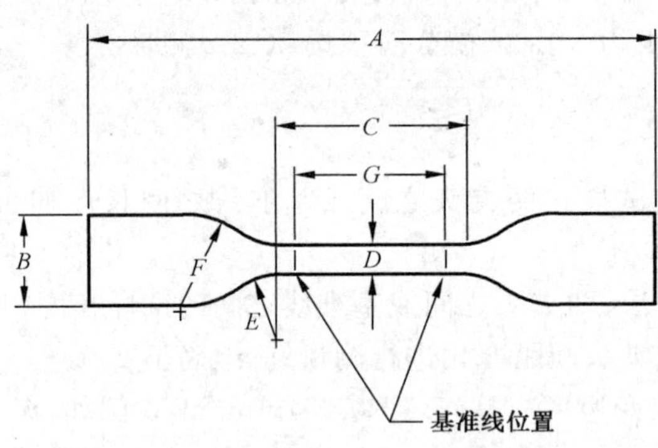

说明:

A——总长,最小,75 mm;

B——端部宽度,(12.5±1.0)mm;

C——狭窄平行部分长度,(25±1)mm;

D——狭窄平行部分宽度,(4.0±0.1)mm;

E——小半径,(8.0±0.5)mm;

F——大半径,(12.5±1.0)mm;

G——基准线间距,≤20 mm。

注:在任何一个试样中,其狭窄部分任何一处厚度偏差应不大于平均值的2%。

图5 拉伸试验用哑铃型试样

21 抗损伤性试验

21.1 原理

无涂层编织软管的损伤常常是由机械操作或软管切割端受到撞击引起的,例如,在装配过程或装运中。本试验是通过测量经过受控撞击后软管切割端的扩张来评定软管的抗损伤性。

21.2 试样数量和长度

应试验三个试样,每个试样为一段 150 mm 长的软管。试样应使用锋利切刀(不能用闸刀式剪切机)切割,要注意避免切割后端部纤维散乱。

21.3 程序

使用一台滑动式投影仪,能测出软管外径图像并投影到屏幕上,使得能重复测量而不改变测试的值。测量试样上中心点处(远离两端部)图像的外径。旋转软管 90°并重复测量。计算测量结果的平均值并记录为 d,准确至 0.05 mm。

选取一根 350 mm 长的钢棒,其直径较软管内径小得多,使得当试样套于其上时,试样能自由地垂直落下。

滑动棒上的试样,使试样上端与垂直放置的棒的上端对齐(见图 6)。在重力作用下,让试样自由落下撞击硬质水平面。重复该程序共撞击十次。

从棒上取出试样,应小心不要使撞击端散开。使用滑动式投影仪,测量撞击端扩张后直径的图像。旋转软管 90°并重新测量。计算测量结果的平均值并记录为 D,准确至 0.05 mm。

21.4 计算

按式(9)计算损伤百分率:

$$损伤百分率 = \frac{D-d}{d} \times 100\% \qquad \cdots\cdots(9)$$

式中:

D ——撞击后试样扩张端的平均直径,单位为毫米(mm);

d ——软管平均外径,单位为毫米(mm)。

21.5 结果

除非产品规范另有规定,取所有抗损伤三次测量值的算术平均值作为结果。

单位为毫米

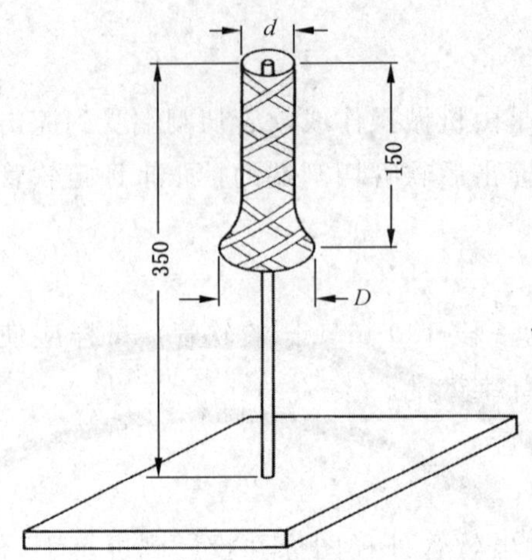

图6 抗损伤性试验布置简图

22 击穿电压

22.1 原理

可选择以下三种试验方法之一：

a) 弹丸槽试验(仅适用于空气中试验)；

b) 直棒试验，100 mm 箔电极；

c) 大直径软管剖开后试样的试验。

每种方法可以在环境温度下或高温下进行。另外，试验也可以在经过湿热处理后进行。

具体试验方法应在产品规范中规定。

22.1.1 试样数量和形状

应试验三个试样。全截面软管试样，适用于弹丸槽试验和直棒试验；剖开后的试样，适用于大直径软管试验。

22.1.2 条件处理

在有疑问或有争议时，试验应在已经过 23 ℃±2 ℃和(50±5)%相对湿度下处理不少于 24 h 后的试样上进行。

22.1.3 施加电压

施加的电压按 GB/T 1408.1—2006 的规定，升压速率按产品规范规定。

22.1.4 试验方法的变更

击穿电压试验通常是在空气中进行，但如果闪络成为一个问题，则可用更长的试样，或针对 22.3 及 22.4 中的试验，可将试样浸于适当的绝缘液体(如变压器油或硅油)中进行。

22.2 弹丸槽试验(仅适用于空气中试验)

22.2.1 试样

把一段长约200 mm的软管套在一根光滑笔直的圆导体上制成试样。该导体的直径应大致与软管内径相同(不小于内径的75%)。为避免对软管造成损伤,应清除导体上毛刺。

对热收缩软管,试样应在一根直径大致等于但不得小于规定的软管最大回缩后内径的金属芯棒上进行收缩处理。

22.2.2 设备

22.2.2.1 容器

能将试样放入且其中的100 mm长可埋没于弹丸中的金属容器,可将容器设计成倾斜时弹丸能覆盖整个软管。推荐的装置如图7所示。

22.2.2.2 弹丸

弹丸直径应是0.75 mm～2.0 mm,可以由镍、镀镍或不锈钢制成。

22.2.3 程序

把弹丸倒入容器中,使得在试样中间长100 mm的周围灌满弹丸且使试样与所有容器壁隔开。需小心操作以免损伤试样。

按22.1.3所述在导体与弹丸之间施加电压。

22.3 直芯棒试验,100 mm箔电极

22.3.1 试样

试样是一段插在一光滑笔直圆导体上的长度不少于200 mm的软管。对热收缩软管,试样应在一根直径等于规定的软管最大回缩后内径的金属芯棒或管上进行收缩处理。

22.3.2 电极

内电极应是一根与软管滑动配合的金属芯棒。外电极应是一条宽100 mm、厚度不大于0.025 mm紧贴且环绕在软管上的金属箔片带。芯棒或管应超出试样的每个端头,箔电极与试样端头之间距离应足以防止闪络(见22.1.4)。

22.3.3 程序

按22.1.3所述,在两电极之间施加电压。

22.4 大尺寸软管剖开试样的试验

22.4.1 试样

试样尺寸应大于100 mm×100 mm以防止闪络。

22.4.2 电极

电极应是两个直径 25 mm、长 25 mm 的金属圆柱体,其中一个被垂直安放在另一个的上面,以便试样被置于两圆柱体平整端的两个平面之间。上下电极应同轴。应将两圆柱体边缘倒成半径约 3 mm 的圆角。

22.4.3 程序

按 22.1.3 所述在两电极之间施加电压。

22.5 高温下试验

将试样和电极置于烘箱内并在产品规范规定的温度下保持(60±5)min。按 22.1.3 施加电压。

注:试验时注意高压电极、高压导线与烘箱器壁之间的安全距离。

22.6 湿热处理后的试验

先将试样预热到 40 ℃~45 ℃,然后放入条件处理箱在 40 ℃及 93%相对湿度下,处理 96 h。

从处理箱中取出软管,让其在 75%相对湿度的大气中冷却至室温。然后,在取出软管的 1 h~2 h 内进行试验。

22.7 结果

除非产品规范另有规定,取所有击穿电压测试值的算术平均值作为结果,并报告所采用的温度和相对湿度。

注:当产品规范中仅有针对 25 mm 和 250 mm 宽外电极的击穿电压时,可按式(10)换算成对 100 mm 宽外电极的结果。

$$V_1 = \frac{2V_2 + V_3}{3} \qquad \cdots\cdots (10)$$

式中:

V_1——对采用 100 mm 宽电极时要求的击穿电压,单位为伏(V);

V_2——对采用 250 mm 宽电极时要求的击穿电压,单位为伏(V);

V_3——对采用 25 mm 宽电极时要求的击穿电压,单位为伏(V)。

单位为毫米

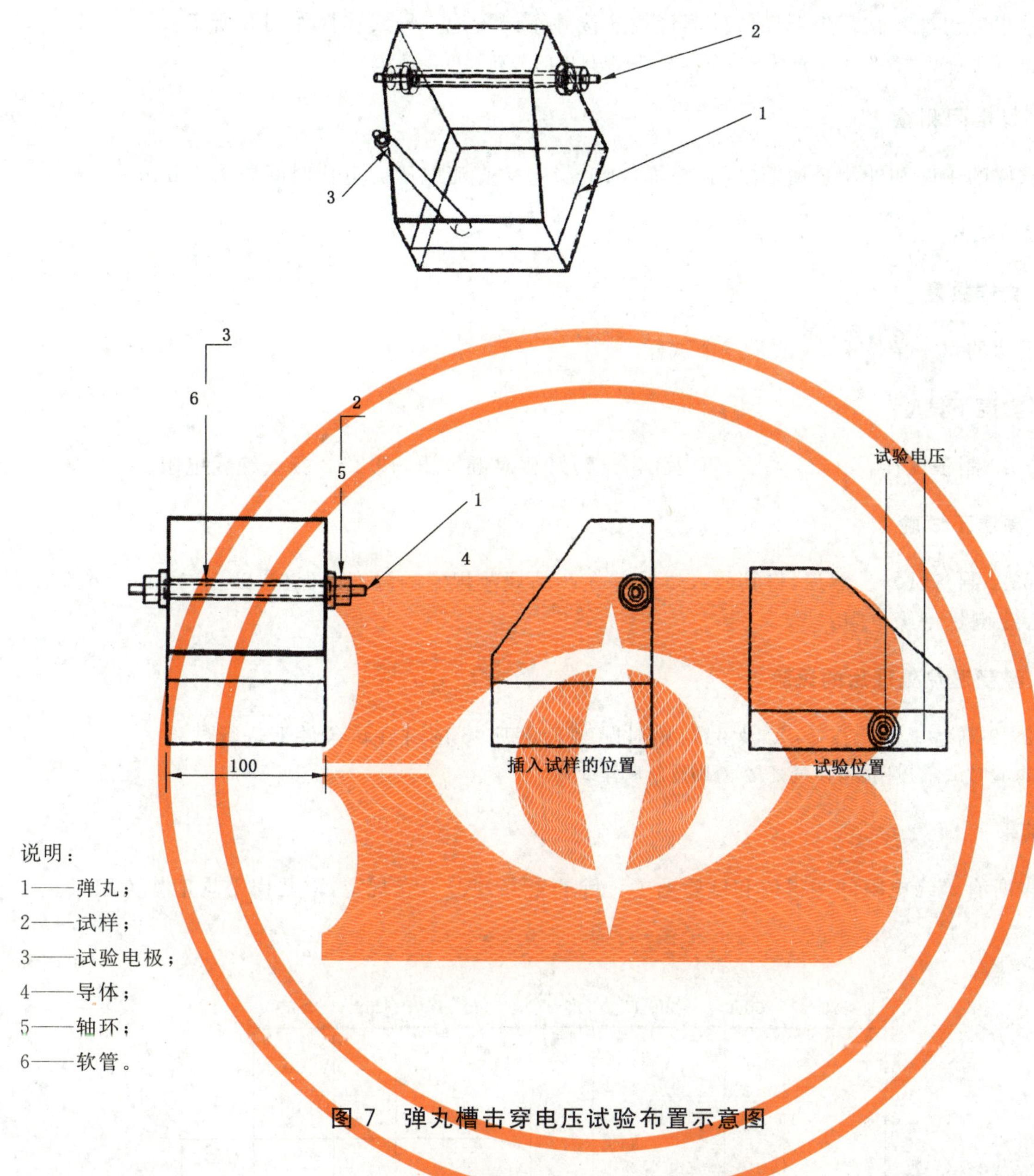

说明：

1——弹丸；

2——试样；

3——试验电极；

4——导体；

5——轴环；

6——软管。

图7　弹丸槽击穿电压试验布置示意图

23　绝缘电阻

23.1　条件处理

除非产品规范另有规定，试验应在已经过23 ℃±2 ℃、(50±5)%相对湿度下处理不少于24 h后的试样上进行。

23.2　试样形状

将一根能滑动配合的实芯铜导体或铜管插入软管试样中。插入后试样至少230 mm长。必要时可借助合适的导电润滑剂来协助插入。对热收缩软管，试样应在一根金属棒或管上进行收缩处理，该金属棒或管的直径等于规定的软管最大回缩后内径。

将宽度为(25±1)mm的三片金属箔分别包绕在试样上，其中一片绕在中间，另两片绕在两端附近，使每段长为(50±1)mm的两段软管留出不包金属箔,如图8所示。绕在试样两端附近的两个金属箔,在试验过程应与插入软管的铜导体或铜管相连接并予以接地。导线连接如图8所示。

注:允许用高电导率的金属涂料替代金属箔,但涂料中的溶剂不可影响软管。

23.3　绝缘电阻测量

在试样的中间和外侧金属箔之间,施加(500±15)V直流电压。电化时间应为1 min～3 min。

23.4　试验条件

23.4.1　试样数量

在下面的每一条件下,应试验三个试样。

23.4.2　室温下试验

按23.2制备试样。在23 ℃±2 ℃及(50±5)%相对湿度下,按22.3测量绝缘电阻。

23.4.3　高温下试验

按23.2制备试样。然后,将其放入烘箱并在产品规范规定的温度下保持(60±5)min。并在该温度下,按23.3测量绝缘电阻。

23.4.4　经受湿热处理后的试验

按23.2制备试样。在40 ℃及93%相对湿度下处理96 h,并在该条件下进行试验。

注:试验时试样上不能有湿气凝露,否则重新取样试验。

23.5　结果

报告所有绝缘电阻的测得值和试验温度。除非产品规范另有规定,取几何平均值作为结果。

单位为毫米

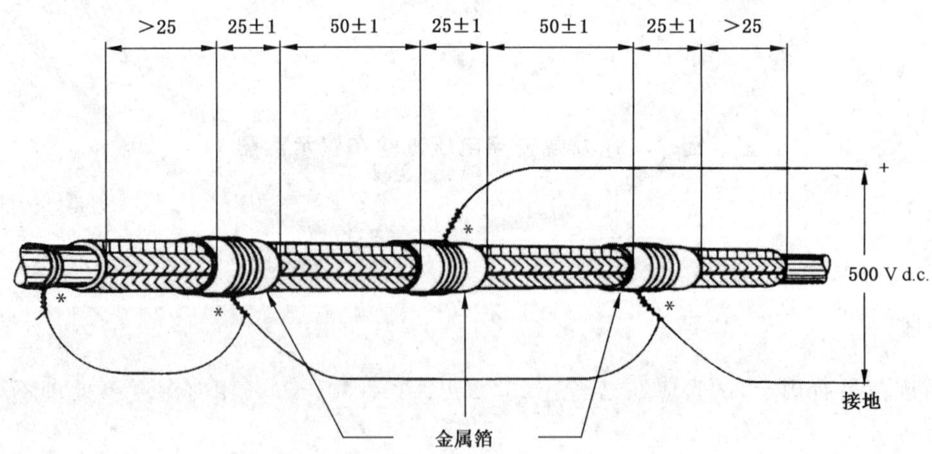

* 扎紧导线并在这些点将其焊牢。

图8　绝缘电阻试验用试样

24 体积电阻率(不适用于织物基软管)

24.1 条件处理

除非产品规范另有规定,试验应在已经过 23 ℃±2 ℃、(50±5)%相对湿度下处理不少于 24 h 后的试样上进行。

24.2 试样形状

试样是一段长 250 mm 的软管,软管内插入实芯铜导体或铜管(作为内电极),内电极的直径应小于产品规范中规定的软管内径。必要时可借助液体介质如硅油、硅脂,以便于内电极插入并保证软管与电极有良好的电气接触。所使用的液体介质应在产品规范中规定。对热收缩软管,试样应在一根直径等于规定的软管最大回缩后内径的金属芯棒上进行收缩处理。

外电极是 200 mm 长并由高电导率金属涂料涂覆于软管外表面构成的。按 GB/T 1410—2006 的规定,应在试样的每一端加上保护环。

24.3 体积电阻率的测量

按 GB/T 1410—2006,采用(500±15)V 直流电压测量电阻,电化时间为 1 min。

按式(11)计算体积电阻率 ρ:

$$\rho = 2\pi LR/\ln\frac{d+2s}{d} = 0.868\ 7\pi LR/\log_{10}\frac{d+2s}{d} \qquad \cdots\cdots(11)$$

式中:

ρ ——体积电阻率,单位为欧姆米(Ω·m);

L ——电极长度,单位为米(m);

R ——测得的电阻,单位为欧姆(Ω);

d ——软管内径,单位为毫米(mm);

s ——软管壁厚,单位为毫米(mm)。

当 $L=200$ mm 时,按下式计算:

$$\rho = 1.257R/\ln[(d+2s)/d] = 0.546R/\log_{10}[(d+2s)/d]$$

24.4 试验条件

24.4.1 试样数量

在下面的每一条件下,应试验五个试样。

24.4.2 室温下试验

按 24.2 制备试样且在 23 ℃±2 ℃及(50±5)%相对湿度下按 24.3 测量体积电阻率。

24.4.3 高温下试验

按 24.2 制备试样。然后,将其放入烘箱并在产品规范中规定的温度下保持(50±5)min。在试样仍然保持在规定的温度下,按 24.3 测量体积电阻率。

24.4.4 经受湿热处理后的试验

应按 24.2 制备试样。然后，在 40 ℃及 93%相对湿度下处理 96 h，并在该条件下测量体积电阻率。

注：试验时试样上不能有湿气凝露，否则重新取样试验。

24.5 结果

报告所有体积电阻率的测试值，并报告所采用的温度和湿度条件。除非产品规范另有规定，取几何平均值作为结果。

25 相对电容率和介质损耗因数

25.1 试样数量

试验一个试样。

25.2 试样形状

试样是一段长度为 150 mm 的软管。对热收缩软管应按供方说明在一根作为内电极的芯棒上进行收缩处理。在此之前，应先测定芯棒直径 d_1，其方法是沿芯棒长度方向并绕其圆周均匀分布的点上作十次测量，取平均值，准确至 0.01 mm。

25.3 电极

高压电极应是一根与软管内壁接触良好的金属芯棒或管，对热收缩软管该芯棒或管的直径应等于软管的最大回缩后内径。测量电极和保护环应是金属箔带或适用的导电涂层。当采用金属箔时，用尽少量的低损耗的液体介质如硅油、硅脂把它粘贴到试样上。保护环应是 25 mm 宽并贴在测量电极两端的软管上，间隙约 1.5 mm。测量电极长度应使得能在电桥最灵敏的范围内测量电容量。高压电极长度应至少超出保护环外缘。

25.4 程序

试验温度应是 23 ℃±2 ℃。在试样穿入芯棒或管之后并在测量电容之前，应测定试样外径 d_2，其方法是沿试样长度方向并绕其圆周均匀分布的点上作十次测量，取算术平均值，准确至 0.01 mm。

按 GB/T 1409—2006 规定的仪器并在 1 000 Hz 频率下测量相对电容率和介质损耗因数。

25.5 计算

相对介电常数 ε_r 应按式(12)计算：

$$\varepsilon_r = 18C\ln(d_2/d_1)/(l+w) = 41.4C\log_{10}(d_2/d_1)/(l+w) \qquad (12)$$

式中：

C ——测得的电容，单位为皮法(pF)；

d_1 ——芯棒直径，单位为毫米(mm)；

d_2 ——试样外径，单位为毫米(mm)；

l ——测量电极的长度，单位为毫米(mm)；

w ——测量电极与保护环之间间隙的宽度，单位为毫米(mm)。

介质损耗因数可从电桥读数中直接测得。

25.6 结果

取相对介电常数和损耗因数的测试值作为结果。

26 耐电痕化

按 IEC 60587:2007 中的方法 2 和判断标准 A 进行，试样厚度尽可能不少于 4 mm，并且经收缩处理。

27 火焰蔓延试验

27.1 原理

规定了三种严酷程度不同的试验方法。具体采用哪种方法由产品规范规定。

27.2 方法 A 和方法 B

27.2.1 试样数量

应试验三个试样。

27.2.2 方法 A(仅适用于内径 10 mm 及以下的软管)

注：对热收缩软管，该尺寸指规定的回缩后内径。

非热收缩软管：把一段长约 450 mm 的软管置于能与其滑动配合的 530 mm 长的一根直钢棒的中心位置。

热收缩软管：试样同上，但软管应在其直径等于规定的软管回缩后内径的钢棒上进行回缩处理。

27.2.3 方法 B

在一段长约 660 mm(对热收缩软管为回缩后的长度)的软管内，穿入一根 900 mm 长的细钢琴丝。软管的顶端应封闭以防止烟囱效应。采用的钢琴丝直径按表 1 规定：

表 1 试验用钢琴丝直径

试样直径	钢琴丝直径(最大值)
小于 0.44 mm	0.25 mm
0.44 mm～0.81 mm	0.41 mm
大于 0.81 mm	0.74 mm

27.3 热源

27.3.1 气体燃烧器

该气体燃烧器的标称内径为(9.5±1)mm。对天然气，可使用本生灯，把灯调节成能产生约

125 mm 长火焰,内部蓝色火焰芯约 40 mm 长。

如果使用丙烷,则应使用图 9 所示的气体燃烧器。

可使用带小火苗引燃的气体燃烧器。

27.3.2 气体燃烧器工作状况的检查

当气体燃烧器底座成水平状态时,把一根长度不短于 100 mm、直径为(0.71±0.025)mm 的裸铜线的一端水平地插入到比蓝色火焰芯顶部高出约 10 mm 的火焰中。铜线熔化所需要的时间应在 4 s~6 s。

27.4 燃烧试验箱及其内部布置

试验在排气罩或通风柜内进行,以防产生气流影响。

试验箱内试样和气体燃烧器的布置,方法 A 如图 10 所示、方法 B 如图 11 所示。

固定试样,使其垂直地处于罩子的中心。对方法 B 应将软管扭结并夹住(可用纸夹或其他夹具),把试样固定于上支撑棒的中间位置,试样的一端被封闭,防止试验中产生烟囱效应。从软管开口端伸出的钢琴丝的下端应固定在如图 11 所示的下支撑棒上。

能固定气体燃烧器底座的楔形块应能使气体燃烧器在与试样同一垂直平面上倾斜(20±2)°,气体燃烧器应固定在楔形块上且整个装置应置于可调节的支撑夹具上。

该夹具被置于与气体燃烧器圆管长轴和试样长轴的同一个垂直平面内,使燃烧器圆管指向罩子的后部。还应可调节夹具到距离 B 点约 40 mm 的 A 点位置,B 点是蓝色火焰芯顶端触及试样前部中心的一点。垂直调节试样,使 B 点距试样下夹具或其他支撑物不少于 75 mm。

用一层约 3 mm 厚的未经处理过的药用棉花铺设在包括楔形块和气体燃烧器底座在内的罩子底部。棉花层的上表面应处在 B 点下方不大于 240 mm 处。

指示旗的是一条单面上胶未经增强的牛皮纸(80 g/m^2~100 g/m^2),其宽 13 mm,厚约 0.1 mm。胶可被湿润并具有粘性。以胶面朝向试样方式将纸条环绕粘贴试样一周,使纸条下边缘高出 B 点 250 mm。纸条两个端头可平整地粘压在一起并修剪成一面小旗,将小旗从试样向罩子的后方伸出 20 mm 且与罩子两个侧面相平行(见图 10 及图 11)。

27.5 程序

给试样施加火焰 15 s,移去火焰,再施加火焰,共反复五次,每次施加 15 s,施加火焰间隔 15 s,如果上一次施加气体火焰后,试样燃烧或灼烧持续时间长于 15 s,这时则应在试样燃烧或灼烧自行熄灭后才能再次施加气体火焰。

27.6 方法 C

应试验五个试样。

在一段约 560 mm 长(对热收缩软管为回缩后长度)的软管内,穿入一根长度至少为 800 mm 的细钢琴丝,其直径按 27.2.3 方法 B 中的规定。

27.7 热源

使用按 27.3.1 所述被调节成工作状态的本生灯。

27.8 燃烧试验箱及其内部布置

试验在排气罩或通风柜内进行，以防产生气流影响。试样及气体燃烧器布置如图12所示。

固定试样，使其垂直地处于罩子的中心。在罩子内适当位置处，应安装两根固定的水平棒，使得绑在其上的钢琴丝与水平面成70°。下水平棒应距罩子后部约50 mm。试样的上端应固定在上水平棒上，将试样的上端封闭，防止试验时产生烟囱效应。从试样开口端伸出的钢琴丝的下端应固定在下水平棒上，要把它拉得足够紧以便在试验期间保持平直。

应采用倾斜(25±2)°的楔形块使本生灯管倾斜，并按与方法A和方法B相同的方法使本生灯与试样处于同一垂直平面。

对方法C，应使用指示旗，但不铺设棉花层。

27.9 程序

对试样施加火焰15 s，然后关闭燃气将其熄灭。

测定从熄灭火焰的时刻开始试样的持续燃烧时间。仅将有焰燃烧时间视作实际燃烧时间而不考虑灼热燃烧时间。通过直接测量或将250 mm减去未燃烧的长度的方法，测定试样被烧掉的长度。

27.10 结果(方法A和方法B)

27.10.1 方法A和方法B应报告下列内容：

a) 每次移开气体火焰后，每个试样持续燃烧或灼烧的时间，单位为秒(s)；

b) 每个试样在任何时间释放出的燃烧或灼烧颗粒或燃烧的滴下物是否点燃了气体燃烧器上、楔形块上或罩子底部的棉花(棉花的无焰烧焦不作为棉花燃烧判定)；

c) 在每个试样试验期间，指示旗是否被烧掉或被烧焦(可用棉布或手指擦去的烟垢和棕色的焦痕不作为烧焦判定)。

27.10.2 下述内容属于方法A和方法B的结果：

a) 移去气体火焰后，任何试样持续燃烧或灼烧的最大时间，单位为秒(s)；

b) 在任何时间释放出的燃烧或灼烧的颗粒或燃烧的滴下物是否点燃了气体燃烧器上、楔形块上或罩子底部的棉花；

c) 三次试验中的任何一次，指示旗是否被燃烧或烧焦。

27.11 结果(方法C)

27.11.1 方法C应报告下列内容：

a) 所有燃烧时间的测得值，单位为秒(s)；

b) 所有试样被烧掉的长度的测得值，单位为毫米(mm)。

27.11.2 下列内容属于方法C的结果：

a) 除非产品规范另有规定，移开气体火焰后任何试样持续燃烧的最大时间，单位为秒(s)；

b) 除非产品规范另有规定，任何试样的最大被烧掉的长度，单位为毫米(mm)。

单位为毫米

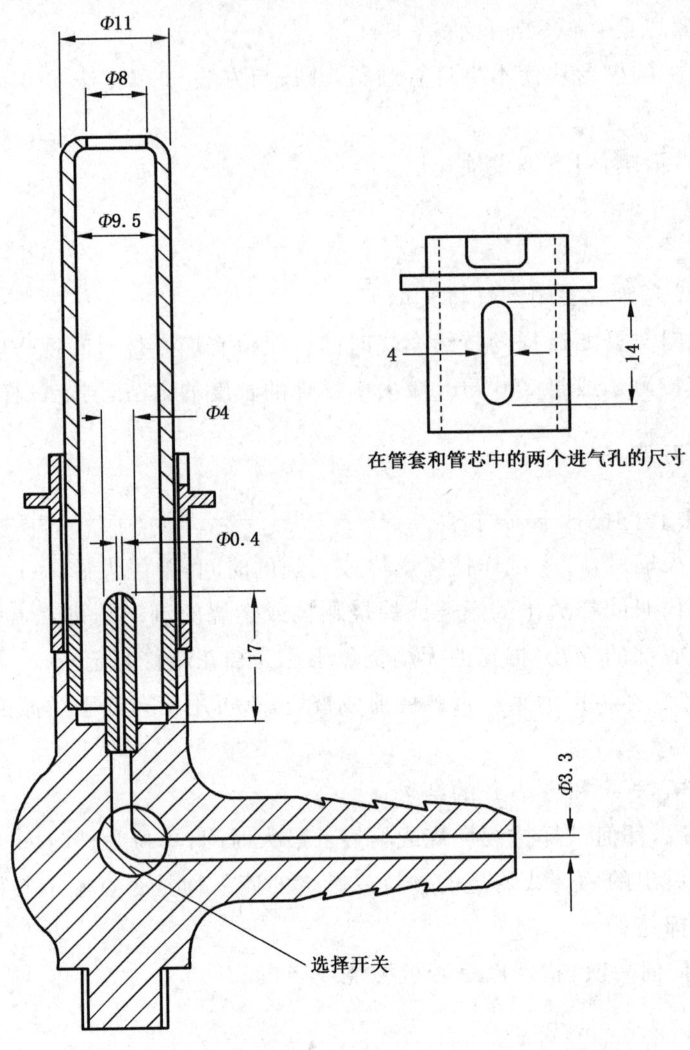

图9　火焰蔓延试验用标准丙烷燃烧器(剖视图)

单位为毫米

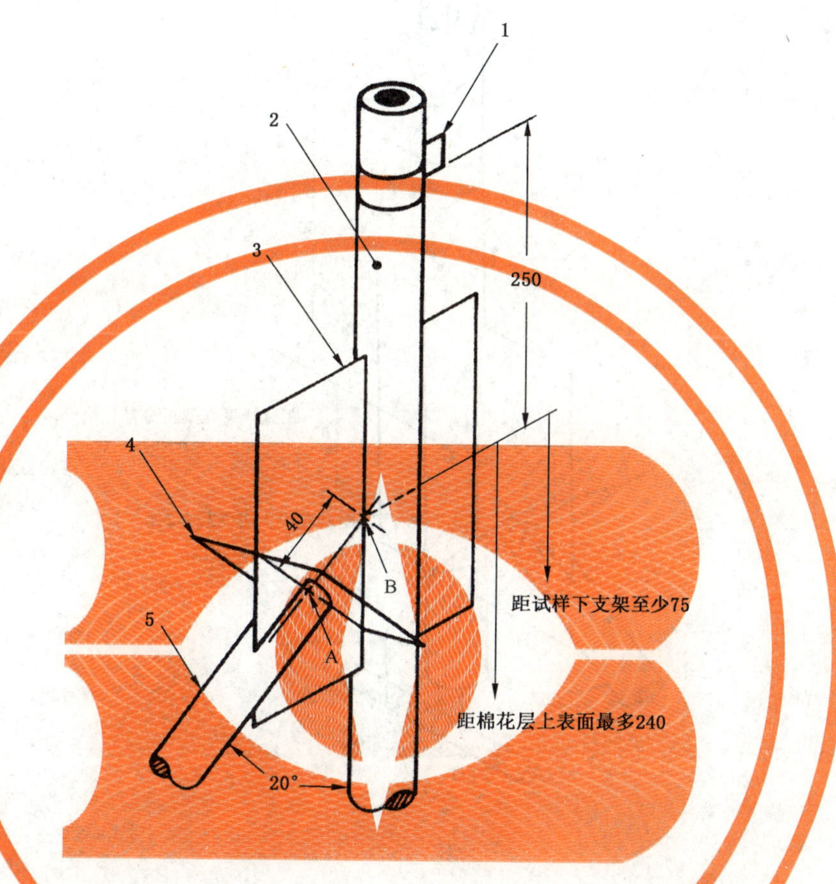

说明：

1——牛皮纸标旗；

2——试样；

3——平行于罩子两侧面并包含试样长轴和气体燃烧器圆管长轴的垂直面；

4——气体燃烧器圆管顶部平面；

5——气体燃烧器圆管。

图10 火焰蔓延试验——方法A

（为弄清详情，图形已按比例放大）

单位为毫米

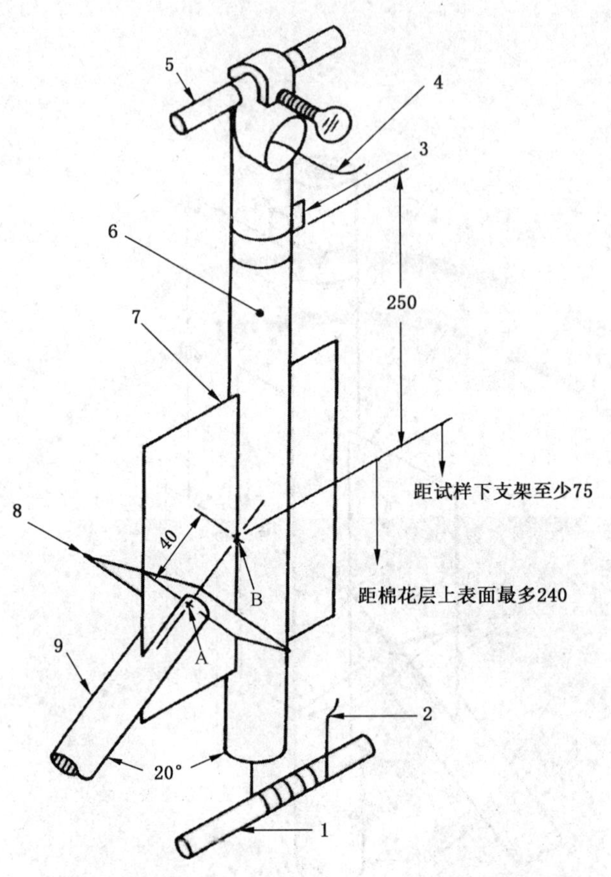

说明：

1——固定在罩子中的棒；

2——细钢琴丝；

3——牛皮纸标旗；

4——细钢琴丝；

5——固定在罩子中的棒；

6——试样；

7——平行于罩子两侧面并包含试样长轴和气体燃烧器圆管长轴的垂直面；

8——气体燃烧器圆管顶部平面；

9——气体燃烧器圆管。

图 11　火焰蔓延试验——方法 B

（为弄清详情，图形已按比例放大）

单位为毫米

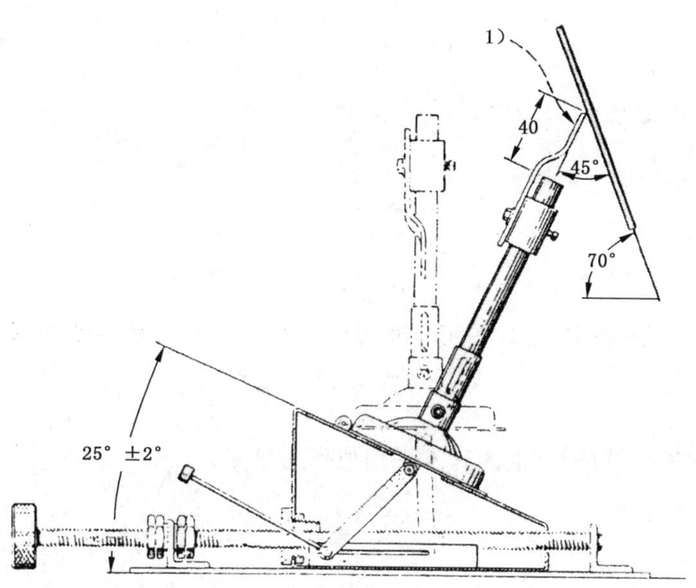

1) 引燃前,应将转动式指计转下去。

图 12 火焰蔓延试验——方法 C

28 氧指数

28.1 室温下的氧指数

按 GB/T 2406.2—2009 在与Ⅳ型相符的试样上进行。需要用生产软管的材料来制备(3±0.5)mm 厚的模塑片材。如果软管是交联成形的,则该片材的交联度应同软管一样。

具体引燃程序应按产品规范规定。

28.2 高温下的氧指数

按 ISO 4589-3:1996 在 28.1 所述的试样上进行。

具体引燃程序应按产品规范规定。

29 透明度

29.1 试样数量

试验一个试样。

29.2 试样形状

被试软管的内径和壁厚由产品规范规定。软管长约 100 mm,沿长度方向剖开并整平。

29.3 程序

把剖开的软管置于由 8 点 Helvetica 中型打印机(或类似的打印机)打印以下原文子母:

A c k l d e w g y m o

观察是否能按正常阅读视力透过软管试样读出这些字母。

29.4 结果

报告观察到的现象作为结果。

30 离子杂质试验

30.1 总则

按 GB/T 7196—2012 的规定，通过测定所获得的水萃取物的电导率进行试验。

30.2 结果

除非产品规范另有规定，取测试值的算术平均值作为结果。

31 银污染试验

31.1 原理

本试验让几个软管试样与银箔接触并将两者暴露于高温下。然后，把银箔上任何污染的暗度与污染试验仪上标准色度的胶片带的暗度进行比较。

31.2 试样数量和形状

切割三个试样使其露出一新的环形面。软管长度应不小于壁厚，但要短到足以能稳定地垂直放置。

31.3 污染试验仪

污染试验仪是由一长方形摄影胶片组成，其上有一条已曝光至规定暗度(称为标准色度)的带。该带宽约 3 mm 且与每侧等距。

当按 ISO 5-1:2009、ISO 5-2:2009、ISO 5-3:2009 和 ISO 5-4:2009 测量时，污染试验仪应满足下列要求：

——透明摄影胶片底色应具有不大于 0.050 的可见色度；

——标准色度与透明摄影胶片底色之间的色度差应是 0.015±0.005。

31.4 程序

把每个试样置于一片大的分析纯银箔上，新切割的环形面朝下。该银箔事先已用抛光铁丹和水彻底抛光和清洗并用洁净的布擦干。

除非产品规范另有规定，将银箔连同试样一起放入适当的烘箱内并在 70 ℃±2 ℃下保持(30±2)min。

从银箔上取下每个试样，目测银是否受到污染。如果观察到有任何污染现象，则应通过污染试验仪上与标准色度相邻的透明部分进行观察，观察试样引起的污染是否比标准色度暗。

31.5 结果

报告所有观察到的现象作为结果。

32 耐电解腐蚀

32.1 总则

按 GB/T 10582—2008 中三种方法中的一种或多种方法进行。具体由产品规范规定。

32.2 试样数量

每种方法的试样数量按下列规定：

a) 目测法：三个试样；

b) 导线拉伸强度法：五个试样；

c) 绝缘电阻法：五个试样。

33 耐腐蚀（拉伸与伸长法）

33.1 原理

本试验是测定铜和软管之间的相互作用。

33.2 试样数量和形状

将至少 150 mm 长的五个试样沿长度方向剖开，然后放入笔直洁净的裸铜芯棒或管。软管的两端用铜线绑扎固定。对内径大于 6 mm 的试样用铜管；对内径等于或小于 6 mm 的试样用铜棒。芯棒或管的直径应大于软管试样内径 10%～20%。

33.3 程序

首先，把套在芯棒或管上的试样在 23 ℃±5 ℃和不低于 90%相对湿度的大气中处理 24 h。随后，将其转移至烘箱内，除非产品规范另有规定，在 160 ℃±3 ℃下加热(168±2)h。从烘箱内取出后，让其冷却。

然后，将每个试样从芯棒或管上取下，检查芯棒或管和试样两者相互之间是否有化学作用，如芯棒或管点蚀或侵蚀。由正常的空气氧化作用而引起的软管与芯棒或管粘附或铜的颜色变暗，应忽略不计。

然后，按第 20 章对每个试样进行拉伸强度和/或断裂伸长试验。

33.4 结果

报告所有观察到的相互化学作用现象作为结果。

除非产品规范另有规定，分别取拉伸强度和/或断裂伸长测试值的算术平均值作为结果。

34 铜腐蚀（存在腐蚀性挥发物）

34.1 原理

本试验是测定软管中挥发性成分对铜的影响。

34.2 器材

——试管，13 mm×300 mm；

——铜—玻璃镜，6 mm 宽，25 mm 长。将它们贮存于干燥器内。铜—玻璃镜应由真空镀铜而成，镀层厚度应能使 500 nm 波长的标准入射光有(10±5)%的透射率。当氧化膜和铜有明显损伤时,才能用铜—玻璃镜进行试验;

——软木塞;

——铝箔;

——细铜丝,直径不大于 0.25 mm;

——油浴,能保持油温在±2 ℃内。

34.3 试样数量和形状

使用两个软管试样进行试验,将试样分别放入两个试管内,而第三个试管作对比用(空白试验)。

对内径小于 3 mm 的软管,试样应是一段总外表面积约为 150 mm^2 的软管。

对内径 3 mm 及以上软管,试样应是一条沿软管长度方向剖开大小约为 6 mm×25 mm 的带。

34.4 程序

如上所述,将试样放入试管并用第三个试管作为对比。

将符合 34.2 规定的铜镜悬挂于试管内,使其下边缘高出试管底部 150 mm~180 mm。悬挂时,用一根细铜丝在铜镜的上端环绕一圈,并将细铜丝的另一端系到软木塞上,以保证每个铜镜都垂直悬挂。用铝箔包裹的软木塞密封每个试管。

三个试管下端 50 mm 浸入油浴中,油浴的温度和保温时间由产品规范规定。

让每个试管装有铜镜部分的温度保持在 60 ℃以下。

冷却后,取出铜镜并对着光线充足的白色背景逐一检查试样。若有任何从铜镜上剥离出的铜,可认为是产生了腐蚀。然而,对从铜镜底部剥离出的铜,只要其面积不超过铜镜总面积的 8%则可不计,因为冷凝作用可能会引起这种状况。铜膜变色或厚度减小都不认为是腐蚀。仅把由于铜的剥离使铜镜变透明的面积作为腐蚀面积考虑。

如果在对比试管内铜镜出现任何腐蚀迹象,则应重做试验。

34.5 结果

取每个铜镜测得的腐蚀百分率的算术平均值作为结果。

35 耐光色牢度

35.1 原理

本试验是在规定条件下将试样与认可的标样就颜色变化的相对速率进行比较。

35.2 试样

一段适当长度的软管。

35.3 程序

把一个半遮盖的软管试样和一个按 ISO 105-B01 规定的着色羊毛制成的耐光性标样同时暴露于氙灯光源或密闭碳弧灯光源,直至耐光性标样暴露部分的颜色变化相当于 ISO 105-A02 中的几何灰色标度的 4 级。环境温度应不高于 40 ℃,相对湿度不作特殊控制。被用作耐光性标样的标号由产品规范规定。

应频繁检查暴露中的耐光性标样以确保不超过规定的褪色程度。

对被暴露过的试样和标样就相对颜色变化进行比较。比较时要对着光线充足的白色背景。

35.4 结果

报告所有观察到的现象作为结果。

36 耐臭氧性

按 ISO 1431-1:2004 进行本试验,但作下述变更。

36.1 试样数量和形状

应试验三个试样,每个试样长约 25 mm。

36.2 程序

试样应套在一根光滑、对臭氧不起作用、具有低摩擦系数的芯棒上,例如 PTFE 棒,以解除内应力。选取一个能使软管直径增大的芯棒,其增大量由产品规范规定。将制备好的软管暴露于臭氧中,暴露时间、温度及臭氧浓度由产品规范规定。

从富臭氧的大气中取出试样,除非产品规范另有规定,应按正常阅读视力检查软管是否开裂。

36.3 结果

报告所有观察到的现象作为结果。

37 耐流体性

37.1 原理

原理包括下列内容:

a) 流体的选择;

b) 浸渍温度;

c) 浸渍时间;

d) 评定方法。

37.2 流体的选择

当产品规范无规定时,流体由供需双方商定。用于浸渍试样流体的数量应至少是试样体积的 20 倍。

注:应采取适当的措施保护操作人员以防因使用某种流体引起健康损害或火灾。

37.3 评定方法

a) 击穿电压,第 22 章;

b) 拉伸强度和/或断裂伸长,第 20 章;

c) 目测外观变化;

d) 质量变化;

e) 任何其他产品规范中规定的方法。

37.4 试样数量和形状

试样数量取决于选择的方法。按第 20 章或第 22 章要求选择试样,如果采用目测法或质量变化法评定，应采用三个试样，每个试样长约 25 mm。

另外符合第 20 章规定的试样也可用于目测法和质量变化法。

37.5 程序

除非产品规范另有规定，试样应浸于 23 ℃±2 ℃的流体中(24±1)h。

然后，把试样从流体中取出，让其滴干 45 min～75 min，之后，稍微擦干。然后，在环境温度下，按 37.3 给出的一种或几种方法进行试验或检查。当要求按质量变化法进行试验时，试样应再次称重，以浸液前后质量变化的百分数作为结果。

注：在采用拉伸强度法进行评定时，浸渍前要测定横截面积。如果采用质量变化法，则浸渍前试样应称重至 0.000 2 g。

37.6 结果

试验结果即为符合规定的评定方法的观测结果/测定值。结果可能与某一确定的要求值或某一对照值的下降百分率有关。

当另外还采用或要求定性评定，则要报告试样从流体中取出后是否马上就显露出诸如膨胀、发粘、破碎、开裂或起泡等劣化现象。

38 热耐久性/长期耐热性(3 000 h)

38.1 总则

按 GB/T 11026 的要求进行。由于长期耐热性与材料种类相关，所采用的各个试验程序和终点值由相应的产品规范规定。

38.2 试样数量和形状

试样数量和形状取决于选择的试验方法。试样通常应按条款 20.2 的要求以及产品规范的规定来选取。应准备足够多的试样以确保能进行六组测量。

38.3 程序

保留和测量一组试样，以获得材料性能的初始(未老化)值或待测值。将所有其他试样的一端悬挂暴露在符合 GB/T 11026.4—2012 或 GB/T 11026.5—2010 要求的烘箱内，烘箱的温度由产品规范确定。有关烘箱的使用导则见 GB/T 11026.5—2010 中第 1 章(范围)的注 2。如果没有另外规定，应每隔(25±0.5)天或(600±12)h 从烘箱中取出一组试样并使其冷却至室温。对该组试样进行相关的测试。如此继续直到 125 天或 3 000 h 的老化时间结束并对经过该周期老化的试样进行测试。

38.4 试验结果

报告所有的测试值。

注：已有通过与一个得自公认的比对材料的试验结果作比较并结合老化数据的统计分析的试验方法，IEC 60216-5:2008。

39 单位长度的质量

39.1 试样数量

应试验三个试样。

39.2 程序

应对供货状态下的软管进行质量测定。

除非另有规定,试验应在垂直切割(切割面垂直于长度方向)长约 100 mm 的试样上进行。切割后,应测量试样长度(L)准确至±1 mm。

可使用任何方法测定质量,只要其能保证 100 mm 长的软管的质量准确度为 0.01 g。

39.3 结果

按式(13)计算 1 m 长软管的质量 M:

$$M=\frac{m_1\times 1\,000}{L} \qquad (13)$$

式中:

M ——1 m 长软管的质量,单位为克每米(g/m);

m_1——试样的质量,单位为克(g);

L ——测得的试样长度,单位为毫米(mm)。

除非产品规范另有规定,取所有单位长度质量值的算术平均值作为结果。

40 热劣化

40.1 试样数量和形状

按第 20 章制备五个试样。

40.2 程序

将试样的一端垂直地悬挂于烘箱内,除非另有规定,在产品规范规定的温度下,暴露(168±2)h。从烘箱中取出试样并让其冷却。按第 20 章和产品规范规定,进行拉伸强度和/或断裂伸长试验。

41 吸水性

41.1 总则

除非产品规范另有规定,按 GB/T 1034—2008 中的方法 1 进行试验。

41.2 结果

取所有测试值的算术平均值作为结果。

42 有限收缩性(仅适用于热收缩软管)

42.1 试样数量

应试验三个试样。

42.2 试样形状

从扩张状态下的软管样品中切取三段软管,每段长约 150 mm。

42.3 器具

一套金属芯棒，其形状和尺寸如图13所示。应注意所有锐边需倒角。

42.4 程序

选取一根芯棒，其直径 D 等于规定的被试软管扩张后的内径，直径 d 等于规定的被试软管回缩后的内径。把试样套入芯棒并放入已预热至被试软管产品规范规定之温度的烘箱。让试样充分收缩，继续让试样和芯棒保持于该温度下的烘箱内(30±3)min。

热处理结束后，从烘箱内取出芯棒和试样，让其冷却至室温。检查试样是否有裂纹或裂开的现象。

在位于中间直径为 D 的部位上(见图13)，缠绕上宽约13 mm、厚度不大于0.025 mm的导电箔带。紧贴缠绕两层导电箔以确保组合具有良好的电气接触，留下一小段未缠绕的导电箔作为电气接头。从芯棒的一端去掉一部分软管，露出一小段芯棒作为另一个电气接头，要确保接头与箔电极之间有足够的软管长度，以免在施加检验电压过程中发生闪络。

注：也可选用导电漆取代箔电极。

以500 V/s速率在两电极间施加检验电压至产品规范规定的电压值并保持1 min。

记录所施加的电压值及可能发生的击穿电压值。

42.5 结果

报告任何破裂或裂开的现象，或其他缺陷，以及每个试样的耐电压检验情况作为结果。

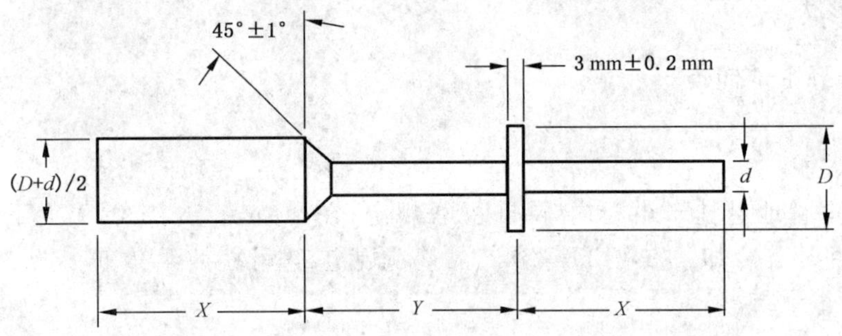

自由收缩后软管的规定最大内径 mm	芯棒部位尺寸	
	X(最小)/mm	Y/mm
<1.20[a]	13	6.4±0.05
1.20～3.2	13	6.4±0.05
3.21～9.5	25	12.7±0.05
9.51～58.0	50	50.8±0.05
[a] 对自由收缩后“规定最大内径”小于1.20 mm的软管，应制备一根外径等于 D 的直圆棒。		

说明：

d ——自由收缩后软管的最大内径，公差为 $\left(^{+5}_{0}\right)$%；

D ——供货状态下软管最小内径，公差为 $\left(^{+5}_{0}\right)$%。

注：这些芯棒应无毛刺和锐利边缘。

图13 有限收缩试验用芯棒

43 颜色热稳定性

43.1 试样数量

应试验三个试样。

43.2 试样形状

从软管样品中切取三段软管，每段长约 100 mm。

43.3 程序

将试样悬挂在烘箱中，烘箱的温度和暴露时间由产品规范规定。如果产品规范未规定时间，则应暴露(24±1)h。

从烘箱中取出试样并让其冷却至室温。

将试样与产品规范规定的颜色标准进行对比。

43.4 结果

报告所采用的时间和温度。以目测试样与颜色标准对比所得结果作为试验结果。

44 烟指数

44.1 定义

ISO 13943:2008 中给出的燃烧及热裂解方面的定义以及下列定义适用于本试验方法：

烟指数：从试验开始到透光率为 70%、40%、10%及可能的最小值时所引起的烟雾比光密度的变化率的数值总和。

44.2 原理

将切自软管样品的条带试样连续暴露于规定的热裂解及燃烧的标准热环境中。测定整个试验过程中烟雾在一定的空间内弥漫时所产生的烟雾的光密度变化。利用所得到的密度/时间曲线计算烟指数。

44.3 仪器

仪器应符合 IEC 60695-6-30:1996 的规定并作如下改进：

a) 混气风扇

把小型混气风扇安装在靠近试验箱顶部的中心位置，以确保烟雾充分均匀地弥漫于整个燃烧室中。风扇由四个径向安装的叶片组成，两个相对叶片顶部相距 250 mm，叶片最大宽度 70 mm。风扇转速为 60 r/min～120 r/min。

b) 燃烧器

使用结构如图 14 所示的多喷口燃烧器，所用的燃料为预混的空气/丙烷混合气。燃烧器置于试样盒前面居中位置，与试样下边缘处在同一水平面上并距试样 10 mm 远。使用校正过的转子流量计对空气和丙烷气的流量进行测量，其流速应使产生的蓝色火焰能触及高出试样下边缘约 5 mm 处至少 90%的试样宽度。

点火系统应不需要打开试验箱就能从外面点燃燃烧器。采用铂灼热丝、压电晶体或火苗点火系统比较合适。所用的点火系统不应对被试材料的烟指数造成影响。

44.4 试样数量和形状

剖开软管,制备长约 75 mm 的条带试样,条带的厚度和最小宽度由产品规范规定。条带试样的数量应足够多,以便能完全覆盖试样盒的正面。

44.5 条件处理

条带试样在被安放到试样盒上之前,应在 23 ℃±3 ℃和(50±5)%相对湿度条件下处理至少 24 h。

44.6 试样安放

为防止试验时试样过分扭曲和变形,应使用一个由直径 1.5 mm 的不锈钢丝编织而成的、具有间距 12.5 mm 和方形网眼结构的金属丝网来支撑条带试样。

将试样盒面朝下置于一个平面上并插入金属丝网。将每个条带试样安放到试样盒上,安放时应互不重叠地平行排列并确保条带试样间不留有空隙,以便当试样盒处于试验位置时条带试样保持垂直。

将整个绝热框架包绕上厚约 0.04 mm 的耐用铝箔,并将它置于已安放到试样盒上条带试样的上方。安置拉紧弹簧并用定位销固定。

注:见图 15,该图给出的是展示垂直安放条带试样的烟指数试样盒的主视图。

44.7 操作安全措施

在试验过程中,存在着从试样中释放出可燃的和/或有毒烟雾的危险,操作者应采取适当的预防措施以防直接接触这类烟雾。

44.8 程序

44.8.1 根据 IEC 60695-6-30:1996 的要求和设备制造商说明书装配试验箱并进行检查和校正。

44.8.2 打开丙烷和空气气源向燃烧器供气并引火点燃。把一个空白试样盒置于火焰前面的适当位置,调节气体流速获得如 44.3 b)所述的标准火焰高度。记下此时转子流量计的设定值。关闭两种气体。

44.8.3 擦净试验箱视窗,接通辅助加热系统。打开通气孔让试验器具温度稳定直至箱壁处温度为 33 ℃±4 ℃。关闭进气孔。

44.8.4 使加热炉输出稳定在 2.5 W/cm^2,关闭排气孔。调节放大器和记录仪的零点和 100%的满量程点,以 10 mm/min 最低速度启动记录仪。

44.8.5 将装有试样的试样盒放到加热炉前面的支架上用记录仪记下该点作为试验起始点并同时启动计时装置。

44.8.6 试验时打开气源供气 300 s~310 s 并立即调节其流速至前面 44.8.2 所记下的设定值。

44.8.7 再把材料同时暴露于加热炉出口和燃烧器中 15 min±15 s。连续记录百分透光率并观察整个试验过程材料的燃烧特征。如果材料出现异常燃烧现象,例如分层、下垂、收缩、熔融或分解,则应在试验报告中报告这些现象及观察到这种特殊现象的时间。如果透光率降低至 0.01%以下,则要遮盖住试验箱门上的视窗并从光路上抽出范围扩展滤光片。

44.8.8 在不打开试验箱的情况下,关闭流向燃烧器的气体,并用衰减杆将试样盒从加热炉前面移开。加热炉和记录仪继续通电。按照设备制造商说明书将试验箱内的气体排空。继续记录百分透光率和经过的时间,直至获得稳定值。该值即为清晰光束透光率值,T_c。

44.8.9　试验期间自始至终要调节测光器放大系统的量程，使得所记录的百分透光率读数值不低于满量程的10%。

44.8.10　试验结束后，应将试验箱内部、辅助设备及支撑结构清理干净。

44.8.11　对另外两个试样重复进行上述试验。

注：在不对试验设备做可能影响到校正或火焰状态调节时，可采用相同的设定值对试样进行重复试验。

44.9　结果的计算

44.9.1　因试验过程中视窗上的沉积物不断增加，因此，记录下的透光率值可能被人为地降低。因此，有必要在计算烟指数前，对记录值进行修正。修正可以按44.9.2通过绘制一条新的透光率/时间关系曲线来完成。

44.9.2　透光率的修正

44.9.2.1　利用从记录仪得到的曲线，确定下述 T_c 值和 T_{min} 值：

此处：

T_c ——试验终点清晰光束透光率；

T_{min}——试验过程中获得的最小透光率。

44.9.2.2　把 T_c 和 T_{min} 换算成等量的比光密度 D_{sc} 和 D_{smax}

此处：

D_{sc} ——清晰光束透光率的比光密度；

D_{smax}——最大透光率的比光密度。

按式(14)将百分透光率换算成试验箱的比光密度：

$$\text{比光密度}(D_s) = F \times \log_{10} \frac{100}{T} \qquad \cdots\cdots(14)$$

式中：

F ——试验箱系数=132；

T ——百分透光率。

试验箱系数由 $V/(A \cdot L)$ 给出，此处 V 是试验箱体积，A 是试样暴露的面积，L 是光路长度。

44.9.2.3　如果 D_{sc} 是小于或等于 D_{smax} 的3%，则不需要再修正所记录的曲线。

44.9.2.4　从 D_{smax} 减去 D_{sc} 得到修正后的最大比光密度 $D_{smax,c}$。把 $D_{smax,c}$ 换算成百分透光率并把该值作为同一时间间隔下修正后的最小透光率，即 $T_{min,c}$ 画在记录图上。

44.9.2.5　如果 D_{sc} 大于 D_{smax} 的3%及 $T_{min,c}$ 小于70%时，则由记录仪曲线绘制一条如下新的曲线：

按44.9.2.2把百分透光率换算成比光密度并用式(15)计算得到的修正系数去修正。再把该值换算回百分透光率。用修正后百分透光率的值按与原先未修正的值相同的时间间隔做一条新的透光率与时间关系的曲线：

$$D_c = D_s - \frac{D_{sc} \times D_s}{D_{smax}} \qquad \cdots\cdots(15)$$

式中：

D_c——经修正的比光密度；

D_s——未经修正的比光密度；

D_{sc} 和 D_{smax} 同44.9.2.2。

44.9.2.6　例如，为获得在70%透光率下修正后的比光密度(此处 D_s=20)，则

$$D_{sT70}=D_{20c}=20-\frac{D_{sc}\times 20}{D_{smax}}$$

同样，也可计算在40%透光率(D_{sT40})和10%透光率(D_{sT10})下修正后的比光密度值。

44.9.2.7 把利用44.9.2.6得到的修正后的比光密度值换算回百分透光率。用画在与原先未修正的值相同的时间间隔处的修正过的值，再做一条新的透光率与时间关系的曲线。

从这个图上读出从试验开始至透光率为70%、40%及10%时的修正后时间(min)。

44.9.3 烟指数的计算

44.9.3.1 对修正后最小透光率值不小于70%的场合，按式(16)由相应曲线计算烟指数：

$$烟指数=\frac{D_{sTmin.c}}{t_{min}} \qquad \cdots\cdots(16)$$

式中：

$D_{sTmin.c}$——对应于修正曲线上最小透光率值的比光密度值；

t_{min} ——记下最小透光率值时的时间的数值，单位为分(min)。

44.9.3.2 对修正后最小透光率值小于70%的场合，则按式(17)由相应曲线计算烟指数：

$$烟指数=\frac{D_{sT(70)}}{t_{(70)}}+\frac{D_{sT(40)}}{t_{(40)}}+\frac{D_{sT(10)}}{t_{(10)}}+\frac{D_{sTmin.c}(X-T_{min})}{t_{min}(X-Y)} \qquad \cdots\cdots(17)$$

式中：

$D_{sT(70)}$——对应于70%透光率的比光密度，(20.0)；

$t_{(70)}$ ——从试验开始至达到70%透光率时的修正后时间，单位为分(min)；

$D_{sT(40)}$——对应于40%透光率的比光密度，(51.9)；

$t_{(40)}$ ——从试验开始至达到40%透光率时的修正后时间的数，单位为分(min)；

$D_{sT(10)}$——对应于10%透光率的比光密度，(130.5)；

$t_{(10)}$ ——从试验开始至达到10%透光率时的修正后时间，单位为分(min)；

$D_{sTmin.c}$——对应于修正曲线上最小透光率的比光密度；

T_{min} ——试验过程中获得的最小透光率；

t_{min} ——试验开始至出现最小透光率时的修正后时间，单位为(min)；

X ——试验过程中达到的最低基准透光率，即70%，40%或10%；

Y ——试验过程中达到的下一个最低基准透光率，即40%，10%或0%。

44.10 结果

44.10.1 报告重复试验(至少三次)每一个烟指数的测量值，精确至小数点后一位；取测量值的算术平均值作为结果。

44.10.2 同时报告燃烧行为情况(见44.8.7)作为结果。

44.10.3 报告软管壁厚和每个条带试样的宽度。

44.10.4 报告中还应声明：

单靠本试验结果不能评定在实际着火条件下该材料或由该材料制成的产品的着火危险性。因此，不能单靠引用本试验结果来支持针对该材料或其制品在实际着火条件下的着火危险性所提的要求。本试验结果仅用于材料研发、质量控制及材料规范等方面。

单位为毫米

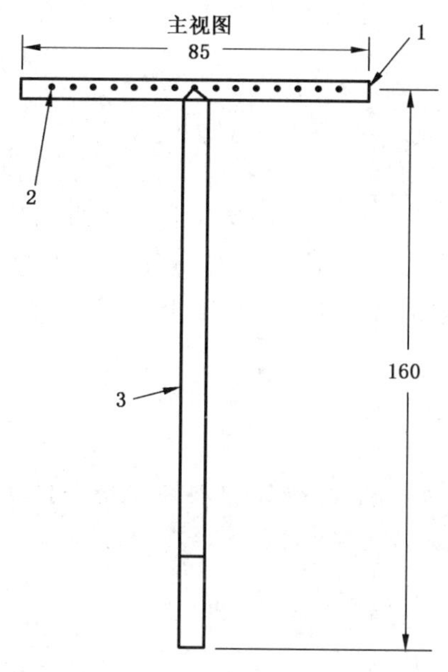

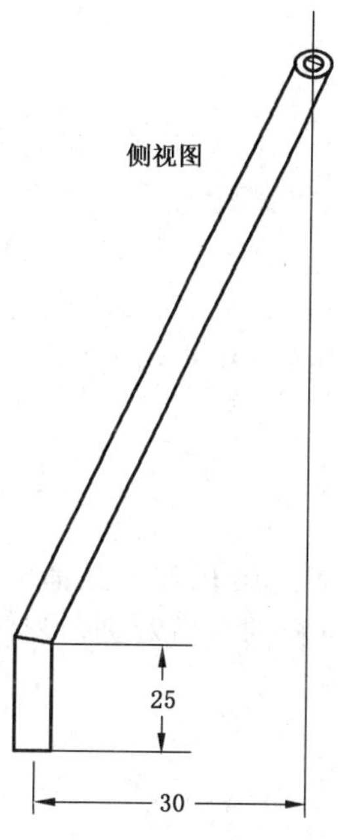

说明：

1——管的端部被封闭；

2——相互隔开的 15 个孔，外径 1.5 mm，中心间距 5 mm；

3——外径 6 mm×内径 3 mm 的不锈钢管。

图 14　烟指数试验用燃烧器详细示意图

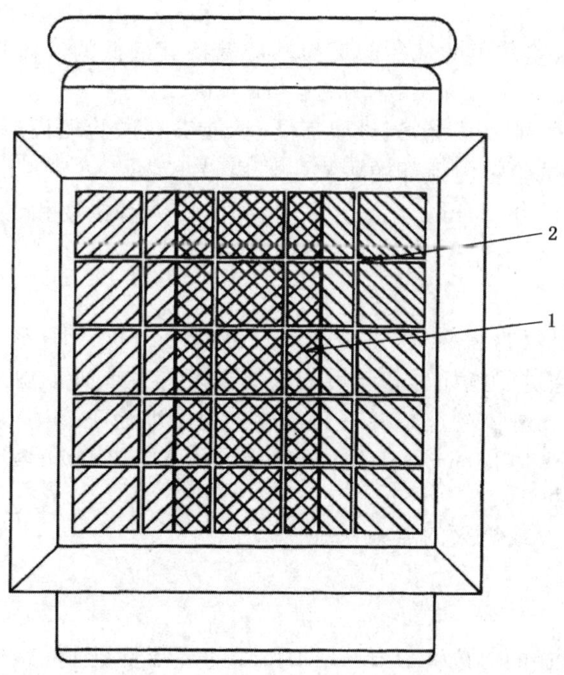

说明：

1——试样；

2——金属丝网。

图 15　展示垂直安放软管试样的烟指数试样盒的示意主视图

45 毒性指数

45.1 定义

下述定义适用于本试验：

毒性指数：在规定条件下，材料于空气中完全燃烧所产生的被选定气体毒性系数的数值总和。毒性系数是从 100 g 材料在 1 m^3 空气中燃烧时所产生的每种气体的计算量和由此引起的被视为经 30 min 暴露就可使人致命的浓度中得出的(见 45.9)。一般对于某给定体积，指数 1 表示会在 30 min 内使人致命。

45.2 原理

按每种气体在 30 min 内使人致命的暴露浓度为基础，用被试材料在燃烧条件下完全燃烧所产生的某些小分子类气体试样的分析数据，经计算后得出综合毒性指数。

45.3 装置

45.3.1 总则

试验箱内所有表面和所有设备零部件均应由非金属材料构成或涂以非金属材料，该材料与试验过程中从被试材料中放出的气体应尽可能不起化学作用。

45.3.2 试验箱

试验箱由体积至少为 0.7 m^3 的密封罩组成，罩内衬不透明塑料并开有一扇配带透明塑料视窗的铰链转动门或滑动门。

试验箱用材料，应不与试验产生的气体起反应并应保持其最低的气体吸收量。

注：聚丙烯适合用作试验箱的内衬，而聚碳酸酯片适合用作视窗。

试验箱应装备有强制空气排放系统，当试验需要时，能够在试验箱出口处将其关闭。

混气风扇应水平安装于试验箱内顶部的中央。风扇最小直径为 200 mm 并由六个轴向安装的叶片组成，转速在 1 200 r/min～1 500 r/min 之间。试验箱外，应装有接通和切断风扇的装置。

45.3.3 燃烧器

采用本生灯类燃烧器，燃料为天然气(甲烷)，其总热值约为 30 MJ/m^3。通过改进接头向燃烧器提供箱外空气，以防止试样燃烧过程氧耗尽和随后的火焰温度降低或火焰熄灭。

燃烧器应能产生约 100 mm 高的火焰并且其最热点处温度为 1 150 ℃±50 ℃。

注：当要求燃气和空气流速约 10 L/min 和 15 L/min 时，推荐使用高 125 mm、内径 11 mm 的灯管和内径 5 mm 的燃气和空气进气管的本生灯。

配备能从试验箱外部点燃或熄灭的点火系统。

45.3.4 样品支撑

配备一种由不燃材料组成的厚度为 2 mm～4 mm 的环形支持物，其外径为(100±1)mm，内径为(75±1)mm，环形支撑物上绷上一张金属丝网。该丝网应由耐热金属丝以间隔约 10 mm 的方形网眼的方式编制而成。

45.3.5 计时装置

计时装置应能计时至 5 min，准确度在±1 s 内。

45.3.6 气体取样和分析设备

45.3.6.1 气体取样

为把因吸收或凝聚造成的燃烧毒性产物的损失降低到最小，取样路线应尽可能缩短。可在试验箱上开孔取样，但应不影响试验箱的密封。

45.3.6.2 分析设备

用于分析试样燃烧产生气体的设备应能快速检出并测量45.9中所述的气体。

可以采用比色气体反应管。当采用该类仪器时，应将它置于试验箱内。

45.4 试样

从软管中切取合适尺寸和形状的试样，使得在每次试验中试样能完全被火焰吞没。选取适当的试样量以便达到最佳分析精度，试样量取决于燃烧产物的性质和分析过程的灵敏度。

注：对热收缩材料，试片应从完全回缩后的软管中切取。

应制备足够数量的试样，以便进行三次完全燃烧。

条带试样在被安放到试样盒之前，应在23 ℃±2 ℃和(50±5)%相对湿度条件下处理至少24 h。

45.5 操作安全措施

试验过程中存在着从试样中释放出可燃的和/或有毒的烟雾的危险，操作者应采取适当的预防措施以防直接接触这类烟雾。

45.6 试验程序

45.6.1 基础校正系数的确定

45.6.1.1 将燃烧器置于试验箱底板的中央。关闭试验箱和所有进气口及出气口。点燃燃烧器，调节燃气和空气流速以获得45.3.3所述的火焰状态。记录或查对基准流速以便在试验过程中需要时能尽可能地再次确定火焰条件。熄灭燃烧器并让试验箱通风换气。

45.6.1.2 经过足够长时间驱散烟雾后，分析一氧化碳、二氧化碳及氧化氮。关闭所有取样孔仅保留分析气体所需要的孔。在采用比色管进行分析时，应将比色管置于试验箱内适当的位置。

45.6.1.3 关闭试验箱，点燃燃烧器并同时启动同步计时装置。维持燃气和空气基准流速下的火焰状态1 min±1 s。熄灭火焰并启动混气扇。经(30±1)s后，关闭混气扇，对试验箱内的气体取样并测定一氧化碳、二氧化碳及氧化氮的浓度。

45.6.1.4 将试验箱接通大气，强制排出试验箱内所有烟气三分钟。重复45.6.1.2、45.6.1.3操作程序，但在每次测定中分别维持火焰状态2 min±1 s和3 min±1 s。

45.6.1.5 绘制一氧化碳、二氧化碳及氧化氮的浓度与燃烧时间关系曲线，以显示燃烧器单燃产生的气体的累积速率。时间零点对应于0.03%的二氧化碳值、0%的一氧化碳值及0%的氧化氮值。

45.6.2 释放出的气体的测定

45.6.2.1 为了避免对不是试样燃烧产生的气体进行不必要的分析，可以先进行初步的元素定性分析。对表明材料中不存在卤素时，可以省去对卤素气体的定量分析。对表明没有氮存在时，也没有必要对含氮气体进行定量分析，等等。

45.6.2.2 打开试验箱大气通道，通过强制通风至少3 min来确保试验箱除去所释放出的气体。

45.6.2.3 称量试样至毫克，然后将其放入位于试验箱中心并高出燃烧器的试样支架上，使试样处于火焰内并经受 1 150 ℃±50 ℃的火焰温度。在对容易熔化和滴流的材料进行试验时,应在金属丝网支架上放置一层薄玻璃棉以防燃烧期间试样流失。

45.6.2.4 关闭除分析所需的孔以外的所有取样孔。当采用比色管进行分析时,应把比色管置于试验箱内适当位置。

45.6.2.5 关闭所有进气口和出气口。点燃燃烧器并同时启动同步计时装置。在燃气和空气基准流速下,保持火焰状态至试样已完全燃烧。记下这个时间。熄灭火焰并启动混气扇。(30±1)s 后,关闭混气扇并立即开始对试验箱内气体取样并测定由试样燃烧所释放出的气体的浓度。

当怀疑存在氢卤酸时,应先测定氢卤酸的浓度,以减少因延迟分析而发生的因冷凝吸收引起的损失。

45.6.2.6 完成分析后,打开试验箱大气通道,强制排放试验箱内剩余的烟雾至少 3 min。

45.6.2.7 检查试样残余物是否有不完全燃烧现象,如果试样的任何部分有或似乎有不完全燃烧现象,则应另取试样重新试验。

45.7 毒性指数的计算

45.7.1 当 100 g 材料完全燃烧且燃烧产物扩散入 1 m^3 体积的空气中时,所产生的每种气体的浓度 C_0 按式(18)计算:

$$C_0 = \frac{C \times 100 \times V}{m} \quad \cdots\cdots (18)$$

式中:

C ——试验箱内每种气体的浓度,单位为微克每升(μg/L);

V ——试验箱的体积的数值,单位为立方米(m^3);

m ——试样的质量的数值,单位为克(g)。

就一氧化碳、二氧化碳及氧化氮而言,C 值应通过减去基础气体浓度值加以修正,该基础气体浓度值是从燃烧器单燃的曲线上对应于试片完全燃烧的那个时间点上获得。

45.7.2 利用三个试样每种气体浓度 C_0 的平均值,计算毒性指数按式(19)计算:

$$毒性指数 = \frac{C_{10}}{C_{f1}} + \frac{C_{20}}{C_{f2}} + \frac{C_{30}}{C_{f3}} + \frac{C_{40}}{C_{f4}} + \cdots + \frac{C_{n0}}{C_{fn}} \quad \cdots\cdots (19)$$

式中:

C_{10}、C_{20}、C_{30}、C_{40}、…、C_{n0} ——表示从 100 g 材料中产生的每种气体的计算浓度,单位为微克每升(μg/L);

C_{f1}、C_{f2}、C_{f3}、C_{f4}、…、C_{fn} ——被认为在 30 min 暴露时间内可使人致命的每种气体的浓度,单位为微克每升(μg/L)。

45.8 有毒物组成

对试样燃烧产物的分析应包括表 2 所列气体的定量分析。

表 2 试样燃烧气体产物

二氧化碳(CO_2)	二氧化硫(SO_2)
一氧化碳(CO)	硫化氢(H_2S)
甲醛(HCOH)	氯化氢(HCl)
氧化氮(NO 和 NO_2)	氨(NH_3)
氰化氢(HCN)	氟化氢(HF)

表 2（续）

丙烯腈(CH_2CHCN)	溴化氢(HBr)
光气($COCl_2$)	苯酚(C_6H_5OH)
注：上述不能确定为完整的燃烧气体种类，但它代表在定量上作为毒性数据基础的最为普遍产生的气体。	

45.9 C_f 值

表 3 中 C_f 值(被认为在 30 min 暴露时间内，可使人致命的每种气体的浓度，μg/L)应被用于计算毒性指数。

表 3 气体种类与 C_f 值

气体名称	C_f	气体名称	C_f
二氧化碳	100 000	一氧化碳	4 000
硫化氢	750	氨	750
甲醛	500	氯化氢	500
丙烯腈	400	二氧化硫	400
氧化氮	250	苯酚	250
氰化氢	150	溴化氢	150
氟化氢	100	光气	25

45.10 结果和报告

取毒性指数测量值的算术平均值作为结果。还应报告下列内容：

a) 试样(型号、级别，等等)；

b) 本方法所定义的毒性指数；

c) 本试验方法的参考文献；

d) 试验过程中检测到的气体清单；

e) 下述声明：

单靠本试验结果不能评定在实际着火条件下该材料或由该材料制成的产品的着火危险性。因此，不能单靠引用本试验结果来支持针对该材料或其制品在实际着火条件下的着火危险性所提的要求。本试验结果仅用于材料研发、质量控制及材料规范等方面。

46 卤素含量

46.1 低含量氯和/或溴和/或碘的测定方法

46.1.1 原理

采用氧气瓶法提取卤素并采用比色法估计卤素的存在量。氯化物/溴化物/碘化物与硫氰酸汞反应后释放出硫氰酸根离子，该离子与硫酸铁铵反应产生特有的硫氰酸铁颜色。用氯来表示卤素百分含量。

46.1.1.1 仪器

仪器包括：

a) 氧气瓶；

b) 移液管；

c) 容量瓶；

d) 紫外光/可见光分光光度计。

46.1.1.2 试剂

试剂包括：

a) 硫氰酸汞乙醇溶液[$Hg(SCN_2)$]：100 mL 甲基化工业酒精中含 0.3 g 硫氰酸汞；

b) 硫酸铁铵溶液[$NH_4Fe(SO_4)_2 \cdot 12H_2O$]：100 mL 6 mol/L 硝酸中含 6.0g 十二水硫酸铁铵；

c) 1 mol/L 氢氧化钠溶液；

d) 过氧化氢(30%)；

e) 标准氯化物/溴化物/碘化物溶液：1 μg/mL、2 μg/mL、5 μg/mL、7 μg/mL、10 μg/mL。

46.1.2 程序

在一个装有 5 mL 1 mol/L 氢氧化钠和 3 滴过氧化氢作为吸收液的 1 L 氧气瓶中燃烧 30 mg 试样，在烟雾已沉降及氧气瓶冷却后，打开氧气瓶口并煮沸瓶内的物料以除去残余的过氧化氢。用少量蒸馏水，把氧气瓶内的物料定量地转移至 25 mL 的容量瓶内。用移液管把 4 mL 硫酸铁铵溶液和 2 mL 硫氰酸汞乙醇溶液加入容量瓶内，并加蒸馏水至刻度线。然后，将该溶液混匀并静置 10 min 以便显色。

将含有 1 μg/mL、2 μg/mL、5 μg/mL、7 μg/mL、10 μg/mL 的系列标准溶液按上述方法显色来绘制一条氯工作曲线，以试剂空白溶液为参比。

采用适宜的分光光度计测量 470 nm 波长处的溶液吸光度，并从相应的工作曲线上找出卤素的浓度。

46.1.3 本方法可以测得 0.014%的卤含量。

46.2 低含量氟的测定

46.2.1 原理

在氧气瓶中燃烧样品，用得到的溶液测量氟含量。可采用下述任一方法测定氟含量：

方法 A——氟化物离子选择电极，或

方法 B——通过形成一种蓝—红色低聚物氟络合物(见参考文献[1])进行比色。

46.2.1.1 器具

器具包括：

a) 氧气瓶；

b) 移液管；

c) 容量瓶。

注：由于氟离子会与玻璃器皿反应，所有器具应由聚碳酸酯或聚丙烯制成。

对方法 A，用配备有毫伏计的离子选择电极(氟化物)；对方法 B，用可见光分光光度计。

46.2.1.2 试剂

试剂包括：

a) 方法 A：电极填充溶液——缓冲溶液，由电极制造商推荐；

b) 方法 B：茜素氟蓝试剂——在 15 mL 2-丙醇加 30 mL 水的混合物中溶解 2.5 g 茜素氟蓝。使用前应进行过滤；

c) 由氟化钠制备的标准氟化物溶液；

d) 十二烷醇；

e) 0.5 mol/L 氢氧化钠溶液。

46.2.2 程序

把准确称量过的试样(25 mg～30 mg)放入 1 L 氧气瓶内。加 2～3 滴十二烷醇于试样上助其燃烧。加入 5 mL 0.5 mol/L 氢氧化钠溶液作为吸收剂。燃烧试样并让烟雾沉降。把氧气瓶内的物料以及洗涤液移入一个 50 mL 的容量瓶内，然后，按方法 A 或方法 B 进行氟含量测定。

46.2.2.1 方法 A——氟化物离子选择电极法：

加 5 mL 被推荐的缓冲试剂于试样溶液内并稀释至刻度线。按制造商说明书绘制一条供氟化物离子电极用的工作曲线。测定试样溶液的氟化物浓度并计算试样的氟百分含量。

46.2.2.2 方法 B——茜素氟蓝法：

加 5 mL 茜素氟蓝试剂于试样溶液内并稀释至刻度线。让其静置显色。用 1 cm 比色皿测定 630 nm 波长处溶液的吸光度。

适当稀释标准氟溶液，得到浓度范围在 0 μg/mL～2 μg/mL 之间的标准溶液来绘制一条工作曲线。以试剂空白溶液为参比计算试样的氟浓度。

46.2.3 本方法可以检测出数值大于 0.02% 的氟含量值。

注：为了测定试样总的卤含量，应采用 46.1 及 46.2 所述的方法。

47 酸性气体的产生

47.1 按 IEC 60754-1:1994 规定的方法进行试验。

47.2 按 IEC 60754-2:1991 规定的方法进行试验。

48 热伸长和热永久变形

48.1 试样数量和形状

应试验两个试样。试样形状由相应产品规范规定，并标有基准线，全截面试样见 20.1，而哑铃形试样见 20.2。

48.2 试验装置

试验装置由一个烘箱、一套试样夹具和砝码组成。上夹具应安装于烘箱内以致能试样呈垂直悬挂状态。可拆卸的试样下夹具应具有承受砝码的装置。

注：对全截面软管，可先在试样的一端插入一根直径小于试样内径的短金属棒以避免软管呈气密状态。

48.3 程序

试验温度、负荷及试样形状由相应产品规范规定。

注：负荷是下夹具重量加上任何附加砝码的总重量。

加热夹具和砝码至规定的温度。然后把试样夹入上、下夹具中，露出基准线。小心地把砝码加在下夹具上并保持稳定。维持烘箱在规定的温度下 15 min±30 s。

处理完后，按 20.1.5 规定的任何方法，测量基准线间的距离。当需要打开烘箱门时，应在 30 s 内完成测量。

按 20.1.6 或 20.2 规定，计算百分伸长率，即热伸长。

卸掉下夹具试样上的负荷，让试样在该规定温度下回复 5 min±30 s。然后，从烘箱中取出试样并让其冷却至标准大气温度。再测量基准线间的距离并按 20.1.6 或 20.2 计算百分伸长率，即热永久变形。

48.4 结果

取热伸长和热永久变形测得值的算术平均值作为结果。

49 拉伸永久变形(仅适用于弹性软管)

49.1 试样数量和形状

应试验两个试样。

对标称内径 8 mm 及以下的软管,采用 120 mm 或更长的试样。对标称内径 8 mm 以上者,应沿软管长度方向切成与 GB/T 528—2009 中的 2 型样相符的哑铃型试样(见图 5)。试样标有两条垂直于试样长度方向并距每端大致相等的间距为 20 mm 的基准线。

49.2 条件处理

除非产品规范另有规定,试验前试样应在 23 ℃±2 ℃下至少保持 1 h。

49.3 程序

除非产品规范另有规定,试样应在 23 ℃±2 ℃下被拉伸至基准线间距为(80±2)mm,大约需花 10 s时间完成上述拉伸,并在拉伸后的位置状态保持 10 min±30 s。之后,将试样轻轻取下并在光滑的平面上让其自由回复 10 min±30 s。对每个试样,测量其回复后的基准线间距并计算其与起始长度之差的百分率。

49.4 结果

除非产品规范另有规定,取测得值的算术平均值作为结果。

50 裂缝扩展(仅适用于弹性软管)

50.1 试样数量和形状

应试验两个 15 mm～20 mm 长的软管试样。

50.2 无起始裂口

每一软管应配上一根合适的非铁质芯棒。扩张程度由产品规范规定。然后,把套在芯棒上的软管悬挂于烘箱内,烘箱温度和持续时间由产品规范规定。规定时间结束后,应检查试样是否被撑裂。

50.3 有起始裂口

将足够软管试样放在烘箱内进行老化,温度和时间由产品规范规定。从烘箱中取出后,应让软管在室温下稳定化处理 2 h±10 min。

每一软管应配上一根合适的非铁质芯棒。除非产品规范另有规定,芯棒直径应是三倍于软管的标称内径。为了容易套上软管,芯棒上可施加少量的低摩擦系数的润滑材料,例如 PTFE。应一次性地将每个试样套在芯棒上。如不成功,应另取试样试验。套完后,在软管的一端沿平行于芯棒的轴线方向切开一个贯穿软管整个厚度的长为 1 mm±0.5 mm 的切口。除非产品规范另有规定,在切开 1 h 后检查软管。

50.4 结果

报告芯棒撑裂软管的情况作为结果。

51 室温动态剪切

51.1 原理

本试验用于测定双壁软管与一铝质基材粘结后的剪切强度。

51.2 器具

器具包括：

——铝片：(100±5)mm×(25±1)mm×(0.9±0.1)mm；

——脱脂溶剂：2-丁酮(甲乙酮)；

——试样架(见图16)；

——硅隔离纸；

——320目砂纸；

——拉力试验机；

——烘箱(适用于第52章：高温动态剪切)；

——重块质量：1.4 kg±0.1 kg；

——压片质量的重块。

51.3 试样的形状和数量

制备三个试样。三块铝片的一面离端头至少20 mm的部位应经过打磨和脱脂处理。将三段至少120 mm长的软管按产品规范规定的时间和温度在烘箱中处理。取出软管后立即将其纵向剖开，并平放在硅隔离纸上(内涂层面与纸接触)。然后将能让试样保持平整的足够重的重块置于试样上。移除重块前，该试样组件应冷至室温。其他任何可压平试样的方法均可采用。

试样最终应沿纵向切成(100±5)mm×(25±1)mm的试片。

将铝片和切成的试样按如图16所示进行组合，即将软管有涂层的面与铝片的打磨面进行搭接，搭接长度在12.5 mm～14.2 mm之间。将质量为1.4 kg的重块置于烘箱中，在产品规范规定的组件处理温度下预处理至少1 h。如图16所示，然后整个试样组件应按产品规范规定的时间和温度在烘箱中处理。之后，将试样组件从烘箱中取出并在除去重块前将其降至室温。

51.4 程序

将试样组件装于拉力试验机中，上夹具夹住铝片至少25 mm，下夹具夹住软管至少25 mm。夹具分离速率为(50±5)mm/min。记录每个试样的最大拉伸负荷。

51.5 结果

取三个最大拉伸负荷测得值的算术平均值作为试验结果。

单位为毫米

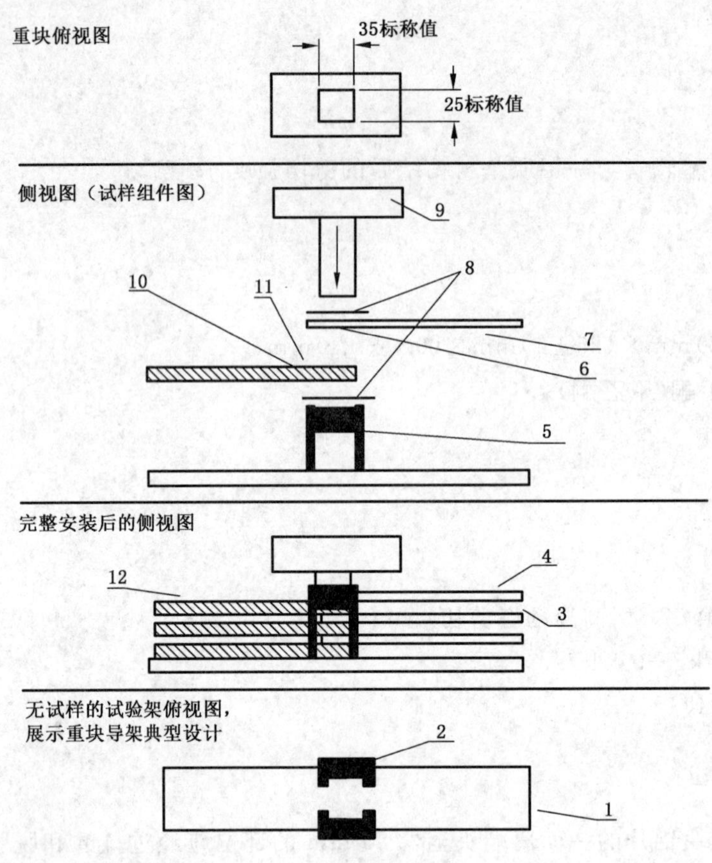

说明：

1——底板；
2——重块导架；
3——试样；
4——铝片；
5——重块导架；
6——打磨区域；
7——铝片；
8——隔离纸；
9——重块质量，1.4 kg±0.1 kg；
10——有涂层软管；
11——有涂层面；
12——有涂层软管。

图 16　室温动态剪切试验组装与固定

52　高温动态剪切

按 51.3 制备试样。

除将试样组件固定于拉力机配备的烘箱内进行试验外，其余程序与 51.4 相同。试样组件应在拉力试验机的烘箱中按规定的试验温度下预处理至少 30 min 并在该温度下进行试验。试验温度按产品规范规定。

53　热冲击和热老化后动态剪切

按 51.3 制备试样。

试样应如图 17 所示被夹在两片 PTFE 或涂有 PTFE 的铝板之间，用螺栓夹紧以确保试样在热冲击或热老化期间保持平整。试样组件按产品规范规定的时间和温度在烘箱中进行处理。然后将试样组件从烘箱中取出，并在冷至室温后从铝板中取出。

按51.4对试样进行试验。

单位为毫米

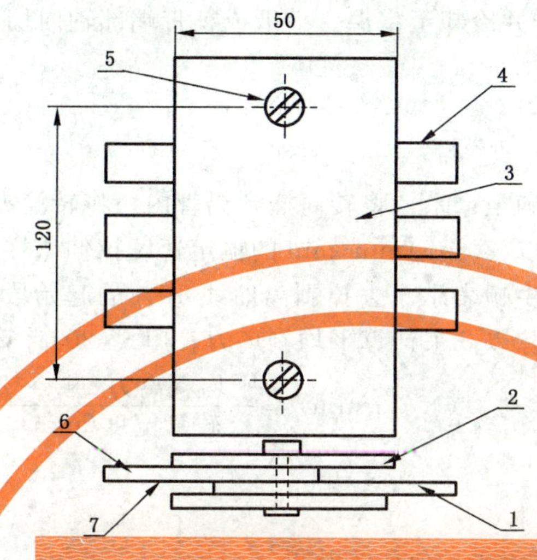

说明：

1——铝片；

2——PTFE板或涂有PTFE的板；

3——PTFE板或涂有PTFE的板；

4——试样；

5——螺栓；

6——有涂层软管；

7——有涂层面。

注：尺寸为标称值，除非另有规定。

图17 热冲击和热老化用试样组件

54 对铝材的旋转剥离

54.1 原理

本试验是测定双壁软管与铝材粘结后的剥离强度。

54.2 器具

器具包括：

——外径(9.5±0.25)mm的铝管，长约35 mm；

——脱脂溶剂：2-丁酮(甲乙酮)；

——自由转动的圆筒(见图18)；

——纸带或粘胶隔离带；

——320目砂纸；

——拉伸试验机；

——烘箱。

54.3 试样形状和数量

制备三个试样。用320目砂纸打磨铝管，然后用甲乙酮脱脂。将一段防粘隔离带窄条沿轴向固定于铝管上。将软管切成(25±1)mm长并固定于铝管的中间，然后悬挂于烘箱中按产品规范的时间和温度进行处理。从烘箱中取出试样并冷却至室温。沿纸或粘带端部轴向切开并提起形成一个剥离试验用的夹持端。

54.4 程序

测量铝管上软管的宽度，精确至毫米。将转筒插到铝管内。将转筒夹持在拉力试验机的下夹具上，将试样夹持端夹持在上夹具上，以(50±5)mm/min的恒定速度拉伸试样(见图18)。

记录剥离过程的剥离力，以牛顿表示。去掉剥离曲线10%的起始段和结尾段，在剩余曲线上等距离读取五个试验值并相加，然后除以5来计算平均剥离力。用式(20)计算剥离强度：

$$\text{剥离强度(N/25 mm)} = \frac{\text{平均剥离力(N)} \times 25}{\text{软管宽度(mm)}} \qquad \cdots\cdots(20)$$

54.5 结果

取三个剥离强度测得值的算术平均值作为结果。

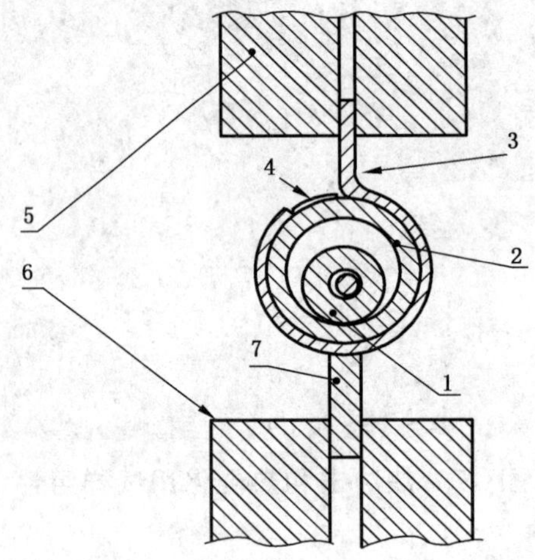

说明：

1——自由转动的圆筒；

2——铝管；

3——热收缩软管；

4——纸带或粘胶隔离带；

5、6——拉力试验机夹具；

7——转筒支架。

图18 转筒剥离配置示意图

55 铝棒动态剪切

55.1 原理

本试验为测定双壁管粘绳索于铝棒上后动态剪切条件下的胶粘剂粘结强度。

55.2 器具

器具包括：

——铝棒：(100±5)mm×直径(产品规范规定)；

——脱脂溶剂：2-丁酮(甲乙酮)；

——320 目砂纸；

——热空气喷枪；

——隔离带约 25 mm 宽(见图 19)；

——拉力试验机(必要时带烘箱)；

——烘箱。

55.3 试样形状和数量

制备三个试样。将三根铝棒应用 320 目砂纸轻轻打磨，并用甲乙酮脱脂。将一段 25 mm 宽的隔离带如图 19 所示完整包绕在铝棒上。至少取三个每个长为 100 mm 的软管应用热空气喷枪恢复原状以确保软管准确固定于如图 19 所示的铝棒上。然后将试样组合置于烘箱中按产品规范规定的时间和温度处理。然后从烘箱中取出试样组合并冷却至室温。除去如图 20 所示搭接在隔离带上的部分软管。

55.4 程序

将试样垂直安装于拉力试验机上。如果试验需在高温下进行，则将试样置于拉力试验机的烘箱中预处理至少 30 min。

试样每端至少留有 25 m 夹持在拉力试验机的夹具上。夹具分离速度应为(50±5) mm/min。记录每个试样的最大拉伸负荷。

55.5 结果

取三个最大拉伸负荷测得值的算术平均值作为结果。

单位为毫米

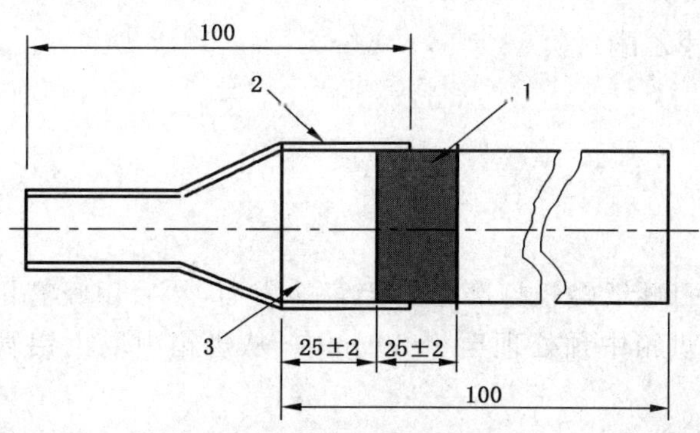

说明：

1——遮掩带；

2——有涂层软管；

3——依据产品规范规定的铝棒直径。

注：尺寸为标称值，除非另有规定。

图 19 铝棒动态剪切试样组合件制备

单位为毫米

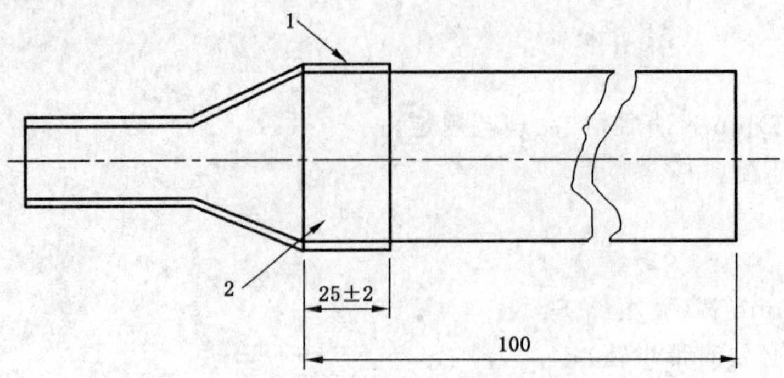

说明：

1——有涂层软管；

2——依据产品规范规定的铝棒直径。

注：尺寸为标称值，除非另有规定。

图 20 铝棒动态剪切试样

56 密封

56.1 原理

56.2 器具

器具包括：

——带空气阀门的密封铝管：外径(30±1)mm×长 400 mm(见图 21)；

——铝箔：宽约 25 mm×厚(0.2±0.05)mm×长约 100 mm；

——320 目砂纸；

——棉纸；

——脱脂溶剂：2-丁酮(甲乙酮)；

——压缩空气管；

——水槽。

56.3 试样的形状和数量

制备三个试样。用 320 目砂纸轻轻打磨密封铝管的表面，然后用吸有甲乙酮的薄棉纸清除油脂。将铝管置于 100 ℃±5 ℃的烘箱中预处理至少 30 min。从烘箱中取出铝管，将铝箔封住铝管中部的四个孔。

切取三段 175 mm 长、回复后直径 25 mm 的软管。将一段软管置于中部盖住四个孔后按制造商推荐的条件恢复原状。将试样组合置于烘箱中，时间与温度按产品规范规定。从烘箱中取出后室温下放置至少 24 h。

56.4 程序

使用清洁干燥的压缩空气将试样组合维持在产品规范规定的恒定压力下浸于水槽中，然后在产品规范规定的温度下处理(24±1)h。并在 24 h 后检查组件是否有气泡从软管端头冒出。

56.5 结果

记录有无气泡从软管端头冒出的观察结果。

单位为毫米

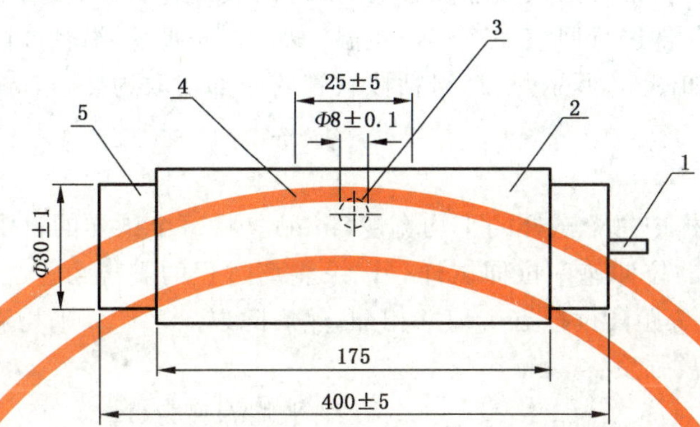

说明:

1——带阀门的压力计;

2——有涂层软管;

3——均匀分布于同一圆周纸上的四个孔;

4——铝管;

5——铝管。

注:尺寸为标称值,除非另有规定。

图 21 用于密封试验的试样组合件

57 双层热缩基片粘结后T型剥离

57.1 原理

本试验是测定两片热收缩软管之间的胶粘剂粘结强度。

57.2 器具

器具包括:

——外径(25±5)mm 的金属管;

——脱脂溶剂:2-丁酮(甲乙酮);

——切纸刀、能切厚样的剪刀或其他剪的设备;

——粘胶隔离带;320 目砂纸;

——拉力试验机;

——热喷枪;

——烘箱。

57.3 试样形状和数量

制备三个试样。在金属管上热回缩一段热收缩管,长约 150 mm。将回缩后的软管冷却至室温,用

320 目砂纸轻轻打磨该软管外表和另一根 40 mm 长的热收缩软管的内表面。用一干净的布或纸巾沾上甲乙酮后清洁打磨面并干燥 20 min～30 min。采用带状胶粘剂带时,应螺旋绕包(半叠包)在回缩后的软管上。采用液状胶粘剂时,按制造商给出的胶粘剂使用说明将胶粘剂涂布在回缩后的软管的整个粘结面上。将一条 20 mm 宽的纸带或粘胶隔离带沿长度方向放在已涂布的胶粘剂上以便自由端安装在拉力试验机上。

如图 22 所示,将三个切自第二根热收缩软管的管段(内表面经打磨)置于胶粘剂及粘胶隔离纸上。按制造商或供应商说明的条件进行回缩并冷却至室温。如图 23 所示,沿粘胶隔离带的一端将粘接后的试样组合从管芯上切下。如图 24 所示,从每组粘接软管的中部切取约 25 mm 宽的试样。

57.4 程序

测定三个 T 型剥离试样中每个试样的平均宽度(mm)。将每个试样的自由端装在拉力试验机的夹具上,以(50±5)mm/min 的拉伸速率拉伸试样。记录剥离过程的剥离力。去掉剥离曲线 10%的起始段和结尾段,在剩余曲线上等距离读取五个值并相加,然后除以 5 来计算平均剥离力。

用式(21)计算 T 型剥离强度:

$$\text{T 型剥离强度(N/25 mm)} = \frac{\text{平均剥离力(N)} \times 25}{\text{试样平均宽度(mm)}} \qquad \cdots\cdots(21)$$

57.5 结果

取三个 T 型剥离强度测得值的算术平均值作为结果。

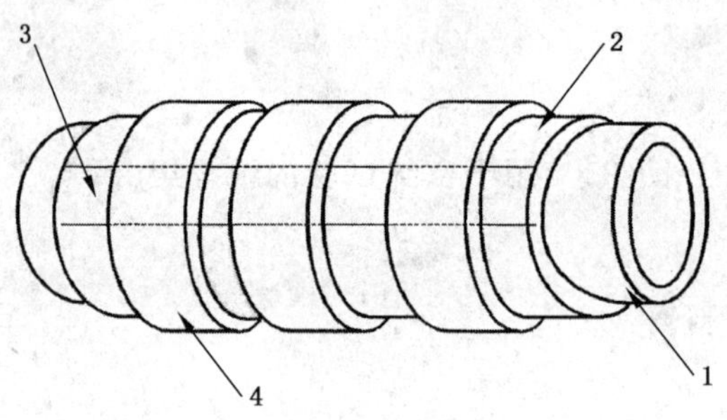

说明:
1——金属管,(25±5)mm;
2——热收缩软管;
3——隔离带;
4——热收缩软管。

注:尺寸为标称值,除非另有规定。

图 22 卷筒状试样组合件

单位为毫米

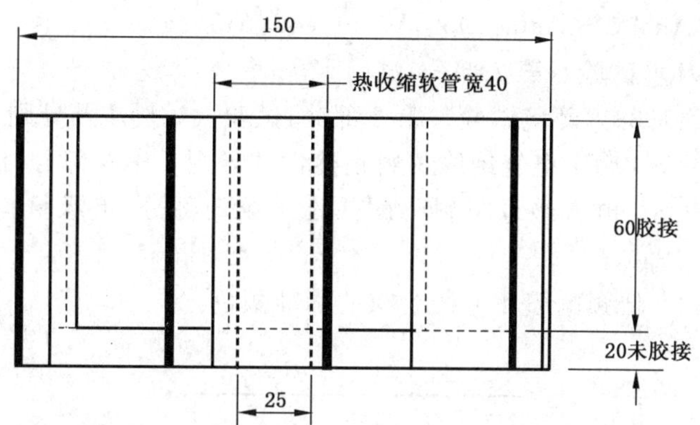

注：尺寸为标称值，除非另有规定。

图 23　切片试样

单位为毫米

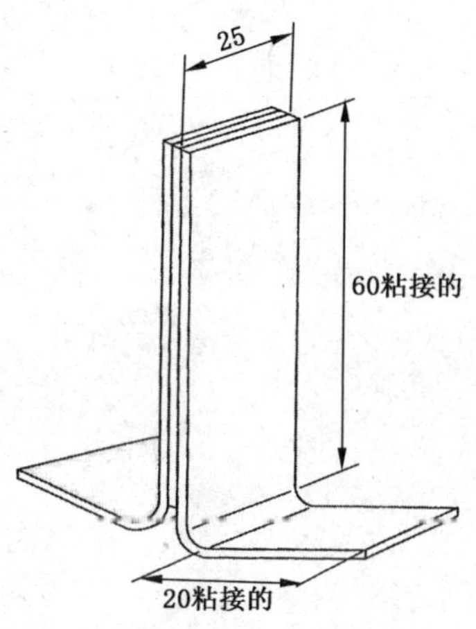

注：尺寸为标称值，除非另有规定。

图 24　T型剥离强度试样

参 考 文 献

［1］ Hill & Walsh,Anal.Chi.Acta:1969,Volume45,p431

［2］ IEC 60068-2 环境试验 第2部分:试验

［3］ IEC 60068-2-10:1988 环境试验 第2部分:试验 试验J及导则:霉菌生长

［4］ IEC 60216-2:1990 确定电气绝缘材料耐热性的导则 第2部分:试验判断标准选择

［5］ IEC 60216-5:2008 电气绝缘材料 耐热性 第5部分:绝缘材料相对温度指数(RTE)的测定

［6］ IEC 60304:1982 低频电缆和电线绝缘的标准颜色

ICS 83.180
G 38

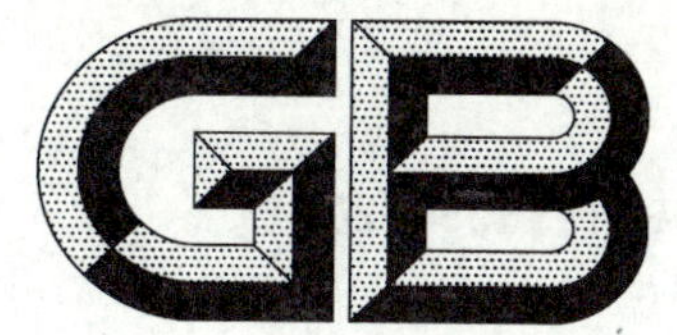

中华人民共和国国家标准

GB/T 7125—2014
代替 GB/T 7125—1999

胶粘带厚度的试验方法

Test method for thickness of adhesive tapes

2014-07-08 发布　　2014-12-01 实施

中华人民共和国国家质量监督检验检疫总局
中国国家标准化管理委员会　发布

前 言

本标准按照 GB/T 1.1—2009 给出的规则起草。

本标准代替 GB/T 7125—1999《压敏胶粘带和胶粘剂带厚度试验方法》,与 GB/T 7125—1999 相比,主要技术变化如下:

——修改了标准名称。修订前标准名称为"压敏胶粘带和胶粘剂带厚度试验方法",修订后的本标准改为"胶粘带厚度试验方法"(见封面,1999 年版的封面);

——增加了规范性引用文件这一章(见第 2 章);

——删除了意义和用途这一章(见 1999 年版的第 3 章);

——修改了对测厚仪测量头直径和测量压强的要求(见 4.1 和 4.2,1999 年版的 4.1.1 和 4.1.2);

——修改了对试样宽度和长度的要求(见 5.1,1999 年版的 5.1);

——修改了测试环境温度范围和对试样进行状态调节时间的要求(见第 6 章,1999 年版的 6.1);

——修改了测试时读数时间的要求(见 7.2,1999 年版的 7.1)。

本标准参照 ASTM D3652/D3652M-01:2012《压敏胶粘带厚度试验方法》修订。

本标准与 ASTM D3652/D3652M-01:2012 相比在结构上有较多调整,附录 A 中列出了两者的章条编号对照一览表。

本标准与 ASTM D3652/D3652M-01:2012 相比,存在技术性差异,这些差异涉及的条款已通过在其外侧页边空白位置的垂直单线(|)进行了标示,附录 B 中给出了技术性差异及其原因的一览表。

本标准做了下列编辑性修改:

——修改了关于长度单位的表述,ASTM D3652/D3652M-01:2012 分别在 3.2.1,5.1.1,9.2 和 10.1.2中提出了 mils、mm 和 in 三种长度单位,为了使用国际计量单位,本标准统一采用 mm 或 μm 作为长度单位;

——增加了附录 A(资料性附录)"本标准与 ASTM D3652/D3652M-01:2012 相比的结构变化情况";

——增加了附录 B(资料性附录)"本标准与 ASTM D3652/D3652M-01:2012 的技术性差异及其原因"。

本标准由中国石油和化学工业联合会提出。

本标准由全国胶粘剂标准化技术委员会(SAC/TC 185)归口。

本标准起草单位:广州宏昌胶粘带厂、上海橡胶制品研究所、永大(中山)有限公司、联冠(中山)胶粘制品有限公司、永一胶粘(中山)有限公司、广东达美新材料有限公司、中山新亚洲胶粘制品有限公司、上海晶华粘胶制品发展有限公司、丰华科技发展有限公司、河北华夏实业有限公司。

本标准主要起草人:吴伟卿、唐敏峰、何汉健、陈华昌、王灿、张建庆、程新、柯跃虎、杨永强、孙凤贤、许宁。

本标准所代替标准的历次版本发布情况为:

——GB/T 7125—1986、GB/T 7125—1999。

胶粘带厚度的试验方法

1 范围

本标准规定了压敏胶粘带及其他胶粘带厚度的测试方法。

本标准适用胶粘带厚度的测定,用于胶粘带产品的质量控制。

2 规范性引用文件

下列文件对于本文件的应用是必不可少的。凡是注日期的引用文件,仅注日期的版本适用于本文件。凡是不注日期的引用文件,其最新版本(包括所有的修改单)适用于本文件。

GB/T 22396 压敏胶粘制品术语

GB/T 22520 厚度指示表

3 术语和定义

GB/T 22396 界定的以及下列术语和定义适用于本文件。

3.1

胶粘带厚度 thickness of adhesive tape

在规定压强下测量的胶粘带正反面之间的垂直距离。

4 装置

4.1 测试仪器:厚度指示表,符合 GB/T 22520 要求 。其测量头由上下两个平面组成。其中上面的较小的面是圆形的,直径为 5 mm~16 mm。这两个面应相互平行,并且都垂直于它们的轴,两平面之间的不平行度应小于 0.005 mm。

4.2 当试样被夹持在测量头的上下两个平面之间时,其受到稳定的压强为 40 kPa~60 kPa。

4.3 厚度指示表的分辨力不大于 0.002 mm。

5 样品和试样

5.1 试样宽度大于较小的测量头直径,试样长度不小于 50 mm。试样没有起皱和折痕。

5.2 试验取样前从样品胶粘带卷中至少除去三层,不超过六层。

5.3 除非另有规定,每组胶粘带卷样品的数量不少于五个,从每个胶粘带卷样品中取下一个试样。取样时,从自由转动的胶粘带卷中以大约 500 mm/s~750 mm/s 的速率取下试样。当宽度或其他因素导致无法以规定的速率取样时,以接近 500 mm/s 的速率取样。

6 测试环境

试验前将样品胶粘带卷保持在试验环境中,使其状态达到平衡,状态调节的时间不少于 24 h。试验环境温度为 23 ℃±1 ℃，相对湿度为 50%±5%。

7 测试过程

7.1 每次测量前用合适的溶剂清理测量头，并将指示表调整归零。

7.2 将试样放在测量仪器测量头的上下平面之间，胶粘面向上。试验时缓缓降下上测量头，最终覆盖在胶粘带的表面上。在降下上测量头 1 s 后，记下指示表的读数，以 mm 或者 μm 表示，精确到至少 0.002 mm。每个试样在不同位置测三个点，取三点读数的算术平均值作为该试样的厚度值。

7.3 测量附有离型膜或者离型纸的双面胶粘带时，采用如 7.2 所示的步骤，测量带有一面离型膜或者离型纸的试样的厚度，在离型膜或者离型纸的被测处作一个标记。揭去离型膜或者离型纸，对其作标记的位置，用 7.2 的步骤测量厚度。分别求出每个位置两次测量结果的差值，三个差值的算术平均值为该试样的厚度值。

8 报告

报告包括以下内容：

a) 本标准的编号和名称，注明任何与本标准规定不一致的情况；

b) 样品胶粘带的标识信息，包括类型、来源、样品胶带卷的数量、生产编号等；

c) 厚度试验结果，用 mm 或 μm 表示；

d) 其他需要说明的内容。

附 录 A
（资料性附录）
本标准与 ASTM D3652/D3652M-01:2012 相比的结构变化情况

本标准与 ASTM D3652/D3652M-01：2012 相比在结构上基本一致，具体章条编号对照情况见表 A.1。

表 A.1 本标准与 ASTM D3652/D3652M-01:2012 的章条编号对照一览表

本标准章条编号	对应 ASTM D3652/D3652M-01:2012 的章条编号
1	1.1
—	1.2,1.3,1.4
2	2
3	3.2
—	3.1
—	4
4.1	5.1.1
4.2	5.1.2
4.3	5.1.3
—	6.1
5.1	7.1
5.2	7.2
5.3	6.2、7.3
6	8
7.1	9.1
7.2	9.2
7.3	9.3
8	10
—	11
—	12
附录 A	—
附录 B	—

附 录 B
（资料性附录）
本标准与 ASTM D3652/D3652M-01:2012 的技术性差异及其原因

本标准与 ASTM D3652/D3652M-01:2012 的技术性差异及其原因见表 B.1。

表 B.1 本标准与 ASTM D3652/D3652M-01:2012 的技术性差异及其原因

本标准章条编号	技术性差异	原因
1	删除 ASTM D3652/D3652M-01:2012 关于英制单位、与欧洲标准和 PSTC 标准的关系及安全方面的声明	本标准统一采用国际单位，不涉及英制单位，ASTM D3652/D3652M-01:2012 的安全声明为常识性内容，且无实际可操作性意义
2	删除 ASTM D3652/D3652M-01:2012“规范性引用文件”中引用的 6 项 ASTM 标准	引用标准 D996、D2904、D2906 和 D3715 因为被原标准引用的相关条文在本标准中被删除而失去引用意义；其中 E122 和 D4332 分别对样品的验收和测试条件做出了要求，这两项 ASTM 标准没有相对应的国家标准，但其要求的内容分别在本标准的相关条文中做出了明确的表述
2	增加了两项引用标准，分别为 GB/T 22520 和 GB/T 22396	适应我国的技术条件
3	删除 ASTM D3652/D3652M-01:2012 中 3.1、3.2 关于“定义”这一术语的说明	这是一个标准基础术语，广为人知，没有必要特别予以说明
3	删除 ASTM D3652/D3652M-01:2012 中第 4 章关于厚度测量的用途和意义的说明	厚度是胶粘带的基本参数，厚度测量的用途和重要性无需说明
3.1	将胶粘带厚度修改为“在规定压强下测量的胶粘带正反面之间的垂直距离。”	符合国情
4.1	修改了对测厚仪的测量头直径的要求	提高本标准的易用性，同时与欧洲标准、PSTC 标准和日本标准等其他大多数相关国际标准保持一致
4.2	修改了对测厚仪测量压强的要求	与欧洲标准、PSTC 标准和日本标准等其他相关国际标准保持一致

ICS 29.130.20
K 31

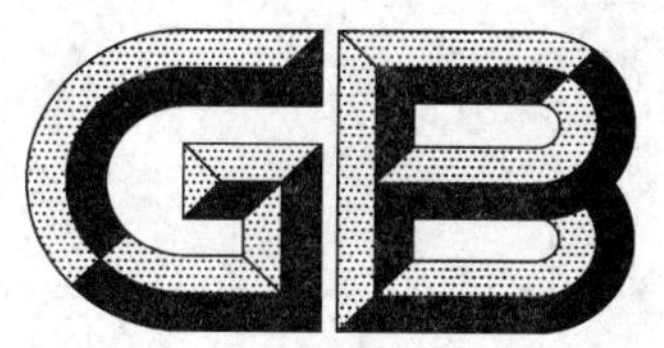

中华人民共和国国家标准

GB/T 7251.10—2014/IEC/TR 61439-0:2013

低压成套开关设备和控制设备 第10部分:规定成套设备的指南

Low-voltage switchgear and controlgear assemblies—Part 10:Guidance to specifying assemblies

(IEC/TR 61439-0:2013,IDT)

2014-12-22 发布　　2015-06-01 实施

中华人民共和国国家质量监督检验检疫总局
中国国家标准化管理委员会　发布

前　言

GB 7251《低压成套开关设备和控制设备》计划发布如下部分:

——第1部分:总则;

——第2部分:成套电力开关和控制设备;

——第3部分:由一般人员操作的配电板(DBO);

——第4部分:对建筑工地用成套设备(ACS)的特殊要求;

——第5部分:公用电网电力配电成套设备;

——第6部分:母线干线系统(母线槽);

——第7部分:特定应用的成套设备——如码头、露营地、市集广场、电动车辆充电站;

——第10部分:规定成套设备的指南;

……

本部分为GB 7251的第10部分。

本部分按照GB/T 1.1—2009给出的规则起草。

本部分使用翻译法等同采用IEC/TR 61439-0:2013《低压成套开关设备和控制设备　第10部分:规定成套设备的指南》。

与本部分中规范性引用的国际文件有一致性对应关系的我国文件如下:

——GB/T 4026　人机界面标志标识的基本和安全规则　设备端子和导体终端的标识(GB/T 4026—2010,IEC 60445:2006,IDT)

——GB 4208　外壳防护等级(IP代码)(GB 4208—2008,IEC 60529:2001,IDT)

——GB 16895.21　低压电气装置　第4-41部分:安全防护　电击防护(GB 16895.21—2011,IEC 60364-4-41:2005,IDT)

——GB/T 16895.23　低压电气装置　第6部分:检验(GB/T 16895.23—2012,IEC 60364-6:2006,IDT)

——GB/T 20138　电器设备外壳对外界机械碰撞的防护等级(IK代码)(GB/T 20138—2006,IEC 62262:2002,IDT)

本部分由中国电器工业协会提出。

本部分由全国低压成套开关设备和控制设备标准化技术委员会(SAC/TC 266)归口。

本部分起草单位:天津电气传动设计研究所有限公司、天津天传电控配电有限公司、国家电控配电设备质量监督检验中心、湖北省电力公司电力科学研究院、中国质量认证中心、成都科星电力电器有限公司、大全集团有限公司、北京合纵科技股份有限公司、厦门ABB低压电器设备有限公司、川开电气股份有限公司、甘肃电器科学研究院、有能集团有限公司、上海柘中电气股份有限公司、余姚市电力设备修造厂、广西柳电电气股份有限公司。

本部分主要起草人:崔静、刘洁、王阳、韩东明、陈昕、陈剑、张春香、李家源、魏光国、裴军、韩国良、窦娟娟、夏锦辉、李平、姚久明、祝延辉、刘林江、周志勇。

引　言

本部分中，用户作为规定或选择成套设备特性的参与者。用户同样也是使用和操作成套设备的参与者，或由其他人代他们执行。本部分旨在为用户提供规范指南以达到成套设备的预期设计。贯穿本部分中的术语“成套设备”指低压成套开关设备和控制设备。术语“制造商”除特殊说明外都指成套设备制造商。

GB 7251（所有部分）旨在更好地协调适用于成套设备的所有的总则和要求。系列标准进一步追求达到成套设备要求的一致性、成套设备验证的一致性并避免用其他标准进行验证。

对于各类成套设备的所有这些可以作为通用的，结合广泛应用的特定问题的要求，已被收录在GB 7251 的总则中，例如温升、介电性能。各类成套设备确定其所有要求和相应验证方法只需两个主要标准：

a) GB 7251 第 1 部分基础标准的总则。

b) 特定成套设备标准，在下文中称作相关成套设备标准。

GB 7251（所有部分）包含了成套设备广泛的多种应用，某些根据其特殊应用具有特定的需求。为了清晰地定义这些特定的需求，相关的特殊应用类型的成套设备标准已经（或正在）发布。每个关于GB 7251.1 的相关成套设备标准都不同程度规范了成套设备在其规定应用范围内所要求的特性和性能。每个相关成套设备标准包含附录“成套设备制造商与用户之间的协议”模板，以方便规范成套设备。这些均在本部分中再现并解释。

“成套设备标准”参考 GB 7251 系列的相关部分（如第 2 部分、第 3 部分等）。

对于成套设备中使用元件，“产品标准”参考国家标准的相关部分或几部分（如断路器参考GB 14048.2）。

低压成套开关设备和控制设备
第 10 部分:规定成套设备的指南

1 范围

在低压成套开关设备和控制设备 GB 7251(所有部分)中,含有由用户规定的系统和应用细节,以使制造商制造出满足用户需求和期望的成套设备。

GB 7251 的本部分从用户的角度指出,在规定成套设备时宜定义的功能和特性,包括:

- GB 7251(所有部分)中成套设备特性和选项的解释;
- 如何使用实用的方法选择适当的选项和定义特性以满足特定应用需求的指南;
- 协助说明成套设备。

本部分中提及的成套设备接口特性及其遵循的要求,是假设成套设备已依据 GB 7251 的相关部分设计、制造和验证。

2 规范性引用文件

下列文件对于本文件的应用是必不可少的。凡是注日期的引用文件,仅注日期的版本适用于本文件。凡是不注日期的引用文件,其最新版本(包括所有的修改单)适用于本文件。

GB 7251.1—2013 低压成套开关设备和控制设备 第 1 部分:总则 (IEC 61439-1:2011,IDT)

IEC 60364-4-41 低压电气装置 第 4-41 部分:安全防护 电击防护(Low-voltage electrical installations—Part 4-41:Protection for safety—Protection against electric shock)

IEC 60364-6 低压电气装置 第 6 部分:检验(Low-voltage electrical installations—Part 6:Verification)

IEC 60445 人机界面标志标识的基本和安全规则 设备端子和导体终端的标识(Basic and safety principles for man-machine interface, marking and identification—Identification of equipment terminals,conductor terminations and conductors)

IEC 60529 外壳防护等级(IP 代码)[Degrees of protection provided by enclosures (IP Code)]

IEC 62262 电器设备外壳对外界机械碰撞的防护等级(IK 代码)[Degrees of protection provided by enclosures for electrical equipment against external mechanical impacts (IK code)]

CISPR 11 工业、科技和医疗射频装置 电磁骚扰特性 极限值和测量方法(Industrial,scientific and medical equipment—Radio-frequency disturbance characteristics—Limits and methods of measurement)

3 术语和定义

相关成套设备标准(例如 GB 7251.12)界定的术语和定义适用于本文件。

4 GB 7251(所有部分)中的成套设备应用

4.1 一般要求

依据 GB 7251 的相关成套设备标准制造的成套设备,适用于安装在多数工作环境中。成套设备的很多特性在标准中都有完整定义,并且不需要用户更多考虑。在一些情况下,在标准中规定了缺省条件以及其他指定的可替代的选项,用户可从选项中选择以满足应用。对于其他特性,可要求用户在标准选项表中选择。

在特殊和极其严酷的条件下,用户宜在他们的规范中指明。这些严酷的条件包括:强紫外线辐射应用,强粉尘污染物,更严峻的短路条件,特殊故障保护,对火灾、爆炸、燃烧等危险的特殊防护。

在一些情况下,用户可能希望征求专家的意见以正确表明他们的要求,例如关于系统谐波。

附录C提供了一个规范模板,用户在按照成套设备相关标准为成套设备定义接口特性和应用要求时宜完成此模板。随后的章中会给出每个接口特性的解释。

4.2 成套设备设计和验证

成套设备用于具有确定性能的电气设备内。为适用于特定用途,成套设备可用一套规定的应用准则进行设计和验证,或通常是为使其能用于普遍应用范围而满足典型应用准则进行设计和验证。

成套设备的特定用户应用的配置通常需要四个主要步骤:

a) 定义或选择使用条件和接口特性。用户宜规定这些特性;
b) 制造商设计的成套设备满足应用的布置、特性和功能的特殊要求。设计通常基于之前发布的标准成套设备布置、特性和功能;
c) 对于未经验证的成套设备或成套设备部件的设计,由制造商进行设计验证;
d) 例行检验由制造商在每台成套设备上进行。

更多关于制造商进行的设计验证和例行检验的信息请参考第14章。

4.3 使用条件和接口特性

成套设备的特性宜适合其所连电路的额定数据和安装条件。

无用户规范时,制造商文件中提供的信息可以取代制造商与用户间的协议。

用户将为指定的成套设备应用提供电气单线图或其他等效图,来定义进线和出线电路的布置、负载、外接导体和所选的接口特性。

4.4 设计

若用户为特定应用指定了布置、特性或功能,则由制造商对成套设备的设计负责,并保证其符合GB 7251系列相关成套设备标准。根据用户提供的信息,制造商将获取其他成套设备特性以提供满足用户提出的应用要求的成套设备。

5 电气系统

5.1 一般要求

电气系统决定了成套设备能够安全工作宜具备的特性(能力)。成套设备的特性宜能够一直至少满足应用,并且必要时可以超出GB 7251系列标准的选项细节中提供的内容。

用户宜为成套设备提供一份电气单线图和/或其他定义其要求的必备信息,在下面5.2～5.6中详述。

5.2 接地系统

低压电网接地的方法,何时接地、如何接地、接地点,依据应用不同而有所不同。对于一个特定的电网,接地系统的使用可以由当地规定、供电局、传统要求或一个系统相比其他系统的优势来规定。

接地系统的标准配置为TT、TN-C、TN-C-S、IT、TN-S。特定系统要求和/或允许不同解决方案。例如,维护时的电源隔离。

- 在TN-C系统中,PEN导体不允许隔离或切换;但
- 在TN-S系统和TN-C-S系统中,中性导体可以或不可以被隔离或切换(见IEC 60364-5-53:2001中536.1.2)。

辅助电路的设计宜考虑电源接地系统以保证接地故障不会导致非故意的操作。

因此用户规定接地系统是非常必要的。

5.3 标称电压

电气系统的标称电压决定了成套设备的许多特性。

用户宜规定系统的标称电压。

提供标称电压时,制造商将确定其他额定电压的适合值,包括:

- 额定工作电压U_e(成套设备中一条电路的)

这是一条电路或一组电路中所有器件可执行规定功能的电压值。例如,按给定次数切换特定负载。在任何情况下成套设备一条主电路的额定工作电压将至少等于成套设备额定电压。

- 额定绝缘电压U_i

如同U_e,额定绝缘电压也用于成套设备的一条电路或一组电路中。它是绝缘的长期电压耐受能力且永远不小于额定工作电压。通常绝缘电压等于工作电压就足够了,但特殊严酷条件下的应用,采用更高的绝缘电压则更合适。

5.4 瞬态过电压

所有电网会经受由切换开关、雷电等所导致的偶尔的瞬态过电压。通常在低压电网中,过电压幅度随供电电源距离的增大而减少。因此有可能根据他们所处电网位置使成套设备适应不同等级过电压。

各种等级的过电压类别以罗马数字系列来定义。

过电压类别选项为:

- 类别Ⅰ:特殊保护水平(设备内部,一般不适用于成套设备)
- 类别Ⅱ:负载水平(器件、设备,一般不适用于成套设备)
- 类别Ⅲ:配电电路水平(典型工业应用)

示例:

作为固定电气装置一部分的设备和期望高有效性的其他设备,例如配电板、电机控制中心。

- 类别Ⅳ:电源进线点水平(进线端)

示例:

在主配电板上游电气装置的起端附近或里面使用的设备,例如电表、主过电流保护器件。

制造商将根据电气系统单线图确定可能的过电压类别。异常过电压条件应用场合,用户宜为其应用规定要求的过电压类别选项。

根据过电压类别、标称电压和电源系统类型,制造商将为额定冲击耐受电压(U_{imp})确定适合的值。此关系在图1中说明。

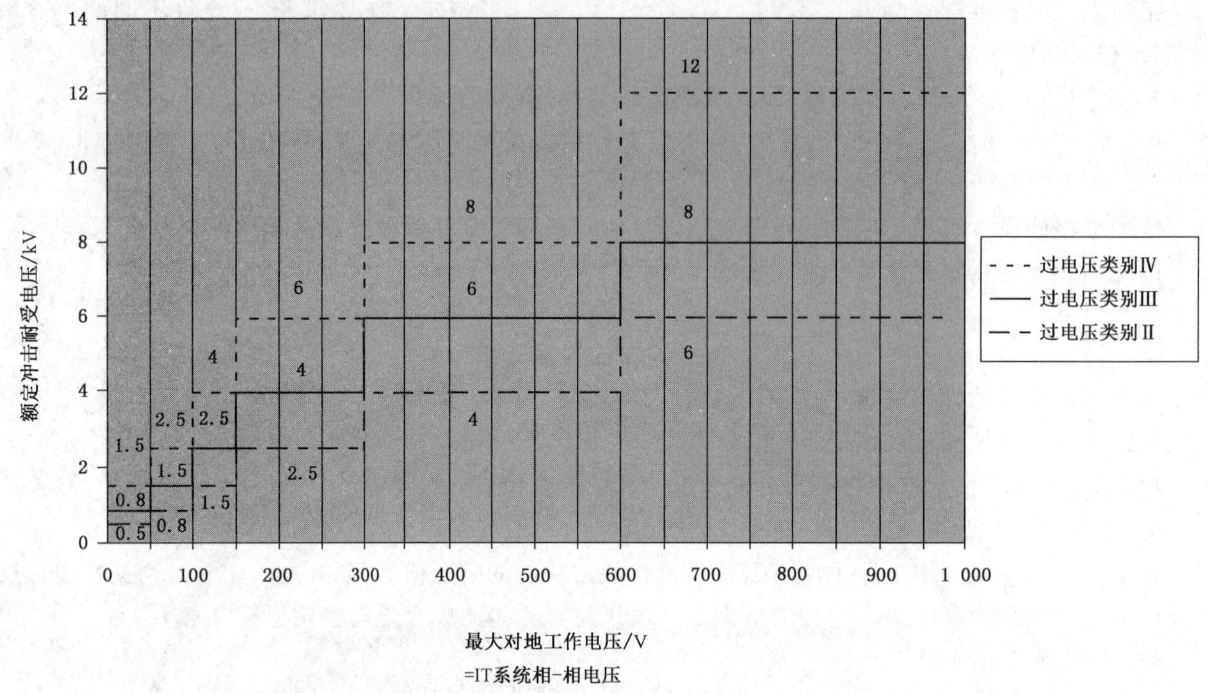

图 1 要求的额定冲击耐受电压

额定冲击耐受电压 U_{imp} 是成套设备瞬态过电压耐受能力的一个量度。在正常电网中，它将等于或高于该电路设计连接的系统中出现的瞬态过电压。

5.5 瞬态异常电压、暂时过电压

成套设备将能耐受：

- 瞬态过电压：几个毫秒或更短的短时过电压，可以是振荡或非振荡的，通常有较快的衰减；和
- 暂时过电压：相对较长时间(数秒)的工频过电压。

额定冲击耐受电压(U_{imp})定义了耐受的瞬态过电压，范围从 0.33 kV～12 kV。

额定绝缘电压(U_i)定义了暂时过电压耐受水平。

如果要预测瞬态异常电压或暂时过电压，则用户宜规定需满足的条件。异常条件应用场合，为确保提供合适的成套设备，将它们指明是很重要的。(提供指南，例如 IEC 61643-12 的瞬态过电压。)

5.6 额定频率 f_n(Hz)

成套设备被设计工作在特定(额定)频率或者在一定频率范围内或直流。将成套设备的一条电路连接到频率超出预期范围的电源会导致设备无法正常工作、改变分断能力，在电流更高的情况下，载流能力可能会受影响。标准频率是 50 Hz 和 60 Hz。

如果成套设备制造商没有其他规定，则假定适合频率被限制在额定频率的 98%～102%范围内。

用户宜规定系统的标称频率作为要求的成套设备额定频率。如果成套设备中一些电路需要在不同频率下工作，则用户宜在规范中加以规定。

5.7 现场其他试验要求：布线、工作性能和功能

例行检验是用来检查材料和工艺的缺陷，以保证成套设备按照设计规范制造完成，并确定整个成套

设备的功能良好。每一台成套设备通常都在制造商场所进行例行检验。

成套设备不必进行任何现场试验来重新确定其完整性。成套设备分柜架运输的情况下，制造商可推荐试验以确保成套设备在现场正确连接。

IEC 60364-6 规定了检查成套设备正确安装到电气系统中的现场检验。需要由制造商进行附加的现场试验情况下，用户宜规定这些试验。

6 短路耐受能力

6.1 一般要求

在正确设计并管理的电网中，短路是非常罕见的情况，但当其发生时，则对成套设备提出异常的要求。短路电流和短路电流分断可能会导致多种不同的应力：

- 导体间的极大作用力；
- 很短时间内很高温升；
- 断弧造成的空气电离，导致较低的空气绝缘性能；
- 断弧造成的过大压力，导致外壳承受大作用力。

成套设备宜能耐受因其所连接的电源发生短路电流所导致的热应力和动应力。

如果制造商的操作和维护说明书没有其他规定，则发生短路的成套设备宜由熟练技术人员进行检查和/或维护以确定成套设备以后使用的适用性。

6.2 电源端的预期短路电流 $\boldsymbol{I}_{cp}$(kA)

预期短路电流是在成套设备电源端用阻抗可以忽略不计的导体使电路的电源导体短路时流过的电流。在多数情况下，实际发生故障的回路是有阻抗的，它会导致产生一个相比于预期短路电流低的故障电流。因此按预期故障电流设计和验证的成套设备的选择通常包含一定的安全裕量。

预期短路电流通常用规定持续时间的短时电流有效值来表达，持续时间如 0.2 s、1 s 或 3 s，或者限制短路电流，即由上一级保护器件的动作限定的减小了的允通电流。

根据这个电流，成套设备由制造商赋予一个短路额定数据，依据与系统的连接点处适用的最大预期短路电流进行定义。当赋予的短路额定数据是基于限制短路电流时，成套设备制造商将提供所需的上一级保护器件的详细信息。

定义成套设备短路额定数据的术语总结如下：

- 额定峰值耐受电流(I_{pk})；
- 额定短时耐受电流(I_{cw})；
- 成套设备额定限制短路电流(I_{cc})。

成套设备通过以下方法防止短路电流，例如成套设备上游的断路器，熔断器，或两者的组合。通常成套设备进线功能单元是一个短路保护器件(SCPD)，它可以进一步减小成套设备的短路要求。当用户倾向某一特定形式的器件作为进线功能单元时，宜加以规定(见 6.5)。

用户宜规定成套设备进线端的预期短路电流(I_{cp})。

6.3 中性导体的预期短路电流

在三相电路中，由于中性电路阻抗，中性电路故障电流相比三相短路电流有所减少。在典型的电网中，中性导体短路电流不会超过三相值的 60%。

带有中性导体的电路并且中性导体预期短路电流超过三相短路电流的 60%时，用户宜规定要求的中性导体短路能力值。

6.4 保护电路中的预期短路电流

如中性电路情况一样，由于保护电路中的阻抗，保护电路中的预期短路电流相比三相值有所减少。因此保护电路要求同中性电路一样考虑(见 6.3)。

6.5 短路保护器件(SCPD)

用户可指定将短路保护器件(SCPD)包含在成套设备中，或在成套设备以外。也可以采用制造商的建议。

对于进线单元装有短路保护器件的成套设备，用户宜提供会发生在成套设备进线端的预期短路电流值。

制造商将提供进线单元的文件或者标签(铭牌)，以表明由进线功能单元保护的成套设备短路能力。

如果一个带有延时脱扣器的电路断路器作为短路保护器件使用时，制造商将根据指明的预期短路电流规定最大的延时和电流整定值。

对于在进线单元中没有短路保护器件的成套设备，制造商将以下述一种或几种方式表明短路耐受能力：

a) 额定短时耐受电流(I_{cw})以及持续时间，和

b) 额定峰值耐受电流(I_{pk})或

c) 额定限制短路电流(I_{cc})。

对于具有几个不可能同时工作的进线单元的成套设备，可按上述方式为每一个进线单元指明短路耐受强度。

对于具有几个可能同时工作的进线单元，或者具有一个进线单元和一个或多个可能会增大短路电流的大功率出线单元的成套设备的有关信息，参考 6.7。

用户宜规定进线短路保护器件要求的所有附加的保护功能，如过载或电弧故障限制。

6.6 包括外部短路保护器件的短路保护器件的配合

装在成套设备中的开关器件和元件将符合相关标准。

制造商将为适用于成套设备外形设计(例如，开启式或封闭式)的特定用途选择开关器件和元件，包括它们的额定电压、额定电流、额定频率、使用寿命、接通和分断能力、短路耐受强度等。

任何开关器件和元件具有可能比安装处小的短路耐受强度和/或断开能力额定数据时，将由限流保护器件充分地保护，例如熔断器或断路器。

开关器件和元件的配合，例如电动机起动器与短路保护器件的配合，应遵守相关标准。

如果运行条件要求供电电源有最大的连续性，则成套设备中短路保护器件的整定或选择将这样分级，以使在任何一个出线支路发生短路时，利用安装在该故障支路中的开关器件使其消除，而不影响其他出线支路，从而提供了保护系统的选择性。更多信息见 IEC/TR 61912-2。

保护器件的配合宜遵循制造商与用户之间的协议。制造商在文件中给出的信息可以取代协议。

6.7 可能增大短路电流的负载的相关数据

一个成套设备可能有几个同时工作的进线单元和可能增加短路电流的一个或多个大功率出线单元。在这种情况下，用户宜根据电路提供适合的数据。然后制造商将确定每个进线单元、出线单元和母线的预期短路电流的值，继而提供相应的成套设备。

7 人的电击防护

7.1 一般要求

本部分中根据 IEC 60364-4-41 描述了成套设备提供人的电击防护的多个要求。其中包括相关安装环境特性、操作要求、维护和升级能力、载流能力和短路耐受能力。

此外,将防止触及带电部件的措施作为人的电击防护不可缺少的一部分,描述为:

- 基本防护(对直接接触的防护);
- 故障防护(对间接接触的防护)。

如果成套设备含有在其断开后可能具有稳态接触电流和电荷的设备(电容器等),则要装有警示牌。

提供包括成套设备集成到安装设备中的电击防护的方法在 IEC 60364-4-41 中给出。此外故障防护将由成套设备提供。在一些应用中,故障防护的方法可从标准选项中选择。在此情况下,用户宜从下列这些标准选项中选择其偏爱的一项。

7.2 基本防护(对直接接触的防护)

7.2.1 一般要求

基本防护是防止直接接触危险的带电部件。它能够利用成套设备本身适宜的结构措施,或安装中采取的附加措施来获得。例如只有授权人员才允许进入安装场所。

对于通过结构措施获得的基本防护,可以使用下列一种或两种防护措施。

7.2.2 由绝缘材料提供的基本绝缘

危险带电部件用绝缘完全包覆且绝缘只有被破坏后才能去掉。绝缘要求采用能够承受正常使用中可能出现的机械、电气和热应力的材料制成。

7.2.3 挡板或外壳

空气绝缘的带电部件安装在外壳内或挡板的后面,提供至少 IPXXB 防护等级。对不高于安装地面 1.6 m,可触及的外壳的水平顶部表面的防护等级至少为 IPXXD。

制造商构建的成套设备可以使其能够因维护而打开外壳或移开挡板(参考第 12 章)。满足此要求,至少采用下列中一项条件:

a) 使用钥匙或工具打开门、移动覆板或取消联锁;

b) 在由挡板或外壳提供防护的情况下,要求在外壳打开或挡板移动前进行电源与带电部件的隔离。此外,电源不宜在外壳关闭和/或挡板复位前恢复供电;

c) 中间挡板提供的防止接触带电部件的防护等级至少为 IPXXB,此挡板仅在使用钥匙或工具时才能移动。

7.3 故障防护(对间接接触的防护)

7.3.1 一般要求

故障防护是为了防止成套设备内部故障以及向成套设备供电的外部电路故障时所产生的后果。成套设备通常包括保护措施,并适于安装在依据 IEC 60364-4-41 设计的电网中。其他安装类型的防护措施宜由成套设备制造商与用户协商。

对于故障防护,以下三项防护措施至少应用一项。

7.3.2 自动断电保护

7.3.2.1 成套设备内部故障

每个成套设备将包括一个防护措施,成套设备内部故障时,它会自动将故障电路和/或整个成套设备的电源切断。

对于有适当防护的电路,成套设备所有外露可导电部分将连接在一起。注意以下:

a) 当成套设备的一部分移动时,成套设备其余部分的保护电路(接地连续性)不应中断。

b) 在盖板、门、遮板和类似部件上面,如果没有安装超过特低电压限制的电气装置,通常的金属螺钉连接和金属铰链连接被认为能足以确保连续性。

如果在盖板、门、遮板等部件上装有电压值超过特低电压限制的器件时,则采取附加措施以保证接地连续性。使用特别为此设计并验证的保护导体(PE)或类似电气连接。

不能用器件的固定方法将器件的外露可导电部分与保护电路连接,则采用截面积足够大的导体连接到成套设备的保护电路上。

成套设备尺寸很小的外露可导电部分(不超过 50 mm×50 mm)不构成危险,因而不必连接到保护导体上。如螺钉、铆钉、铭牌、小器件等。

如果这种连接的电阻小于 0.1 Ω,则外露可导电部分到进线保护电路的连接认为是足够的。

7.3.2.2 向成套设备供电的外部电路故障

在多数安装情况下成套设备内部的保护电路会成为成套设备下游电路的保护电路的不可缺少的一部分。成套设备下游保护电路中所有电流都将通过保护电路,直到成套设备内的短路保护器件切断以保护故障电路。

因此制造商将提供成套设备内的保护电路,它能够耐受向成套设备供电的外部电路故障造成的成套设备安装处的高热应力和动应力。被提供的保护电路可以是成套设备外壳或框架和/或单独的导体。

除了下述情况外,成套设备内的保护导体将不包含分断器件(开关、隔离器等):

——保护导体中允许有可移式连接,但其只能通过工具由授权人员移动。

——插头插座器件只可在带电导体切断后才能切断保护电路,并且在带电导体恢复连接前应建立保护电路的连续性。

7.3.3 电气隔离

电气隔离提供的防护是在单点故障情况下,成套设备内或成套设备下游电路基本绝缘失效时,没有路径可以流过电流的一种方法。可能由于故障导致与外露可导电部件的接触,不会导致电击。

通常隔离电路通过二次绕组不接地的隔离变压器供电。用户考虑这种防护形式宜充分注意它的优势和限制,并规定相应的要求。

7.3.4 全绝缘防护

全绝缘防护是不需要可接近的保护电路而能提供充分电击防护的一种方式。利用这种结构形式,设备是完全绝缘并且没有外露可导电部分。因此与此类成套设备接触不会导致电击。

全绝缘防护的成套设备的建造要求特定的特征,以便在所有预期工作条件下提供充分的电击防护。由制造商提供的这些特征包括:

a) 所有元器件完全封闭在等同于双重绝缘或加强绝缘的绝缘材料中,并有相应标识;

b) 导电部件不能穿透外壳,并且外壳上不应存在因导电部件穿过而可能将故障电压引出外壳外的部件。此要求包括金属部件,如操作机构的轴,除非它们进行了适当的绝缘;

c) 成套设备准备投入运行并接上电源时，将所有的带电部件、外露可导电部分和附属于保护电路的部件封闭起来(至少为 IP2XC)以使它们不被触及；

d) 成套设备内部的外露可导电部分不连接到保护电路上；

e) 如果外壳上的门或覆板不使用钥匙或工具就能够打开，则在门或覆板背后配备从属挡板。此挡板使用绝缘材料制成。它将提供在门或覆板打开后防止非故意触及可接近带电部件和外露可导电部分，否则它们会变得可触及。

用户考虑此形式的间接接触防护宜理解它的优点和限制，以及适用时做出的规定。

8 安装环境

8.1 一般要求

成套设备安装环境定义了安装处的环境条件、详细工作条件，如存在液体、异物、机械碰撞、紫外线辐射、腐蚀物、温度、湿度、污染、海拔和电磁兼容性。

符合 GB 7251 系列的成套设备可应用在本部分每一章所述的正常使用条件下。每种条件下，推荐了典型值或定义选项。列出的选项用户可从列表选项中规定符合其需要的选项。当存在严酷或特殊使用条件时，用户宜告知制造商此种异常使用条件。

8.2 场所类型

可规定成套设备适用于户内场所还是户外场所。

户内或户外场所的选择对防止外来固体和水的进入(见 8.3)，暴露于紫外线辐射(见 8.5)、环境温度(见 8.7)和相对湿度(见 8.8)的标准条件不同。外部机械碰撞(见 8.4)、腐蚀(见 8.6)、污染等级(见 8.9)或其他特殊使用条件(见 8.12)的要求也有所不同。

用户宜指明适用的场所类型。

8.3 防止外来固体和水的进入

根据 IEC 60529 由任何成套设备提供的防止触及带电部件，防止外来固体和水进入的防护等级，用 IP 代码表示。

用户可为适合其应用的成套设备规定一个 IP 代码。

封闭式成套设备在按照成套设备制造商的说明安装好后，其防护等级至少为 IP2X。固定面板式成套设备正面防护等级至少为 IPXXB。

对于正常工作时不倾斜的固定安装成套设备，IPX2 不适用。对于无附加防护措施的户外成套设备，第二位特征数字至少为 3。

注：对于户外成套设备，附加防护措施例如防护棚。

如果没有其他规定，在按照制造商的说明书进行安装时，制造商给出的防护等级适用于整个成套设备。如果成套设备有不同防护等级，则制造商要单独标出该部位的防护等级。

装有可抽出式部件的成套设备的防护等级是指成套设备在可抽出式部件处于连接位置时的防护等级。成套设备制造商应标明在其他位置以及在不同位置间切换过程的防护等级。

具有可抽出式部件的成套设备可以如此设计，即应用于连接位置的防护等级同样适用于试验和分离位置以及从一个位置切换到另一位置的过程中。

如果在可抽出式部件移出后，成套设备不能保持原来的防护等级，例如门关闭，则用户可以规定确保足够防护的措施。成套设备制造商提供的资料可以代替此协议。

8.4 外部机械碰撞

用户可以按照 IEC 62262 为成套设备规定所要求的机械碰撞(IK)代码。作为标准此处没有为成套设备定义最小要求。

8.5 耐紫外线辐射

用合成材料或金属制成的并用合成材料包覆的成套设备外壳能耐紫外线辐射。在温和的气候条件下耐受水平足以达到满意的性能。当成套设备在强阳光照射下,则用户宜规定其要求以及与制造商协商提供更高水平的耐紫外线辐射。

8.6 耐腐蚀

所有成套设备设计有耐腐蚀性。金属部件包括两个等级:

- 严酷性 A——户内设备以及户外设备的内部部件;
- 严酷性 B——正常环境下的户外设备的外部部件。

对于户外设备,需要长期无法维护的情况,或者特别严酷的条件(例如,暴露在海浪中),则需要附加防护和/或措施。用户宜规定此特殊要求以及与制造商协商提供足够耐腐蚀保护的方法。

8.7 周围空气温度

成套设备被设计工作在一定周围温度范围内:

- 户内设备:

下限:−5 ℃

上限:40 ℃

日平均温度最大值 35 ℃

- 户外设备:

下限:−25 ℃

上限:40 ℃

日平均温度最大值 35 ℃

若使用其他温度,用户宜进行规定。

8.8 最大相对湿度

成套设备被设计用于工作在如下湿度条件:

- 户内设备:

空气清洁 40 ℃时上限为 50%;

较低温度时允许具有较高相对湿度,例如+20 ℃时的相对湿度为 90%。但考虑到由于温度变化,有可能会偶尔产生适度的凝露。

- 户外设备:

空气清洁,25 ℃时上限为 100%。

如果使用其他条件,用户宜进行规定。

8.9 污染等级

成套设备被设计能在工作中耐受中等水平的大气污染。耐受等级由污染等级来定义,参考成套设备安装处环境许可污染等级和类型。

根据成套设备安装环境和外壳设计的污染等级,制造商获得成套设备内微观环境的污染等级,它是评定电气间隙和爬电距离以及选择合适元器件的基础。严酷性用以下四个污染等级来描述：

- 污染等级 1：

无污染或仅有干燥的、非导电性污染。此污染无影响。

- 污染等级 2：

一般情况下只有非导电性污染，但要考虑到偶然由于凝露造成的暂时导电性。

- 污染等级 3：

存在导电性污染，或者由于凝露使干燥的非导电性污染变成导电性污染。

- 污染等级 4：

由于导电尘埃、雨雪或其他潮湿条件导致的持续的导电性污染。

所有的污染等级 1、2、3 和 4 都是有效的。然而，如果用户没有其他规定，制造商将提供，一般在污染等级 3 环境中使用的工业用途的成套设备。对于民用（家用）和类似应用，如果没有其他协议，制造商将提供在污染等级 2 环境中使用的成套设备。

当应用需要与标准选项不同的特殊污染等级时，用户宜指明。

8.10 海拔

成套设备工作海拔不得超过 2 000 m。

工作在此海拔以上可能会对设备性能造成负面影响。需要安装在更高的海拔时用户宜指明。

8.11 电磁兼容性环境

成套设备必须耐受安装场所的所有电磁骚扰。同样成套设备不宜发射骚扰造成附近其他设备的干扰。成套设备多数应用在下述两类环境条件：

a) A 类环境：主要与高压或中压变压器供电电网有关，它用于为生产输送装置或类似装置供电，并且拟工作在工业场所或接近工业场所，如下所述。本部分同样适用于电池供电和打算在工业场所应用的设备。

环境为工业环境，包括户内和户外。

工业场所表现为以下一种或几种附加特征：

——工业、科研和医疗（ISM）设备（CISPR11 中定义）；

——频繁切换的大感性或容性负载；

——电流及其所产生的高磁场。

注 1：A 类环境涵盖在 EMC 通用标准 IEC 61000-6-2 和 IEC 61000-6-4 中。

b) B 类环境：主要与低压公共主电网或连接到直流电源的设备有关，直流电源作为设备与低压公共主电网的接口。也适用于电池供电或由非公共、非工业、低压电源配电系统供电的设备。此设备应用场所如下所示。

环境涵盖居民区、商业区和轻工业区，包括户内和户外。如下所列，虽然不详尽，但表明了所涵盖的场所：

——居民区，例如住宅、公寓；

——零售店，例如商店、超市；

——商业建筑，例如办公室、银行；

——公共娱乐场所，例如，电影院、公共酒吧、舞厅；户外场所，例如加油站、停车场、娱乐和体育中心；

——轻工业场所，例如车间、实验室、服务中心。

以通过低压公共主电网直接供电为特征的场所，认为是居民区、商业区或轻工业区。

注 2：B 类环境涵盖在 EMC 通用标准 IEC 61000-6-1 和 IEC 61000-6-3 中。

用户宜为A类环境和B类环境规定要求。

如果一个被明确设计成用于环境A的成套设备将要用于环境B。那么制造商在使用说明书上要包括以下的警告：

警告
此产品适用于A类环境。将此产品用于环境B可能会产生有害的电磁骚扰，这种情况下使用者可能需要采取适当的减缓措施。

与EMC有关的成套设备安装、运行和维护的方法将在制造商使用说明中规定。

8.12 特殊使用条件

8.12.1 一般要求

宜考虑为标准成套设备提供一个与要求相当的环境。

特殊使用条件为：

a) 与标准条件不同，但假定环境对成套设备的影响仍与标准条件一致；或

b) 与标准条件不同，并且假定环境对成套设备的影响与标准条件不一致。

类型a)的差异参考8.3～8.11。

本条考虑类型b)的差异。具体例子包括在8.12.2～8.12.7中。通常，用户宜规定可能会影响成套设备性能的成套设备安装场所的特殊使用条件；例如，如果装入机器中或装入墙中时，设备载流能力可能受影响。

8.12.2 气候条件

用户宜规定可能应用到的特殊气候条件。

例如：

- 温度和/或空气压力的迅速改变可能造成成套设备内部产生异常凝露；
- 暴露在极端气候条件下。

8.12.3 防止外来固体和水的进入

用户宜规定防止外来固体和液体的进入应用的特殊要求。

例如：

- 空气被灰尘、烟、腐蚀性或放射性颗粒、蒸汽或盐严重污染；
- 被真菌或微生物侵袭。

8.12.4 冲击、振动、地震发生和外部机械碰撞(IK)

用户宜规定耐受冲击、振动或机械碰撞的应用的特殊要求。

例如：

- 遭受带有一定频率的强烈振动或冲击，如可能与运输、工业或采矿相关的应用；
- 遭受高能量的碰撞。

8.12.5 火灾和爆炸危险

用户宜规定有火灾或爆炸特殊风险的地方。

例如：

- 存在爆炸性空气；
- 可能暴露在火中。

8.12.6 异常过电压

除5.4和5.5中的描述外，用户宜规定可能存在于其电网中且成套设备可能承受的任何异常过电压的情况。

8.12.7 电磁兼容性环境

用户宜规定在特殊电磁兼容性环境中的应用。

例如：

- 暴露在强电场或强磁场区域；
- 暴露在除A类或B类环境(见8.11)中所描述的那些电磁和电磁骚扰外的导电和辐射骚扰的环境中。

对某些装置(例如包含高速数据的电网、放射性仪器、工作站监视器等)，了解母线干线或大电流导体附近的工频磁场强度是非常必要的。测量和计算母线干线周围的磁场模型的方法见GB 7251.6。

9 安装方式

9.1 一般要求

成套设备的安装方式，在安装场所如何放置、组装、连接等，对成套设备的设计和总体布置有重大的影响。对于常规的安装方法可为成套设备进行灵活的设计，具体应用的要求不同。制造商需要被告知用户所有的特殊要求。用户宜规定连接细节、场所、安装位置的物理尺寸、外接导体和其他类似方面。

9.2 成套设备类型

成套设备的多种布置和配置方式都是有效的，几种基本标准外形设计规定如下：

- 开启式成套设备；
- 固定面板式成套设备；
- 封闭式成套设备；
- 柜式成套设备；
- 柜组式成套设备；
- 台式成套设备；
- 箱式成套设备；
- 箱组式成套设备；
- 安装在墙表面的成套设备；
- 嵌入墙中的成套设备。

典型的组装方式为立式(成套设备安装在地面上)，或安装在墙上。

安装方式要求一种特定的成套设备布置时，用户宜规定其要求。

9.3 可移动性

成套设备可以是固定式的(固定在其安装位置)，或移动式的(设计成可以容易地从一个使用地点移动到另一个使用地点)。

用户宜指定需要哪种。

当指定移动式的成套设备时，用户可能需要规定成套设备将安装的环境特性的范围(参考第8章)。

9.4 最大外形尺寸和质量

作为制造商提供的文件的一部分，所提供的成套设备安装条件包括外形尺寸和质量。

用户宜说明与其应用有关的特殊要求。例如：

- 当成套设备可用的空间受限时，用户宜规定应用允许的最大尺寸；
- 当安装成套设备的安装结构的能力受限时，用户宜规定允许的最大质量。

9.5 外接导体类型

用户宜为成套设备每条电路的导体类型规定其要求，即是否：

- 电缆；
- 母线干线系统；或
- 其他系统。

在无任何用户说明情况下，制造商将根据电路电流选择适用于电缆的端子。

9.6 外接导体方位

要求制造商布置电缆入口、盖板等，以便当电缆适当安装后可以获得规定的防护等级。如用户要求外接导体从一个或多个指定方位进入成套设备(例如从成套设备的顶部、底部、背部、前部或侧面)，则用户宜规定这些要求，包括何种要求应用于何种电路。

9.7 外接导体材料

制造商将在产品文件中指出端子是否适用于连接铜或铝导体，或是两者都适合。端子将能与外接导体通过一种方法(如螺丝、连接件等)进行连接，并应用和维持相当于电路的电流额定数据和短路强度所需要的接触压力。

用户宜指明对成套设备每个电路的导体类型的要求，即其是否为：

- 铜；
- 铝；或
- 其他材料。

如果用户和制造商没有特别说明，则端子只能容纳铜导体。

如果使用铝导线，其型号、尺寸和导线在端子上的连接方法，宜由用户规定或按照用户与制造商之间的协议。

9.8 外接相导体、截面积、端子

制造商设计的成套设备的有效布线空间要求能允许具有规定材料和尺寸的外接导体的合适连接，而且在多芯电缆情况下，能展开芯线。用户宜规定每条外部电路相导体截面积和所有特殊端子的要求。

在用户没有任何说明的情况下，端子应能适用于连接随额定电流而定的最小至最大截面积的导体(见附录 A)。

9.9 外接 PE、N、PEN 导体截面积、端子

外接保护导体(PE，PEN)和连接电缆的金属护套(铠装管、铅铠装管等)的端子，如果需要，将是裸的，且除非另有规定，它应适合于连接铜导线。将为每条电路的外接保护导体提供足够尺寸的独立端子。

用户宜规定每个外部电路的 PE，N，PEN 导体截面积和特定端子的要求。用户说明宜详细描述中性导体电流可能达到很高数值的应用(例如大的荧光灯照明装置、电力电子装置等)。在此情况下，中性

导体需要具有与相导体相同或比相导体更大的载流能力。

在用户无其他说明情况下：

- 保护导体的端子允许连接铜导线，其截面积依赖于相应相导体的截面积；
- 在三相和中性电路中，中性导体端子允许连接具有以下截面积的铜导线：

——如果相导体的截面积大于 16 mm^2，则截面积等于相导体截面积的一半，但最小为 16 mm^2；

——如果相导体的截面积小于或等于 16 mm^2，则截面积等于相导体的截面积。

9.10 特殊端子标识要求

除非制造商另有建议或另外与用户间有协议，否则端子标识符合 IEC 60445。

外接保护导体的端子应按照 IEC 60445 标识。示例见 IEC 60417 的 5019 号图形符号⏚。或者，外接保护导体打算与内部保护导体连接时，后者可用绿黄颜色清楚标记。

用户可以为满足其应用，规定其他端子标识的要求。

10 存放和装卸

10.1 一般要求

需要对指定应用的成套设备进行配置，以适应从制造场所到安装场所的运输、存放（如需要）和装卸的方式。

10.2 运输单元最大尺寸和质量

作为制造商提供文件的一部分，需要提供成套设备的装卸条件，它包括运输单元的尺寸和质量。

用户宜根据应用规定特殊的约束条件。

10.3 运输方式（如叉车、起重机）

起吊装置的正确定位和安装及其吊索尺寸，如果适用，在成套设备制造商的文件或说明书上给出怎样装卸成套设备。

用户宜规定与制造商通常惯例不同的有关其应用的所有特殊要求。

10.4 与正常使用条件不同的环境条件

如果在运输、存放和安装过程中的条件，例如温度和/或湿度，与工作环境规定的不同，用户宜对其进行规定。

10.5 包装事项

用户宜规定有关成套设备包装的所有特殊要求，包括存放和/或至安装处的运输。具体应用要求包括：

- 在运输或存放过程中保护成套设备的包装上需要采取的特殊方法；
- 特定包装材料的使用；
- 记录成套设备在运输过程中遭受过大的冲击或振动的标识或指示；
- 在运输至安装处的过程中，可处理的已包装的运输单元的最大尺寸或质量（可能与运输单元本身的不同）。

11 操作要求

11.1 一般要求

如不是所有的,多数的成套设备,具备某种形式的可视接口或手动操作的需求,可包括:

- 通过灯光、显示、屏幕读取可视信号;
- 开关器件、设定和指示器的目测检查;
- 继电器、脱扣器和电子器件的调整和复位;
- 操作手柄、按钮、切换开关和类似器件的使用。

本部分中,手动操作的意思是由手工进行操作,可以使用或不使用工具。

11.2 接近手动操作器件

制造商需要保证,具备电击防护的所有手动操作元件均可接近。

应用于电击防护的不同要求由操作员专业水平决定。操作员的四种类型如下所示:

- 熟练技术人员——具备相应教育和经验,能觉察和避免由于电引起危害的人员;
- 受过培训的人员——由熟练技术人员充分指导或监督的,能察觉和避免由于电引起危害的人员;
- 一般人员——既不是熟练技术人员,也不是受过培训的人员;
- 授权人员——被授权完成指定工作的熟练技术人员或受过培训的人员。

除非用户另有规定,应用下述与立式成套设备相关的可接近性要求:

- 端子,不包括保护导体的端子,位于至少高于成套设备基础面 0.2 m,且放置在电缆方便连接的地方。
- 操作员需要读数的指示仪表安装在成套设备基础面之上 0.2 m~2.2 m 之间的区域内。
- 操作器件,如手柄、按钮或类似器件安装在容易操作的高度;即其中心线宜安装在位于成套设备基础面之上 0.2 m~2 m 之间的区域。
- 紧急开关器件的操作机构(见 IEC 60364-5-53:2001 中的 536.4.2),在成套设备基础面之上的 0.8 m~1.6 m 的区域内易于接近。

如果有不同的要求,特别是有不是由熟练技术人员或受过培训的人员进行的操作,用户宜提出建议。

11.3 维护或使用中功能单元的隔离

在某些应用中,当邻近的电路组仍带电并工作时,成套设备要可以很方便将一个功能单元或一组功能单元进行隔离以进行维修。可通过使用如下措施获得:

- 在实际功能单元或单元组以及邻近功能单元或单元组之间具有足够的空间;
- 使用挡板或屏障设计和布置来防止直接接触邻近功能单元或单元组中的设备;
- 使用端子防护罩;
- 每个功能单元或单元组使用隔室;
- 插入由制造商提供或规定的附加防护方式。

当需要移开挡板、打开外壳或移开外壳的部件时,作为维护的一部分,只有在满足 7.2.3 中 a)~c)条件之一时才可能成立。

在维护时如果需要对一个功能单元或一组功能单元进行隔离,用户宜进行规定,且所采取的措施宜与制造商取得一致意见。

12 维护和升级能力

12.1 一般要求

在成套设备寿命周期中,多数需要维护,还有一些设备可能需要升级和/或扩展。多数成套设备都是在与电源完全隔离后进行维护、升级和扩展的。但并非总是可行的。下面提供了在带有合适预防措施、以及被隔离成套设备的有限的和指定的部件上执行特定操作时的一些指导。

12.2 检查和类似操作对可接近性的要求

当成套设备带电运行时,用户宜规定执行检查或类似操作的地点。

此类操作可包括:

- 目测检查:

——开关器件和其他设备;

——继电器和脱扣器的整定和指示;

——导线的连接和标记;

- 继电器、脱扣器及电子器件的调整和复位;
- 更换熔断体;
- 更换指示灯;
- 某些故障部位的检测,例如用设计适宜且绝缘的器件测量电压和电流。

用户可以为固定的、可分离的或可抽出的功能单元或部件的辅助电路的电气连接类型规定要求。使用12.6中描述的三位码的第三个字母。

用户可以规定当相关的功能单元在试验位置时,辅助电路是否可以或不可以进行试验。

12.3 授权人员在使用中维护的可接近性的要求

如果用户需要在成套设备通电时可以由授权人员进行维护,宜规定如下要求:

- 使用连锁机构或器件,允许授权人员在设备带电时接近带电部件;
- 成套设备带电工作时,可以执行的操作,如目测检查、调整继电器和器件、替换熔断体和指示灯、以及查找故障;
- 在邻近功能单元或功能单元组带电情况下,被隔离的功能单元或隔离的功能单元组的维护,可以使用措施如:

  ——在实际功能单元或单元组以及邻近功能单元或单元组之间具有足够的空间;

  ——使用挡板或屏障设计和布置来防止直接接触邻近功能单元或单元组中的设备;

  ——使用端子防护罩;

  ——每个功能单元或单元组使用隔室;

  ——插入由制造商提供或规定的附加防护方式。

12.4 带电扩展的要求

成套设备标准中没有对成套设备带电或其他方式扩展能力的要求。如果用户需要成套设备能够扩展,用户宜规定所要求的附加特性。可包括:

- 装配母线和外壳柜架单元,可进行附加柜架单元的扩展;
- 电路布线允许其他柜架单元通电时进行某些柜架单元隔离;

- 使用某些或全部的挡板、隔室、屏障、隔板、可移动覆板、门、盖板和覆板进行特殊结构布置。

对成套设备包含未装配空间、部分装配空间或完全装配备用功能单元没有要求。这些定义为：

- 未装配空间——成套设备内适用于未来安装功能单元的空间。通常空间装配有打算安装的功能单元的装备，但不包括配电母线连接、辅助布线、功能单元相关的开关设备和控制设备、抽出式或可移式功能单元的机械部分或功能单元本身。
- 部分装配空间——成套设备内的空间，它装配了一个或多个配电母线连接、辅助布线、功能单元相关的开关设备和控制设备、抽出式或可移式功能单元的机械部分(但不包括功能单元本身)。
- 完全装配备用功能单元——成套设备内的整套功能单元，它在安装初始阶段无特定应用目的，但可能在以后某些时间使用。

如果用户要求提供带有这些设施的成套设备，则宜指明。

12.5 维护或升级期间对直接接触内部危险带电部件的防护

成套设备整体或部分通电时，进行维护和升级功能，用户宜在其说明中详细描述。见12.3和12.4。

12.6 功能单元连接方法

用户可以规定成套设备内部功能单元的连接方式。选项以三字母代码表示：

- 第一个字母代表功能单元的主进线电源的电气连接的类型；
- 第二个字母代表功能单元的主出线电源的电气连接的类型；
- 第三个字母代表辅助电路电气连接类型。

这三个字母代码中每个字母都从下面选择，并且由连接类型决定：

- F为固定连接；
- D为可分离式连接；
- W为可抽出式连接。

例如，带有抽出式电源连接的可移式功能单元，固定出线连接以及可分离式辅助电路的代码应为WFD。

12.7 成套设备内部的操作和维护通道

成套设备内部的操作和维护通道宜遵照基本防护的要求(见7.2)。对此通道的要求宜由用户规定，需要的话，设计和结构还应得到制造商的同意。

有限深度的成套设备内大约1 m的凹槽不作为通道。

12.8 内部隔离

由挡板或隔板进行内部隔离的典型布置在表B.1中描述，以形式分类，图见附录B。

可以在功能单元之间、独立隔室或封闭保护空间之间进行内部隔离，以实现下列的一个或多个条件：

- 防止触及危险部件。防护等级应至少为IPXXB；
- 防止固体异物进入。防护等级应至少为IP2X。

注：防护等级IP2X包括防护等级IPXXB。

隔离可以通过隔板或挡板(金属或非金属)，带电部件的绝缘或器件整体外壳的绝缘，例如塑壳断路器来实现。

隔离形式和更高防护等级宜视要求由用户规定。

13 载流能力

13.1 一般要求

成套设备载流能力被定义为可以持续承载的，且不会因过热或其他机械故障而造成损害或增加失效风险的最大电流。

载流能力在周围环境和温升极限的标准集合下验证。用户可以根据应用要求规定较低或较高环境温度。

13.2 额定电流 I_{nA}(A)(最大允许电流)

成套设备额定电流(I_{nA})是成套设备设计控制和分配的最大负载电流。它是成套设备内部并联工作的进线电路额定电流总和与特定成套设备布置中的主母线可分配的总电流两者中的较小值。

用户宜根据其应用规定成套设备额定电流(I_{nA})。

13.3 电路额定电流 I_{nc}(A)

对于特殊应用，用户宜规定成套设备内所需要的所有进线和出线电路的额定电流。然后制造商通过考虑成套设备内部电路中器件额定数据、配置和应用以选择合适的元件来达到这些电路额定数据。

如果没有电路额定电流的用户说明，制造商将在文件中标明成套设备电路的额定电流。

13.4 额定分散系数(RDF)

成套设备内部的所有电路可以独立持续承载规定的额定电流，但任一电路的载流能力可能受邻近电路的影响。热效应是这样的，如果成套设备内一组邻近电路同时工作在额定电流，必须有效的降低元件额定数据以保证不会出现过热。

实际上，通常并不要求成套设备内的所有电路或一组邻近电路都持续并同时承载其额定电流。在典型应用中，负载的类型和性质都明显不同。有些电路是基于冲击电流和断续或短时负载进行定额的。一些电路可能为重载，而其他电路可能为轻载或断开。

分散性是实际应用中的一种实用的方法。它表明所有出线电路通常不会同时全负载运行，因而不需要为实际应用提供过度设计的设备。额定分散系数规定了所设计的成套设备或成套设备内的一组电路所采用的平均负载条件。例如成套设备分散系数为 0.8 的情况下，在出线电路的总负荷不超过成套设备的额定电流时的条件下，成套设备内出线电路的任何组合都可以承载其额定电流的 80%。

额定分散系数可由用户规定以适合其应用，或由制造商规定：

- 电路组；
- 整个成套设备。

13.5 中性导体与相导体截面积的比值

13.5.1 一般要求

多数三相电网中，三相的负荷是合理平衡的。这就造成中性导体中的电流远小于对应的相电流。然而，一些负载，尤其是那些有很大谐波的负载，可以导致中性导体中的电流的增加。中性导体截面积如下：

13.5.2 相导体不超过 16 mm^2

相导体截面积不超过 16 mm^2 的电路，为相应相导体截面积的 100%。

如果应用需要，用户可规定一个可选择的比值。

13.5.3 相导体超过 16 mm^2

相导体截面积超过 16 mm^2 的电路，为相应相导体截面积的 50%，最小为 16 mm^2。

如果应用需要，用户可规定一个可选择的比值。

14 成套设备设计验证和例行检验流程

14.1 设计验证

14.1.1 目标

设计验证是用来验证成套设备的设计是否符合 GB 7251 系列中相关成套设备标准的要求。通常设计验证在产品开发时，在标准产品范围内的典型布置下执行。如果成套设备不包含与先前验证的布置的重大偏差，则通常不需要为特定应用进行验证。制造商对设计验证负责。

不要求对装入成套设备的开关元器件按照产品标准进行重复验证。

依据 GB 7251 系列由初始制造商进行验证，然后由其他工厂制造或集成的成套设备，在初始制造商规定和提供的要求和说明书都满足的情况下，不需要重复进行初始设计验证。

14.1.2 方法

所有成套设备的设计宜按照相关成套设备标准进行验证。依据相关标准由制造商选择，设计验证可通过以下一种或多种方式：

- 试验；
- 通过计算与已试验的基准设计和评估进行结构比较；
- 应用严格的设计准则。

验证有多种选择，何时何处应用哪种方式，在 GB 7251 系列标准中有清楚的规定和限制。所有允许的设计验证方式在性能方面都是等效的。某些情况下，成套设备的性能可受验证试验的影响(例如短路试验)。因此，这些试验不在已制造完成将投入运行的成套设备上进行。

14.1.3 记录

制造商将保留一份所有设计验证的记录，它包括使用数据、计算和对比、试验执行结果。这些设计验证试验记录构成制造商知识产权的一部分。这些专有信息除非制造商的特许，通常不会透露给任何第三方，包括用户。

14.2 例行检验

14.2.1 一般要求

例行检验是在每台已制造完成的成套设备上执行，通常在从制造商工厂发货前的成套设备上执行。它是用来检测材料和工艺缺陷以确保制造的成套设备的正确和适合的功能。制造商决定例行检验是否在制造期间还是之后执行。

例行检验不需要在已装入成套设备中的器件和整装的元件上执行。

成套设备的例行检验使用试验、检查或与制造商说明书比较的方式来执行，详细信息在成套设备相关标准中描述。

通常成套设备结构和性能的例行检验有三种方法：

- 通过试验进行验证用于：
  ——电气间隔和爬电距离；
  ——电击防护和保护电路的完整性(螺钉连接)；
  ——外接导体端子(连接)；
  ——机械操作；
  ——介电性能。
- 通过目测检查进行的验证用于：
  ——外壳防护等级；
  ——电气间隔和爬电距离(用于有限条件下)；
  ——电击防护和保护电路完整性(在成套设备外露可导电部件与保护导体之间的有效连续性，以及外部故障时成套设备的有效性)。
- 元件制造商和初始制造商说明书的验证，根据适应性用于：
  ——开关器件和元件组合；
  ——内部电路和连接；
  ——外接导体端子(连接)。

14.2.2 记录

用户要求成套设备例行检验详细信息时，宜在用户说明中提出要求。

附　录　A
（资料性附录）
适合连接外接导体端子的铜导线截面积

表 A.1 适用于每个端子上连接一根铜导线。

表 A.1　适合连接外接导体端子的铜导线截面积

额定电流	单芯或多芯导线		软导线	
	截面积		截面积	
	最小	最大	最小	最大
A	mm^2		mm^2	
6	0.75	1.5	0.5	1.5
8	1	2.5	0.75	2.5
10	1	2.5	0.75	2.5
13	1	2.5	0.75	2.5
16	1.5	4	1	4
20	1.5	6	1	4
25	2.5	6	1.5	4
32	2.5	10	1.5	6
40	4	16	2.5	10
63	6	25	6	16
80	10	35	10	25
100	16	50	16	35
125	25	70	25	50
160	35	95	35	70
200	50	120	50	95
250	70	150	70	120
315	95	240	95	185
如果外接导体直接连接到内装器件上，有关规定中给出的截面积适用。 如果要选用表中规定值以外的导体，建议由成套设备制造商与用户达成专门的协议。				

附　录　B
（资料性附录）
内部隔离形式（见 12.8）

本附录提供了多种隔离形式（见表 B.1）的描述并用图（见图 B.1、图 B.2 和图 B.3）进行相关说明。

表 B.1　内部隔离形式

主判据	补充判据	形　式
不隔离		形式 1
母线与功能单元隔离	外接导体端子不与母线隔离	形式 2a
	外接导体端子与母线隔离	形式 2b
——母线与所有功能单元隔离； ——所有功能单元互相隔离； ——外接导体端子和外接导体与功能单元隔离，但不与其他功能单元的端子隔离	外接导体端子不与母线隔离	形式 3a
	外接导体端子和外接导体与母线隔离	形式 3b
——母线与所有功能单元隔离； ——所有功能单元互相隔离； ——与功能单元密切相关的外接导体端子与其他功能单元和母线的外接导体端子隔离； ——外接导体与母线隔离； ——与功能单元密切相关的外接导体与其他功能单元和它们的端子隔离； ——外接导体彼此不隔离	外接导体端子与关联的功能单元在同一隔室中	形式 4a
	外接导体端子与关联的功能单元不在同一隔室中，它位于单独的、隔离的、封闭的防护空间中或隔室中	形式 4b

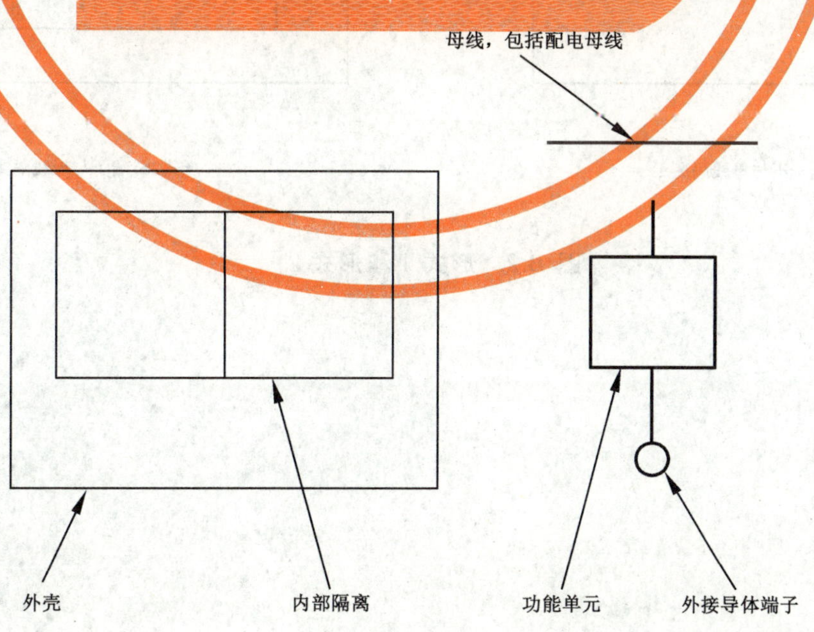

图 B.1　图 B.2 和图 B.3 中使用的符号

形式 1
无内部隔离

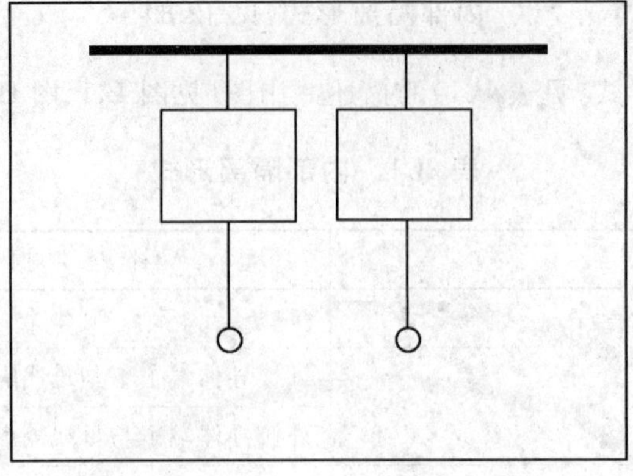

形式 2
母线与功能单元隔离

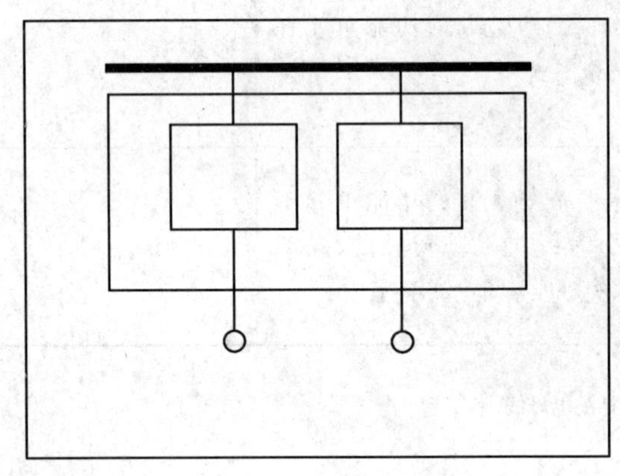

形式2a:端子不与母线隔离

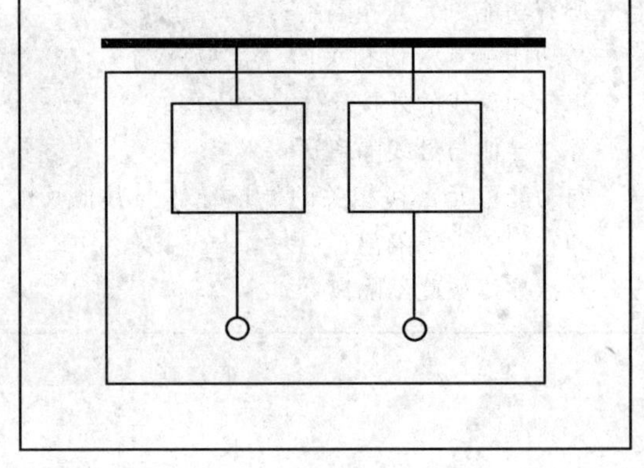

形式2b:端子与母线隔离

图 B.2　形式 1 和形式 2

形式 3

母线与所有功能单元隔离

+

所有功能单元之间互相隔离

+

外接导体端子和外接导体与功能单元隔离，但不与其他功能单元的端子隔离

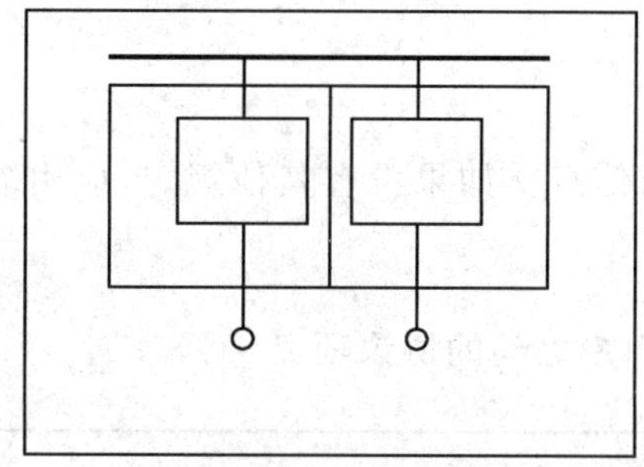

形式3a：端子不与母线隔离

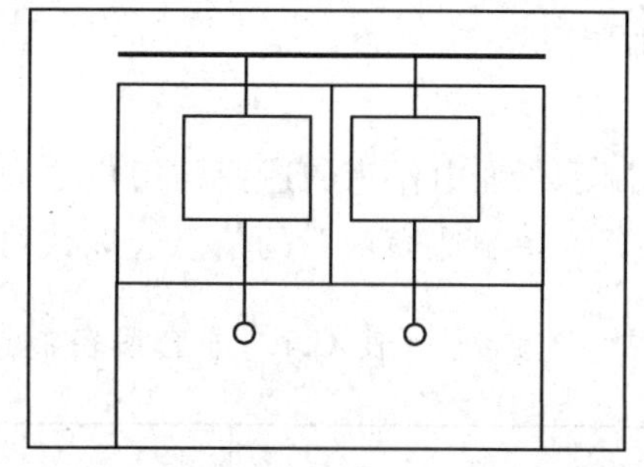

形式3b：端子和外接导体与母线隔离

形式 4

母线与所有功能单元隔离

+

所有功能单元之间互相隔离

+

与功能单元密切相关的外接导体端子与其他功能单元和母线的外接导体端子隔离

+

外接导体与母线隔离

+

与功能单元密切相关的外接导体与其他功能单元和它们的端子隔离

+

外接导体彼此不隔离

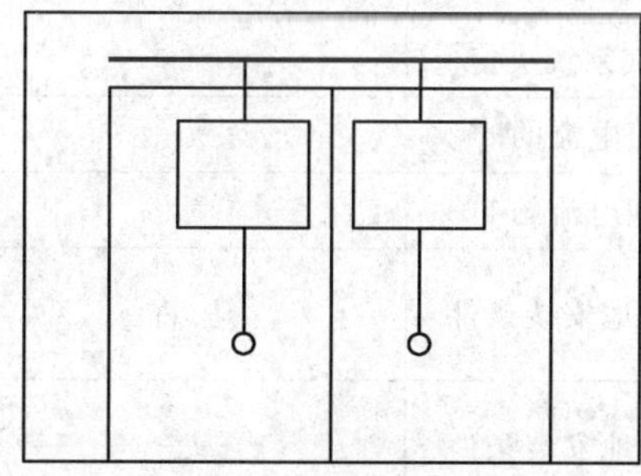

形式4a：端子与相关的功能单元在同一隔室中

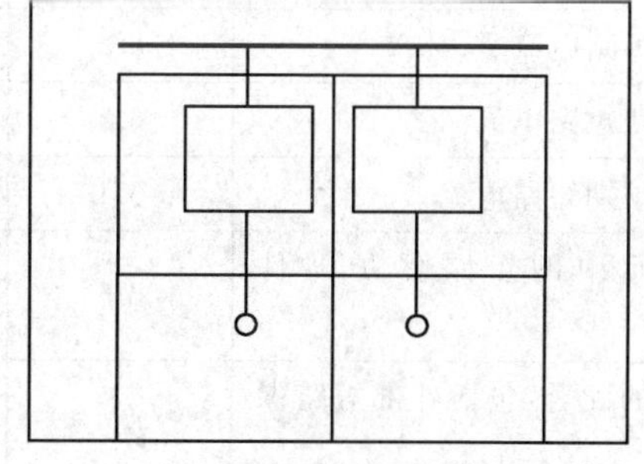

形式4b：端子与相关的功能单元不在同一隔室中

图 B.3　形式 3 和形式 4

附　录　C
（资料性附录）
GB 7251.12 的规范指南

C.1　标准选项

表 C.1 编制了标准中作为制造商与用户之间协议的信息。如果没有其他规定，应用缺省约定。在某些情况下成套设备制造商声明的信息会取代协议。

表 C.1　成套设备制造商与用户之间的协议项目

用户指定的特性	参考章或条款编号	缺省约定[b]	标准中列出选项	用户要求[a]
电气系统	5			
接地系统	5.2	制造商的标准，选择以适应本地要求	TT/TN-C/TN-C-S/IT、TN-S	
电源标称电压/V	5.3	本地的，根据安装条件	最大交流 1 000 V 或直流 1 500 V	
瞬态过电压	5.4，5.5	由电气系统决定	过电压类别 Ⅰ/Ⅱ/Ⅲ/Ⅳ	
暂时过电压	5.5	标称系统电压 +1 200 V	无	
额定频率 f_n/Hz	5.6	根据本地安装条件	直流/50 Hz/60 Hz	
现场其他试验要求：布线、工作性能和功能	5.7	制造商的标准，根据应用	无	
短路耐受能力	6			
电源端的预期短路电流 I_{cp}/kA	6.2	由电气系统决定	无	
中性导体的预期短路电流	6.3	最大为相电流的 60%	无	
保护电路中的预期短路电流	6.4	最大为相电流的 60%	无	
进线功能单元中的短路保护器件（SCPD）	6.5	根据本地安装条件	是/否	
短路保护器件的配合，包括外部短路保护器件在内	6.6	根据本地安装条件	无	
可能增大短路电流的负载的相关数据	6.7	不允许可能增大短路电流的负载	无	
依照 IEC 60364-4-41 对人的电击防护	7			
电击防护类型—基本防护（对直接接触的防护）	7.2	基本防护	根据本地安装规则	
电击防护类型—故障防护（对间接接触的防护）	7.3	根据本地安装条件	自动断开电源/电气隔离/全绝缘	

表 C.1（续）

用户指定的特性	参考章或条款编号	缺省约定[b]	标准中列出选项	用户要求[a]
安装环境	8			
场所类型	8.2	制造商标准，根据应用	户内/户外	
防止固体异物和水的进入	8.3	户内(封闭)：IP 2X； 户外(最小)：IP 23	IP00、2X、3X、4X、5X、6X	
抽出式部件移开后的防护	8.3	制造商标准	对连接位置/把防护降低至制造商标准	
外部机械碰撞(IK) 注：IEC 61439-1 没有命名特定的 IK 代码	8.4	无	无	
耐紫外线辐射(使用于非特殊用途的户外设备)	8.5	户内：不适用； 户外：温度气候	无	
耐腐蚀性	8.6	常规户内/户外协议	无	
周围空气温度—下限	8.7	户内：−5 ℃； 户外：−25 ℃	无	
周围空气温度—上限	8.7	40 ℃	无	
周围空气温度—日平均温度最大值	8.7	35 ℃	无	
最大相对湿度	8.8	户内：50%，40 ℃； 户外：100%，25 ℃	无	
污染等级(安装环境的)	8.9	工业用途：3	1/2/3/4	
海拔	8.10	≤2 000 m	无	
EMC 环境(A 或 B)	8.11	A 或 B 按照应用	A/B	
特殊使用条件(如振动、异常凝露、严重污染、腐蚀性环境、强电场或强磁场、霉菌、微生物、爆炸性危险、强烈振动和冲击、地震)	8.12	无特殊使用条件	无	
安装方式	9			
类型	9.2	制造商标准	多种，如立式/墙上安装	
固定式/移动式	9.3	静止的	固定式/移动式	
最大外形尺寸和质量	9.4	制造商标准，根据应用	无	
外接导体类型	9.5	制造商标准	电缆/母线干线系统	
外接导体方位	9.6	制造商标准	无	
外接导体材料	9.7	铜	铜/铝	
外接相导体、截面积、端子	9.8	标准中定义	无	
外接 PE、N、PEN 导体截面积、端子	9.9	标准中定义	无	
特殊端子标识要求	9.10	制造商标准	无	
存放和装卸	10			

表 C.1(续)

用户指定的特性	参考章或条款编号	缺省约定[b]	标准中列出选项	用户要求[a]
运输单元最大尺寸和质量	10.2	制造商标准	无	
运输方式(如叉车、起重机)	10.3	制造商标准	无	
不同于正常使用条件的环境条件	10.4	使用条件	无	
包装事项	10.5	制造商标准	无	
操作要求	11			
接近可手动操作器件	11.2		授权人员/一般人员	
手动操作器件场所	11.2	容易接近	无	
维护或使用中功能单元隔离	11.3	制造商标准	单独/组/全部	
维护和升级能力	12			
检查和类似操作时对可接近性的要求	12.2	对可接近性无要求	无	
授权人员使用中维修时对可接近性的要求	12.3	对可接近性无要求	无	
带电扩展的要求	12.4	对可接近性无要求	无	
在维护或升级期间对直接接触内部危险带电部件的防护(如功能单元、主母线、配电母线)	12.5	对维护或升级期间的防护无要求	无	
功能单元连接方式	12.6		F=固定连接; D=可分离式连接; W=可抽出式连接	
通道	12.7	基本防护	无	
隔离形式	12.8,表 B.1		形式 1、2、3、4	
功能单元被隔离时对与特定电路相关的辅助电路独立工作进行试验的能力	12.2	制造商标准	无	
载流能力	13			
成套设备的额定电流 I_{nA}/A	13.2	制造商标准,根据应用	无	
电路的额定电流 I_{nC}/A	13.3	制造商标准,根据应用	无	
额定分散系数	13.4	参照标准定义	电路组的额定分散系数/整个成套设备的额定分散系数	
中性导体与相导体的截面积比值: 相导体不超过 16 mm^2	13.5.2	100%	无	
中性导体与相导体的截面积比值: 相导体超过 16 mm^2	13.5.3	50%(最小 16 mm^2)	无	

[a] 对于特别繁重的应用,用户需要规定比标准中更加严格的要求。

[b] 某些情况下成套设备制造商声明的信息可能会替代协议。

C.2 可选信息

除了在 C.1 中列出的信息,用户还可以有附加可选要求,这些要求在标准中未规定,但是满足用户喜好和/或应用要求所必需的。这些也要成套设备制造商与用户间达成协议。然而,如果用户没有特殊规定,制造商可以不用考虑。

此处不可能列出所有可能选项,但在表 C.2 中列出一些,适用何处的相关指南在随后的条中给出。

表 C.2 成套设备制造商与用户之间的协议的选项例子

用户规定的要求	用户要求
电气条件	
电弧故障抑制(见 C.3.1)	
绝缘母线(见 C.3.2)	
选择性要求	
电源持续性	
电源接地设备或负载电缆	
单独外部电路试验设备	
环境条件	
表面处理(如喷漆说明)	
安装	
成套设备布置(如背-背、双侧)	
现场试验	
操作上	
操作器件布置	
联锁方式类型	
标签	
端子标识	
维护和升级	
备用单元的数量和类型	
备用空间(装配或未装配)的数量和尺寸	
备用熔断器	
文件	
文件类型和/或格式	
备份数量	
一般要求	
适合本地的合法要求	
批准流程	
发货前的功能试验	
订货人在场的试验	

C.3 电气条件

C.3.1 电弧故障抑制

电弧故障抑制不在标准中涉及。在正常环境下，根据标准设计和验证并且正确制造以适合应用要求的成套设备内，发生内部电弧故障只有极小可能性。

电弧故障通常发生于：

- 异物，例如在维护或改建工作过程中，带入但未移开的工具和材料；
- 异物，如小动物；
- 错误的选择短路保护器件；
- 应用的负载比设备设计值要高；
- 用错误元件替换等。

确保成套设备的建造是符合应用的要求以及良好的维护和实际运行，则所有这些起因是可以避免的。

如果需要对成套设备抑制电弧故障能力进行验证，则参照 IEC/TR 61641 的验证指南。考虑到任何试验只能是象征性的并不能涵盖所有可能事件。例如在成套设备带电时门被打开情况下工作，由人为误操作造成的电弧故障，是不会抑制的。

C.3.2 绝缘母线

通常要求绝缘母线用于对一些环境条件进行防护或作为内部电弧故障的防护措施。不同材料类型可以实现此要求并且可以在故障条件下有不同表现。一些绝缘材料不能耐受短路条件下的高温。增加绝缘也会影响母线的载流能力。因此在规定绝缘母线时用户宜规定精确的性能要求是非常重要的。

附 录 D
（资料性附录）
GB 7251.3 的规范指南

标准选项

表 D.1 编制了标准中作为 DBO 制造商与用户之间协议的信息。如果没有其他规定，应用缺省约定。在某些情况下 DBO 制造商声明的信息会取代协议。

表 D.1 成套设备制造商与用户之间的协议项目

用户指定的特性	参考章或条款编号	缺省约定[b]	标准中列出选项	用户要求[a]
电气系统	5			
接地系统	5.2	制造商的标准，选择以适应本地要求	TT/TN-C/TN-C-S/IT、TN-S	
电源标称电压/V	5.3	本地的，根据安装条件	对地额定电压交流≤300 V	
瞬态过电压	5.4、5.5	由电气系统决定	过电压类别Ⅲ	
暂时过电压	5.5	标称系统电压+1 200 V	无	
额定频率 f_n/Hz	5.6	根据本地安装条件	50 Hz/60 Hz	
现场其他试验要求：布线、工作性能和功能	5.7	制造商的标准，根据应用	无	
短路耐受能力	6			
电源端的预期短路电流 I_{cp}/kA	6.2	由电气系统决定	无	
中性导体的预期短路电流	6.3	最小为相电流的 60%	无	
保护电路中的预期短路电流	6.4	最小为相电流的 60%	无	
进线功能单元中的短路保护器件（SCPD）	6.5	根据本地安装条件	是/否	
短路保护器件的配合，包括外部短路保护器件在内	6.6	根据本地安装条件	无	
可能增大短路电流的负载的相关数据	6.7	不允许可能增大短路电流的负载	无	
依照 IEC 60364-4-41 对人的电击防护	7			
电击防护类型—基本防护（对直接接触的防护）	7.2	基本防护	根据本地安装规则	
电击防护类型—故障防护（对间接接触的防护）	7.3	根据本地安装条件	自动断开电源/电气隔离/全绝缘	

表 D.1(续)

用户指定的特性	参考章或条款编号	缺省约定[b]	标准中列出选项	用户要求[a]
安装环境	8			
场所类型	8.2	制造商标准,根据应用	户内/户外	
防止固体异物和水的进入	8.3	户内(封闭):IP 2XC; 户外(最小):IP 23	2XC、3X、4X、5X、6X 在移出可移动部件后:对于连接位置/把防护等级降至制造商的标准	
外部机械碰撞(IK)	8.4	户内 IK 05; 户外 IK 07	无	
耐紫外线辐射(使用于非特殊用途的户外设备)	8.5	户内:不适用; 户外:温度气候	无	
耐腐蚀性	8.6	常规户内/户外协议	无	
周围空气温度—下限	8.7	户内:−5 ℃; 户外:−25 ℃	无	
周围空气温度—上限	8.7	40 ℃	无	
周围空气温度—日平均温度最大值	8.7	35 ℃	无	
最大相对湿度	8.8	户内:50%,40 ℃; 户外:100%,25 ℃	无	
污染等级(安装环境的)	8.9	2	无	
海拔	8.10	≤2 000 m	无	
EMC 环境(A 或 B)	8.11	A/B	A/B	
特殊使用条件(如振动、异常凝露、严重污染、腐蚀性环境、强电场或强磁场、霉菌、微生物、爆炸性危险、强烈振动和冲击、地震)	8.12	无特殊使用条件	无	
安装方式	9			
类型	9.2	制造商标准	多种,如立式/墙上安装	
固定式/移动式	9.3	固定式	无	
最大外形尺寸和质量	9.4	制造商标准,根据应用	无	
外接导体类型	9.5	制造商标准	电缆/母线干线系统	
外接导体方位	9.6	制造商标准	无	
外接导体材料	9.7	铜	铜/铝	
外接相导体、截面积、端子	9.8	标准中定义	无	
外接 PE、N、PEN 导体截面积、端子	9.9	标准中定义	无	

表 D.1（续）

用户指定的特性	参考章或条款编号	缺省约定[b]	标准中列出选项	用户要求[a]
特殊端子标识要求	9.10	制造商标准	无	
存放和装卸	10			
运输单元最大尺寸和质量	10.2	制造商标准	无	
运输方式(如叉车、起重机)	10.3	制造商标准	无	
不同于正常使用条件的环境条件	10.4	使用条件	无	
包装事项	10.5	制造商标准	无	
操作要求	11			
接近可手动操作器件	11.2	一般人员	无	
手动操作器件场所	11.2	容易接近	无	
维护和升级能力	12			
一般人员使用中可接近性的要求；成套设备通电时操作器件或更换元件的要求	12.2	基本防护	无	
检查和类似操作时对可接近性的要求	12.2	对可接近性无要求	无	
授权人员使用中维修时对可接近性的要求	12.3	对可接近性无要求	无	
授权人员使用中带电扩展是对可接近性的要求	12.4	对可接近性无要求	无	
功能单元连接方法	12.6	制造商标准	无	
在维护或升级期间对直接接触内部危险带电部件的防护(如功能单元、主母线、配电母线)	12.5	在维护或升级期间的防护无要求	无	
载流能力	13			
成套设备的额定电流 I_{nA}/A	13.2	≤250 A	无	
电路的额定电流 I_{nC}/A	13.3	≤125 A	无	
额定分散系数	13.4	参照标准中定义	电路组的额定分散系数/整个成套设备的额定分散系数	
中性导体与相导体的截面积比值：相导体不超过 16 mm^2	13.5.2	100%	无	
中性导体与相导体的截面积比值：相导体超过 16 mm^2	13.5.3	50%(最小 16 mm^2)	无	

[a] 对于特别繁重的应用，用户需要规定比标准中更加严格的要求。

[b] 某些情况下成套设备制造商声明的信息可能会替代协议。

附 录 E
（资料性附录）
GB 7251.4 的规范指南

标准选项

表 E.1 编制了标准中作为 ACS 制造商与用户之间协议的信息。如果没有其他规定，应用缺省约定。在某些情况下 ACS 制造商声明的信息会取代协议。

表 E.1 成套设备制造商与用户之间的协议项目

用户指定的特性	参考章或条款编号	缺省约定[b]	标准中列出选项	用户要求[a]
电气系统	5			
接地系统	5.2	制造商的标准，选择以适应本地要求	TT/TN-C/TN-C-S/IT，TN-S	
电源标称电压/V	5.3	本地的，根据安装条件	最大交流 1 000 V 或直流 1 500 V	
瞬态过电压	5.4，5.5	由电气系统决定	过电压类别 Ⅰ/Ⅱ/Ⅲ/Ⅳ	
暂时过电压	5.5	标称系统电压 +1 200 V	无	
额定频率 f_n/Hz	5.6	根据本地安装条件	直流/50 Hz/60 Hz	
现场其他试验要求：布线、工作性能和功能	5.7	制造商的标准，根据应用	无	
短路耐受能力	6			
电源端的预期短路电流 I_{cp}/kA	6.2	由电气系统决定	无	
中性导体的预期短路电流	6.3	最大为相电流的 60%	无	
保护电路中的预期短路电流	6.4	最大为相电流的 60%	无	
进线功能单元中的短路保护器件(SCPD)	6.5	根据本地安装条件	是/否	
短路保护器件的配合，包括外部短路保护器件在内	6.6	根据本地安装条件	无	
可能增大短路电流的负载的相关数据	6.7	不允许可能增大短路电流的负载	无	
依照 IEC 60364-4-41 对人的电击防护	7			
电击防护类型 ——基本防护(对直接接触的防护)	7.2	基本防护	根据本地安装规则	
电击防护类型 ——故障防护(对间接接触的防护)	7.3	根据本地安装条件	自动断开电源/电气隔离/全绝缘	

表 E.1（续）

用户指定的特性	参考章或条款编号	缺省约定[b]	标准中列出选项	用户要求[a]
安装环境	8			
场所类型	8.2	制造商标准，根据应用	无	
防止固体异物和水的进入	8.3	最小 IP 44	无	
机械强度 外部机械碰撞(IK)	8.4	50 g 11 ms 6 J	无	
耐紫外线辐射	8.5	温度气候	无	
耐腐蚀性	8.6	正常使用条件 和/或 特殊使用条件	正常使用条件 特殊使用条件	
周围空气温度—下限	8.7	−25 ℃	无	
周围空气温度—上限	8.7	40 ℃	无	
周围空气温度—日平均温度最大值	8.7	35 ℃	无	
最大相对湿度	8.8	25 ℃时为 100%	无	
污染等级(安装环境的)	8.9	3 或 4	无	
海拔	8.10	≤2 000 m	无	
EMC 环境(A 或 B)	8.11	A/B	A/B	
特殊使用条件(如振动、异常凝露、严重污染、腐蚀性环境、强电场或强磁场、霉菌、微生物、爆炸性危险、强烈振动和冲击、地震)	8.12	无特殊使用条件	无	
安装方式	9			
可运输(半固定式)/移动式	9.3	可运输(半固定式)、移动式	可运输(半固定式)、移动式	
最大外形尺寸和质量	9.4	制造商标准，根据应用	无	
外接导体类型	9.5	制造商标准	电缆/母线干线系统	
外接导体方位	9.6	制造商标准	无	
外接导体材料	9.7	铜	铜/铝	
外接相导体、截面积、端子	9.8	标准中定义	无	
外接 PE、N、PEN 导体截面积、端子	9.9	标准中定义	无	
特殊端子标识要求	9.10	制造商标准	无	
存放和装卸	10			
运输单元最大尺寸和质量	10.2	制造商标准	无	
运输方式(如叉车、起重机)	10.3	制造商标准	无	
不同于正常使用条件的环境条件	10.4	使用条件	无	
包装事项	10.5	制造商标准	无	

表 E.1(续)

用户指定的特性	参考章或条款编号	缺省约定[b]	标准中列出选项	用户要求[a]
操作要求	11			
接近可手动操作器件	11.2	一般人员	无	
手动操作器件场所	11.2	容易接近	无	
负载安装设备的隔离	11.3	制造商标准	单独/组/全部	
维护和升级能力	12			
一般人员使用中可接近性的要求;ACS通电时操作器件或更换元件的要求	12.2	基本防护	无	
功能单元连接方法	12.6	制造商标准	无	
在维护或升级期间对直接接触内部危险带电部件的防护(如功能单元、主母线、配电母线)	12.5	在维护或升级期间的防护无要求	无	
载流能力	13			
成套设备的额定电流 I_{nA}/A	13.2	制造商标准,根据应用	无	
电路的额定电流 I_{nC}/A	13.3	制造商标准,根据应用	无	
额定分散系数	13.4	参照标准定义	电路组的额定分散系数/整个成套设备的额定分散系数	
中性导体与相导体的截面积比值:相导体不超过 16 mm^2	13.5.2	100%	无	
中性导体与相导体的截面积比值:相导体超过 16 mm^2	13.5.3	50%(最小 16 mm^2)	无	

[a] 对于特别繁重的应用,用户需要规定比标准中更加严格的要求。

[b] 某些情况下成套设备制造商声明的信息可能会替代协议。

附　录　F
（资料性附录）
GB 7251.5 的规范指南

如果可用，宜包括 GB 7251.5 产品规范的要求。

附 录 G
（资料性附录）
GB 7251.6 的规范指南

标准选项

表 G.1 编制了标准中作为 BTS 制造商与用户之间协议的信息。如果没有其他规定，应用缺省约定。在某些情况下 BTS 制造商声明的信息会取代协议。

表 G.1 成套设备制造商与用户之间的协议项目

用户指定的特性	参考章或条款编号	缺省约定[b]	标准中列出选项	用户要求[a]
电气系统	5			
接地系统	5.2	制造商的标准，选择以适应本地要求	TT/TN-C/TN-C-S/IT，TN-S	
电源标称电压/V	5.3	本地的，根据安装条件	≤交流 1 000 V 或直流 1 500 V	
瞬态过电压	5.4，5.5	由电气系统决定	过电压类别 Ⅲ/Ⅳ	
暂时过电压	5.5	标称系统电压 +1 200 V	无	
额定频率 f_n/Hz	5.6	根据本地安装条件	直流/50 Hz/60 Hz	
现场其他试验要求：布线、工作性能和功能	5.7	制造商的标准，根据应用	无	
短路耐受能力	6			
电源端的预期短路电流 I_{cp}/kA	6.2	由电气系统决定	无	
中性导体的预期短路电流	6.3	最大为相电流的 60%	无	
保护电路中的预期短路电流	6.4	最大为相电流的 60%	无	
进线功能单元中的短路保护器件（SCPD）	6.5	根据本地安装条件	是/否	
短路保护器件的配合，包括外部短路保护器件在内	6.6	根据本地安装条件	无	
可能增大短路电流的负载的相关数据	6.7	不允许可能增大短路电流的负载	无	
故障回路特性	—	制造商的标准	无	
依照 IEC 60364-4-41 对人的电击防护	7			
电击防护类型 ——基本防护（对直接接触的防护）	7.2	基本防护	根据本地安装规则	

表 G.1（续）

用户指定的特性	参考章或条款编号	缺省约定[b]	标准中列出选项	用户要求[a]
电击防护类型 ——故障防护(对间接接触的防护)	7.3	根据本地安装条件	自动断开电源/ 电气隔离/全绝缘	
安装环境	8			
场所类型	8.2	制造商标准,根据应用	户内/户外	
防止固体异物和水的进入	8.3	户内(封闭式): IP 2X 户外:IP 23	在移出可移动部件后: 对于连接位置/ 降低防护等级	
外部机械碰撞(IK)	8.4	无	无	
机械负载	—	正常	正常/重	
耐紫外线辐射(除非另有规定,否则只适用于户外母线干线系统)	8.5	户内/户外	户内/户外	
耐腐蚀性	8.6	户内/户外	户内/户外	
周围空气温度—下限	8.7	户内:−5 ℃ 户外:−25 ℃	无	
周围空气温度—上限	8.7	40 ℃	无	
周围空气温度—日平均温度最大值	8.7	35 ℃	无	
最大相对湿度	8.8	户内:40 ℃时为 50% 户外:25 ℃时为 100%	无	
污染等级(安装环境的)	8.9	工业:3	1/2/3/4	
海拔	8.10	≤2 000 m	无	
EMC 环境(A 或 B)	8.11	A/B	A/B	
电磁场	8.12.7	制造商的标准	无	
防止火焰蔓延	8.12.5	无	是/否	
建筑结构中防火	8.12.5	0 min	0 min/60 min/90 min/ 120 min/180 min/240 min	
特殊使用条件(如异常凝露、严重污染、腐蚀性环境、霉菌、微生物、强电场或强磁场、安装在高敏感性 IT 设备附近、爆炸性危险、火焰环境下的规定性能、强烈振动和冲击、地震、特殊机械负载、高重复性过电流)	8.12	无特殊使用条件	无	
安装方式	9			
类型	9.2	制造商标准	水平/垂直 沿边/平放	
最大外形尺寸和质量	9.4	制造商标准,根据应用	无	
外接导体类型	9.5	制造商标准	电缆/母线干线系统	

表 G.1（续）

用户指定的特性	参考章或条款编号	缺省约定[b]	标准中列出选项	用户要求[a]
外接导体方位	9.6	制造商标准	无	
外接导体材料	9.7	铜	铜/铝	
外接相导体、截面积、端子	9.8	标准中定义	无	
外接 PE、N、PEN 导体截面积、端子	9.9	标准中定义	无	
特殊端子标识要求	9.10	制造商标准	无	
存放和装卸	10			
运输单元最大尺寸和质量	10.2	制造商标准	无	
运输方式（如叉车、起重机）	10.3	制造商标准	无	
不同于正常使用条件的环境条件	10.4	使用条件	无	
包装事项	10.5	制造商标准	无	
操作要求	11			
外部出线电路隔离	11.3	制造商标准	无	
维护和升级能力	12			
一般人员使用中可接近性的要求；BTS 通电时操作器件或更换元件的要求	12.2	基本防护	无	
检查和类似操作时对可接近性的要求	12.2	对可接近性无要求	无	
授权人员使用中维修时对可接近性的要求	12.3	对可接近性无要求	无	
授权人员使用中扩展的要求	12.4	对可接近性无要求	无	
功能单元连接方法	12.6	制造商标准	固定/断开	
在维护或升级期间对直接接触内部危险带电部件的防护（如功能单元、主母线、配电母线）	12.5	无要求	无	
载流能力	13			
成套设备的额定电流 I_{nA}/A	13.2	制造商标准，根据应用	无	
大谐波电流	—	制造商标准，根据应用	无	
相导体特性/电压降	—	制造商标准	无	
电路的额定电流 I_{nC}/A	13.3	制造商标准，根据应用	无	
额定分散系数	13.4	对母线干线系统和有单个出线电路的分接单元：1，对有多个出线电路的分接单元：见 IEC 61439-6:2012 的表 101	无	

表 G.1（续）

用户指定的特性	参考章或条款编号	缺省约定[b]	标准中列出选项	用户要求[a]
中性导体与相导体的截面积比值：相导体不超过 16 mm^2	13.5.2	100％	无	
中性导体与相导体的截面积比值：相导体超过 16 mm^2	13.5.3	50％(最小 16 mm^2)	无	

[a] 对于特别繁重的应用，用户需要规定比标准中更加严格的要求。

[b] 某些情况下成套设备制造商声明的信息可能会替代协议。

附　录　H
（资料性附录）
GB 7251.7 的规范指南

如果可用，宜包括 GB 7251.7 产品规范的要求。

附 录 I
（资料性附录）
关于某些国家的注的列表

表 I.1 关于某些国家的注的列表

条编号	内 容
8.3	最后一段后增加下列注： 注 2：在美国和墨西哥，用外壳“类型”表示成套设备提供的“防护等级”。美国的应用中，适当的外壳类型名称按 NEMA 250 规定使用。

参 考 文 献

[1] GB 7251(所有部分) 低压成套开关设备和控制设备

[2] GB 7251.3 低压成套开关设备和控制设备 第3部分:由一般人员操作的配电板(DBO)

[3] GB 7251.4 低压成套开关设备和控制设备 第4部分:建筑工地用成套设备

[4] GB 7251.5 低压成套开关设备和控制设备 第5部分:公用电网电力配电成套设备

[5] GB 7251.6 低压成套开关设备和控制设备 第6部分:母线干线系统(母线槽)

[6] GB 7251.7 低压成套开关设备和控制设备 第7部分:特定应用的成套设备——如码头、露营地、市集广场、电动车辆充电站

[7] GB 7251.12 低压成套开关设备和控制设备 第2部分:成套电力开关设备和控制设备

[8] IEC 60364-5-53:2001,Electrical installations of buildings—Part 5-53:Selection and erection of electrical equipment—Isolation,switching and control Amendment 1 (2002)

[9] IEC 60417,Graphical symbols for use on equipment

[10] GB 14048.2,Low-voltage switchgear and controlgear—Part 2:Circuit-breakers(IEC 60947-2)

[11] IEC 61000-6-1,Electromagnetic compatibility (EMC)—Part 6-1:Generic standards—Immunity for residential,commercial and light-industrial environments

[12] IEC 61000-6-2,Electromagnetic compatibility (EMC)—Part 6-2:Generic standards—Immunity for industrial environments

[13] IEC 61000-6-3,Electromagnetic compatibility (EMC)—Part 6-3:Generic standards—Emission standard for residential,commercial and light-industrial environments

[14] IEC 61000-6-4,Electromagnetic compatibility (EMC)—Part 6-4:Generic standards—Emission standard for industrial environments

[15] IEC 61439 (all parts),Low-voltage switchgear and controlgear assemblies

[16] IEC/TR 61641,Enclosed low-voltage switchgear and controlgear assemblies—Guide for testing under conditions of arcing due to internal fault

[17] IEC 61643-12,Low-voltage surge protective devices—Part 12:Surge protective devices connected to low-voltage power distribution systems—Selection and application principles

[18] IEC/TR 61912-2,Low-voltage switchgear and controlgear—Over-current protective devices—Part 2:Selectivity under over-current conditions

[19] NEMA 250:2003,Enclosures for electrical equipment (1 000 Volts maximum)